图 1 居然城市有山林
——苏州沧浪亭晨晖初照
（陆 峰摄）

图 2 盎然生意，沁人心脾
——苏州拙政园莲池初夏
（郑可俊摄）

图8 浓艳色调
——北京颐和园彩画长廊（王抗生摄）

图9 淡雅韵致
——苏州网师园冷泉亭庭院（陆　峰摄）

图10 绮丽风采

——顺德清晖园水庭（陆　琦摄）

图13 雕栏玉砌依然在

——北京紫禁城御花园井亭石栏

（蓝先琳摄）

图 14 翼角飞举之典范
——苏州沧浪亭看山楼（缪立群摄）

图 15 檐阿凝重之杰构
——北京颐和园“画中游”（张振光摄）

图 18 百尺起空濛

——承德避暑山庄烟雨楼（张振光摄）

图 21 选鹅子铺成蜀锦

——苏州拙政园“海棠春坞”铺地艺术

（缪立群摄）

图 31 以假胜真，图画天开
——南京瞻园南部湖石假山（缪立群摄）

图 37 华廊朱栏跨碧流
——苏州拙政园“小飞虹”廊桥（缪立群摄）

图 41 **春山淡冶而如笑**

——扬州个园石笋春山

（蓝先琳摄）

图 42 **夏山苍翠而如滴**

——扬州个园湖石夏山（缪立群摄）

图 43 秋山明净而如妆
——扬州个园黄石秋山
（缪立群摄）

图 44 冬山惨淡而如睡
——扬州个园宣石冬山
（缪立群摄）

图 45 雾纱塔影

——杭州西湖三潭印月雾景

（王抗生摄）

图 46 红装素裹

——北京颐和园“须弥灵境”雪景（王抗生摄）

图 50 浣红跨绿

——番禺余荫山房桥廊分割水庭（蓝先琳摄）

图 51 田园别境

——苏州留园北部“又一村”

（郑可俊摄）

图 52 侧峰横岭尽来参
——北京颐和园主体建筑佛香阁（王抗生摄）

图 53 莲蕊珠宫，翼然嵚崎
——北京北海静心斋枕峦亭（蓝先琳摄）

图 55 长波郁拂，浮廊可度

——苏州拙政园西部波形水廊

（郑可俊摄）

图 58 更上一层，欲穷千里之目

——广东东莞可园邀山阁

（陆 琦摄）

图59 延入夕照浮屠

——苏州拙政园远借北寺塔

（缪立群摄）

图60 剪来半幅秋波

——苏州沧浪亭近借园外清流

（郑可俊摄）

图 62 堆云积翠，值景而造
——北京北海永安桥对景白塔（张振光摄）

图 64 伟石迎人，别有一壶天地
——北京紫禁城乾隆花园殿门框景（蓝先琳摄）

图66 窗虚蕉影玲珑
——苏州网师园殿春簃花窗框景（郑可俊摄）

图67 小庭春晚画屏幽
——苏州网师园殿春簃长窗框景（陆　峰摄）

图 69 天圆地方，至高无上
——北京北海五龙亭之一：龙泽亭（王抗生摄）

图 72 遥遥十里荷风，递香幽室
——苏州拙政园远香堂及荷池（缪立群摄）

中国园林美学

（第二版）

金学智　著

中国建筑工业出版社

图书在版编目(CIP)数据

中国园林美学／金学智著．—2版．—北京：中国建筑工业出版社，2005（2022.6重印）
ISBN 978-7-112-07322-1

Ⅰ.中... Ⅱ.金... Ⅲ.园林艺术-艺术美学-中国
Ⅳ.TU986.1

中国版本图书馆CIP数据核字（2005）第030048号

中国园林艺术源远流长。本书是一部研究中国园林美学的学术著作，第二版更以生态美学作为主要线索进行更新、充实、改写。全书论点鲜明，论据充分，论证周密，资料丰富，并做到图文结合。其内容包括：中国古典园林的当代价值与未来价值；中国古典园林美的历史行程；中国古典园林的真善美；园林美的物质生态和精神生态建构序列；园林审美意境的整体生成；园林品赏与审美文化心理等。本书可供广大园林艺术爱好者、园林、旅游工作者和园林美学以及美学、艺术理论研究人员等学习参考。

* * *

责任编辑：吴宇江
责任设计：刘向阳
责任校对：刘 梅 李志瑛

中国园林美学
（第二版）
金学智 著
*
中国建筑工业出版社出版、发行（北京西郊百万庄）
各地新华书店、建筑书店经销
北京嘉泰利德公司制版
天津翔远印刷有限公司印刷
*
开本：787×1092毫米 1/16 印张：28 插页：8 字数：690千字
2005年8月第二版 2022年6月第十四次印刷
定价：66.00元
ISBN 978-7-112-07322-1
（13276）

序*

李泽厚

记得是在一次会议上与金学智同志见面认识的，是何时何地何种会议，却一时想不出来了。反正我的印象是，闻名不如见面，在这之前和之后，尽管曾经通信过，但他那执着于美学和极其勤奋与谦虚，却只有在交谈时才真实地感觉到。记得当时他正在全力研究书法，前后还寄了好几本书法研究杂志和他的文章给我，并希望我给他有关书法美学的书籍写序。当然，我仍然施展我的老一套：推。"下一次再说"。不料，事隔数年，如今我身在真正的海角天涯，他又探听到我的通讯处，不辞万里之遥，仍然要我写序。这次不好意思再"故技重施"了，于是便开始写。

但无论是书法还是园林，我都是外行，无话可说。而且，这次又是仅读目录，未窥原稿，又是不管三七二十一，乱发一通议论了。

鄙陋如我，也略闻现代建筑艺术界似乎在进入另一个新的讨论热潮或趋向某种新的风貌，即不满现代建筑那世界性的千篇一律、极端功能主义、人与自然的隔绝……等等，从而中国园林——例如金学智同志所在地的苏州园林，便颇为他们所欣赏。以前弗兰克·劳埃德·赖特（F. Wright）曾从日本建筑和园林中吸取了不少东西，创作了有名作品；如今在更大规模的范围内展现的这种"后现代"倾向，是不是将预示生活世界和艺术世界在下世纪可能会有重要的转折和崭新的变化呢？建筑艺术大概是与人们每天的现实物质生活（这毕竟是最根本的东西，即我所谓的"本体"，此"本体"即 everyday life）联系最密切的艺术部门了。如何在极其发达的大工业生产的社会里，自觉培育人类的心理世界——其中包括人与大自然的交往、融合、天人合一等等，是不是会迟早将作为"后现代"的主要课题之一而提上日程上来呢？也许，就在下一个世纪？

因此，从这个角度来检点一下中国园林及其美学，是否也能发现某些值得注意的东西？不知道，我不敢说。但这是可以去作尝试的。从而，如果能比较一下文艺复兴时期意大利的园林、17 世纪的法国皇家园林、18 世纪的英国园林，以及充满禅意的日本园林，等等，不局限于就园论园，而是把社会生活——历史——艺术——心理连成一气，作多方面的具体分析和考察，也许会是很有趣味的吧？

我不知道这本书或学智同志是不是和会不会这样做，这只是我一时想起的"杂感"罢了，就以此作序交差。

1987 年 11 月 27 日

于新加坡东亚哲学研究所

凭窗北望，海天一色，无任怅惘

---

* 作者曾将此序收入《李泽厚十年集·走自己的路》（安徽文艺出版社 1994 年版）。序见该书第 391 ~ 392 页。

目　录

第 一 编

中国古典园林的
当代价值与未来价值

（代前言）

天人之际，合而为一。

——董仲舒：《春秋繁露》

人，如若试图离开在自然界里的栖身之地，而在人性这一根绳子上行走，就会失去自身的平衡，而不得不拉紧每一条神经和肌肉。

——《泰戈尔妙语录》

从世界历史发展的宏观视角看，20世纪与21世纪之交，不仅是百年之交，也不仅是千年之交，而且还是整个人类历史的大时代之交——工业文明①时代与后工业文明时代之交，现代社会与后现代社会之交，或者说，是传统工业文明时代与新的生态工业文明时代之交②。这个大时代之交的一个重要特征，就是人类从非生态时代、不可持续发展时代，向生态时代、可持续发展时代的嬗变。

“行到水穷处，坐看云起时”（王维《终南别业》）。本书——《中国园林美学》中国建筑工业出版社的2000年版亦即增订版③，问世于2000年，适逢这百年、千年和人类历史大时代三个“之交”的关键时期，可谓千载难遇，三生有幸！而今，于21世纪初，在人类史上新出现的生态文明时代，又要对增订版进行再次增订，这就必须进一步策应时代精神的警钟，根据新世纪的急需，来更新全书的理念，调整全书的理论和框架，从而一方面在强化、深化中国园林美学自律性的理论体系的同时，另一方面力求面向生态危机的世界，面向生态觉醒的现实，面向人类可持续发展的未来，其中包括我国建设小康社会重要目标之一的生态文明。

本书作为《中国园林美学》增订的增订版，即中国建筑工业出版社第二版，它的更新首先集中表现为新增了本编——“中国古典园林的当代价值与未来价值”，其中分章分节重点探究了中国古典园林美对人类社会的“绿色启示”，深入阐述中国古典园林所蕴含的生态学、文化学、未来学的意义和价值取向，并且将本编置于全书之首，以代前言，以示强调，并以此作为全书的逻辑起点和贯穿线索。这是本书理念乃至体系更新的一个主要尝试；当然，还有其他方面或大或小的增改，多散见于全书，这里就不一一列举了。

---

① 尹希成先生认为：以英国工业革命为开端的西方工业文明“虽取得了巨大成就，但因破坏了赖以存在的自然和社会基础而难以为继……工业文明在对自然界的‘胜利’面前夸大了人的主体性，把人和自然界、主体和客体对立起来，甚至认为人是自然界的主宰和统治者。工业文明正是在这种凌驾于自然之上的人类中心论的思想指导下，为满足其‘征服欲’、‘占有欲’和‘物质欲’而大肆掠夺和破坏自然，时至今日已严重威胁了人类自身的生存与发展”（见《北京大学学报》1997年第3期，第71页）。

② 美国环境哲学家科利考特说：“我们生活在西方世界观千年的转变时期”，“现代机械论世界观，正逐渐让位于另一种世界观……有机世界观、生态世界观、系统世界观”（见《哲学译丛》1999年第2期，第25页）。

③ 拙著《中国园林美学》第一版书稿，完成于1987年，1990年由江苏文艺出版社出版；该书增订版，则由中国建筑工业出版社于2000年出版。

第一章　中国古典园林的生态学未来学价值

——园林美的“绿色启示”之一

步入新的生态文明时代，探究中国古典园林美的“绿色启示”，探究中国古典园林美的发展历程和中国古典园林艺术的建构、意境、规律以及审美文化心理，决不能离开“天人合一”这一具有中国特色的哲学的、生态学的、美学的思想渊源。否则，就必然流为表象的罗列或脱离传统的描述，就必然不能深层地发掘中国古典园林美真正的生态学价值乃至未来学价值。因此，本章以对中国思想史上“天人合一”观的辨析、梳理、阐发来落笔开篇，进而在反思西方工业文明的负面影响和探讨东方“天人合一”的生存智慧这两个层面上展开论述，最后集中于中国古典园林作为天人合一的生态艺术典范的研究。

第一节　中国思想史上的“天人合一”观

本书所论“天人合一”，其概念相当于今天广为人们所理解、所接受的“天人合一”，亦即人与自然的和谐统一，此外，还包括它在审美意识上的表现。因此，它也就不同于某些哲学史家所论主要包括普泛性的、非审美的、主体与客体关系、思维与存在关系等在内的“天人合一”，也不同于某些文化研究家和写作家笔下外延多方扩大了的，甚至散文化了的“天人合一”，这是首先应加说明的。

古代哲人所理解的“天人合一”，又被有些人误解为是涵盖古代中国全部哲学思想的一种完美无缺的思想体系。其实这是只知其一，不知其二，把复杂的问题简单化了。首先，应指出和辨析的是，在中国的“天人关系”论之中，就存在着与“天人合一”相对的“天人相分”的观点。而各家所谓“天人合一”，也并非百分之百都是合理的；所谓“天人相分”，也不应不问青红皂白妄加否定。这里先说后者。儒家学派的代表人物荀子，就是杰出的“天人相分”论者，其《天论》中就提出：“大天而思之，孰与物畜而制之；从天而颂之，孰与制天命而用之。”他明确地划分了天、人的界限，认为人应该制服自然，利用自然。这一论述，和西方某些思想家的观点相近，它对于人类彻底告别原始的、屈从自然的被动状态，对于认识自然，掌握规律并进一步合理地加以利用，无疑都有其重大的价值意义。因为只有这样，才能有效地创造物质文明和人类福祉，有力地推动社会历史的进步。至于“天人合一”，古代各家说法又有所不同，本节主要从董仲舒论起。

董仲舒是汉代大思想家，是儒家哲学在汉代的重要代表。他力主“天人相类”式的合一说，其《春秋繁露》中的《人副天数》认为，人的三百六十骨节副合于一年的天数，五脏、四肢副合于五行、四时之数……这确实是牵强附会，但它又“猜”到了“人”对“天”不可分离的依附关系。如果揭去董仲舒连自己也说不清的神秘外衣，其本质上不自觉地含茹的“天人同构”——“人体与自然同构”之说，不能认为没有可取之处。马克思就曾科学地把自然和人体联系起来描述，指出“自然界是人为了不致死亡而必须与之形影不离的身体。说人的肉体生活和精神生活同自然界不可分离，这就等于说，自然界同自己本身不可分离，因为人是自然界的一部分"①。这是以人的身体为喻证，深刻揭示了人对于自然不可分离的关系——生命维系关系。当然，董仲舒牵强附会的同构合一说，和马克思关于人与自然的系统学说，是不可同日而语的。

董仲舒又认为人的喜怒哀乐之情相应于春夏秋冬四季（《为人者天》），其荒谬中也隐含合理，契合于我国古代文论中的"悲落叶于劲秋，喜柔条于芳春"（陆机《文赋》）；"春秋代序……情以物迁"（刘勰《文心雕龙·物色》）等；至于在中国古代画论中，此类论述更多，详见本书第四编第四章第一节，此不赘述。

董仲舒在大量荒谬不经的"类比同构"思想体系基础上，一再强调了他的"天人合一"观——

天地之生万物也，以养人。（《服制象》）

取天地之美以养其身。（《循天之道》）

为人者，天也。人之（脱一"为"字）人，本于天。（《为人者天》）

身犹天也……故命与之相连也。（《人副天数》）

人之居天地之间，其犹鱼之离（离，即"附"）水，一也。（《天地阴阳》，苏舆《义证》："人在天地之间，犹鱼在水中。"）

与人相副，以类合之，天人一也。（《阴阳义》）

天人之际（际，交会），合而为一。（《深察名号》）

天地人，万物之本也。天生之，地养之，人成之……不可一无也。（《立元神》）

和者，天地之所生成也。（《循天之道》）

与天同者，大治；与天异者，大乱。（《阴阳义》）

这就是中国思想史上较早出现并最早建立在初步完整体系基础上的"天人合一"论。它的合理内核令人想到：天地自然作为人的生存环境，它生长万物以供养人，人可以"取天地之美以养其身"；人是由天生成的，一刻也离不开天；人必须依靠自然，"循天之道"，"与天地同节"（《循天之道》），和谐合同是天地之道，天、人应该相连相和，合而为一，否则就会酿成灾乱……。不管怎么说，这种"天人合一"、"三才合一"的整体观，对于人类的"可持续发展－永续生存"是颇有启发意义的。

当然，董仲舒的整个理论体系是荒谬的，其中还渗透着浓重的封建意识和天命色彩。但是，对其"天人合一"论决不能全盘否定，因为前人由于种种局限，总会有这样那样的错误，没有必要以苛求去加以彻底否定；相反，只要发现其中有合理内核，就应该加以肯定。例如黑格尔头足倒置的辩证法，错误也极其明显，但恩格斯在《自然辩证法》中却肯定地指出，黑格尔著作中"有一个广博的辩证法纲要，虽然它是从完全错误的出发点发展起来的"②。对于董仲舒也不妨作如是观，其"天人合一"理论纲要也有可供后人吸取和借鉴之处，虽然其体系也是从完全错误的出发点发展起来的。

可是从我国20世纪对传统哲学的现代研究来看，哲学史上包括董仲舒在内的所有的"天人合一"观，均无一例外地受到了连续数十年的严厉批判和全盘否定，因此，要翻案

---

① 马克思：《1844年经济学－哲学手稿》，人民出版社1983年版，第49页。

② 《马克思恩格斯选集》第3卷，人民出版社1971年版，第469页。

是不容易的。直到20世纪80年代初，李泽厚以及刘纲纪先生才以极大的理论勇气和可贵的学术识见，进行深入的挖掘、认真的梳理和出色的阐发，从而将其建立在科学的基础上并予以高度的评价。这主要见于如下两段文字——

“天人合一”或“天人相通”的思想在中国起源很早……。孔孟也曾涉及天人关系问题，特别是孟子所谓……“君子”能“上下与天地同流”等等说法，就包含有天人合一的思想，而为后来的《中庸》进一步加以发展。……这一类的思想，近几十年在我们关于古代思想的研究中，一般都是被当作唯心主义、神秘主义来加以批判的。不错，这一类思想的确常常包含有唯心神秘的东西，但另一方面，它强调人与自然的统一性，认为人与自然不应该相互隔绝、相互敌对，而是能够并且应该彼此互相渗透，和谐统一的……我们认为，坚信人与自然的统一的必要性和可能性，乃是中华民族的思想的优秀传统，并且是同中华民族的审美意识不可分离的……

在距董仲舒的时代有两千年的今天，我们认为已不必多花笔墨去嘲笑它的错误和荒谬。值得注意的反倒是董仲舒认为人的情感的变化同自然现象的变化之间有一种对应关系，存在着某种“以类合之”的思想……几千年来，“天人合一”、“天人感应”、“天人相通”，实际上是中国历代艺术家所遵循的一个根本原则，尽管他们不一定像董仲舒那样唯心地理解这一原则①……

这番论述不但概括和梳理了我国“天人合一”的优秀思想传统，而且符合于中华民族审美和艺术的事实，具有历史首创意义，给人以多方面深刻的启示。

再从中国思想史上看，表达过天人合一观点的，不只是董仲舒一家。在儒家学派中，除《礼记·中庸》里的“［人］可以与天地参”等而外，被黑格尔称为“中国人一切智慧的基础”② 的《周易》，也是重要的一家。例如——

夫大人者，与天地合其德……与四时合其序……先天而天弗违，后天而奉天时。(《乾卦·文言》)

与天地相依（一作“似”），故不违。(《系辞上》)

天地感而万物化生，圣人感人心而天下和平。(《咸卦·彖辞》)

这本质上都是要求人与天地相感相类，相依相合，而不应违反天时规律，其含义是极其深刻的，不过没有从字面上提出“天人合一”的明确纲领和建立完整思想体系而已。

在道家学派中，天人合一的观点更为突出，如——

道大，天大，地大，人亦大……人法地，地法天，天法道，道法自然。(《老子·二十五章》)

道之尊，德之贵，夫莫之命而常自然……生而不有，为而不恃，长而不为，是为“玄德”。(《老子·五十一章》)

四时得节，万物不伤，群生不夭……莫之为而常自然。(《庄子·缮性》)

---

① 李泽厚、刘纲纪主编：《中国美学史》第1卷，中国社会科学出版社1984年版，第484～486、489页。李泽厚先生更早在1981年讲演中就明确提出，中国美学的特征之一是天人合一，并指出：“天人合一的观点过去是受批判的，一直被说成是中国哲学史上唯心论的糟粕。我的看法恰恰相反，我认为，天人合一……追求的是人与人、人与自然的和谐统一的关系……要求人的活动规律与天的规律、自然的规律符合呼应、吻合统一，这是非常宝贵的思想。”（《美学与艺术讲演集》，上海人民出版社1983年版，第207页）今天，中外的历史、理论和实践均普遍认同了这一观点。

② 黑格尔：《哲学史讲演录》第1卷，三联书店1956年版，第121页。

天地与我并生，而万物与我为一。(《庄子·齐物论》)

与天为徒，天与人不相胜也。(《庄子·大宗师》)

人与天一也。(《庄子·山木》)

人仅仅是“四大”之一，应该尊重和效法更为重要的天道自然；不应横加干涉万物的自然生长，致使其受到伤害或夭折；不占有，不自恃，不主宰，这才是深层的“道”与“德”；必须顺应四时的自然规律，人不应与自然争优胜，而应消除对立，进而与天地万物合而为一……这些理论，均极有价值。《庄子》还说：“贤者伏处大山嵁岩之下”(《在宥》)；“山林与，皋壤与，使我欣欣然而乐与！”(《知北游》) 这对于尔后中国的隐逸文化和崇尚自然的园林美学思想等也产生了深远的影响。

至于佛家特别是禅宗，对天人关系很少从理性上论证阐释，而是以意象感悟方式，直指本心。见于语录载体的，如——

天上地下，云自水由。(《永平广录》卷十)

日移花上石，云破月来池。(《中峰语录》卷十七)

天地与我同根，万物与我一体。(《五灯会元》卷一)

清风与明月，野老笑相亲。(《五灯会元》卷十二)

常忆江南三月里，鹧鸪啼处百花香。(《五灯会元》卷十二)

数片白云笼古寺，一条绿水绕青山。(《普灯录》卷二)

上引第三条，与《庄子》观点略同。除此而外，基本上都是禅意盎然的“无人之境”，呈示了天地间的白云幽石、青山绿水、鸟语花香、清风明月、池泉古寺等自由清静的形象，其中隐隐然皆有佛在，可说是以佛对山水，以禅悟天地，亦即所谓“青青翠竹，总是法身；郁郁黄花，无非般若”(《大殊禅师语录》卷下)，而其景象又酷似园林美的境界，这正是佛家作为“像教”的一种“天人同一”观。

在中国思想史上，以老庄为代表的道家学派，以《周易》为代表的儒家经典，董仲舒有较完整体系的《春秋繁露》，以及茹含着佛家智慧的零散语录……它们关于天人合一的论述虽互有异同，却构成了一条互为补充、互为深化的重要的思想发展线索，影响了整个古代中国的文化史、哲学史、美学史和造园史。检点和梳理这一历史的发展过程，确实可以得出这样的认识：这种“坚信人与自然的统一的必要性和可能性，乃是中华民族的思想的优秀传统”。当然，这仅仅是主要线索和传统，而并不是中国思想史的全部。此外，和中国的“天人相分”论不无负面影响一样，中国的“天人合一”论也有其负面成分。例如，一味像庄子学派那样顺应自然，以至无所作为，而不去能动地利用自然，有为地进行创造，人类社会就不可能进步，甚至会如逆水行舟，不进则退。然而，《周易》就不一样，它还强调“天行健，君子以自强不息”(《乾卦·象辞》)，这又是“泰初有为”的哲学了。

第二节　西方的历史反思与东方的生存智慧

从西方历史的总体进程来看，牛顿是一块高耸的、辉煌的里程碑，他那划时代意义的《自然哲学之数学原理》，被称为影响世界历史进程的书。该书中文译者王克迪先生在《序言》中指出：“就人类文明史而言，《原理》的发表，表明人类发展到系统全面地认识自然进而有可能利用自然和改造自然的阶段，其影响所及，在英国本土成就了工业革命……”① 从此，西方历史进入了新的工业文明时代。在这300年左右的历史中，人们凭借着科学理性和科技手段，来认识、利用和改造自然，使社会生产力突飞猛进地发展，创造了空前未有的物质文明和经济繁荣，极大地提高了人们科学认识水平和物质生活水平，给人类不断带来了幸福和欢乐，这些首先应予高度的肯定性的评价。

但是，事物发展是复杂的，它往往暗含着自己可能走向的反面，或者说，是以一种倾向掩盖着另一种倾向。这可用富于辩证意味的东方哲学著作《老子》的话来概括，是“进道若退”，或者是“福兮祸之所伏”（第四十一、五十八章）。在西方工业化、现代化的历史进程中，特别是20世纪以来，确乎凸现出一系列“进道若退”的负面现象。从主流观念的层面上看，正如美国社会人类学家查尔斯·哈珀在《环境与社会》一书中所准确地概括的工业社会的“主导社会范式”——“自然环境被评价为是生产产品的资源；人类支配自然；而经济增长比环境保护更重要”；“剥削其他物种以满足人类需求”；“财富最大化以及为这一点值得冒风险……对科学和高技术的信念是有利可图”；“假定增长没有物理（真正的）极限；伴随资源短缺和人口增长所出现的问题，可以被人类的技术发明所克服”；“人类对自然没有严重破坏”；“强调效率……快捷的生活方式”……②这些“主题范式”及其出发点，应该说都是片面的、错误的。多少年来，它们还不断地恶性膨胀，愈演愈烈。对此，西方的有识之士称之为“贪婪的社会”、“极端的时代”。

上述极端的经济增长癖、狂妄的科技拜物教，使人们利令智昏，他们不懂得科学的发展观，不懂得全面协调的可持续发展，把经济的重要性和科技的优越性绝对化了，也把人的眼前利益惟一化了。这种与天人合一整体观截然对立的狭隘机械论，无视于全人类发展的宏观的、久远的利益，导致了人类生存环境的严重恶化。如全球气候变暖，四时往往失序，臭氧层破坏，大气污染，水体污染，噪声污染，酸雨污染，垃圾泛滥，癌症患者激增，怪病流行，土地的沙漠化和盐碱化，沙尘暴频繁，水土流失，水源枯竭，农田大量减缩，森林成片减少，植被退化，动植物的种群灭绝加剧，多样性丧失，人在生物圈里愈来愈孤立，人口激增，地球上有限的资源满足不了人们无限掠夺、永不知足的物欲……

据此，美国学者里夫金、霍华德指出，科技的迅速发展在创造财富的同时，又带来了有害于人类的严重恶果：“我们的周围到处是堆积如山的垃圾，无处没有的污染：从地面冒出来，在江河里渗透，在空气中滞留。它刺痛我们的双眼，使我们的皮肤变色，肺功能衰退……我们陷入了泥潭，社会陷入了泥潭。”③ 这段描述，是对工业文明片面发展的现代社会中“进道若退”现象的真实反映。人们不顾后果的极端行为，在很大程度上改变了自然环境的生态结构，使其失去自组织、自调节、自恢复的生态功能，于是，自然界本身以及人与自然的关系统统失去了平衡。人类既然迫使自然发生异化，同时也就取消了自己在自然界永续生存的前提和权利，走上了通向自我毁灭之路。梅勒在《生态现象学》一文中痛切地慨叹：“大地母亲已经躺在特护病区的病床上！”并引一位专家的控诉：“人已经失去了预见和预防的能力，他将毁灭在他自己对地球的毁灭之中！”④这是伴随着“福莫盛

---

① 伊萨克·牛顿：《自然哲学之数学原理》，陕西人民出版社、武汉出版社2001年版，序言第1页。

② 查尔斯·哈珀：《环境与社会》，天津人民出版社1998年版，第60～61页。

③ 里夫金、霍华德：《熵：一种新的世界观》，上海译文出版社1987年版，第1～2页。

④ U. 梅勒：《生态现象学》，载《世界哲学》2004年第4期。

矣”而来的“祸莫大焉，惨莫重焉”！

正因为如此，如何认识、制止和逐步消除这类全球性的公害，如何使人类不再自食恶果，不再玩火自焚，这是严峻地摆在全人类面前，具有重大战略意义的理论问题和实践课题。

其实，早在1844年，马克思就深刻地提出了“自然界生成为人”，“人靠自然界来生活”，人类史“是自然史的一个现实的部分”等等极为重要的命题。[①] 在“人-自然”这个有机整体中，人是自然这个大系统中所生成的一个子系统，自然界是人类不能须臾离开的生存环境，因而决不能自毁生我养我的自然环境，否则就必然会受到严厉的惩罚。在19世纪，恩格斯也针对任意砍伐森林，破坏生态环境的短期行为严正地指出：

> 我们必须在每一步都记住：我们统治自然界，决不像征服者统治异民族那样，决不同于站在自然以外的某一个人——相反，我们连同我们的肉、血和脑都是属于自然界并存在于其中的……我们不要过分陶醉于我们人类对自然界的胜利。对于每一次这样的胜利，自然界都对我们进行报复……它常常把第一个结果重新消除。[②]

这一尖锐的生态批评，不但在当时具有普遍的批判意义，而且还从未来学的视角前瞻性地想到了人类的可持续发展。恩格斯反对把人类和自然界荒谬地对立起来。

哲学确乎是时代敏感的神经。早在20世纪20年代，英国著名哲学家罗素就对东、西方文明作过公正而深刻的比较。他在指出当时中国人某些重大弱点的同时，又一针见血地指出，西方人“颐指气使的狂妄自信……会产生更大的负面效果”。这位哲学家还通过深思熟虑写道——

> 中国人摸索出的生活方式已沿袭数千年，若能被全世界采用，地球上肯定会比现在有更多的欢乐祥和。然而，欧洲人的人生观却推崇竞争、开发、永无平静、永不知足以及破坏。导向破坏的效率最终只能带来毁灭，而我们的文明正在走向这种结局。若不借鉴一向被我们轻视的东方智慧，我们的文明就没有指望了……
>
> 我每天都希望西方文化的宣扬者能尊敬中国的文化……[③]

这位西方颇有预见性的哲学家，不满于西方极端的竞争、掠夺和无度的开发。他怀着对“进道若退”现象的忧患意识，回过头来拨开历史尘土，竟发现了东方智慧。当然，由于时代的限制和文化的隔阂，他不可能进一步深入挖掘，予以提炼和显示，但应该说已表现出哲学的睿智和卓越的预见。那么，东方智慧究竟应如何理解？这应如本章第一节所论，主要是“天人合一”，是“与天地相依”，是“天地人不可无一”……一言以蔽之，就是“坚信人与自然的统一的必要性和可能性”。这就是东方智慧的核心，就是东方式天人关系中所表现出来的广义深层生态学思想，而这一思想、理念，正是当今西方世界所急切关注的一个重点。试看美国哈佛大学出版社在1997年出版了《佛教思想与生态学》；1998年又出版了《儒家与生态》；2001年再出版《道家思想与生态学》……即小见大，于此可见西方视线的转向。再看西方学者的认识，美国环境哲学家科利考特认定，道家思想是“传统的东亚深层生态学”；澳大利亚环境哲学家西尔万·贝内特也说：“道家思想是一种生态学的取向，其中蕴涵着深层的生态意识，它为‘顺应自然’的生活方式提供实践基础”。[④]

---

① 马克思：《1844年经济学-哲学手稿》，第82、49页。

② 恩格斯：《自然辩证法》，人民出版社1984年版，第304~305页。

③ 罗素：《中国问题》，学林出版社1997年版，第7~8页。

④ 转引自余谋昌：《生态哲学》，陕西人民教育出版社2000年版，第212页。

他们已开始看到东方智慧的当代价值和未来价值，当然这还是浅层的、初步的。

再分别从某些领域来透视西方的天人关系史。在哲学领域，17－18世纪之交英国哲学家洛克就宣布："对自然的否定，就是通往幸福之路"。[①] 在美学领域，意大利的克罗齐于19世纪30年代所写论著中引用过一句法语："自然，这是个可恶的敌人。"[②]于此可见西方人对于自然的态度，不是否定，就是敌对。再看西方艺术领域，美国景园建筑学家西蒙德正确地指出："欧洲艺术界在艺术中背弃大自然的根本概念已有几世纪之久了，西方人想像他们自己与自然是对立的。"[③]回眸西方艺术史正是如此，俄国画家康定斯基就说过，他的艺术"愈来愈和自然的领域相分离"；荷兰的蒙德里安也说，"现代人与自然的距离已相去甚远"；等等[④]。

有些外国学者还把中国、东方和西方的天人关系作比较。罗素指出："典型的中国人则希望尽可能多地享受自然环境之美。这个差别就是中国人和英语国家的人大相径庭的深层原因。"[⑤] 他把是否享受自然环境之美作为中国人和西方人的一个重要区别。日本学者铃木大拙也指出，东方人"同自然是一体的"，而"大部分西方人则易于把他们自己同自然疏离"。[⑥] 西蒙德还指出："在西方，人与环境间的感应是抽象的，在东方，人与环境间的关系是具体的、直接的，是以彼此之间的关系作基础的。西方人对自然作战，东方人以自身适应自然，并以自然适应自身。"[⑦]这类比较，很有理论价值。特别有意思的是，早在19世纪20年代，歌德就已发现中国人"有一个特点，人和大自然是生活在一起的"，他们"经常听到金鱼在池子里跳跃，鸟儿在枝头歌唱不停，白天总是阳光灿烂，夜晚也总是月白风清……房屋内部和中国画一样整洁雅致"。[⑧] 由此可见，与西方人颐指气使地凌驾于自然之上不同，中国人和谐地生活在自然美的环境之中。歌德所描述的这种生活方式，似乎就是中国人的一种园林生活。而这种"与天地相依"的园林般的生活，恰恰典型地体现了今天世界上特别可贵的东方生存智慧，恰恰成了当代西方人也成了当代中国人一种梦寐以求的生活憧憬。所有这些比较论述，也是值得当代中国人深长思之的。

第三节　中国园林：天人合一的生态艺术典范

从20世纪中叶开始，人们鉴于环境对人类生存愈来愈严重的威胁，并通过对300年来历史的深刻反思，不断发出了"拯救地球"、"拯救人类"的急切呼吁，表达了"回归自然"、"返朴归真"的由衷渴慕；在反对当"自然之敌"的同时，竭力主张做"自然之子"、"自然之友"，并提出"生态工业"、"生态科技""生态城市"等的倡议；人们不但以生态文明批判"人类中心主义"，而且积极提出了"人地系统论"、"人地共荣论"、"人与自然协调论"、"人与动物平等论"、"可持续发展论"……于是，一系列与这些新理念相应的新学科也迅速发展起来，如环境科学、生态社会学、生态经济学、城市生态学、生

---

① 转引自里夫金、霍华德：《熵：一种新的世界观》，第21页。

② 克罗齐：《美学原理－美学纲要》，外国文学出版社1983年版，第346页。

③ 西蒙德：《景园建筑学》，台隆书店1972年版，第13页。

④ 并引自金学智：《中国书法美学》上卷，江苏文艺出版社1994年版，第136～137页。

⑤ 罗素：《中国问题》，第159～160页。

⑥ 铃木大拙：《禅与心理分析》，中国民间文艺出版社1986年版，第18～19页。

⑦ 西蒙德：《景园建筑学》，第13页。

⑧ 爱克曼辑录：《歌德谈话录》，人民文学出版社1982年版，第112页。

态建筑学、生态哲学、生态现象学、生态伦理学、生态文艺学、生态美学……还把我们的时代称为环境时代或生态学时代。相对于现代非生态的传统工业文明的主流科学，生态学又被人们称为后现代科学，并被奉为后工业社会交叉性和粘合力最强的领先科学。同时，人们又呼唤和企盼着生态批评和生态艺术，重视创作和研究生态艺术。而中国古典园林，正是最具典范性的生态艺术，最能充分体现天人合一精神和东方生存智慧的生态艺术。它虽然产生和发展于古代，却能以其"绿色启示"极大地发挥影响于后现代……

早在20世纪80年代，著名美学家李泽厚先生为本书第一版所撰写的序言中就指出：

> 现代建筑艺术界似乎在进入另一个新的讨论热潮或趋向某种新的风貌，即不满现代建筑那世界性的千篇一律、极端功能主义、人与自然的隔绝……等等，从而中国园林——例如金学智同志所在地的苏州园林，便颇为他们所欣赏。以前弗兰克·劳埃德·赖特（F. Wright）曾从日本建筑和园林中吸取了不少东西，创作了有名作品；如今在更大规模的范围内展现的这种"后现代"倾向，是不是将预示生活世界和艺术世界在下世纪可能会有重要的转折和崭新的变化呢？……如何在极其发达的大工业生产的社会里，自觉培育人类的心理世界——其中包括人与大自然的交往、融合、天人合一等等，是不是会迟早将作为"后现代"的主要课题之一而提上日程上来呢？也许，就在下一个世纪？（见本书序言）

这段言简意赅、带有前瞻性的短论，敏锐地预见了生活世界和艺术世界在20世纪末至21世纪初的重要转折和变化，预见了人类史上崭新的生态文明时代的即将到来，突出地说明了中国古典园林天人合一、人与自然交往的取向，是符合于时代未来发展的趋势的，它有助于研究"后现代"的主要课题——广义深层生态学的课题。再往前看，整个21世纪，人类亟需解决的一个重大课题，正是有效地加强环境保护，消除传统工业文明带来的严重负面影响，真正促进人与大自然的交往、融合，保证人类在地球上的"可持续发展－永续生存"……而中国古典园林及其美学对于这一课题的研究甚至解决，有着多方面的启发意义。查尔斯·哈珀在《环境与社会——环境问题中的人文视野》一书的中文版序里说，"中国如何处理自身的问题将会影响整个世界未来的前景"，"中国人民丰富的历史经验使得他们具有重要的潜力来帮助全世界认识环境问题。"① 这话是有依据，也是很有分量的。

再说歌德在论及中国人时提到了中国画，而中国画的代表就是"气韵生动"、给人以"烟云供养"的山水画，这是生态艺术的重要品种。李泽厚先生曾说，"自然美在中国是最早被发现的。中国的山水画、山水诗的出现也比西方早得多，很早就注意到人与自然的和谐统一，情感上的互相交流"。② 对于中国山水画在生态、美学等方面的价值，宋代画家郭熙在《林泉高致》中写下了如下两段文字——

> 世之笃论，谓山水有可行者，有可望者，有可游者，有可居者。画凡至此，皆入妙品。但可行可望，不如可居可游之为得。何者？观今山川，地占数百里，可游可居之处十无三四，而必取可居可游之品。君子之所以渴慕林泉者，正谓此佳处故也。
>
> 君子之所以爱夫山水者，其旨安在？丘园养素，所常处也；泉石啸傲，所常乐也；……猿鹤飞鸣，所常观也；尘嚣缰锁，此人情所常厌也；烟霞仙圣，此人情所常

---

① 查尔斯·哈珀：《环境与社会》，第1～2页。

② 《李泽厚哲学美学文选》，湖南人民出版社1985年版，第431页。

愿而不得见也……然则林泉之志，烟霞之侣，梦寐在焉，耳目断绝。今得妙手，郁然出之，不下堂筵，坐穷泉壑。猿声鸟啼，依约在耳；山光水色，滉漾夺目，此岂不快人意、实获我心哉！此世之所以贵夫画山水之本意也。

上引第一段中，郭熙提出了著名的“四可”论，还认为“可行可望，不如可居可游”，见解极为精辟。他还要求画家“以此意造”，鉴赏者也应“以此意穷之”。这是要求创作和接受双方都充分发挥审美想像的功能去“畅游”山水，领略其生态环境等等的美。中国古典园林绝大多数属于山水写意园林，它与山水画在“善”与“美”等方面有着一定的同构性，但更准确地说，中国古典园林是存在于三维立体空间的现实化了的山水画。如果真正从客观实存的视角来比较，那么，山水画只能实现“四可”中的一“可”，即“可望”，其他则必须诉诸想像；而园林则不然，除了“可望”而外，不但让人真实地“可行”，而且还能集中各地山水之“佳处”，供人真实地“可游可居”。因此，真正能让人实现“四可”的美学愿望，这是作为生态艺术典范——中国古典园林的最大优势。

上引第二段，从今天的视角解读，主要说山水这种优越的生态环境，能给人以多方面的生理、心理上的满足。不过，真正能经常置身这种环境的美好愿望，又很不易实现，于是请山水画高手“郁然出之”。就这一“合目的性”来看，可借用车尔尼雪夫斯基的美学语言说，“是再现它，充作它的代替物”①。这样，在堂室内悬挂一幅山水画，就可以“坐穷泉壑”，这在古人称之为“坐游”或“卧游”。但是，欣赏山水画的这种满足，毕竟还只是精神心理上的满足。至于现实地存在着的山水写意园林就大不相同了，它不是“依约”在目，充当生活的“代替物”，而是确确实实的立体物态存在，其中山光水色，鸟语花香，泉声石韵……就是直接在自己周围、可行可望可游可居而不是在室内“坐卧观之”的优美生态环境，它不但能给人以多方面无污染的精神心理满足，而且还能给人以多方面无污染的物质生活、生理上的真实满足。因此，与中国山水画相比，中国园林更是生态艺术的重中之重。同样还应指出的是，这种生态环境就近在咫尺，人们不必离开家门或城市，远行千百里去寻求。所以中国园林往往被誉为“城市山林”，这一特殊概念的出现，就意味着它既是对条件优越的城市生活的保留，又是对喧嚣污染的非生态的城市环境的扬弃。

对于历史上“城市山林”的孕育、诞生，本书拟以宋代诗人苏舜钦建于苏州的沧浪亭为例，在第三编第二章第二节中详论。至于这种“城市山林”所引起的特殊心理效应，以及人们对这一园林美学概念及其内涵的认同，这里先引宋、元、明、清四代吟咏苏州园林的诗句为例——

一迳抱幽山，居然城市间。（宋·苏舜钦《沧浪亭》）

人道我居城市里，我疑身在万山中。（元·维则《狮子林即景》）

绝怜人境无车马，信有山林在市城。（明·文徵明《拙政园图咏·若墅堂》）

不知城市有山林，谢公丘壑应无负。（清·徐崧《秋过怀云亭访周雪客调寄踏莎行》。按，怀云亭即今苏州北半园）

隔断城西市语哗，幽栖绝似野人家。（清·汪琬《再题姜氏艺圃》）

谁谓今日非昔日，端知城市有山林。（清·乾隆《狮子林得句》）

居士高踪何处寻，居然城市有山林。（清·王赓言《游狮子林》）

---

① 车尔尼雪夫斯基：《生活与美学》，人民文学出版社1962年版，第92页。

诗中所咏包括沧浪亭【图1，见书前彩页】在内的这些古典园林，在苏州都还作为珍贵遗产保存着。诗人们用了一个“居然”，又是一个“居然”，这是面对造园艺术家在喧嚣的城市所创造的生态奇迹——“第二自然”所发出的惊叹！这确乎是奇迹：“城市”，这是一个富于多种优势但又突出地具有非生态性劣势的现实空间；而“山林”或“幽山”、“丘壑”、“野人家”……则是另一个迥乎不同的、幽静闲适的、最富于生态优势的现实空间。这两个空间是如此地表现为二律背反：优劣相敌对，水火不互容；然而又竟是如此和谐地结合而为“城市山林”这样一个有机整体，结合而为一个被城市喧嚣所包围的清静绿地，一个“居尘而出尘”的生态艺术空间。而正是这个特定的生态艺术空间，真正实现了中国文人历来所渴慕的“结庐在人境，而无车马喧”（陶渊明《饮酒》）的最高美学理想。

再看古代园林里天人融和、物我同一的生活境界，见于古代诗文例如——

一片瑟瑟石，数竿青青竹。向我如有情，依然看不足……莫掩夜窗扉，共渠相伴宿。（唐·白居易《北窗竹石》）

鸥鸟群嬉，不触不惊；菡萏成列，若将若迎。（宋·蒋堂《北池赋》）

懒云仙，蓬莱深处恣高眠……林泉爱我，我爱林泉。（元·吴西逸《殿前欢·懒云窝》）

更喜高楼明月夜，悠然把酒对西山。（明·米万钟《勺园》）

鸟似有情依客语，鹿知无害向人亲。（清·承德避暑山庄乾隆《山中》诗碑）

十笏茅斋，一方天井，修竹数竿，石笋数尺……非唯我爱竹石，即竹石亦爱我也。（清·郑板桥《竹石》）

这里，人和自然双向交往、融合，不但可用马克思的话说，“植物、动物、石头、空气、光等等……都是人的精神的无机自然界”，都是“人的无机的身体”[①]，亦即自然似乎就是人，而且人也似乎就是自然。这种天人双向交融的园林生活——“幽栖”，既可说是“自然的人化”，也可说是“人的自然化”，也就是人向自然真正意义上的回归。

上引诗文还暗示给今人这样一条逻辑推理：既然人们如此多情地爱恋竹石、鸥鸟、荷花、林泉、山岭、麋鹿……感到看个不够，希望形影不离，把它们当作好友、知音、心灵的安慰，要和它们悠然相对，共伴而宿，那么，就必然不会去惊扰它们，触犯它们，伤害它们，一句话，就必然不会去毁坏自然；相反，必然会关怀备至地善待自然，善待生命乃至善待地球。从这个天人关系出发，又很容易理解，中国园林里的树木为什么不像西方园林那样，修剪加工成齐整一律的几何造型？或者说，为什么不像西方园林那样，“把大自然改造成为一座露天的广厦”[②]？究其深层的原因、重要的哲学根源，是要“辅万物之自然而不敢为”（《老子·六十四章》），哪怕在细小的环节上也“无以人灭天”（《庄子·秋水》）；是要遵循“万物不伤，群生不夭”（《庄子·缮性》）的顺应自然、不干预自然的原则。当然，本书并非主张园林里不能适当修剪树木，或据此以贬抑西方园林的风格美，这里主要想据此初步指出中、西园林的本质区别。

关于生态方面还应说明的是，本书20世纪80年代江苏文艺出版社的书稿中就设专节论述了“绿色空间与生态平衡”等等生态美学问题，这些也是作为生态艺术典范的中国古典园林价值群体中非常重要的组成部分，但今天本书仍拟将其置于“花木之美”等有关专章中加以进一步更新和详论，此处不再赘述。

---

① 马克思：《1844年经济学－哲学手稿》，第82、49页。

② 黑格尔：《美学》第3卷上册，商务印书馆1979版，第105页。

第二章　中国古典园林的文化学未来学价值

——园林美的“绿色启示”之二

中国古典园林的文化学价值，最突出地体现在其中多处代表性园林被批准列入《世界遗产名录》，这是中国园林发展史上值得大书特书的事。1972 年，联合国教科文组织（UNESCO）正式通过了《保护世界文化和自然遗产公约》，中国政府于 1985 年加入《公约》。时至今日，中国已有 29 处胜迹被列为世界遗产，从而成为名列前茅的遗产大国。世界遗产主要可分为文化遗产和自然遗产两大类。中国的多处古典园林，均被世界遗产委员会以文化遗产列入《世界遗产名录》。历年批准情况如下：

1994 年，承德避暑山庄及周围寺庙以文化遗产列入《世界遗产名录》；

1997 年，苏州古典园林的典型例证——拙政园【图 2，见书前彩页】、留园、网师园、环秀山庄共 4 处以文化遗产列入《世界遗产名录》；

1998 年，北京颐和园以文化遗产列入《世界遗产名录》；

1998 年，北京天坛以文化遗产列入《世界遗产名录》；

2000 年，苏州沧浪亭、狮子林、艺圃、耦园及吴江退思园等 5 处作为苏州古典园林扩展地以文化遗产列入《世界遗产名录》；

2001 年，拉萨的罗布林卡作为布达拉宫扩展地以文化遗产列入《世界遗产名录》。

以上多处先后被荣耀地列为世界文化遗产的中国古典园林代表物，既是自然的赐予，更是历史文化的积淀；既是中华民族的艺术瑰宝，更是全人类共同的珍贵财富。它们不但在全人类面前提升了自身的文化形象，而且提升了作为世界园林重要源流之一的中国古典园林整体的文化形象。此外，苏州的昆曲也被联合国教科文组织列入首批“人类口述和非物质遗产代表作”。

2004 年 6 月 28 日至 7 月 7 日，第 28 届世界遗产大会又在中国的一个遗产地——苏州召开，世界各国，嘉宾云集，这是意义非凡的全球性盛会。中国古典园林通过这些代表物，在全人类面前进一步确确实实地显示了自己美轮美奂、格高韵雅的风采和生态学、文化学的价值以及世界性的意义。

从这一视角扩展开来看，中国古典园林已整体地显示出了它那独一无二的优异性，其中既包括已入《名录》的，又包括未入《名录》的；既包括现今实存的，又包括历史上已消失、仅见于文献的……它们统统都是现实的或书面文化遗产。中国园林美学不但有必要全力研究其优异的自然生态性，而且也有必要全力研究其优异的、浓郁而隽永的精神文化生态性。

第一节　园林的精神文化生态与人性归复

传统工业文明片面的乃至极端的发展，对自然“改天换地”的无情征服，经济增长癖、科技拜物教和极端短视行为的广泛流行……其后果不但使自然异化，而且也往往使人自身的人性异化，从而使文化土壤和自然土壤一样地变性，使人性也同样地沙漠化。从现代世界史的普遍进程来看，物质文化和精神文化的增长似乎是反比例地发展的，物质层面愈繁荣、愈富足，精神层面就愈枯萎、愈贫困，或者说，人们的精神文化环境像自然环境一样地受到了严重的污染，这是人类惨重地付出的又一笔巨大的代价——精神文化生态的代价。试看西方一些著名学者的论述——

> 我们已经征服了世界，但是却在征途中的某个地方失去了灵魂。(L. V. 贝塔朗菲)
>
> 现代人征服了空间，征服了大地……但是所有这些伟大的胜利，都只不过在精神的熔炉中化为一滴泪水！(J. 乔依斯)
>
> 我们的灾难在于：它的物质发展过分地超过了它的精神发展。它们之间的平衡被破坏了，在不可缺少强有力的精神文化的地方，我们则荒废了它。(A. 史怀泽)
>
> 20 世纪尽管拥有物质的繁荣、政治与经济的自由，可是在精神上 20 世纪比 19 世纪病得更严重。(E. 弗洛姆)①

以上论述，都凸现了伴随着现代工业文明发展而来的人性的异化、精神的贫困和文化的荒芜，这同样可以用《老子》中的“进道若退”来概括。当然，上引论述言辞不免激烈，语气过于尖刻，但可谓一针见血！这种精神文化方面的异化、贫困和荒芜，其具体的表现如：人们较普遍地缺乏真正的有品位的文化素养，不正常的、无顾忌的极度消费，城市病流行，物欲横流，金钱至上，生活无聊，精神空虚，人际冷漠，心理变态，追求刺激，价值崩溃，信仰危机，虚无主义，道德沦丧，为满足无穷物欲而不择手段……凡此种种，都是与自然生态严重失衡相伴而生的精神文化生态的严重失落。迪维诺指出：“在现代社会中，精神污染成了越来越严重的问题……人们成了文明病的受害者……而社会心理的紧张则导致人们的不满，并引起了强盗行为、自杀和吸毒。”② 这类失衡与失落，唤起了包括思想家在内的有远见人们的忧患意识、未来焦虑和生态关怀，故而哲学家海德格尔援引荷尔德林的诗，提出了应该“诗意地栖居”的著名命题，并引起了世界性的广泛回响。而这一命题，与中国古典园林的生活境界却是完全相通的，几乎可以作为海德格尔著名命题的典型例证。

20 世纪，笔者在苏州古典园林申报世界文化遗产“专栏”里，对苏州园林的生态价值和审美文化价值有如下评价：

> 苏州园林……是自由布局的典型，天然图画的标志，生动气韵的范例，淡雅色调的代表，突出地体现了庄子学派的自然理念，“四时得节，万物不伤，群生不夭”(《庄子·缮性》)，又具有“澹然无极而众美从之”(《庄子·刻意》) 的审美特色。在苏州园林里，景物参差错落，天机融畅，自然活泼，生意无尽，而建筑物的粉墙黛瓦，不但富于黑白文化的历史底蕴，而且抚慰人的眼目，安宁人的心灵，使人“见素抱朴”，“不欲以静”(《老子·十九章》)。在苏州园林，游息于柳暗花明的绿色空间，盘桓于人文浓郁的楼台亭阁，品赏于水木明瑟的山石池泉，徜徉于曲径通幽的艺术境界，人们会感到无拘无束，逍遥自在，清静闲适，悠然自得，也就是说，能在布局的自由中获得身心的自由，在生态的自然中归复人性的自然，自然美和人性美通过园林艺术美而交融契合……③

中国园林极富供人栖居的诗意，其精神文化生态和自然生态是互补共生、相与融和在一起

---

① 以上均转引自鲁枢元：《精神生态与生态精神》，南方出版社 2002 年版，第 1 ~ 2 页。

② P. 迪维诺：《生态学概论》，科学出版社 1987 年版，第 333 页。

③ 载《苏州园林》1997 年第 1 ~ 2 期。

的。也可以这样说，今天在被自然环境和精神文化环境双重污染所包围的清净绿地——中国古典园林里，自然美的抚慰，高雅精神文化的陶冶，会有效地帮助人超尘脱俗，清心散忧，澡雪精神，净化灵魂……如是，人性就可能回归，心智就可能恢复，人们就有可能实现全面协调的发展。中国古典园林对人的这种审美净化功能，或者进而说，对人和自然双重异化的扬弃功能，最凸显地体现在各地园林的景点或其他品题上。试以世界文化遗产地的古典园林为例，部分地遴选集纳如下：

在苏州，畅园有"涤我尘襟"；怡园有"隔尘"、"抱绿湾"、"四时潇洒亭"；留园有"缘溪行"、"又一村"、"活泼泼地"、"白云怡意，清泉洗心"；拙政园有"听雨轩"、"荷风四面"、"柳荫路曲"、"志清意远"；网师园有"蹈和馆"、"月到风来亭"；艺圃有"浴鸥池"、"响月廊"；耦园有"山水间"、"无俗韵轩"；狮子林有"真趣"、"幽观"、"暗香疏影"；沧浪亭有"自胜轩"、"面水轩"、"观鱼处"……

在北京，颐和园有"画中游"、"水木自亲"、"烟霞天成"、"须弥灵境"、"湖光山色共一楼"；北海有"静心斋"、"濠濮间"、"得性轩"、"春雨林塘"、"烟云尽态亭"；中南海有"怀抱爽"、"流水音"、"溪光树色"；紫禁城御花园有"位育斋"、"养心斋"；乾隆花园有"素养陶情"、"惬志舒怀"……

在承德，避暑山庄康熙题三十六景有"烟波致爽"、"水芳岩秀"、"莺啭乔木"、"无暑清凉"、"万壑松风"、"澄波叠翠"、"青枫绿屿"、"云山胜地"……

至于北京已毁的圆明园，更可谓集大成，如"纳翠轩"、"蔚然深秀"、"绿满窗前"、"云水空明"、"松竹清吟"、"香远益清"、"桃源深处"、"清晖娱人"、"水天相与永"、"天地一家春"、"无边风月之阁"，以及"抑斋"、"静悟"、"养性"、"凝神"、"乐安和"、"戒定慧"、"得自在"、"天真可佳"、"清虚静泰"、"澡身浴德"、"洗心观妙"、"深柳读书堂"、"心怡身自安"、"池水共心月同明"、"胸中常养十分春"……圆明园不愧为"万园之园"，其景构品题使人如行山阴道上，耳目应接不暇，可谓"郁郁乎文哉"了。

本书之所以不厌其烦地对此加以集录，是为了以丛证的方法，集中展示中国古典园林美"绿色启示"在文化生态方面所含茹的种种特征：诗意的本真性、审美的直观性、景象的丰饶性、哲理的深永性以及绿色的优越性……。这种"启示"，引人入胜地通过美的意境和理趣，把人导向自然生态以及精神文化生态无比丰饶的理想境界，从而帮助受自然异化和精神异化侵害的人们实现双重"补益"、"修复"。这种"诗意地栖居"，是一种最佳意义上的人文关怀和人性归复，用著名哲学家海格德尔的话说，"这种诗意一旦发生，人便人性地栖居在这片大地上"①。

古代哲人云："居移气，养移体"（《孟子·尽心上》）。这两个"移"字，恰恰可用作中国古典园林给予人的这种身心"双重补益、修复"的新解，因为它既极有利于养，又极有利于居。在20世纪90年代，笔者就曾试图从本质方面对中国古典园林的"颐养"、"补益"、"修复"功能提出如下看法：

> 普遍地说，任何艺术无不具有养生功能，但是，园林的养生功能无论从广度来说，还是从深度、高度来说，它都优于其他门类艺术。中国古典园林，可说最初就是

① 《海德格尔选集》上卷，三联书店1996年版，第480页。

为游乐养生而诞生的，以后不断发展，趋于成熟，成为一门全面为养生、纯粹为养生的独特艺术。直至今天，它的养生价值不但具有现实的意义，而且还具有未来学的意义，可供21世纪多方面参考借鉴。①

这里的“养生”，既是指自然生态方面的颐养，又是指精神文化生态方面的颐养。具体地分而言之：园林生活的“养移体”，主要是说人们可以凭借园林“绿色空间”自然生态的绝对优势，用以祛除在园外包括环境污染在内的种种自然异化对自身的侵害，使身体逐步恢复健康，与环境取得平衡协调；至于园林生活的“居移气”，就是说人们又可以凭借园林的“绿色文化空间”的多种生态优势，来洗尘涤襟，静心养性，悦志畅神，澡身浴德……从而涤除在园外种种精神污染对自己心灵的侵蚀，或者说，进行精神文化上的“自我修复”，使心灵逐步恢复生态健康，从而实现对人性异化的扬弃。作为大型综合艺术的中国古典园林，不但是极佳的自然生态绿色空间，而且是高度优化、集中化了的精神疗养院。《庄子·外物》说：“静然可以补病”。园林的“幽栖”静境，不但可以帮助人们修复由于缺乏自然生态颐养所导致的身体疾患，实现“养移体”，而且可以帮助人们修复由于缺乏精神文化生态颐养所导致的疾患，实现“居移气”，而所谓“移气”，也就是人们常说的“变化气质，陶冶性灵”。据此，中国园林美学移植郭熙“四可”的山水画论，还可以增加一“可”，成为“五可”，这就是：可行，可望，可游，可居，可养——生理、心理的颐和、修养。当然，这种自然、人性异化的双重扬弃，这种对人的生理、心理损伤或疾患的双重祛除，并不是万能的，它更多地是一种有效的、导向性的“绿色启示”。

再从文化休闲的视角看，在商品经济、高新科技时代，如查尔斯·哈珀所指出的“快捷的生活方式”已成为主流，生活节奏愈来愈快速，生存竞争愈来愈激烈，人际关系愈来愈紧张，物质刺激愈来愈强烈，人们的身心愈来愈感到疲惫不堪，而大脑的弦始终绷得紧紧的……人们往往适应不了这种无度的或持久的紧张刺激。“久在樊笼里，复得返自然”（陶渊明《归园田居》）。人们从心底发出呼声：要求放慢节奏，要求超脱，要求休闲！他们希冀无拘无束、逍遥自在的适意人生，向往有一个清静闲适，悠然自得的绿色空间！这种强烈的意向，也不在海德格尔所概括的“诗意栖居”的命题之外。而这种理想空间的最高典范，就是中国古典园林。试看古代文人笔下令人神往的园林生活——

逍遥相羊（同“徜徉”），唯意所适，明月时至，清风自来，行无所牵，止无所柅（遏制），耳目肺肠，悉为己有，踽踽焉，洋洋焉，不知天壤之间复有何乐可以代此也。（司马光《独乐园记》）

花鸟泉石，领会无余。每适意时，相羊小园，殆觉风景与人为一。（张镃《赏心乐事序》）

清池流其前，崇丘峙其后……闲轩静室，可息可游，至者皆栖迟忘归，如在岩谷，不知去尘境之密迩也……余久为世驱，身心攫攘，莫知所以自释，闲访因公于林下……觉脱然有得，如病暍人入清凉之境，顿失所苦。（高启《师子林十二咏序》）

在园林美的生态王国里，从心情放松、无所牵挂开始，缓步徜徉，自由自在，唯意所适，和谐自得……这种“得至美而游乎至乐”（《庄子·田子方》）的休闲、愉悦、超越，近似于庄子式的逍遥游，于是，或感受到了天地间无以替代的至乐；或进入了身心解脱，超然忘机

① 金学智：《园林养生功能论——艺术养生学系列论文之三》，载《文艺研究》1997年第4期。

的境界；或获得了实现天人合一和谐理想的欣悦……。李泽厚先生曾指出，天人合一“不仅是环境保护、生态平衡、人体生理如何与大自然相调协的问题，而且还涉及如何使人的心理、精神状态与大自然相一致、合节拍之类更深刻的问题。”[①]上引三则文字所描述的园林体验，为这一理论提供了有价值的例证。

再降至普泛层次上说，休闲早已成为世界性的潮流。在我国，20 世纪末叶就实行了每周双休制，人们日益关注自身的休闲生活的品位和质量，“休闲”已成为一种时髦语深入到生活的每个角落；而在 21 世纪的今天，文化休闲在人们生活中更占有重要的地位。时代已把休闲及其理论问题提到了议事日程上，而中国古典园林恰恰是地道的休闲艺术，仅看扬州、苏州园林史上，就出现过许多以“休闲”及其近义词来题名的园林，如休园、息园、逸园、闲园、闲圃、闲止山房……其园名就揭示了园林的文化休闲价值。对于休闲，本书初版就辟有专节，生发了古希腊亚里士多德的闲暇学说，总结了中国古代文人在精神家园中充分显露闲情逸致的合理内涵，归纳出“闲静清和的接受心境”等有关精神生态美学和文化休闲美学的理论，而这在当代和未来也许不乏其参考价值。

第二节　中国古典园林生命拓展的未来取向

中国漫长的古代史，早已随着清王朝的退出历史舞台而宣告结束，历史的车轮也早已驶入了现代阶段。那么，产生于古代的特别是留存至今的中国古典园林，其生命是否也随之而终止呢？十余年来，答案大体有两种。

第一种，认为早就应该让其生命终止，这就是影响颇大的《园林与中国文化》一书的观点。纵观该书，它极力夸赞秦汉、盛唐皇家园林的规模宏大，认为中唐之后直至明、清的园林，则进入“面目日益猥琐不堪”，“令人难以忍受”的“困境”，“一天天向‘最低的境界’蜕化”，在“挣扎中急遽颓败”，是“回光反照”，“日趋僵化”……并举现存实例说，“承德避暑山庄全园面积仅为五平方公里，与汉唐宫苑的规模相比自然是名副其实的‘芥子’”；北京颐和园“佛香阁的巍峨反而突出了整个建筑群的不和谐”；苏州拙政园中部“高仅盈尺”的土丘太小，是“壶中天地”，“拙政园西部……艺术水平”更是“粗俗拙劣”；留园的濠濮亭，“体量本已很小”，是“羁天拘地”，“画虎类犬”，“灵秀全无”；沧浪亭“山体与整座园林极有限的空间……”的和谐比例“不复存在”，等等，总之毫无价值可言。再扩大而言之，宋代以来包括园林在内的传统文化，已“没有任何向外的能量辐射”，“它最终可能演化为‘黑洞’”。与此相应，园林必然“彻底地丧失了进一步发展所必需的空间和活力”，而文人们造园的“努力对于后人来说……是一种历史的灾难”，因此，应“尽早从它身上卸下民族进步的重负”。这也就是说，中国这些古典园林及其代表物早就应该“让它安安静静……躺到博物馆”里去，“如同……苏州园林已经做过的那样”。[②]

其实，这种以空间大小和时代先后作为园林评价的标准，不但是一种绝对的机械论，而且从本质上看，夸赞汉、唐大型的宫苑，是一种以国力盛衰来评园品艺的政治决定论，

---

① 《李泽厚哲学美学文选》，第 64 页。

② 并见《园林与中国文化》，上海人民出版社 1990 年版，1995 年第 4 次印刷，第 709、744、714、177、716、180、716、181、731 、716、610、746、747 页。

据此推理，亡国之主李煜短小的词比起汉大赋来，更是微不足道了。这种逻辑是站不住脚的。退一步说，即使以时代、空间为标准，该书也不能自圆其说，因为前后不符合于逻辑同一律。如该书赞赏唐太宗李世民的《小山赋》，肯定这是“很大进步”，然而此赋所写的“微山”、“一围”、“寸中孤嶂连还断，尺里重峦欹复正”，空间不是更小吗？为什么它出现在初唐就不加以否定？相反，还肯定它“具有深远的空间层次和复杂的空间关系”。①其评价的空间标准和时代标准不是自相矛盾了吗？再从园林史上由初唐往前推，南北朝庾信的《小园赋》早就写道：“欹侧八九丈，纵横数十步”，“一枝之上，巢父得安巢之所；一壶之中，壶公有容身之地”。可见“壶中天地”之小，恰恰是更早地产生于唐代之前，而不是在中唐、宋代以后。何况《小园赋》影响颇大，还直接影响了李世民的《小山赋》。实事求是地说，此二赋自南北朝贯穿至初唐，均已体现出“壶中天地”的空间美学。何况帝王作品的影响更大，它决不会跳过初唐和盛唐而直至中唐。其实，盛唐诗人杜甫的《累土为山承诸焚香瓷瓯》诗就写到“一匮功盈尺”，这更是一首“高不盈尺”的“小山赋”。又如与杜甫同时代的李华，其《贺遂员外药园小山池记》也写道：“十指攒石而群山倚蹊……若云天寻丈，而豁如江汉。以小观大，则天下之理尽矣。”这都是地道的“壶中”空间美学，但它和杜甫诗句一起，都偏偏出现于盛唐，可见它并不仅仅是“中国古典园林在中唐以后的基本空间原则”。

再从艺术美的视角看，大小并不是评判优劣的标准，王国维《人间词话》就以杜诗为例指出：“境界有大小，不以是而分优劣。‘细雨鱼儿出，微风燕子斜。’何遽不若‘落日照大旗，马鸣风萧萧’？”堪称至论。美总是丰富多样、不拘一格的，境界恢宏、气势雄伟的阔大固然是一种美，而壶中天地、芥纳须弥的细微也可以是一种美。李泽厚先生就指出，“中国艺术希望小中见大，要求有限中见无限。例如在很小的园林中，总希望把自然界弄进来”②。陈从周先生在《苏州环秀山庄》一文中，也极赞该园湖石假山的“以有限面积造无限空间”，“洞壑深幽，小中见大”③。笔者也曾在书中以专节重点论述过苏州园林里以这种“芥纳须弥”著称于世的山水构成④……以上是对第一种观点的简介和有关评述。

至于第二种观点，认为中国园林的古典时期虽已结束，但中国古典园林的生命却并未因此终止，相反仍有其不可限量的生命力，这是绝大多数人的看法。

本书1990年初版结束语中就写道：“本书不同意对包括中国古典园林及其美学在内的传统文化加以全盘否定的虚无意识”。当然，“在总体上继承作为传统文化之一的中国古典园林及其美学的同时，又必须用分析的态度、批判的眼光予以考察、鉴别、挑选、剔除……”同时更由衷地盛赞道：中国古典园林，“这是美的荟萃，史的积淀，是祖国锦绣河山的缩影，中华民族艺术和科技的骄傲！在新的时代里，它又不断地走向街头，走向院落，走向室内，走向农村……它以其艺术实践证明自身不但有其灿烂辉煌的过去，而且有其蜚声中外的现在和几乎无限的未来！”⑤

在21世纪，在经济繁荣、生活质量大幅度提高的今天，在中国古典园林的世界性影

---

① 《园林与中国文化》，第119页。

② 《李泽厚哲学美学文选》，第431页。

③ 陈从周：《园林谈丛》，上海文化出版社1980年版，第49、50页。

④ 详见金学智：《苏州园林》（苏州文化丛书），苏州大学出版社1999年版，第55~73页。

⑤ 金学智：《中国园林美学》，江苏文艺出版社1990年版，第588~589页。

响极大地扩展的今天，在呼唤生态精神、寻求可持续发展的今天，对于笔者上引的观点，特别是其中对于中国古典园林生命拓展和未来走向的有关提法，更应该以十余年来的社会实践特别是造园的具体事实进行检验。这里拟以园林之城的苏州作为个案，对上述几个“走向”作一简要的论证。

一、走向街头、绿地

苏州作为古典园林的遗产地，其市容由于不断受园林生命光辉的强烈辐射而颇有改变。如古城区的街头绿地，较少有具象乃至现代抽象的城市雕塑，而更多是代之以太湖石立峰的“抽象雕塑”。这些湖石立峰，“瘦漏生奇，玲珑安巧”（计成《园冶·掇山》），以别致的园林小品点缀了作为园林城市的苏州。又如公交车站，大抵被建成亭廊结合式，屋顶为卷棚歇山造或悬山造，檐有万川挂落，内挂流苏宫灯，墙有漏窗花窗或空窗洞门，甚至柱上悬挂楹联，坐凳则为“美人靠”，凡此种种，颇凸现出苏州古典园林的艺品雅趣，它们和街坊商店构成了古韵今风相映成趣的宜人景观。尤其是棋布于市内大街小巷的一个个苏式“小游园”，以及环城河畔长长的园林风光带，修篁一丛，湖石三五，游廊屈曲，绿树参差，亭轩翼然，低栏临水……这类建构，在总体上亦颇饶苏园风致。当然，这些尝试有时不免巧拙互见，与城市环境不一定都十分协调，但它们对于作为苏州园林群体的外环境来说，都可看作是一种围拱环绕，一种多向延伸，一种外射生命力的物化。“众美辐辏，表里发挥”（刘勰《文心雕龙·事类》），这些“环绕”、“延伸”和苏州古典园林一起，显示了作为遗产地苏州浓郁的园林情调和古色古香的艺术氛围。

二、走向新的私家院落、庭园

这既是指私家院内植以花树景石，缀以园林小品，从而构成包括窗景式、天井式乃至庭院式等小景在内的一类较为普遍的现象，同样也是指有一定规模的私家园林的营造。后者如苏州市里氤氲着金石气的翠园、吴江以石文化独领风骚的静思园等等。十余年来，苏州私家造园构景，蔚为风气，这是当地经济、文化发展而又接受苏州园林的“绿色启示”的表现之一。宋人李格非《洛阳名园记》有名句云：“园圃之兴废，洛阳盛衰之候也。”这揭示了“盛世造园”的历史规律。当然，今日之苏州，不同于昔日之洛阳，但其理是相通的。

三、走向公共建筑的内、外环境

如图书馆古籍馆、一系列博物馆以及一些公共建筑乃至高级宾馆室内空间的陈设布置，也颇受苏州古典园林风范的影响。同时“因内而符外”（《文心雕龙·体性》），还扩展至建筑的格调、整体的布局以及室外的环境，这些也都受到苏州古典园林的种种影响。当然，其中又融进了现代的材料技术和新的造型风格因素，表现出传统文化、时代特色和未来趋向三者的结合。

四、走向住宅小区

这除了表现为街坊改造处处隐现着苏州古典园林的影响外，还表现于房地产开发，这是又一种值得注意的时代新走向。典型案例如“姑苏城外寒山寺”（张继《枫桥夜泊》）旁的江枫园，其大园之中，包孕着一百多个由黛瓦粉墙围合而成的苏式宅园。其宅外有系列景点，宅内有大小景观，构成了“园外有园，园中有宅；宅外有园，宅中又有园”的包容性群体格局。其园中住宅建筑，外苏内洋，外古内今，内部空间处理较之古典园林住宅远为合理，适宜于现代人居住，这既是对传统的超越，又是对传统的回归。该园不但以著名的寒山寺、枫桥、唐塔为借景，而且园中公共景点有“淇泉春晓”、“莲池鸥盟”、“霜天钟籁”、“寒山积雪”【图3】、“顽石悟禅”、“梅坞寻诗”等八景。从题名看，前四景就体现了庄子学派“四时得节”的观念。该园实践了“回归自然，天人合一；回归文化，人文合一”的自然生态原则和文化生态原则，其理念是发人深思地指向未来的。上海的颐景园、杭州的颐景山庄等也进行了引入苏式园林作为亮点的有益尝试和大胆开拓，它们或营造优美、宜人的苏式园林别墅，或营造系列性苏式园林公共景点，意蕴丰永，气魄宏大，中西合璧，古今一脉，并不断向佛山、淄博等地辐射，这仅从发展空间来看，也无疑显示出一种未来学的活力和前景。当然，在多元化的房地产开发中，和苏州或他地古典园林的融合仅仅是其中有生命力的一元，这是无须赘言的。

图3　冬岭秀孤松——苏州江枫园“寒山积雪”景观（毛伟国摄）

五、辉煌地走向世界

周维权先生在《中国古典园林史》一书的自序中满怀深情写道：

> 中国古典园林作为古典文化的一个组成部分，在它的漫长发展历程中不仅影响着亚洲汉文化圈内的朝鲜、日本等地，甚至远播欧洲。早在公元6世纪，中国的造园术经由朝鲜半岛传入日本……18世纪中叶……欧洲人开始知道在遥远的东方存在着一种与当时风行欧陆的规整式园林全然不同的中国造园艺术，犹如空谷足音在欧陆引起强烈的反响，开启了欧洲人研究中国园林、仿建中国园林的风气。英国皇家建筑师钱伯斯曾经游历中国，归来后根据他的见闻著书立说宣扬中国园林，仿建中国园林，逐渐形成造园的

新风，又从英伦三岛传播到欧陆，时兴于当时欧洲许多国家的宫廷、府邸。①

这是对世界造园史上独树一帜的中国古典园林广泛深远影响的简要概括，说明了它早已被学术界公认为是世界上自由式、风景式园林的历史渊源。

两个多世纪过去了，中国古典园林更是饮誉世界，蜚声全球。这除了一次次被辉煌地列为世界文化遗产外，除了一次次被世界很多国家汲取、借鉴、模仿、融合外，还表现为一次次地走俏出口，并在西方很多发达国家和其他地区国家赢得了不绝的赞颂，它凸显了以其生命力向世界多方辐射的极为喜人的发展态势。

以苏州园林的世界走向来看：1980 年，以苏州网师园殿春簃庭院为范本，在美国纽约著名的大都会艺术博物馆里建成了风格疏朗淡雅的“明轩”，这是历史上第一个出口走向世界的中国园林。对此，著名作家丁玲在访美时所写的《纽约的苏州亭园》一文中盛赞道：“苏州亭园就像一幅最完整、最淡雅、最恬适的中国画”，“好似洗净了生活上的繁琐和精神上的尘埃，给人以美，以爱，以享受……”这种结合着生态学的美学评价，真可谓园林知音！再如 1986 年，在加拿大温哥华建成的“逸园”，荣获国际城市协会特别成果奖、杰出贡献奖；1992 年，又在新加坡裕廊公园内建成了与盆景相结合的“蕴秀园”；1993 年，在美国佛罗里达州建成了“锦绣中华园 · 苏州苑”；1994 年，在日本金泽市和池田市分别建成了“金兰亭”、“齐芳亭”，均作为双方文化交流的项目，园林又成了中外友谊的象征；2000 年世纪之交，在美国俄勒冈州波特兰市唐人街建成了“兰苏园”，这是友好城市的又一项友好工程。此外，苏州还曾赠给该市一特大湖石立峰，题为“奇石通灵”，置于市政厅前的广场，这又是把中国联系着《红楼梦》的石文化，进一步辐射到西方世界……其生命力可谓强矣！

至于全国古典园林的出口，如 1983 年以岭南园林为主要范本的“芳华园”，在德国慕尼黑国际艺展压倒群芳，荣获联合大会金质奖和德意志联邦共和国大金奖；又有以北京北海静心斋为范本在英国建成的“燕秀园”，还有在荷兰建成的“名胜宫”；在马耳他桑塔露西亚建成的“中国园”……

与这一系列成果、荣誉相伴生的，是这些国家、地区又一次经久不衰地兴起的中国园林热。这一系列胜于雄辩的事实，说明了中国古典园林决不是“没有任何向外的能量辐射”，更不是“彻底地丧失了进一步发展所必需的空间和活力”，而恰恰是相反，其前程如鲲鹏万里，不可限量。

中国古典园林以其优越的自然生态与丰饶的精神文化生态之和谐结合辐射于当代，指向着未来。它除了具有生态学、文化学、未来学价值而外，还具有哲学、美学、艺术学、养生学、历史学、文博学、建筑学、园艺学、工艺学、技术科学等多种价值，难以一一列举。因此，我们不但应认真保护祖国这一文化遗产瑰宝，在继承的基础上进一步充分发挥其多种价值潜能，而且还应深入研究其多方面的价值意义及其结构、规律……使之上升为系统理论。本书作为园林美学专著，不可能面面俱到地展开论述，而只能以园林美学研究为主，同时，根据时代特点和未来需要，糅合生态学、文化学以及其他方面价值研究，力求建立一个完整的，既有学术自律性，又能体现时代走向和创新特色的中国园林美学理论体系。

---

① 周维权：《中国古典园林史》，清华大学出版社 1993 年版，第 V 页。

第 二 编

中国古典园林美的历史行程

振叶以寻根，观澜而索源。

——刘勰:《文心雕龙·序志》

这种传统并不是一尊不动的石像，而是生命洋溢的，有如一道洪流，离开它的源头愈远，它就膨胀得愈大。

——黑格尔:《哲学史讲演录》

历史是一条永恒的、滚滚不尽的长河。现实里和艺术里千姿万状、形形色色的美，在这条长河里诞生、拓展、幻变、演化、沉淀、流动……它们不断地积累起来，构成各种美的历史传统，并给予后世以深远的、多方面的影响。

现实和艺术中生命洋溢的流动之美，总有它的源头，也总有它的发展。黑格尔说，离开它的源头愈远，就膨胀得愈大。这不仅揭示了“源远”和“流长”的历史联系，而且揭示了“源远”和“势大”的历史联系。黑格尔这一辩证的思维方式和历史主义的观点，可作为我们回顾中国古典园林美的历史行程的参照。

从艺术发生学的视角看，中国古典园林萌生极早，尽管当时只具有原始状态。之后，它又经过了极为漫长的美的历史行程，最后，终于在古代史的晚期臻于成熟的境界——开出烂熳之花，结出丰硕之果，形成为一代不可企及的高峰。

要对中国古典园林①的历史行程作美学的回顾，要接受和发展中国古典园林美这份珍贵的历史文化遗产，首先碰到的是园林史的分期问题。中国古典园林美按其发展、流变的特殊性，大体上可分为三个大的历史阶段：一、秦、汉以前；二、魏、晋至唐；三、宋、元、明、清。以下分别就这三个大的历史阶段作一些轮廓性的美学描述。

---

① 中国古典园林以其所有权亦即当时的属性为逻辑标准，主要可分为——

（一）皇家园林：严格地说，这应是指秦始皇以来皇帝或皇室所私有的园林，但本书还包括先秦时代属于王或王室的园林。这在古籍中称为台、囿、苑、宫或园，本书有时统称之为“宫苑”。它又可分为大内御苑和行宫御苑或离宫御苑，前者建于皇城或宫城内，现存的如北京的北海、紫禁城御花园；后者则建于近郊或远郊，如河北保定的莲池行宫、承德的避暑山庄（热河行宫）。

（二）私家园林：指除皇家、王室而外，为士宦商贾私人所有的园林，其所有者可下至普通文人，上至王侯将相。本书主要指中上层的文人园林。古籍中称之为园池、园墅、园亭、山庄、山亭、山林、山池、池馆、别业、山房……但也常称园林，本书有时统称之为“宅园”。如苏州的拙政园、扬州的个园、北京的恭王府花园——萃锦园、广东顺德的清晖园。

（三）寺观园林：包括佛寺园林，本书有时称之为“寺园”，如北京碧云寺、苏州虎丘；道观园林，如北京白云观、四川青城山古常道观。寺观园林还包括其周围园林化的山林环境。

（四）公共园林：如杭州西湖、扬州瘦西湖、济南大明湖。它们一般由风景名胜区不断增添人文景观而形成。

此外，还有坛庙园林，如北京天坛，主要是供皇家祭祀的；祠堂园林，本书有时称之为“祠园”，如四川成都的杜甫草堂，眉山的三苏祠，是纪念名人特别是文化名人的园林；衙署园林，如山西新绛的绛守居园池，属于官府的园林；还有书院园林、会馆园林等。

以上各类园林的界限是相对的、可变的，如历史上大量出现的“舍（捨）宅为寺”，私家园林就变为寺观园林。又如河北保定的“古莲花池”，自元至清，由私家园林相继变为衙署园林、书院园林、行宫园林、公共园林等。

第一章　秦汉以前

"溯洄从之，道阻且长"(《诗·秦风·蒹葭》)。

作为一种艺术形态，中国园林的萌生经过了长时期的孕育，然后又在积累的基础上开始其自身的发展。就其功能秉性来说，也是多元的，并在历史流程中不断扩展、衍化……

历史地看，秦、汉以前是园林美的历程的第一个大阶段，即萌生和开始发展的阶段。而这一阶段又可相对地分为先秦和秦、汉两个时期。

第一节　台榭的历史存在、功能与美

恩格斯曾说："历史从哪里开始，思想的行程也应当从哪里开始。"① 本编作为对中国古典园林美的行程的探溯，首先应寻找和探究中国古典园林的滥觞，寻找和探究中国园林史的开始之处。

一般认为，中国古典园林与先秦的"台"、"囿"、"苑"、"圃"等形态密切相关，它们是中国古典园林的雏形或先导。事实正是如此，因此，中国园林美学的历史行程，也应该从这里开始。本节拟重点探讨台以及榭的历史存在及其功能和美。

从历史上看，早在夏、商、周三代，就有了台的建构，有的还非常著名。例如——

夏启有钧台之享。(《左传·昭公四年》)

夏桀作倾宫、瑶台，殚百姓之财。(《文选》卷三《东京赋》李善注引《汲冢古文》)

纣为鹿台，七年而成，其大三里，高千尺，临望云雨。(刘向《新序·刺奢》)

经始灵台，经之营之。庶民攻之，不日成之。(《诗·大雅·灵台》，孔颖达疏："言文王有德，民心附之……")

如再往上溯，《山海经》有"轩辕之台"、"共工之台"、"帝尧台、帝喾台、帝丹朱台、帝舜台"……当然，传说不免令人迷惘，连夏朝之台也颇为渺茫，但是，商纣的鹿台、周文王的灵台，就略有记载而且很著名了。不管鹿、灵二台或是由于奢侈享受或是由于"与民偕乐"而闻名，但它们均可看作是远古三代之台的代表作。至于春秋时期，各诸侯国建台成风，因而台的建构极多，最负盛名的，莫如楚之章华台，吴之姑苏台……

台的空间造型有什么特点？《荀子·成相》："大其园囿高其台。"许慎《说文解字》说："台，观四方而高者。"可见，台的特点就是高耸，其作用就是可以观四方。《吕氏春秋·仲夏纪》高诱注："积土四方而高曰台。"这又说明，台除了呈四方的平面造型外，主要特点是筑土坚高而成，这可以姑苏台为证。唐任公叔《登姑苏台赋》描述道："因累土以台高，宛岳立而山峙。"可见姑苏台也是积土而建构的，当然说它高如山岳，这是辞赋进一步的艺术夸张。《说文解字》还说，台"与室屋同意"。这又说明台上往往建有室

① 《马克思恩格斯选集》第2卷，人民出版社1972年版，第122页。

屋。不过，所建的室屋又往往被称为“榭”。《说文解字》：“榭，台有屋也。”《书·泰誓上》孔传：“土高曰台，有木曰榭。”其实，台和榭的这种界限只是相对的，有室屋之台往往也被称为台，如《三辅黄图补遗》引《长安志》：“神明台上有九室。”有九室竟然仍称为台。而且，“台榭”往往连用，几乎成为一个合成词，还可用以统称建有室屋之台或泛称各种建于高处的建筑。以“台榭”连用为例，如——

惟宫室台榭陂池侈服……（《书·泰誓上》）

台榭曲直之望……（《墨子·辞过》）

有台榭陂池焉。（《左传·哀公元年》）

秦之时，高为台榭……（《淮南子·氾论训》）

总之，台榭作为统称，是积土四方而坚高的建筑，其上或无室屋，或有室屋。

再从古文字学的视角看，“高”字，甲骨文作高，金文作高，二字下部的冋，为“筑土坚高”的形象，其上则为室屋建构，所以《说文解字》对“高”字解释是比较准确的：“高，崇也，象台观高之形。”从甲、金古文字的象形来看，“高”是高台上建有宫室之形，这说明台上有室屋是比较普遍的现象，因此，“台”的概念，似可含当时“榭”的概念在内。本书则常把“台榭”作为一个合成词来用。

台榭的功能是什么？研究家们认为它是自然崇拜——山岳崇拜的产物，统治者借以“登立为帝”，膺受天命。这是很有道理的，符合上古时代的史实，但应补充的是台榭还有其他诸多功能。

笔者曾通过论证，一再认为，“凡是事物，无不具有多质性”；“一个事物特别是复杂的事物，确实具有多方面的重要的特质”①。至于事物的功能，也同样如此。台榭的功能质也不只是一个，而是一群，当然其中以一两种为主；而且，这一群功能质及其相互关系，又不是一成不变的，而是经常处于流动变化之中的。

自然崇拜，沟通天人，这种原始宗教功能，应该说是商、周以及商、周之前台榭的主要功能质。直至汉代，这种功能质也还十分明显②。据《三辅黄图·台榭》载，“武帝元封二年，作甘泉通天台。《汉旧仪》云：‘通天者，言此台高通于天也’。”“亦曰候神台，又曰望仙台，以候神明，望神仙也。”《三辅黄图·汉宫》又说，汉武帝在建章宫建神明台，上铸铜仙人手捧承露盘“以承云表之露”，“和玉屑服之以求仙道”。唐代诗人李贺还借题发挥，写了著名的《金铜仙人辞汉歌》。

台榭除了通天、祭天、候神、望仙的功能之外，还有观象功能。《诗·大雅·灵台》郑笺：“灵台者，所以观祲象，察氛祥也。”颜师古注：“祲为阴阳相浸渐以成灾祥也。”如果说这还留有通天功能的意味，那么，《文选·闲居赋》李善注引《礼含文嘉》说：“天子灵台，以考观天人之际。”而这又与董仲舒等人的“天人合一”说相沟通了。汉代的灵台则主要已演化、净化为观象之台了。《三辅黄图·台榭》说，该台“为候者观阴阳天文之变”，并引《述征记》：台“高十五仞，上有浑仪，张衡所制，又有相风铜鸟，遇风乃动”。这一置有浑天仪、风动仪的灵台，是世界上最早的、具有先进科学设备的观象台——天文台、气象台。

台榭有军事功能。《国语·楚语上》：“榭不过讲军实（韦昭注：“讲，习也。军实，

① 金学智：《中国书法美学》上卷，第34、10页。

② 这和董仲舒的“天人感应”、“天人合一”之说，有着特定的联系。

戎士也。"），台不过望氛祥。故榭度于大卒（韦昭注："大卒，王士卒也。"）之居，台度于临观之高。" 可见和军事有关。这一功能质，直到清代的皇家园林还有突出的表现，如北京北海曾有箭场辕门，清帝每年要在这里举行赛箭竞技和阅兵仪式；北京香山静宜园曾有团城演武厅，乾隆常来这里阅兵，特别是检阅健锐营的攻碉技术……

台榭有赏乐功能。《汉书·五行志》："榭者，所以藏乐器。" 这可能是由于台高而干燥，乐器不致受潮而影响共鸣。既然如此，当然也很可能就地奏乐赏乐。汉梁孝王就建有吹台。后世的园林也常常有供奏乐或赏乐的台榭类建筑。

台榭有玩乐的功能，如汉代宫苑有斗鸡台、钓台、走狗台，又有较猎、观猎等功能。《三辅黄图·汉宫》说，长乐宫中有鸿台，"上起观宇，帝尝射飞鸿于台上"；又说，长杨宫中有长杨榭，秋冬常"较猎其下，令武士搏射禽兽，天子登此以观"……

台榭以其坚高，还有望远或观赏的功能。《西都赋》说，天子"历长杨之榭，观山川之体势"。《三辅黄图·池沼》说："影娥池旁有眺蟾台，以眺月，影入池中，使宫人乘舟弄月影" 以观……台的一群功能质中，登高、望远、赏景，是极为重要的，《吕氏春秋·仲夏纪》就把"处台榭"和"登山陵"、"远眺望" 相并立。对后世园林亭台的建构，影响颇大，它逐渐演化为台榭所具有的功能性质群中的主要性质之一，并逐渐代替那种山岳崇拜、沟通天人这类原始的功能质。[1]

台榭还有一种极为重要的性质，即其本身具有审美的功能，是一种独特的景观美。关于这一点，《国语·楚语上》里有一段楚灵王、伍举论美的著名文字，它在中国美学史特别是中国园林史上，极为重要，却不被研究者重视。现摘引如下：

> 灵王为章华之台，与伍举升焉。曰："台美夫？"对曰："臣闻国君服宠以为美，安民以为乐，听德以为聪，致远以为明。不闻其以土木之崇高、彤镂为美，而以金石匏竹之昌大、嚣庶为乐；不闻其以观大、视侈、淫色以为明，而以察清浊为聪也。……夫美也者，上下、外内、小大、远迩皆无害焉，故曰美。若于目观则美，缩于财用则匮，是聚民利以自封而瘠民也，胡美之为？"

这段文字，是中国美学史乃至世界美学史上有文献可稽的、具体地讨论"什么是美"的最早记录；伍举的论点，也是中国乃至世界上最早的关于美的定义。楚灵王在位时间是公元前 540 ~ 前 529 年，生活在公元前 6 世纪中叶。这时，他已就中国最早的园林形态——台提出了美的问题，而伍举则进一步展开讨论，力陈己见，提出定义。对照西方美学史来看，古希腊最早的美学家赫拉克利特（约公元前 540 ~ 前 480 年），也晚生于楚灵王和伍举。更早地产生于公元前 6 世纪末的毕达哥拉斯学派，也没有提出明确的美的定义。至于对美的问题进行讨论，一直要到苏格拉底（公元前 469 ~ 前 399 年）和柏拉图（公元前 427 ~ 前 347 年），这比起楚灵王、伍举论美来，要晚一个多世纪。作为中国园林美学史良好开端的这次讨论，应该说是对世界美学史的一大贡献，也可以说，这是中国古典园林美的一个骄傲！它遥遥领先，对尔后的美学和园林美学的发展，起着先导作用。从实践方面看，尔后中国历史上的园林建构，往往也以美不美作为一个重要的衡量、品赏标准。

再论伍举对美的理解。他在讨论中突出地强调了美在于功利，这和苏格拉底在讨论时

---

① 台的种种功能质说明："物都是有许多属性的总和，因而可以在不同方面有用。发现这些不同的方面，从而发现物的多种使用方式，是历史的事情。"（《马克思恩格斯全集》第 23 卷，人民出版社 1972 年版，第 48 页）当然，也是今天学术研究的任务，研究台的功能质正是适例。

提出的美和善的统一，以功利为标准的观点，是多么惊人地相似！历来对伍举提出的美的定义，给予了应有的高度的评价，这是由于：它首先“表现了可贵的民本思想，考虑到上下内外、大小远近的利害关系，把老百姓的利益看得高于统治者的利益；其次，它还联结着远古人类审美的原始发生阶段……强调了美离不开功利、有用。但是，伍举把美和有用等同起来，忽视了章华台结构形式的感性之美……因此又表现了较大的片面性”①。

必须指出，从今天接受园林文化遗产的立场来看，更应该同时强调伍举观点的局限性、片面性。这里且不评说楚灵王的历史功罪，仅就其骄奢过甚，大兴土木来看，无疑对上下内外、大小远近是有害的，所谓“作顷宫，三年未息也；又为章华之台，五年又不息也”（《晏子春秋》）。但从历史主义和一分为二的观点来看，他又促成了开一代之风的章华台的诞生，并成为园林艺术史、建筑艺术史上深有影响的一块丰碑②。当然，他和老百姓确实处于对立地位，但是，恩格斯曾从另一视角指出：“艺术和科学的创立，都只有通过更大的分工才有可能。”③ 就西方历史上看，没有奴隶制及其相伴随的分工，就没有希腊艺术的繁荣，就没有著称于艺术史的雅典卫城，就没有被视为神庙典范的 Parthenon（帕提农）。当然，就楚灵王、吴王夫差建章华台、姑苏台的主观方面来说，他们并未想到要促进园林、建筑艺术的历史发展，而只是想充分满足一己的享受私欲，然而黑格尔《历史哲学讲演录》中恰恰有这么一句名言：“没有情欲，世界上任何伟大的事业都不会成功。”④ 楚灵王确实是以其情欲——贪欲、权势欲、兴建欲……在自私的心田里也在荆楚的现实土地上耸立起崇高彤镂的章华之台。对于这件事，如果历史地看，客观地看，是否应全盘否定还是可以进一步讨论的。至于作为客观存在的章华台，它的美更是客观存在，不容否定，特别是其中还主要地凝聚了、物化了千百万人的本质力量——“内在的意图、意志、智慧、情感、创造性等精神力量以及现实的肉体力量，这些都是人的生命的表现”⑤。当然，奴隶劳动会使绝大部分人的精神力量、肉体力量不同程度地受挫受压，但章华台毕竟是宏丽地建成了。如果仅仅鉴于统治者一己的私利情欲，就抹煞其建筑成果之美，那么从秦始皇所修长城，汉武帝所拓上林苑，直至清代建筑艺术的“乾隆风格”以及三山五园，还有作为世界文化遗产的北京故宫、承德避暑山庄……岂不都是毫无艺术之美可言了？中国古代园林、建筑史岂非大半甚至全部成了空白？……

再说在古代中国，楚灵王破天荒第一个以“美”作为标准来品评园林建筑，这在美学史上也应有其一席之地。他那“目观则美”的鉴赏，虽不够全面，但对后世的园林欣赏不无参考价值。至于其“以土木之崇高、彤镂为美”，也不应否定。试想，汉初萧何治未央宫，不是以“壮丽”为美吗？清代被誉为“万园之园”的圆明园，不是以宏大为美吗？故宫、颐和园，其特征不都是“观大、视侈、淫色”吗？不都是以“崇高、彤镂为美”吗？

---

① 见金学智主编：《美学基础》，苏州大学出版社 1994 年版，第 12 页。

② 童寯《江南园林志》：“楚灵王之章华台，吴夫差之姑苏台……开后世苑囿之渐。”中国建筑工业出版社 1996 年版，第 21 页。

③ 《马克思恩格斯论文学与艺术》第 1 卷，人民文学出版社 1982 年版，第 84 页。

④ 列宁：《哲学笔记》，人民出版社 1974 年版，第 344 页。黑格尔还认为：“自私心”、“交织着的情欲”“指使着人们”。“历史不是从有意识的目的开始的”；人们“在实现自己的利益，但某种更为遥远的东西也因此而实现”，亦即“那种人们未曾意识到的、但由于人们活动的结果而出现的东西”的实现。这类观点是深刻的。列宁在摘录后评道：“接近历史唯物主义”。见《哲学笔记》第 344 ~ 345 页。

⑤ 金学智主编：《美学基础》，第 23 页。

本书名为《中国园林美学》，以清理、总结古代园林文化遗产及其美学经验为主要宗旨，故而举凡历史地存在的一切园林建筑，不管其所有者的初衷情欲如何（当然必要时也应加以深入的研究），只要具有真、善、美的价值，就给予一定的历史地位，给予肯定的品评和理性的总结。

第二节　苑囿的萌生与经济母胎的孕育

秦汉的皇家园林，往往称为苑囿。在概念上，“苑”、“囿”和“台”、“榭”以及“宫”等，往往也是大小互涵、相互交叉的，当然它们也有相对的区分。如果说，台榭偏畸于纵向的高耸甚至孤峙，那么，苑囿则偏畸于横向的展开，而台榭发展到秦汉时期，往往只是苑或宫中的一个组成部分。据《三辅黄图·苑囿》载，汉代上林苑中有昆明观、观象观、走马观、望远观……。“观”，也就是台，是上面有建筑物的台，它和“榭”的概念大体相同。《左传·哀公元年》：“宫室不观”。杜预注：“观，台榭。”因此，台或台榭往往又可称为台观。汉代宫中也多台，《三辅黄图·台榭》说，长乐宫中“有鱼池台、酒池台……又有著室台、斗鸡台、走狗台、坛台……”当然，苑中又可以有宫、馆、殿……这些概念都不十分确定，往往交叉或互用，但是，苑囿却是一个较为确定的大概念。因此，探溯中国古典园林的源头，更应从文字学、训诂学的视角，探究“苑”特别是“囿”以及与之密切关联的“圃”乃至“园”等概念的内涵。

先说“囿”和“苑”。囿，甲骨文中作□、□，为周边有围墙，其中草木繁盛之象。石鼓文又把其中的“ψ”（草）改为“木”（木），作□，籀文亦如此。金文《秦公毁》进一步变其中草木形象为一“有”字，于是，象形字就变为形声字了。《诗·大雅·灵台》毛传：“囿，所以域养鸟兽也。”其中草木就变为禽兽了。这也似可理解，草木繁盛才能于其中牧养禽兽。《周礼·地官·囿人》：“掌囿游之兽禁，牧百兽。”《广释名》则说：“囿者，畜鱼鳖之处，囿犹‘有’也。”这个“有”，也就是其中或有鱼鳖，或有禽兽，与之相应，必然也有草木。关于“苑”，许慎《说文解字》说：“苑，所以养禽兽。从草。”《三辅黄图·苑囿》：“养鸟兽者通名为苑。”至于“苑”和“囿”的区别，解释有所不一。《吕氏春秋·慎小》：“鸿集于囿。”高诱注：“畜禽兽，大曰苑，小曰囿。”《说文解字》则说，“囿，苑有垣”。这或从面积的小大，或从墙垣的有无来区分“囿”和“苑”。但是，从先秦至汉，就把二者合提，甚至作为一个合成词。在先秦，《吕氏春秋·重己》就已有“昔先圣王之为苑囿园池也”之语，这是古代文献中“苑囿”合提并称的最早的例子。在汉代，《淮南子·汜论训》说：“秦之时，高为台榭，大为苑囿，远为驰道。”把“台榭”、“苑囿”和“驰道”都作为一个词来用了，而且“高”、“大”、“远”三字，既有表现力，又有概括性，突出了台榭、苑囿、驰道各自的主要特征。至于《史记·滑稽列传》：“始皇尝议欲大苑囿，东至函谷关，西至雍、陈仓。”《汉书·高帝纪》：“故秦苑囿园池，令民得田之。”这都是把“苑囿”作为单独的一个词来运用了。这样，“苑囿”就主要地作为皇家园林的专门名词在历史上被认可了①。至于苑囿的功能，除了甲骨文、石

---

① 至于《吕氏春秋》所说的“园池”，后来也被作为私家园林的专门名词而出现在园林史上。如山西新绛有隋代的“绛守居园池”，为我国最古而保存得尚好的古典园林遗址。唐代的樊宗师曾作有《绛守居园池记》。

鼓文、籀文中的“囿”为墙垣内草木丰茂的形象外，一般训诂学著作都释为畜养禽兽的。

再说“圃”和“园”，一般都释作是种植蔬菜、瓜果、草木的。圃，甲骨文作[illegible]、[illegible]，像田畦种植有苗生成之形。它和“园”在含义上比较接近。《诗·郑风·将仲子》毛传：“园，所以种树木也。”《说文解字》：“种菜曰圃。”“园，所以树果也。”至于“圃”和“园”的区别，汉代以来的解释往往指出，“圃”的周围常无垣篱，而“园”的周围则是有垣篱的。《周礼·天官·大宰》：“园圃，毓（育）草木。”郑玄注：“树果蓏曰圃，园其樊也。”可见“园”的周围是有垣篱的。但在晚于甲骨文的金文中，有的“圃”字却写作圃，偏偏围上了垣篱。可见“圃”或“园”的区别有时又是相对的。《左传·哀公十五年》杜预注：“圃，园。”如是，二者又混而为一了。不过，在历史地形成的传统观念中，“园”是四周常有垣篱的。这一观念从先秦一直延续到明、清时代，成为一种历史的认定。

有“圃”和“囿”之间，也有相互通用的。《大戴礼记·夏小正》：“囿有见韭。”孔广森补注：“有墙曰囿。”这里，“囿”又被释作种蔬菜的，它和“圃”和“园”的概念又相近了。不过，在历史地形成的传统观念中，“囿”或“苑”的四周也是常有墙垣的。这一点，对于理解中国古典园林的美学特征，也有着不可忽视的意义。

在研究了“囿”、“苑”、“圃”、“园”等概念内涵的相对界限及其相互交叉或叠合的关系之后，还必须进一步探究，在哪一个历史时代，在什么样的社会条件下，这些畜养禽兽鱼鳖或种植蔬果树木的农、林、牧、渔实体形态开始渐变为园林的雏形的，或者说，这些满足人们物质生活需要的生产实体开始渐变为主要满足人们精神生活需要的艺术形态的。

值得注意的是，殷墟出土的甲骨卜辞，有如下几条提供了可贵的信息——

> 乙未卜，贞黍在龙囿。（罗振玉《殷虚书契》四，五三，四）
>
> 在圃渔，十一月。（罗振玉《殷虚书契后编》上三一，一）
>
> 贞其雨在圃渔。（罗振玉《殷虚书契后编》上三一，二）

这是迄今为止所见关于记载“囿”、“圃”的最早文字资料。郭沫若先生通过对甲骨文的综合研究，总结了当时社会生产状况，指出，种植方面见诸文字的，有圃、囿、果、树、桑、栗等，并根据卜辞中“王渔”等有关条文作了如下的史学判断：“当时的渔猎确已成为游乐的行事，即是当时的生产状况确超过了渔猎时代。”①

在奴隶制时代，作为最高统治者的“王”亲自从事渔猎，可见他决不是为了满足物质生活的需要，而是为了满足某种精神上享乐的需要，他们确实把这种活动看作是调节生活的一种“游乐”。至于甲骨卜辞中“龙囿”、“圃渔”等作为地名而出现，更可见出当时的“囿”、“圃”和渔猎活动有着必然的联系；而这种联系经过无数次重复，就终于凝定为“龙囿”、“圃渔”之类的地名了。在甲骨文中，“圃”、“囿”和“王渔”以及“果”、“树”等同时出现，这又说明了当时物质生产确实已超过了渔猎时代，而进入畜牧业、农业较为发展的时代了，因而渔猎活动才能成为一种“游乐”。

再从另一视角来看，在殷商时代，畜养和种植技术都得到了长足的发展，多方面积累了物质生产的丰富经验，这正是更好地建造和进一步管理“圃”、“囿”所必具的条件，或者说，只有在这种文明较为进步的社会历史背景下，作为园林雏形的“圃”、“囿”才

---

① 郭沫若：《中国古代社会研究》，载《郭沫若全集·历史编》第1卷，人民出版社1982年版，第201、202页。

能应运而生。而这又足以说明："在充分认识了该阶段社会经济状况……的条件下，一切历史现象都可以用最简单的方法来说明。"①

由此可见，经济是孕育园林的母胎；园林的萌生是我国文明史发展到一定阶段的结果，这是园林史和社会史在宏观上同位同步的明证。历史还说明，园林艺术美虽然和精神文化密切有关，但物质文化是它的基础，园林的建造和管理，必须依赖于畜养、种植乃至建筑等物质生产技术。对于园林来说，这一点是十分重要的。根据殷商时代以及尔后的历史来看，游乐性固然是园林艺术的一个重要的美学特征，而与生产资料和技术相联系的物质性，也是园林艺术区别于作为精神生产的文学、绘画、音乐等其他艺术的一个重要的美学特征。因此，在本书的理论框架中，拟把园林美的物质性建构序列作为一大重点来加以论述。

在先秦这一时期，从园林美学的视角来看，"囿"、"苑"的历史地位要比"圃"、"园"重要得多，这是由二者对人的不同价值所决定的。

斯托洛维奇曾指出：

> 我们把对象的功利价值理解为该对象满足人的物质需要的意义。功利价值是人类社会中产生的第一种价值形式。……审美价值在功利价值的基础上产生，然后成为它的辩证对立面。……审美价值以摆脱直接物质需要的某种自由为前提。②

这是在功利价值和审美价值的相关性的基础上，划分了二者各自的界阈。

在先秦阶段，如果说"圃"、"园"主要是种蔬菜瓜果树木之类的"植物园"，那么，"囿"、"苑"则主要是畜养禽兽的"动物园"。就二者的特点来看，前者主要是满足人的物质生活需要，即主要是供食用，其物质的功利价值是人类社会中产生的第一种价值形式，而后者的价值则已由物质的、功利的开始转化为精神的、审美的，这是以摆脱直接物质需要的某种自由为前提的。在殷商时代，"王"从事"渔猎"，其物质功利性已十分弱化，而"游乐的行事"却通过强形式突出地表现出来。在精神生活的领域里带有享乐的性质，这是艺术和审美活动所必须具备的特点。

由此可见，作为一门美的艺术，园林虽然是建立在物质生产的基础之上，孕育和诞生于经济母胎之中，但是，它的逐步发展乃至趋于成熟，却应该以主要满足人的精神生活需要特别是审美需要为标尺。从严格意义上说，先秦阶段的"圃"、"园"还不能算是属于艺术范畴的园林，因为它只有实用的物质功利价值，而"囿"、"苑"才可以说是古典园林艺术的滥觞，因为它至少同时具有供人游乐的初步的审美价值，在一定意义上摆脱了物质需要而体现了某种精神生活的自由性。

第三节　苑囿的具体秉性及其发展

关于囿与苑的区别，《说文解字》段注曾说："古谓之囿，汉谓之苑也。"这比较符合于历史情况。在先秦时期，确实一般称"囿"或"台"，很少单独用"苑"字；在秦汉时期，则很少单独用"囿"字，而"苑"字却大量见于古籍，"台"的名称虽也用得很多，

---

① 《马克思恩格斯论文学与艺术》第1卷，第20页。

② 列·斯托洛维奇：《审美价值的本质》，中国社会科学出版社1984年版，第88页。

但它往往只是“苑”的一个组成部分。

先秦时期苑囿的具体秉性是什么？不妨先看如下三则古老的园史资料——

帝纣……益收狗马奇物，充仞宫室；益广“沙丘”苑台，多取野兽蜚鸟置其中……大聚乐戏于“沙丘”……（《史记·殷本纪》）

文王之囿方七十里，刍荛者往焉，雉兔者往焉，与民同之。（《孟子·梁惠王下》）

孟子见梁惠王。王立于沼上，顾鸿雁麋鹿，曰：“贤者亦乐此乎?”孟子对曰：“贤者而后乐此；不贤者虽有此，不乐也。《诗》云：‘经始灵台，经之营之，庶民攻之，不日成之。……王在灵囿，麀鹿攸伏，麀鹿濯濯，白鸟鹤鹤。王在灵沼，于牣鱼跃。’文王以民力为台为沼，而民欢乐之，谓其台曰‘灵台’，谓其沼曰‘灵沼’，乐其有麋鹿鱼鳖。古之人与民偕乐，故能乐也。”（《孟子·梁惠王上》）

三则资料足以说明，那时的“囿”、“苑”有如下秉性：

其一是面积广袤，如周文王之囿“方七十里”，商纣的“沙丘”，范围也很大，这都是当时“普天之下，莫非王土”（《诗·小雅·北山》）的必然表现，正如《荀子·王霸》所说：“夫贵为天子，富有天下……台榭甚高，园囿甚广。”同时，这当然也是畜养禽兽和进行渔猎等活动所必需的。

其二是天然为主，如周文王的灵台，“庶民攻之，不日成之”，可见其所费人工并不十分艰巨，而且台上的人工设施并不侈繁。当然，也由于文王深得民心，庶民众多，积极性又高，因而进展神速。而灵台周围，则更多的是纯任天然，并无人工布置之巧，故能“不日成之”。再说文王的灵囿，割草拾柴以及打猎的人都进入其中各取所需，可见其中人工设施之少，而纯任天然为多，当然这也并不是说其中无人管理。至于商纣之鹿台，刘向《新序·刺奢》则说，“七年而成，其大三里，高千尺，临望云雨”。这除了带有夸饰之外，还由于商纣不得民心，故而拖延时日，进展极慢。当然，其工程浩大是不言而喻的，其台基面积也极广。应该说，商纣的沙丘，其台榭宫室是极费人工的，但建筑物和全苑面积相比，仍未占很大比重。它和秦汉苑囿相比，特别是和后来私家园林的建筑密集、雕山琢水相比，其物化了的人工成分是不突出的。

其三是畜养禽兽，本章第二节所引诸多古籍及训诂著作，均把“囿”、“苑”释作“牧百兽”，“畜鱼鳖”，“养鸟兽者”。而本节所引三则材料中也有“野兽蜚鸟”、“雉兔”、“鸿雁麋鹿”、“麀鹿”、“白鸟”等。文王之囿中，虽然草木丛生，但是，这类植物主要不是作为观赏的对象而存在的，而是作为禽兽生存的条件而存在的，是为了给狩猎等活动提供得以展开的环境。

其四是游乐性质，这也是当时“囿”、“苑”所共有的，或是“乐戏”，或是“乐此”，或是“与民偕乐”，不管怎样，都是一种“乐”。

再看秦、汉时期的苑囿。

商、两周、战国以后，秦、汉时期的苑囿在历史的基础上有了较大的发展，这是与秦、汉作为大一统的帝国的出现同步相应的，是与当时物质经济水平的显著提高分不开的，不妨以汉代的上林苑为个案作一重点剖析。

继秦之后，汉武帝进一步扩建了历史上赫赫有名的“上林苑”，它可以作为这个时期的苑囿的典范。

司马相如在其著名的《上林赋》中，曾以宏大的气魄，对上林苑作了淋漓尽致的艺术颂扬：

> 独不闻天子之上林乎？左苍梧，右西极，丹水更其南，紫渊径其北。终始灞、浐，出入泾、渭……离宫别馆，弥山跨谷；高廊四注，重坐曲阁；华榱璧珰，辇道缅属……

赋的特点是铺张扬厉，文胜于质，但《上林赋》所写不是没有根据的，上林苑的面积确实极为广大[①]，但主要地已不是任其自然，其中"华榱璧珰"的离宫别馆的地位和比重显著上升[②]，这些建筑组群规模宏大，结构精巧，外观华丽，具有相当的审美价值。另外，《上林赋》中所说的"崇山矗矗，巃嵸崔巍"，"荡荡乎八川分流，相背而异态"的山水美已开始成为苑囿的建构元素。而"扬翠叶，扤紫茎，发红华，垂朱荣"的林木花果，也开始成为有一定独立意义的审美对象，它们有些不只是自生自长，不只是作为禽兽活动的环境而存在的。据《三辅黄图·苑囿》载，"帝初修上林苑，群臣远方，各献名果异卉三千余种植其中，亦有制为美名，以标奇异"。这也与秦以前的苑囿不甚相同。

然而值得注意的是，在上林苑中，禽兽依然有着异常突出的地位，依然成为关注的重要对象，如汉代著名的《张迁碑》中就有"帝游上林，问禽狩（通兽）所有"之语。在汉代，苑囿畜养禽兽，更是主要为了供狩猎之用。司马相如《上林赋》的主要内容，就是铺叙车骑雷起，殷天动地的"天子校猎"。《长安志》引《汉旧仪》也说，"上林苑中，……养百兽，天子秋冬猎射苑中，取禽无数。"这都说明，上林苑的游乐作用主要是狩猎。此外，据文献记载，上林苑还有兽圈、犬台、鱼鸟观、白鹿观、走马观、虎圈观等名目，这也足以说明汉代苑囿对畜养禽兽的重视。

汉代的上林苑上承先秦苑囿，其中除建筑物和秦代苑囿一样，地位和比重显著上升之外，面积依然非常广袤，依然畜养禽兽并具有游乐性质。此外，汉代苑囿还有一个往往被人忽视的秉性，即经济的功能质。先看如下几则反映上林苑的材料——

> 上林苑有茧馆，盖蚕茧之所也。(《三辅黄图》引《汉宫阙疏》)
>
> (上林有) 蒯池，生蒯草，以织席。(《三辅黄图·池沼》)
>
> 武帝作昆明池……于上游戏养鱼，鱼给诸陵庙祭祀，余付长安市卖之。(《西京杂记》)
>
> 上林苑中昆明池、镐池、牛首诸池，取鱼鳖给祠祀用。(《汉官旧仪》卷下)
>
> 上林苑中，以养百兽禽鹿，尝祭祀宾客，用鹿千枚……(同上)

上林苑还有柘观，柘树的叶可饲蚕……这样，穿的、吃的、用的，不但可供皇室生活、祭祀、宴客之需，甚至还可付诸市场出卖，等等。对于苑囿所具有的一定的生产功能，西汉桓宽《盐铁论·园池》还有理论形态的反映，其中讨论的，不是"美"、"游乐"之类的功能质，而是有关经济政策、开发利用、征收租税等问题。历史地看，苑囿具有一定的生产功能由来已久，这是由于早期的"囿"、"苑"、"圃"、"园"本来就是生产实体，而演化为美的园林后又面积广袤，有着丰富的自然资源，只是历代对此利用的程度不同、政策有异而已。

还需顺便一提的是，不只是皇家苑囿，而且是私家别业，也往往具有经济的功能质。

---

① 《三辅黄图》引《汉宫殿疏》："方三百四十里。"《长安志》引《关中记》："上林延亘四百余里。"

② 《长安志》引《关中记》："上林苑门十二，中有苑三十六，宫十二，观二十五……"

如唐代王维咏自己辋川别业之美，往往“隐含着带目的性的实用功利的因子，但它们又都谐和地共处于一体”，“山庄内无疑有一定的农户”，斤竹岭、木兰柴、辛夷坞、漆园、椒园等著名景点，还“直接生产着物质生活资料”，“大都是生长具有经济价值的植物园地”①。因此，离开了庄园经济的性质，一味沉醉于它的诗意，就无法全面理解辋川别业这一唐代园林的代表作。又如清代，曹雪芹在《红楼梦》第十七回中，诗意地描写了大观园的艺术美，但在第五十六回中，却让探春等人以世俗、功利观点，着眼于园中自然物的经济价值，她们认为蘅芜院的香草、怡红院的玫瑰花等，是可以卖钱的“有出息之物”。当然，本书作为园林美学专著，园林的生产功能、经济价值在书中的位置是很次要的，但又不可不提，不可让读者不知。

在中国园林美的历史行程中，秦、汉以前是第一个大阶段，其中秦、汉的苑囿体现了第一阶段的最高成就。它借助于山水的自然地势，建宫筑馆，养禽畜兽，也种植林木，成为帝王狩猎和游乐的、提供审美享受的大型乐园，当然，它也不无皇室经济等等功能价值。

秦、汉苑囿是汇合着宫馆、禽兽、林木、山水四要素的古帝王园林，它基本上体现了天然和人工的统一。如果说，先秦的苑囿除台榭外，较多的是强形式的天然美，那么，秦、汉苑囿中人工美的质素就明显地增加了，其主要标志就是离宫别馆的建筑美在量和质两方面的提高。

但是，先秦和秦、汉的苑囿又有更多的相互贯通的共性，这主要就是以其广大的面积供狩猎之用。这样，山水、林木就不一定成为园林的主要审美对象，或不得不被挤到审美序列的次位，而建筑物在广大的面积中也占不到应有的造园比例②。秦、汉时代的苑囿之所以如此，是由当时社会经济的进步和审美意识中存在的落后层面的矛盾所造成的。

---

① 金学智：《论王维辋川别业的园林特色》，载《王维研究》第2辑，三秦出版社1996年版，第241～242页。

② 据《宋著长安志》载，上林苑虽有离宫七十所，周围却有数百里之遥。

第二章 魏晋至唐

“群籁虽参差，适我无非新。”（王羲之《兰亭诗》）

魏、晋、南北朝直至隋、唐，这是我国园林美的历史行程的第二个大阶段，即园林艺术发展、开拓、突飞猛进的阶段。

这一阶段的起点，是魏、晋时代。从历史发展的观点来看，这是精神觉醒和审美意识走向自觉的时代。

宗白华先生在《论〈世说新语〉和晋人的美》一文中这样概括道：

> 汉末魏晋六朝是中国政治上最混乱、社会上最苦痛的时代，然而却是精神史上极自由、极解放，最富于智慧、最浓于热情的一个时代。因此也就是最富有艺术精神的一个时代。……这时代以前——汉代——在艺术上过于质朴，在思想上定于一尊，统治于儒教……这也是中国周秦诸子以后第二度的哲学时代……总而言之，这是中国历史上最有生气，活泼爱美，美的成就极高的一个时代。①

在这个文化心理追求自由解放，富于艺术精神和哲学意味的时代里，不但其他的艺术成就和美学思想值得重视，而且有关园林的审美意识的飞跃也不容忽视，它和某些社会原因一起，不但促进了苑囿的进一步发展，而且使得不同于苑囿的生机蓬勃的、“适我无非新”的园林类型得以孕育和诞生。

魏、晋至唐这一历史阶段，关于古典园林美发展的历史行程，有如下几个值得注意的层面。

第一节 “隐逸”、“归复”的精神气候

从汉末至隋的统一这历时约四百年的阶段中，社会长期处于分裂、战乱和动荡不安的状态。与之相伴随，社会意识和人们的文化心理结构也发生了激烈的动荡和变化。

一般地说，汉代社会比较安定，思想领域里则是独尊儒术的一统天下，而老庄哲学、隐逸思想并不行时。西汉淮南小山所写的《招隐士》，就历数隐居山泽之可怕、悲苦，并召唤隐士出山。作品结尾这样写道：“王孙兮归来，山中兮不可以久留。”这代表了汉代的一种文化思潮。到了魏晋时代，就不同了，一统天下分崩了，权威信仰离析了，儒家经学解体了，被以玄学为代表的思潮所取代了。玄学的主要思想来源，就是老庄；而老庄所倡导的主要内容之一，就是隐逸哲学。试看《庄子》中——

> 贤者伏处大山嵁岩之下。（《在宥》）
>
> 就薮泽，处闲旷，钓鱼闲处，无为而已矣。此江海之士，避世之人，闲暇者之所好也。（《刻意》）

---

① 宗白华：《艺境》，北京大学出版社2003年版，第117、125页。

山林与，皋壤与，使我欣欣然而乐与！（《知北游》）

这类伏处山林，避世薮泽的思想，就融和到玄学新思潮中去了。如玄学的代表人物嵇康，在《与山巨源绝交书》中声称：“老子、庄周，吾之师也！”他就是以老庄思想为主要来源的玄学来“越名教而任自然”（《释私论》）的。在晋代，老庄哲学流行，隐逸之风大炽，于是“招隐”这一词语的内涵，由原义走向它的反面，即由召唤隐士出山一变而为召唤隐士入山了。当时出现的“招隐诗”、“游仙诗”等，表达了晋代的一种新的文化思潮和审美心理态势。由于它们对后来的园林特别是江南私家园林的美学思想影响较大，故摘引例举于下——

踯躅欲安之，幽人在浚谷。朝采南涧藻，夕息西山足。轻条象云构，密叶成翠幄。激楚伫兰林，回芳薄秀木……富贵苟难图，税驾从所欲。（陆机《招隐诗》）

杖策招隐士，荒途横古今。岩穴无结构，丘中有鸣琴。白云停阴冈，丹葩曜阳林。石泉漱琼瑶，纤鳞或浮沉。非必丝与竹，山水有清音……踌躇足力烦，聊欲投吾簪。（左思《招隐》）

京华游侠窟，山林隐遁栖。朱门何足荣，未若托蓬莱。……（郭璞《游仙诗》）

陆机、左思的“招隐诗”，对于淮南小山来说，无异是用诗歌进行文化心理的“翻案”。在这类招隐诗、游仙诗中，山林深谷和“幽人”的隐遁生活表现出一种迷人的美：轻柔的枝条交叉联结，好似高耸入云的建筑；浓密的树叶荫蔽遮掩，如同翠绿凉爽的帷帐。清风吹拂秀木，白云缭绕山冈；红花辉映着向阳的树林，山泉弹奏出动人的音乐……这是一种无比优美的自然生态环境。诗人认为，这里是远胜“朱门”、“富贵”的仙境，这里的幽隐生活是一种“至乐”。

晋代高蹈遁世的隐逸意识，从本质上看，是企图通过归复自然以求得洁身自好。一方面，这种思想有着否定黑暗势力，不与之同流合污的积极意义，另一方面，借黑格尔的话说，其中还蕴含着诗人并未意识到的“某种更为遥远的东西”，亦即指向未来的东西，这就是生态美学的价值意义。晋代的这种招隐思想，产生了深远的历史影响。直到唐代与隐逸、园林都密切有关的著名诗人王维，还在《山居秋暝》中吟咏道：“随意春芳歇，王孙自可留。”这也是一反淮南小山《招隐士》之意而用之。在诗人看来，“明月松间照，清泉石上流”的山居生活，是有巨大招引力的。

在晋代的审美思潮中，对园林影响最大的要数陶渊明。这位被锺嵘《诗品》尊为“古今隐逸诗人之宗”的诗人，在“真风告逝，大伪斯兴”的黑暗时代里，不愿为五斗米折腰，终于更坚定了“静念园林好，人间良可辞”（《庚子岁五月中从都还阻风于规林》）的信念。他在《归园田居》诗中饱蘸着真挚的深情，创造了中国诗史和中国园林史上第一次出现的新的审美境界：

少无适俗韵，性本爱丘山。误落尘网中，一去三十年。羁鸟恋旧林，池鱼思故渊。开荒南野际，守拙归园田。方宅十余亩，草屋八九间。榆柳荫后檐，桃李罗堂前。……户庭无尘杂，虚室有余闲。久在樊笼里，复得返自然。

这位田园诗人把当时黑暗污浊的社会比作束缚自由的“尘网”和“樊笼”，把归复自然田园看作是“脱俗”的、悠游自在的理想化生活。陶渊明这类诗中所写的虽不是严格意义上的园林，但这种强形式的生态美学意向，却孕育着新的园林类型的诞生。试看，十余亩地的方宅，没有尘杂的户庭，前后植有榆柳桃李的堂屋，悠闲守拙、喜返自然的主人，如此等等，和后来江南私家园林的情韵，是多么吻合！陶渊明在《归去来辞》中还写到，“实迷途其未远，觉今是而昨非”；“三径就荒，松菊犹存”；“倚南窗以寄傲，审容膝之易安。园日涉以成趣，门虽设而常关”；“抚孤松而盘桓”，“乐琴书以消忧”；“登东皋以舒啸，临清流而赋诗”……这种哲学思想、审美情趣及其生活表现，在以后的园林史上可以俯拾到大量的例证。

陶渊明笔下的这种境界，完全不同于帝王在苑囿中那种不可一世的煊赫，养尊处优的享受，穷奢极欲的纵乐，呼前拥后的喧嚣，而是“不戚戚于贫贱，不汲汲于富贵”（《五柳先生传》），是一种松菊为友，琴书作伴，恬淡宁静，怡然自乐的，洋溢着充分的艺术情调和浓郁的书卷气息的生活境界。这种境界，还可用李泽厚先生解读宋元山水画的话语来说，是“人与自然那种娱悦亲切和牧歌式的宁静成为它的基本音调”①。陶渊明的田园生态意识和美学思想对后世影响深远，流风所被，直至明、清时代，还有不少江南园林就是取他的诗文之意来命名的。如“归田园居”（苏州）、觉园（南浔）、“桃源小隐”（苏州）、“三径小隐”（苏州）、容膝园（扬州）、日涉园（上海）、涉园（苏州、海盐）、涉趣园（苏州）、东皋草堂（常熟）、皋园（杭州）、寄傲园（苏州）、寄啸山庄（扬州）、五柳园（苏州）、耕学斋（苏州）、耕隐草堂（扬州）……至于园中景观据陶渊明诗文来题名的，就更是不胜枚举了。清代同治年间在广西桂林建构的雁山别墅，大门两旁还有这样的石刻对联：“春秋多佳日；林园无俗情。”这也集自陶诗《移居》、《赴假还江陵夜行途中》。由此可见陶渊明园林美学思想对私家园林的深远的历史性影响，这已成了一种文化史的特殊积淀。

第二节　自然审美意识的觉醒

魏、晋时代，“隐逸”、“归复”之风的流行，几乎是和对自然的审美意识的彻底觉醒同时出现的，或者说二者是互为因果的。

对山水自然美的赏会，仰观俯察，游目骋怀，这在魏、晋时代已被视作“名士风流”的重要表征。就《晋书》来看，此类记载颇多。“竹林七贤”之一的阮籍，就说自己“或登临山水，经日忘归”（《阮籍传》）；羊祜“乐山水，每风景必造岘山置酒，言咏终日不倦”（《羊祜传》）；孙绰“居于会稽，游放山水，十有余年”（《孙绰传》）；“会稽有佳山水，名士多居之，谢安未仕时亦居焉。孙绰、李充、许询、支遁等皆以文义冠世，并筑室东土，与羲之同好”（《王羲之传》）……这类过去很少出现而现在大量涌现的记载，都足以说明：山水生态环境已成为人们重要的审美对象；对自然山水的审美欣赏，和“隐逸”、“归复”一样，已成为一代文化风尚，已成为人们精神生活中所向往的一种自由境界。

在《世说新语·言语》中，还记载着晋人有关山水自然审美的如珠妙语——

荀中郎在京口，登北固望海云：“虽未睹三山，便自使人有凌云意……”

顾长康从会稽还。人问山川之美，顾云：“千岩竞秀，万壑争流，草木蒙笼其上，若云兴霞蔚。”

王子敬云：“从山阴道上行，山川自相映发，使人应接不暇，若秋冬之际，尤难

① 李泽厚：《美的历程》，文物出版社 1981 年版，第 168 ~ 169 页。

为怀。”

王司州至吴兴印渚中看。叹曰：“非唯使人情开涤，亦觉日月清朗。”

这类佳话隽语，情趣深永，已凝固为我国文化心理史的微观成分，而它们对于园林的审美意识，也有着直接或间接的影响。

再如晋、宋间的宗炳，《宋书》本传写道：

好山水，爱远游，西涉荆巫，南登衡岳，因而结宇衡山，欲怀尚平之志。有疾还江陵，叹曰：“老疾俱至，名山恐难遍睹，唯当澄怀观道，卧以游之。”凡所游履，皆图之于室。谓人曰：“抚琴动操，欲令众山皆响。”

这也是著名的故实，对后世绘画、园林均深有影响。绘画、园林中常用的“卧游”、“澄观”等词即由此而来。

随着人们对山水自然的审美意识的觉醒，以山水自然美为题材的艺术创作开始崭露头角，并以其独特的风韵意趣给这个时代的艺苑带来了新鲜空气，使人们的眼目心胸均为之一清。

东晋以前，绘画题材一直以人物为主，山水对于绘画来说不是对象。从晋代开始，山水以其“使人情开涤”的生态魅力，进入了绘画的艺术领域。晋、宋、齐、梁，擅画山水的画家有戴逵、戴勃、夏侯瞻、顾恺之、宗炳、王微、谢约、袁倩、毛惠秀、张僧繇、陶弘景等，创作了《吴中溪山邑居图》、《吴山图》、《九洲名山图》、《庐山图》、《秋山图》、《山居图》之类的山水画，当然，这些作品艺术上还处于幼稚阶段。与此同时，山水画论也开始进入美学的行列，顾恺之的《画云台山记》、宗炳的《画山水序》、王微的《叙画》，都表现了他们的艺术慧眼和对于自然美的独特见解。“望秋云，神飞扬；临春风，思浩荡”（《叙画》），“融其神思”，“神之所畅”（《画山水序》）的美学理论，和山水画创作的实践一起，表征着人们对于自然的审美上的自觉，它对当时和尔后的园林审美意识也有着特定的影响。至于唐代，王维、李思训等已趋成熟的山水画，被后人奉为“南宗”、“北宗”，它们“俱得山水之妙”，对当时和尔后园林美的影响更大、更为直接。

特别值得一提的是，在开始成为独立画种的山水画中，园林也开始作为一种现实的题材，为自己的存在而亮相，为自己的发展而显耀其美的光辉。据典籍记载，晋卫协曾画《上林苑图》，张彦远《历代名画记》引孙畅之语：“《上林苑图》，（卫）协之迹最妙。”一个“最”字，说明了画“上林苑”的画家不止一个。此外，史道硕画有《金谷园图》，萧绎有《游春苑图》，隋郑法士也有《游春苑图》，大画家展子虔除画《杂宫苑图》外，还有《游春图》，这是现存最早的卷轴山水画。在唐代，王维还有描绘自己的园林的《辋川图》，画面上“山谷郁郁盘盘，云水飞动，意出尘外，怪生笔端”（朱景玄《唐朝名画录》），显然是较为得意的成熟之作。

从南朝的宋、齐开始，在诗歌的王国里，也开始出现玄言让位于山水的现象，这就是所谓“老庄告退，而山水方滋”（刘勰《文心雕龙·明诗》）。其实，老庄哲学并没有完全“告退”，而是由显而隐地渗入到山水的欣赏、题材、主题以及园林的审美意识之中了，正如宗炳《画山水序》中所说，“山水质有而趋灵”，“山水以形媚道”。在审美的领域里，老庄往往披上了山水的外衣，哲学往往渗透在媚人的美学之中。

在诗歌领域中的“山水方滋”，尽管不很成熟，但是，诗歌还是由平典枯燥，淡乎寡味开始转化为景物生动，富于风致了。如晋、宋间诗人谢灵运诗中就不乏名句，它们不但出色地表现了山水生态之美，而且从诗题看，还均与园墅建筑有关——

昏旦变气候，山水含清晖。清晖能娱人，游子憺忘归。（《石壁精舍还湖中作》）

池塘生春草，园柳变鸣禽。（《登池上楼》）

白云抱幽石，绿篠媚清涟。（《过始宁墅》）

俯濯石下潭，仰看条上猿。（《石门新营所住》）

这类诗句，在人们面前展现了一个树影山光、云容水色的自然美的世界。在南朝宋、齐时代，谢灵运、谢朓等人的某些山水诗尽管大抵是“有句无篇”，但表征了诗人对山水自然乃至园林的审美意识趋向自觉。

还值得一说的是，在梁、陈时代，咏园诗开始跻身于诗坛，开风气的是梁简文帝萧纲和梁元帝萧绎。这里录二人回文诗各一首——

枝云间石峰，脉水浸山岸。池清戏鹄聚，树秋飞叶散。（萧纲《和湘东王后园回文诗》）

斜峰绕径曲，耸石带山连。花余拂戏鸟，树密隐鸣蝉。（萧绎《后园作回文诗》）

回文诗的特点是既可顺读，又可倒读，这种修辞性的游戏文字，文学价值并不大。然而却有园史价值，帝王们通过娴熟的文字技巧，表现了对早夕相处的园林的极端熟悉，特别是熟悉园林里种种景物的交互搭配，相得益彰。帝王既然如此熟悉、爱好，上行下效，臣下们咏园咏石，咏花咏月，就蔚然成风了。

到了唐代，山水诗、咏园诗这些馥郁的鲜花终于在艺苑里充分成熟而盛开怒放：一是出现了以王维、孟浩然为代表的山水诗派，其异彩纷呈的山水田园诗，对当时和后来的园林美学理想、造园设计乃至园林欣赏心理，都发生了重要的影响；二是一大批诗人特别是大诗人王维、杜甫、白居易等都创作了许多专咏园林并很有价值的诗篇，这说明园林在诗苑的题材领域中真正占一席地了，或者说，咏园诗已摆脱了帝王后园的局囿，引起了士大夫文人们的广泛关注，它在人们心目中的审美地位进一步提高了。

第三节　禽兽在园林中的价值嬗变

——艺术史、生态美学多重视角的观照

无论从个人审美意识的发展来看，还是从整体社会的审美意识的发展来看，对于自然美的肯定、欣赏或艺术表现，总是先由动物而后逐步过渡到植物的。

一般来说，一个人在孩提时代总欣赏不了园林中除花而外的植物的静态之美，却喜欢去动物园观赏狮虎豹熊之类。只有当其年岁渐长，趋于成熟，这才喜爱品赏园林中山水草木的美。于是，他本人和动物园也逐渐地疏远化，虽然家里或许也养一些鱼鸟。

再从社会历史发展来看，人类的童年和个人的童年也有惊人的相似之处。世界各地发现得最早的狩猎民族的原始壁画或原始饰物，都是动物性的。这引起了艺术史家哈拉普的兴趣。他指出：“打猎民族的图画中通常只画动物和人而不画植物，这是一个最有意义的现象”。[①] 美术史实正是如此，如西班牙阿尔太米拉山洞壁画——被射伤而仆倒的野牛，就反映了旧石器时代狩猎民族原始的审美趣尚。至于植物作为美而出现在绘画或装饰的艺术领域之中，在世界史上总是较晚的，然而这正标志着人类审美意识的一大进步。德国艺

① 哈拉普：《艺术的社会根源》，新文艺出版社 1951 年版，第 7 页。

术史家格罗塞以充分的事实说明：狩猎生产对于原始装饰有着重大的影响，所以原始民族对植物缺少注意，“在文明人中用得很丰富、很美丽的植物画题，在狩猎人的装潢艺术中却绝无仅有”。他根据这一普遍的审美现象进而得出如下结论：

> 动物装潢变迁到植物装潢，实在是文化史上一种重要进步的象征——就是从狩猎变迁到农耕的象征。[①]

世界美术史上的这条普遍性规律，本质上是符合于中国园林的发展史实的。

从宏观上说，整个社会的审美意识总是随着社会生产的发展而发展，随着人类文明的进步而进步的，这可说是同位同步。但是，审美意识的这种变化，往往是或近或远地相对滞后的，这则是在一定阶段上不同程度的异位异步。例如殷商时已进入了农耕时代，但苑囿仍主要作为狩猎的场所，统治者只对动物有兴趣，而对植物还缺少审美的关注，这和商、周时代的青铜器装饰主要是动物纹样一样，应看作是狩猎时代一种观念的遗留，一种历史的必然。这种积淀，使得意识滞后于时代，使得精神文明滞后于物质文明；而且从严格的美学意义上说，商代苑囿中真正的审美对象，也并不是动物本身，而是猎取动物这一“游乐的行事”，亦即人的这一项活动本身。

在中国古典园林美的历史行程的第一阶段，禽兽仅仅作为狩猎的对象并在园林中占突出的地位，这反映了园林的审美意识尚处于低级阶段。园林史告诉我们，只是到了这个阶段的后期——汉代，禽兽才部分地开始转化为观赏对象，并略具一定的审美价值。《西京杂记》这样记述了汉代梁孝王刘武的“兔园”：

> 梁孝王好营宫室苑囿之乐，作曜华之宫，筑“兔园”。园中有百灵山，山有肤寸石，落猿岩，栖龙岫，又有雁池，池间有鹤洲、凫渚。其诸宫观相连，延亘数十里，奇果异树，瑰禽怪兽毕备。王日与宫人宾客弋钓其中。

就文中的命名来看，很多都与禽兽有关，这说明了园主对动物的特别关注。但是，从名目上看，有些禽兽在园中只是虚拟，而非实有，这也和其中的“瑰禽怪兽毕备”一样，反映了禽兽对人开始具有一定的审美价值。然而，上引文字更突出了禽兽是园林的主题，而频繁的“弋钓”活动也说明了该园的营造，仍不失狩猎的本意。

再如汉代的梁冀，《后汉书》说他“广开园囿”，“奇禽驯兽，飞走其间”。禽兽似乎已不是狩猎的对象了，然而《水经注》说梁冀造园，“积金玉，采捕禽兽以充其中”。可见，园主是以观赏金玉的眼睛观赏禽兽的，或者说，禽兽在园中和金玉一样，是以作为炫耀富有的财宝的形式而存在的。他还看不到禽兽的美的价值，在这方面，他至少是缺乏审美的自觉，因而主体不可能在对象上展开敏感的丰富性。

魏、晋以来，就不同了。随着审美意识的自觉，随着对包括植物在内的山水自然美的真正欣赏的开始，禽兽在园林中的地位和价值就相应地发生了变化。这是历史积淀的扬弃。

先看皇家园林及其给予人的美感性质。《世说新语·言语》载，东晋简文帝入华林园，“觉鸟兽禽鱼，自来亲人”。这似乎可看作是美感史的重要转折点之一[②]。当这种审美的亲和感开始主宰园林的时候，园中的动物已经由打击、猎取的对象转化而为审美的亲和对象

---

① 格罗塞：《艺术的起源》，商务印书馆1984年版，第116页。

② 关于简文帝审美体验的主体心理价值，当于第七编第四章中评论。

了。从生态美学的视角来剖析，原先，人把动物看作是一种“异己”的敌对的存在，感到只有打击或消灭了这种对象，才能肯定和确证自己的本质力量，才能享受到美的愉悦，才能实现主体和客体的统一，这表现了一种非生态或者反生态的立场。而现在则不是必欲置之死地而后快，人和动物的关系已由异己的对立变成了亲己的和谐，人有可能在客体对象中直接肯定自己的本质力量，直接展开敏感的丰富性①。这种由狩猎对象到欣赏对象的历史性的嬗变，不但是园林审美意识的一个飞跃，而且是生态文明史的一大进步。

再如隋炀帝，曾兴建规模巨大的西苑。《资治通鉴·隋纪四》写道：“五月，筑西苑，周二百里……宫树秋冬凋落，则翦彩为华叶，缀于枝条，色渝则易以新者，常如阳春，沼内亦翦彩为荷芰菱芡……”秋冬期间剪彩为花叶以假充真，这当然并不是真正意义上的审美活动，但从一个侧面反映了皇家园林中对于花木美的兴趣，或者说，花木的地位、价值已远远超过了禽兽。当然皇家园林中还是少不了禽兽的。《隋书·炀帝纪》说：“又于皂涧营显仁宫，采海内奇禽异兽草木之类，以实园苑。”但是，这里的“禽兽”，冠以“珍”、“异”字样，也可见其偏畸于审美价值，而决不是专供狩猎之用。

再看其他园林，如南朝宋的徐湛之在广陵造“风亭、月观、吹台、琴室”，除这些建筑外，就是“果竹繁茂，花药成行”，目的是“尽游玩之乐”（《南史·徐湛之传》）。在唐代，园林中花木的地位比禽兽显要得多。白居易《草堂记》、《池上篇序》中突出的，除屋室山石外，就是竹树。李德裕的“平泉庄”，以奇石著称，而所写的《平泉山居草木记》，大段铺叙的是嘉树名花，都是植物的美。总之，在这类园林里，动物的地位已显著地相形见绌。当然，动物仍有可能少量存在，如白居易《池上篇序》讲到自己家园有华亭鹤；李德裕的平泉山庄，也养了鸂鶒、白鹭和猿，但这些少量的动物都具有其可亲性和可赏性，人和它们平等相处、融洽共存于一个艺术天地之中，这是一个取消了敌对关系的生态伦理学的艺术天地。

第四节　山水园林、私家园林的诞生发展

丹纳在《艺术哲学》中提出了一个著名的观点，他说，“有一种‘精神的’气候，就是风俗习惯与时代精神”，而“作品的产生取决于时代精神和周围的风俗”，“时代的趋向始终占着统治地位”②。这一观点不无一定道理。联系园林来看，如果说，最初阶段的园林——囿、园、圃的萌生是由物质生产的发展状况决定的，那么，园林一旦独立为一门艺术，“精神气候”就往往起着某种决定的和主导的作用。

魏、晋、南北朝时代主要的精神气候是什么？是隐逸意识的流风远播，是欣赏自然生态美的蔚然成风，是诗歌领域里的“山水方滋”，是山水画作为生态艺术的趋于形成，是“畅神”美学的方兴未艾……这一类精神气候、审美风尚和文化态势，汇成了一种“时代的趋向”，它对园林艺术的发展起着极为明显的决定作用。于是，一种新型园林终于在这种精神气候下孕育诞生了，并不断地发展着。

这种新的园林类型，就是山水园林。它已不再是供帝王狩猎之用，而是供包括帝王在

---

① 这里所用的“对象”、“异己”、“肯定”、“确证”、“本质力量”、“展开丰富性”等哲学术语，参见马克思《1844年经济学－哲学手稿》，第44、50、79等页。

② 丹纳：《艺术哲学》，人民文学出版社1963年版，第34、32、35页。

内的园主们欣赏山水风景的审美之用，当然有时也免不了弋钓乃至狩猎的活动，但山水无疑是园林物质性建构的主体和中心，如北魏张伦造“景阳山”，该园就以重岩复岭，深溪洞壑的叠山名闻遐迩。

山水风景园到了唐代，有了进一步的发展。著名山水诗人王维的辋川别业，就主要以山水风景之美为特色了，这从其中风景点的题名就可以看出来。王维《辋川集序》写道：

> 余别业在辋川山谷，其游止有孟城坳、华子冈、文杏馆、斤竹岭、鹿柴、木兰柴、茱萸沜、宫槐陌、临湖亭、南垞、欹湖、柳浪、栾家濑、金屑泉、白石滩、北垞、竹里馆、辛夷坞、漆园、椒园等……

这些风景点，大都是以山水植物来命名的，它们和汉代梁孝王“兔园”中的“落猿岩、栖龙岫、雁池”等就大异其趣了。再从王维的组诗《辋川集》来看，诗人饱蘸深情，描写了“湖上一回首，山青卷白云”的欹湖；“分行接绮树，倒影人清漪”的柳浪；“木末芙蓉花，山中发红萼”的辛夷坞；“文杏裁为梁，香茅结为宇”的文杏馆……都充分显现出山、水、花、木、建筑之美。诗人就带着退隐意识游息生活在这样的山水园林之中。王维的辋川别业，是典型的山水园林，堪称中国古典园林在第二历史阶段发展到山水园的一个代表作。

在第二历史阶段孕育、诞生和发展的新的园林类型，从题材要素的视角来看，有山水园林；从所有权的视角来看，则有私家园林。私家园林——宅园的萌生和发展，在园林美的历史行程中也有着非常重要的意义，它和皇家园林——宫苑成为双峰对峙的两大园林系统。

私家园林在汉代已发其端。如富民袁广汉的私园，面积还很广大，尤其是园中畜养的禽兽特别多，成为园中的重要景观。从这些方面看，可见还没有远离宫苑系统的母体，而并不具备后来私家园林的典型特征。

在魏、晋时代，情况就不同。如在晋代，隐逸之风和欣赏自然的趣尚已波及社会上层，建构私园是其连锁反应。于是，甚至以掠夺、斗富而闻名遐迩的石崇，也在洛阳建构了著名的私家园林——金谷园。他在《思归引序》中说自己建园是为了“乐放逸”、“好林薮”、“避嚣烦”、“寄情赏”。这除了与人斗富和豪华享受外，也应该说是一种生态追求。

到了南北朝，建园之风大炽。一是宫苑遍布于都城及其四郊，在“江南佳丽地，金陵帝王州”（谢朓《入朝曲》）的南京，宋、齐、梁、陈四朝就先后建构乐游苑、芳林苑等苑囿三十多处，二是寺观园林也大量出现，在洛阳，有著名的报恩寺、龙华寺、追圣寺，杨衒之《洛阳伽蓝记·城南龙华寺》说：“此三寺园林茂盛，莫之与争”。由此可见洛阳寺园之一斑。三是和宫苑、寺园同步相应，宅园——主要是王侯贵族的园林更为稠密地出现在北国和江南，它们还往往和寺园交错在一起。《洛阳伽蓝记·城西法云寺》写道：

> 帝族王侯、外戚公主，擅山海之富，居川林之饶，争修园宅，互相夸竞。崇门丰室，洞户连房，飞馆生风，重楼起雾。高台芳榭，家家而筑，花林曲池，园园而有，莫不桃李夏绿，竹柏冬青……王侯第宅，多题为寺，寿丘里闾，列刹相望，祇洹郁起，宝塔高凌。

由此可以推想北方王侯园林的兴建盛况。不过，这类宅园在艺术风格等方面却和宫苑比较接近。

在唐代，著名的宅园更多，有些往往为著名文人所有，这和南北朝时代就有所不同，如宋之问的蓝田别墅，后为王维的辋川别业，还有裴度的午桥庄，李德裕的平泉庄……。就平泉山庄来说，周围十里，构筑了百余所台榭，李德裕竭尽毕生之力，罗列各地珍木异花，怪石名品，均移置园中。他爱平泉庄犹如第二生命，为此写了《平泉山居戒子孙记》贻留给后世。记中说："鬻吾平泉者，非吾子孙也；以平泉一树一石与人者，非佳士也。"他要求后代永保先业，"唯岸为谷，谷为陵，然后已焉，可也"。从主观上说，这如实地反映了他笃好泉石、深癖山水之志，在唐代颇有代表性；从客观上说，这正十分准确地反映了私家园林的"私"的性质，不过李德裕这一过于执著的意念和过于天真的愿望，在历史的流程中也只能化作美丽的泡影。

王维、李德裕的别墅、山庄，均属中国园林史上著名的私家大园，它们在规模上还留有苑囿的影子。在唐代，还出现了一些著名的私家小园。如白居易曾在庐山构筑的"草堂"，便是十分简朴。他在《草堂记》中写道：

明年春，草堂成，三间两柱，二室四墉……木，斫而已，不加丹；墙，圬而已，不加白。碱阶用石，幂窗用纸，竹帘纻帏，率称是焉。堂中设木榻四，素屏二，漆琴一张，儒道佛书各三两卷。

可以说，庐山草堂这个小园，开宋代以来江南文人写意园的先河。白居易选园基于陶渊明"悠然见南山"的庐山，并确定草堂这样的规模、风格及主导思想，所有这些，都可说是陶渊明园林美学思想的继续和发展。

自魏、晋至唐代，为"隐逸""归复"的精神气候、觉醒的自然审美意识所决定，更多地供狩猎的园林已逐渐嬗变为山水园林，同时，私家园林又如雨后春笋般地大量涌现……这些，就是这一历史大阶段的主要的新的特质。

值得一提的是，在这一阶段，"园林"一词不但广义地出现在陶渊明等人诗中，而且多次狭义地出现在北魏杨衒之的《洛阳伽蓝记》中。不过私家园林称"别业"、"别墅"、"山林"、"园池"、"山居"等是很普遍的，而从这些名称又可见出，园林的题材要素为建筑、山水、林木等，与苑囿有所不同。

第三章　宋元明清

"时运交易，质文代变"。(《文心雕龙·时序》)

在中国古代美学史上，和魏、晋时期一样，宋代也是一个颇为重要的历史时期，园林美正是在这时辉煌地进入了第三个历史阶段的。

从中国古典园林美的历史行程来看，唐代园林和宋代园林有着比较分明的审美界阈：唐代以前和宋代以后园林的审美建构中，天然的、客观的因素和人工的、主观的因素的比重有着明显的差别，二者的渗透度也有所不同。总之，在宋、元、明、清的园林中，人为的艺术加工是显然地增加了，景观中含茹的主体情致是显然地浓化了，技术美的水平也更为提高了，与此相应，包括园林美学在内的园林理论则是大大地发展了，所有这些，都或多或少地体现了审美的质的变异和飞跃。除此而外，宋、元、明、清园林在数量、类型和普及程度上，也不同于魏、晋至唐这一历史阶段。

如果说，魏、晋至唐是中国古典园林的发展期，那么，宋、元、明、清可说是中国古典园林的成熟期、鼎盛期，特别是在中国古代史的晚期——明、清时期，源远流长的古典园林史形成了自己的高潮，借黑格尔的话说，"离开它的源头愈远，它就膨胀得愈大"。这是历史开出的灿烂之花、丰硕之果。

在宋、元、明、清这一阶段，园林美的历史行程有如下几个值得引起注意的层面。

第一节　园林艺术的鼎盛与美的升华

在宋、元特别是明、清时期，古典园林艺术臻于鼎盛和升华的阶段，这既表现在空前未有的数量上，也表现在空前未有的质量上。量和质的相互交叉，相互乘除，这正是鼎盛、升华的原因和结果。

园林的数量，表征着园林美掌握公众的程度，或者说，它是衡量园林艺术的普及性以及园林艺术发展的成熟程度的重要标尺之一。从全国范围看，这主要体现在宅园的数量上，因为和宫苑、寺园、祠园相比，宅园不但面广，而且量大。

就江南宅园来说，一方面，都城的王侯第宅园林兴建极多，正如宋代大诗人陆游《南园记》所说，"自绍兴以来，王侯将相之园林相望"；另一方面，并非建于都城或并非属于王侯的宅园也大量出现，特别引人注目的是在江南一带形成了几个著名的园林之城。在这些富庶美丽的文化名城中，园林群犹如怒放的花丛，有的美得典雅，有的美得古朴，有的美得小巧玲珑，有的美得富丽堂皇……可谓争芳斗艳，尽态极妍，表现出各异的园林风格。

先说宋代的湖州，宋人倪思《经钼堂杂记》就记有湖州游赏去处四十多个，私家园林二十多个。宋末周密的《吴兴园林记》也记了湖州三十六个私家园林，其中有耸立着三大太湖名石的"南沈尚书园"，有四面皆水而以荷花著称的"莲花庄"，有规模虽小而回折可喜的“王氏园”，有登高尽见太湖诸山的赵氏“苏湾园”，有地处弁山之阳，“万石环之”的叶氏“石林”，有藏书数万卷的“程氏园”……周密在园记中一开头就写道：“吴兴山水清远，升平日，士大夫多居之……城中二溪横贯，此天下之所无，故好事者多园池之胜。”这是从自然条件和时代条件诸方面点明了湖州园林之所以繁花似锦的原因。

苏州，可谓物华天宝，人杰地灵，曾被曹雪芹誉为“最是红尘中一二等富贵风流之地”（《红楼梦》第一回）。这里，特别是唐宋以来，财富集中，人文荟萃，山温水软，气候适宜，又盛产太湖石，据《吴风录》载，“虽闾阎下户，亦饰小山盆岛为玩”。正由于这种种原因，明、清两代在原有基础上，又兴建了大量情趣盎然的园林。清人沈朝初在《忆江南·春游名胜词》中写道：“苏州好，城里半园亭。几片太湖堆崒嵂，一篙新涨接沙汀，山水自清灵。”这是用通俗而生动的语言，概括了苏州的山水风物之美和宅府园林之盛。古城苏州虽然经过了历史上一次次的治乱更替、兴废代谢，但直到今天，还不同程度地幸存有大小园林数十个之多。

“江吴都会，钱塘自古繁华”（柳永《望海潮》）的杭州，宋代以来，城内和湖滨除宫苑外，还曾陆续兴建了许多宅园，特别是公共园林西湖，誉满天下，于是杭州也成为和苏州齐名的园林名城。元人奥敦周卿的小令《双调蟾宫曲·咏西湖》写道：

> 西湖烟水茫茫，百顷风潭，十里荷香。宜雨宜晴，宜西施淡抹浓妆。尾尾相衔画舫，尽欢声无日不笙簧。春暖花香，岁稔时康。真乃上有天堂，下有苏杭。

正由于园林名胜之美，地沃物伙之富，使得“上有天堂，下有苏杭”① 成为历来一致公认的审美评价，并成为人们喜闻乐道的熟语。

扬州也是著名的风景城市，清代乾隆年间，扬州的园林兴建也达到了鼎盛时期。金安清《水窗春呓》曾说：“江宁、苏州、杭州，为山水之最胜处……扬州则全以园林亭榭擅长。”当时有“扬州园林之胜，甲于天下”之说，这是由于乾隆多次南巡，盐商们穷极物力以供宸赏，于是从北门直抵平山，两岸数十里楼台衔接，交相辉映，互为因借，无一重复。清代的扬州，城市园林遍布四方，滨水园林棋列湖岸，形成绮美繁丽的风景长卷，是园林密度极大的园林城市。谢溶生在《〈扬州画舫录〉序》中写道：

> 增假山而作陇，家家住青翠城闉；开止水以为渠，处处是烟波楼阁……保障湖边，旧饶陂泽；平山堂前，新富林塘。花潭竹屋，皆为泊宅之乡；月屿烟灯，尽是浮家之地。

这是对扬州这个园林城市及其中公共园林和宅第园林网络交织所作的审美描述。

此外，还有明代曾一度建都的南京，王侯园林颇多，其他宅园亦复不少。明代的王世贞在《游金陵诸园记》就记了中山王徐达诸邸的私园，其中有大而雄爽的，有小而靓美的，有清远的，有华整的……由此可以推想明、清时期南京的造园之风。

宋、元、明、清这一历史阶段，园林之城的出现，除江南的一个个群芳荟萃的园林之城外，北方有洛阳，北宋李格非著名的《洛阳名园记》，就记了亲历的名园十九处。再如在清代康乾盛世，国家太平，北京－承德地区也出现了星罗棋布的园林群。乾隆《知过论》这样写道：

---

① 在唐宋时代就有类似的提法，详见金学智：《“苏杭比较论”溯源》，载《苏州杂志》2000年第1期。

予承国家百年熙和之会，且当胜朝二百余年废弛之后，不可无黻饰壮万国之观瞻。四十余年间，次第兴举……若内而“西苑”、“南苑”、“畅春园”、“圆明园”以及“清漪”、“静明”、“静宜”三园。又因预为菟裘之颐而重修“宁寿宫”，别创“长春园”……以及热河往来之行宫、“避暑山庄”，盘山之“静寄山庄”。

这就是所谓京西“三山五园”，“圆明三园”（加长春、万春），于是，京西一带，园园相连。此外，还有“西苑三海”，景山五亭，紫禁城内又有几个花园，等等。这些宫苑，和当时的建筑一起，体现了著名的乾隆风格。此外，北京还有不少各具特色的宅园，如萃锦园、刘墉园、可园……

从江南到北国，从私家到皇室，这些园林群在历史的时空里相互辉耀着，有如星汉之灿烂！这是园林艺术美发展到成熟阶段才呈现的繁荣喜人的盛况。

这一历史阶段前所未有的数量，还表现为社会的上层、中层特别是士大夫文人的府宅中大抵拥有或大或小的园林。这可从宋代诗、词中的审美描述窥其一斑。先看宋词中园林建筑、构园艺术的普泛显现及词人们对此萦绕着种种思绪的深情咏唱——

一曲新词酒一杯，去年天气旧亭台，夕阳西下几时回？　无可奈何花落去，似曾相识燕归来，小园香径独徘徊。（晏殊《浣溪沙》）

庭院深深深几许，杨柳堆烟，帘幕无重数。（欧阳修《蝶恋花》）

梦后楼台高锁，酒醒帘幕低垂。去年春恨却来时，落花人独立，微雨燕双飞……（晏几道《临江仙》）

漠漠轻寒上小楼，晓阴无赖似穷秋，淡烟流水画屏幽。　自在飞花轻似梦，无边丝雨细如愁，宝帘闲挂小银钩。（秦观《浣溪沙》）

月台花榭，琐窗朱户，只有春知处。（贺铸《青玉案》）

露晞向晓，帘幕风轻，小院闲昼。翠径莺来，惊下乱红铺绣。倚危栏，登高榭，海棠著雨胭脂透……（王雱《倦寻芳》）

花径里，一番风雨，一番狼籍。红粉暗随流水去，园林渐觉清阴密……庭院静，空相忆。（辛弃疾《满江红·暮春》）

在这些词中，闲静的庭园，曲折的香径，低垂的帘幕，华美的琐窗，开敞的亭榭，高锁的楼台，如铺锦绣的落花，似曾相识的归燕……构成了种种幽美的境界，它们显示着园林真正开始走向成熟。就像这些词中的景语都是情语一样，这些词人笔下的词境就是园境，这两种境界已融而为一，契合无间，或者说，园林的境界就是词中抒情主人公所处的典型环境。宋词中很多作品的景色基调，和园林的景观建构是如此地情投意合！可以这样说，宋词特别喜爱也特别擅长细腻地描写园林美，其中很多作品，或把园林建构及其组合作为描写对象，或把园林景观作为抒情背景，这就构成了一种特定的“园林情调”。

“园林情调”，是本书的美学概念之一，需要重点加以说明。它包括主、客体两方面：主体情致，在上引词中异常明显，园景是引起这种情致的因素之一；客体景致，除了山水、泉石、花木而外，除了楼台亭阁、高榭低槛而外，还包括园内着意构成的掩映藏露、周回曲折的境界，或用沈复总结的话语来说，是“大中见小，小中见大，虚中有实，实中有虚，或藏或露，或浅或深”（《浮生六记》）。这才能明显地见出园内作为“三分匠七分主人”（计成《园冶·兴造论》）的“人的本质的对象化”，而这种“已经产生的对象性的存在”，才是“感性地摆在我们面前的人的心理学”①。在宋代，部分地由于体裁、题材的关系，词人们特别喜爱紧扣园林建筑及其组合来写山水花木。不妨把宋代欧阳修和唐代王维代表作中的名句略作一比较。欧词《朝中措·平山堂》云：“平山栏槛倚晴空，山色有无中。”这里不但有景致，而且有园林建筑，更有对江南远山的借景，其园林情调极浓。而欧词后句又出自王维的名句：“江流天地外，山色有无中。”（《汉江临泛》）但是，王诗并无园林情调，因为所写纯属山水风景，虽然其艺术价值辉耀古今，影响胜过欧词。不妨再就王维辋川别业的景点来说，其题名最富于意趣的是“柳浪”，其《柳浪》中“分行接绮树，倒影入清漪”，写得极美，但园林情调却甚微，因为这既可以是园景，但移之郊野、江湖乃至一般风景区皆无不可。再看欧词也写柳：“庭院深深深几许，杨柳堆烟，帘幕无重数。”（《蝶恋花》）不但建筑与花木融为一体，而且小中见大，实中有虚，或藏或露，或浅或深……其“帘幕”对园林意境还有特殊作用（详见本书第六编第五节“亏蔽景深”）；再看上文所引宋词，其中共四次提到“帘幕”，可见情有独钟。以上种种，是之谓“园林情调”。当然决不能说，唐诗中均没有园林情调。陈从周先生论园，爱引唐宋诗词来点醒，来形象地启迪，其《中国名园》一文写道：

> “小廊回合曲阑斜”，“庭院深深深几许”，这些唐宋人的词句，描绘了中国庭院建筑之美。②

其中第一句就出自唐人张泌的《寄人》诗，它也是抒写园林情调的名句。但是，这在宋词中，毕竟更细致，更突出，更普遍，更富于主体情致。

从总体上看，从发展中看，从园林美学的视角看，唐诗和宋词在园林情调方面有淡与浓、粗与细、少与多之别。至于宋诗，由于宋词和其他因素的影响，有些作品的园林情调也相当浓，不过主要以爽朗的诗风取代缠绵的词风罢了。试看——

> 梨花院落溶溶月，柳絮池塘淡淡风。（晏殊《寓意》）
>
> 燕子将雏语夏深，绿槐庭院不多阴。西窗一雨无人见，展尽芭蕉数尺心。（汪藻《即事》）
>
> 竹边台榭水边亭，不要人随只独行。乍暖柳条无气力，淡晴花影不分明。一番过雨来幽径，无数新禽有喜声……（杨万里《春晴怀故园海棠》）

宋诗中这类写景作品的“园林情调”，与其说是受了宋词的同化，还不如说是取决于宋代宅园数量之多，园林美的普及面之广。在宋代，园林作为现实和艺术中大量地存在的美，已大量地闯进了诗人的审美视野和诗词的思维空间。

宋代而后，许多著名小说如《儒林外史》、《老残游记》等都描叙到园林的美，《金瓶梅》、《红楼梦》等作品中的人物、事件更以园林为活动环境和文化背景。戏曲也如此，且不说它们和小说一样，一再叙述“私订终身后花园”之类的故事，就说《西厢记》、《牡丹亭》等名剧，也离不开园林美的环境。汤显祖著名的《牡丹亭》中，还有大段脍炙人口、广为传诵的有关园林的描写：

> 袅晴丝，吹来闲庭院，摇漾春如线。……不到园林，怎知春色如许？原来姹紫嫣红开遍，似这般付与断井残垣。良辰美景奈何天，赏心乐事谁家院！朝飞暮卷，云霞

---

① 马克思：《1844年经济学－哲学手稿》，第80页。

② 陈从周：《中国园林》，广东旅游出版社1986年版，第54页。

翠轩；雨丝风片，烟波画船……

这就是“游园惊梦”中的名段。在园林时空里，有声，有色，有形，有线，有静态，有动态。良辰美景，雨丝风片，华楼珠帘，翠轩画船……组织成为生动展开的画卷，其中处处有境，处处有人，情以景生，景以情合，把园林有机构成的旖旎风光，升华到最富于“园林情调”的迷人至境。这是园林文学的冠冕，也是园林艺术的骄傲！

和魏、晋至唐的园林相比，宋代以来的园林，不但在数量上，而且在质量上也存在着明显的不同，它的美，已提升到一个更高的境层。

就皇家园林来说，宋徽宗兴造的艮岳，在材料上多方罗致，在人工上不遗余力，工程非同一般。对于这个“天下之杰观”的苑囿，张淏《艮岳记》写道：“竭府库之积聚，萃天下之伎艺，凡六载而始成。”在营构艮岳的各项工程中，尤以立峰垒山的规模最为盛丽。苑囿中山石耸拔峭峙，磊落雄奇，云涌兽趋，千怪万状。祖秀《华阳宫记》在概括艮岳的特色之后，赞叹道：“括天下之美，藏古今之胜，于斯尽矣！”从历史上看，以往的宫苑里，除了各抱地势，钩心斗角的建筑物以外，主要是自然环境的美，人工的因素不是非常突出的。艮岳则不然，它处处竭人工营构之美，心智技艺之巧，然而又能臻于所谓天造地设、神谋化力的境地。这，可说是以往宫苑未曾出现过的新质。

在清代，宫苑建构体现了艺术美的更高的升华。北京颐和园、承德避暑山庄，都是千百年来古典园林艺术集大成式的历史结晶，它们在质量上远远超过前代任何苑囿。清帝乾隆在《避暑山庄后序碑》中写道：

若夫崇山峻岭，水态林姿，鹤鹿之游，鸢鱼之乐，加以岩斋溪阁，芳草古木，物有天然之趣，人忘尘世之怀，较之汉、唐离宫别苑，有过之无不及也。

这种园林情调，也迥然不同于过去；而最后一句，以汉、唐和清代相比，看似信手拈来，颇为平常，其实却颇有历史深度和理论概括性。就中国古典园林美的历史行程来看，汉代是第一阶段最后一个王朝，唐代是第二阶段最后一个王朝，而清代则是第三阶段最后一个王朝。三个王朝，分别是三个历史阶段的不同程度的高峰。乾隆的这一句话，可说是概括了一部中国古典园林史，并指出了第三阶段的园林美的硕果，比起第一、二阶段来，是“有过之而无不及”，也就是说，它的美是远远地超迈前代的。同时，乾隆之语也为本编历史阶段的划分提供了一个客观的理论依据。

至于清代名震寰球、被誉为“万园之园”的圆明园，它不只是有效地继承和集中了中国古典园林艺术的精华，而且也大胆地参照和吸收了西方园林美和建筑美的优点，是中、外并容，东、西结合而又处理较佳的辉煌的艺术范例。对于这个历时一百五十年才大功告成，具有综合性新质的世界上最大的园林，一位法国的传教士是这样写的：

真人世间之天堂也！……世传之神仙宫阙，唯此堪比拟也！……经营此园所费之巨，自更不问可知，亦只君临大邦若中国者，方能有此财力也。[1]

令人遗憾的是，这个世间天堂般的大型皇家园林，今天只能看到零星的遗迹了。时间在这里停滞了，留下的只是劫余的残骸、历史的凝冻。然而，它光荣地存在和耻辱地被毁灭，都能激起中国人爱国主义的崇高感情。

在宋代，不只是宫苑，还有宅园和寺园、祠园，它们比起以前的同类园林来，也是有

① 舒牧等编：《圆明园资料集》，书目文献出版社 1984 年版，第 114 页。

过之而无不及。且不说北宋就出现了一批较为成熟的宅园，就说位于山西太原悬瓮山麓的晋祠，也在北宋才成为典型的祠园。从这一园林的历史看，在北魏，郦道元《水经注》虽已有记载，北齐、隋、唐虽都进行修建或扩建，但仍不够典型，而艺术价值也不高；只是到了北宋天圣年间，建造了规模宏大的圣母殿和构筑别致的鱼沼飞梁，它的布局、景观才大为改观，产生了质的飞跃，终于成为中外闻名、举世瞩目的典型的祠庙园林。

第二节　从接受美学看群体游园之风

群体游园之风，虽已见于唐代，但它的走向炽盛，却在宋代。审美公众的群体游园，是要有前提条件的，这就是园林不同程度的开放。

皇家苑囿，是唯我独尊、唯我独有的一家私园，这当然谈不上开放。即使如“文王之囿”，古籍上有“刍荛者往焉，雉兔者往焉，与民同之”的记载，但也不能说就是开放，因为“民往”的目的，是割草采薪，捕雉捉兔，满足的是物质生活领域里的实用需要，而不是去游乐赏玩，以满足精神生活领域里的审美需要的。

尔后的皇家苑囿，无论是秦、汉的上林苑或太液池，还是隋、唐的显仁宫或“三内”，对于“民”来说，更是戒备森严的禁区，它们是不可能开放的。唐代长安著名的“三苑”，即“西内苑”、“东内苑”和规模最大的“禁苑”，从它们“内”、“禁”等的名称上就足以说明不具有开放的性质。

宋代的宫苑有对外“开放”的，但其开放的时间、空间、程度是有限的。宋人叶梦得《石林燕语》写道，当时的琼林苑、金明池，“岁以二月开，命士庶纵观，谓之‘开池’，至上巳，车驾临幸毕，即闭”。再如宋代扬州的衙署园林，据明代《维扬志·公署志》载，每当初春，花木竞发，就对“游观者不禁”，“春尽乃止”。这些比起唐以前来，作为审美主体的游观者的范围当然要大得多了。

真正具有开放性的园林，当首推公共园林，其次是寺观祠堂园林，再次是宅第园林。

关于公共园林，在唐代比较典型的是长安城南的曲江。它最初为汉武帝所造，名为宜春苑。唐开元时大加疏凿兴建，烟水明媚，花木茂盛，南有紫云楼、芙蓉苑，西有杏园、慈恩寺等，为游览胜地。赵次公写道：“唐开元中，都人游赏于曲江，莫盛于中和、上巳节。”（《分门集注杜工部诗》）不过，作为公共园林，唐代曲江的规模、典型性以及游览盛况，远不及宋代的杭州西湖。

从历史上看，最典型的公共园林莫如杭州西湖。在唐以前，古籍中很少有关于西湖的记载。中唐时白居易疏浚了西湖，但它除了具有观赏价值外，主要还在于灌溉之类的实用价值。直至五代吴越时，增建了大量佛寺，特别是建构了雷峰塔和保俶塔，使得人文景观和自然景观更好地结合起来。在宋代，苏轼募民开湖，筑长堤，立湖中三塔，并写诗赞美，比之为“西子”。游人就更多了，正如苏轼《怀西湖寄晁美叔》所写：“西湖天下景，游者无愚贤。”这几乎突破了时间、空间以及文化层次等等的局面。西湖进一步园林化，是在南宋。田汝成《西湖游览志·西湖总叙》说：“至绍兴建都，生齿日富，湖山表里，点饰浸繁。离宫别墅，梵宇仙居，舞榭歌楼，彤碧辉列，丰媚极矣。”这里的“点饰浸繁”，是园林化十分重要的一环。就以南宋王朝在湖滨建立的皇家园林来说，南有“聚景”、“真珠”、“南屏”等园，北有“延芳”、“集祥”、“玉壶”等园，它们虽然并非开放系统而主要是封闭系统，但对于西湖这个开放性的大系统来说，无异是极美的点缀华饰，是一种偏畸于物质性的人文景观。再如，春晓媚人的苏堤以及在孤山为宋诗人林和靖所建构的放鹤亭等等，更是浸透着精神因素的物质性人文景观，它对游人也具有很大的吸引力。在这些人文因素点饰浸繁之下，西湖就主要地由风景区升华而为游人如云的典型的公共园林。明代文学家袁宏道《断桥望湖亭小记》写游西湖的盛况说：

湖上由断桥至苏堤一带，绿烟红雾，弥漫二十余里。歌吹为风，粉汗为雨，罗纨之盛，多于堤畔之草，冶艳极矣。……

这段脍炙人口的晚明小品，虽然颇多文学性的夸饰成分，但是也由此可见明代西湖作为公共园林的开放程度和当时公众群体游园的炽盛情状。这段描写，还可与唐代作一有意味的比较。《开元天宝遗事》云："长安春时，盛于游赏，园林树木无闲地。故学士苏颋应制诗曰：'飞埃结红雾，游盖飘青云。'"不过所写也是公共园林，其游赏之盛也逊于宋明时期。袁宏道还有著名的《虎丘记》：

凡月之夜，花之晨，雪之夕，游人往来，纷错如织，而中秋为尤胜。每至是日，倾城阖户，连臂而至。衣冠士女，下迨蔀屋，莫不靓妆丽服……从千人石上至山门，栉比如鳞，檀板丘积，樽罍云泻。远而望之，如雁落平沙，霞铺江上，雷辊电霍，无得而状。

这是写苏州的寺观园林，把它和杭州公共园林以及下文南京、苏州的私家园林合起来看，可见明清时期园林开放和游园之风已臻于历史的顶峰。

宅园一般说来是封闭性的，是供独家享用的，园主至多邀请三朋四友，或赏景宴酒，或游园赋诗，它对公众来说是不开放的。在魏晋时期，宅园一诞生对公众就具有了这种封闭的秉性。苏州历史上出现最早的园林，是晋代的顾辟疆园，当时号为"吴中第一"。《晋书·王羲之传》载有王献之这样一则耐人寻味的趣事：

尝经吴郡，闻顾辟疆有名园，先不相识，乘平肩舆径入。时辟疆方集宾友，而献之游历既毕，傍若无人。辟疆勃然数之……便驱出门。献之傲如也，不以屑意。

这一趣事可作多角度的理解：从吴中名园的角度来看，可理解为东晋时期的宅园已具有高度的艺术美和强大的吸引力，能引起人们强烈的游赏冲动；从王献之旁若无人毫不介意来看，更可理解为典型的晋人风度或江左名士的风流韵事；再从园主人勃然逐客这一点来说，又可理解为宅园对于审美公众的封闭性——不让人任意游历。

宋代就不同了，当时洛阳有许多名园，邵雍《咏洛下园》就有"洛下园池不闭门"，"遍入何尝问主人"之句。即使如司马光的独乐园，也取消了对公众的封闭性，是名不副实的"独乐"了[①]。明清时期的江南私家园林，更盛行开放之风，有关园林美景共欣赏的记载，见于笔记、诗话的颇多，如——

随园四面无墙，以山势高低难加砖石故也。每至春秋佳日，仕女如云，主人亦听其往来，全无遮拦。（袁枚《随园诗话》）

谢默卿云：吴下园亭最胜，如齐门之吴氏拙政园，阊门之刘氏寒碧庄，葑门之瞿

---

① 《元城先生语录》记刘安世语："独乐园在洛中诸园，最为简素，人以公故，春时必游。洛中例，看园子所得茶汤钱，闭园日，与主人平分之。一日园子吕直得钱十千，肩来纳。公问故，以众例对。曰：'此自汝钱，可持去。'再三欲留，公怒，遂持去，回顾曰：'只端明（指司马光）不要钱者。'十许日，公见园中新创一林亭，问之，乃前日不受十千所创也。"

氏网师园，娄门之黄氏五松园，其尤著者。每春秋佳日，辄开园纵人游观，钗扇如云，蝶围蜂绕，裙屐年少，恣其评骘于衣香人影之间，了不为忤。（梁章钜《楹联丛话》）

在明、清时期宅园中这种“听其往来，全无遮拦”或“恣其评骘”，“了不为忤”的公众审美盛况，和东晋时期宅园中的“伧尔便驱出门”的封闭情况，几乎是截然相反的两极。在明、清时代，“春秋佳日，仕女如云”这种带有广泛群众性的游园之风①，这种对于园林艺术的大规模的审美活动，在中国古典园林发展史上，可说是盛况空前的。

接受美学认为，一部文学作品并不是自身独立、向每一时代都提供同样审美信息的客体，“文学史是一个审美接受和审美生产的过程”②。这一理论有其合理性，并同样地适用于艺术作品和艺术史。美国学者霍拉勃引用接受美学创始人、德国美学家姚斯的观点说：

只有当作品的延续不再从生产主体（按，就园林来说，即造园家——引者）思考，而从消费主体（按，即园林游赏的审美公众——引者）方面思考，即从作者与公众相联系的方面思考时，才能写出一部文学和艺术史。③

可见，艺术史应该是生产主体和消费主体相联系的历史，就园林艺术史来说，应该是造园家、园林一方与接受园林美的公众一方相联系的历史。再从园林艺术史的阶段划分来看，至少是应该把园林美的接受者及其数量的扩展作为划分标尺之一。

中国古典园林作为审美客体，它也生产着能够欣赏园林的审美主体，培养着善于接受园林美的公众，这在审美蔚然成风的历史阶段尤其如此。据清人钱泳《履园丛话》载，每当春二三月，苏州各园也竞相开放，“合城士女出游，宛如张择端《清明上河图》”。这是古典园林美发展到成熟阶段所产生的空前繁荣景象。

第三节　文人写意画与文人写意园

写意，这是中国艺术重要的美学特征。美学界认为，中国艺术门类中的绘画、书法、戏曲、园林、舞蹈等，都主要是写意的。韩玉涛先生在《书意》中写道：“写意，是中华民族的艺术观，是中国艺术的艺术方法。它是迥异于西方的另一种美学体系。……黑格尔明白，‘中国是特别东方的’。我们要行动起来，整理我们自己的美学。”④ 这一意见是正确的。中国应该有独特的美学，正像中国有自己独特的园林艺术一样。在中国各类艺术构成的庞大的写意系统中，对绘画的写意特质研究得比较充分，这是由于“写意”这一概念本来就是从“写意画”中移植来的。其次，戏曲的写意性也得到了广泛的关注。至于园林，“写意园”的概念虽已得到建筑、园林界一致的认同，这一概念也被较广泛地应用，但对它的认识却较为模糊，对它的研究更显得不够。故而本节和下节拟结合中国古典园林美的历史行程作一重点探讨。

在宋代，伴随着山水园林、文人私家园林的成熟，在唐代文人园林写意因子积累的基础上，诞生了别具风貌的园林——文人写意园。它是以宋代文人苏舜钦建构沧浪亭开其端

① 袁枚的随园游人不断，最多一年达十余万人，以致户限为穿，每年更易一、二次。见《随园考》，童寯《江南园林志》，第52页。

② H. R. 姚斯、R. C. 霍拉勃：《接受美学与接受理论》，辽宁人民出版社1987年版，第26页。

③ H. R. 姚斯、R. C. 霍拉勃：《接受美学与接受理论》，第339页。

④ 《美学》第1辑，上海文艺出版社1979年版，第174、183页。

绪的。这种园林借物抒情、以少胜多的写意特质的外在表现，一是题材，二是题名。本节专论题材。

宋代文人写意园，几乎是和文人写意画相先后地诞生的。因此，要了解文人写意园，必先了解自宋代开始的文人写意画的题材的特殊性。

宋代的绘画，和唐以前的绘画有着一种审美界阈，这可从北宋郭若虚《图画见闻志》关于绘画的比较论述中窥其端倪：

> 或问近代至艺，与古人何如？答曰：近代方古多不及，而过亦有之。若论佛道、人物、仕女、牛马，则近代不及古；若论山水、林石、花竹、禽鱼，则古不及近。

再从郭若虚所举的例证来看，画佛道、人物的代表画家是东晋的顾恺之，南朝宋、梁的陆探微、张僧繇，唐代的吴道子等；画仕女的代表画家是唐代的张萱、周昉；画牛马的代表画家是唐代的韩幹、戴嵩。由此可见，所谓“不如古”的“古”，是指从晋至唐这一历史阶段。至于山水、林石、花竹、禽鱼等绘画题材，郭若虚举出的代表画家是关仝、李成、范宽、徐熙、黄筌等，认为这些五代至宋的画家，胜过唐代的李思训、王维、王宰、边鸾等。这一比较，是颇有启发意义和美学价值的，对于古典园林美的历史行程的阶段划分，是一个极佳的文化参照系。

这里不想全面评价郭若虚的这番论述，只想指出，它不但说明了“古”（自晋至唐）、“今”（宋）艺术趣味的嬗变和审美关注中心的转移①，而且给人的启发是：第一，佛道、人物、仕女、牛马等题材，是不容易抒写情感的，或者说，是不容易一下子就纳入中国画写意的表现系统的；而山水、林石、花竹、禽鱼等题材，是比较地易于写意的，是能够比较有效地抒写画家的主体情致的，能较顺利地进入中国画写意的表现系统。从历史上看，写意画的题材固然可以是人物，如宋代梁楷的减笔写意人物画，但这毕竟是极少数；写意画的主要题材领域，应该说是山水、林石、花竹、禽鱼。这有宋代以来的绘画史实为证，如宋代苏轼如其“胸中盘郁”的枯木怪石；米芾父子以“意笔”、“墨趣”来尽情挥洒的米点山水；宋末郑思肖抒写悲愤之情的露根无土之兰；元代倪云林“逸笔草草，不求形似”、“聊写胸中逸气”的山水；明代徐渭“笔底明珠无处卖”的大写意墨葡萄；清初八大山人造型突兀、亦哭亦笑的“伤心鸟”、“瞪眼鱼”；郑板桥“一枝一叶总关情”的墨竹……都是借这类题材来写意的。郭若虚从题材角度所作的比较，似乎已预感到宋代将要开写意画之先河。第二，它不但对绘画美学有直接的启发，而且对园林美学也有间接的启发，值得深味的是：山水、林石、花竹、禽鱼，这类绘画题材恰恰也是园林的重要题材，说得更精确些，它们是园林美的物质建构必不可少的元素，是宋、元、明、清的私家园林赖以写意抒情，表达个性的重要物质材料。

但是，唐代及唐代以前，山水、林石、花竹、禽鱼在绘画乃至绝大多数园林中，却颇难成为异常突出地写意抒情的物质材料，即使是被后人奉为北宗、南宗之祖的李思训父子或王维的山水画，也是如此。著名建筑学家梁思成先生曾说过一句发人深思的话：“敦煌

---

① 郭若虚所说的“近不如古”的“佛道、人物、仕女、牛马”，前三种其实都是人物。自宋开始，人物画家越来越少。北宋米芾《画史》说，“今人绝不画故事”；南宋邓椿《画继》说，“近世画手，少作故事人物”；明代谢肇淛《五杂俎》说，“今人画以意趣为主，不复画人物及故事”……有人作过统计，唐代人物画家占画家总数的三分之二；到北宋一下子只占五分之二；元代仅剩五分之一；明代更减到七分之一。这与文人写意画的逐步兴盛密切相关。

壁画中找不出突出个人，脱离群众，以抒写文人胸襟为主的山水画。”[①] 这话可解读为借题发挥，是借绘画来讲园林，讲建筑。它至少足以说明唐以前较难找出突出个性、突出主体情致、强调自我实现的文人写意山水园。

宋代则不然。北宋著名诗人苏舜钦在被倾陷后于苏州所建的“沧浪亭”，是以抒发文人胸襟为主的典型的山水园。对此，本节拟作重点论述和剖析。

理论是实践走向成熟的标志。苏舜钦在《沧浪亭记》中作了如下理论表白：

> 予以罪废无所归，扁舟南游，旅于吴中……构亭北碕，号“沧浪”焉……予时榜小舟，幅巾以往，至则洒然忘其归，觞而浩歌，踞而仰啸，野老不至，鱼鸟共乐，形骸既适则神不烦，观听无邪则道以明……予既废而获斯境，安于冲旷，不与众驱，因之复能见乎内外失得之原，沃然有得，笑傲万古，尚未能忘其所寓目，用是以为胜焉。

他正是用园中的山水竹石禽鱼等题材或元素来寄寓和抒写自己的审美情意的。除了记中所说的“鱼鸟共乐”外，他在诗中还写道：“荒亭俗少游”（《郡侯访予于沧浪亭》）；“高轩面曲水，修竹慰愁颜”；“迹与豺狼远，心随鱼鸟闲”（《沧浪亭》）……。他所说的“不与众驱”、“俗少游”，其中的“众”，是“俗众”、“庸众”，是丑恶凶险的“荣辱之场”，更是指以倾轧陷害为业的“豺狼”。苏舜钦的“突出个人”、“不与众驱”，历史地看，应该说是有其积极意义的。试看他是如何在园中强烈地抒发特定的文人胸襟的。在沧浪亭里，他不但“安于冲旷”，“笑傲万古”，而且还“觞而浩歌，踞而仰啸”，以实现“形骸既适则神不烦”……。这种排愁遣闷，饮酒赋诗，仰啸浩歌，放旷傲世，其感情的强度，和宋元以来某些强调主体个性、人格价值的文人写意画家不无异曲同工之处；而在中国古典园林史上，则又是空前的。

再看同时代诗人们对苏舜钦及其沧浪亭的反应。欧阳修《沧浪亭》诗一开头就写道：“子美寄我沧浪吟，邀我共作沧浪篇”。接着又写道：“又疑此境天乞与，壮士憔悴天应怜”，“崎岖世路欲脱去……红蕖绿浪摇醉眠。”对苏舜钦脱离崎岖险恶的世路，陶醉、寄意于园林生活的行为表示热情的支持和充分的肯定。梅尧臣的《寄题沧浪亭》，则是这样写苏舜钦的：“闻买沧浪水，遂作沧浪人。置身沧浪上，日与沧浪亲。宜曰沧浪叟，老向沧浪滨。沧浪何处是？洞庭相与邻……”作为“沧浪人”，苏舜钦确实有其联结着崎岖经历的强烈的审美个性；作为文人写意园，“沧浪亭”也确实有其供苏舜钦放旷笑傲、诗酒穷年的抒情个性。

最后，再看后世文人对苏舜钦以主体身心所抒写的、物质和精神交构而成的“沧浪篇”的赓续。在历史上，沧浪亭几经兴废，清人宋荦也曾大力修复过。他在《沧浪亭用欧阳公韵》中饱蘸深情写道：

> 沧浪之亭几兴废，沧浪之水今依然。……厥后踵事非一姓，转眼变灭随云烟。湖州长史昔贬谪，爱此卜筑将终焉。……老夫顾此愿修复，胜事肯令他人专。伐石作亭悬旧额……“观鱼处”敞俨对镜，“自胜轩”小疑乘船……

宋荦见其“变灭”，不胜感慨，于是有再一次“踵事”、“修复”之举——建起了石亭，悬上了旧额。苏舜钦有《沧浪观鱼》诗：“瑟瑟清波见戏鳞，浮沉追逐巧相亲。我嗟不及群

---

① 见《华中建筑》1986年第1期扉页。

鱼乐，虚作人间半世人。”这种追求清静之乐，向往自由之境，其源盖出于遭倾陷、受贬谪之沉重打击。于是，宋荦按其诗意建起了宽敞的“观鱼处”，而这一木石构筑，就成了凝固的诗篇。苏舜钦《沧浪亭记》说：“唯仕宦溺人为至深，古之才哲君子，有一失而至于死者多矣，是未知所以自胜之道。”诗人通过建园，终于找到了“自胜之道”，而清代这一“自胜轩”的建构，也由此而哲理化、写意化了。宋荦修复沧浪亭，在种种园林建筑中，不但物化了苏舜钦诗文之意，而且物化了自己敬仰、同情、追念苏舜钦之意。

历史地看，沧浪亭饱经沧桑，废而又兴。虽然“自胜轩”等又是“转眼变灭随云烟”，但后人又为之增添了物化苏舜钦诗文的一系列景点：面水轩，用诗人《沧浪亭》“高轩面曲水，修竹慰愁颜”之句意命名。观鱼处有额曰“静吟”，采用诗人《沧浪静吟》之诗题。明道堂，用《沧浪亭记》中“观听无邪则道以明”的警句之意为额。“翠玲珑”，取意于诗人《沧浪怀贯之》中“秋色入林红黯淡，日光穿竹翠玲珑”的名句，而且馆之前后庭院里，遍植翠竹，广延至明道堂，其婆娑竹影摇窗，一片绿阴如洗，也契合于《沧浪亭记》中“前竹后水，水之阳又竹”，“光影会合于轩户之间”的意境。“步碕”，则是广泛的概括：苏舜钦《沧浪亭记》说，“构亭北碕”；《沧浪静吟》说，“独绕虚亭步石矼”；《独步游沧浪亭》说：“不可骑入步是宜”，这就是“步碕”的由来……总之，这每一个景点，就是一首意味隽永的立体之诗，或是一篇哲理深邃的有形之文。沧浪亭这个历时已九百多年积淀极深又并不断变化的文人写意园，可说是苏舜钦领衔，尔后由历代文人们集体创作的。今天，它以中国历史上最早的文人写意园，列入了《世界遗产名录》。

沧浪亭这个典型，是以山水、林石、花竹、禽鱼以及建筑等为题材或元素，并突出地以文学性题名（这尤为重要，详见下节）来抒写主体情致、实现自我价值的文人写意园。尤应高度评价的是，苏舜钦那情理双至的写意表白和哲理概括——《沧浪亭记》，它不但可当作园记或园论来读，而且可当作哲学论文来读，其中对于向之汩汩荣辱之场的理性主义的“返思”，对于“人固动物”，情伏于内而物遣于外的鞭辟入里的论析，对于相通于陶渊明“此中有真意”的“真趣”的体悟，对于“自胜之道”——自我超越论的发明和阐释，对于“形骸既适则神不烦，观听无邪则道以明”的畅神明道的哲理概括……都达到了相当的理论高度和深度。其文人写意园的直接实践，正是这一理论的生动体现。黑格尔曾以其睿智深刻地指出——

> 只有思维深入事物的实质，方能算得真思想。
>
> 我们可以说唯有借助于反思作用去改造直接的东西，才能达到……一切时代共有的信念。[①]

苏舜钦正是如此。他结合自己的经历，对荣与辱、情与物、内与外、形与神、失与得、兼济与独善、感性与理性、社会丑与自然美进行了深入的思考，分析其关系，把握其实质，总结了文人园林的历史经验，形成了适用于古代社会后期“一切时代共有的信念”——以园写意。这种对于“沃然有得”的“道”的把握，在中国园林美学思想史上是空前的。苏舜钦之前，虽未尝没有带有写意质素的文人园林，但对其大多只有流于感性的描述，而“感性若无思想便等于零，思想，即理性”[②]。《沧浪亭记》正以其深刻的理性而成为文人

---

① 黑格尔：《小逻辑》，商务印书馆 1981 年版，第 67、77 页。

② 《费尔巴哈哲学著作选集》上卷，三联书店 1959 年版，第 252 页。

写意园在实践上趋于成熟的标志，成为古典园林史上的理论丰碑之一。

第四节　文心：园林、景点的题名

在中国文化史上，宋代有其重要的地位。李泽厚先生曾写道："宋代是以'郁郁乎文哉'著称的，它大概是中国古代历史上文化最发达的时期。上自皇帝本人、官僚巨室，下到各级官吏和地主士绅，构成一个比唐代远为庞大也更有文化教养的阶级或阶层。"① 宋代的文人写意画，正是在这一社会、文化背景上，才应运而生的。

文人写意画最主要的特点是什么？宋代文人写意画的理论代表邓椿在其《画继·杂说》中一针见血指出："画者，岂独艺之云乎？""画者，文之极也。"绘画不仅仅是艺术，它的灵魂在于"文"；真正的画，能臻于文的极致。邓椿的观点，既是对当时初露头角的文人写意画的总结概括，又是以后文人写意画的理论纲领。文人写意画既然是"文之极"，那么，除了题材特点之外，它还应该姓"文"，而且其中必定渗透着文学的意趣情致和显耀着特定的文化色彩，具有强烈的主体个性，所以后来石涛甚至说："夫画者，从于心者也。"（《苦瓜和尚语画录·一画章》）

以绘画来抒写文心，其表现是多方面的，可以如南宋院画考试那样，往往以诗句为题来作画，如"深山藏古寺"；"野水无人渡，孤舟尽日横"；"嫩绿枝头红一点，动人春色不须多"……"这不是从现实生活中而主要是从书面诗词中去寻求诗意"；又如，南宋院体小品——深堂琴趣、柳溪归牧……也能以有限场景、题材，"传达出抒情性非常浓厚的某一特定的诗情画意来"；再如"南宋山水画把人们审美感受中的想象、情感、理解诸因素引向更为确定的方向，导向更为明确的观念或主题"②。这类绘画，在一定程度表现了文学化的倾向。

然而，绘画文学化的更佳方式，当推画上的题跋以及给予画以诗意的标题③。这种方式才是文人写意画更为重要的特点。方薰《山静居画论》指出，"款题图画始自苏、米，至元、明而遂多以题语位置画境者，画亦因题益妙。"但如对此作进一步追溯，要求以画面题跋来克服绘画局囿的思想，最初是萌生于和苏舜钦同时代的欧阳修。他认为，绘画中的"意"是最重要的，因而一再强调——

> 古画画意不画形……（《盘车图》）
>
> 萧条淡泊，此难画之意。画者得之，览者未必识也。故飞走迟速，意浅之物易见，而闲和严静，趣远之心难形。（《鉴画》）

绘画中的形不是主要的，唯有"心"、"意"才是艺术的真宰。这一理论，可看作是时代对绘画题跋的呼唤。事实证明，如果没有诗意的标题和题跋，只可能画出意浅易见之物，很难画出萧条淡泊之意，闲和严静之心，而且即使"画者得之，览者未必识也"。欧阳修之后，经过苏轼、黄庭坚、米芾等人，到了元、明时期，标题和题跋之风终于炽盛，写意画也终于登上了一代高峰。

园林是立体的画，是存在于三维空间的物质性的画；园与画有其空间同构性。如果以

---

① 李泽厚：《美的历程》，第176页。

② 并见李泽厚：《美的历程》，第176、177、178页。

③ 见金学智：《中国画的题跋及其他》，《文汇报》1961年11月25日。

文人写意画作为参照系，那么，本书所提出的“文人写意园”的概念内涵就更为明确。这种园，也不应该仅仅是技艺或艺术，还应该是“文之极也”，“从于心者也”，具体地说，就是园林的文学化，心灵化，其主要方式是以命名或题额（以后还有对联）使园林渗透和充盈着诗意或文意，从而以有限的建筑、山水、花木、禽鱼，“传达出抒情性非常浓厚的某一特定的诗情画意来”，甚至能“把人们审美感受中的想像、情感、理解诸因素引向更为确定的方向，导向更为明确的观念或主题”。这种情况，在唐代或宋初，是较为罕见的。这种文学化了的园林，不妨先称之为“标题园”。再看宋代苏舜钦“沧浪亭”之名，它一方面既来自现实生活的充分孕育，另一方面，又“从书面诗词中去寻求诗意”，把《楚辞·渔父》中开导屈原的古老的《沧浪之歌》引进园林，使园林突出地具有文学意味、抒情功能和文化色彩。后人又据此进一步把一系列景点加以文学化，使其文化内涵的积淀更深，臻于“文之极”的境层，从而进一步成为文人写意园的杰出典范。

有人或许会说，标题园或系列景点题名，并非始自宋代，唐代早已出现，因此古典园林史的第三阶段的上限，应推至唐代。对此，本书拟进一步作具体分析。

应该承认，唐代是有少量标题园的，但极不著名；相反，著名的园林却很多都不是标题园。这适足以说明当时对园林的文学化极不重视，也适足以说明当时的“写意园”颇不成熟，只处于萌芽状态，或只是积累着一些质素、因子。

先以唐代对园史影响极大的白居易为例。他一生至少建构了两处著名的园林：一处在庐山，他还为之写了《草堂记》，但就是没有标题园名，故而人们只能称之为“庐山草堂”；另一处在洛阳，陈植先生概述道：

> 唐人别墅，如裴度“午桥庄”，李德裕“平泉庄”[1]，皆以所在地名为称，不像后人特地起一个园名。白居易……家在洛阳履道里。太和三年以刑部侍郎告病归洛阳，家园具水竹之胜。……因为没有园名，后人只好举其所在，称为“履道里”，否则就提出他所作《池上篇》这首诗……[2]

白居易在中国古典园林史和园林美学思想史上有着极其重要的地位，他既有丰富的造园经验，又有诗歌和园林美学理论；既有“喜山水病癖如此”（《草堂记》）的园林爱好，又是唐代著名的大诗人，如要给园以一个诗意的题名，那真可谓唾手可得，但他没有这样做。这是为什么？只能说为时代所限，很少想到。以咏亭诗题为例，他虽有文学化、哲理化的《忘筌亭》之题，但并未为自己之亭作记。至于咏自己或他人之亭，诗题则大抵为：《葺池上旧亭》、《自题小草亭》、《池西亭》、《题西亭》、《北亭招客》、《东亭闲望》、《杨家南亭》、《题王侍御池亭》、《宴郑家林亭》……可见“忘筌”之题名，是偶然的，即兴的，个别的[3]。而这正说明他没有形成题名写意的美学观念，而只是为文人园积累写意因子而已。

再以唐代著名的园林诗人王维为例，他还和裴迪首创以园林小诗和组诗酬唱之先例，并结集为著名的《辋川集》。但他也只是以地望名其园——辋川别业。其《辋川集序》说，其中“游止”有二十处，这种形式当然是系列题名，但它大抵是既未文学化，又未心灵化，缺少抒情言志的定性，其中有些可能是原地姓氏的地名，如孟城坳、华子冈、栾家

---

① 还有如宋之问的“蓝田庄”、崔兴宗的“东山庄”、王维诗里的“终南别业”……

② 陈植：《中国历代名园记选注》，安徽科技出版社1983年版，第5页。

③ 此外，中唐以来零星地还有刘禹锡的“吏隐亭”、“玄览亭”，司空图的“休休亭”等。

濑等；有些也可能是原来的地名，如金屑泉、白石滩、宫槐陌等；有些也是标方位的，如南垞、北垞；有的是以建筑材料命名的，如文杏馆；有的是以植物特别是经济作物命名的，如斤竹岭、木兰柴、茱萸沜、辛夷坞、漆园、椒园等，总之，除了“柳浪”之类而外，并没有多少诗意内涵。像王维这样能诗善画、通乐工书的多才多艺的文人，对自己心爱的家园和“游止”尚且不通过题名赋予一定的个性色彩和美学意蕴，原因之一是为时代所限，没有想到；二是它本身“带有庄园性质”，“不是纯粹供人品赏游豫的，也就是说，不是纯艺术型、纯审美型的，因为其中有些区域乃至有些景观不但具有审美价值，而且具有经济价值，直接生产着物质生活资料。在唐代，一些较大的园林，其中往往不但有农田，而且有林园等植物园地”。[①] 当然，不可否认，辋川著名的系列景点题名，在形式上也为文人写意园积累了艺术因子。

柳宗元写有《愚溪诗序》，对自己的宅园作了一番描叙：

> 愚溪之上，买小丘为愚丘。自愚丘东北行六十步，得泉焉，又买居之为愚泉。……愚池之东为愚堂，南为愚亭。池之中为愚岛。

园中的溪、丘、泉、沟、池、堂、亭、岛凡八景，统统冠以“愚”字，这虽不无宣泄郁结等寓意，这类题名比起王维、白居易来，有了一定的写意性、文学性，但不免单调，内涵不丰，文学意味不浓。柳宗元是写山水小品、游记的能手，其文传神入微，还提出过“奥如”、“旷如”等园林美学概念。然而，却没有给自己的家园及其中景点留下抒情写意的艺术性系列题名，像“永州八记”那样洋洋乎臻于“文之极”。这又是为什么？这应该说，也是为时代所限。法国艺术史家丹纳指出，在一个时代里，“艺术家不是孤立的人”，“艺术家本身，连同他所产生的全部作品，也不是孤立的。有一个包括艺术家在内的总体……还包括在一个更广大的总体之内，就是在它周围而趣味和它一致的社会。因为风俗习惯与时代精神对于群众和艺术家是相同的”[②]。所以，柳宗元不可能和王维、白居易差距甚远。

再重点看系列景点题名，王维和柳宗元的或内涵不深，或文采不丰；在唐代，最富于文采的，莫如隐士卢鸿建于嵩山的草堂，其景点连“草堂”在内有十。从卢鸿所写《嵩山十志十首》来看，其他九景为倒景台、樾馆、枕烟庭、云锦淙、期仙磴、涤烦矶、幂翠庭、洞元室、金碧潭，洋洋乎已近“文之极”了。然而这一山区园林的基本特色是任其自然，有些只是因其自然，而人为加工极少，直接体现“人的本质的对象化”的建筑占不到应有的比例。从字面上看，该园虽然有堂、台、馆、庭、室等，其实有些并非建筑，试看其诗前小序——

> 倒景台者，盖太室南麓，天门右崖，杰峰如台……
>
> 幂翠庭者，盖崖巘积阴，林萝沓翠，其上绵幂，其下深湛……
>
> 枕烟庭者，盖特峰秀起，意若枕烟，秘庭凝虚，窅若仙会，即扬雄所谓“爰静神游之庭”是也……

这大抵上是天然景观，《幂翠庭》诗中还有“当其无兮庭在中”之语。卢鸿崇老庄，尚虚无，故主张以无为有。至于“洞元室”，是“因岩作室”；“草堂”，虽说“资人力之缔

---

① 金学智：《论王维辋川别业的园林特色》，载《王维研究》第2辑，第241页。

② 丹纳：《艺术哲学》，第5～6页。

构”，但也只是“后加茅茨，将以避燥湿……昭简易”。他认为，如“妄为剪饰，失天理矣”。“樾馆”也是“柘架茅茨”。应该说，园林主要属于建筑的范畴，是建筑向自然的扩大、延伸，同时也是建筑向自然环境的辐射。据此来看卢鸿草堂，其题名确乎“文采斐然”，但大部分虽有园林景点之题名，却无人工建筑之实构，大抵接近于山水风景区的题名。尤应指出的是，草堂还没有更为重要的总的特指园名，这更是一大缺憾。这些，固然与其主导思想——老庄哲学有关，但更由于缺时代氛围的孕育。卢鸿草堂十景的题名，虽对后世文人写意园具有一定的启发和先导作用，但其本身并非典型的、成熟的园林，更不是典型的文人写意园。

还有一种情况，唐代诗人咏园，爱写组诗以唱酬（这也颇受王维影响），于是，也有系列景观题名之出现，如韩愈有《奉和虢州刘给事使君三堂新题二十一咏》，其中“镜潭”、“柳溪”、“月池”等，颇有诗意，但也颇多凑成的、随意的，如“流水”、“北楼”、“北湖”、“西山”、“荷池”、“稻畦”……可见未经深思熟虑，还是“散文化”的。当然，这已是向文人写意园靠近了一步。但应指出的是，它和卢鸿草堂一样，没有更重要的总的特指园名，因而韩愈只能称之为“三堂”，可见其亦未臻于成熟，更不用说它没有《沧浪亭记》里那种园林美学思想作为支撑了。

总的来说，在唐代，园林作为最大型的艺术品，虽早已成为人们抒情养性之地，并渗透了审美主体的意愿、情思、趣味……，但这一艺术品中，客体的成分、自然景物的因素仍然是很突出的。而主体的成分、精神的因素、“诗化”的渗透还远远不足。主体性、精神性、人文性的强弱是区别园林艺术与自然的山水风景区的重要标准。以这一标准来考察唐代园林，可说主体性以及人文性还没有更多地渗透和占有客体物象，因而这类园林即使为文人所占有，也不能称为文人写意园，尽管它已是地道的自然山水园了。

周维权先生通过中国古典园林史的考察指出：

> 用文字题署景物的做法已见于唐代……但都是简单的环境状写和方位、功能的标定。到两宋时则代之以诗的意趣，即景题的诗化。北宋文人晁无咎致仕后在济州营私园归去来园，园中景题皆“摭陶词以名之”，如松菊、舒啸、临赋……意在“日往来其间则若渊明卧起与俱”……能够寓情于景，抒发园主人的襟怀，诱导游赏者的联想……其所创造的意境比之唐代园林当然就更为深远而耐人寻味了。①

这是完全符合园林史实的结论。

不妨再以丛证的方法列举各类园林为例。宋代除沧浪亭外，司马光取《孟子》语名其园为“独乐园”，并自觉写出《独乐园记》。从记中可知，园里有读书堂、弄水轩、钓鱼庵、种竹斋、采药圃、浇花亭、见山台，其景名中无不有“我”和“乐”在，或者说，其主语就是“我”。记中还说：“志倦体疲，则投竿取鱼，执衽采药，决渠灌花，操斧剖竹，濯热盥手，临高纵目，逍遥相羊，唯意所适……踽踽焉，洋洋焉，不知天壤之间复有何乐可以代之也。因合而命之曰‘独乐园’”。这是何等明确何等自觉地以园林及系列景点来抒情写意、言志达性！真可谓“万物皆备于我”了。又如岳珂的研山园，又是一种情况，冯多福《研山园记》言其园中“悉摘南宫诗中语名其胜概之处”，“抚今怀古，即物寓景，山川草木，皆入题咏”。这也是价值自我实现的典型的文人写意园。再如宋代朱长

---

① 周维权：《中国古典园林史》，第146页。

文的“乐圃”、沈括的“梦溪”等文人宅园，不但也有特定寓意的园名，而且其中景点也均有诗情画意或富于文化内涵的系列题名。

文人私家园林的写意题名之风，也吹进了皇家的宫苑，宋徽宗赵佶的“艮岳”，据张淏所录《御制艮岳记》说，其中有绿萼华堂、三秀堂、龙吟堂、挥云厅、揽秀轩、漱玉轩、绛霄楼、倚翠楼、流碧馆、环山馆、巢凤阁、清斯阁、胜云庵、蹑云台，亭则有承岚、蟠秀、练光、跨云、浮阳、云浪、极目、萧森、飞岑……此外，还有白龙渊、万松岭、紫石岩、祈真磴，等等。真是“郁郁乎文哉”！题名华赡繁丽，极尽写景萃美之能事，既突出了园林的重点——山体景观，又体现出皇家的主体个性。若再看祖秀《华阳宫记》，则题名更为繁富，仅怪石的题名就录有数十个之多，更可谓洋洋大观了。这是由于赵佶同时是文人艺术家（颇有个性和成就的书画家），又呼吸着艺术追求文学化的时代风气，因而宫苑中也出现了唐代未有的这道亮丽风景线。艮岳，可说是体现了皇家风采的文人写意园。

再看公共园林，南宋吴自牧《梦粱录·西湖》写道：

> 近者画家称湖山四时景色最奇者有十，曰苏堤春晓、曲院荷风、平湖秋月、断桥残雪、柳浪闻莺、花港观鱼、雷峰夕照、双峰插云、南屏晚钟、三潭印月。

这就是著名的“西湖十景”。有了这精彩的系列题名，西湖就面貌顿异，更富风采情致。而且不只是诗人，画家也参与到题名行列中来了。然而，从题材上看，这类题名不外乎郭若虚《图画见闻志》所说的“山水、林石、花竹、禽鱼”加上建筑之类，但由于借物以写意，这就使得西湖也似乎可说“郁郁乎文哉”了。

对于宋代私家园林、皇家园林和公共园林的文人写意性，本书正是按其逻辑行程“在它完全成熟而具有典范形式的发展点上加以考察”[①] 的。通过历时性和共时性相结合的考察，可以这样说，从总体上看，有没有自觉出现或大量出现带有文学意味或文化色彩的题名，使作为物质建构的园林得以文学化、心灵化，这是宋代园林和唐代园林的质的区别之一。

也许有人还认为，仅根据上文提及的唐代园林实例，已足够把第三阶段上限推至唐代。这也是理由不足的，因为：（一）这类例子只是私家园林的极小部分，而且并未深入到皇家园林、公共园林。（二）没有像《沧浪亭记》这样的园记作为理论支撑，因而自觉性不够；宋代则不然，还发展为对题名艺术的研讨。如洪迈《容斋随笔·四笔》卷一有“亭榭立名”条[②]；洪迈《夷坚志》卷十七有“清辉亭”条；何薳《春渚纪闻》卷二有“天绘亭”条；苏轼有《南溪有会景亭，处众亭之间，无所见，甚不称名……》诗等。（三）历史分期是一个复杂的理论问题，分期总要求一刀切，然而现实的历史除改朝换代而外，文化史、经济史等总不是一刀切的，因此只能从总体上、本质上按其是否主流来划分，至于一些偶然的、个别的、零星的、支流的、非本质的，只能排除在外；退一步来说，第三阶段上限即使划到唐代，人们又可找出南朝的零星例证，如《梁书》载，刘慧斐“构园一所，号曰‘离垢园’。时人谓之‘离垢先生’”。这倒是地道的标题园。还可再往前追溯，《宋书·徐湛之传》说，徐湛之在广陵造“风亭、月观、吹台、琴室”。如是，

---

① 《马克思恩格斯选集》第2卷，第122页。

② 该条云：“立亭榭名最易蹈袭，既不可近俗，而务为奇涩亦非是。”堪称至论。

似又可说在南朝宋就有了文人园的系列景观了。这样，上限又得据此推到南朝。但南朝之前，汉代梁孝王的“兔园”，其中又有肤寸石、落猿岩、雁池、鹤洲、凫渚……这样，就永远无法分期了。列宁在《统计学和社会学》一文中指出：

如果从事实的全部总和、从事实的联系去掌握事实（如在宋代大文化背景中来透视沧浪亭——引者），那末，事实不仅是“胜于雄辩的东西”，而且是证据确凿的东西。如果不是从全部总和、不是从联系中去掌握事实，而是片断的和随便挑出来的，那么事实就只能是一种儿戏……①

这番话也适用于历史分期，因为历史在绝大多数情况下都是渐变、量变。一种现象的出现，不是大量地、全面地一下子跳出来的，其消失也如此，均有一个漫长的过程，正如唐代及唐以前不乏标题园和系列题名一样，宋代及宋代以后也有大量非标题园等等。笔者对于历史分期问题，也曾一再认为：历史行程的“阶段划分以及理论上的归纳，都是就各阶段的总体、主流而言的，事实上各阶段之间还存在着支流上的某种交叉、叠合”；分期“是从各阶段的总体上、宏观上讲的”，“某一艺术质经过中介而向另一艺术质的过渡，都不是线性过渡，而是面性过渡，其‘面’上往往呈现出后者窜前、前者延后、犬牙交错、彼此交叠的情状……”② 这就是笔者的历史分期观。历史是复杂的，本编各章、节乃至本书各章、节之间也往往存在着这种情况，如苑囿中的狩猎活动，唐宋时代的群体游园之风，唐宋诗词中的“园林情调”……都应该说是通过中介的“面性过渡”。恩格斯说得好：“历史常常是跳跃式地和曲折地前进的，如果必须处处跟随着它，那就势必不仅会注意许多无关紧要的材料，而且也会常常打断思想进程。”③ 本书有关历史行程方面的描述，也注意了这一点。

再略说元、明、清时代。西湖宋代有十景之后，元代又有“六桥烟柳”等“钱塘十景”的题名；清代更有“梅林归鹤”等十八景的题名。由此可见公共园林题名之风的炽盛。

至于皇家园林，题名之风更盛。在清代，北京香山静宜园有二十八景，玉泉山静明园有十六景，圆明园有四十景，承德避暑山庄有康熙题三十六景，复有乾隆题三十六景……

在明、清时代，文人写意画臻于高峰，特别是画上题跋蔚然成风，建筑物的楹联也开始盛行，于是，私家园林题名写意风愈演愈盛，仅以明代王世贞的弇山园为例，其中景点题名竟有近两百个之多！

张岱《西湖梦寻》录陈继儒《青莲山房》一诗，它可说是对文人写意园心领神会的一个总结概括。诗云：“主人无俗态，筑圃见文心。”好一个“文心”！“文”、“心”二字，说明园林正是高雅建构的文学化，脱俗景观的心灵化。文心，不但是文人写意画的核心，而且是文人写意园的核心。诗句揭示了宋代以来文人写意园的此中三昧，可谓探得骊珠！当然，这种文心又主要是通过题名来实现的。

苏州曾有宅园“墨庄”，从这个颇见文心的园名上，人们可感受到氤氲的文人气息和扑鼻的翰墨幽香。在园名作为一种艺术“场”的辐射下，李果《墨庄记》这样写道：

轩前嘉木苍郁，多叠石为小山，绝壁下为清池……其境若与书卷相融洽，非必骛

---

① 《列宁全集》第23卷，人民出版社1963年版，第279页。

② 金学智：《中国书法美学》上卷，第71、110、346页。

③ 《马克思恩格斯选集》第2卷，第122页。

远凌危，攀奇竞秀，以求嵁岩穹谷于数十里之外，此岂易得哉！前辈谓文人未有不好山水，盖山水远俗之物也，……俗远而后可以读书研理，可以见道。

这段文字，可以说是概括了宋代以来特别是明清时期文人写意园典型的“文心”美学特征。园虽小而意俱足，仅仅借助于园名以及嘉木、小山、清池这些少量的物质性题材，通过审美的匠心独运和巧妙的艺术安排，就足以抒写胸中的“远俗”之意和“书卷”之气，使“其境若与书卷相融洽”。这种寥寥数笔，借物写意的小园，不但书卷之气盎然可掬，而且胜似骛远攀奇于数十里之外，它可说是立体的文人画和写意画。所谓“文人未有不好山水”云云，又足以说明文人写意园和山水园的有机联系，或者说，文人写意园往往是借“山水、林石、花竹、禽鱼”及建筑来抒情写意，见其文心的。

必须指出的是，文人写意画和文人写意园由于艺术门类的殊异，在表现形式上也有所不同。文人写意画虽然在构思孕育时往往凝神静虑，澄心运思，但在创作时往往兔起鹘落，逸笔草草地一挥而就。文人写意园则不然，其构筑布局凝聚了文人或画家精巧周密的意匠和文心。园林设计者深知，园中的物质素材是少量的，有限的，因此，决不能浪费笔墨，而应该惜墨如金，不管是一木一石，一山一水，一亭一轩，在形式安排上都应体现精致的艺术匠心，在内涵意蕴上都应浸透文人的主体情致。这样，通过精心的推敲和人力的投入，园林就能储存更多的耐人寻思的审美信息。

刘敦桢主编的《中国古代建筑史》谈到宋代江南园林时指出：

这时江南园林有不少文人画家参与园林设计的工作，因而园林与文学、山水画的结合更加密切，形成了中国园林发展中的一个重要阶段。①

史实正是如此。自宋以来，特别是明清时期，文人写意山水园以其新的精神风貌和艺术形式，大量地出现于中国的地平线上，尤其是出现于山明水秀的江南，成为江南园林的主流。它还使得江南园林成为一个艺术系统，得以和北方宫苑艺术系统相互争衡，平分秋色。

从历史发展的流向来看，江南园林不但能和北方园林分庭抗礼，而且大有以其特殊的优越性胜过对方之势，这突出地表现为：清帝康熙、乾隆多次下江南，被江南园林特有的美所征服，促使北方宫苑在建构时多方吸取江南文人写意园的立意、布局、结构、风韵、情趣之长，以为蓝本，从而不同程度地改变自己原有的自然山水园的艺术风貌。朱启钤《重刊〈园冶〉序》中说：

南省之名园胜景，康、乾两朝，移而之北，故北都诸苑，乃至热河之避暑山庄，悉有江南之余韵。②

这里，指出了中国古典园林美的历史行程中一个十分值得注意的趋向——南园北渐，也间接地显示了宋代以来江南园林——文人写意山水园的美的魅力和艺术的生命力。

第五节　满园春色的理论之花

理论是时代的产物，现实的升华，实践的结晶。

① 刘敦桢主编：《中国古代建筑史》，中国建筑工业出版社 1980 年版，第 172 页。

② 见陈植：《园冶注释》，中国建筑工业出版社 1981 年版，第 16 页。

理论之花，只有在实践发展到一定时代才能吐芳争艳；而理论著作的硕果累累，又正是实践臻于成熟的表征。宋、元、明、清这一历史阶段包括园林美学在内的古典园林理论，其表现正是如此，这从不同的理论层面上均可见出：

一、随着建筑艺术的发展，建筑学专著相继问世

中国园林艺术，和技术美表里相依，和建筑科学休戚相关。从历史上看，园林艺术理论的成熟和建筑科学的成熟，基本上是同步相应的。

在宋以前，我国有关建筑学的著作只有春秋末年的《考工记》，它反映了春秋时期王城的规划思想、版筑、道路、门墙，主要宫室内部的标准尺度以及工程测量技术等，但是，在这部最古老的工程技术专著中，"宫室"建筑只是其中的一部分，其余则是种种手工业技术之类，而且它只是概括了中国古代建筑史早期的实践成果。自此之后，是一千几百年的阒静沉寂。这一方面是由于长期的封建社会把建筑工程技术列为"君子不齿"的"百工之事"，不屑于总结经验，使之上升为建筑科学理论，另一方面，也和建筑工程技术本身跨度不大的渐进有关。

唐代的建筑，和其他艺术一样是引人注目的。宋代的建筑，在唐代宏伟刚健的风格的基础上又有了可喜的变化和较大的发展。刘敦桢先生主编的《中国古代建筑史》写道：

> 宋朝建筑……比唐朝建筑更为秀丽、绚烂而富于变化，出现了各种复杂形式的殿阁楼台。在装修和装饰、色彩方面，灿烂的琉璃瓦和精致的雕刻花纹及彩画，增加了建筑的艺术效果。由于手工业的发展，促进了建筑材料的多样化，提高了建筑技术的细致精巧的水平。①

和建筑艺术、技术的发展相应，建筑理论也打破了历史的阒寂。北宋初年，著名工匠喻皓总结建筑经验，写出了我国古代重要的建筑学专著——《木经》（已佚）。北宋崇宁二年，书画兼长的建筑师李诫主编的《营造法式》刊行。这是当时政府为管理宫室、坛庙、官署、府第等建筑而颁布的规范。它总结了以往建筑学的成果，体现了当时建筑技术的先进水平和艺术上的高度成就，是我国古代最重要而又完整的建筑学专著。全书分释名、诸作制度、诸作功限、诸作料例、诸作详图等几个部分，今天通过条文和图样，还可看到宋代建筑的艺术构架的总体和雕刻装饰的细部，这对于研究宋代及以后园林的木构架建筑很有参考价值。《营造法式》之后，还有明代中叶流传的《鲁班经》，清代李斗的《扬州画舫录·工段营造录》，等等。建筑学专著的不断问世，这在中国古代建筑史上是颇为重要的大事。

皮之不存，毛将焉附？园林美是附丽在建筑科技美之上的。建筑理论对于古典园林的建造和园林理论的发展，有其不小的影响。

二、各种类型的园记如山花烂熳竞相出现

园记不是严格意义上的园林艺术理论或园林美学著作，但是，它有助于了解某个或某些园林的美之所在，有助于了解造园思想、历史沿革、所在地望、建园经过、景观特色、结构功能、审美经验等，可说是对某个或某些园林所作的美学速写或文学素描，其中蕴藏

---

① 刘敦桢主编：《中国古代建筑史》，第164页。

着许多可贵的潜态的园林美学思想资料。

园记肇于唐代，但白居易的《草堂记》、李德裕的《平泉山居草木记》等，大抵不能算是标准的园记①。白居易的《池上篇序》、柳宗元的《愚溪诗序》等，也不是园记体裁。直到宋代，各种类型的园记才一下子如雨后春笋般涌现了出来，这和宋代文人写意园的开始兴盛也是同步相应的。宋、元直至明、清时代，园记和咏园诗一起蓬勃发展，极大地拓展和丰富了园林文学和造园理论的领域②。

总的来说，园记可分为个体园记和群体园记两大类。

在宋代个体园记中，记宅园的有苏舜钦的《沧浪亭记》、司马光的《独乐园记》、朱长文的《乐圃记》、沈括的《梦溪自记》、洪适的《盘洲记》、陆游的《南园记》、冯多福的《研山园记》等；记宫苑的有赵佶的《艮岳记》、张淏的《艮岳记》、祖秀的《华阳宫记》等。

群体园记的出现更不容忽视。宋代李格非著名的《洛阳名园记》，把当时洛阳存在的十九个名园写入一个作品，这既可见洛阳名园之盛，又可见社会上对园林的重视，说明了文学创作或文史著作的题材领域，不但在宋以前就已拓展到园林的个体，而且在宋代开始拓展到园林的群体。此后，宋代的周密又有《吴兴园林记》、明代王世贞的《游金陵诸园记》、袁宏道的《园亭纪略》，此外，与之近似的，有自宋至明清的《武林遗事》、《西湖游览志》、《帝京景物略》、《宸垣识略》、《日下旧闻考》、《日下尊闻录》、《扬州画舫录》等，明、清的笔记也往往辟有"园林"门，如徐珂《清稗类钞》中就有"宫苑类"，等等。

这些以不同文本形式存在的园记，不论是写个体的，还是写群体的；不论是游记式的，还是笔记式的，往往有其史料价值或潜美学价值，是研究中国古典园林艺术和园林美学的重要资料。本书对这个潜在的文化宝藏也十分注意开掘。

三、园林美学思想家和园林理论著作的不断出现

园林美学思想家的诞生及其数量，是和园林艺术的发展成正比的。先秦至汉，园林艺术尚处于初级阶段，当然不可能有园林美学思想家出现。魏晋至唐，园林艺术开始突飞猛进，于是，出现了两位有重要影响的园林美学思想家。沈括在《梦溪自记》中写道："渔于泉，舫于渊，俯仰于茂木美荫之间，所慕于古人者：陶潜、白居易、李约，谓之'三悦'。"这三人中，唐代的李约"萧萧冲远"，"有山林之致"（《因话录》），但不甚著名，③ 而陶渊明、白居易，则是晋、唐著名的园林美学思想家④。陶潜以其"归自然"的思想及笔下的田园风致，对后世的建园思想和园林境界、风格产生了重大的影响。白居易则不但直接参与园林的建构，而且是个园林迷，"凡所止，虽一日二日，辄覆篑土为台，聚拳石为山，环斗水为池，其喜山水病癖如此"（《草堂记》）。他在园林美学思想上的建树，见于他的

---

① 因前者主要只是叙述如何享用天然；后者主要只是叙述如何搜罗花木。

② 这在苏州文学史和园林史上极为典型，见范培松、金学智主编：《插图本苏州文学通史》第三编第三章、第四编第四章、第五编第五章"园林文学"等。

③ 白居易很看重李约，其《太湖石记》说："李生名约有言云：'苟适吾意，其用则多。'诚哉是言，适意而已！"可见李约的"适意"思想对白居易、沈括有不可忽视的影响。

④ 陶渊明稍后，南朝宋的谢灵运，其山水诗、山居思想，及其《山居赋》中关于借景、框景的描述和"寓目之美观"的提法……对中国园林美的历程也颇有影响。

《草堂记》、《池上篇序》、《冷泉亭记》、《太湖石记》等散文以及一些诗作，其中的建园思想、品石理论以及审美主体“和适”论等，对后来的园林艺术影响很大。但是，陶渊明的有关诗文毕竟只是一种倾向性的潜美学的存在，而白居易的园林美学思想则开始具有显态性。至于晚唐诗论家司空图，其《诗品》中往往以园境比喻诗境，把园与诗融合起来，并联系不同的艺术风格美进行感性的描述，令后人颇有启悟。

到了宋代，园林美学的潜态开始突出地转化为显态。欧阳修的《醉翁亭记》对山水花木因与四季天时交感而无穷的美学原则的揭示，苏舜钦《沧浪亭记》对园林审美主体的情性和合目的性的“善”的论析，以及自我超越论的发明，畅神明道论的阐释，成了文人写意园的理论纲要，而司马光《独乐园记》、朱长文《乐圃记》对园林生活之乐的突出强调，都极有美学价值，在北宋形成了一种理论氛围。其后，如苏轼、米芾等人好园爱石的言论，叶梦得、周密等人有关园记的记述，也是有价值的。此外，还有杜绾的《云林石谱》，常懋的《宣和石谱》等以及各种花谱，是对园林物质性建构的个别元素的品评……。

明、清时期，是园林美学思想的成熟期。在这个时期，出现的园林理论著作既有数量，又有质量，并涌现出一批各具理论个性的园林美学思想家。这在中国园林美学思想史上是应该大书特书的。

王世贞是著名的文学家，明代“后七子”的首领。他不但自己拥有“名在天下”的“弇山园”，而且酷爱游历山水园林；他不但写作了一些有理论价值的群体或个体的园记，而且辑录了历代有关园林的诗文，题为《古今名园墅编》，其书虽未见传世，但序文中表达了“人巧易工，而天巧难措”的美学思想。

计成是我国古典园林发展史上最为重要、最负盛名的美学思想家。他著于明崇祯年间的《园冶》【图4】，是我国古代最完整的一部园林学专著（日本称之为《夺天工》），它系统地总结了自古至今特别是自己丰富的造园经验，其学术价值为世界所公认。陈植先生《重印〈园冶〉序》指出：

> “造园”一词，见之文献，亦以此书为最早，想造园之名，已为当日通用之名词；造园之学，已为当日研求之科学矣。……日本首先援用“造园”为正式科学名称，并尊《园冶》为世界造园学最古名著，诚世界科学史上我国科学成就光荣之一页也。①

该书系统地论述了兴造、相地、立基、屋宇、

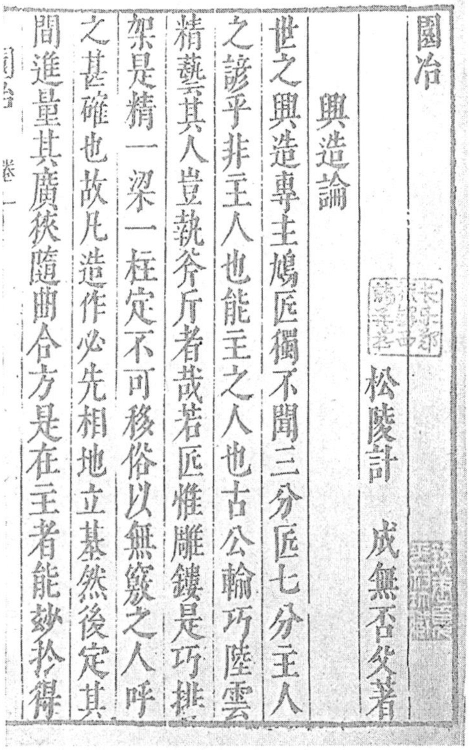
園冶
興造論　松陵計　成無否父著
世之興造專主鳩匠獨不聞三分匠七分主人
之諺乎非主人也能主之人也古公輸巧陸雲
精藝其人豈執斧斤者哉若匠惟雕鏤是巧排
架是精一梁一柱定不可移俗以無竅之人呼
之甚確也故凡造作必先相地立基然後定其
間進量其廣狹隨曲合方是在主者能妙於得
園冶　卷一

图4　造园经典“夺天工”

——计成《园冶》明刻本书影

（钤有“长乐郑振铎西谛藏书”等鉴藏印，为中国著名收藏家庋藏的稀世珍本，现珍藏于中国国家图书馆）

---

① 陈植：《园冶注释》，第11页。

装折、栏杆、门窗、墙垣、铺地、掇山、选石、借景等，还论述了造园的意义，园林与自然、主体与客体的多种审美关系以及造园建筑的艺术、技术等等，并附有大量精美的图例。

文震亨是与计成同时代的园林美学思想家。如果说，计成的《园冶》比较地倾向于综合方法，即在总体的联系中来分别论述园林建构序列的诸元素，那么，文震亨的专著《长物志》则倾向于分析方法，它把园林分成各个部分，对其中诸元素加以各别的研究，论及了室庐、花木、水石、禽鱼、蔬果以及书画、家具陈设等，可说是分论园林艺术诸元素的理论著作，其理论从总体上说虽缺少深度，但其中“亭台具旷士之怀，斋阁有幽人之致”；“一峰则太华千寻，一勺则江湖万里”等名言，极有美学价值。这类零星的言论，正是对“贵介风流，雅人深致”（伍修棠《长物志跋》）的文人写意园的某种概括。

在计成、文震亨前后，园林美学思想家除了《愚公谷乘》的作者邹迪光外，还有主张文学抒写性灵的“公安派”首领袁宏道、袁中道等，他们的诗文多涉及山水花木园林，其中颇多园林美学思想的闪光。与“公安派”同时代而与之争衡的“竟陵派”首领锺惺，其《梅花墅记》篇幅虽短，却是重要的园林美学论著，其幽深孤峭的竟陵风格，适足深化其哲理意蕴和突出其个人独创性的见解。

明末清初著名小品文家张岱，也是值得重视的。他的《陶庵梦忆》不但撷取了当时江南园林美的精英，而且更注入了审美主体的感受和经验；他的《西湖梦寻》，表现了“梦西湖如家园眷属”的情思，可当作一部关于公共园林的审美诗话或诗词选集来读，它那既重视客体又重视主体的审美眼光远远超过明代田汝成的《西湖游览志》。和张岱同时代的祁彪佳，他的《寓山注》也凝集了较有哲理深度的园林审美经验。张岱指出，他人为寓山所写之文，“人而不我，客而不主，出而不入，予而不受，忙而不闲”，而祁彪佳作为主人为园作注，“意随景到，笔借目传”，“闲中花鸟，意外烟云，真有一种人不及知，而己知之之妙，不及收藏不能持赠者，皆从笔底勾出”（《跋寓山注》）。

此外，明代还有王象晋的《群芳谱》、高濂的《遵生八笺》、林有麟的《素园石谱》、陆绍珩的《剑扫》、孙知伯的《培花奥诀录》、屠隆的《山斋清供笺》，还有清初陈淏子的《花镜》等。这些著作，对园林美建构序列作了不同理论层面的补充。

明清时期，陈继儒的《岩栖幽事》、《小窗幽记》等著作、费元禄的《晁采馆清课》、张潮的《幽梦影》、朱锡绶的《幽梦续影》，都是格言摘编或随想录式的隽永雅洁、品如幽兰的美文，其中可掇拾到不少园林美学警句。沈复的《浮生六记·浪游记快》，其中则不乏园林品赏的真知灼见和园林美学的深刻理解。

清代的李渔，也是著名的园林美学思想家。他的《闲情偶寄》中的“居室部”，“器玩部”，“种植部”，是系统的园林理论著作，侧重于对园林审美特点的研究，主张构园造亭须自出手眼，并对品石叠山，借景框景等造园艺术发表了独到的见解。

叶燮是中国古代美学史上著名的美学思想家。他的《滋园记》、《假山说》、《二取亭记》等，都表达了他对于园林美的深刻的哲学思想，特别是“美本乎天”，“必待人之神明才慧而见”，“孤芳独美不如集众芳以为美”等观点，在古代园林美学史上都是空前绝后的。文章通过园林中花木、山石等要素及借景等，阐述了园林与自然、客体与主体、真与假、弃与取等种种审美关系。其后，廖燕、郑板桥有关园林的美学观点，也值得重视。

曹雪芹《红楼梦》中的大观园，凝铸了千百年来人们关于园林的审美思想。这一富有创造性的古典园林的艺术典型，同时也是当时处于鼎盛期的园林的艺术概括，其中有着丰富的潜美学的内容在。而“脂评”对某些内容的挖掘和生发，也颇有价值。有的红学家考证，大观园写的就是清代文学家袁枚在南京所建的随园，此说真伪且不论，但是，随园主人袁枚在诗文中有关山水园林的美学思想，却是值得注意的。

还需要一提的是清代的乾隆，他不但是历代封建帝王中以屡下江南而著名的旅游家、园林迷，不但和前朝的康熙等营构了不少举世闻名的皇家园林，而且还写下了大量题咏园林的诗作及诗序，这些诗作，平庸的固然较多，但蕴含着较为深刻的园林美学思想的亦复不少。因此，乾隆完全可以跻身于古代园林美学鉴赏家的行列。

在宋元明清时代，中国园林美学呈现出“满园春色关不住”的动人局面，它以其繁花硕果使得中国古代美学史更为丰富多彩。

往事悠悠数千年。

从现在和未来的视角回溯中国古典园林美的漫长历程，可以看到这是一道生命洋溢的洪流，它那原始的滥觞大约在殷商时代。源远者往往流长而势大。当园林美雨后春笋般地进入宋、元、明、清阶段，园林情调则如香雾缭绕，弥漫于广阔的现实和种种艺术领域——绘画、诗词、小说、戏曲……从而为它们提供了某种典型的环境，理想的境界。也正在这时，园林艺术本身的形态内涵，进一步地升华为美学，在理论领域中更取得了自己的生存权利。

现存的古典园林之所以可贵，在于它是经过世世代代传承、扬弃、储存、积淀和拓展着的历史形象，它虽然仿佛是园林美的历史行程的一种感性的终结——过去动态的时间流程，现在大体上以静态的、凝定的形式展现在人们面前，但是，其内含的生命力，正如本书第一编所详论，还映射着现在和未来。

把古典园林美的历史行程和现存的古典园林结合起来，把“过去——现在——未来”连贯、结合起来，这应该是中国园林美学研究的出发点之一。

第 三 编

中国古典园林的真善美

美、善相乐。

——《荀子·乐论》

真、善、美有它们正当的权利。……这个自然的王国，也是我所说的三位一体的王国，定会慢慢建立起来。

——狄德罗:《拉摩的侄儿》

是艺术，总向往着“尽善”、“尽美”(《论语·八佾》)，总离不开真、善和美。

艺术之神驾着金色的三轮马车，行驶在悠悠不尽的历史之路。这三位一体、不可或缺的轮子，就是真、善和美。

真、善、美，助长着生活的一切。但是，在生活中，真、善、美却往往不是十分理想地完满统一的。正因为如此，法国18世纪启蒙思想家狄德罗才希望建立真、善、美三位一体的“自然的王国”，而人们也希冀于真、善、美的和谐统一，并表现出对艺术中真、善、美三位一体的孜孜以求……

中国古典园林，是富于东方特色的“自然的王国”，是具有华夏风的真、善、美“三位一体的王国”。

作为一个系统，中国古典园林的真、善、美，不但区别于一般的门类艺术，而且区别于西方园林，它和西方园林系统相比较而存在，显示出自己独特的生命和魅力。

作为一个系统，中国古典园林内部又主要地可分为江南宅园和北方宫苑两大子系统①，其真、善、美又有着差异乃至某种对立，可以说，二者是趋向于“异”；但是，它们和西方园林系统相比，又趋向于“同”。

以下，就中国范围内的江南园林和北方园林乃至世界范围内的中国园林和西方园林，作多角度的异同比较，从而探讨和归纳中国古典园林真、善、美的特征②。

---

① 中国古典园林以地域或地方风格为逻辑标准，主要可分为——

（一）以北京为代表的北方园林，其中包括承德、保定等地园林；

（二）以苏州为代表的江南园林，其中包括上海、无锡、南京、杭州、吴兴、南浔、皖南等地园林，特别是还包括扬州园林；

（三）以粤中为代表的岭南园林，顺德的清晖园、东莞的可园、番禺的余荫山房、佛山的梁园，号称粤中四大名园。岭南园林除广东园林外，其外延还涉及广西、福建、台湾、澳门等地的园林；

（四）川西园林，属巴蜀园林如杜甫草堂、三苏祠、升庵桂湖、卫公东湖，大抵为名人纪念园林；

（五）少数民族园林，其形成风格并留存至今的，唯有西藏拉萨的“罗布林卡”，评析见周维权《中国古典园林史》，第303～307页。

以上（一）（二）（三）已发展成熟，成为鼎峙的三大地方风格，其中尤以（一）（二）为两峰对峙、双水分流的两大派别系统。还应着重指出的是，本编第三章中“南北园林的美学比较”、“南北园林系统的比较”，均主要指（二）和（一）。

② 本编比较其美学特征之荦荦大者，其他则拟于以后章节中分别加以略述。

第一章 “真”与“假”的审美关系

西方园林系统的“真”，主要表现在艺术与科学的审美联系上，表现在科学的“合规律性”上，对此，拟于本编第三章第一节论及；中国古典园林系统的“真”，则主要表现在艺术对现实自然的生态美学关系上，而这又集中地体现在园林中假山对自然的生态美学关系上。

中国古典园林艺术的“真”，可从理论批评和创造实践两个层面来加以探讨。

第一节 有若自然：园林美的生态品评

“真”与“假”，是中国美学的一对重要范畴[①]。计成在《园冶·自序》中批评镇江（润州）园林的某些“假山”时，颇为自负地写道：

> 环润，皆佳山水。润之好事者，取石巧者置竹木间为假山，予偶观之，为发一笑。或问曰：“何笑？”予曰：“世所闻有真斯有假，胡不假真山形，而假迎勾芒者之拳磊乎？”或曰：“君能之乎？”遂偶为成“壁”。睹观者俱称：“俨然佳山也。”遂播闻于远近。

计成这段话，既是对自己丰富的叠山经验的深刻概括，又是揭示了江南园林的一条美学规律——假生于真，以假拟真。真，也就是自然生态的真实。

所谓“有真斯有假”，这无论从艺术发生学还是从艺术创造学的视角来看，都是应该加以肯定的。尤其可贵的是，这一理论又完全符合于中国古典园林的艺术实际。它告诉人们：是先有客观存在的真山之美，然后才有作为园林的重要组成部分的假山产生；假山作为一种造型艺术品，其终极根源是客观自然中的真山之美；假山虽然是假的，却贵在假中有真，因此，堆叠假山时，应以美的“真山形”为仿效对象，这样，假山一旦叠成，就能取得“俨然佳山”的审美效果。

至于镇江某些好事者所叠的“假山”，犹如“勾芒者之拳磊”，即“迎春神”时拳状石块的胡乱堆积，是纯粹的“假”，毫无真山的形象意态可言。何况镇江的四周多名山——秀丽多姿的金山、耸立江中的焦山、被称为“天下第一江山”的北固山，在这些“佳山水”的反衬下，“拳磊”式的“假山”就越发显得拙劣可笑了。

计成的园林美学，强调艺术创造之“真”，其观点散见于《园冶》一书中的还有——

> 虽由人作，宛自天开。（《园说》）
>
> 掇石莫知山假，到桥若谓津通。（《相地》）
>
> 岩、峦、洞、穴之莫穷，涧、壑、坡、矶之俨是。（《掇山》）
>
> 有真为假，做假成真。（《掇山》）

---

① 详见金学智主编：《美学基础》，第111～119页。

夫理假山，必欲求好。要人说好，片山块石，似有野致。（《掇山》）

这也都是说，“有真为假”，胸中要有从自然中得来的真山意象，亦即“胸有丘壑”，然后掇石叠山，才能“做假成真”，使假山具有真山的形态和气韵，使人“莫知山假”，感到“似有野致”，“宛自天开”，如同自然原生态之美。计成的这类观点，早已历史地成为园林美学中生态品评的一条重要标准。

计成关于“有真为假，做假成真”的园林美学思想，在清代的美学家叶燮那里，得到了进一步的深化和发展，并以逻辑序列表达出来。

叶燮从“美本乎天者也，本乎天自有之美也”（《滋园记》）的生态美学原则出发，在《假山说》一文中特别推崇真山，指出：

今夫山者，天地之山也，天地之为是山也。天地之前，吾不知其何所仿。自有天地，即有此山为天地自然之真山而已。……盖自有画而后之人遂忘其有天地之山，止知有画家之山……乃今之为石垒山者，不求天地之真，而求之画家之假，固已惑矣，而又不能自然以吻合画之假也。……吾之为山也，非能学天地之山也，学夫天地之山之自然之理也。

如果说，计成《园冶》中关于“真”、“假”关系的论述还带有一定的直观性、经验性的话，那么，叶燮的《假山说》则更具有理论的深度。在他的美学体系中，天地自然是所谓“真”，而包括绘画、园林在内的艺术是所谓“假”。在叶燮《假山说》的品评序列中，“天地自然之真山”本身是美的，是第一位的；其次是能“学夫天地之山”而体现其“自然之理”的假山；再次是“不求天地之真，而求之画家之假”的假山；最次的是既不能“吻合画之假”，又毫无美学意义可言的假山。叶燮崇尚自然之真的园林美学思想，是十分可贵的，它可以和中国古典绘画美学的观点相印证。唐志契《绘事微言》认为，“凡学画山水者”，“要看真山水”，叶燮则主张“为石垒山”要学“天地自然之真山”。这类外师造化、以真为师的观点，在中国古代美学史上都有其重要的地位。然而更可贵的是，叶燮不但主张假山应以自然的真山为本，而且又认为不可能真正一模一样地“学天地之山”，而只能符合和体现“天地之山之自然之理”，这从另一角度来看，也可说是一种“合规律性”，即合乎天地自然之美的规律。叶燮在这里又是突出了艺术创造的概括性和能动性，避免了庸俗的低级的机械模拟论。总之，要求表现既取乎自然，又超乎自然的“第二自然”，这是叶燮关于假山的美学思想的高明之处。当然，叶燮的理论也不无偏颇，即认为叠山不能“求之画家之假”，这一观点留待第七编第三章第二节再加评述。

计成、叶燮上述的美学观点，一言以蔽之，曰“崇天”。所谓“宛自天开”，“做假成真”，从哲学思想上追本溯源，它来自道家哲学。《老子·二十五章》说：“人法地，地法天，天法道，道法自然。”王弼注：“法自然者，……于自然无所违也。”其总的精神是，应效法自然，不违反自然。《庄子·渔父》也说：“圣人法天贵真。”《园冶》中“虽由人作，宛自天开”的有关论述，正是道家“法天贵真”的哲学在古典园林美学领域的显现。而“天”、“真”二字，也正是《园冶》中最高的美学境界，所以日本就曾直接把《园冶》一书称为《夺天工》，这正中其美学思想之肯綮。至于叶燮，也崇尚“不知其何所仿”的“天地自然之真山”。这类崇尚“天然”、“自然”的园林生态美学思想，还形象地体现在小说《红楼梦》中。

曹雪芹在小说第十七回中，借宝玉之口说：

此处置一田庄，分明是人力造作成的。……那及前数处有自然之理、自然之趣呢？虽种竹引泉，亦不伤穿凿。古人云“天然图画”四字①，正恐非其地而强为其地，非其山而强为其山，即百般精巧，终不相宜……

这鲜明地体现了曹雪芹造园贵“天然”的生态美学思想，其中“天然图画”、“自然之理、自然之趣”和计成、叶燮的美学观如出一辙，而明义在《题红楼梦》一诗中也这样赞美小说里的大观园：“佳园结构类天成”。他通过作品中的艺术意象，把握了曹雪芹园林美学思想的精髓。值得注意的是，曹雪芹批评造园界“非其地而强为其地，非其山而强为其山”的现象，这也是极力推崇园林建构的天趣，实际上也就是强调了《老子·十七章》：“功成事遂，百姓皆谓我自然。”对此，笔者曾有如下释评：“自然，就是自自然然，自然而然，或者说，近于天然或自然天成。这在古代艺术、美学、哲学中是极高的境界。”②

再从历史上看，计成之前，“有若自然”早就成为园林美的品评标准，后来又发展为“假中见真”、“天然图画”之类，这些术语也已渗透在历代对园林的生态品赏之中：

一、历史上对北方园林的生态品评

自汉至唐，“自然”或“天成”就历史地成了园林艺术创造和品评的价值尺度和最高标准。《后汉书·梁冀传》说，梁冀的园囿“采土筑山……深林绝涧，有若自然”；杨衒之《洛阳伽蓝记》说，北魏的张伦“造景阳山，有若自然”。北齐的魏收所写《后园宴乐》说：“积崖疑造化，导水逼神功。”这是说园中山水，都似乎出自造化，出于鬼斧神工，不像人力所为。这是把“有若自然”的评语文学化了。王士祯《池北偶谈》引《学圃宪苏》也说，唐懿宗“于苑中取石造山，崎危诘屈，有若天成”。

在元代，陶宗仪《辍耕录》说，大都御苑的叠山“秀若天成”。在明代，刘侗、于奕正《帝京景物略》这样评北京的海淀园：“维假山，则又自然真山也。”这又进一步把艺术之“假”和自然之“真”绾结在一起了，以“假”为“真”，或“假”中见“真”，这是中国美学的一大传统特色。到了清代，圆明园的景区、景观题名，更有“天然图画”、“自然如画”、“天然佳妙”、“天真可佳”……令人如见其天然生态。至于畅春园，康熙在《畅春园记》中也指出其“相体势之自然”……

二、历史上对江南园林的生态品评

《宋书·戴颙传》载，南朝的戴颙“出居吴下，士人共为筑室，聚石引水，植林开涧，少时繁密，有若自然”。这个在苏州历史上出现较早的私家园林，就史籍记载来看，其山水、建筑之类，都是符合于“自然”这一生态美学原则的。《南史·谢举传》也说，梁代谢举的山斋中，“泉石之美，有若自然”。这也贯彻了“自然”的原则。

浙江海宁有“安澜园”，它是明、清时期的江南名园。沈复在《浮生六记·浪游记快》中品评道：

游陈氏“安澜园”，……池甚广，桥作六曲形，石满藤萝，凿痕全掩，古木千章，皆有参天之势，鸟啼花落，如入深山。此人工而归于天然者，余所历平地之假山园

---

① 此四字见计成《园冶·屋宇》：“境仿瀛壶，天然图画，意尽林泉之癖，乐余园圃之间。”这是极高境界的自然生态要求。

② 金学智：《中国书法美学》下卷，江苏文艺出版社1994年版，第645页。

亭，此为第一。

这说明园林艺术的最高境界，是实现由人工之“假”最终归复到天然之“真”。这一品评，和《老子》所说的“功成事遂，百姓皆谓我自然”以及计成所说的“虽由人作，宛自天开”，也都是一致的。它同时是对历史上古典园林的艺术境界特别是江南古典园林的艺术境界所作的美学概括。

三、历史上对叠山家的品评和反应

江南多叠石造山的能手，而其作品又无不以其“有若自然”、“假中见真”而赢得人们的一致好评。

王时敏《乐郊园分业记》评松江叠山家张涟说，“其巧艺直夺天工”，“浑若天成”。王士祯在《居易录》中也这样赞美张涟之子张然说：“怡园水石之妙，有若天然，华亭张然所造。”张然还曾以其“做假成真”的高超技艺闻名于苏州洞庭东山。陆燕喆《张陶庵传》这样写道：“虽一弓之庐，一拳之龛，人人欲得陶庵而山之。居山中者，几忘东山之为山，而吾山之非山也。”这是一段绝妙的品评文字！它颇能引起人们的美学思索。由于张然叠山能“有若天然”，因此，在洞庭东山，不但人们都争着想请张然叠山，而且他们几乎忘记了自己所居的东山才是货真价实的真山，也几乎忘记了张然所叠的山不是真山而是地道的假山。这段品评用烘云托月的手法，说明按“有若自然”的原则叠山，其优秀之作竟可以使人进入到既忘真之为真，又忘假之为假的审美境地。

园林的叠山乃至理水，由于贯彻了法天贵真、假中见真的生态美学原则，因而其优秀之作不仅能做到本乎自然，有若自然，而且还能进一步做到胜似自然，超越自然。关于后者，古代园林美学和园林品评就显得不够了，试看今天理论家们在传统基础上的进一步生发——

> 有时假的比真的好，所以要假中有真，真中有假，假假真真，方入妙境。园林是捉弄人的，有真景，有虚景，真中有假，假中有真。因此，我题《红楼梦》的大观园：“红楼一梦真中假，大观园虚假幻真”之句。这样的园林含蓄不尽，能引人遐思。（陈从周《园林清议》①）

> 可以用我国的园林比我国传统的山水画或花鸟画，其妙在像自然又不像自然，比自然界有更进一层的加工，是在提炼自然美的基础上又加以创造。（钱学森《不到园林，怎知春色如许——介绍园林学》②）

为什么有时假的比真的好？因为现实中的名山奇峰毕竟极少，而一般的真山往往是生糙原始的、自然形态的，而作为艺术的假山则是精致的、经过进一层美化加工的；一般的真山往往是平淡无奇的，它的美往往是零星分散、芜杂不纯的，而作为艺术的假山则是集中的、鲜明突出的、令人注目的，甚至是高纯度、理想化了的。这用黑格尔的美学语言来说，在艺术中，经过了“清洗”，体现了理想，而“理想就是从一大堆个别偶然的东西之中所拣回来的现实”③。

---

① 陈从周：《中国园林》，第234页。

② 钱学森：《科学的艺术和艺术的科学》，人民文学出版社1994年版，第265页。

③ 黑格尔：《美学》第1卷，商务印书馆1979年版，第200~201页。

如苏州环秀山庄的大假山【图5】，为叠山名家戈裕良所作。它参照天然石灰岩被水冲蚀之状来叠掇造型，石块的拼联接合，也根据太湖石自然的纹理、体势，作到有机的构成，并让灰浆隐于石缝之内，尽可能浑然无迹。其山洞如戈裕良自己所说，“将大小石钩带连络如造环桥法”，“如真山壑一般”（见钱泳《履园丛话》），做到顶壁一气，浑融生成。再如石壁上挑出的悬崖，也用湖石钩带而出，不像一般假山用花岗石条作悬臂梁挑出，条石上再叠湖石，人工痕迹触目皆是，极不自然。这一假山杰构，完全符合计成所说的“有真为假，做假成真”的美学原则，真正做到了本乎自然，有若自然。

图5　法天贵真，有若自然
——苏州环秀山庄湖石假山
（郑可俊摄）

然而，它还能胜似自然，超越自然，如集中了众多的山体品类：其蹬道危径，盘旋曲折，高下纡回，令人迷其方位；其晦谷幽涧，两侧石壁夹峙，隔离天日，自下仰视如“一线天”景观；其横空石梁，飞架绝巅，给人以欲堕而还安的复杂感受；其悬崖峭壁，陡险突兀，颇能令人生“危乎高哉”之叹；其怪峦奇峰，或如云崩，或如霞举，崒屼嶙峋，嵯峨多变；其山麓坡脚，若干礬头负土而出，与主山有大小相呼，宾主相应之态；其山洞石室，中设石桌石凳，周围妙借湖石孔窍，以供通风采光，有的石洞还下通水面，让天光水色也映入洞中，变幻生奇……繁复的山景还与水池花木相生相发，互映生辉。这种高明的艺术创造，借用大画家石涛的话说，“有开有合，有体有用，有形有势，有拱有立，有蹲有跳，有潜伏，有冲霄，有崩岁，有磅礴，有嵯峨，有巑岏，有奇峭，有险峻，一一尽其灵而足其神”（《苦瓜和尚画语录·笔墨章》）。这样繁多的山体景观和复杂的山体形势，在现实中走遍许多真山还不一定都能看到。提出山水画“四可”论的郭熙在《林泉高致》中就说：“观今山川，地占数百里，可游可居之处，十无三四。”而环秀山庄却把真山中“十无三四”的美，缩龙成寸地概括在占地仅半亩的假山之内，而撇除自然真山中一切偶然的、多余的东西，把可行可望可游可居的美加以高度集中，高度优化，使之成为丰富多彩、无比生动的艺术整体，因而可能优越于现实中的真山。可以说，这种“假中见真”之“真”，是比真山水更高级的“真”，有着更为深刻丰富的艺术意蕴，它堪称为现存中国古典园林中假山之“最”，堪称为有真为假，宛自天开，以假胜真，自然生态高度优化的美的范本。

第二节　园林创造：因凭、拟仿与意构

中国古典园林在对客观自然生态的关系上，其共同的美学定性是“有若自然”、“假中有真”。然而，这一共性又离不开南方宅园系统和北方宫苑系统各自不同的个性。或者说，南、北园林在体现艺术创造之“真”的方面，存在着较为明显的个性差异。这可从如下几个层面来加以比较。

一、自然原型的因凭

北方大型宫苑一般都占有广大的面积，其中包括着天然的山林、丘壑、湖沼等，造园家可凭借这一极为有利的条件，在复杂的地形和多变的地势的基础上因地制宜，加工创造，进行艺术安排。对于北方宫苑来说，自然原型有着极为重要的造型意义。正因为如此，“园”可以直接称之为“山”，也可以直接称之为“海”。下面是摘引的两段笔记——

京西御园所称“三山”者，曰“清漪园”，以瓮山得名，后因孝钦后办六旬万寿，改名万寿山，就其址修“颐和园”；曰“静明园”，以玉泉山得名，当年园内分十六景；曰“静宜园”，以香山得名，有二十八景。（崇彝《道咸以来朝野杂记》）

皇城内有海子，在“西苑”中。源自宛平县玉泉山，合西北诸泉流入都城，汇积水潭，亦名“海子”，复流入“西苑”，汪洋若海，人呼“西海子”。……永乐间周回建置亭榭以备游幸，赐名“太液池”……海子东浒有“琼华岛”，亦永乐间赐名。（蒋一葵《长安客话·皇都杂记》）

上引材料，第一则说明，自然原型是园林创造的重要依凭，北京著名的皇家三园——“清漪园”、“静明园”、“静宜园”，是对三山——万寿山、玉泉山、香山的自然原型进行艺术加工的结果；第二则说明，自然的终点正是艺术的起点，北京著名的“西苑三海”——“南海”、“中海”、“北海”，是在原有“海子”的基础上逐步加工拓建，到明代才发展为典型的宫苑的。由此可见，原有的地形、地势特别是山和水，对于北京大型宫苑的建构几乎起着某种决定的作用。

至于地处热河的避暑山庄，其自然条件的优越，在中国古典园林史上是较少见的。乾隆在《避暑山庄百韵歌》中写道：

胜境山灵秘，昌时造物贻。……土木原非亟，山川已献奇。卓立峰名磬，横拖岭号狮。滦河钟坎秀，单泽擅坤夷。……宛似天城设，无烦班匠治。就山为杰阁，引水作神池。

避暑山庄的自然原型，具有极大的可因凭性。它既有武烈河水系的湖泊、沼泽、洲岛、草原，又有卓立的锤峰、横拖的狮岭以及山峦、谷地、沟壑、森林……真是水环山抱，峰回泉流，地貌复杂，景观奇异，可谓“胜境山灵秘”。这种得天独厚的自然条件，几乎接近于比较理想的艺术境地了。而康熙《芝径云堤》诗也曾这样写道：“自然天成地就势，不待人力假虚设。君不见，磬锤峰，独峙山麓立其东；又不见，万壑松，偃盖重林造化同。”说无须工匠整治，不待人力制作，这都是文学性的夸饰语言，但是，人力投入的土木建筑、构山理水的工程比起其天造地设的自然形势来，就显得不那么十分突出了，或者说，

就不如在南方宅园中那么处于显要的地位了。“就山为杰阁，引水作神池。”这不只是说避暑山庄，还可说是概括了其他宫苑对于自然原型的因凭性。

在中国古典园林中，“真”与“假”作为矛盾的双方是互为因依、不可或缺的，然而又不一定是平分秋色，二者在不同的园林系统中可以有不同的比重，这就取决于对自然原型的因凭性。

从理论上说，或从总体上说，任何园林都贵在因凭。“因者，随基势高下，体形之端正……泉流石注，互相借资”（《园冶·兴造论》）。然而应该指出的是，这种“因”和“随”，最适合于山区园，特别适合于大型的山区园。计成《园冶·相地》就认为这种地形“有高有凹，有曲有深，有峻而悬，有平而坦，自成天然之趣，不烦人事之工”。对于避暑山庄这个大型的山区宫苑来说，这番话是颇为适用的，和上引康熙、乾隆的话也不谋而合；对于历史上很多宫苑来说，例如北京玉泉山静明园、香山静宜园等，也是适用的。这都足以说明，大型宫苑特别是大型山区宫苑从总体上说是偏畸于因凭自然生态的“真”。

至于江南宅园特别是市区园，一般来说，其自然原型的可因凭性就比较小或非常小。当然例外的也有，如清代诗人袁枚建于南京的随园就是。该园虽在市区，但由于山形地貌较特殊，也颇能“随基势高下”，故而袁枚将其名为“随园”。他在《随园记》中说：

> 随其高为置江楼，随其下为置溪亭，随其夹涧为之桥，随其湍流为之舟，随其地之隆中而欹侧也，为缀峰岫，随其蓊郁而旷也，为设宧窔……皆随其丰杀繁瘠，就势取景，而莫之夭阏（遏止）者。

这一连串“随”字，是计成所说的“随基势高下”的具体化，它们生动地显示了随园自然条件的优越性、自然原型的丰富性和艺术处理的随机性，也说明了随园艺术总体中“真”的因素占有较大的比重。

一般的江南的市区宅园，其园基往往是一无山、二无水的平地，充其量不过是地面小有起伏而已。因此，所谓“高阜可培，低方宜挖”（《园冶·立基》），就得依仗于大量的人工。这就是说，此类园林从总体上看，更多的是艺术地加工过了的“假”。

苏州曾有“归田园居”。王心一《归田园居记》是这样写该园的兴造的：

> 敝庐之后，有荒地十数亩，……地可池则池之；取土于池，积而成高，可山则山之；池之上，山之间，可屋则屋之。

可见，其自然原型是无山无池，要使之成为园林，必须倾注大量物质性的艺术劳动，这就极大地增加了园林中“假”的成分。至于“归田园居”中的花木，也决不都是天然生成的，栽培、移植的不在少数。相反，避暑山庄中“松云峪”等处的林木，真是“被山缘谷，循阪下隰，视之无端，究之无穷”（司马相如《上林赋》语），“归田园居”的花木与之相比，不但范围上大小悬殊，而且成因上也有天然与人为的区别。

二、名胜名园的拟仿

北方园林的宫苑乃至大型宅园在处理自然之“真”和艺术之“假”的关系上，和江南宅园还有一个显著的区别，这就是对著名园林、胜境的拟仿性，这也是由其广大的面积和财力、物力等因素所决定的。

所谓拟仿，包含着两个层面的内涵：一是对具体的名山胜境的拟仿；二是对具体的名园建筑的拟仿。前者可称为“拟象”，后者则可称为“仿建”。

（一）“拟象”

这是拟仿著名的原生态的自然形象。

在汉代，《后汉书·梁冀传》载，梁冀“广开园囿，采土筑山……以象二崤”。这似是北方大型宅园“拟象”的开端。

在唐代，安乐公主“起宅第，以侈丽相高，……作昆池，延袤数里，累石象华山，引水象天津”（《资治通鉴》卷二〇九）。康骈《剧谈录》也说，李德裕的平泉山庄“疏凿象巫峡、洞庭、十二峰、九派，迄于海门江山景物之状”。这都是唐代包括贵戚公侯在内的北方大型宅园中的某种“拟象”。当然，这只可能是象征性的“以小见大”。

在宋代，北方乃至南方宫苑也喜爱“拟象”的艺术造型。宋徽宗的艮岳，就拟象浙江余杭的凤凰山。到了南宋，“拟象”之风南渐至都城临安——杭州的宫苑。吴自牧《梦粱录》载：

> 高庙雅爱湖山之胜，于宫中凿一池沼，引水注入，叠石为山，以象飞来峰之景。……孝庙观其景，曾赋长篇咏曰：“山中秀色何佳哉，一峰独立名飞来。……忽闻仿象来宫囿，指顾已惊成列岫。规模绝似灵隐前，面势恍疑天竺后。孰云人力非自然，千岩万壑藏云烟……”

值得注意的是，诗中用了“仿象”一词。由此可见这一造型手段在宫苑中有其不可忽视的地位。在这类园林中，艺术的建构拟仿自然中某一具体的名山胜境形象；而在艺术欣赏时，又可将其当作某一具体名山胜境来观照，例如，面对德寿宫花园的“飞来峰”的“仿象”，竟然可以想像为杭州灵隐的真的飞来峰，这就是假中见真的美感；而名山胜境又往往附有神话传说，这又更能激发观赏者神思飞越，浮想联翩。

不过，“仿象”这一用语是不太精确的，因为作为庞然大物的名山胜境是很难仿造在一个园里并取得形态毕肖的审美效果的，只能如绘画那样，遗貌取神，师其意而略其形。这对于园林三维空间的立体物质造型来说，它不是模仿性的形象，而是比拟、象征性的形象，所谓“不似之似似之”。所以，本书以“拟象”这一用语来概括这类艺术造型的特点。拟象的结果，仍是接近于自然造化，它虽然不肖似某一具体的原生态的自然形象，却仍然具有近乎“自然天成”、“不待人力”的外观。在拟象的艺术造型中，“真”的因素仍是较为明显的。

（二）“仿建”

“仿建”与拟象不同，它是对某一具体的园林、建筑的模仿。这种方式，在秦始皇灭六国时就已出现。《史记·秦始皇本纪》说：“秦每破诸侯，写放其宫室，作之咸阳北坂上，南临渭，自雍门以东至泾、渭，殿屋复道周阁相属。”这就是一种“仿建”。

“仿建”，也不是亦步亦趋、只求形似地写仿照搬，而是在仿建中也带有艺术的独创性，这就是：拓展、改制、移境、变形、写意、取神……

仿建是明清时期特别是清代北方宫苑最惯用的艺术造型手法。如果对这种手法作历史的考察，可以发现，它是对“拟象”这一艺术造型手法的继承和发展。

历史地看，在宋代以前，大型宫苑中较少有仿建的艺术造型，反过来也一样，明清时期的大型宫苑也较少用拟象的造型手法。究其原因，其一是由于明清宫苑的发展达到了高峰阶段，其审美需求多样化了，要求以多种园林的个性美来造成景观的丰富性，因此不只是满足于单纯地从生态自然中摄取素材，以创造拟象性的艺术形象，而且还进一步从其他优秀园林建筑中摄取素材，创造出各具异彩的仿建性的艺术形象，从而达到“足不出园而游赏天下名园”的目的。其二是明清时期江南宅园得到了充分的发展，众多的优秀的江南名园如雨后春笋，而且又各具特色，使得北方宫苑不得不多方摄取其长，以补己之短。

当然，宫苑之所以能大量地仿建，是与皇家的政治经济地位分不开的。从主观上说，这表现为一种意愿、欲望和审美要求；从客观上说，物质条件等也完全具备，这样，广征博采的、集大成式的仿建，就由可能性转化为现实性了。

先以最典型的圆明园为例。

诗人龚自珍在《诣圆明园》诗中说：“何必东南美，宸居静紫微”。这是说，圆明园的美胜似江南风物之美。这当然也是由于江南的风物之美特别是园林建筑之美，已多方面多角度地被摄取到北方宫苑中来了。关于这一点，王闿运在《圆明园词》中更是一语中的：“谁道江南风景佳，移天缩地在君怀。”这里的“江南风景”，主要是指江南的名园风物。王闿运在自注中就写到，乾隆下江南，“行幸所经，写其风景，归而作之。若西湖苏堤、曲院之类，无不仿建。而海宁安澜园、江宁瞻园、钱塘小有天园、吴县狮子林，则全写其制。”这里，王闿运只是例举而已，除此之外，圆明园还突出地再现了作为公共园林杭州西湖的断桥残雪、花港观鱼、南屏晚钟、平湖秋月、雷峰夕照、三潭印月诸胜，以至于乾隆在《圆明园四十景·曲院风荷》中说：“那数余杭西子湖！”可见，他对这类艺术地再现的仿建，是极力提倡和颇为赞赏的。还值得一提的是王闿运还以“仿建”一词，揭示了它在园林建构中“移天缩地”——移南至北，跨越空间，广征博采的造型功能。当然，圆明园大量的仿建，今天只能作纸面的鉴赏了。

再看现存的北方宫苑。例如避暑山庄，其文园狮子林仿自苏州狮子林，烟雨楼仿自嘉兴同名园林，金山亭仿自镇江金山江天寺，文津阁仿自宁波天一阁庭院，如此等等。再如颐和园，其中的谐趣园，也是按乾隆之意模仿无锡惠山秦氏寄畅园而建构的。《日下尊闻录》说：

> 惠山园规制仿寄畅园……高宗纯皇帝御制《惠山八景诗序》：“江南诸名墅唯惠山秦园最古，皇祖赐题曰‘寄畅’。辛未春南巡，喜其幽致，携图以归，肖其意于万寿山之东麓，名曰‘惠山园’。一亭一径，足谐奇趣。”

后来，又按乾隆的诗序将“惠山园”改名为“谐趣园”。诗序还说明了仿建不是单纯的外观的模仿，而是有改动、有创造，也就是“肖其意”。今天，只要把寄畅园的临池轩廊和谐趣园的临池轩廊作一风格上的比较，就可见前者疏朗简朴而自由，后者繁复密丽而规整，格局大异其趣。可见，“橘逾淮而北为枳”(《考工记·总序》)，其言不虚。当然，作为仿建移植，二者又必然有其互通的共相，这就是建筑开敞面水，围池而造，突出了水意。

“仿建”和“拟象”就摄取的对象来说，是有区别的，但是从本质上说，又是相同的。拟象通过比拟、象征所摄取、移植的，主要是原生态自然形象的“真”，“仿建”则通过“不似之似”的模仿，把其他以园林建筑为主的自然、文化生态景观作为现实存在的“真”来加以摄取、移植，二者都体现了园林艺术对自然山水和其他现实存在的美学关系。

三、胸有丘壑的意构

江南宅园和北方宫苑相比，虽然同样体现着艺术之“真”，但就建构的途径、方式来看，它既很少有丰富多变的自然原型可资因凭，又很少有广阔的空间和优裕的物质条件可供拟象或仿建，因此，它主要是对山水自然的真和美进行广泛的综合概括，其结果，则是“胸有丘壑”的物化。

当然，江南园林也有仿拟性的艺术造型。张岱《陶庵梦忆》说，苏州天平山下的范长白园，其中“右‘孤山’，种梅千树；渡涧为‘小兰亭’，茂林修竹，曲水流觞，件件有之”。这确实已近于拟象或仿建了，但这仅属于个别的例子，而且张岱这样评述道：“地必古迹，名必古人，此是主人学问……尽可自名其家，不必寄人篱下也。”这一批评，移之北方宫苑虽然不一定恰当，但用之于江南小园则颇有道理，因为在不大的空间里既要拟这，又要仿那，实在难以容纳并存，更不用说创造性的拓展了，因此，它不可能如北方宫苑那样取得理想的审美效果。

江南园林主要的艺术手段，就是不拘泥于一地一景，而是广泛的集中概括，融之于胸，敛之于园。这种艺术创造，可称之为“意构”。

明代吴江原有谐赏园。顾大典在《谐赏园记》中自云：

> 主人去家园二十年，官两都，历四方，足迹几半天下，尝登泰山，谒阙里，入会稽，探禹穴，陟雁荡，访天台，睇匡庐，泛彭蠡，穷武夷之幽胜，吊鲤湖之仙踪，江山之胜，颇领其概……意有不合，退而耕于五湖。……江山昔游，敛之邱园之内。

顾大典是工于绘画的，二十年的游历又使他胸有丘壑，这样，他所营构的谐赏园，就是一种概括了“江山昔游”之美的综合性形象，它既非泰山，又非雁荡，既非彭蠡，又非武夷，而是博采众美的胸中丘壑的一种外化。

江南宅园中的山水，大体上都是这种概括性、意构性的综合形象。就以苏州环秀山庄的假山来说，王朝闻先生曾作过这样的品评。他说：

> 环秀山庄假山上的石梁，还使我联想到在浙江天台山看见的那座石梁。当然，无论是形态还是体积，前者都不是对后者的简单模仿。看来假山的设计者并不以模仿某一自然景象为满足，而是把设计者那所谓胸中的丘壑，像画家把他对自然美的感受表现在纸上从而成为引人入胜的山水画那样，在石材的选择和堆砌的设计里，寄托着假山创作者的巧思。这样的堆砌虽属人工的，却又相应地表现了对真山真水有所感受的人们的兴趣，所以它对园林观赏者才是富于魅力，引得起赞赏的。①

这段对于假山的品评，说明了胸有丘壑的概括，还融和着设计者对自然生态美的深切感受。王朝闻先生的这段话，不只是适用于苏州环秀山庄的假山，而且适用于江南宅园中一切优秀的假山作品，一切成功的景观设计。这些设计者的胸中丘壑，既体现了叶燮所说的“天地之山之自然之理”，又交融着自己的审美理想和审美感受，正因为如此，其静态的物化成果才富于魅力，能引起人们的兴趣和赞赏。

从古典园林发展史上看，或从现存的古典园林看，园中景观特别是山水的建构，总遵循如下美学原则：既是有真为假，做假成真，有若自然，又是以假胜真，优于自然，超越自然。从创造过程来说，除了因凭自然原型外，“拟象”、“仿建”总是较少的，更多的是胸有丘壑的“意构”，这也相通于中国画创作的“外师造化，中得心源”（《历代名画记》录张

① 王朝闻：《不到顶点》，上海文艺出版社 1983 年版，第 307 页。

璨语)。这种伴和着审美感受的胸中丘壑的外化，这种融之于胸的意构，可说是园林艺术创造最主要的途径和方式。这种静态的物化成果，似乎是突出地表现了艺术的“假”，然而它是建立在广泛的“江山昔游”的自然之“真”的基础上的。这种经过艺术创造而优化了的自然生态，它所体现的“真”是更有深度的。歌德曾认为艺术的最高任务在于“产生一个更高真实的假象”①。中国古典园林的有若自然，宛自天开，假中有真，真中有假，也是如此。

---

① 歌德:《诗与真》，载伍蠡甫主编《西方文选论》上卷，上海译文出版社1979年版，第446页。

第二章　多层面的合目的性之“善”

什么是善？在哲学、美学中一般理解为“合目的性”。列宁在《黑格尔〈逻辑学〉一书摘要》中写道：“‘善’是‘对外部现实性的要求’，这就是说，‘善’被理解为人的实践＝要求（1）和外部现实性（2）。”[①] 这也就是说，作为实践主体的人，为了实现自己内在的合目的性要求，通过实践使之转化为外部现实性。因此，善作为一种合目的性，总和功利、伦理、理想联系着。

美和善的关系，这是古老的美学课题。在古代中国，孔子就提出了“尽善尽美”的命题，把美和善既有区别又有联系地提了出来。在古希腊，苏格拉底也认为美和善不是截然不同的，某一事物“如果它能很好地实现它在功用方面的目的，它就同时是善的又是美的”，而亚里士多德则认为，“美是一种善，其所以引起快感正因为它是善”[②]。这类古典美学理论认为，作为美的本质之一的善，不仅有其功利性，而且有其愉悦性，正是在这一点上，美和善统一了起来。这一理论，就其起点来说，也是和中国古典园林的形态内涵相吻合的。

如果说，中国古典园林的“真”主要表现在园林对自然原生态的美学关系上，是对“天然图画”的美学追求，那么，中国古典园林的“善”，则主要表现在园林对实用、伦理、理想的功利关系上，从低层次上说，它是对包括引起快感在内的感性实践功能的追求；从高层次上说，则是对道德境界和审美理想境界的追求，一言以蔽之，都是合目的性的美学企求。

在中国园林系统中，作为子系统的皇家园林、私家园林、寺观园林、祠堂园林等，它们的善往往是互为区别的，然而，又不可避免地有其共同性和互通性。

第一节　天国仙境的理想追寻

从历史上看，人们生活的现实世界里，总充满着矛盾、纷扰、喧嚣、动荡甚至污秽、痛苦、不幸……，于是，感到不满足，有企求，憧憬、追寻着“乐土”、“理想国”乃至“天堂乐园”这类纯属虚构的境界。

于是，《诗·魏风·硕鼠》唱道：“逝将去女，适彼乐土。乐土乐土，爰得我所。”诗中还把“乐土”称为“乐国”。

于是，《楚辞·哀时命》提到了神话中的“悬圃”。王逸注：“愿避世远逝，上昆仑山，游于悬圃”。

于是，《穆天子传》提到了西王母所居的“瑶池”。这也是神仙所居的华美非凡的天

---

① 列宁：《哲学笔记》，第229页。

② 并见北京大学哲学系美学教研室编：《西方美学家论美和美感》，商务印书馆1980年版，第19、41页。

上园林。

于是，东晋的陶渊明创造了著名的“桃花源”。这个“与外人间隔”的“绝境”，其中不但有俨然的屋舍，良田美池桑竹之属，而且人们无忧无虑，怡然自乐。这是体现了某种美善理想并带有某种园林情调的田园境界。这种自然生态、文化生态相与融和的境界，确乎令人神往。

中国佛教净土宗的“净土”，也就是其《阿弥陀经》所描述的“极乐国土”。南朝梁代的沈约在《阿弥陀佛铭》中对其境界作了进一步的描绘，表现了“愿游彼国，晨翘暮想”的憧憬。

西方的培根归纳了西方的造园理想这样写道：“万能的上帝是头一个经营花园者。园艺之事也的确是人生乐趣之最纯洁者……”① 据《旧约全书·创世纪》说，上帝造了人以后，又造了所谓“天国乐园”——伊甸园。据考证，所谓伊甸园，其实在今叙利亚首都大马士革。英语里“天堂”Paradise 这个词，就有天国、乐园、伊甸园、极乐的地方诸义，它又源于古波斯文 Pairidaeza，意为豪华之园。这都是通过艺术思维把“天堂”、理想和园林缩结在一起了，体现着人们对某种善与美的企求。童寯先生曾根据确凿的园史写道：

> 公元前五世纪的波斯“天堂园”Paradise Garden，四面有墙，这与埃及和荷马所咏希腊庭园一样，墙的作用是和外界隔绝，便于把天然与人为的界限划清。这时希腊就有关于天堂园的记载。②

后来，波斯庭园又把平面布置成方形，用纵横的轴线分作四区呈“田”字形，十字林荫路的交叉处设中心水池，以象征天堂。从古波斯发端的西亚园林系统，对欧洲园林系统发生了较大的影响，其中包括园林的理想主义性质。

因此，从某种意义上可以说：天堂是源于现实的理想，园林是建于地上的天堂。笔者还曾作过概括：“上有天堂，下有苏杭”的苏州园林，则是“天堂里的天堂”③。

中国园林系统的“善”，其最高层面总打上理想境界的烙印，宅园系统如是，宫苑系统未尝不如是。当然，作为苑囿主人的帝王，其各方面的“外部现实性的要求”已得到最大程度的满足，然而，他们也还有更高的欲望、理想和要求。

宫苑系统的理想主义性质，可以遥远地寻根于原始时代的神话。在那时，神话就把“囿”、“圃”、“苑”和“天”、“神”、“灵”、“帝”缩结起来，见于有关的古籍记载，例如——

> 昆仑之丘，是实唯帝之下都，神陆吾司之……是神也，司天之九部及帝之囿时。（《山海经·西山经》，郭璞注：“主九域之部界，天帝苑囿之时节也。”）
>
> 昆仑之邱，或上倍之，是谓凉风之山，登之不死；或上倍之，是谓悬圃，登之乃灵……登之乃神，是谓太帝之居。（《淮南子·地形训》）

不管当时的所谓“囿”、“圃”和后世帝王的苑囿有多大的差别，但它们首先有着字面上的联系；其次，后世在使用这类词的时候，又必然或多或少受到这类神话的影响，它一方面和所谓“帝”缩结在一起，另一方面又和“司天”、“登之乃神”，“登之乃灵”、“登之不死”缩结在一起，这必然会引起后世帝王莫大的兴趣，故而在后世的苑囿里，它不断地

---

① 《培根论说文集》，商务印书馆 1986 年版，第 165 页。

② 童寯：《造园史纲》，中国建筑工业出版社 1983 年版，第 3～4 页。

③ 金学智：《苏州园林》（苏州文化丛书），第 4 页。

由神话转化为现实的理想追寻。这有大量的史实为证。

先看三代，郦道元《水经注·颍水》说，夏“启享神于大陵之上，即钧台也”。“台”和“神”被绾结在一起了。再看周代，《诗·大雅·灵台》写到周文王“经始灵台”，“王在灵囿”。两个“灵”字，不但和以往的“登之乃灵”，有一定的历史联系，而且又传承到后世。汉代班固《西都赋》就说，“神池灵沼，往往而有”；《三辅黄图》引《三秦记》也说，“昆明池中有灵沼，名神池”。这里，一“灵”一“神”，也和神话时代、夏启时代、文王时代的“神”、“灵”，有着不同程度乃至不同形质的联系。

再看秦代，更可说有过之而无不及。《三辅黄图》记咸阳故城说：

> 二十七年，作信宫渭南，已而更命信宫为“极庙”，象“天极”。……筑咸阳宫，因北陵营殿，端门四达，以则“紫宫”，象“帝居”；引渭水贯都，以象“天汉”；横桥南渡，以法“牵牛”……

秦代宫苑中的“象天极”、“象天汉”、“象帝居”等等，是神话中“司天”“是谓太帝之居”的现实建筑化。它更有特定的布局和系列，是典型的“象天建筑”，这在中国古代建筑史、园林史上是空前的。而它所则象的，一字以蔽之，曰“天”。[①]

那么，这种“象天建筑”系列的合目的性又何在呢？主要地说，一是秦皇好大喜功，好营宫室，以显耀自己“振长策而御宇内”（贾谊《过秦论》）的神圣帝威，可上比于天。二是体现君权天命，帝势神授，只有自己是沟通天人的惟一代表，其具体的显现就是地上的系列建筑可以和天上相对应，如阿房宫，“表南山之巅以为阙，为复道，自阿房渡渭，属之咸阳，以象‘天极’、‘阁道’绝汉抵‘营室’”（《史记·秦始皇本纪》）。连天上的诸多星座都在地上有其相应的宫室以为象征和对应。三是出于对“天”的崇拜，自己天真地幻想、热切地向往真正能以此沟通天人，能永远享受至高无上的帝权，并长生不死。这无疑也是一种对于天国的理想追求。尽管“天若有情天亦老”，“几回天上葬神仙”（李贺《金铜仙人辞汉歌》、《官街鼓》），铁的历史事实早已证明其为虚妄，但是，它毕竟是希冀实现的一种情欲，一种企望，一种祈求，一种一代雄主的“善”。当然，其合目的性还表现为无比豪华的世俗生活要求，等等。

在国力强盛的西汉，汉武继踵秦皇，对天国仙境的理想追求更为突出，其“象天建筑”更为具体化。班固《西都赋》写道：“其宫室也，体象乎天地，经纬乎阴阳，据坤灵之正位，仿太紫之圆方。”这种“象天建筑”，规模宏大，体制完备而又序列井然。其实，这同样是在塑造自我，因为“上帝就是威严的概念，就是最高的尊严的概念”[②]。以如此庞大宏伟的建筑群去象天，其实也就是以此来象自己，象自己的国力、权力特别是自己的“通天”意愿。例如——

> 神明台，武帝造，祭仙人处，上有承露盘，有铜仙人，舒掌捧铜盘玉杯，以承云表之露，以露和玉屑服之，以求仙道。（《三辅黄图》引《庙记》）
>
> 公孙卿曰：“……仙人好楼居。”于是上令长安则作飞廉、桂馆，甘泉则作益寿、延寿馆，使卿持节设具而候神人，乃作通天台，置祠具其下，将招来神仙之属。（《汉

---

① 这和德国古典哲学家谢林的建筑美学不谋而合。谢林就认为，“建筑艺术……可在其本质中及其形式中同时表现宇宙。”见弗·威·约·封·谢林《艺术哲学》下卷，中国社会科学出版社 1997 年版，第 248 页。

② 费尔巴哈：《基督教的本质》，载北京大学哲学系外国哲学史教研室编译《十八世纪末－十九世纪初德国哲学》，商务印书馆 1975 年版，第 563 页。

书·郊祀志》)

据《三辅黄图》载，通天台又称候神台、望仙台。其合目的性的理想追求，就是求仙、延寿、不死。这类建构，还远远超过了秦代。汉武帝还大大发展了秦始皇引水为池，实现了一水三山、蓬瀛仙境的建构，其目的亦如此。尔后它又进一步形成为一种宫苑建构组合的文化模式，影响极大。关于这一点，留待后文详论。

随着历史的进展，真诚地追求天国仙境、长生不死之理想的帝王愈来愈少了，清帝乾隆就认为海上仙山之说是“妄语”。他们愈来愈多地追求的是地上天国、人间仙境的理想，这当然是有可能实现的，特别是“万园之园”的圆明园，其中既有“武陵春色”，又有“蓬岛瑶台”；既有“洞天深处”，又有“方壶胜境”；既有“月地云居”，又有“日天琳宇”，其他景区也如同仙家胜境、天国福地……在历史上，一个英国随军牧师在闯入圆明园后，确实曾这样惊呼：“假若你能幻想神仙也和常人一样大小，此处就可算仙宫乐园了。我从未见过一个景色，合于理想的仙境，今日方算打开了眼界！”① 在外国人眼里，辉煌奇丽的中国宫苑，是洋溢着异域情调的“理想国”、“伊甸园”。

在宅园系统中，由于空间规模较小，仙境理想的积淀因子较少，又由于园主们造园思想有所不同，因此在这方面要现实得多，但是，这一层面也未尝不有所体现。

在江南园林中，明代太仓有王世贞的“弇山园”，其立意、园名取自《山海经》、《穆天子传》中的神话。据说，穆天子和西王母觞于瑶池，并驱升于“弇山”，于是王世贞以此名园，并誉之为“帝姬之乐邦”(《弇山园记》)。其中景观有小云门、西归津，而“隔凡门”则为“三弇之第一洞天”……这也是按理想中的世外乐邦、人间天堂来塑造的。除了这个较大型的宅园而外，苏州留园有五峰仙馆，“仙苑停云”……都是天堂仙境的小小象征。至于不出现于题名的，更是俯拾即是。例如，范来宗《三月廿八日网师园看芍药》说：“仙源仿佛武陵溪，重到渔郎路未迷。”他就把苏州网师园看作是武陵桃源了。其实，就这一审美效果来说，大多数公共园林或宅第园林都能令人坐忘尘世，萌生隔凡之想，它们都可说是不标明天堂仙境的天堂仙境。不过，和北方宫苑相比，它们又更多地积淀着尘世现实的因子，其善与美毕竟是有所不同的。

第二节　城市山林的现实空间

如果说，宫苑系统尽善尽美的理想，偏畸于表现为对天国仙境的象征和追求，那么，宅园系统尽善尽美的理想，则较多地偏畸于隐逸意识的物化和实现，较多地偏畸于城市山林的现实建构。

城市山林，作为园林美的历史行程中里程碑式的空间形态，特别是作为园林美学极其重要的概念，它那文化心理的源头可以远溯到先秦“返归自然”的老庄哲学，近溯到西晋开始的高蹈遁世的隐逸意识。然而它现实地萌生，却直接和唐代以白居易为代表的“中隐-市隐”思想有关，这是城市山林赖以诞生的文化心理母体。

从历史上看，“隐逸”是一个内涵极其复杂的概念，它不仅可以含茹那种真正的山林薮泽之隐，而且可以含茹“心存魏阙”、以退为进的“终南捷径”之“隐”，还可以含茹

① 舒牧等编：《圆明园资料集》，第114页。

那种身居朝廷要路之“隐”，即所谓“隐之为道，朝亦可隐”（《晋书·邓粲传》）。

在白居易的伦理选项中，“隐”有大隐（朝隐）、小隐（田园丘林之隐）和中隐之分。在遭贬谪之后，仍然执著于园林美的白居易，他的求隐建园有两条路可走，一条是走小隐之路，建构村庄园、山区园之类；另一条是走中隐之路，建构城市园。这种城市园，在宅园发展史上先例并不太多，而意义却不可小看。他终于选择了城市园，其《中隐》一诗写道：

> 大隐住朝市，小隐入丘樊。丘樊太冷落，朝市太嚣喧。不如作中隐，隐在留司官。似出复似处，非忙亦非闲。不劳心与力，又免饥与寒。……人生处一世，其道难两全。贱即苦冻馁，贵则多忧患。唯此中隐士，致身吉且安。穷通与丰约，正在四者间。

白居易这首追求乐逸而带有苦涩味的诗，写出了他饱经当时进退出处、穷通丰约等种种矛盾纷扰，饱尝现实中辛酸、不幸的人生滋味，总结“行路难”[①] 的痛苦经验后的深切体会。这首被园林史研究家所忽视的诗，对于城市山林的美学有着极其重要的影响。白居易在《闲题家池寄王屋张道士》中，还带着忧患意识和吉安意识，把“中隐”和园林——自己的家池紧密而自然地绾结了起来。他写道：

> 进不趋要路，退不入深山。深山太濩落，要路多险艰。不如家池上，乐逸无忧患……富者我不愿，贵者我不攀。

他在这首述志诗中，袒露了自己的心态，表述了自己的意愿。他正是在进退出处、穷通丰约之间，把城市和山林这两个互为对立的两极开始接通起来，并在进退的矛盾之中保持住自己的个体人格——独善其身。从客观上说，白居易“城市山林”这个重要的园林美学概念的萌生，对于保持城市的生态平衡，发展城市的艺术风貌，也是有其贡献的。他那地处洛阳履道里的“十亩之宅，五亩之园”的“家池”，就是他“中隐－市隐”的造园思想的物化，也是城市山林的一个雏形标本。

纵观园林美的历史行程，城市山林这一合目的性的艺术空间，是在现实和理想、忧患和追求的撞击和纠葛中逐步建立起来的。唐以前建构于城市的中、小型宅园虽不乏先例，但自觉的城市山林的审美意识，却始于唐、成于宋，而这又是和忧患意识、隐逸意识不可分割地绾结在一起的。

就中国园林美的历史行程的第三阶段来看，对于城市山林的美学，宋代苏舜钦的体会最深，甚至达到了哲理的深度。这位正直的诗人在其出仕期间，“位虽卑，数上疏论朝廷大事，敢道人之所难言”（欧阳修《湖州长史苏君墓志铭》）。但当他遭诬陷削职后，怀着忧患意识对过去的人生道路进行了深沉的反思，并萌生了“市隐”思想。他在那情理双至的《沧浪亭记》中这样写道：

> 返思向之汩汩荣辱之场，日与锱铢利害相摩戛……不亦鄙哉？噫！人固动物耳，情横于内而性伏，必外寓于物而后遣，寓久则溺，以为当然，非胜是而易之，则悲而不开。唯仕宦溺人为至深，古之才哲君子，有一失而至于死者多矣，是未知所以自胜

---

① “行路难”是古代文人的普遍体会。唐代大诗人李白在《行路难》中以形象化的语言描述道：“欲渡黄河冰塞川，将登太行雪满山……行路难，行路难！”白居易《新置草堂即事咏怀题于石上》说：“舍此欲焉往，人间多险艰。”宋代词人辛弃疾对此也有深切体会，在《鹧鸪天·送人》中凝铸出哲理名句：“江头未是风波险，别有人间行路难。”……

之道。

于是，他在苏州城里购地而建了沧浪亭这个著名园林。这就是苏舜钦对合目的性的“善”的选择，亦即实现“复归自然”的富于哲学、伦理学意味的“自胜之道”①。这一建园思想，在江南宅园系统中是很有典型意义的。

乔治·桑塔耶纳曾说：“自然也往往是我们的第二情人，她对我们的第一次失恋发出安慰。”② 怀着某种失落感的苏舜钦正是如此。诬陷、获罪、削职、反思，使他对另一种“善”彻底失恋，于是，他毫不留恋地投入“第二情人”——自然美和园林美的怀抱，在城市山林中寻求更佳的爱抚和慰安。歌德曾有名言：“要想逃避这个世界，没有比艺术更可靠的途径；要想同世界结合，也没有比艺术更可靠的途径。”③ 既痛苦辛酸，又超脱自胜的苏舜钦，选择了前一条可靠途径，这就不但远离了荣辱之场，摩戛之地，而且隔断了红尘之扰，喧嚣之声，清静悠闲地过着“乐逸无忧患”的理想生活。他在《沧浪静吟》中唱道：“独绕虚亭步石矼，静中情味世无双。山蝉带响穿疏户，野蔓盘青入破窗……”这首发自肺腑的爱的心曲，体现了他在新的天地里主体和客体取得和谐的“真趣”。这同样是一种“善”，一种理想境界，一种泯却了伦理痕迹的伦理。功利，在这里表现为超功利的形式。

在苏州这个园林之城里，体现了这种隐逸之“善”的园林，并不只是宋代苏舜钦沧浪亭一家。明代拙政园的园主王献臣因弹劾失职官员而屡受贬谪，因而解官归里，他所钟情的，也是园林美的理想境界。再如清代的网师园，园名就寓有“渔隐”之义。这类造园思想，可谓江南宅园之“善”的代表。试看苏州自宋以来，以“隐”、“逸”名园的，就有隐圃、招隐堂、道隐园、“就隐”、小隐堂、“石涧书隐”、乐隐园、“笠泽渔隐”、“桃源小隐”、“安隐”、招隐园、小隐亭、洽隐园、静逸园、“梅隐”、逸我园、“桤林小隐”、“东园小隐”、逸园、盘隐草堂、隐园、渔隐小圃、瓶隐庐、壶隐园……而这类园林，又多数建构在城市里，是典型的城市山林。

从美学视角看，城市山林这一合目的性的空间的诞生，是园林美的历史行程中艺术空间的新开拓，也是不同于宫苑系统的另一理想美的层面的现实化。它的意义，是必须予以充分估价的。

城市，这是一个愈来愈远离人们生态意愿的特定空间；山林，则是另一个迥异于城市形态的特定空间。这两个具有不同形态和定性的空间，是如此不可调和地对立着，“其道难两全”。唐代的白居易企图用“中隐－市隐”思想来加以调和、综合，从而创造出既能避免“朝市太嚣喧”，又能避免“丘樊太冷落”的合目的性的现实空间。他那尝试性的实践和创造性的思维指向，是有其美学价值的。

历史进入了宋代以后，在江南文人写意性宅园的代表作——苏舜钦的沧浪亭以及其他园林中，不但作为审美客体的城市山林臻于成熟，而且对于审美主体来说，城市山林的美学观也趋于自觉。于是，闹市与幽山、城郭与乡村、主体与客体难以并存一处的矛盾完全解决了；城市山林的美学，也逐渐风靡于江南而遍及于全国，广泛地被人们肯定、认同和

① 参见范培松、金学智主编：《插图本苏州文学通史》第1卷第3编第3章第1节：“苏舜钦及其《沧浪亭记》”，江苏教育出版社2004年版，第431～455页。

② 乔治·桑塔耶纳：《美感》，中国社会科学出版社1982年版，第41页。

③ 《歌德文学语录》，载《外国名作家译传》上卷，中国社会科学出版社1979年版，第501页。

发展着。

在明、清时代，如扬州的“双桐书屋”、苏州的“宝树园”等许多园林，都曾被品誉为“城市山林”。再如一度存在于太仓的弇山园，其中有榜曰“城市山林”，而上海现存的豫园，其三穗堂中至今还有“城市山林”的匾额。顾汧《风池园记》还说，“盖天下川原林麓之美，类多出于烟萝鸟道，辙迹罕至之所；其或歌台舞榭，近丽城闉，又往往尘杂纷如，轇轕踵至”，而要解决这一矛盾，“非所称城市山林者耶”？这是对城市山林美学的具体阐述。

与此同时，“中隐－市隐”的思想也广为流行，中隐堂、市隐园之名在城市园林里不止一次地出现。值得指出的是，作为理论家，计成在《园冶·相地》中，对“市隐”和城市山林作了美学上的肯定和概括：

> 邻虽近俗，门掩无哗……足征市隐，犹胜巢居。能为闹处寻幽，胡舍近方图远？得闲即诣，随兴携游。

这是指出了城市山林的可行性和优越性，它能在喧闹的空间包围之中，最方便地提供人们以“隐”、“居”、“游”……当然，园主们的合目的性是会有所不同的。

“中隐－市隐”思想意识的流行，城市山林现实空间的涌现，使得园林史的理论积淀发生了嬗变。于是，“城市山林”往往可以作为包括北方宫苑在内的“园林”的代称，而且和“天然图画”之真一样，“城市山林”之善也历史地成了园林生态品评的一个重要的美学标准，成了现实生活中所企求的、与城市生态学、社会伦理学相渗透的审美理想境界。

第三节　多功能的感性实践要求

从实践功能的视角看，园林和建筑艺术一样，它的“善”首先是实现其物质功用方面的目的，以满足人们对外部现实的感性实践要求。

对宫苑系统来说，大型的园林可以多功能地满足皇家现实生活的种种需求。以北京颐和园为例，徐珂《清稗类钞·宫苑类》有如下的记载：

> 池之北有乐寿堂在焉，堂即孝钦后（慈禧）寝宫。……台下有殿，题曰“排云殿”，殿最大，向为朝贺之所，内有二联云：“万笏晴·山朝北极；九华仙乐奏南薰。”又“宝祚无疆，万年绵茀禄；天颜有喜，四海庆蕃釐。”……出洞而上，不觉至佛香阁焉，阁中供佛……又西一殿，曰“听鹂殿”，殿对面一台，即孝钦听戏处也。……又至一亭，题曰“湖山真意”，结构亦极佳，为孝钦纳凉用膳处……向北俯视，围墙外约十里许即为市……

徐珂的大段描述，说明颐和园拥有各种满足现实生活要求的功能性建筑，或供政务活动用，或供生活起居用，或供文娱欣赏用，或供湖山游览用，还有宗教性建筑和仿苏州市容而建构的商业性街市……可谓应有尽有，结构功能齐备。

就一般大型宫苑的功能结构的布局来看，往往可分为朝宫区、寝宫区、苑囿区乃至寺庙区等不同的功能区，而每个功能区又可分为若干不同的功能单元和局部，它们分别满足着帝后们多层次、多方面的功能要求，如听政、朝贺、燕飨、敬佛、读书、养性、藏宝、观戏、听乐、寝居、休息、游览、钓鱼等……这些功能区、功能单元、功能局部作为不同层次的功能元素，互为关联地构成了一个合目的性的、功能万全的庞大系统。

圣·奥古斯丁曾说：上帝是“万美之美”，是“至高、至美、至能、无所不能”，“无往而不在”[①]。皇家宫苑正是在地上按照这一审美观来建构一切，塑造人间天堂的。

作为塞外的宫苑，避暑山庄还有其特殊的重要功能，即供加强武巡，防备朔方，巩固统一国家，团结其他民族。这种特殊的合目的性的“善”的物化形态，多方面表现为：用五种民族文字镌刻的“丽正门”，举行大典的“澹泊敬诚殿”，平原地带的试马埭和蒙古包……避暑山庄在建构时，就不但注意“崇文”之美，而且注意“习武”之美。所谓“习武”，就是供游猎、骑射、比武、练军……这显然是先秦以来苑囿狩猎传统的历史积淀和功能性的延续，也是清初“木兰围场”、“秋狝大典”的行宫化。

乾隆在《避暑山庄后序碑》中写道：

> 盖汉、唐以来，离宫别苑，何代无之？……若今之山庄，乃在关塞之外，义重习武，不重崇文。而今则升府立学，骎骎乎崇文矣。……设众人遂以此为美，亦美中之不足矣。

这里的以武为美，也就是以武为善。这种美和善的积淀因子，在历代宫苑中也往往有所显现，直至清代北京的中南海、北海，也常举行阅兵、射箭、水操、冰嬉等类习武活动，这对皇家园林来说也是必要的。中南海紫光阁后有“武成殿”，乾隆曾题“绥邦怀远”之额，这也是一种“善”。然而在整个宫苑系统中，这毕竟是次要的，它和秦、汉以前苑囿主要供狩猎的合目的性是迥乎不同的。从园林发展史的走向来看，宫苑作为物质性的特大型的艺术品，主要应是以崇文为美，而不是以习武为美，即使是避暑山庄，也是如此，这并非美中不足，而是历史的必然。园林美的历程的第一阶段，苑囿的特征偏畸于以武为美，尔后即骎骎乎以文为美，避暑山庄也莫能例外。这种历史性的嬗变，决定了“崇文”成为宫苑系统以及非宫苑系统的园林的一个重要的美学特征。[②]

再看宅园系统，它更多地积淀了历史上文人写意园的形质。本书认为，文人写意园更应该姓“文”。既然如此，那么它那崇文之美必然表现得更为突出。从园林美的历史行程的第三阶段开始，宋代宅园的崇文之美已趋于极致，这也是园林的合目的性的重要表现之一。

北宋著名学者沈括在《梦溪自记》中是这样写自己的园林生活的：“渔于泉，舫于渊，俯仰于茂木美荫之间……与之酬酢于心目之所寓者：琴、棋、禅、墨、丹、茶、吟、谈、酒，谓之‘九客’。”这是典型的、主要满足于精神生活的崇文之美[③]。沈括在镇江所建构的园林“梦溪”，虽早已在历史上消失，但对江南宅园颇有影响。又如在明代的无锡，邹迪光有别业名“愚公谷”，俗称“邹园”。张岱《陶庵梦忆》说，“愚公先生交游遍天下……诗文字画无不虚往实归……愚公文人，其园亭实有思致文理者为之”。邹迪光的“思致文理”、“诗文字画”，和沈括的“九客”，以及欧阳修的“六一”……在后来的文人宅园里，处处可看到它的影子。在苏州留园东部，经过“静中观”，进入“揖峰轩”，

---

① 圣·奥古斯丁：《忏悔录》，商务印书馆 1963 年版，第 5 页。

② 这一嬗变的重大、深刻的历史性意义，拟于第五编第二章第三节“崇文意识的凸显及其价值”中集中论述。

③ 比沈括“九客”更为著名的，是欧阳修的“六一”。他自号“六一居士”，其《六一居士传》云：“吾家藏书一万卷，集录三代以来金石遗文一千卷，有琴一张，有棋一局，而常置酒一壶；以吾一翁，老于此五物之间，是岂不为‘六一’乎？”

就会感到文人的气息扑人眉宇。轩内有琴桌一，棋几二，壁上有郑板桥所书对联，还悬有画屏、大理石挂屏……小小的空间，从室内古雅的陈设来看，琴棋书画，一应俱全。当然这仅仅是文人们感性的园林生活透视的一角，但由此可窥见文人写意园中合目的性的生活要求之一斑。①

对于宅园中文人生活及其物化，记载得较为全面的要数北宋朱长文所写的《乐圃记》：

> 圃中有堂三楹，堂旁有庑，所以宅亲党也；堂之南，又为堂三楹，名之曰“邃经”，所以讲六艺也；“邃经”之东，又有米廪，所以容岁储也；有“鹤室”，所以蓄鹤也……有高冈，名之曰“见山”。冈上有“琴台”，台之西隅，有“咏斋”，予尝拊琴赋诗于此。……池中有亭，曰“墨池”，予尝集百氏妙迹于此而展玩也。池岸有亭，曰“笔溪”，其清可以濯笔。溪旁有“钓渚”，其静可以垂纶也……有三桥，度溪而南出者，谓之“招隐”；绝池至于墨池亭者，谓之“幽兴”……

这一多功能的园林建构序列，可分为合物质目的性和合精神目的性两大类。主要体现物质性功能要求的，如可供宅亲、储粮等；主要体现精神性功能要求的则更多，可供讲经、畜鹤、见山、抚琴、赋诗、赏书、濯笔、垂钓、归隐、寻幽等，这是一个“游于艺”（《论语·述而》）的审美理想境界——借助于物质性功能建构而作精神上的“逍遥游”，从而满足主体种种精神文化生态的要求。

在作为典型的城市山林的文人写意园中，就其建构序列中两大类的比例来看，可说精神生活的要求重于物质生活的要求。这类多功能、多层面的物化构筑系列，就是江南宅园典型的“善”，就是“市隐”的文人园主“对外部现实性的要求”，而这种感性实践的功能要求，对中国宫苑系统以及王侯府邸园林也深有影响。就《红楼梦》中侍从的名字来看，不仅被名为焙茗、扫红、锄药、引泉、扫花、挑云、伴鹤等，而且元春、迎春、探春、惜春的丫环被分别名为抱琴、司棋、侍书、入画，他（她）们均被文人化、风雅化了，也被园林化、审美化了。

不论是在宫苑系统，还是在宅园以及其他园林系统，不论是园中各大功能区，还是具体的微型景观、设施，其异中之同不但在于上文所述多层面、多功能的合目的性实践要求之实现，而且在于：它们都不同程度地体现着愉悦性、游乐性的“善”，并给人以快感和美感。这里“乐”与“善”也是统一的。对于园林的愉悦性、游乐性及其有关的问题，拟合并于最后一编中予以重点的研讨。

《荀子·乐论》曾提出“美善相乐”的著名观点，这在中国园林里有着鲜明的感性显现。让园主以及游人通过游赏来实现美和善的统一，来实现“美善相乐”的理想，这是中国园林系统一以贯之的功能性质，或者说，是中国所有园林概莫能外的具有本质意义的美学特征之一。

---

① 详见金学智：《苏州园林》（苏州文化丛书）第八章中“文史积淀”、“琴棋书画”、“陈设艺术”等节，第275～303页。

第三章　中西园林与南北园林的美学比较

中国古典园林，是具有华夏风的，真、善、美三位一体的“自然的王国”。

它的“真”，是本乎生态、有若自然、优化生态、超乎自然、介乎真假之间的“天然图画”。

它的“善”，是仙山胜境、城市山林的理想境界，是包括享受自然生态在内的物质生活，和包括享受文化生态在内的精神生活多层面互补交糅的、合目的性的功能要求之实现。

它的“美”是什么？狄德罗曾说：“真、善、美是紧密结合在一起的。在真或善之上加上某种罕见的、令人注目的情景，真就变成美了，善也就变成美了。”① 因此可以这样说，中国古典园林的美，主要的是假中见真的天然图画，仙山胜境、城市山林的多功能结构，体现于令人注目、引人入胜的出色情景。

要研究中国古典园林的美，首先要和西方园林系统②进行对照、比较，并作分析、研究；同时，也要把中国古典园林系统中最主要的子系统——北方宫苑和江南宅园作对照、比较、分析、研究。当然，本章中的比较研究，只是初步的，只是中、西园林和南、北园林之异同中的荦荦大者。

第一节　自由生动与规整谨严
——中西园林系统的比较

作为区别于其他门类艺术的园林艺术系统，中国园林和西方园林是有其共同性的，这就是二者都是供人游乐赏玩的艺术空间，都是真、善、美三位一体的“自然的王国”。然而，作为具有各自特性的系统，中国园林和西方园林又有着迥乎不同甚至截然对立的品格，这特别是在天人关系的终极理念上表现出严格的分野。

西方的园林艺术美，突出地与科学、技能为缘。它的“合规律性”，主要是合科学规律性，因此，园林中处处呈现出平面的、立体的几何形，一切景物，无不方中矩，圆中规，体现出精确的数的关系。这也和西方美学的历史传统密切相关。西方美学史上最早出现的美学家，是古希腊的毕达哥拉斯学派，他们都是数学家、天文学家和物理学家。该学派认为，“数的原则是一切事物的原则”，“整个天体就是一种和谐和一种数”。斐罗在《机械学》中，曾援引毕达哥拉斯学派的一句话：艺术作品的“成功要依靠许多数的关系”③。其后，古希腊影响极大的哲学家亚里士多德也说：“美的主要形式‘秩序、匀称与

---

① 《狄德罗美学论文选》，人民文学出版社 1984 年版，第 429 页。

② 童寯概述“造园三大系统”说：“世界造园系统，除西亚以外，还有其他两大系统，即欧洲系统和中国系统。”见童寯《造园史纲》，第 1 页。

③ 北京大学哲学系美学教研室编：《西方美学家论美和美感》，第 13 ~ 14 页。

明确’，这些唯有数理诸学优于为之作证。……数理诸学自然也必须研究到以美为因的这一类因果原理。”① 西方园林艺术正是如此，它可看作是古希腊数理美学的感性显现和历史积淀。它通过数的关系，把科学、技能物化了，使人在园中处处可以看到几何学、物理学、机械学、建筑工程学等学科的人为成果。这种园林的风格美，可以意大利、法国的园林为代表。对于这类园林，黑格尔曾作过这样的美学概括：

> 最彻底地运用建筑原则于园林艺术的是法国的园子，它们照例接近高大的宫殿，树木是栽成有规律的行列，形成林荫大道，修剪得很整齐，围墙也是用修剪整齐的篱笆来造成的，这样就把大自然改造成为一座露天的广厦。②

黑格尔的论述，把园林中的建筑和包括树木在内的自然联系起来，从而揭示了西方园林一个重要的美学特征，就是自然的建筑化。它使自然物严格服从于建筑学的原则——数、秩序、匀称、明确、整齐……，把自然物改造为建筑式的整整齐齐的空间造型，或者说，使一切自然物都像建筑物那样，合比例关系，合科学规律性，从而把自由的大自然纳入规整的建筑的系统，以明显、突出的人工把它改造成为露天的绿色广厦，如意大利佛罗伦萨甘贝拉伊露台式别墅园【图6】，就是典范之作。这里，科学之真和园林之美一体化了。

对于这一点，俄国的车尔尼雪夫斯基也说：

> 园艺要修剪、扶直树木，使每一株树的形状完全不同于处女林中的树木；正如建筑堆砌石块成为整齐的形式一样，园艺把公园中的树木栽成整齐的行列。总之，养花或园艺把“粗糙的原料”加以改造、精制，是和建筑如出一辙的。③

图6　露天的绿色广厦——意大利甘贝拉伊别墅园
（选自《世界名园百图》）

这说得更为明确。他的观点和黑格尔一样，代表了当时西方对园林规整化的美学要求。

中国的园林则大异其趣，它和绘画等艺术为缘，而且像绘画那样以自然生态为范本，所谓“法天贵真”（《庄子·渔父》），“外师造化”（《历代名画记》载张璪语）。黑格尔也看出了这一点，他指出，中国的园林“是一种绘画，让自然事物保持自然形状，力图摹仿自由的大自然”④。这一论断，符合于中国古典园林“以假拟真，有若自然”的生态品评标准和生态美学原则。这里，园林之美不但和自

① 北京大学哲学系美学教研室编：《西方美学家论美和美感》，第41页。
② 黑格尔：《美学》第3卷上册，第105页。
③ 车尔尼雪夫斯基：《生活与美学》，第62～63页。
④ 黑格尔：《美学》第3卷上册，第104页。

然之真融为一体，而且和绘画艺术的真与美紧密相联。这一特点在江南园林特别是苏州园林中最为突出。叶圣陶先生曾指出：

苏州园林栽种和修剪树木也着眼在画意。高树和低树俯仰生姿。落叶树与常绿树相间，花时不同的多种花树相间，……没有修剪得像宝塔那样的松柏，没有阅兵式似的道旁树；因为依据中国画的审美观点，这是不足取的。[①]

这一特色，在中国古代私家山水园里，也颇突出。白居易诗云："引水多随势，栽松不趁行"（《奉和裴令公新成午桥庄绿野堂即事》）；"洒砌飞泉才有点，拂窗斜竹不成行。"（《香炉峰下新卜山居草堂初成偶题东壁五首》）这都是使树木保持自由生动的自然形状，使其俯仰生姿，各具意态，而不加修剪。陈继儒《岩栖幽事》还说："居山有四法：树无行次，石无位置，屋无宏肆，心无机事。"这是进一步概括了山区园林的四条准则，把中国文人园林反对称、反整齐的布局理论化了。

从更深的天人关系的层次上看，对于园林树木的规整与自由，西方强调的是"人"，中国强调的是"天"。中国美学尊重"自由的大自然"。《庄子·秋水》写道："牛马四足，是谓天；落（络）马首，穿牛鼻，是谓人。故曰：无以人灭天……谨守而勿失，是谓反（返）其真。"这不只是强调"万物不伤，群生不夭……莫之为而常自然"（《庄子·缮性》）的生态哲学思想，主张不违背自然，不强行改变，而且"意识到美是自然生命本身合规律的运动中所表现出来的自由"[②]，这就把美与真在自然生态的自由形态这一基本点上统一了起来。这就是中国园林为什么追求"有若自然"，"力图摹仿自由的大自然"的深层原因。中国古典美学的自由和自然，都联结于生态美的本真性。

在建筑和自然的关系上，中国古典园林的一个重要的美学特征是建筑的自然化。建筑造型基本上是不能具象地模仿自由的大自然的，但中国园林中的建筑却能融合在山池花木的自然环境之中，仿佛是自然所"生成"的，而且只能"生"在此处而不能"生"在彼处。计成《园冶·兴造论》说："因者，随基势高下……宜亭斯亭，宜榭斯榭。"这样，建筑物就投入了自然的怀抱，纳入了自然的系统，与自然物互为呼吸照应，结成生动和谐的艺术整体，给人以"宛自天开"的感觉。

再就造型结构来看，西方园林无论是微观上还是中观和宏观上都体现出一种抽象的规整性，而这种谨严的规整性的美，在大自然里是很难找到原型的。不妨用西方的美学观来分析一下法国的孚·勒·维贡庄园【图7】的造型结构和布局。

维贡庄园最突出的，是整齐一律的美。黑格尔曾说："整齐一律一般是外表的一致性，说得更明确一点，是同一形状的一致的重复，这种重复对于对象的形式就成为起赋予定性作用的统一。……它的美只是抽象的知解力所能掌握的美。"[③] 在维贡庄园里，宽阔笔直的通道，宏大而有气度，其两侧是标准的平行线，任意延长也永远不会相交，这是线的整齐一律；草坪修剪得像熨平而展开的绒布，没有丝毫皱褶起伏，这是平展的面的整齐一律，这种"平滑的面……由于它们坚持某一定性，始终一致，而使人感到满足"[④]；正直端方的植坛，利用绿树和底色构成"适合纹样"的图案造型，犹如地毯一样，显得规则而

① 叶圣陶：《拙政诸园寄深眷——谈苏州园林》，载《百科知识》1979年第4期，第59页。

② 李泽厚、刘纲纪主编：《中国美学史》第1卷，第248～249页。

③ 黑格尔：《美学》第1卷，第173页。

④ 黑格尔：《美学》第1卷，第182页。

鲜丽大方，这是一种得到更多定性的复杂的统一性；园中不少道旁树修剪成规范化的圆锥形，堪称为抽象的绿色雕刻，一棵如此，则每棵均以此为准，如法炮制，并等距地重复排列着，这是典型的“起赋予定性作用的统一”……

图7　立体的图案造型——法国孚·勒·维贡庄园（选自《文艺研究》1985年3期）

庄园还有些道旁树，修剪得近似圆球形，也定向而有序地排列着，鲜明地体现了古希腊毕达哥拉斯派的美学观：“一切立体图形中最美的是球形，一切平面图形中最美的是圆形”①；在庄园中，喷泉的基座正是圆形的，水池也是圆形的，构成了圆心和圆周的数比关系，而喷泉又使静态的、平面的圆形构图富有运动感、立体感……

维贡庄园中的建筑物的布局是对称而端严的，尤其是一层层的台阶，以通道的终点为起点，把人的目光引向高处和远处；和建筑物一样，园中的草坪、植坛、树木、喷泉等等，都是左右对称地置列的……

总之，维贡庄园的造型结构和布局的风格美的特点是：规整谨严，秩序井然，抽象而又雍容高贵，端庄而又明快舒展。它颇能代表西方园林的美学特征。

西方园林所显示的美，归根结蒂是人工之美、技能之美、数比关系之美，一棵棵树要转化为排列有序的抽象的绿色雕刻，这里就物化了大量的人工之美。至于被中国造园家称为“水法”的喷泉，更喷射着高度的技能之美。水往低处流，这是自然规律，而眼前的水却偏往高处喷，从本质上看，观者所叹赏的，正是人的意志、力量、智慧、创造、才能……据统计，法国凡尔赛宫苑中各类喷泉，竟有一千四百个，而现存的，还有六百余个

① 北京大学哲学系外国哲学史教研室编译：《古希腊罗马哲学》，商务印书馆1982年版，第36页。

之多，这又是显赫的人工、技能美的大型展览。

中国园林的结构造型所追求的，主要不是规整谨严性，而是自由生动性；不是抽象化了的人工技能之美，而是具象化的自然、风韵之美，也就是说，自然生态如真，气韵生动如画，或者说，在宏观和中观上崇尚天然的生态美而不十分崇尚人工的技能美。

北京曾有自怡园，揆叙在《次韵和他山先生题园居诗》中写道："波分太液泻如洪，锦石嵯峨上碧空。直讶生成因地势，不知结构费人工。"诗人但见因势随宜、类似天造地设的"生成"之美，而不见其结构安排的"人工"之巧。这又和计成"自然天成之趣，不烦人事之工"的美学理论和生态品评标准若合一契。

当然，中国园林除避暑山庄部分地区之类外，一般不可能不用人工加以改造，相反，越是艺术上成熟的园林，往往加工得越多，不过只是"既雕既琢，复归于朴"（《庄子·山木》）而已，它尽可能不留或少留人力加工和人意安排的痕迹。这又用得到《老子·十七章》所说："功成事遂，百姓皆谓我自然。"这是人为的合目的性复归于自然的无目的性的境界。

还需作进一步的哲学追问：西方园林规整统一的风格美，是由哪些因素影响而形成的？这里用得到19世纪法国理论家泰纳的艺术哲学。泰纳认为，艺术创作及其风格的发展，是由"种族"、"环境"、"时代"三者决定的。

对于"环境"，泰纳认为，"有时，国家的政策也起着作用"，"社会的种种情况也会打下它们的烙印"①。这就是说，社会政治历史、科学文化的广阔背景对园林会发生特定的影响。这除了数学、物理学、建筑工程学等科学作为一种社会情况对西方园林的明显的渗透外，还与西方17世纪这个特定"时代"要求秩序井然的中央集权等级制度以及与之相应的理性主义哲学密切相关。当时，在路易十四庇护下，法兰西学院成了官方最高的学术团体，它制定了具有法律权威性的古典主义文艺学术路线，"一切要有一个中心的标准，一切要有法则，一切要规范化，一切要服从权威"②。正因为如此，在这种古典主义的皇家园林中，君主的气质不但影响了园林的建筑及其布局，而且似乎烙印到周围的自然花木中去了。它仿佛是国家、制度既抽象而又形象的一种图示，一种权威性的象征，使人油然而感受到绝对的君权统治的严整气氛。

所谓"种族"，泰纳说，"是指天生的和遗传的那些……气质与结构……这些倾向因民族的不同而不同"③。在精神领域里提出民族的心理"气质与结构"，有其一定的理论价值。这种具有民族独特个性的心理"气质与结构"，说得更准确些，是一种文化心理的历史积淀。它对于园林的民族风格来说，是一种内在的基因，并集中地表现为民族的审美观。

从西方审美意识史上看，古希腊的美学家们早就发现了形式美的多样统一律，尼柯玛赫的《数学》就引古希腊数学家斐安的话："和谐是杂多的统一，不协调因素的协调"④。但是，他们更强调"统一"这一层面，也就是更强调统一律。所以亚里士多德说，美的主

---

① 泰纳：《〈英国文学史〉序言》，载伍蠡甫主编《西方文论选》下卷，上海译文出版社1979年新1版，第238页。泰纳，一译丹纳，即前文所引《艺术哲学》的作者。本书引述，均从原译著的译名，特作说明。

② 朱光潜：《西方美学史》上卷，人民文学出版社1964年版，第164页。

③ 泰纳：《〈英国文学史〉序言》，载伍蠡甫主编《西方文论选》下卷，第236～237页。

④ 北京大学哲学系美学教研室编：《西方美学家论美和美感》，第14页。

要形式是空间的“秩序、匀称与明确。”这一审美观对西方建筑史乃至西方园林艺术史有极大的影响。17世纪中叶的宫廷造园家布阿依索进而认为，“如果不加以调理和安排均齐，那么，人们所能找到的最完美的东西都是有缺陷的”，因此，园林的布局应遵守“良好的建筑格律”，做到“井然有序，布置得均衡匀称，并且彼此完善地配合”①。直到黑格尔在19世纪所写的《美学》里，还这样说：

在这种园子里，建筑艺术和它的可诉诸知解力的线索，秩序安排，整齐一律和平衡对称，用建筑的方式来安排自然事物就可以发挥作用。②

正因为民族审美意识的历史积淀，西方园林在整体布局上显得整一、均衡、对称、前后轴线贯串，左右成双作对，安排得有组织，有比例，有秩序，有规律。如法国著名的凡尔赛宫苑，中轴线长达3公里，自西往东伸展，规模巨大的十字形水渠以及阿波罗水池，都在中轴线上。中轴两侧的喷泉、植坛、池沼、雕像，都对称地展开，一条条笔直的通道，均为横线、竖线或斜线的交叉，呈直角或锐角的形状，其总平面图也基本上是对称的几何形，表现出明确的关系，整体的单纯，显示出图案画般的统一谨严之美。

中国民族审美心理的气质和结构恰好相反，对于形式美的多样统一律，它强调的重点是“多样”或“参差”这一层面。见诸古籍的例如——

物一无文。(《国语·郑语》)

物相杂，故曰文。(《易·系辞下》)

一简之内，音韵尽殊；两句之中，轻重悉异。妙达此旨，始可言文。(沈约《宋书·谢灵运传论》)

数画并施，其形各异；众点齐列，为体互乖。(孙过庭《书谱》)

三株五株，九株十株，令其反正阴阳，各自面目，参差高下，生动有致。(石涛《画语录》)

中国古典美学认为，不论是诗文还是书画，它们的美都离不开“尽殊”、“各异”、“互乖”、“参差”、“相杂”……这才能避免整齐，打破一律。

也需作进一步的哲学探究：中国艺术和美学为什么不倾向于统一律而倾向于多样律、参差律？这和中国美学崇尚“自然天成之趣”分不开。笪重光《画筌》就说：“景色一致，昧其物情。”这是说，参差不齐是自然物象的本质和真相，相反，如果追求均齐一致，就不符合自然的本真之美。古代哲学家和文论家还进一步把参差律放在大自然本身的运动发展中来阐明。王夫之《周易外传》说：“乾坤立而必交……参伍不容均齐。”刘大櫆《论文偶记》也指出：“文贵参差。天之生物，无一偶者，而无一齐者。”这都深刻地说明，艺术的参差之美，是由于天生的自然界本身不存在单一的规整均齐。既然大自然以参差为其主要特征，那么中国古典园林艺术要“力图摹仿自由的大自然”，就必须突现其参差不齐之美。

中国园林崇尚“有若自然”、错综参差之美的布局风格，在“久在樊笼里，复得返自然”(陶渊明《归园田居》)的情氛孕育下成熟的苏州园林有着充分的体现，例如拙政园中部，是以四面厅远香堂为布局中心的。这个南北向的主体建筑，西面通往曲廊和东西向的倚玉轩，由曲廊折西为一泓溪流，其上架以廊桥“小飞虹”，再向南则为“小沧浪”水院；再

---

① 转引自陈志华《外国造园艺术散论》，载《文艺研究》1985年第3期，第49页。

② 黑格尔：《美学》第3卷上册，第105页。

看另一方向，远香堂东侧为绣绮亭，耸立于假山之上，向南则是由云墙间隔而成的园中之园——枇杷园。远香堂的两侧完全打破了匀衡对称的布局，它西面是水，东面则是山；西面是轩、廊，东面则是亭、墙；西南是水院，东南则是旱园，两面竟如此故意地避免对称，真可说是“为体互乖”，“其形各异”了。再看远香堂南面，是小型山池，溪水上通向远香堂的平曲桥故意偏西，显然也为了避免居中而造成轴线感。

计成《园冶·自序》说：“合乔木参差山腰，蟠根嵌石”，“构亭台错落池面，篆壑飞廊”。江南宅园中楼台亭阁、山石树木的布局，都是这样地参差不一，错落有致，它打破了整齐对称的秩序，构成了自由天趣之美，从而做到了“肇自然之性，成造化之功”（〔传〕王维《山水诀》）。它和法国凡尔赛宫苑、维贡庄园的布局，可说是大异其趣。

以上的对照分析和比较研究，说明了西方园林系统和中国园林系统是全然不同的两大园林系统。这两大系统之所以如此地对立，从外部关系来看，不但由于受时代、社会存在的影响，而且由于受到邻近的精神形态——哲学、美学、科学、艺术的渗透；从内部关系来看，主要是由园林中建筑与自然的关系所决定的，于是园林从微观到宏观，从造型结构到整体布局，都产生了一系列的对立。西方园林是一切服从建筑，或一切有如建筑，因此，它主要地体现出布局均齐、秩序井然的风格特征，具有规整性、谨严性、统一性、抽象性的艺术形态，并显现着强形式的人工之美和技能之美；中国园林则是一切服从自然，或一切有若自然，因此，它主要地体现出天趣盎然、气韵生动的风格特征，具有自由性、生动性、多样性、具象性的艺术形态，并从总体上显示出弱形式的人工之美和技能之美。

中国园林系统和西方园林系统除了突出自由、自然之美与突出规整、人工之美的主要区别外，还存在着其他区别，这拟于以后适当的章节中逐步加以比较论析。

第二节　小巧细秀与崇高壮观

——南北园林系统的比较之一

和西方园林系统的严整秩序之美相比较，中国园林系统突出地表现出参差天趣之美。但是，在中国园林系统中，参差天趣也不是涵盖一切园林的普遍品格。在这方面，以北京为代表的北方宫苑系统以及北方某些宅园，和以苏州为代表的江南宅园系统也有其较为明显的个性差异。这里以北京的宫苑以及风格近于宫苑的王侯府邸园林为例来加以论析。

北京宫苑，在不同程度上存在着严整对称的秩序美。北京紫禁城里的小型宫苑，其布局可说是以整齐对称之美为主，最典型的是地处紫禁城北部的御花园。该园的整个园基呈矩形，其坤宁门——天一门——钦安殿——承光门——顺贞门，这是一条由南至北的中轴线，而居高又居中的钦安殿是全园的主体，围绕着钦安殿所组成的宫院是一个园中之园，成了御花园的构图中心。花园的东南角和西南角，有琼苑东门和琼苑西门，辅卫着居中的正门——坤宁门；东、西门内的绛雪轩和养心斋，分别对面相向；花园东部和西部，各有体量高大、重檐多角的万春亭、千秋亭耸然对峙；东北和西北又有浮碧亭和澄瑞亭相对呼应；北面的承光门两翼，也各有延和门、集福门对称置列……不过，在总体布局的对称中又略有参差，同一中又略有差异，如延和门之东，有假山名曰“堆秀”，上建“御景亭”，而集福门之西，则是“延晖阁”；绛雪轩和养心斋似乎是对称相向的，其实平面、立面、构制均有所不同……所有这些，已由对称美走向均衡美了。

在北京宫苑系统的影响下，北京现存的王侯府邸园林——恭王府萃锦园，无论是整体还是局部，也基本上体现出严整、规则之美。这个被某些红学家们认为是大观园原型的王府花园，首先表现出较为规整的布局，从南向的正门经居中而名为“福河”的水池，到正厅“安善堂”，再经方形水池，到假山上的“邀月台”至于最后的“蝠殿”，其轴线是极为分明的，两边也各有对称的廊、墙、配房，围合成规整的庭园。园西部的大水池作为局部来看，也基本上是长方形的。王侯府邸园林为什么要倾向于方整对称的造型和布局？这里也有历史的积淀和泰纳所说的“环境”的原因。明代的袁宏道在游赏了“成国公园”以后，在《适景园小集》中写道：“侯家事严整，树亦分行次。”而宋代李格非《洛阳名园记》也早就指出门下侍郎安焘的丛春园，“桐梓桧柏，皆就行列。”总之，侯门是讲究秩序森严的，因此连树木等类也分行作队地整齐排列了。

既然侯家要“事严整”，那么皇家就更要“事严整”了。宫苑中严整规则的风格美的出现和存在，还和皇家宫殿的建筑风格要求及其影响有关，这也是一种“环境”的影响，如上文论析的御花园，其本身就处在森然严整的紫禁城的中轴线上，午门——金水桥——太和门——太和殿——中和殿——保和殿——乾清门——乾清宫——交泰殿——坤宁宫，这是一线贯穿的中轴，而御花园从坤宁门到顺贞门的轴线，正是紫禁城轴线的尾续，这样一直贯通到紫禁城最北的神武门。在这种宫殿建筑群的大环境的包孕之中，御花园作为构成整体的局部，必然要服从整体的中轴要求。正因为如此，在紫禁城包孕之内的宫中庭园，无论是慈宁宫花园还是宁寿宫花园（乾隆花园），它们虽然都不在皇城中轴线上，但也都带有不同程度的轴线感。

再说地处北京郊区的宫苑颐和园，其中某些部分的轴线布局，也是由于皇家“事严整”和皇宫尚严整的影响波及之故；而颐和园在总体上的反轴线布局，这又是由于它远离皇城宫殿以及为了满足皇家特殊的审美心理需求。朱启钤在《重刊〈园冶〉序》中认为：

> 吾国建筑，喜用均齐之格局，以表庄重……此在庙堂，固属宜称。若夫助心意之发舒，极观览之变化，人情所熹，往往轶出于整齐画一之外。秦汉以来，人主多流连于离宫别苑，而视宫禁若樊笼，推求其故，宫禁为法度所局，必须均齐，不若离宫别苑，纯任天然，可以尽错综之美，穷技巧之变……①

这一论析颇有道理。它在一定程度上指出了建筑风格和审美心理之间的对应关系，亦即指出了二者在形态结构上有着相同或相似之处。用西方格式塔派心理学的观点来解释，就是与严整的法度相适应的均齐布局，和宫廷所要求的庄重的精神生活、收敛的心理结构之间，存在着某种“异质同构”的关系；而纯任天然，参差不拘的布局，也和要求离开樊笼，追求自由和发舒的心理态势有着某种“异质同构”的关系。然而，上引论述的不足之处在于，它忽视了如下事实：即使在“助心意之发舒，极观览之变化”的园林里，皇家或王侯也不可能完全摆脱长期以来宫殿府邸中所积淀、所形成的审美气质和心理习性，也不可能完全丢弃“事严整”，讲法度，以表庄重的社会身份，他们必然要或多或少、或显或

---

① 《园冶注释》，第15页。

隐地把自己的身份、气质、习性之类烙印到园林中去。

由皇家的精神需要所制约，为宫殿的建筑风格所影响，北方大型宫苑除了不同程度地存在着严整的法度、均齐的风格之外，还有更重要、更富于特征性的风格美。要探讨这一问题，首先应了解宫殿建筑艺术最重要、最基本的风格特征。不妨先看《汉书·高帝纪》中如下一段记载：

> 二月，至长安。萧何治未央宫，立东阙、北阙、前殿、武库、大仓。上见其壮丽，甚怒，谓何曰："天下匈匈，劳苦数岁，成败未可知，是何治宫室过度也?"何曰："天下方定，故可因以就宫室。且夫天子以四海为家，非令壮丽，亡（无）以重威，且亡令后世有以加也。"上说（悦）。

可见，宫殿建筑除了物质的实用功能性以外，还有其精神性的作用。萧何企图通过宫殿建筑"空前绝后"的"壮丽"风格美，以加强和渲染皇权的神圣的威严，从而在精神上也能"威震四海"。

汉初萧何关于皇家宫殿建筑风格的观点，在三国时的何晏那里得到了理性的、感性的阐发和显现。何晏《景福殿赋》在赞美曹魏宫殿建筑艺术的同时，这样写道：

> 不壮不丽，不足以一民而重威灵；不饬不美，不足以训后而永厥成……文以朱绿，饰以碧丹。点以银黄，烁以琅玕。光明熠爚，文彩璘斑。清风萃而成响，朝日曜而增鲜。

这不仅突出地强调了皇家宫殿建筑具有"一民"、"训后"等等的重大精神性作用，而且具体地描绘了皇家宫殿建筑壮丽饬美的具体色相和风貌。萧何、何晏的建筑美学思想，对于尔后的宫殿建筑和苑囿艺术的理论与实践，影响是巨大的。初唐的骆宾王《帝京篇》写道："山河千里国，城阙九重门。不睹皇居壮，安知天子尊。"这就说得更明显了。

由于宫苑和宫殿在精神上和功能上存在着内在的互渗互补关系，由于宫中有御苑，苑中有宫殿的外在交叉关系，因此宫苑式园林必然会以其自己的形质，体现出萧何、何晏所说的"壮丽"之美来，而事实正如文学家笔下所写——

> 君未睹夫巨丽也，独不闻天子之"上林"乎？（司马相如《上林赋》）
>
> 至京师仰观天子宫阙之壮，与……城池苑囿之富且大也，而后知天下之巨丽。（苏辙《上枢密韩太尉书》）

这都是指出了大型宫苑一个重要的美学特征：巨丽，也就是巨大壮观、富丽堂皇之美。北方宫苑特别是大型宫苑，无不具有这种"巨丽"的风格美。

本节先论这种风格美的第一个层面——"巨"。

北方宫苑风格之"巨"，首先表现为面积的广袤性。就现存的北方皇家园林来看，"北海"有1000余亩，颐和园有4300余亩，圆明三园有5200余亩，而避暑山庄竟达8000余亩，其周围的宫墙就长达20华里。这些园林的面积，都是萧何所说的"天子以四海为家"在空间上的反映。

北方宫苑风格之"巨"，还表现为园里山大，水大，建筑物数量多，体量大。例如颐和园，就囊括了整个万寿山、昆明湖，其中宫殿园林建筑有3000余间，可见其规模之大。至于已毁的圆明园，包括万春园、长春园，它以数量众多的山和水，分割和围合了百来个各具特色的大景区，建筑的总面积达15万平方米。乾隆五十八年，英使马戛尔尼首次来华游园并记述其事。刘半农于民国初年迻译其文，名曰《乾隆英使觐见记》，文中述及圆明园云：

> 周大人导我游圆明园。此园为皇帝游息之所，周长十八英里。入园之后，每抵一处必换一番景色。与吾一路所见之中国乡村风物大不相同。盖至此而东方雄主尊严之实况，始为吾窥见一二也。园中花木池沼，以至亭台楼榭，多至不可胜数。[①]

英使的观感，不但说明了中国宫苑面积之大和景物之多，而且直感到它体现了“东方雄主之尊严”，这恰恰与萧何、何晏“不壮不丽，不足以一民而重威灵”的美学思想相契合。

规模巨大、景物宏多，这在中国称为“壮观”，用西方美学术语来说，则是崇高。北方宫苑正是凭着它那“壮观”的美，也即凭着康德所说的“数学的崇高”，才可能产生“一民而重威灵”的精神影响。康德认为：“对于崇高的愉快不只是含着积极的快乐，更多地是惊叹或崇敬”[②]。这是指出了区别于美感（即秀美感）的崇高感的特质。英国人马戛尔尼略窥圆明园，就惊叹于“东方雄主之尊严”，油然而生一种崇高感。外国人是如此，积淀着中国传统审美意识的中国人，对于崇高壮观的宫殿或宫苑的观感，当然更是如此。杜牧对于秦阿房宫的描写，司马相如对于汉上林苑的描写，其本质都是审美上的一个“惊叹号”。

在西方美学史上，崇高和秀美是相互对照的两个美学范畴。18世纪英国美学家博克曾对此作过系统的研究。他说，“我们必须把美（即‘秀美’——引者）和崇高作一比较；而进行这种比较就形成了一个显著的对照。因为崇高的对象在它们的体积方面是巨大的，而美的对象则比较小”[③]。崇高和秀美的这种对照，也适用于中国北方宫苑和江南宅园的对照。

至于秀美，博克认为，除了比较小外，还有“各部分见出变化”，“不露棱角”，曲线，“不强烈刺眼”[④] 等特点。江南宅园也有这类特点，它们绝不追求对称秩序，整齐划一，而追求各部分见出变化……而最突出的一点，就是“小巧”或者“细秀”，甚至像庾信《小园赋》中所描写的那样，“数亩弊庐，寂寞人外”，“欹侧八九丈，纵横数十步”……这一特征，从江南宅园历来的园名上也反映出来。如江苏常熟有半亩园、瓶隐庐、壶隐园、芲园，昆山有半茧园、半枝园，苏州有蜗庐[⑤]、残粒园、觇（茧）园，扬州有庾园、勺园、瓢隐园、容膝园、片石山房……它们的特点，无不是“细”、“微”、“小”。

江南宅园之“小”，不但和北方宫苑之“大”背道而驰，而且和北方某些王侯府邸园林也无法比拟。刘侗《帝京景物略》是这样写明代武清侯李伟建于北京的海淀园的：“园中水程十数里，舟莫或不达；屿石百座，槛莫或不周；灵壁、太湖、锦川百计，乔木千计，竹万计，花亿万计，阴莫或不接。”江南宅园与之相比，更显得小者愈小而大者愈大了。

再就江南宅园的面积来看，苏州现存的园林中，大型的如拙政园，现在是由三个园合

---

① 转引自拙庵：《圆明余忆》，载舒牧等编《圆明园资料集》，第263页。

② 康德：《判断力批判》上卷，商务印书馆1985年版，第84页。

③ 博克的论述，见北京大学哲学系美学教研室编：《西方美学家论美和美感》，第123页。

④ 北京大学哲学系美学教研室编：《西方美学家论美和美感》，第122页。

⑤ 程致道《迁居蜗庐》：“有舍仅容膝，有门不容车。”

并组成的，西部原为“补园”，东部原为“归田园居”，三者合一也只有62亩；中型的如沧浪亭只有16亩，怡园只有9亩[1]；至于最小的，鹤园只有2亩，壶园只有300平方米，残粒园只有100多平方米。再如清末学者俞樾所建的曲园，其曲尺形的园基平面，自南至北，长十三丈，广三丈；又自西向东，广六丈，长也只有三丈。他在《余故里无家……》一诗中写道：

> 爰因地一曲，而筑屋数椽。卷石与勺水，聊复供流连……筑室名“艮宧”，广不逾十笏。勿云此园小，足以养吾拙！

正因为如此，江南宅园往往地不求广，园不求大，山不求高，水不求深，景不求多，只求能供留连、盘桓、守拙、养灵、隐退、归复自然……

在这里，江南宅园的小巧细秀之美，又和隐逸之善互为表里、相与为一了，就像北方宫苑的崇高壮观之美，和“雄主之尊严”联结在一起一样。这也足以说明，在中国的美学传统里，美和善往往是紧密相联的。

第三节　淡雅素朴与浓丽绚烂

——南北园林系统的比较之二

再论北方宫苑“巨丽”风格美的第二个层面——“丽”。

北方宫苑之“丽”，首先在建筑物的题名上显现出来。北京“北海”有“玉蛛金鳌”桥、“积翠”“堆云”牌坊、琼华岛、琳光殿、蟠青室、紫翠房、环碧楼、宝积楼、鬘辉楼、五龙亭、九龙壁、罨画轩、大琉璃宝殿……单看这些珠光宝气、五光十色的名称，就令人感到雕缋满眼，目眩神迷，这正是一种富丽的美。

北方宫苑之“丽”，更集中体现在建筑物外观的色相、装修以及内部的敷彩、陈设上，这就是金铺交映，玉题生辉，室内雕绘藻饰，屋面焜丽斑斓。刘攽《鸿庆宫三圣殿赋序》说：“昔灵光、景福之作，世称其美丽。然其所谓壮大，不出乎雕刻画绘文彩之煌煌而已。”这一概括，也适用于北方宫苑建筑。就现存的北京宫苑来看，其建筑物都喜用多种强烈的原色，如屋顶的黄、绿色琉璃瓦与屋身的红柱彩枋交错成文，以求鲜明的对比效果。博克认为，秀美在色调上应该“颜色鲜明，但不强烈刺眼”，“如果有刺眼的颜色，也要配上其他颜色，使它在变化中得到冲淡”[2]。但是，北方宫苑所追求的，不是秀美，而是崇高壮丽，因此，它不但颜色鲜明，而且强烈夺目，在浓重的原色所造成近距的对比色之间，往往很少用其他颜色作“渐次”性的调和或过渡，使之冲淡。

颐和园的主要建筑群，是富丽美的典范之作。例如沿湖长廊【图8，见书前彩页】，长700多米，共273间，它碧柱朱栏，绚烂夺目，如同一道彩虹，梁、枋上饰以诸色图案纹样，对比鲜明，绚烂艳绝。长廊梁、枋上面共绘有8000多幅山水人物花鸟苏式彩画，华美秾丽，五色缤纷，是北方宫苑中少见的宏构，令人联想起杜牧《阿房宫赋》中“廊腰曼回，不霁何虹”的名句。而“前山中轴线上的建筑群，以布局对称、体量庞大和色彩

---

① 从总体上说，岭南宅园比江南宅园面积更小，严格地说只能称为庭园。番禺余荫山房算是大的，只有三亩；东莞可园也只有三亩多……

② 北京大学哲学系美学教研室编：《西方美学家论美和美感》，第122页。

富丽成为全园的中心”[1]。它们色彩浓艳，耀人睛目，以一派金碧辉煌的强烈光彩吸聚着众多的游人。

不只如此，在这种宫苑色调风格的影响下，北京的府邸园林如东城礼士胡同现存的刘墉宅园，从堂正的垂花门到庭院东侧的歇山顶小屋，其门窗枋柱也都显示着朱碧色彩的强烈对比。

与之相反，江南宅园系统从总体上说，是既不壮丽，又不富丽。它所追求的色调风格，不是那种铺锦列绣、错采镂金之美，而是一种清水芙蓉、自然淡雅之美[2]。就园林的色调风格来比较，如果说，北京宫苑是一曲繁富宏丽的大型交响乐，那么，苏州宅园则是一曲素朴恬淡的短小牧歌。

刘敦桢先生总结苏州园林的建筑色调说：

> 园林建筑的色彩，多用大片粉墙为基调，配以黑灰色的瓦顶，栗壳色的梁柱、栏杆、挂落，内部装修则多用淡褐色或木纹本色，衬以白墙与水磨砖所制灰色门框窗框，组成比较素净明快的色彩。[3]

事实正是如此。苏州网师园冷泉亭一带，半亭的攒尖顶是黑的，漏明墙是白的，粉墙黛瓦，黑白相映，素净淡雅，饶有韵致，可谓沁人心目【图9，见书前彩页】。而苏州园林建筑之所以具有这种雅洁素朴的色调，首先也可借用泰纳的“环境”说来加以解释。

泰纳认为，对于艺术风格的形成来说，“有时，国家的政策也起着作用”。这一点，在建筑领域里，是非常明显的。《明史·舆服志》载，明代室屋制度规定：“庶民庐舍不过三间五架，不许用斗栱，饰彩色。”这一规定，对江南宅园是有一定影响的。同时，江南宅园的某些园主，由于哲学、美学观点的制约，由于江南传统建筑形式的影响，也由于地位并不很高，或遭贬谪，或已告老，往往不愿也不想“饰彩色”。[4]

泰纳还认为：“人在世界上不是孤立的；自然界环绕着他，人类环绕着他……并且物质环境或社会环境在影响事物的本质时，起了干扰或凝固的作用。有时，气候产生过影响”[5]。此话也不无道理，对于园林艺术更是如此。江南宅园作为一个系统，它也不是孤立地存在的，不但社会环境的大系统包孕着它，而且自然环境的大系统也环绕着它，起着影响、干扰作用，加速着它的“凝固”过程，使之积淀为特有的系统质。

包括气候等条件在内的自然物质环境，对建筑风格确实有明显的影响。我国东南岭地的环楼，西南山区的竹楼，西藏高原的碉房，蒙古草原的蒙古包，延安的窑洞，北京的四合院，以及江南水乡民宅和岭南园林的开敞性等，其形成都或多或少地和周围的自然环境有关，或者说，“山环”或“水绕”的地形地貌，冷、热、干、湿、风、沙等不同的气候条件，附近足以提供建筑材料的自然资源……所有这些，对当地建筑风格都有或大或小的物质影响。当然，除此而外，各地建筑本身有其自律性——历史延续性和特殊的内部规律性，但当地的社会意识、民情风俗、经济情况等，同样地作为一种他律性，对建筑也起着

---

① 刘敦桢主编：《中国古代建筑史》，第299页。

② 宗白华指出，“错采镂金”和“芙蓉出水”，“可以说是代表了中国美学史上两种不同的美感或美的理想”。见《艺境》，第229页。

③ 刘敦桢：《苏州古典园林》，中国建筑工业出版社1979年版，第28页。

④ 对于粉墙黛瓦、黑白色调的深层底蕴，本书以后还拟作进一步的阐释，见第七编第五章第三节等。

⑤ 泰纳：《〈英国文学史〉序言》，载伍蠡甫主编《西方文论选》下卷，第237页。

影响作用。总之，情况是错综复杂的，而研究自然环境对建筑风格的影响，是建筑美学不可忽视的课题之一。

就建筑的色调来看，北方气候较为寒冷，建筑（包括园林建筑）宜于强烈浓重的色彩；江南的自然条件不同，气候比较暖和温润，阳光明媚灿烂，更宜于柔和素淡的色调，如同样施以强烈浓重的色彩，在阳光下就会略嫌刺目，在一定程度上可能影响美感。

需要说明的是公共园林。地处江南的杭州，西湖园林建筑也用大红的柱子之类，显得较为富丽。这应看作是皇家宫殿和苑囿及其审美观的影响。五代时，吴越曾建都杭州，特别是南宋建都临安（杭州），北方宫、苑建筑风格南渐，使得西湖一带园林建筑既有“淡抹”，又有“浓妆”。再如扬州瘦西湖的五亭桥，也用红柱黄瓦，这更显示出北方宫苑的影响，特别是乾隆多次至扬州的影响。从美学的视角来看，红柱黄瓦的浓丽建筑，在西湖或瘦西湖阔大的自然环境中，在青山绿水、丛树密林的拱绕下，不一定显得刺目，因为已经得到了“稀释”，相反，它们在大范围的园林山水空间里，还能产生“万绿丛中一点红”的那种对比、映衬、烘托的审美效果。但是，在典型的江南宅园——苏州园林中，在四周围墙的小空间里，浓妆艳抹加上阳光温暖的气候条件，就不可能取得这样的审美效果。

在江南宅园系统中，建筑用强烈彩饰的虽不多见，但是，屋顶尚雕饰的却绝非仅有。扬州的“寄啸山庄”，建筑物的屋脊大抵用漏空花脊，使建筑形象带有雕镂华饰之美。上海的豫园，围墙上饰以长大的游龙，称为“龙墙”，建筑物的正脊、斜脊上立以鸟兽形的装饰，使建筑形象带有纤巧富丽之象。这种朴实中渗进的华彩，和它所处的商业城市的环境氛围不无关系。因此，扬州、上海的园林，又表现了江南宅园系统中不同地区的不同个性之美。

从建筑总体上说，苏州宅园既不用彩饰，又不尚雕饰，它典型地体现了清真素朴的美。整个江南宅园系统，也主要地倾向于这种美的风格。而这一倾向，又和中国传统的哲学、美学思想有关。早在先秦，倾向于隐逸、归复的老庄哲学中颇多这样的观点——

> 五色令人目盲。（《老子·十二章》）
>
> 信言不美，美言不信。（《老子·八十一章》）
>
> 五色乱目，使目不明。（《庄子·天地》）
>
> 圣人法天贵真，不拘于俗。（《庄子·渔父》）

这种主张法天贵真，不拘于俗的哲学、美学思想，对江南园林的艺术风格及其理论影响颇深。这里，不妨把它和出生于江南水乡——吴江的著名园林美学家计成的观点作一比较。计成曾反复强调——

> 升栱不让雕鸾，门枕胡为镂鼓。时遵雅朴，古摘端方。画彩虽佳，木色加之青绿；雕镂易俗，花空嵌以仙禽。（《园冶·屋宇》）
>
> 仰尘，即古天花版也。多于棋盘方空画禽卉者类俗。（《园冶·装折》）
>
> 历来墙垣，凭匠作雕琢花鸟仙兽，以为巧制……市俗村愚之所为也，高明而慎之。（《园冶·墙垣》）

对于园林建筑物，计成不主张作繁琐的雕镂，画艳丽的藻井，增加不必要的饰物，而主张保持古朴素雅的艺术风格。这是和老庄的哲学、美学观点大体相符的，特别是在“不拘于俗”这一点上是十分一致的，而计成的观点和苏州古典园林的基本格调又是十分吻合的。

漫步苏州园林，确实会感到没有什么明显而突出的人工雕琢味，其中景观内容虽然十分丰富，却没有太多的饰物。特别是就色彩来说，苏州园林那素净淡雅所构成的统一的调子，和北京园林相比，判然不同，可谓别有天地。

从现代美学来看，北方园林和江南园林的色调是不分轩轾，各有千秋的，可谓浓妆淡抹均相宜；但是，从中国传统的美学观来看，铺锦列绣、错采镂金的浓丽，远不如清水芙蓉、天然可爱的淡雅。宗白华先生曾根据中国美学的发展史指出，从魏晋六朝开始，“中国人的美感走到了一个新的方面，表现出一种新的美的理想。那就是认为‘初发芙蓉’比之于‘错采镂金’是一种更高的美的境界”①。刘熙载在《艺概·文概》中根据《老子》“美言不信，信言不美”的观点进而发挥说：“君子之文无欲，小人之文多欲。多欲者，美胜信；无欲者，信胜美。”“君子小人”云云，不免陈腐，但这段话中也有发人深思者在。这里的所谓“美”，应理解为“华美”；所谓“信”，应理解为“真”亦即“清真”。中国审美史就有大量事实说明，华美与“多欲”如影随形；清真与“无欲”或“寡欲”形影不离。至于这类审美心理结构的形成，当然也是千百年来社会史、文化史积淀的结果。

再看园林美的领域，北方宫苑的“巨丽”、“壮丽”、“富丽”、“宏丽”等等，在本质上确实与“多欲”有着这样那样的密切联系；而苏州宅园总或多或少、或隐或显地与老庄哲学、隐逸意识相联系，所以必然不同程度地倾向于“恬淡寡欲”或“清心寡欲”，并在园林色调上开始“洗净”或尽量“涤除”尘世浮华并主要地走向素朴了。②

需要一提的是岭南的宅园，它比江南宅园面积更小，不但更小巧，而且更玲珑，用东莞可园里“壶中园”的联语说，是“园小无穷景；壶中别有天”，以此与北方宫苑的崇高雄健相区别。此外，在建筑的色调风格上，它既以艳丽多彩、纤巧繁缛与江南宅园相区别，又不同于北方宫苑的富丽堂皇，金碧交辉。如果说北方宫苑建筑是“浓丽”的话，那么岭南宅园建筑则可谓“绮丽”，其体量不大的建筑装修雕镂精细繁密，常用红、橙、黄、青、绿等各种色彩相互辉耀。如顺德清晖园【图 10，见书前彩页】就如此。这和它那图案形的平面布局、几何形的水池等构成了独特的地方风格。究其成因，是由于当地以商贸经济为主，既受海外文化的影响，更“受商业实利思想的影响，强调生活的跟进性”。因此，“不拘于传统的形制与模式”，“注重园林的经济实用……装饰的平和通俗以及园景的自然实在”，将“日常功用与悦目赏心有机结合起来，达到情趣雅俗共赏”。或者说，园主“关心和需要的是现实和身心的体验”，“创造着一种舒适的生活环境”。北方、江南园林有着深厚的传统文化根基，岭南园林与之相比，“世俗功用的审美观念表现得更为强烈浓郁，岭南这种物质享受型的园林与北方、江南文化享受型的园林有着极大的区别”③。岭南园林建筑不拘一格的用色、不忌对比的赋彩、缤纷杂呈的色相、清艳绮丽的风格，或隐或显与上述原因相联结。此外，岭南园林的风格美，还和它地处珠江三角洲的自然条件有关④，而这些均可归结为泰纳所说的影响艺术品风格的“环境”因素。

---

① 宗白华：《艺境》，第 300 页。

② 详见金学智：《苏州园林》（苏州文化丛书）第 4 章“清静素朴”，第 141～173 页。

③ 并见陆琦：《岭南园林艺术》，中国建筑工业出版社 2004 年版，第 56～57 页。

④ 珠江三角洲地处亚热带，因此其缤纷的诸色之中，以绿、青、紫等寒色为主。其室内外的墙壁也往往用青灰砖仄砌的清水墙，这也属寒色，没有强烈刺眼的反射光，有利于实际上和心理上的降温。

中国古典园林，不论是北方宫苑还是南方宅园，都是建立在“宛自天开”的“真”的基础之上的，都是程度不同的自然风景园；那炫耀巨丽的仙家胜境、素朴超逸的城市山林、追求世俗的赏心悦目户外生活的岭南庭园，以及各类园中多功能的构筑，其合目的性的“善”都同样指向着美。

从总体上看，中国园林或小巧或崇高的造型格局，或淡雅或浓艳、绮丽的色调风貌，以及自由中不乏规整的构图章法，就主要地构成了它那丰富多采的美，构成了它那“罕见的、令人注目的情景”。

中国园林作为一个大系统，用狄德罗的话说，其“真、善、美是紧密结合在一起的”，它和西方园林相比，又无疑是富有东方情调的真、善、美三位一体的“自然的王国”。

第 四 编

园林美的物质生态建构序列

> 隐现无穷之态，招摇不尽之春。
>
> ——计成：《园冶》
>
> 艺术品中的每一个形式，都得让它有审美的意味，而且每一个形式也都得成为一个有意味的整体的一个组成部分……
>
> ——克莱夫·贝尔：《艺术》

当人们欣然步入中国古典园林，款款而行，徐徐而游，留连山水景物之美，鉴赏艺术品类之盛，定会油然而生“山阴道上，应接不暇”之感。北京紫禁城宁寿宫花园“萃赏楼”曾有联云：“四周应接真无暇；一晌登临属有缘。”在这个空间不大的园林里，四周生态景观已足以使人应接不暇，几乎来不及移动审美的目光了。

园林中美的内涵，充实繁富。它不但簇聚了丰饶的自然生态之美，而且还荟萃了洋洋大观的其他各种类型的美，其中繁多的品类、交叉的序列，互为辉映，互为生发，这是具有广泛综合性的艺术美。从某种意义上说，凡是优秀的古典园林，都可看作是令人“应接真无暇”的“大观园”；而这种审美的品赏，也是名副其实的“萃赏”。

中国古典园林是一切艺术品中最大型的综合艺术品。体量庞大的建筑艺术品和它相比，也只是它的一个组成部分，或者说，只是其间一种建构序列中的一个要素，而园林艺术品却是由众多的相互联系的部分所组成的整体，是繁复的建构元素结成的、具有整体价值的艺术系统。既然如此，那么，中国古典园林中究竟有哪些相互联系的组成部分呢？究竟有哪些综合成序列的生态建构元素呢？这些建构元素在作为整体和系统的园林中，又有哪些美学特点和结构功能呢？这是园林美学研究的一个重要课题。

作为一个具有综合性的艺术系统，中国古典园林虽然品类繁盛，元素众多，但归纳起来，它的生态建构均可归属于两大序列，即基本上属于物质生态的序列和基本上属于精神生态的序列，而这两大建构序列中，又各有一系列的建构元素或要素。

本编专论园林美的物质生态建构序列。

在物质生态建构序列中，哪些建构元素是最重要的？这里不妨先分析唐代“右溪”这个公共园林的建构过程。元结在《右溪记》中写道：

> 道州城西百余步，有小溪，南流数十步合营溪。水抵两岸，悉皆怪石，攲嵌盘屈，不可名状。清流触石，洄悬激注……

这是指出了园林建构十分重要的条件——泉石。元结发现了这一“无人赏爱”的自然生态美，感到这些不可名状的怪石、洄悬激注的溪流，有其创建的价值，可以辟为“都邑之胜境，静者之林亭”，于是，就开始了园林美的建构。《右溪记》继续写道：

> 乃疏凿芜秽，俾为亭宇，植松与桂，兼之香草，以裨形胜。为溪在州右，遂命之曰“右溪”，刻铭石上，彰示来者。

在原生态的自然美的基础上进行疏凿，使泉石成为物质生态的建构要素；同时，铲除荒秽，栽植松桂香草，并建造亭宇，供人休憩游赏，这样，花木、建筑又加入了建构序列，成为园林美必不可少的两种物质生态建构要素。最后，给园林题名并刻石，于是，作为艺术品的公共园林就此诞生了。

一个园林，主要就靠建筑、山水（或泉石）、花木三要素综合而成的物质生态建构序列。当然，园林美的物质性建构序列中，还有其他元素例如天时，但比起三要素来，地位和作用就显得次要了。总之，离开了三要素，就不能算作是典型的园林。

至于题名、刻石，这对于园林美的建构也是不容忽视的，但这已上升到精神生态建构序列之中了，不在本编论述之列。还需要说明的是，物质生态建构三要素中，“建筑”、“花木”均作为一种要素，是会得到人们认同的；而“山水”作为一种要素，人们会有不同见解。有人认为山水是两种要素，因为山和水有着迥乎有异的两种形质。此说确实有道理，但是，它既未考虑到历史的文化传统，又未考虑到现代汉语的构词特点，更未考虑到学术界的认同趋势。本书仍坚持将“山水”合而为一种要素，理由如下：

一、在历史上，“山”、“水”二字几乎形影不离地长期被联用着，从西晋左思的“山水有清音”，南朝谢灵运的“山水含清晖”，到今天人们常说的“桂林山水甲天下”，二字总成双成对地联翩出现。何况中国艺术史上早就形成了山水诗、山水画、山水园、山水小品、山水盆景等各类独特的艺术品种；古代画论还有《画山水序》、《山水诀》、《山水论》、《山水训》、《山水纯全集》等，使“山水”二字形成了牢固的历史联系。

二、古今汉语的发展，使“山水”已成为联合式的合成词，它虽和“山河”、“树木”等一样可拆开来分别使用，但更多的是作为一个约定俗成的词来使用的。

三、现代汉语单词趋于双音节化，因此，特别应指出的是，在园林学领域里，“山”、“水”分开来作为单音节词，还很难与双音节的“建筑”、“花木”并列。于是，有人又改为“叠山”、“理水”，殊不知这更难并列，因为它并非名词性合成词，而是动宾结构的短语了，而园林的构成要素必须是名词；于是，有人又改为“山体”、“水体”，当然，这在进一步分析“山水”的具体构成时是合适的，但这种偏正结构和作为联合结构的“建筑”、“花木”相并列，则显得很不协调，甚至不伦不类。何况两个“体”字重复相犯，缺少积极修辞效果，而且严格地说，任何事物都是一种“体”，建筑、花木同样如此。

四、一些著名的园林学家、建筑学家在讲造园时，虽也常用“叠山理水”之短语，但在下定义或列述园林构成要素时则不然。刘敦桢先生说：园林“是山池、建筑、园艺、雕刻、书法、绘画等多种艺术的综合体”①。“山池”也就是“山水”。陈从周先生说：“中国园林是由建筑、山水、花木等组合而成的一个综合艺术品”②。这都得到了学术界的认同。③ 而且“山水”和“建筑”、“花木”都是联合结构的合成词，放在一起，十分齐整。

正因为如此，本书主张“三要素”说，将“山水”作为一种要素，而在具体论析中，有时则“山”、“水”分提。本编的任务是着重从微观和中观方面，结合审美实例，论析园林美物质生态建构序列中的建筑、山水、花木三要素和其他元素。

---

① 刘敦桢主编：《中国古代建筑史》，第338页。

② 陈从周：《园林谈丛》，上海文化出版社1980年版，第1页。

③ 更早如清代著名学者俞樾在《留园记》中，以“泉石之胜，花木之美，亭榭之幽深”为主旋律，在文中反复呈现，一倡三叹。从本质上看，这也是对三要素说的认同与强调。

第一章　建筑之美：园林美的起始与中心

——物质生态建构要素之一

普遍地看，建筑是人类为自己建构的物态空间，是人类所创造的物质文化的极其重要的组成部分。建筑在西方人眼中有着非常重要的地位，马克思在其哲学著作中写道："光亮的居室，这曾被埃斯库罗斯笔下的普罗米修斯称为使野蛮人变成人的伟大天赐之一……"①事实正是如此，这伟大的天赐，也就是伟大的历史性的创造。从文明史的历程来看，人类的生活实践自从脱离穴居野处以来，就一刻也离不开建筑。

特殊地看，中国传统文化对建筑和人、自然三者的关系，有着深层的理解。堪舆（"风水"）学的经典《黄帝宅经》说，"宅者人之本。人因宅而立，宅因人得存。""人宅相扶，感通天地。"这虽然也是与董仲舒的"天人感应"论相通的，但也颇有合理之处。今天，对其应作新的解读。许慎《说文解字》云："宅，所托也。"建筑是人安身立命的空间，是人栖居所托的一个基本点。它筑造于天之下，地之上，在两者之间占了个特殊位置。所谓"感通天地"，应理解为建于天地间供人依托的建筑，它将"天、地、人三才"贯通一气，或者说，它是天地自然和人之间具有活力的中介，而不是人与天地自然间死板的、无生命的封闭隔阂。据此，中国人特别重视建筑的地望、方位、朝向和门窗。在中国古典园林里，"人宅相扶"的建筑，更成为地道的生态建筑，成为"天、地、人三才"一以贯之的"有机建筑"。

随着世界史的演进，人们对于建筑不只是满足于物质生活的单一的合目的性，而且进一步要求满足于精神生活的观赏要求。于是，建筑除了实用价值之外，又成为一门特殊的美的艺术。

黑格尔曾说："希腊建筑艺术的特征在于既有彻底的符合目的性而又有艺术的完美"②。以后，西方建筑史又发展了希腊建筑艺术的传统。中国古典建筑艺术品同样如此，它既有受重力规律支配的物质性，又有受审美规律支配的精神性；既有符合目的性的实用价值，又有可供审美观照的艺术价值；既是科学史的产物，又是艺术史的成果。

关于中国古典园林和古典建筑之间的美学关系，可从两个角度来理解。狭义地说，建筑是园林建构的要素之一；广义地说，园林中每个部分、每个角落无不受到建筑美的光辉的辐射，它是把建筑拓展到现实自然或周围环境。唐代姚合在《扬州春词》中就有"园林多是宅"之句，这足以说明园林对于建筑的依赖性，它不可能脱离建筑而存在。在功能上，园林是建筑的延伸和扩大，是建筑进一步和自然环境（山水、花木）的艺术综合，而建筑本身，则可说是园林的起点和中心。正因为如此，本书把"人因宅而立，宅因人而存"的建筑作为园林美物质生态建构序列中的第一要素。

园林建筑美学，有一系列的问题需要探讨，这就是：园林建筑的结构形式的美；空间

---

① 马克思：《1844年经济学－哲学手稿》，第87页。

② 黑格尔：《美学》第3卷上册，第84页。

造型的美；类型、序列及其性格功能；物化在建筑中的工程技术美……对此，本书均拟有所探究，并初步建立起一定的理论体系。

此外，工艺美术虽然是一个独立的艺术门类，但是在中国古典园林中，它又和建筑表里相依，密切相关；工艺美术虽然属于艺术范畴，但它也是艺术美和手工技术美相结合的产物，并且也和社会物质实践、生产水平有关，在这方面，它和物质性特强的建筑艺术非常接近，而和精神性特强的文学、绘画、音乐等艺术相区别。因此，本书把工艺美术置于园林美的物质生态建构序列之中，作为建筑的一个附类来加以论述。

第一节　园林建筑的结构形式之美

形式，尤其是建筑艺术形式，是一个并不简单的美学问题。

英国美学家鲍山葵在《美学三讲》中曾提出两个相反的命题，他说：一个对象的形式既“不是它的内容或实质”，又“恰恰就是它的内容或实质”。他认为这两个命题都是对的，因为“形式就不仅仅是轮廓和形状，而是使任何事物成为事物那样的一套套层次、变化和关系——形式成了对象的生命、灵魂和方向”。①

鲍山葵所说的形式，包括两方面的含义，一是外形式，就是事物外在的轮廓形状，另一是指内形式，即事物内在的层次结构。他认为事物内在的层次结构也就是事物的生命。这一观点颇有可取之处，在这里，它可以帮助人们理解建筑的结构形式。

就单个建筑物而言，它那“因内而符外”（刘勰《文心雕龙·体性》）的结构形式是怎样的？它又可分为几个层次？这些层次的结构关系如何？要探讨这些问题，还必须以建筑的内容和实质作为起点。

讲到建筑的起源，《墨子·辞过》说：

> 古之民未知为宫室时，就陵阜而居，穴而处，下润湿伤民，故圣王作为宫室。为宫室之法，曰：室高，足以辟（避）润湿；边，足以圉（御）风寒；上，足以待霜雪雨露……

这段话结合建筑供人居住的合目的性，把建筑物分为三个互为关联的层次：一是“高”，这就是建筑物的台基层，它的主要作用是避潮湿；二是“边”，也就是墙壁，这是建筑物的屋身层，它的主要作用是御风寒；三是“上”，这是建筑物的屋顶层，它的主要作用是防霜雪雨露。这三部分既是建筑的内容实质，又是建筑的结构层次。内容实质和结构层次二者合而为一，不但构成了建筑物的轮廓和形状，而且构成了建筑物的生命和灵魂。它们是外形式和内形式的统一。

这里，就这三个层次通过剖析苏州网师园的濯缨水阁【图 11】和山西太原晋祠的圣母殿②【图 12】来以点带面，透视园林建筑一般的结构形式：

一、台基层

这是建筑的起点，或者说是建筑的基点。

---

① 鲍山葵：《美学三讲》，上海译文出版社 1983 年版，第 7 ~ 8 页。

② “太原晋祠，是为奉祀西周时唐国侯叔虞而建，其圣母殿之圣母，是姜太公之女儿，周武王之妻、叔虞母姜淑祥，即邑姜。”（详见《光明日报》2003 年 9 月 16 日第 2 版王尚义文）

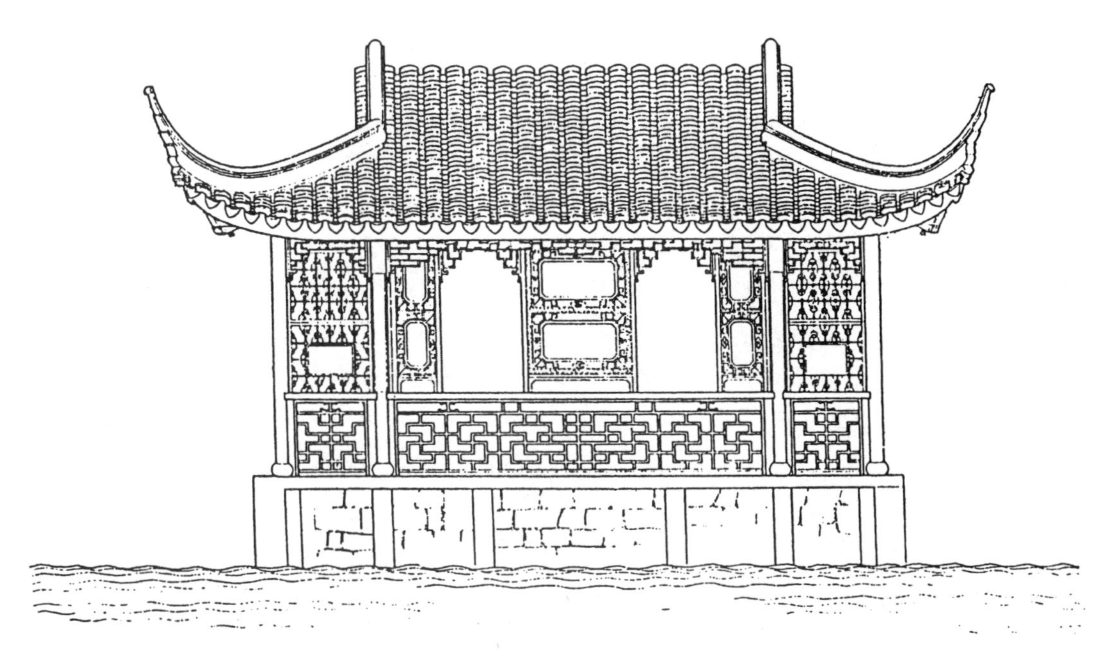

图 11　江南轩榭，空灵飞动——苏州网师园濯缨水阁正立面（选自刘敦桢《苏州古典园林》）

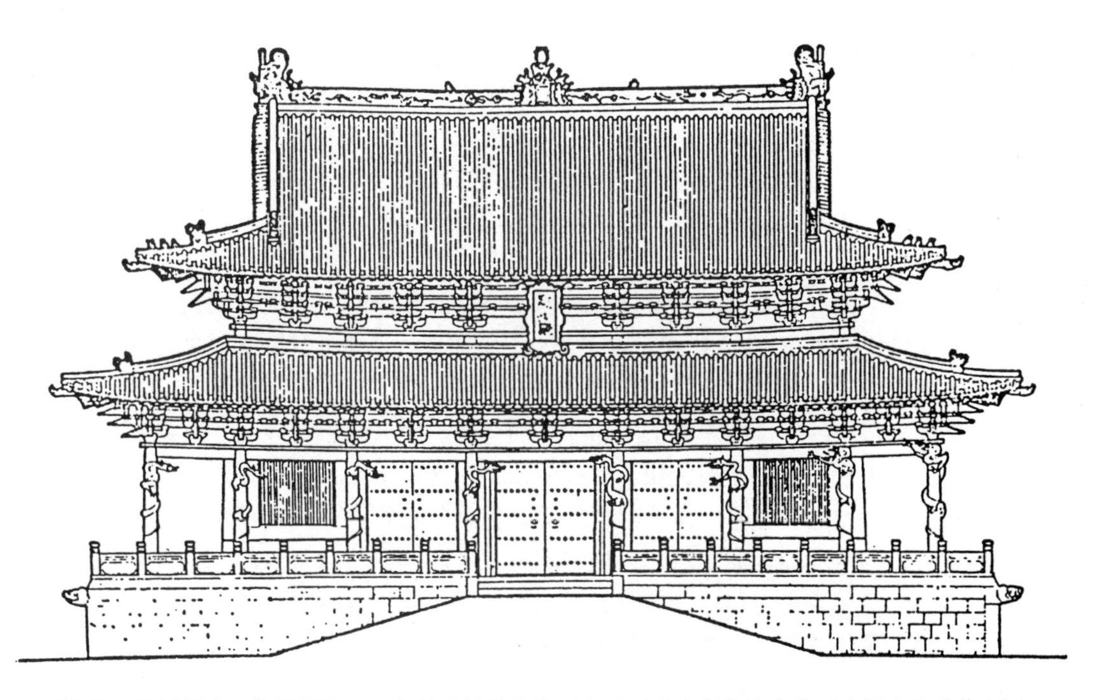

图 12　北国殿宇，华严端重——太原晋祠圣母殿正立面（选自刘敦桢主编《中国古代建筑史》）

濯缨水阁的台基高高挺立，它一半建构在水面上，其作用除了“避润湿”外，在功能上还有稳定屋身的作用。中国建筑体系中，“一般来说房屋下部的台基除本身的结构功能以外，又与柱的侧脚、墙的收分等相配合，增加房屋外观的稳定感”[①]。濯缨水阁之所以在外部使人感到稳定，在内部感到安适，就离不开台基所产生的稳定感。其台基虽然主要只是几根支撑的石体，显得比较空灵，但由于屋身比较轻盈，它与台基的荷载量是相称的。此外，台基在审美上还有其突出、烘托建筑主体的作用。濯缨水阁那安闲、轻巧、空灵、优美的艺术形象之所以那么鲜明突出，就离不开明确稳定的台基的衬托。

圣母殿的台基则不然，它砌得极其坚实，因为荷载量大不相同。其屋身和台基之间的区分也十分明显，尤其是四周绕以装饰性极强的石栏，这就强化了圣母殿雄伟而华赡雍容的艺术气度。宗白华先生曾说：

> 美的形式的组织，使一片自然或人生的内容自成一独立的有机体的形象，引动我们对它能有集中的注意、深入的体验。……美的对象之第一步需要间隔。图画的框、雕像的石座、堂宇的栏杆台阶……这些美的境界都是由各种间隔作用造成。[②]

这一见解极为精辟。不妨先看北京紫禁城御花园的小型井亭，其红柱黄瓦以及上部华饰得犹如瑞莲盛开的独立形象，主要靠汉白玉栏杆使之与繁杂的外物间隔，其浓丽绚烂的造型美，也靠四周栏杆的白色加以烘托【图 13，见书前彩页】。圣母殿的台基、台阶、栏板、望柱，也正是一种“间隔化”，它把圣母殿这一主体建筑从晋祠繁多芜杂的建构类型序列中隔离出来，成为一个独立自主的、供人集中注意、重点观赏的审美形象。

二、屋身层

包括墙、柱、门、窗等等，这是建筑的主体。

濯缨水阁的屋身，正面外层为木质栏杆，里层主要为挂落飞罩及纱槅。两侧则是半墙及华窗，因此，外观造型显得精致秀丽，风格疏透空灵，极富装饰效果。室内也显得气息周流，空间敞豁。在功能上很适合于江南温暖湿润的气候。

自然条件对于建筑的影响，可以是多方面的。由于北方严寒，建筑物的外墙、屋顶均较厚，外观严实敦重，窗也小而少；江南温暖潮湿，为了流通空气，减低湿度，往往是构筑空透，墙体薄，窗也大而多，外观轻盈疏透。这在园林建筑中表现得更为突出。建筑风格的这一鲜明对比，可作为泰纳“环境”说的一个佐证。至于地处亚热带的岭南园林建筑之所以更为通透开敞，也可用“环境”说来加以解释。

圣母殿的屋身，就不具有濯缨水阁那样三面开敞、轻灵疏透的风格。它四周以严实封闭为主。这固然由于殿内三面列置几十尊塑像，不太适宜于四面开窗，但也与北方寒冷的气候环境有关。北京的园林也一样，除亭阁等类特殊的建筑外，一般的建筑的屋身很少有三、四面皆开窗的造型和轻灵敞豁的风格，墙壁也和屋顶一样，都较厚实。而且即使有较多的窗，也主要为了采光，很少开启，相反，有些建筑物打开了窗就会失去其固有的风格美。春雨江南，秋风蓟北，自然环境的差异是形成屋身风格的重要因素之一，这里，园林建筑的功能质和形式美二者在结构中取得了统一。

---

① 刘敦桢主编：《中国古代建筑史》，第 14 页。

② 宗白华：《艺境》，第 103 页。

再看圣母殿的屋身之美，它较严实而不隔绝，较封闭而又宽敞。殿高十九米，面宽七间，进深六间，四面“副阶周匝”的围廊空间显豁，前廊进深两间，更为宽敞。它还根据力学原理，采取减柱法的建构，殿内外共减去十六根柱子，因此，不但是廊下的空间，而且殿内的空间也显得高大宽敞，具有极高的科技价值和审美价值。

圣母殿的屋身，其外形式和内形式相统一的结构美，不但表现为蟠龙列柱的精丽，金铺朱户的华彩，而且表现为副阶周匝的通达，减省列柱的敞廓，美学和力学在这一建筑中得到了完善的统一。

三、屋顶层

这是建筑的终点，或者说，是建筑的顶点。

先介绍包括园林建筑在内的中国古典建筑中屋顶的基本类型。这些古典顶式类型在建筑系统中的重要性，不亚于西方建筑系统中古典柱式类型的重要性。①

园林建筑按其屋顶形状分，有坡顶式（即人字形顶）与平顶式（一字形顶）两种类型。平顶式在园林中可谓稀如星凤，只有颐和园后山“四大部洲”中某些藏式喇嘛寺建筑等才采用，它们表现出一种异族的或宗教的特殊情调。此外，不论是南方还是北方，园林建筑基本上都采用坡顶式。

坡顶式按其立面层次来分，有单檐、重檐之别。重檐就是非楼阁的单层建筑屋顶上有两层檐口，它比起单檐来，显得复杂而华贵，壮观而繁丽，其身价高于单檐。江南宅园中，由于为园主的地位和园内的面积所限，一般采用单檐；而北方大型园林，不但由于空间面积广大，而且由于宫苑风格的需要，因而重檐用得较多。

坡顶再按其结构形式来分，又有硬山、悬山、庑殿、歇山、卷棚、攒尖、盝顶、盔顶等诸种类型。中国古典建筑顶式系列中，“重要建筑物多用庑殿顶，其次是歇山顶与攒尖顶，极为重要的建筑则用重檐”②。这种类型级别，基本上也适用于园林建筑。以下将各种屋顶类型作一简析：

硬山顶，为两坡面屋顶形式，“其屋面仅前后作坡落，两旁山墙，高仅齐屋面者”（《营造法原》③）。也就是说，它只有前后两向，其两侧山墙与屋面齐平或略高出屋面，屋顶与屋身在两侧接近于同一，表现出规整、齐一、简洁、淳朴的风格美。它最接近于民居，也最富于人情味。扬州个园的“透风漏月”厅、承德避暑山庄的文津阁、杭州西湖郭庄的景苏阁等，都用硬山顶，表现出或亲切，或素雅，或简朴，或平静的结构形式美和风格美。

悬山顶，也是两坡面屋顶形式，与硬山顶基本相同，只是屋面两侧挑出于山墙之外。具体地说，“为前后落水，其桁端挑出山墙之外，护以木板称为博风，或用砖博风，使山尖悬空于外，故名悬山”（《营造法原》）。于是，屋顶与屋身在两侧不再是齐一，而是发展为差异，使得屋顶略大于屋身，并使建筑略见厚重与复杂，增加了一定的装饰性，不过它的风格和身份仍接近于硬山顶。它在江南宅园用得不太多，吴江退思园的“闹红一舸”、南

---

① 详见金学智：《中西古典建筑比较：柱式文化特征与顶式文化特征》，载《华中建筑》1992年第10卷第3期。

② 刘敦桢主编：《中国古代建筑史》，第158～159页。

③ 《营造法原》，姚承祖原著，张至刚增编，刘敦桢校阅，中国建筑工业出版社1986年版。以后引用此书中语，只标书名。

京煦园的画舫、北京白云观的妙香亭等，都用悬山顶，表现了不同程度的华饰成分。

庑殿顶，为四坡面屋顶形式，由四个倾斜的屋面和一条正脊（平脊）、四条斜脊（垂脊）组成，屋角和屋檐向上起翘，屋面略呈弯曲，如果是铺以琉璃瓦，就更显示出庄重肃穆、灿烂辉煌的艺术风格美，在顶式系列中，其品位最高。它在紫禁城宫殿群中用得较多，如午门城楼、太和殿，都用重檐庑殿顶，显出巍峨壮丽、尊贵显赫的气派。这种屋顶形式不见于江南园林，即使在北方园林中也少见，多用于皇家园林乃至寺观园林。北京北海的“九龙壁”、“堆云”“积翠”牌坊以及“西天梵境”的“大慈真如宝殿”，均用大小不同的庑殿顶，显得华贵而有气度。

歇山顶，它的屋面有如庑殿式的四向，但它是由前后向的两个大屋面和左右向的两个小屋面所组成，屋脊也不单纯，而是表现出多向化，由一条正脊（平脊）、四条前后向的垂脊、四条斜向的戗脊所组成。另外，它两侧的倾斜屋面上部还转折成三角形墙面（“山花”），因此它实际上是两坡顶和四坡顶的混合形式，具有繁复错落、对比鲜明的结构形式美和典雅端庄而又活泼多姿的艺术风格美，是南、北园林中采用得极多的一种坡顶类型。如承德避暑山庄的澹泊敬诚殿、苏州拙政园的远香堂、上海豫园的玉华堂，都采用这种形式。北京天安门也采用重檐歇山顶形式。

卷棚顶，又称“回顶”，由船棚顶移植而来，也是两坡面屋顶形式，但两个坡面相交处成弧形曲面，没有明显屋脊，其线形表现出柔和秀婉、轻快流畅的艺术风格美。北京颐和园的玉澜堂、北海画舫斋的“观妙”、吴江退思园“闹红一舸”的前舱等就采用这种形式，它们在屋顶上一定程度表现出令人赏心悦目的弧度和起伏有致的动感。

攒①尖顶，为锥形屋顶形式，收顶处在雷公柱上端作顶饰，称为宝顶、宝瓶等。很多亭、阁、塔的结顶常用攒尖，其形式是丰富多样的，有三面坡、四面坡、六面坡、八面坡、圆形坡等，绍兴兰亭的鹅池亭为三角攒尖，苏州西园湖心亭为六角攒尖，苏州拙政园笠亭为圆形攒尖……各各表现出不同的造型美。就亭顶来说，一般是坡面愈多，品位愈高，而圆形坡则品位最次。

盝②顶，为四坡顶式。顶部呈方形或矩形平面，由此四面出檐，有四条正脊，四角各有四条短斜脊，构筑较别致。这种屋顶形式在古典园林里很少见（现代“工民建”用得较多），北京紫禁城御花园的钦安殿屋顶就取这种结构形式。

盔顶，形如古代将士的头盔，一般为四坡面或六坡面，如苏州虎丘的二仙亭。这是一种特殊的形式。

以上各种屋顶形式还常常相互结合，构成更为丰富多样的个体结合形式。其中以卷棚、歇山这种个体结合形式最为普遍，表现出柔和秀婉而又不失典雅大方、灵活多变而又不失和谐统一的艺术风格。北京北海的“濠濮间”敞轩、中南海的湛虚楼、济南大明湖铁公祠的“小沧浪亭”、无锡寄畅园的“知鱼槛”，直至广东东莞可园的邀山阁，以及台北林家花园、澳门卢家花园的小亭等均可窥见它的踪影，几乎可说是无园不有。由此可见这种坡顶结构形式的广受欢迎，它最能显示出建筑物屋顶种种云构箕张的风姿美。

园林建筑的屋顶还有种种多变的个体结合形式。北京北海的“一房山”的屋顶，南侧

---

① 攒：为集中、聚集之意，谓多坡面、多屋脊等至结顶处聚而为一。

② 盝：即盝子，古代妆具，其盖顶平而四周下斜，多用于藏香器，也用于盛放玺印、珠宝。

为歇山，北侧为硬山；“蟠青室”的屋顶，西侧为歇山，东侧为悬山。中南海的迎薰亭，中间为歇山，以长而直的线型为主，四面推出的抱厦为卷棚歇山，檐角微翘，以短而曲的线型为主，这就表现出棱角感、柔和感相互错综的结构形式美……

屋顶的反宇翼角，更是中国古典建筑结构形式的重要审美特色。对此，本书拟置于第七编另立专节重点加以探讨，此不赘。

再回到圣母殿、濯缨水阁的屋顶上来。

圣母殿的屋顶，为重檐歇山顶，其下檐特别是上檐的“角柱生起”很明显，檐柱向角逐渐加高，这就使屋檐横向坡面呈现出向两侧微曲的弧形，再加上坡面的纵向以及两角也略微反曲起翘，整个屋顶显得既肃穆又柔婉，既庄重又轻巧。圣母殿双重的屋檐以及正脊上的饰物，增加了屋顶的华严身份，它配合着文采而丽饰的屋身、高耸而端稳的台基，三位一体地构成了既带有飞动之美，又极富壮观之丽的整体结构形式。它以其特殊的个性，典型地体现了中国宫殿建筑“翩翩巍巍，显显翼翼”之美。

濯缨水阁的卷棚歇山顶出檐特大，飞檐起翘特高，几乎和中间的卷棚顶达到同样高度。这种嫩戗发戗的屋角起翘的曲度和高度，与圣母殿屋顶大异其趣。这种艺术个性的形成，原因之一是由于江南文人写意园追求的是翩翩的风度和飘逸的情趣，这种精神意向也似乎物化在翼角飞檐之上了。当然，这和所处的自然环境等也不无关系。

特别值得一提的是，上海豫园的卷雨楼、苏州沧浪亭的看山楼【图 14，见书前彩页】、拙政园的“香洲”……均有众多的翼角层见迭出，秀逸高扬，轻灵飞举。人们如果取仰观的视角，以高空为背景，辅之以想像，那么，更似乎可见一群鸾凤竞相张翼奋举，展翅飞翔的意象，令人神思为之飞越，这是一种群体的自由腾飞之美！

北方宫苑建筑的翼角比起濯缨水阁、卷雨楼、看山楼、“香洲”来，则显出稳重的气度和严肃的风格，它虽然也反曲、伸展、起翘，但仍然归复于平直、收缩、端重。即使像颐和园的“画中游”【图 15，见书前彩页】、乾隆花园的符望阁、北海静心斋的枕峦亭、避暑山庄的水心榭等这些颇为自由活泼的建筑个体或组群，处在北京、承德宫苑这样的具体环境中，其翼角也还得保持住基本平直的品格之美，或以其小巧玲珑的吻兽装饰衬托出其厚重敦实的特征。当然，其栋宇竣起、檐被华彩的形相，未尝不能令人萌生“如鸟斯革，如翚斯飞”（《诗·小雅·斯干》）的审美意象。

在江南园林和北方园林翼角的比较之间，岭南园林的翼角介乎其中。无论是广东东莞可园的“邀山阁”、可亭，还是广东顺德清晖园的船厅、澄漪亭，其翼角反翘既不及江南的高扬巧秀，又不如北方的稳实沉厚，而是一种简洁轻盈的美，即使如番禺余荫山房的“浣红跨绿”桥亭翼角，甚至广东佛山梁园、澳门卢园某些建筑的翼角，呈弧钩状反曲，但其出檐也不大，水戗起翘也不高。这固然与自然环境（例如抗台风）有关，但更与地方传统、外来影响以及园主们的审美趣味有关。

中国古典园林建筑典型地体现了功能、结构、艺术三者的统一，而这一美学特征又离不开台基层、屋身层、特别是包括各类顶式和飞檐翼角在内的屋顶层三位一体的有机结合，还离不开建筑物质材料本身的质感。

就艺术创造的领域来说，任何种类的艺术品的构成，都离不开一定的物质材料。音乐离不开声音，绘画离不开色彩。对于体量庞大、物质性特强的建筑艺术来说，从它那整个形体到各部分构件，也都离不开特定的物质材料。这种物质材料（“材质”）还以其本身固有的感性的美，提高了整个建筑的审美价值。

北方宫苑建筑的物质材料，往往以其特殊、贵重、罕见为美。乔治·桑塔耶纳在谈到艺术的形式离不开感性物质材料时，有这样一段名言：

> 假如雅典娜的神殿巴特农不是大理石筑成，王冠不是黄金制造，星星没有火光，它们将是平淡无力的东西。在这里，物质美对于感官有更大的吸引力，它刺激我们同时它的形式也是崇高的，它提高而且加强了我们的感情。……因此，材料的美是一切高级美的基础。①

这番话完全适用于中国北方宫苑建筑的物质材料之美。

北京颐和园现存的著名建筑宝云阁，又称“铜亭”，为重檐歇山顶，其全部构件均以生铜铸成，通体呈蟹青古铜色，稳重坚固，令人不但赞叹其外观轮廓、材料效果的美，而且惊异于其内在结构形式与技艺的崇高。

承德避暑山庄的澹泊敬诚殿之所以身价极高，不只因为它是全园位居首要的主体建筑，而且在于它面阔七间、进深三间均为楠木结构，系大型的楠木殿。该殿为了突出这种名贵木材的质感，特地不施彩绘，保持原有的纹理和色彩，从而直观地引起人们视觉的美感。这里，感性的物质材料对于建筑物的审美价值起着重要的作用。

采用琉璃的建筑材料，这是北方宫苑建筑的重要特征之一，它具有五光十色、焜丽灿烂的美。至于全琉璃建筑，则更以其物质材料的质和量强烈地吸引着人们的感官。在颐和园万寿山巅，闪烁着素净淡雅之异彩的琉璃牌坊——“众香界”，它仿佛是一支序曲，而琉璃的无梁殿——“智慧海”则是光色繁丽浓艳的琉璃交响乐。这一建筑的内部结构完全由纵横交错的拱券支撑顶部，不用枋梁承重；建筑外部均饰以黄、绿二色琉璃砖，整齐地镶嵌着一千多尊琉璃小佛像，而屋顶更间以紫、蓝诸色，审美效果极佳。其内形式和外形式既有绚烂和谐的协调，又有精致丰富的变化。琉璃交响结构的“智慧海”，足以说明桑塔耶纳在《美感》一书中阐述的理论：“最重要的效果决不可归因于这些材料，而只能归因于它们的安排和它们的种种理想关系”，然而，“不论形式可以带来甚么愉悦，材料也许早已提供了愉悦，而且对整个结果的价值贡献了很多东西”。② 可见，材料及其质地的美，有其引人的魅力。

“雕栏玉砌依然在”（李煜《虞美人》）。汉白玉也是北方宫苑建筑普遍被采用的高贵石料，具有柔和细腻、洁白无瑕的美。它用来建构桥、栏、台阶、台基、望柱……显得庄重大方，崇高典雅。汉白玉作为建筑构成部分，既有利于其本身之美在绚丽多彩的景物中突现出来，又有利于烘托其上绚丽多彩的建筑立面造型。

对于园林建筑来说，高贵的石料固然有其特殊的感性美，而普通石料也能造成特殊的审美风格。例如济南大明湖的遐园，其沿湖游廊有一系列石柱，其上特意保留凹凸不平、毫无雕琢的痕迹，这种极普通的生糙美，散发着雄健苍古的气息，别具一番神采。苏州沧浪亭这一建筑的柱、枋等构件，也用极普通的金山石，这适足以体现其“荒湾野水气象古”（欧阳修《沧浪亭》）的山野朴厚的趣味，其材料的风格效果极为理想。

岭南园林建筑的物质材料，也往往带有特殊的地方个性，其外墙以及内墙大多用青灰

---

① 乔治·桑塔耶纳：《美感》，第52、54页。

② 乔治·桑塔耶纳：《美感》，第52页。

砖仄砌，这种冷灰色调在南方烈日下显得阴凉清柔。再如广东潮阳的西园，物质材料受外来影响更大，常用钢铁、混凝土，因此其铁枝花纹的栏杆、罗马式的柱廊楼房、半地下室的“水晶宫”……和江南园林的纯粹传统风格有着明显的性格区别。当然，中国园林传统的古典形式也相应地弱化了。

还值得一提的是成都杜甫草堂，这一纪念性祠堂园林中的“少陵草堂碑亭”、“柴门”【图16】，它们的屋顶都和“草堂”的“草”字吻合，从而渗透了纪念意义，使人想起杜甫诗中的“乾坤一草亭”（《暮春题瀼西新赁草屋》），“柴门鸟鹊噪”（《羌村三首》）……相反，如代之以琉璃顶，就会令人啼笑皆非。这里，“草”的审美价值就远远胜于金玉，它是一种负载着凝重历史感的简陋古朴之美。

园林中建筑的感性物质材料，仅仅是建筑结构形式的成分之一。这种感性的物质美，往往是一种外形式的美，然而，当它和园林建筑的美善内容相互契合，和建筑的整体形象浑融一体时，也往往会内化为深层的审美内涵。

图16　诗意积淀，简陋为美——成都杜甫草堂“柴门”（缪立群摄）

第二节　个体建筑类型及其性格功能

建筑，有个体的美，也有群体的美。建筑的个体美，是群体美的基础；建筑的群体美，则是个体美的整合。在本节里，只讨论个体建筑类型①及其审美性格和功能。

① 个体建筑的类型，在园林中是多种多样的。为了避免论述流于琐碎和罗列，本节只论述主要的建筑物，其他如桥梁、华表、铺地及某些建筑小品，均不在本节论述之列。

个体建筑艺术的美，是迷人的。它以其大体量的物质造型，负载着功能、情趣各异的艺术性格，满足着人们合目的性的需求，给人们的视觉和心灵以美的感受，甚至勾起人们种种不同的情思。

从单个园林来看，其合目的性和艺术美的程度，往往和其中个体建筑类型的丰富性有关；从中国古典园林的大系统来看，其个体建筑类型名目的众多、品类的繁富、样式的多变、个性的各异，也是区别于西方园林的重要美学特征之一。

在中国古典园林这个大系统中，究竟有哪些个体建筑类型呢？这些个体建筑又可概括为哪些类型序列呢？要回答这些问题，困难在于有一个“名”和“实”交叉相通、流动互换的问题。

从“实”的角度看，中国建筑史上不断发展的建筑类型实体，其名称有其流动性、变异性；从“名”的角度看，某一个体建筑名称有时适用范围较广，又有其多义性和不确定性。这在园林建筑中，情况更为复杂，由于艺术上变化创新的需要，有的个体建筑名称还故意一反传统含义。就“阁”来说，顾野王《玉篇·门部》释作“楼”，是一种“重屋”，但苏州网师园却把池边低处的单层建筑称为“濯缨水阁”，这是以榭为阁；至于北京颐和园八角攒尖三层四重檐的佛香阁，空间体量高大，其造型又接近于塔；而佛香阁旁的宝云阁，被俗称为“铜亭”，则阁又等同于亭了；再如北京中南海的香扆殿，原名蓬莱阁，如是，殿和阁在含义上又相通了。由此可见园林中“阁”这一名称的灵活性和流动性。再从园林中具体建筑物的更名来看，承德避暑山庄的松鹤斋后来更名为含辉堂，绥成殿后来更名为继德堂，乐寿堂则更名为“悦性居”……这也可见个体建筑类型命名的灵活性和流动性。

不过，相对的稳定性还是存在的，除了“小异”之外还有“大同”在。这就是本书概括个体建筑的历史、类型、序列、性格、功能的客观依据，尽管它们之间确实存在着相互错综交叉的情况。

下面拟用“名”“实”兼顾、包容交叉的类型序列划分法，来概括介绍中国古典园林中基本的、主要的个体建筑并参以审美实例的鉴赏：

一、以个体建筑在园内所处的地位之正偏来划分

依据这一逻辑标准，可分为“堂正型”建筑序列和“偏副型”建筑序列。前者如宫、殿、厅、堂等，其空间体量都较大，在园中一般居于正位和主位；后者如馆、轩、斋、室等，它们和堂正型建筑相比，显得比较次要，其空间体量一般也比较小。当然，二者也存在着某种交叉的关系，如殿、馆就是如此。另外，楼阁等也可以归入“堂正型”或“偏副型”序列之中，但它们在本书中另有归属。

（一）宫、殿

“宫”最早为一般房屋的通称。《尔雅·释宫》说：“宫谓之室，室谓之宫。”宫和室是同一概念。后来就专指皇帝的住所。“殿”，古代也泛指高大的堂屋。《汉书·黄霸传》颜师古注：“古者屋之高严，通呼为殿，不必宫中也。”后来则亦专指皇帝居所或供奉神佛之所。

作为堂正型建筑的宫殿，在宫苑或寺园的总体布局中，一般占中心或主要位置，更多地在中轴线上，或在园林前列，并具有高大严肃（“屋之高严”）、堂皇富丽的性格，也就

是萧何、何晏论未央宫、景福殿所说的“壮丽”。它们主要是供皇帝举行大典、听政接见、处理政务、燕飨寝居的，并习惯地不称为“宫”，而称为“殿”。如承德避暑山庄一进入宫门，就到了宫殿区。中轴线上，依次为正宫主殿——澹泊敬诚殿、依清旷殿、十九间殿，构成了前朝三宫。再往北为后寝，主体建筑则为烟波致爽殿……人们在宫殿区，总感到严正的气氛扑面而来，甚至会不知不觉地肃然起敬，顿生一种崇高感。再如，在北京颐和园东宫门区，歇山顶的仁寿殿坐西朝东，面阔七间，气度恢宏，居于正中。在颐和园万寿山南麓中轴线上，穿过排云门，可见排云殿坐北朝南，重檐歇山，黄瓦朱柱，居于汉白玉台基之上，这更是全园最重要最华丽壮观的主体建筑。

“殿”也可以是供神佛的宗教性处所。在北京北海的团城，承光殿居于中心的最佳位置，是团城的主体建筑，其中供玉佛一尊。这一古典建筑的杰构，正中为重檐歇山大殿，堂正而宏敞，四面推出抱厦，屋顶用黄琉璃瓦绿剪边。它形制复杂，结构巧妙，重檐飞脊，多角多姿，光明熠爚，文彩璘斑，显得气宇不凡。

当然，殿有时也可以是偏副型建筑，如正殿两侧的陪衬性建筑，就习惯地称为配殿。颐和园的主体建筑排云殿两侧的云锦殿、玉华殿、紫霄殿、芳辉殿，均起着“以殿衬殿”的宾衬作用，因为非如此不足以突出排云殿。在宫苑系统或寺园系统中，宫殿是一种十分重要的个体建筑类型。

（二）厅、堂

厅、堂也是十分重要的功能性建筑。《说文解字》：“堂，殿也。”颐和园的有些殿就称为堂，如玉澜堂、乐寿堂，可见堂也颇为重要。它在宅园里更如此，所以唐人苏鹗《苏氏演义》说：“堂，当也，当正向阳之屋。又明也，言明礼义之所。”李斗《扬州画舫录·工段营造录》也说：“厅事，犹殿也。”《集韵·青韵》说：“厅，古者治官处谓之‘听事’。”厅在古代是办理事务的堂正建筑，这一功能历史地积淀下来，往往被习惯地称为“厅（听）事”。“厅”和“堂”之名，没有严格的界阈，一般以梁架木料用扁作者为厅，圆作者为堂；或称居主位、中心、中轴者为堂，称次要的、随宜设置的为厅。如苏州网师园东部，主体建筑为万卷堂，其前过渡性的建筑习惯地称轿厅。

在宅园系统中，主要的厅堂是供园主团聚家人，会见宾客，交流文化，处理事务，进行礼仪等活动的重要场所。苏州拙政园远香堂曾悬有清代状元陆润庠所书联：

> 旧雨集名园，风前煎茗，琴酒留题，诸公回望燕云，应喜清游同茂苑；
>
> 德星临吴会，花外停旌，桑麻闲课，笑我徒寻鸿雪，竟无佳句续梅村。

宾主一系列活动，大都在远香堂及其附近进行，可见厅堂的重要。《园冶·立基》说：“凡园圃立基，定厅堂为主。”厅堂是全园的主体建筑，大抵建在中心地带，甚至是全园布局的中心。比起其他个体建筑来，厅堂还有其独特的建筑性格美。刘熙《释名·释宫室》：“堂，犹堂堂，高显貌也。”古代园林论著曾据此予以阐释——

> 堂者，当也。谓当正向阳之屋，以取堂堂高显之义。（计成《园冶·屋宇》）
>
> 堂之制，宜宏敞精丽，前后须层轩广庭，廊庑俱可容一席……（文震亨《长物志·室庐》）

厅堂首先必须朝南向阳，居于宽敞显要之地，并有景可取，而其建筑空间本身也有其美学要求，这就是宏敞精丽，堂堂高显，表现出严正的气度和性格。

不过，像宫殿一样，由于传统的惰性和功能的要求，其性格往往流于一般化，显得厅堂严正有余，活泼变化不够，于是，明清时代的园林建筑中就有各种不同形式、不同个性的厅堂出现，来打破板律沉闷的局面，创造丰富多彩的园林建筑景观①。

拙政园远香堂，表现了四面厅的典型性格，它处于山环水抱，景物清幽的环境之中，是中部的主体建筑。厅堂四周全部装置明丽秀雅的玻璃长窗以代墙壁，除了堂堂高显之外，既有玲珑剔透之致，又有光明洞彻之美，能尽收四周优美景色于窗棂之内。东面可见云墙缭曲，古木苍郁；南面可见黄石叠山，小桥流水；西面可见桐柏华轩，曲廊萦纡；北面透过宽阔的平台和水面，可遥望对岸土山起伏，亭台参差，花树扶疏，倒影入画，一派江南水乡风韵。在厅内四望，其景色可说是面面不同，窗窗不一，如观长幅画卷，有不尽之意。远香堂不论是外观风貌，还是内部陈设，尽皆精巧秀丽，表现出与众不同的个体建筑之美。

（三）馆

馆最早为接待宾客的房舍。《说文解字》："馆，客舍也……《周礼》：五十里有市，市有馆……以待朝聘之客。"《诗·郑风·缁衣》也有"适子之馆"之语。直到清代曹雪芹的《红楼梦》，还让林黛玉住在大观园里的潇湘馆，似也还有暂时居所的遗意。但总的来说，"馆"的含义早就扩大、变化了。《园冶·屋宇》说："散寄之居曰馆，可以通别居者。今书房亦称馆。"事实正是如此，秦汉以来，帝王另一个居处也称为馆，如"离宫别馆"。后来书房和某些个体建筑也可以称为馆了。

在宫苑系统中，馆比起宫殿或厅堂来，体量、级别略逊一筹，往往可归入偏副型建筑。在颐和园一进东宫门，主体建筑是帝后处理朝政的仁寿殿，往后就是光绪的寝宫玉澜堂，玉澜堂后院有宜芸馆，为后妃所居。在这一区域，殿——堂——馆构成了堂正性渐减、偏副性递增的建筑序列。

在宅园系统中，馆既可用以题名空间体量较小的偏副型建筑，如苏州拙政园的玲珑馆，地处主体建筑远香堂东偏，体量也小；但馆又往往可用以题名体量较大的堂正型主体建筑，如苏州留园空间体量最大的堂正型建筑——五峰仙馆、林泉耆硕之馆。这两个馆，其实是厅，而且是空间需要量很大的鸳鸯厅。在拙政园西部，个体建筑体量最大的，也题名为馆，其实也是会聚宾客的鸳鸯厅。

所谓"鸳鸯厅"，是在进深空间较大的厅里用槅扇或屏风和罩把厅分为前后两个空间，而且着意使这两个空间表现出不同的功能质和性格美，这就构成了一个异态而同处的复合空间，或者说，构成了二重性格组合的复杂空间。

以拙政园西部的鸳鸯厅为例，其南厅是向阳空间，厅南面有粉墙围合成小庭院，既挡风，又聚暖，并使厅内有适量的阳光照射，宜于冬春居处；北厅是背阳空间，外有荷池，由于池水降温作用及一池荷风吹拂，清凉爽快，宜于夏秋居处。它把时序、气候等时间因子融进空间性格之中，表现了时空交感的审美特征。再如，该厅的南院，植有名种山茶，题名为"十八曼陀罗花馆"，而北向的厅，夏秋间推窗观赏，池中芙蕖飘香，鸳鸯戏水，

① 李斗《扬州画舫录·工段营造录》曾加以罗列："湖上厅事，署名不一……有大厅、二厅、照厅、东厅、西厅、退厅、女厅；以字名，如一字厅、工字厅、之字厅、丁字厅、十字厅；以木名，如楠木厅、柏木厅、桫椤厅……；以花名，如梅花厅、荷花厅、桂花厅、牡丹厅、芍药厅；……四面不安窗棂为凉厅，四厅环合为四面厅，贯进为连二厅及连三连四连五厅……四面添廊子飞椽攒角为蝴蝶厅，仿十一檩挑山仓房抱厦法为抱厦厅，枸木椽脊为卷厅……"不过其中有些已一定不是堂正型建筑了。

别有一番情趣，题名为“卅六鸳鸯馆”。这个鸳鸯厅，南面有旱坛山茶之美，北面有水禽池荷之丽，是一种典型的二重空间性格组合。该厅（馆）四隅还各建美丽的耳室，形制在国内为孤例。

苏州留园的“林泉耆硕之馆”，北向的厅，雕梁刻枋，用扁作，漏窗华美，陈设富丽；南向的厅，梁柱质朴无华，用圆作，砖框花窗简雅，陈设素净，二者构成对比鲜明的建筑整体，也是颇有特色的二重性格的空间组合【图 17】。但是，这类江南园林厅堂建筑的精品，恰恰被题名为“馆”。由此可见其概念的涵盖面是很广的。

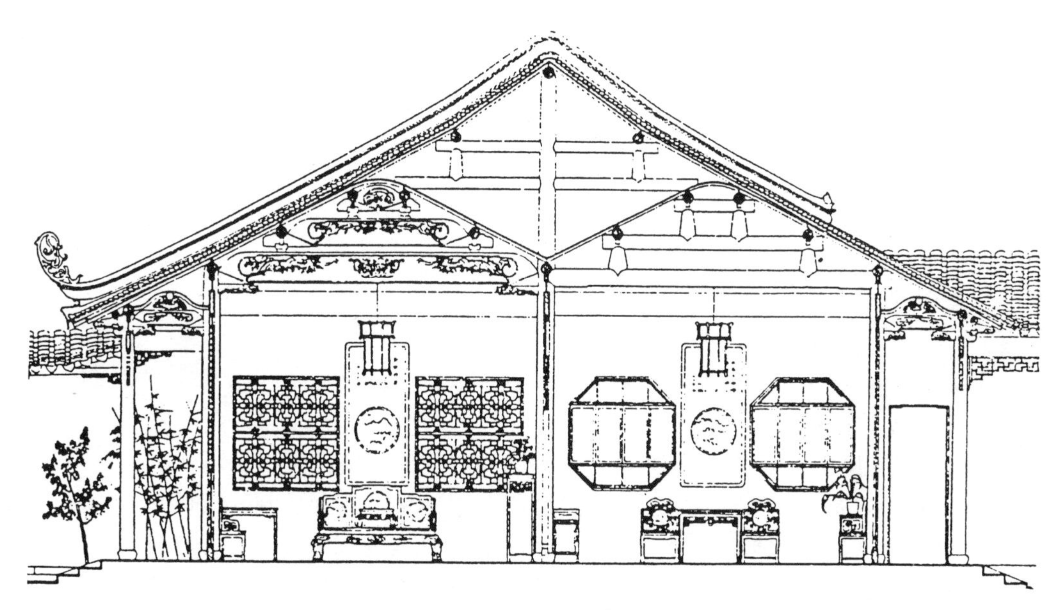

图 17　二重空间性格之组合——苏州留园“林泉耆硕之馆”横剖面

（选自刘敦桢《苏州古典园林》）

（四）轩

在园林中，轩的空间形式也较多样。它可以指次要的或体量较小的厅堂。在颐和园，万寿山中心建筑群里的清华轩比起附近的排云殿来，其体量、地位可说相形见绌，带有一定的陪衬性质。拙政园远香堂侧的倚玉轩，体量也小于远香堂，从而显现出偏副的性格。至于拙政园中部东南隅的听雨轩，就更小更偏了。但也可以指较大的建筑空间，苏州网师园的小山丛桂轩，已是四面厅形式。

轩还可指有槛的或较宽阔的廊。苏州怡园的锁绿轩，就是复廊的尽头和门交叉处所形成的略宽的建筑空间。又如方象瑛《重葺休园记》说：“屋后修竹万竿……经竹林，长廊数十间，曲折环绕，曰‘卫书轩’。”这更是以廊为轩了。正因为轩和廊比较接近，所以“廊轩”、“轩廊”几乎成了一个专门名词。

轩的空间形式尽管多种多样，但它们往往有着相通的性格，正如《园冶·屋宇》所说，它“取轩轩欲举之意，宜置高敞，以助胜则称”。轩的典型性格是轩举高敞，也就是说，地处高旷，空间畅豁，气息流通，便于观赏胜景。杜甫《夏夜叹》有云：“开轩纳微凉”。轩以其空敞而又成为纳凉赏景的好处所。

（五）斋

《说文解字》："斋，戒洁也。""斋"，古文作"齐"，原意为祭祀或典礼前洗心洁身，以示庄敬。《礼记·曲礼上》："齐戒以告鬼神"。北京紫禁城里的斋宫，就是皇帝斋戒的处所。斋又有修身反省之意。《易·系辞上》："圣人以此洗心，退藏于密……圣人以此齐戒。"王弼注："洗心曰齐，防患曰戒。"斋作为建筑名称，还可用于书房学舍，所谓"书斋"，则又有虚壹而静，专心攻读之义。

由于传统含义的历史积淀，作为古典的个体建筑，斋的典型功能是使人或聚气敛神，肃然虔敬，或静心养性，修身反省，或抑制情欲，潜心攻读……这在北京宫苑个体建筑的题名上明显地反映了出来。例如，紫禁城御花园有养性斋；宁寿宫花园有抑斋；北海有静心斋；圆明园则有静通斋、静鉴斋、静虚斋、静莲斋、性存斋、澹存斋、缊真斋、思永斋、无倦斋、琴清斋……斋往往能使人产生特殊的心理效应。对于审美主体来说，园林中需要清心静性这种精神生活的调节。

既然斋这一个体建筑类型积淀着如此的精神内涵，那么它对于周围环境和空间结构也必然有其特殊的审美要求。古典园林论著云——

> 斋较堂，唯气藏而致敛，有使人肃然斋敬之义。盖藏修密处之地，故式不宜敞显。（《园冶·屋宇》）[①]
>
> 山斋，宜明净，不可太敞。明净可爽心神，太敞则费目力。或傍檐置窗槛，或由廊以入，俱随地所宜。（《长物志·室庐》）

斋和堂相比，有阴和阳、隐和显、抑和扬、幽闭和明敞的性格区别。从清代画家沈源、唐岱所画的《圆明园四十景图》来看，"坦坦荡荡"景区中，有素心堂、澹怀堂，均朝南向阳，具有"堂堂高显"的明敞之美，而由曲廊数折通往西北部树丛深处，建有背山面水的双佳斋，是一个幽静的去处。这个地处山麓的偏副型建筑，典型地体现了"斋"的环境和性格，体现了它那"藏修密处"的幽闭之美。

文震亨《长物志·室庐》写道："亭台具旷士之怀，斋阁有幽人之致。"这是用拟人化的对比手法，概括了两类个体建筑迥然有异的性格特征，一种是以亭、台为代表的敞旷性格，它具有旷士般的襟怀；一种是以斋、阁为代表的幽闭性格，它具有幽人般的情致。北京北海静心斋，园内清幽曲奥，而偏藏于西隅池畔的韵琴斋，仅面阔两间，更具"幽人之致"。然而在全园幽曲静美的环境中，镜清斋面阔五间，朝向园门，堂堂当正，前临清池，体现"临池构屋如临镜"（乾隆《镜清斋》诗）的意境。这个带有"旷士之怀"的主体建筑，也被名为"斋"。可见，"斋"的性格内涵又较宽泛。不过，它还是符合《扬州画舫录·工段营造录》所说"斋"的环境："庭苑清幽，门无轮蹄，径有花鸟。"何况它本身就处在静心斋之内。再就《圆明园四十景图》来看，"西峰秀色"后面的含韵斋，其空间体量较附近个体建筑为大，位置也并不幽偏了，但这一题名，却能使这个艺术空间增添几分"雅人深致"的个性色彩。

（六）室

古代宫室，前屋为"堂"，后屋为"室"。《论语·先进》说："由也，升堂矣，未入于室也。"成语"登堂入室"就由此衍变而来。经过历史的嬗变，室既可指某一个体建筑

---

① 这可和黑格尔《美学》的观点相参证："收敛心神，就要在空间里把自己关起。"（第3卷上册，第88页）

所属的里间或梢间，又可指深藏于其他建筑物后面的独立的个体建筑，但不管如何，二者均有一个共通的性格，这就是深藏而不显露。

在园林个体建筑中，室的形式也有种种。李斗《扬州画舫录·工段营造录》指出：

> 正寝曰堂，堂奥为室……五楹则藏东、西两梢间于房中，谓之套房，即古密室、复室……又岩穴为室；潜通山亭，谓之洞房。各园多有此室，江氏之“蓬壶影”，徐氏之“水竹居”最著。

这段文字，部分地概括了园林建筑中室的多样性和深藏性。苏州狮子林的卧云室，实际上根本不具备室的建筑空间形态，而是平面近方形的两层的孤立的楼阁；然而它被包围在峥嵘起伏的湖石峰构成的“云海”之中，不但具有深藏密室的性格，而且“卧云”这一题名，还耐人寻味地点出了这一建筑在特定环境中的特定性格。

二、以个体建筑所处地势之高低以及纵向层次之多寡来划分

依据这一逻辑标准，可分为“层高型”建筑序列和“依水型”建筑序列。前者如台、楼、阁、塔等，它们一般建于高爽之地，往往是两层或两层以上的高层建筑；后者如榭、舫等，它们往往建于低处，或不同程度地依临于水，基本上属于低层建筑。当然，二者也存在着某种交叉关系，例如台就是如此。

（一）台

台是古代宫苑中非常显要的艺术建筑，如本书第二编第一章所述，周文王有“灵台”，汉武帝太液池中有“渐台”。《三辅黄图》说：“周灵台，高二丈，周回百二十步。……渐台，在未央宫太液池中，高十丈。”这两个古老的台的高度，古籍中说法不一，但都肯定了它们的性格特点是“高”，正如《说文解字》所说，是“观四方而高者”。作为个体建筑的台，如前文所指出，一般有供祭天、观象、眺望、游赏等功能。

到了明、清时代，园林建筑中台的地位远没有先秦或秦汉时代苑囿建筑中那样显要，它几乎可说是和园林美的历史行程成反比例的。就明、清园林的亭台楼阁来比较，台就相形见绌，比较少见，其重要性可说被亭和其他个体建筑取而代之了。

但是，台还是有生命的，特别是这一古老的个体建筑类型有其不同的变种。古典园林论著曾指出——

> 《释名》云：“台者，持也。言筑土坚高，能自胜持也。”园林之台，或掇石而高上平者，或木架高而版平无屋者，或楼阁前出一步而敞者，俱为台。（《园冶·屋宇》）
>
> 两边起土为台，可以外望者为阳榭，今曰月台、晒台。《晋塵》曰，登临恣望，纵目披襟，台不可少。依山倚巘，竹顶木末，方快千里之目。（《扬州画舫录·工段营造录》）

园林中台的特点是台基能保持其牢固，台面能保持其平坦，四周虚敞，结构稳重。特别是高台，不但可供人登临眺望，而且可供人披襟快意。尤侗《亦园十景竹枝词》写道：“八尺高台四面空，解衣盘礴快哉风。”简洁而生动的语言，概括了台的基本性格。

扬州曾有汪氏“春台祝寿”，其中“熙春台”名闻遐迩，辉耀史册。《扬州画舫录·冈西录》写道：

> 熙春台在新河曲处，与莲花桥相对，白石为砌，围以石栏，中为露台。第一层横可跃马，纵可方轨，分中左右三阶皆城。第二层建方阁，上下三层。下一层额曰“熙春台”，联云：“碧瓦朱甍照城郭，浅黄轻绿映楼台。”……上一层旧额“小李将军画

本”……五色填漆，上覆五色琉璃瓦，两翼复道阁梯，皆螺丝转。左通圆亭重屋，右通露台，一片金碧，照耀水中……令人目迷神恍，应接不暇。

这样的台，确实是精巧华美，体量规模非同一般。园林中不但有多层的高台，而且有依水的低台，最为著名的，应推杭州西湖的“平湖秋月”，其伸入水中、三面依依临水的平台成了滨水园林的主景，给人以难忘的印象。

（二）楼、阁

关于楼的特征，《园冶·屋宇》说：“《说文》云：‘重屋曰楼’……言窗牖虚开，诸孔慒慒然也。造式，如堂高一层者也。”这说明楼是层高型建筑，至少有两层，而且总有整齐地排列的窗孔。园林中的楼，其性格功能是地处显敞，构筑高耸，可供人更上一层，凭槛极目四望，以消忧开怀。

现存古典园林中著名的楼，有避暑山庄中窗牖慒慒然齐列、仿嘉兴同名建筑而造的烟雨楼【图18，见书前彩页】。该楼“四面临水，一碧无际，每当山雨湖烟，顿增胜概”（《热河志》卷三十五）。楼上有联曰：“百尺起空濛，碧涵莲岛；八窗临渺㳽，澄印鸳湖。”高度概括了烟雨楼的特色。此外还有颐和园中数十里风光奔来眼底的“山色湖光共一楼”；上海豫园中“珠帘暮卷西山雨”（王勃《滕王阁序》）的卷雨楼，广东东莞可园的楼，竟有四层之高，更给人以“欲穷千里目”之感，不过，它被称为“邀山阁”……

阁也是古老的建筑类型，汉武帝有麒麟阁，唐太宗有凌烟阁，均为图画功臣而建。园林中的阁，较多的是层高型建筑，但无论从名还是实来看，它和楼相比，同中又有不同。

从结构来看，楼多少带有堂正性，规整性，而阁的形式则往往带有灵活性、多变性。《红楼梦》大观园中省亲别墅的正楼称大观楼，东面的飞楼则称缀锦阁，西面的斜楼也称含芳阁。可见和楼相比，阁可以具有斜、偏等性格特征。

从功能来看，阁和殿一样可以是供奉佛像的宗教性建筑，如颐和园中的佛香阁、香岩宗印之阁等，可见，阁的肃穆堂正性格，又可以超过楼。阁还可供大量藏书，宁波的范氏天一阁，圆明园的文源阁，避暑山庄的文津阁，其中均曾藏有大量的稀世的珍贵古籍，它们既是全国第一流的大型藏书阁，又是著名的园林胜地。和阁相比，楼固然也利于通风、防潮，未尝不可以藏书，但人们还是习惯地倾向于藏书为阁，似乎“阁”更利于收藏珍品。

再从层次来看，园林中的楼一般为两层或两层以上，而以阁题名的建筑，则也可以是低层建筑，如苏州狮子林的修竹阁、网师园的濯缨水阁都是低层的，甚至是临近水面的。

由此可见，“阁”这一名称，适应范围较大，带有某种多义性，而“楼”的内涵，就比较单一。不过，楼和阁虽然有所区别，但人们习惯上往往仍将二者相提并论甚至混而为一。

至于楼阁不同的个性形态和结构，这也往往是由其不同的功能要求所决定的。文震亨在《长物志·室庐》写道：“楼阁，作房闼者，须回环窈窕；供登眺者，须轩敞宏丽；藏书画者，须爽垲高深……”可见，楼阁或深邃、或曲折、或轩敞、或幽蔽、或宏丽的个性美，离不开其合目的性。然而楼阁还有一个重要功能，就是供读书。明陈继儒《小窗幽记·集景》集有如下隽语：

读书宜楼，其快有五：无剥啄之惊，一快也；可远眺，二快也；无湿气浸床，三快也；木末竹颠，与鸟交语，四快也；云霞宿高檐，五快也。

五者归而一之，曰高爽而多美景。这里，古典园林个体建筑的性格与功能、美与善又契合无间了。南朝陈徐陵《奉和山池》写道："楼阁非一势，临玩自多奇。"这可说是从审美游赏的视角，概括了作为不同形制的层高型建筑的楼阁，具有不同的临、玩价值。

（三）塔

塔是古代"佛塔"的简称，俗称"宝塔"。它是层高型建筑序列的顶点。塔不同于台、楼、阁等层高型个体建筑的世俗性格，而有着宗教建筑的先天秉性。

塔的概念和形制，源于印度"窣堵坡"或"塔婆"，为梵文 Stupa 与巴利文 Thūpo 的音译。原是为藏置佛的舍利和遗物而建构的，是由台座、覆钵、宝匣和相轮四部分所构成的实心建筑，后来又经过不断的发展，在传入中国后，功能、结构、形式更有变化，它和中国木构建筑的传统性格相结合，孕育出中国楼阁式木塔和砖、石塔，正像佛教教义和中国传统哲学相结合孕育出中国式的佛教教义一样。中国的塔虽然里面仍藏舍利，供佛像，但还可供登临远眺，于是，原来的"窣堵坡"缩小了，被置于攒尖的塔顶，名为"刹"。刹既含茹着宗教意义，又表现出装饰性能，就在这个尖尖的塔顶上，凝聚着善与美相辅相成的统一。塔除了楼阁式而外，还有密檐塔、喇嘛塔（白塔）、金刚宝座塔、墓塔等类型。

塔的最大特点就是多层建筑，其平面以方形、八角形为多，层数一般为单数。《魏书·释老志》说："凡宫塔制度，犹依天竺旧状而重构之，从一级至三、五、七、九。"所谓"重构"，也就是"三、五、七、九"的纵向多重的高层建筑。而所谓"七级浮屠"，说明七级是塔的基本层级数。

湖山园林的景观，往往借助于塔的造型而倍增其美。苏州著名的佛寺园林虎丘，其古老的云岩寺塔由五代遗存至今，有一千余年的历史，为八角七层仿木结构砖塔，有极高的文物价值和艺术价值。虎丘因该塔而倍增胜概和古意，这一"中国斜塔"已成为虎丘和苏州的标志性建筑【图 19】。

图 19　横空出世，雄视古今

——苏州虎丘云岩寺塔（缪立群摄）

（四）榭

如本书第二编第一章所述，榭最早是建在高土台上的敞屋，台和榭常常被不可分割地联在一起。但在后来的园林建筑序列中，台主要是层高型建筑，而榭则主要是依水型建筑，二者往往存在着高、低的逆向区别。当然，平台依水而构，水榭临贴平台，也是一种建筑组合。

园林中的榭，一般是开敞性的、

体量不很大的个体建筑，它既有供游赏停息的功能，又有突出的点缀功能。就内部来说，其构筑往往上有花楣，下有雕栏，玲珑透空，精丽细巧，其自身的点缀功能表现出装饰的性格；再就外部环境来说，它往往点缀于花丛、林下、水际……这种点缀功能表现为对花树水岸的依附性格。计成《园冶·屋宇》写道："《释名》云：榭者，藉也。藉景而成者也。或水边，或花畔，制亦随态。"所谓"藉景而成"，正是它对于景物的依附性格的表现；所谓"制亦随态"，则是指其结构形式的灵活性、多变性，而这归根结底也是一种依附性，因为其特点是由所依附的景观特点所决定的。概而言之，胸廓虚敞，酷爱装饰，依附于景，特别是依附于水，这是榭的性格的不同侧面。正因为如此，人们习惯地称之为水榭，本书则主要地把它列为建于低处的依水型建筑。

在水乡泽国的江南，作为依水建筑的榭特多。清代嘉兴江村草堂有酣春榭，高士奇《江村草堂记》描述道：

榭在"瀛山"（馆）之西，盈盈隔水，窗棂三面，递倚小山，上有海棠、绣球，自"瀛山"观之，繁艳迷目，岩葩砌草，更助芳菲……

这个榭的性格和环境都是颇为典型的，它本身三面敞开，处在小山下的水边、花畔，借景而成，融合而为一派芳艳迷人的风光。

在江浙一带现存的园林中，有"制亦随态"而各异的种种水榭，如嘉兴烟雨楼南厢的菱香水榭，上海豫园跨于溪流之上的鱼乐榭，苏州怡园近于厅堂而临水的藕香榭，苏州拙政园精雕细刻的芙蓉榭……水、菱、藕、荷、鱼，其题名就令人想见一派活泼泼的江南水乡风光，似感水香氤氲。这些榭的物质性建构有其共同特征，即"藉景而成"，临水而筑，华榭碧波两相依，装点着水景，或供人品赏水景。当然，榭也可主要地和山石、花树配合成景，但就现存园林的约定俗成来看，其性格、环境就显得不够典型了。

（五）舫

舫往往指湖上游赏性的构制精美的小船，又称游舫、画舫。姜夔《凄凉犯》词写道："追念西湖上，小舫携歌，晚花行乐。"舫被引进园林之内，是经过了建筑化，成为船状的依水型建筑，又称旱船。如果说，水榭还只是部分地临、架于水上的话，那么，多数的舫则已全部或部分建构于水上了。

舫一般有三种类型：

甲、写实型的舫

这主要以建筑手段来模仿现实中的真船，它完全建在水上，给人以栩栩如真，仿佛即将启碇远航的感觉。

颐和园长廊西端湖边的清晏舫，是模仿西洋大轮船的石舫，用精美石料筑成。其高高起翘的艏首，从侧立面看，端点以回纹图案收卷，使人联想到江湖中的盘涡漩流；从正立面看，艏首正中涌起的"如意莲"纹样石饰，以及下面三条并列的优美多姿的图案形曲线，都颇能使人联想到江湖中起伏翻涌的波浪。这类装饰美的组合，是该建筑处理得最成功的部分之一。再看长长的船身，侧面还有数级"踏步"（"踏渡径"）可让人临水一掬清波。而"踏步"又被半露水上的"机轮"所掩，使得石舫的侧立面更像真实的轮船。船上有两层轩爽的舱楼，高大的券拱门窗和立柱，窗嵌五色琉璃，基本上属于西方格调。总之，清晏舫无论是外观还是内部，都给人以逼真感，感到这艘西洋轮似在迎着湖波驶向远方。再如南京煦园的画舫、苏州狮子林的石舫，均属于写实型的舫。

乙、集萃型的舫

这种舫的创构，表现为由多种个体建筑集萃而成。以苏州拙政园的“香洲”为例，它由以下几个部分构筑而成【图 20】：

艏首部分，实际上是一座平台。它三面开敞临水，绕以低矮的石栏，给人以“近水楼台”之感。这里是仰观俯察，欣赏周围风光的极佳观景点。

前舱较高，它实际上是亭轩。其卷棚歇山顶，是现实中船棚结构的艺术升华。屋顶四角，轩举欲飞，檐下楣间，雕镂细腻，被四根细柱托举着，显得举重若轻。轩内气息灵通，与艏首平台构成相通互补的空间关系。

中舱略低，实际上是水榭。从侧立面看，矮墙上全部排以质朴无华的支摘窗，与头舱的华饰风采恰恰形成对比。再从正立面看，所谓舱门，实际上是八角形落地罩，四边刻有花草纹样，给近旁素净的窗棂增添了华彩成分，它可看作华饰的头舱和素朴的中舱之间一个十分自然的过渡。而从侧立面看，头舱、中舱两侧的两排鹅颈椅，更把这两个舱联成浑融的一体。

图 20　居舟非水，集萃有方——苏州拙政园“香洲”侧立面（选自刘敦桢《苏州古典园林》）

尾舱最高，实际上是楼阁，侧立面为大片粉墙。但如果全部是粉墙，既太单调，又影响采光，聪明的建筑师用窗来打破单一的平面，画出美妙的构图。楼下中部设四扇雕花窗，楼上前部则设七扇雕花半窗，上下参差而不平衡。粉墙后部，上下各有一窗，形制不一，上小下大，一为六角，一为八角，这不但适应室内楼梯的结构需要，而且使粉墙平面上下、左右、轻重、偏正取得了协调和谐，表现出赏心悦目的构图美。

再从屋顶来看，三个舱也见出鳞羽参差的变化之美。前舱是四坡顶，卷棚歇山，飞檐戗角，基本上是东西向；中舱是两坡顶，简朴平直，基本上是南北向；尾舱又是四坡顶，也是卷棚歇山，飞檐戗角，但体量更大，而且基本上也是南北向的。三者相比，异中有同，同中有异，尾舱的屋顶仿佛是头舱、中舱屋顶的综合和生发。

此外，艏首之南的梁桥，是上船的跳板；鹅颈椅与船舷，又带有廊的质素……真可谓集众美而萃于一身。

再从结构功能来看，“香洲”几个部分各有高低幽敞的不同，它给人们的游观提供了不同的方位、不同的层次、不同的空间、不同的情氛……

丙、象征型的舫

写实型的舫，是具象的模仿；集萃型的舫，既是具象的模仿，又是抽象的集成；至于象征型的舫，则基本上是抽象的象征。什么是象征？黑格尔指出，“象征型艺术不能使自己和这些形象融成一体，而只达到意义与形象的遥相呼应，乃至仅是一种抽象的协调”。“对这种外在事物并不直接就它本身来看，而是就它所暗示的一种较广泛较普遍的意义来看”，“使人想起一种本来外在于它的内容意义”①。这也就是说，象征物本身带有一定的抽象性，人们应据此来联想起不存在于其本身的、而是其所暗示的形象、内容和意义。

北宋的欧阳修曾在衙署东面狭窄的斋室内略加装折，使之象征船舫。其《画舫斋记》写道：

> 斋广一室，其深七尺，以户相通。凡入予室者，如入乎舟中。其温室之奥，则穴其上以为明。其虚室之疏以达，则栏槛其两旁以为坐立之倚。凡偃休于吾斋者，又如偃休乎舟中。山石崷崪，佳花美木之植，列于门檐之外，又似泛乎中流，而左右林之相映皆可爱者，故因以舟名焉。

这是笔者所见到的最早以平地上静止的斋室来象征如在水中的动态的船舫的园林文献资料。其实，此斋内外空间造型并不很像船，只是屋基平面、栏槛装折略为肖似，且外环境远离于水，只是两侧略点缀山石花木，它不能使自己和船舫融为一体，只用个别刺激物来暗示一种较普遍存在的理念——船舫，“使人想起一种本来外在于它的内容意义”——“如偃休乎舟中”，“又似泛乎中流”。因此这一作为个体建筑的画舫斋，无疑属于写意系统的象征型的舫。本书第二编曾论及，文人写意园始自宋代，欧阳修创建写意象征性的舫，也为这一论点提供了一个有力的旁证。

象征型的舫，其最典型的形式被称为“船厅”。它有些并不建于水中，很少与水相接。广东顺德清晖园的船厅，实际上是建于池侧的楼阁，已不属于依水型建筑了。其屋基平面为长方形，似船。它吸取了昔日珠江上紫洞艇的造型元素，装修华美，并以构筑、装饰进行暗示，以对联“楼台浸明月；灯火耀清晖”来写意，但这正是象征型的特征。扬州寄啸山庄的单层船厅，四周无水，构筑单一，它借助于文学语言——“花为四壁船为家”的联语的刺激，勾起人们关于船的审美联想。至于苏州怡园东部的石舫，也属象征类。

作为依水型建筑的舫，它和江湖中真实的船的审美关系值得一提。就舫来说，它既是对船的模仿，又是对船的扬弃，可谓介于似与不似之间。它丰富了园林的景观，还能给人以似静还动，似动还静的美感。顾汧《园居杂咏·舫斋》写道：“水陆皆随便，阴晴总自操。泛虚原不系，何处见波涛。”这是点明了舫依于水而不浮于水，处于陆而不止于陆，有着是与非，动与静的双重性格。上海南翔的古漪园，倚岸而建的舫也是很成功的集萃型的舫，旧有祝枝山书额——“不系舟”，点名了它“泛虚原不系”，介于似舟非舟之间的独特性格。作为画舫的“不系舟”，它所象征的“内容意义”，还有更深的哲理性。《庄子·列御寇》说：“巧者劳而知者忧，无能者无所求，饱食而敖游，泛若不系之舟，虚而敖游者也。”成玄英疏：“唯圣人泛然无系，譬彼虚舟，任运逍遥。”可见旱船还寓有这层

① 黑格尔：《美学》第2卷，商务印书馆1979年版，第5、10页。

意思：既去劳绝忧，又离危远险，无拘无束，任运逍遥……园林中的舫，它所“遥相呼应”的哲学，原来就是《庄子》的《逍遥游》。就今天来看，这也可看作是一种精神文化生态的“绿色启示”。舫在江南园林中极为普遍，上海青浦曲水园的旱船，有“舟居非水”的题额，它也以陆当水，以坐当航，饶有烟水之趣，而无风波之险；上海松江醉白池也有旱舫，董其昌曾书额曰“疑舫”；上海嘉定秋霞圃也有“舟而不游轩”；苏州虎丘拥翠山庄月驾轩有“不波之艇”的匾额，还有“陆居非屋，水居非舟”的联语；至于山东潍坊的十笏园，又将舫题为“稳如舟”……品题均极饶情趣，发人深思。舫作为个体建筑，在园林个体建筑序列中，可谓性格独具，别开生面。

三、以个体建筑在园内供人游览、观赏的作用来划分

依据这一逻辑标准，可分为“游赏型”建筑序列和“装饰型”建筑序列。前者如廊、亭等，其主要功能是供人“游”和“赏”，是园林中必不可少的建筑类型；后者如门楼、牌坊、照壁等，它们的主要作用是作其他建筑物的装饰，其本身则主要供人观赏，而且不一定是任何园林都非有不可的。

（一）廊

这是园林建筑中最富于游赏功能的建筑类型。除了一些特殊的微型园林之外，几乎可以说没有哪个园林没有廊。由于它的游赏功能特别显著，因而被习惯地称为游廊。它既能使游人避免日晒雨淋，又能分隔空间、增加景深，还能沟通山水、花木等生态景观之美，而其本身还表现为一种形相美、节奏美。

在结构形式上，廊的游赏功能突出地表现为廊柱的独立性及其对墙壁的扬弃。黑格尔在谈到古希腊建筑的廊柱的作用时说：“柱子除支撑以外，别无其他功用，尽管依直线排列的一行石柱也可以标志界限，它却不能像墙壁那样起围绕遮蔽的作用，而是有意地被安置在离开墙壁的地方，成为自由独立的东西。”① 中国的廊柱和西方又同又不同。相同的是除支撑屋顶外，都离开墙壁而自由独立。不同的是，希腊神庙的柱式，无论是端庄粗重的多立克式，还是轻快流畅的爱奥尼式，或是华丽纤巧的科林斯式，体量都很高大，挺然耸立，其着眼点都在“神”；中国园林的廊柱，着眼点全在“人”，它们都不太高，倾向于轻巧玲珑，而对墙壁不同程度的扬弃，则是为游览者创造更多的观赏空间。在中国园林里，廊柱间的下部或用水磨砖做成空格（砖细镂空坐槛），或砌成坐槛半墙，上覆砖板、鹅颈椅，或做成较矮的木栏，上覆栏板，它们都体现了供人坐憩依凭的合目的性。总之，中国式的廊充满了人情味，毫无希腊罗马神庙柱廊那种高不可攀、咄咄逼人的态势。

廊在中国古典园林中，形式极多。李斗《扬州画舫录·工段营造录》说：

> 板上甃砖谓之响廊，随势曲折谓之游廊，愈折愈曲谓之曲廊，不曲者修廊，相向者对廊，通往来者走廊，容徘徊者步廊，入竹为竹廊，近水为水廊。花间偶出数尖，池北时来一角，或依悬崖，故作危槛，或跨红板，下可通舟，递迢于楼台亭榭之间，而轻好过之。

这段文字，已足以说明其类别、形式、功能的多元性，环境的多样性及其本身的可塑性。它的性格特征，是“轻好”，即轻灵而美好；它的优美形象，可以出现于花间竹旁，山麓

---

① 黑格尔：《美学》第3卷上册，第67~68页。

水边……几乎是无处不可构筑；它的结构功能是：分隔或围合园林空间（如张泌《寄人》诗所说，“小廊回合曲阑斜”），造成园林景观，沟通楼台亭榭，组织游览路线，引导观赏园景……其作用远远胜过其他个体建筑类型。

中国古典园林中，有各类著名的廊，例如，北京颐和园朱栏碧柱、宛似彩虹的长廊；北海静心斋依山围合、随势起伏的爬山廊；济南大明湖铁公祠东西贯通、南北皆水的水廊；扬州寄啸山庄上下两层、立体交通的复道廊；苏州留园依墙而建、曲折有致的沿墙走廊；怡园一墙中隔、两边可行的曲折复廊；拙政园“柳阴路曲”两面皆空、无所依傍的空廊……这些个性不同，形态各异的廊，可游可赏，可坐可观，处处亲切可人，给人们提供种种不同的景观空间和美感享受。关于曲廊的审美实例，留待后文论析。

（二）亭

亭也是园林中最为重要、最富于游赏性的建筑。在园林个体建筑的各种类型中，它可以说是具有最充分的种种优越性。作为园林中虚灵的“活眼”，作为必不可少的生态“场”，它在览聚景观、标胜引景、吐纳生气、创造意境等方面的深层功能，留待后论。这里先论其一般的形式、功能和性格特征如下：

一是比起其他建筑类型来，它体量小，用料少，占地不多，施工方便，只要借小地一方，就能形成独特的景观之美。扬州寄啸山庄院落中，靠壁山上设一小圆亭，陈从周先生就曾予以较高的美学评价：

> 厅后的假山，贴墙而筑，壁岩与磴道无率直之弊，假山体形不大，尚能含蓄寻味。尤其是小亭踞峰，旁倚粉墙之下，加之古木掩映，每当夕阳晚照，碎影满阶，……虽然面积不大，但景物的变化万千，在小空间的院落中，还是一种可取的手法。①

这一倚墙据峰的小亭，既节省了空间，又生发了景色，取得了虽省而富、虽约而丰的美学效果。

二是它的灵活性大，适应性强，在园林中随处都可建构。就拙政园来看，有立于山巅的待霜亭，有构于水际的绿漪亭，有隐于林中的雪香云蔚亭，有建于平地的天泉亭，有筑于路边的得真亭，有处于交通枢纽之地的荷风四面亭……这类形式不同、处境各异的亭，无不具有较强的独立性和自组景功能——即不依附于其他建筑，本身就富有单独的构景功能。同时，亭又可以有较强的结合性，例如半亭就是亭和廊或墙相结合的产物，它面积虽比廊略大而景观却丰富得多。苏州狮子林的“文天祥诗碑亭”，就是亭与廊、墙的艺术结合。网师园的冷泉亭，则只是亭与墙的结合，它也省却了倚墙一面的屋檐和地盘。这一翼然面东的半亭，中置英德石峰，使大片单调的粉墙顿然改观，增添了一道生动的风景线。半亭贴墙而建，近于浮雕，占地又极少，可谓“以少少许胜多多许”。至于拙政园的“别有洞天”半亭，更是亭与廊、墙、门结合的出色范例。该亭之门是拙政园中部通向西部的交通要道，一方面，其亭的屋檐高翘，超出于廊顶，其亭身稍凸出于廊外并架于池上，形成优美的景观，破除了长廊的单一平板，人们还可在亭中观水赏荷；另一方面，通向西部的园门又开为月洞，而且洞门特别深厚，这是造园家暗暗将两侧之墙加厚所造成的。这一别出心裁的罕见之举，使“洞”更为形象化、进深化，于是人们的洞天仙境之感就被似真如幻地逗引出来，在视幻觉中还能把门外的建筑花木等景物的距离推远，增加景深，使西

① 陈从周：《园林谈丛》第65页。

部本来不大的空间无限幻化，似乎其中“别有天地非人间”，从而显出门上砖额“别有洞天”并非虚语。这一景效，离不开半亭的烘托、美化。这一半亭洞门的杰作，不但空间省约，而且空灵多姿，具有造景、引景、点景等作用，给人以多方位、多层次、多功能的美感。

三是形式多变，造型多样。从历史上看，隋唐敦煌壁画中的亭，其平面造型、立面造型和组合形式等，就各有种种不同形式。在隋、唐时代，园林中亭已很多，据《长安志》载，“禁苑在宫城之北，苑中宫亭凡二十四所”。在现代，《营造法原》根据南方庭园中亭的形式概括道：

> 亭为停息凭眺之所。其平面有方、圆、八角、六角、扇子、海棠诸式，并有单檐重檐之分。列柱之多少，随平面之布置而异。其单檐者，方亭通常为四柱或十二柱。八角亭为八柱，六角亭为六柱。其重檐者，方亭多至十六柱。八角、六角亭数较单檐倍之……枋下悬挂落，柱间下部设半墙或半栏……吴王靠，有贡式、藤茎、竹节之别。构造简单者则无。……方亭外观，分歇山、尖顶二式……亭子发戗之制有二：一用老嫩戗发戗；另一用水戗发戗……

亭的形制，可谓多矣！北方宫苑的某些变式还不在内。艺术的美在于丰富多样而不千篇一律。哈奇生曾说，“如果诸物体在一致上是相等的，美就随变化而异”①。园林里众多的亭正是如此。由于亭对任何环境有其适应性，又有形式和自组景功能的多变性，因此园中之亭再多，也能通过变化而各有其自己的艺术面目，体现出独特环境中的独特个性。

正因为亭在园林中有着充分的优越地位，因此园往往离不开亭，甚至可以说，中国园林系统中很少有无亭之园。在古代，园林更多地可称为“园亭”、“池亭”、“林亭”、“亭馆”等；今天现存的园林也还有以“亭”来称代园名的，如北京陶然亭，长沙爱晚亭，绍兴兰亭，苏州沧浪亭……都显示了亭在园中必不可少的重要地位。

作为游赏型的重要建筑类型，亭在园林中的主要功能是什么？《太平御览》引《风俗通》：“亭，留也。”《园冶・屋宇》说：“《释名》云：‘亭者，停也。’所以停憩游行也。司空图有‘休休亭’，本此义。”亭主要是供人在游览中停顿、休憩、留连、赏景，有使人减除疲劳、提高游兴的功能，是园林中最富于人情味的建筑类型之一。

在园林的审美领域中，亭与廊这两种重要的游赏型建筑往往相与衔接，互为补充。就游览的角度看，如果说廊主要是供人游行，作审美的动观，那么，亭主要是供人停息，作审美的静观。这是二者功能上的主要区别。当然，廊未尝不可以供静观，而亭也未尝不可以供动观，因此，二者的区别又是相对的。

亭的主要性格特征是什么？锺惺《梅花墅记》有云：“高者为台，深者为室，虚者为亭，曲者为廊。”这位明代竟陵派文学领袖只用了四个字，就概括地点出了四种个体建筑类型四种不同的审美性格，其中亭的主要性格就是“虚”。

所谓“虚”，表现为亭柱的自由独立。除了半亭而外，亭柱和廊柱相比，它更富于自由独立的性质，这表现为对墙壁的更大程度的扬弃，对屋顶纯粹起着支撑的作用。个体建筑的屋身与屋顶的结构关系，在亭这个建筑类型中往往被虚化为亭柱和屋顶的结构关系。而这种结构关系，又往往具有独特的审美效果。

---

① 北京大学哲学系美学教研室编：《西方美学家论美和美感》，第98页。

杭州西湖三潭印月曲桥转折处的三角亭，自由独立的柱已减到无可再减的程度。但是这仅有的三根柱对于分张旁逸的大屋顶却毫无承受不了之感。相反，它挺立向上，毫不费力。这主要是由于上部屋角起翘高挑，以及结顶处鹤的形象仰视高空，欲飞而未扬，这就使人感到屋顶本身已完全克服了物质结构的重压，并完全摆脱了屋身的沉重羁绊，犹如鹏鸟浮于空中，飘于水上，甚至似在耸身上腾，离柱飞去。这一审美效果，也是与架在水上以及亭柱对墙壁的扬弃分不开的。

亭的性格的“虚”，除了对墙壁的扬弃外，还往往表现为内部别无长物，一切皆被虚化。这样就更利于人们纳凉、环视、远眺……它往往是点景、对景、借景的重要建筑，这留待后论。

（三）门楼

门楼是典型的具有依附性的装饰型建筑。《营造法原》谈门楼与墙门的异同说：

凡门头上施数重砖砌之枋，或加牌科等装饰，上覆屋面者，称门楼或墙门。……门楼及墙门名称之分别，在两旁墙垣衔接之不同，其屋顶高出墙垣，耸然兀立者称门楼。两旁墙垣高出屋顶者，则称墙门。

就门楼对于所依附的主要个体建筑——厅堂来说，它是一个明确的入口，是一种富于装饰效果的过渡。

人们有序地进入某一私家园林，静静的照壁和精致的门楼，总最先诉诸人们的视觉，造成入园最先的审美印象。所以《园冶·屋宇》一开头就说：门楼，“象城堞有楼以壮观也，无楼亦呼之”。《园冶·立基》又说：门楼基，“要依厅堂方向，合宜则立”。在江南宅园中，门楼总依附于厅堂，并与厅堂取一致的方向，从而使“堂堂高显”的厅堂更有气派，更显得壮观，更富有装饰风味，性格更为鲜明突出，同时使周围空间也充溢着一种静穆严正的艺术情氛。

门楼不论是有楼还是无楼，上面总有种种雕饰，有些砖雕，是审美价值很高的精品。这种雕饰，可称为“装饰的装饰”——其本身是装饰门楼的，而门楼作为个体建筑，又是对厅堂的一种装饰。苏州网师园的“藻耀高翔”门楼，堪称“江南第一门楼”，其高度的艺术价值留待后论。

（四）牌坊

非园林建筑的牌坊，总含茹着某种历史价值或不同的纪念意义。园林建筑中的牌坊，往往只有一种烘托气氛、强化装饰的审美价值。

牌坊，又称牌楼，或由两柱构成一门，或由四柱构成三门……其柱间架以枋，枋上置斗栱，栱上架屋顶。这一个体建筑远比门楼庄严，多置于宫殿、宫苑、陵墓、寺庙区，突出地标志着空间的界定、归属，并显示着特定的思想、艺术内涵。它主要由柱和屋顶构成，从这一点上说，它有似于亭，或者说，是压扁了的亭，是立体的亭趋于平面化。从另一角度看，它的体量比亭高大，肃然耸立，呈现出堂正的或崇高的审美架势。

从外观上看，牌坊和亭一样是自由独立的，不像门楼那样依附于院墙而构成某种院落，但从本质上看，它也不可能毫无依傍地独立存在，而有其明显的依附性。就像门楼依附于主体建筑厅堂一样，牌坊往往依附于作为主体的宫殿、大门、桥梁等个体建筑或建筑群，它的造型和细部总有突出的装饰性，能造成某种审美情氛。如颐和园中的“云辉玉宇”坊，朱红大柱，琉璃屋顶，体量高大，气宇非凡，它依附于排云门、排云殿等群体建筑，辉发着一种华严壮丽、如同天宇仙境的审美情氛，令人联想起郭璞“神仙排云出，但见金银台”（《游仙诗》）的诗句，从而产生一种肃然起敬的崇高感。又如北海“西天梵境”天王殿前的“须弥春”（又称“般若祥云”）琉璃牌坊，更为浑厚端实，饰以暗红墙壁，渲染出浓重的宗教气息，烘托了“西天梵境”的主题。如果说，“云辉玉宇”、“须弥春”二坊是殿坊，那么，北海永安桥两端的牌坊则是桥坊。这一对桥坊，一称“堆云”，一称“积翠”，既对桥的主体予以造型美的装饰、明确的界定和突出的强调，又对全园的情氛和景观序列具有一种确定基调、领起前奏的审美功能。

（五）照壁

照壁一般设在大门前方，既可用于宫殿，又可用于宅第。从外观上看，它似乎是独立的，其实却依附于大门。它面对大门，起着空间上的界定、装饰、照应、回护等作用。北海的九龙壁，似乎是供人观赏的纯然独立的艺术品，其实原来也是大型佛殿组群门前的一个照壁。它通身用多彩琉璃砖砌成，前后壁各有蟠龙九条，戏珠于蓝天云涌，波涛澎湃之中，背景上山峦起伏，火焰飞舞，它们既有图案艺术的纹样规范性，又有活泼生动的形象逼真感。蟠龙的色彩、姿态也都各各不同。此外，壁的正脊、垂脊、筒瓦、陇垂等处，都不乏龙形，全壁共有大大小小的龙六百余条。这个著名的双面九龙壁，辉耀着变幻不定、多姿多彩的光、色、线、形，表现出绚烂夺目的工艺美和科技美，是琉璃个体建筑的珍品、杰构。

在园林个体建筑类型中，堂正型和偏副型、层高型和依水型、游赏型和装饰型这三对序列的划分，也只是相对的，其中还存在着某种交叉、渗透、兼包的关系。例如颐和园的佛香阁，既属于层高型，又富于堂正的性质；再如属于装饰型的牌坊，它对主体的依附装饰，表现出偏副的功能，而其堂堂居中的架势，则又带有堂正的性格，如此等等。

第三节　建筑物内外的装饰性与技艺美

本书第三编第一章论及，和西方园林不同，中国古典园林在宏观、中观方面崇尚天然之趣，而不崇尚人工之美，亦即计成《园冶·相地》所说的“自然天成之趣，不烦人事之工”。建筑物也是因凭地势而“生成”的，在整体上也不显耀其人工的技艺美。因此即使极费人工装饰雕琢之能事，也要“功成事遂，百姓皆谓我自然”（《老子·十七章》），或者说，“既雕既琢，复归于朴”（《庄子·山木》）。这一特征在江南园林特别是苏州园林中体现得最为典型。

然而，变换观照方位，特别是结合着微观视角来看，中国古典园林的装饰性与技艺美又是强形式的。园林是建筑在空间上的多方位延伸，而有些建筑之所以能由纯实用的领域升华到艺术美的领域，原因之一就是物化了人工技艺美的装饰性，因此，园林美学、建筑美学很有必要联系园林、建筑艺术的实例，探讨一向被忽视和轻视的“装饰性”这一艺术美学范畴。①

---

① 本书不可能对此进行全面深入的研讨，可参看金学智：《中国书法美学》下卷，第597～609页“工巧”风格美一节。

在中国，由于崇尚“自然天成”的哲学和美学，往往对装饰性嗤之以鼻，并认为这是“君子不齿”之事，或认为是艺术中不够雅致的“庸俗”倾向。事实上，中国古代艺术史上早就存在自然天成之美和雕琢装饰之美两种倾向。但对于后者，一直到现代的宗白华先生，才予以理论上的关注和肯定。他指出：

> 错采镂金的美和芙蓉出水之美……代表了中国美学史上两种不同之美感或美的理想。……楚国的图案、楚辞、汉赋、六朝骈文、颜延之诗、明清的瓷器，一直存在到今天的刺绣和京剧的舞台服装，这是一种美，“错采镂金，雕缋满眼”的美。……汉隶那么整齐，那么有装饰性……从三代铜器那种整齐严肃、雕工细密的图案，我们可以推知先秦诸子所处的艺术环境是一个“错采镂金、雕缋满眼”的世界。①

宗白华先生把错采镂金的装饰性的美的历史线索梳理出来了，并指出其广泛地存在于种种艺术领域，这对提高装饰美的历史地位很有作用。

在西方美学史上，对于装饰美也研究得不够，因而其观点比较零星，例如——

> 装饰性是美的“补充”……（阿尔伯蒂②）
>
> 美是按照两种方式来理解的：一种美是自然而然之美，而另一种美则是被创造的。这也就是说……是借其中所付出的体力而成为美的……（吉安·特利西诺③）
>
> 装饰的美，它来自颜色鲜艳或丰富多彩，或精雕细刻，对感官或想像的刺激。在历史上，装饰美首先发展起来，而且应用于还是仅供使用的形式上。然而，它有了装饰就吸引了观赏……（乔治·桑塔耶纳④）

这些观点，都很有价值。阿尔伯蒂是意大利著名建筑师、造园理论家，他这句名言，正是对建筑装饰的艺术实践的概括；特利西诺关于两种美的观点，有似于宗白华先生对中国美学史上两种美的概括，其后一种美正是装饰美，是付出大量体力而创造出来的；桑塔耶纳对装饰美的形式分析，也颇有意义……鉴于西方的理论和实践，奥夫相尼柯夫等主编的《简明美学辞典》将“装饰性”列入艺术美学范畴，指出广义的装饰性是“艺术作品的一种特殊性质”，“以形式的优雅修饰……细节的精美加工为特色”；狭义的则是“指对织物、日用品和建筑物的内部陈设（室内装饰）进行艺术加工修饰”。在“实用装饰艺术”条中又指出，它“同建筑的密切联系……具有巨大的意义”，“民间的能工巧匠直到现在仍然是古代实用装饰艺术的优秀传统的忠实保持者”⑤。统观这些论述，大体是符合于装饰艺术的历史实践的。

由此可以作出推论：错采镂金的美和芙蓉出水的美，或所谓人力创造的美和自然而然之美，不论在中国还是在西方，不论在古代还是在现代，都是客观的存在。从艺术学、风格学、美学的视角来看，都应该说是不分轩轾、无可厚薄的。装饰性确乎是艺术作品的一种特殊性质，其表现有二：（一）从内涵上说，它是由“付出体力”而“被创造”成为美的，但“自然而然”的艺术也是这样被创造出来的。其实，二者的区别是：“自然而然”的艺术仿佛是一挥而就，毫不费力地创造出来的，而装饰性的美则必须付

---

① 宗白华：《艺境》，第299～300页。

② 引自符·塔达基维奇：《西方美学概念史》，学苑出版社1990年版，第221页。

③ 引自符·塔达基维奇：《西方美学概念史》，第223页。

④ 乔治·桑塔耶纳：《美感》，第111页。

⑤ 奥夫相尼柯夫等主编：《简明美学辞典》，知识出版社1981年版，第31、30页。

出大量、长期、繁复、精微的体力劳动，而且还需要充分发挥聪明才智，它是这两种劳动的结晶。马克思说，“劳动生产了智慧”，“创造了美”，“创造了宫殿”，“劳动产品是固定在对象中的、物化为对象的劳动，是劳动的对象化”①。装饰性的美更是这种创造的结果，是固定和物化在艺术作品中的繁复精细的两种劳动，是精雕细刻的人工技艺的对象化。（二）从外形上说，它往往表现为色彩鲜艳、形式繁复、结构细巧、修饰优雅、加工精美……确实是原来美的基础上的必要“补充”。装饰性对于园林、建筑、家具艺术以及作为室内陈设的古玩等，都非常重要。本节专论园林中建筑物内、外的装饰性和技艺美。

如以“装饰性”的美学对中国园林特别是苏州园林作一番考察，可见其中装饰性的人工技艺美不但是大量的，而且其表现形态、存在方式和西方园林迥乎不同，具体地说，它可概括为三“隐”三“显”：

一、大处隐而小处显：如山石、水池、林木均尽量不见人工，做到“有若自然”或任其自然，但一小方铺地却精工细作。又如门楼，总体较质朴，却着重在檐下雕饰得细致入微，尽管人们仰首以视，亦颇感目力难及……总之，小处、细部极为工致讲究。

二、明处隐而暗处显：如建筑物大片的屋顶、墙面等明处，一般并不突现其人工技艺美，但暗处的斗栱（牌科）、挂落以及室内的藻井、画栋等，均体现了精致繁复的美，尽管人们很少去细加品赏。

三、室外隐而室内显：如室内的槅扇、落地罩、家具、古玩陈设，都极富装饰性，人工技艺美也以强形式显现出来。

所有这些，都是为了在整体上保持住古典园林“有若自然”、“宛自天开”的审美定性。在这里，把握住“不以人巧伤天然”的审美之“度”是极为重要的。

园林建筑物内、外空间的人工技艺之美，表现之一是依附于建筑的装修。梁思成先生《清式营造则例》指出，外檐装修为建筑物内部与外部之间的分隔物，如门窗等；内檐装修则完全是建筑物内部分为若干部分之间隔物，不是用以避风雨寒暑的，如屏门、罩、纱槅等。

先论建筑物的内檐装修。江南园林建筑内檐装修最富于装饰性和技艺美的，是纱槅和罩。它们不但以其间隔作用使内部空间多层次，有变化，而且其突出的装饰功能使内部空间更有审美趣味。就以罩来说，有飞罩、挂落飞罩、落地罩等，其中落地罩最富于审美效果，其内缘有方、圆、八角形等区别，花纹有藤茎、乱纹、雀梅等多种形式，均由人工雕镂成透空的纹样。如苏州狮子林立雪堂的圆光罩，其细秀单层的圆框门和罩上瘦直疏朗的抽象纹样结合得十分和谐，构成简雅清丽的审美风格，而苏州留园“林泉耆硕之馆”的圆光罩，其体形较大，为了不致显得单薄，罩门取内外两层同心圆的形式，其圆框硕壮而罩上饰为纤细密布、卷曲缠绕的藤枝，其间缀以大叶纹样，主要以具象表现出繁富密丽的审美风格。作为艺术性的“场”，这两个罩各有个性特色，其辐射景效在较大程度上决定着这两个厅堂内部的空间性格。苏州园林中还有雕刻得极其生动传神、精致巧丽的具象性的罩，其装饰性效果更佳，人工技艺更具有高难度，本书拟置于综合艺术中的雕刻艺术部分来论述。总之，各种形式的罩，从建筑美的视角来看，用阿尔伯蒂的话说，其“装饰性是

① 马克思：《1844年经济学-哲学手稿》，第46、44页。

美的‘补充’”；从其繁复的工细技艺劳动的角度来看，又证实了计成所说：“凡造作难于装修”（《园冶·装折》）。

对于园林建筑物的外檐装修，《园冶·装折》写道：

> 门扇岂异寻常，窗棂遵时各式。掩宜合线，嵌不窥丝。落步栏杆，长廊犹胜；半墙床槅，是室皆然。古以菱花为巧，今之柳叶生奇……构合时宜，式征清赏。

这是指出了外檐装修中的门、窗、栏杆、户槅等品种及其图案纹样，既要式合时宜，形制多变，又要雅观大方，令人赏心悦目，特别是拼嵌处不应有丝毫漏缝，而这些都离不开大量精细的人工技艺。

从抽象的视角看，园林建筑的装修主要是一种图案美。计成在《园冶》中，就附有长槅、短槅、风窗、栏杆等优美的图案数十例之多。这类可以自由变化、不断产生新形式的美，在康德美学里，属于“纯粹美”的范畴。康德曾提出过“纯粹美”和“依存美”这两个著名的范畴，认为“前者是事物本身固有的美”，“后者却要以这种概念以及相应的对象的完善为前提”。他还举例说：

> 在建筑和庭园艺术里，就它们是美的艺术来说，本质的东西是图案设计，只有它才不是单纯地满足感官，而是通过它的形式来使人愉快……①

在现存江南园林建筑中，以这种使人愉快的形式美为特征的外檐装修，品类繁多，有长窗、半窗、地坪窗、风窗、和合支摘窗、砖框花窗、挂落、栏杆、“美人靠”（“吴王靠”）等。刘敦桢先生的《苏州古典园林》一书中，也收录了不少这方面的精美优雅的实测图例。这类庭园建筑的外檐装修，确实能“通过它的形式来使人愉快”，给人以丰富的美感享受。但是，这类所谓的“纯粹美”，其实也是依附于园林建筑以供人实用的“依存美”。推而广之，建筑室内外空间装修的“装饰美”，统统都是“依存美”，它们都要依附于建筑和庭院这一“相应的对象”，使之走向尽善尽美。至于康德所说的“建筑和庭园艺术”的美的“本质的东西”，应该说是物化在包括内、外檐装修的整个园林工程中的“人的本质力量”，或者说，是人工技艺美的对象化，而内、外檐装修的“图案设计”，只是其表现形式之一而已。

苏州拙政园东部滨水的芙蓉榭，其内、外檐装修最突出地表现了图案设计的精巧之美。从它的正立面看，可看到装饰美的四个不同层次。最外层，是周围半墙坐槛上以曲线排列为美的“美人靠”。荷加斯曾通过绘图和比较指出，某些装饰，“如果没有S形曲线所增添的变化，会多么单调和缺乏图案感。这种曲线完全是由波状线组成的”。他还画了七条不同的S形波状曲线，认为有三条“中间过于隆起，显得笨拙，不雅观”，另三条“又太直，显得平淡乏味”，因此“只有一种准确的波状线才可以称得上是美的线条”②。芙蓉榭“美人靠”上的曲线美，恰恰符合于荷加斯所说的准确的S形波状线，既不过曲，又不太直，而是恰到好处。第二层，则隐现在上部檐下，是以“疏广减文”为美的卐形挂落（万川挂落）。第三层，为室内前部的葵式乱纹方形落地罩。第四层，为偏后的纯乱纹落地圆光罩。这两个罩的装饰花纹，均以细刻密布为美，前者略粗，而后者更乱，更纤细，也更活泼有致。它们在开敞透豁的空间中，其装饰性更为秀丽突出。这一个体建筑的

① 朱光潜：《西方美学史》下卷，人民文学出版社1964年版，第18页。

② 威廉·荷加斯：《美的分析》，人民美术出版社1984年版，第53页。

观赏效果极佳，其精致细腻、玲珑剔透、层层掩映、立体而交错成文的人工装饰美，几乎成了这一建筑物的主要性格。本章第二节曾这样概括榭的性格："胸廓虚敞，酷爱装饰，依附于景，特别是依附于水"。芙蓉榭典型地体现了这种性格。如站在远处观赏其整体的装饰美，会使人联想起工艺精细的刻纸，又想起果核刻成的微雕……它堪称江南园林建筑中体现人工技艺美的一个精品。

岭南园林建筑物的内、外檐装修，有江南园林的精美灵巧，又有北方园林的华丽繁缛，还带有某种西方风味，如广东顺德清晖园"碧溪草堂"及其回廊，也以装修的层次丰富、形式多样见长，其挂落、屏门、半窗、美人靠、栏杆等，图案纹样几乎无一雷同，色彩也有种种相异，形成复杂的对比，特别是门前木雕竹枝的绿色圆光罩，工艺精致，栩栩如真，而枋间彩色花果雕饰，也体现了岭南园林独具的殊相之美。再如顺德清晖园澄漪亭的窗、栏，番禺余荫山房深柳堂的落地罩，佛山梁园客堂的飞罩，台北林家花园月波水榭的系列半窗……其装饰均以细密繁茂、色彩艳异的岭南风格为其审美特色。

北京园林建筑物外部空间的人工装饰美，也往往暗处多于明处。正像江南园林建筑的挂落隐在檐下暗处并不十分突出一样，北方宫苑建筑的斗栱这一极费工夫的艺术构件，也安排在屋檐之下，其一个个方形坐斗上，层叠装配着一个个方形小斗和一个个弓形的栱，这是一种繁复排叠的美，一种整齐而又错综的美。刘敦桢先生主编的《中国古代建筑史》曾概括说：

> 斗栱最初用以承托梁头、枋头，还用于外檐支承出檐的重量，后来才用于构架的节点上，而出檐的深度越大，斗栱的层数也越多。中国古代的匠师早就发现斗栱具有结构和装饰的双重作用。……明清两代的柱梁较唐宋大，而斗栱较唐宋小，而且排列较丛密，几乎丧失原来的结构机能成为装饰化构件了。①

这种以装饰功能为主、结构功能为辅的构件，其层数的增多，排列的丛密，是和其付出的人工技艺成正比的。北京北海陟山桥牌坊的斗栱，堪称美的杰作。它的结构呈网目状，色彩金绿诸色相间，昂翘的头部——"凤头昂"，呈弯曲的如意头形状，象征吉祥如意，被称为"网状如意斗栱"，其网络的结构、弯曲的线型、丛密的排叠，金碧辉煌的彩绘……莫不是民间能工巧匠的艺术结晶。

北京宫苑建筑物外部空间的人工技艺之美，也往往表现在不被人注意之处或凭目力不易看清之处。如颐和园清晏舫顶部"山花"上，嵌有镂空的二龙戏珠、吉祥花草等精细砖雕；紫禁城御花园千秋亭上，珐琅镶嵌的镏金顶呈葫芦形，造型奇特，上部为伞盖，缨络垂珠，下部以云水为背景，周饰龙凤戏珠图样，完全可作为独立的工艺美术珍品来欣赏，不过它装在亭的顶部，人们不可能看得很分明。当然，其人工技艺美表现在明处亦复不少，但是从总体比例上看，仍不失其三"隐"三"显"的特点。至于北京园林的宫殿型建筑，其内部空间藻井的彩绘、梁枋的雕饰等，则更凸显出强形式的装饰技艺之美。

江南园林室外空间装饰的人工技艺之美，除了上述的外檐装修外，还有铺地。如果说藻井彩绘、画栋雕梁美化了园林建筑物内部空间的顶部，那么，铺地则美化了园林建筑物外部空间的底部。铺地，在计成美学体系中占有较重要的地位，《园冶》特辟《铺地》专章，兼以描绘的方式写道：

---

① 刘敦桢主编：《中国古代建筑史》，第5~6页。

路径盘蹊，长砌多般乱石，中庭或宜叠胜，近砌亦可回文。八角嵌方，选鹅子铺成蜀锦；层楼出步，就花梢琢拟秦台。锦线瓦条，台全石版，吟花席地，醉月铺毡。废瓦片也有行时，当湖石削铺，波纹汹涌；破方砖可留大用，绕梅花磨斗，冰裂纷纭……莲生袜底，步从个中来。

这段文字，贯彻了"各式方圆，随宜铺砌"的装饰原则，并指出废砖碎瓦的利用价值。同时，《园冶》中也列举了许多优美的图式实例，以体现其脱俗求美的园林美学思想。计成的设计构想饶有审美意味，如认为湖石旁用废瓦作"波纹式"铺地，可让山水相推而生变化；梅花旁用碎砖作"冰裂纹"铺地，可反衬出梅花傲霜斗雪的姿致；以芙蕖纹样铺地，足下又会有"步步生莲花"的审美效果……

苏州各园的铺地，都注意到或与周围景观相适应，或与园林风格相协调，从而相互生发，产生增值效应。如沧浪亭土石相间的假山，以苍古浑厚见长，其山路就以乱石片横向铺砌，如计成所说，"路径盘蹊，长砌多般乱石"，这就使假山更具质朴古拙的风味。再如拙政园"枇杷园－玉壶冰玲珑馆"一区，铺地为"枇杷果－冰裂纹"组合图案，与庭院、建筑主题合若符契；"海棠春坞"庭院，以"软脚万字海棠"连续适合纹样铺地，色彩柔和而谐调，风格雅致而婉丽，如同铺锦列绣。花开时节，树上地下更相映成趣【图 21，见书前彩图】。铺地，被古代匠师称为"花街"、"花界"；被现代中国人称为"锦绣丹青路"；被西方人称为"东方艺术地毯"……它以装饰技艺之精湛，美化着姑苏名园的内涵、形式、风韵和精神……①

第四节　园林建筑与家具陈设的美学关系

艺术性家具以及置于家具之上或其他处所的古玩陈设，一般属于工艺美术范畴，前者属于日用工艺，后者则或为日用工艺，或为陈设工艺。它们均以"形、色、质"及其有机构成美化着人的日常生活和居住环境。

家具、古玩陈设不像建筑的内檐装修那样，固定而不可移动。相反，它们都可以任意搬动，移易位置，因而有其独立性。但是，一般来说，家具、古玩总只能置于室内，供人使用或品赏。从这一点上说，它们归根结底又统统是依附于建筑的，或可进一步说，它们由于有其依附性，因而其独立性是相对的，有一定限度的。

据上所述，可以把家具、古玩看作是园林建筑的不同附类。由于家具和古玩陈设二者关系密切而内涵颇丰，故而本节只拟重点论述家具与建筑之间的生活美学关系，而于下节再进一步论述古玩陈设问题。对于前者的关系，可从以下几个层面来看：

首先，建筑和家具之间存在着一定的同质、同构关系。车尔尼雪夫斯基认为："建筑所不同于制造家具的手艺的，并不在本质性的差异，而只在那产品的量的大小。"② 此话有一定道理，因为建筑艺术的一个重要特征，如本章开头所指出，"它既有受重力规律支配的物质性，又有受审美规律支配的精神性；既有符合目的性的实用价值，又有可供审美观照的艺术价值；既是科学史的产物，又是艺术史的成果"，而家具也完全具有这种二重

① 苏州园林铺地的功能特征，主要表现为：比德理想的物化、景观主题的体现、艺术风格的协调、抽象形式的构成、吉祥意愿的拟象。详见金学智《苏州园林》（苏州文化丛书），第 269～274 页。

② 车尔尼雪夫斯基：《生活与美学》，第 64 页。

性。从车尔尼雪夫斯基的生活美学这一特定视角来看，建筑和家具的空间体量虽然大小殊异，但似乎只有量的差异，没有多大质的差别，而且它们的制作者，都不是吟诗作画或抚琴动操的文人，而是手持工具，需要付出较大物质性劳动的工匠。这也说明建筑和家具之间存在着某种同构乃至同质的关系。鉴于以上原因，美学家们就“不能不承认建筑、家具与装饰艺术、园艺……在本质上的同一性”①。

其次，它们之间又存在着有机的、复合的联系。哈特曼在论及艺术分类时，提出了“简单艺术”和“复合艺术”的概念。他认为：

> 建筑……富于有机味道，体积这样庞大，它同生活的欢乐和需要的相互关系是这样密切而又朴实。然而，在建筑中，却能够不仅把许多工人，而且把许多工种的工人聚集在一起，自愿地和顺利地创造出一件艺术作品。建筑的确是一种复合艺术的真正典型。②

笔者认为，作为体积庞大的典型的“复合艺术”，应包括家具在内，亦即不但包括建筑工匠的成果在内，而且还应包括含家具制作在内的其他工种工人的成果在内，这才能组合成庞大的复合艺术。哈特曼提出的“有机味道”的概念，是极有价值的。中国园林建筑中的家具，俗称“屋肚肠”，然而这一并不雅致的名称，恰恰是一个有机的概念。肚肠和人体血肉相联，不可分割。试想，人无肚肠还能成为有机体的人吗？屋无肚肠，岂不也成了无机的、空洞的躯壳？

最后，更重要的，是哈特曼所说建筑“同生活的欢乐和需要的相互关系是这样密切”之语。以此来看家具，其特质也是如此。而且这还可联系车尔尼雪夫斯基的美学来理解。他说，“美是生活，首先是使我们想起人以及人类生活的那种生活”；他还说，任何领域内的美，“只是因为当作人和人的生活中的美的一种暗示，这才在人看来是美的”。人“觉得……美的东西总是与人生的幸福和欢乐相连的”③。这些论述，至今还不失其一定的价值，尽管其关于“生活”这一概念的内涵尚值得推敲。

就建筑内部空间来说，它的美也往往要通过其中的“屋肚肠”——家具，才能令人“想起人以及人类生活的那种生活”，想起人们在室内借以坐卧依凭，享受生活欢乐，满足日常需要的那种生活。否则，它的美就无由产生。就以厅堂斋室的内部空间来说，如果离开了人的“生活的欢乐和需要”，离开了供人使用的种种家具及有关陈设，也就会失去它的美感。试想，如果室内别无长物，地面遍布尘埃，角隅满是蛛网，这是多么凄凉，多么空虚！它只能给人以一种悲戚之感。例如一度荒废的沧浪亭，“壁间草隶亦不置，剥苔堆立无弃遗”（刘敬《观沧浪亭石感而有作》）；“都官园空接断垅，蕲王庙在余数椽”（宋荦《沧浪亭用欧阳公韵》）……就给人一种寂寞荒残的悲感，而这也和室内家具残缺甚至荡然无存有关。马克思曾说过一句很有意味的话：“一间房屋无人居住，事实上就不成其为现实的房屋”④。据此，那时的沧浪亭，也就不是人们现实的居息之所、游乐之地，它的价值也就难以体现。

《孟子·尽心下》说：“充实之谓美”。如把这句名言用于园林建筑内部空间，那么可以说，它的美就在于室内生活的充实，家具陈设的充实……一句话，就是有人居住和使用

---

① 车尔尼雪夫斯基：《生活与美学》，第63页。

② 转引自鲍桑葵：《美学史》，商务印书馆1985年版，第560～561页。

③ 车尔尼雪夫斯基：《生活与美学》，第10～11页。

④ 马克思：《政治经济学批判》，人民出版社1964年版，第205页。

才是“充实”，才是美。而整个园林的美，也正是由此而体现出来并生发、扩展开去的。

苏州园林建筑中的家具，可分为几案类、凳椅类、床榻类、橱柜类、屏座类、灯具类等，其每一类中，又有多种结构形式、工艺造型和多样的生活实用功能，本书不可能一一列举，而只以一个厅堂的几案、凳椅、古玩、灯具及其他陈设为例，作一简析。

文震亨《长物志·几榻》说：“古人制几、榻，虽长短广狭不齐，置之斋室，必古雅可爱，又坐卧依凭，无不便适。燕衎之暇，以之展经史，阅书画，陈鼎彝，罗肴核，施枕簟，何施不可……”正由于这种种家具如此这般地被使用，房屋才得以成为“现实的房屋”，推而广之，园林才得以成为现实的园林，才得以显现出“充实之谓美”，显现出生命的欢乐、人文的气息，显现出环境的古雅可爱和文人园林生活的丰富多彩。

固然，随着时光的流逝，当年园主人及其园林生活，“风流总被雨打风吹去”，从而成为历史的过去。但是，室内家具作为生活的一种历史留存，仍能作为“人和人的生活中的美的一种暗示”，令人想起当年主客们借以坐卧依凭，满足需要的生活，其中包括用以“罗肴核，施枕簟”的一般日常生活以及“展经史，阅书画，陈鼎彝”的特殊文化生活。这样，就能给人提供种种美的品味。

苏州的网师园，南宋史正志曾在此建“万卷堂”，筑圃名“渔隐”。至清代，园主则以“网师”名园，但仍不失“渔隐”之遗意。而今，其主厅——万卷堂【图22】的可贵在于：其布局、陈设仍继明代厅堂风格及园隐生活之余味，并有一堂明式家具。对此，本书拟从生活美学和形式美学的双重视角来作一审美“解读”。

图22　高情寄疏爽——苏州网师园万卷堂陈设艺术（郑可俊摄）

万卷堂面阔三间，以黑白二色为主调，不仅两侧墙壁为白色，连明间、次间的屏门系列也均为大片白色，这种色调与拙政园、留园等厅堂华美的纱槅迥异其趣。而其梁、柱、枋、椽以及望砖、勒脚、门槛、挂屏则为黑色或趋向黑色的深色。这种基本上消融了五彩色阶的两极，颇能令人想起老、庄哲学的某种精义——

> 五色令人目盲……（《老子·十二章》）
>
> 见素抱朴，少私寡欲。（《老子·十九章》）
>
> 知其白，守其黑。（《老子·二十八章》）
>
> 夫虚静恬淡，寂寞无为者，万物之本也……朴素而天下莫能与之争美。（《庄子·天道》）

这种知白守黑、朴素恬淡的哲学、美学意蕴，又和“渔隐”、“网师”为主导思想的隐逸生活达到了水乳交融的境地。此外，明间（正间）深色的梁檩间，悬有白底黑字的“万卷堂”匾额；两侧黑色的步柱上，挂有白底黑字的抱柱联。这种黑包围白，白又包围黑，也是两种极色的错综表现。厅堂正中，悬挂中堂对联，以劲松为主题，而装裱也颇相称，以棕灰色包围了书画纸素之白，仿佛是黑白二色之调和。

厅堂中的明式家具群，以透现着优质木材本色美的棕色为基调，柔和纯净，古雅可爱。它们在室内“知白守黑”的环境里成为一种中介过渡，既能谐调于黑，又能协和于白。这种色调，配合着秀雅大方的造型、单纯简净的结构，在家具王国里可谓“朴素而天下莫能与之争美”。

再看家具陈设的置放，长长的天然几居中靠屏，上置三“宝”：中间红木座上的供石，既如璎珞石之饱绽而奔涌，又如吉祥云之隆起而中空，累累叠珠，蟠蟠瑞霞，洵为珍品；其旁一为大理石插屏，一为青花双耳大瓷瓶。这些古玩清供，虽已非原物，但也能表征文人园主们雅好古色古香的文化生活追求。

天然几附近的供桌、太师椅、花几组群，或高或矮，或大或小，当时均有其不同的功能。明间两侧，对称地列有二椅、一几、一满杌，高低错落有序，和中间的供桌、太师椅构成了次与主、偏与正、开与合等种种关系。这种关系，在内容上既体现着当时尊卑有序、宾主有礼、举止有文、动静有常的家庭、社交生活，在形式上又体现着“两物相对待故有文”（刘熙载《艺概》引《朱子语录》）的艺术章法。万卷堂还省约了一般厅堂模式应有的某些家具，如正中以诸葛铜鼓替代了较沉重高大的八仙桌，这不但增添了室内的古雅情味，而且扩大了室内的空间，体现了以虚疏为美的特色，这正如明代园林中屋宇较少一样，以虚疏散朗的风格为美。由此也可见，明代与清代，从宏观的园林布局，中观的厅堂布置，到微观的家具造型，其风格无不体现了时代的差异性。当然，万卷堂的一切，又与从“渔隐”到“网师”的隐逸文化史积淀有关。①

万卷堂的家具、陈设虽极疏省，但所悬四盏宫灯却不可省，它为该厅堂画龙点睛地增添了亮色，特别是每盏宫灯下垂的朱红色流苏，尤为醒目，如同黑白构成的书法，钤上朱红色的印章，顿使作品生色增辉。同时，它还能令人遥想当年厅堂里华灯初上时的生活情景。

总的来看，万卷堂淡雅疏朗、超凡脱俗的风韵，是与园主高洁的志趣及其物化——家

---

① 详见金学智：《水情逸韵赞网师（代序）》，载《网师园》画册，古吴轩出版社 2003 年版，第 2～4 页。

具、陈设的置放分不开的。正如抱柱联出句所云："南宋溯风流，万卷堂前渔歌写韵"。作为园林审美品赏家，清人潘奕隽在《网师园二十韵为瞿远村赋》中写道：

网师宋氏园，兴废一俯仰。
俗士驰纷华，高情寄疏爽。
摧残改前观，缔构寄新赏。

潘奕隽堪称网师园的知音，此诗还似乎写出了今人的观感。万卷堂、网师园历尽沧桑，一代代园主频仍更替，俯仰之间均为陈迹。然而，它至今仍扬弃那令人乱目的"五色"，任凭"俗士驰纷华"，自己却保持住渔歌写风韵，"高情寄疏爽"的个性本色和风格传统，其堂构、家具、陈设、氛围，仍能历史地"当作人和人的生活中的美的一种暗示"，当作一种特定的人格自律和价值观表征，令人寻思不已。万卷堂的一切，形象地实证着园林建筑与家具、陈设的美学关系。

家具既然在园林室内空间有着不可忽视的功能，因此，园林美学也必须研究家具本身的工艺美。刘敦桢先生主编的《中国古代建筑史》写道：

随着手工业的发展，明代的苏州，清代的广州、扬州、宁波等地成为制作家具的中心……这时期，由于海外交通的发达，东南亚一带的木材如花梨、紫檀、红木等源源输入中国。这些出产于热带的木材具有质地坚硬、强度高、色泽和纹理优美的特点，因而在制作家具时，可采用较小的构件断面、制作精密的榫卯，并进行细致的雕饰与线脚加工。在这个物质前提下，再加上当时手工艺的进步，使得明清家具在造型艺术上作了不少新创造。明清家具的特征，首先是用材合理，既发挥了材料性能，又充分利用和表现材料本身色泽与纹理的美观，达到结构和造型的统一。框架式的结构方法符合力学原则，同时也形成优美的立体轮廓，雕饰多集中于一些辅助构件上，在不影响坚固的前提下，取得了重点装饰的效果。因此，每件家具都表现出体型稳重、比例适度、线条利落、具有端庄而活泼的特点。从家具发展方面来看，明式家具以简洁素雅著称……①

这段文字，言简意赅，文约蕴丰，既有深刻的历史感，又有高度的理论概括性。

根据以上论述，作为工艺美术品的明清家具，除了体现出合目的性的"善"——实用功能之外，还表现出对"真"的把握。要使优质而坚硬的木料——紫檀木、乌木、酸枝木、杞梓木、花梨木等转化为既符合目的，又符合力学原则，而且造型优美的物质性框架结构，就离不开工艺的实践，离不开对材料性能的把握，离不开对客观规律的熟谙。家具的科技性的真、适用性的善和艺术性的美，三者经由人工技艺统而为一了。

在家具发展史上，明代家具是一代高峰。明清家具，有苏作（苏州制造）、广作（广东制造）、京作（北京制造）等几种。明式家具，基本上就是苏式家具。它体现了合规律性与合目的性高度统一的形式美。明式家具有四美：一是质地美：木材优良，质地坚硬，纹理细腻，色泽光润雅致，表现出木质所固有的天然美；二是造型美：简朴洗练，素雅大方，形象挺秀，线条流畅，这既表现了匠师们所积累的"线条的智慧"，同时又由于优质木材具有重、硬、强的特性，因此每一构件不必很粗壮就可以达到坚牢、耐用、稳定、端庄、美观的目的；三是结构美：构架严谨，比例恰好，体形沉静，轮廓优美，榫卯精密而

① 刘敦桢主编：《中国古代建筑史》，第338页。

吻合，体现了结构和造型的统一，质朴与秀丽的统一；四是装饰美：在不影响坚牢度的前提下，集中在辅助构件上进行精细的雕饰，其余则是大量的素地，是对繁琐装饰的扬弃，而它与重点装饰恰恰形成一种对比，一种互补，此外线脚的雕刻也简净利落，转折灵活……总之，明代家具典型地体现了“天有时（可理解为木材产自天气炎热的东南亚，特别是缅甸——引者），地有气（可理解为苏州清灵嘉秀的地域文化对工艺美术风格的影响——引者），材有美，工有巧（手工艺的进步——引者），合此四者，然后可以为良”（《考工记》）的工艺美学规律。法国著名雕塑家罗丹说：“艺术，也是趣味”，是艺术家“对于房屋、家具…… 人类灵魂的微笑，是渗入一切供人使用的物品中的感情和思想的魔力。”① 明代家具，也是不知名的民间艺术家们的质朴感情、秀雅趣味的自然流露。

清代家具的风格发展，与明代的清秀不同，造型较明代粗壮。清中叶以后，装饰雕刻不断增多，雕漆、填漆、描金……呈现出富丽华赡的艺术风格。如苏州狮子林燕誉堂内一堂家具，以繁缛刻镂为美。清代家具还常用玉石、贝壳等镶嵌，形成或典雅华美、或绚丽璀灿的风格。苏州留园“林泉耆硕之馆”有一堂大理石镶嵌的家具，南京瞻园净妙堂有一堂贝壳镶嵌的家具……它们以物质的光芒向人们闪耀着异彩，从而表现出强形式的工艺美。

颐和园宫殿建筑中的家具，风格和江南园林迥乎不同，显示出富贵尊荣，炫人眼目的气派。如仁寿殿中央的“地屏床”上，显赫地放置着紫檀木雕制的御座、椅背上雕有九条闹龙组成的生动图案。座后是紫檀木雕制的屏风，顶部雕有九条金色闹龙，中间镶嵌有两百多个不同写法的红色“寿”字，其书法价值虽不高，却可看作是美术字组成的图案，有其工艺价值和装饰效果，它协合着仁寿殿的“寿”字，突出了个体建筑的主题。这类家具，和这些个体建筑的外观一样，辉耀着金光灿烂、富丽堂皇的风采，是又一种类型的美。这种灿烂的豪饰，和金银一样，“它们的美学属性使它们成为满足奢侈、装饰、华丽、炫耀等需要的天然材料，总之，成为剩余和财富的积极形式”②。这就是皇家宫苑金碧辉煌的本质。

对于室内空间来说，家具有着充实空间、组织空间、美化空间、活化空间等功能，它使室内空间变得充实而丰富，既有艺术配置，又有使用秩序，从而使室内洋溢着浓郁的人情味和生活美，它和内檐装修以及古玩陈设等一起，在美化室内空间的同时，并使其走向风格化。在上世纪，曾提出“有机建筑”论的美国著名建筑师赖特曾有一句名言：“一个建筑的内部空间便是那个建筑的灵魂。”③ 如是，则不妨再作如下推理：室内的一堂家具，便是那室内空间的灵魂；或可进而推论，家具是建筑的灵魂的灵魂。

家具对建筑室内空间的功能和意义既然不容忽视，那么，园林室内空间里家具的审美处置有哪些规律可循呢？应该说，有如下几条美学规律：

一、型式统一律

型式，指家具的造型、格式。以形式美学的视角来剖析家具的形式美，它主要可分为形、色、质三个层面。从形的层面来看，一室之内的家具群其形态绝不可能一致，桌和椅就有高矮大小之殊异，因此室内家具群主要以多样不一、参伍不齐为美。但英国美学家哈

① 葛赛尔记：《罗丹艺术论》，人民美术出版社 1981 年版，第 10 页。

② 《马克思恩格斯论文学与艺术》第 1 卷，第 124 ~ 125 页。

③ 引自汪流等编：《艺术特征论》，文化艺术出版社 1984 年版，第 177 页。

奇生认为："在对象中的美，用数学的方式来说，仿佛在于一致与变化的复比例……如果在变化上是相等的，美就随一致而异。"[①] 这就是说，如果对象已体现了变化多样的美，那么，它那美的程度就随着"一致"程度的提高而提高。笔者也曾反复论证，认为"在艺术中，'不一'与'一'，是相反相成，紧密相关，不可须臾离的"，"而'一'又是'文之真宰'……必须有'一'，才能防止杂乱无章……消除杂多的差异面的各自独立，从而'一以贯之'"[②]。一室之内的家具群同样如此，"不一"中要见出统一来。关于"形"的统一，应要求众多家具大小比例协调，框架结构近似，构件雕饰一致，繁简、粗细、曲直、虚实统一。再从"色"和"质"的层面上看，木材的质地、色泽、纹理、硬度以及油漆加工等均要求统一，一句话，就是造型格式和艺术风格均应求统一之美。这一要求，是家具发展史进入成熟期、高峰期的必然结果。"这时期，家具的类型和式样除满足了生活起居的需要外，也和建筑有了更紧密的联系。一般厅堂、卧室、书斋等都相应地有几种常用的家具配置，出现了成套家具的概念。"[③] 鉴于对统一性之美的历史要求，这类成套家具，不但被称为"一套"，而且被称为"一堂"，这就是有机统一律的表现。"圣人抱一为天下式"（《老子·二十二章》），这也可借以为室内家具的律则。

苏州沧浪亭清香馆有一堂家具，均以福建榕树根制作，为广式树根家具。有卧榻、高几、圆台、圆凳、茶几、靠背、花架……众多的家具，盘根错节，形制各别，即使是同类家具，由于树根形态不一，也互有差异，但从整体看，其形式特别是色、质又高度统一。它们多姿多态、奇形怪状的美，就由于其一致的程度而倍增。

还需要附论的是，家具除了形式美、整体美而外，还有功能美和人工技艺美。功能美即台、凳、几、架的不同功用，这与合目的性相联结；而人工技艺美则是人的本质力量的投入和对象化。具体地说，例如要把极不规则的天然树根，制成适用、美观的合目的性家具，这需要设计者、工匠付出大量的工艺劳动，即投入包括智慧、意志、创造性等在内的精神力量和现实的肉体力量，掌握其原有形态、性质、纹理、硬度、可塑性等，而这又与合规律性相联结了。这用美学的语言说，就是要使家具成为"人类的生活的对象化"，制作者就必须"用内在固有尺度来衡量对象"，并"按照美的规律来塑造"[④]，这才能制作成合乎人的理想的"作品"。沧浪亭清香馆一堂树根家具，比例协调，融贯统一，是技术美的成果、艺术美的结晶，是人的意志毅力、聪明智慧、创造才能、审美理想的物化。

二、体量适称律

亚里士多德早就说过："美要依靠体积与安排"[⑤]。荷加斯也说："适应是与美相关的第一的和基本的自然规律"，"适应律把比例看成是一个确定不移的原则"[⑥]。这一美的规律用到家具设置上来，就是体量适称律。这就是说，家具的体量必须与建筑物室内空间的

---

① 北京大学哲学系美学教研室编：《西方美学家论美和美感》，第 98 页。

② 见金学智：《"一"与"不一"——中国美学史上关于艺术形式美规律的探讨》，《学术月刊》1980 年第 5 期第 64 页。

③ 刘敦桢主编：《中国古代建筑史》，第 338 页。

④ 马克思：《1844 年经济学－哲学手稿》，第 51 页。

⑤ 北京大学哲学系美学教研室编：《西方美学家论美和美感》，第 39 页。

⑥ 威廉·荷加斯：《美的分析》，第 8、9 页。

体量适称。"家具的体量"还是个集合的概念，其中除个体的空间体量外，还包括群体的数量，因为群体数量相加，也必然表现为占有空间的体量。因此，最理想的建筑设计方案是，在设计之初至少应把该室内家具的体量乃至数量同时予以考虑。刘敦桢先生主编的《中国古代建筑史》指出，明清时代"宫廷和府第，往往把家具作为室内设计的重要组成部分，常常在建造房屋时就根据建筑物的进深、开间和使用要求，考虑家具的种类、式样、尺度等进行成套的配制"①。这一概括，言之有据。《红楼梦》第十七回在写了潇湘馆"里面都是合着地步打的床几椅案"后，又有如下一段文字：

> 贾政……忽想起一事来，问贾珍道："这些院落屋宇，并几案桌椅都算有了。还有那些帐幔帘子并陈设玩器古董，可也都是一处一处合式配就的么?"贾珍回道："那陈设的东西早已添了许多，自然临期合式陈设。帐幔帘子……那原是一起工程之时就画了各处的图样，量准尺寸，就打发人去办的……"

可见，真正的有机设计，应与建筑同时画好画样，或量好尺寸，根据不同的个体建筑一一合式配就。今天，古典园林的管理，已不可能如此，但也应认真考虑，反复推敲，决不能草率马虎。如果室内空间大，而家具少或小，就不免空疏之憾（如苏州沧浪亭的明道堂就显得太空）；如室内空间小，而家具多而大，又不免塞实之弊……因此，处理室内空间和家具体量的关系，应讲究适称、尺度、比例等形式美的法则。

三、功能相应律

建筑物总是功能性实体，如前所述，不同的个体建筑，有其不同的功能。因此，建筑物室内空间的合目的性，必然也决定着家具的使用要求以及种类、式样甚至尺度等。对此，荷加斯曾指出：

> 众所周知，一些很美的形式，如果用得不当，也往往会显得令人厌恶。……对象的体积和比例决定于合目的性。正是这一点规定了椅子、桌子、所有的器皿和家具的大小和比例。②

园林建筑室内家具的体量、造型、组合的美，也是由合目的性所决定的。从室内的这种空间关系上，人们又看到了美和善的统一。姑以层高型建筑——楼为例，楼可以登眺，可以读书，可以居住，可以藏书画……此外，大者还可以宴会、娱乐等。陈淏子《花镜》写道：

> 楼开四面，置官桌四张，圈椅十余，以供四时宴会；远浦平山，领略眺玩；设棋枰一，壶矢骰盆之类，以供人戏；具笔、墨、砚、笺，以备题咏；硫璃画纱灯数架，以供长夜之饮；古琴一，紫箫一，以发客之天籁，不尚伶人俗韵。

这楼几乎成了文人墨客的多功能厅：琴棋书画，宴乐戏赏。据此，必然还应有与之相应的画桌、琴几等。在文震亨《长物志》等著作里，对不同个体建筑要求不同的家具设置，也有种种具体规定。当然，这类要求说得不免过细过死，但其总的精神是强调了功能相应律。因为忽视了这一规律，让家具和建筑物在功能上错位，违反了合目的性的"善"，那么，再精的家具，再美的型式，"也往往会显得令人厌恶"。值得一提的是，苏州怡园

---

① 刘敦桢主编：《中国古代建筑史》，第 338 页。

② 威廉·荷加斯：《美的分析》，第 23 页。

"石听琴室"，其不大的室内空间里，包括琴几、琴砖在内的家具、陈设似乎太多，似有拥挤之感，有悖于体量适称律。然而，这里毕竟是琴家聚集之所。一人抚琴，众人聆听，切磋琴艺，纵论古今，多一些几椅，正适应了琴室的功能，说明了这里并非人亡琴在，而是后继有人，艺事兴旺。由此也可见体量适称律、功能相应律等不是孤立绝缘，各自为政的，而是互为制约，交相为用的。

四、环境协调律

家具的置放，必须和所置放的环境相协调，也就是说，不但应在功能上协调，而且应在风格上协调。这里所谓环境，主要指内环境，即室内空间，但也应顾及外环境，即室外空间。

由于个体建筑各有其性格特色，经过命名后作为景点，更往往是个性独具，其内外空间往往是与众不同的"这一个"，这就要求家具及其陈设的置放也能与之协调，做到相生相发。先看《红楼梦》第四十回对探春秋爽斋的描写：

> 探春素喜阔朗，这三间屋子并不曾隔断。当地放着一张花梨大理石大案，案上堆着各种名人法帖……笔海内插的笔如树林一般；那一边设着斗大的一个汝窑花囊，插着满满的一囊水晶球的白菊。西墙上当中挂着一大幅米襄阳"烟雨图"，左右挂着一副对联，乃是颜鲁公墨迹……案上陈设着大鼎，左边紫檀架上放着一个大官窑的大盘……东边便设着卧榻拔步床（按，又称"八步床"，一种高腿大架的床——引者）……

这套家具和陈设，形态上突出了"大"、"满"或"多"，风格上突出了"爽"乃至"秋"，其总体风格是阔大雄健。这不但和探春阔朗大度的性格有关，而且和室内空间的阔大也密切相关。

苏州沧浪亭竹林环绕中有曲室小斋——"翠玲珑"，取苏舜钦"日光穿竹翠玲珑"（《沧浪怀贯之》）诗意，其室内方桌和"单靠"均刻为竹节纹，既适合家具造型和功能，又契合于室名诗意，而且家具秀雅、小巧、玲珑，件数又不多，与小斋空间颇为协调。柱上对联，也采用"此君联"形式，以竹为之。此外，悬画亦为墨竹，于是，室内之竹与室外之竹，互为呼应，可谓：竹中有竹，竹外有竹，风声竹韵，扫尽尘俗。这是家具陈设美与内外环境美相互协调而增值的佳例。

五、整体和谐律

什么是和谐？在西方，古希腊的美学家们就发表了精彩而且非常一致的见解——

> 和谐起于差异的对立……毕达哥拉斯派（柏拉图往往沿用他们的学说）也说：音乐是对立因素的统一，把杂多导致统一……（尼柯玛赫）
>
> 自然是由联合对立物造成最初的和谐，而不是由联合同类的东西。艺术也是这样造成和谐的……（赫拉克利特）①

这都是说，和谐不是相同因素的联合，而是对立、差异、多样的统一。中国古代美学，也有"和与同异"的著名论述，认为"和"并不是"同"，而是差异、对立的"相济"、

① 并见北京大学哲学系美学教研室编：《西方美学家论美和美感》，第1、2页。

“相成”（《左传·昭公二十年》）。

中国园林建筑室内空间里众多家具的置列，也十分注意整体“和而不同”（《论语·子罕》）的美学规律。这里以苏州园林厅堂的家具置列的和谐美为例作一简略剖析。在厅堂的几案类家具中，桌是最基本和最重要的，有方形、圆形、梅花形、六角形等多种桌面形式，也有半圆形、长方形等可以拼拆的结合形式，它们各有其不同的造型美，适应着不同厅堂性格功能的要求。除桌而外，厅堂中还有天然几，其几面特别狭长，紧靠着厅堂正面纱槅或屏门，用以陈设珍贵的瓷器、铜器、玉器等，它特别能增强厅堂内部空间堂正的气氛和古雅的情致。而供桌，则置于天然几前，其桌面短而足较矮，造型上与天然几形成方与长、广与狭、低与高的对比。至于花几，常置于天然几两侧，它的几面特小而足特长，由于有了这种秀拔挺立，又出现了一重对比。这样，天然几、供桌、花几，已从平面和立面上构成了大小长短不一、高矮广狭交错的造型组群，显示了江南厅堂家具陈设所特有的空间组合美。再看另一组，茶几放置在两椅中间，供会客休憩之用，它和椅子结成高低错落的美的造型组群，而两组几椅群又在两侧烘托着位居中央的供桌和天然几以及上方的书画，起着宾衬的作用，形成整齐对称的构图，从而体现了“统于一而缔构不棼”（笪重光《画筌》）的美学规律。几案类中还有琴桌，体量较小，常倚侧壁而设，它本身作为一种陈设而体现着偏副型的性格……在家具序列中，仅就几案、凳椅类而言，就有着多样的品类和型式，它们存在于厅堂内部空间，其体量或大或小，其造型或高或低，其位置或正或偏，其组合或聚或散，和其他家具互为联系，互为呼应，体现了诸多“对立因素的统一”，从而丰富和美化了厅堂建筑“和而不同”的内部空间，构成了和谐整体的工艺立体构图之美，并使室内空间真正成为“那个建筑的灵魂”。

第五节　园林建筑与古玩陈设的美学关系

在园林建筑室内空间，几桌上、地面上、墙壁上、博古架上以及壁间的陈设，被称为“古玩”、“清玩”、“古董”、“骨董”、“韵物”……其中绝大多数是古雅精美的工艺美术品①，甚至是极富艺术价值和历史价值的珍贵文物。其品类有瓷器、景泰蓝、玉器、铜器、漆器、供石及红木等类雕刻……②

正像园林室内空间少不了家具一样，室内空间和家具也少不了古玩陈设。这类陈设除了有一定的实用功能外，主要起着装饰美化和供人品赏的作用。试看如下两段文字——

> 原来四面皆是雕空玲珑木板，或“流云百蝠”，或“岁寒三友”，或山水人物，或翎毛花卉，或集锦，或博古，或万福万寿，各种花样，皆是名手雕镂，五彩销金嵌玉的。一槅一槅，或贮书，或设鼎，或安置笔砚，或供设瓶花，或安放盆景，其槅式样，或圆，或方，或葵花蕉叶，或连环半璧，真是花团锦簇，剔透玲珑。……且满墙皆是随依古董玩器之形抠成的槽子，如琴、剑、悬瓶之类，俱悬于壁，却都是与壁相平的。（《红楼梦》第十七回）

> 台之左，筑室三楹，匾曰“云梦馆”。左楹为寝室，贮彝、鼎、樽、罍、琴、剑

---

① 工艺美术可分为日用工艺和陈设工艺两大类，日用工艺也有陈设功能，且有向陈设工艺转化的可能。

② “古玩”还包括文房四宝、书画等。对于书、画、琴等，本书另有论述。

之属；右为便坐，贮经史、内典、法书、名画之属……后为松石山房。松石者，松化石也，产于括之松阳，肤理如松干……（顾大典《谐赏园记》）

前者是王侯府邸园林——大观园怡红院中的装修和古玩陈设，它把室内空间装饰得富丽繁艳，琳琅满目；后者是江南文人私家园林中的古玩陈设，它和古籍书画一起使室内空间洋溢着古雅情调和人文气息，其中有的也可说是室内空间的灵魂，如松化石就成了松石山房的主题。

“古玩”既是陈设品，又是收藏品，它还特别能作用于人的精神世界。明代大画家董其昌在《骨董十三说》中写道：“骨董，今之玩物也，唯贤者能好之……好其悦我目，适我流行之意……骨董非草草可玩也，宜先治幽轩邃室，虽在城市，有山林之致，……列而玩之，若与古人相接，欣赏可以舒郁结之气，可以敛放纵之习，故玩骨董有助于却病延年也。”文震亨的《长物志》，列述了古玩的某些品类，沈春泽也在序中说，鉴赏古玩能“挹古今清华美妙之气于耳目之前，供我呼吸”。综而言之，古玩陈设，有如下一组功能质：丰富人的文化生活，提高人的美学修养，充实人的心灵空间，导引人的心境情绪，或者说，它能令人发思古之幽情，超尘嚣之烦俗，悦审美之耳目，平偏颇之心态，舒郁结之胸怀，敛放纵之习性，适高雅之意趣，养虚静之神志……而这些功能，也正是古典园林合目的性的“善”的功能，或者说，是文化生态所生发的陶冶、净化功能。因此，古玩成了园林室内空间必不可少之“韵物”。从这点上说，园林和古玩陈设在功能方面也具有某种同构性，园林建筑和古玩陈设的美学关系是：不但园林空间需要古玩陈设，而且古玩陈设也需要园林空间。所以董其昌说，玩骨董应在城市山林，幽轩邃室……。

以下略述园林建筑空间（主要是室内空间）中主要的古玩陈设品类及其审美特征：

一、瓷器

瓷器有产地、种类、风格不同的种种名品。明代刘侗《帝京景物略》说：“窑器，古曰柴、汝、官、哥、均、定；在我朝，则永、宣、成、弘、正、嘉、隆万官窑。”柴窑的瓷器被誉为“青如天，明如镜，薄如纸，声如磬”，四句话形象生动地概括了它那色、光、形、声的美。再就瓷器表面的隐纹来看，官窑隐纹如蟹爪，哥窑隐纹如鱼子，定窑如泪痕，宣窑如冰裂、建窑如兔毫……也各有其美的个性形式，可谓“雅既入古，致又尽今”（《帝京景物略》）。这些瓷器的工艺要求极高，表现之一就是对瓷土、釉彩等物质材料的性能度的精确把握，而这正是工匠们世世代代反复实践、反复认识的结果。如是，精湛的技艺才能以其物化的静态造型被置于厅堂的天然几上或红木架上，供人品赏其质料、造型、装饰之三美，并由此辨认其产生的时代——唐瓷的异域情采、宋瓷的纯净一色、明清的精细繁艳……这是由其包括装饰风在内的时代审美情趣决定的。

二、景泰蓝

又称铜胎掐丝珐琅。“珐琅质器物，古称大食窑”，“为矿质，以硼砂、玻璃粉等，和以颜色，熔制而成，即为珐琅颜料”。“明景泰时最盛，制品特多，故传称为景泰蓝……制多蓝色，故以蓝名”（汤用彬等《旧都文物略》）。景泰蓝的制作，也要经过一系列复杂的工艺流程。它的物化成品，也表现为一种技艺美。颐和园仁寿殿内的“角端”，从实用角度看，它是熏香用的铜炉；从审美角度看，它呈独角瑞兽形状，外观造型十分奇特，色泽质地极为精良，系景泰蓝精品。仁寿殿中还有鼎炉、鹤灯等，也是景泰蓝的珍品，既有实用的功能，又有优美的造型，也是大量的工艺劳动对象化的结果。它们成双成对地被置于御座前列或两侧，炫耀着“九五之尊”的威严，渲染着华贵而神秘的情氛。

三、玉器

文震亨《长物志·器具》说：“三代秦汉人制玉，古雅不凡，即如子母螭、卧蚕纹、双钩碾法，宛转流动，细入毫发。涉世既久，土锈血侵最多……”北京北海白塔山广寒殿曾置列一墨玉大钵盂，称“渎山大玉海”。后移置团城玉瓮亭内，乾隆赐名为“玉瓮”。这一特大玉器，被陈置于汉白玉莲座上，直径四尺五寸，圆周一丈五尺，由一块特大的墨玉精工雕琢而成，外壁浮雕着鱼龙海兽出没于惊涛骇浪的种种形状，当时就被品为北京玉器三绝之一。不过，这一稀世珍品早已超越出作为陈设以美化室内空间的界阈——不是它充实玉瓮亭，而是玉瓮亭为它而建，它已独立自主地构成了一大景观。从本质上看，这一景观也就是人工技艺美的景观，因为材质再美，玉不琢，不成器。

四、青铜器

青铜器的原料是铜和锡等的合金，它韧度高，耐磨性好，抗腐蚀性强，光泽美观。铜器的制成，要经过采矿、熔炼、制模、翻范……所以它首先突出地表现为科技美。关于铜器的品类，《长物志》认为，“鼎、彝、觚、尊、敦、鬲最贵；·1、 、罍、觯次之；Ł7、簠、钟注……又次之”。就以北京紫禁城御花园钦安殿院门前的铜香炉来说，其科技美首先表现为特殊的品类需要特殊的合金成分配制，传统的工艺有“钟鼎之齐（剂），六分其金而锡居一”（《考工记》）的规格。再从器物外观造型上看，它重檐，两耳，圆腹，三足，遍布着种种纹饰，寓杂多于统一，体现出庄重、稳实、浑厚、典丽的审美风格，同时也展现了人的工艺技术的本质力量。不过，这一大型铜质工艺品，已不属室内陈设，而走向了室外。

五、大理石屏

江南园林室内常有天然大理石挂屏、插屏或大理石的其他陈设。文震亨《长物志·水石》说：“大理石，出滇中，白若玉、黑若墨为贵……但得旧石，天成山水云烟，如‘米家山’，此为无上佳品。古人以镶屏风，近始作几榻”。这种屏风或家具上的大理石，呈现出种种烟云变灭，山水模糊的意象，如在其上画龙点睛地加一画题，就是一幅诗书画三绝综合而成的“米家云山”。这是一种地道的天然图画，然而又离不了人意的剪裁点染，镶嵌加工，从而成为艺术佳品。苏州留园“五峰仙馆”有大理石大型圆屏，镶嵌在红木座架之上。石上有这样一则题跋：

> 此石产于滇南点苍山，天然水墨图画。康节先生有句云：“雨后静观山意思，风前闲看月精神。”此景仿佛得之。
>
> 平梁居士

就画面来看，山川迷蒙，烟云吞吐，风物隐约，水墨渗漉，可说已臻于“元气淋漓障犹湿”（杜甫《奉先刘少府新画山水障歌》）的境地。然而更妙的是空中恰好有一天然圆纹，似日如月，题跋者借用邵康节的诗句来渲染、生发，描绘了雨后月下山水的朦胧美。《易·系辞上》说："形而上者谓之道，形而下者谓之器。"上引这则题跋的精神功能突出地表现在，它使"形而下"的"器"蒸发为"形而上"的"道"，渲染成为一幅画意浓郁、不可多得的写意山水杰作。

此外，园林建筑室内的古玩陈设还有其他品类（如供石等，下文也将涉及），不一一列举。

建筑是园林美物质性建构的首要元素，在园林美的物质性建构序列中，它起着领奏的作用。中国古典园林建筑无论是内形式还是外形式，无论是内部空间还是外部空间，无论是这种类型还是那种类型，无论是构筑立面的总体还是装饰性的细部以及室内的家具、古玩陈设，都体现着迥异于西方的独特民族风格，它除了满足人们多层面的实用功能要求之外，还以其种种独特的形式美满足着人们种种不同的审美需求。

第二章　山水之美：艺术化了的生态环境

——物质生态建构要素之二

人不是凭虚御风的仙子。人们总要依附、生息于大地之上，而大地除了平坦的陆地之外，不是山，就是水。山和水，是人类赖以生存的重要生态环境。《管子·水地篇》说："地者，万物之本原、诸生之根菀也。""水者，何也？万物之本原也。"这是中国早期生态哲学的重要思想之一，也是中国园林美学赖以建立的重要根基之一。这一认识，同时在古老的《周易》中也有所反映。所谓"八卦"，其实就是先民概括出来的和人发生关系的种种最基本的自然现象，其中"坎"、"艮"两卦，就代表水和山。《易·说卦》认为："润万物者，莫润乎水。终万物始万物者，莫盛乎艮。"这是以朴素的哲学观点，概括了山水对于万物和人类的重要的生态功能。

人们不仅在现实的领域里和山水建立物质生态的交换关系，而且继而在审美的领域里和山水建立精神生态的交换关系。早在春秋时代，孔子就有"知者乐水，仁者乐山"（《论语·雍也》）的意趣隽永的名言，给后人以无尽的品味和深远的影响。从战国到汉代，思想家们对观山观水之类的问题，就见仁见智地发表了种种见解。到了魏晋特别是南北朝时代，山水已成为审美领域中的重要对象，满足着人们多方面的审美需要。见诸历代著名的诗文，例如——

非必丝与竹，山水有清音。（晋·左思《招隐》）

山水，质而有趣灵。……山水以形媚道，而仁者乐。（南朝宋·宗炳《画山水序》）

昏旦变气候，山水含清晖。清晖能娱人，游子憺忘归。（南朝宋·谢灵运《石壁精舍还湖中作》）

山川之美，古来共谈，高峰入云，清流见底……（南朝齐、梁·陶弘景《答谢中书书》）

落日山水好，漾舟信归风。（唐·王维《蓝田石门精舍》）

桂林山水甲天下，绝妙漓江秋泛图。（清·金武祥《遍游桂林山岩》）

作为审美主体，诗人画家们凭着山水这个生态客体，展开了精神世界的丰富性：感觉、知觉、快感、美感、联想、想像、感情、理智……。山水，已成为人们由衷的生态追求，成为人们精神生活的重要组成部分，因此，在平日，虽身不能至，却心向往之。于是，山水园早就出现于中国园林史上。

山水，是园林美物质生态建构序列中必不可少的要素。在小型或微型的宅园里，往往不可能容纳体量较大的山水，只能代之以泉石，于是，坐石品泉就带有游山玩水的性质，不过这主要是静观而不是动观了。泉石是缩小了的山水，山水是扩大了的泉石。在大型宫苑或大型、中型宅园里，既有山水又有泉石，而且水、泉往往相互沟通，山、石也往往相互因依。

为了论述的有序性，本章先论山石，次论水泉，并把不能离水而独立的个体建筑以及离不开水的禽鱼作为水的附类而一起加以论述。

第一节　品石美学的范畴系列

在中国古典园林里，石是园之“骨”，也是山之“骨”。它既是山的组成部分，又可独立地作为山的象征，一片石可以视为一座山峰。从理论上看，《礼记·中庸》云：“今夫山，一卷（拳）石之多……今夫水，一勺之多……”对此，文震亨《长物志》进一步将其提升为“一峰则太华千寻，一勺则江湖万里”的警策之语。具体地看，不但石对于造园有多种用途①，而且名石还往往是镇园之宝，故而论山必先论石。

中国有着悠久的石文化史，中国人特别是中国文人有着特殊的恋石情结。对于这一点，拟留待第七编园林审美文化心理系列中详论。在唐代，赏石名家牛僧孺曾说：“念此园林宝，还须识别精。”（《李苏州遗太湖石奇状绝伦因题二十韵奉呈梦得乐天》）这是指出了园林中品石、鉴石的重要性。本节拟重点论述品石范畴系列。

在宋代，已有很多品石之谱出现。杜绾的《云林石谱》，汇集了灵璧石、太湖石等可供造园点景、陈设玩赏的石品一百余种，载其出产之地，叙其采取之法，详其形、色、质、声，品其高下优劣。与此相先后，常懋的《宣和石谱》、范成大的《太湖石志》、渔阳公的《石谱》等一批品石专著相继问世。随着时间的推移，采石用石的范围也不断扩大，如明代计成《园冶·选石》仅收十余种，但已超出了《云林石谱》之所搜罗。

既然园林用石的产地广，品类多，那么，究竟哪一种最优呢？在品石鉴石蔚为风尚的唐代，大诗人、著名造园家、赏石家白居易在著名的《太湖石记》中就指出：“石有聚族，太湖为甲，罗浮、天竺次焉。”一锤定音，这在当时已代表了人们的共识；今天，已成为历史的结论。

前人对于以太湖石为代表的具体的石评，主要集中于以拜石著称的米芾所流传的四字或三字，它既脍炙人口，但记载又有所不一。举历代有代表性的说法如下——

> 元章相石之法，有四语焉：曰秀，曰瘦，曰雅，曰透。四者虽不尽石之美，亦庶几云。（宋·渔阳公《石谱》）
>
> 米南宫相石法，曰瘦，曰秀，曰皱，曰透。（明·范明泰《米襄阳志林》）
>
> 言山石之美者，俱在透、漏、瘦三字……（清·李渔《闲情偶寄·居室部》）
>
> 米元章论石，曰瘦，曰绉，曰漏，曰透，可谓尽石之妙矣。东坡又曰：“石文而丑。”一“丑”字则石之千态万状，皆从此出。彼元章但知好之为好，而不知陋劣之中有至好也。东坡胸次，其造化之炉冶乎？燮画此石，丑石也，丑而雄，丑而秀。（清·郑板桥《题画·石》）

这些已初步形成了系列的品石美学范畴，它们自宋至清，互有出入，但至迟到郑板桥已凝定为现今所广为流传的“瘦”、“皱”、“漏”、“透”四字，郑板桥对此还作了补充和演绎。这说明传统既含精粹，又有不足，应加以新的解读、补充和发展。鉴于此，笔者由此进一步上溯下觅，广搜旁罗，删去其中“雅”、“奇”等几乎普遍适用的范畴，然后从新的视角将相同、相近、相似者加以归并，划分为与“神”、“情”、“气”、“韵”相联系的

---

① 石在园中除用来作立峰、散置石、题名石和叠山外，还可作屏石，叠池岸、花坛和天然石桥，围合或铺砌道路，作蹬道、“涩浪”以及室内的供石陈设等。

"形"的品评范畴系列和主要表现为形式美的品评范畴系列，并例证、诠释如下：

一、与"神"、"情"、"气"、"韵"相联系的"形"的品评范畴系列

（一）瘦（秀、清）

石无所谓肥瘦。所谓肥瘦，其实是对人的形体美的品评，如"燕瘦环肥"就是。至于秀，其概念大于瘦，还含有状貌优美、才品出众等义。从美学上看，秀美又以其阴柔婉约区别于阳刚、崇高或壮美的范畴，其风格内涵还可涵盖透漏之巧（如巧秀）。而"清"的概念，也相连于瘦，如清瘦；又相通于秀，如清秀。

评石曰瘦，这种人石互喻的审美风气，可上溯至魏晋时代。当时的人物品藻，常借山石以喻人——

> 王公目太尉，岩岩清峙，壁立千仞。（《世说新语·赏誉》）
>
> 世目周侯，嶷如断山。（《世说新语·赏誉》）
>
> 嵇康身长七尺八寸，风姿特秀……山公曰："嵇叔夜之为人也，岩岩若孤松之独立；其醉也，傀俄若玉山之将崩。（《世说新语·容止》）

这都是以山石来比拟人的风姿，而且特赏其"清峙"、"身长"、"壁立"、"特秀"，这些都是瘦秀或近似瘦秀之美。尔后，进一步发展到品石时，就倒过来以人拟石，也要求其瘦秀了，如李渔品石所释："壁立当空，孤峙无依，所谓'瘦'也。"（《闲情偶记·居室部》）

瘦，是对峰石总体形象、身段姿态的审美要求，即要求耸立当空，具有纵向伸展的瘦长体形，或苗条如亭亭玉立、楚楚纤腰的美女；或秀挺如清峙独立、高标自持的君子。其审美实例，可见于园林里立峰的品题。明代王世贞《弇山园记》说，园中有湖石名"楚腰峰"，这是用"楚王好细腰"之典，突出其瘦秀之美。清代常熟燕园室前有三片湖石，均偏于瘦秀，因名室曰"三婵娟室"。这也将其视为身材秀长的美女了。今天无锡寄畅园还有特瘦的"美人石"，这亦是将其比作"君子好逑"的"窈窕淑女"。以上诸峰的阴柔的女性美，既是峰石自身美质的形象显现，更是品石家细赏精鉴，神与物游，以情悟物的结果。还有意思的是，苏州曾有真趣园，逸叟《中峰赞》写道："挺然不倚，玉立长身。岩岩物表，瞻者悚神。俨若君子，拔乎等伦。"这又是把瘦石比作修长而有骨气的君子了。至于王世贞《弇山园记》说，"一峰俨若垂绅者，曰'端士'"，也属这类比拟性品评，令人如见俨然瘦石的形象和神韵。

中国古典园林里瘦秀之极品，当推苏州留园著名的冠云峰【图23】。它独立当空，孤高无依，颀长而多姿，秀美而出众，而那S形的身躯，又令人联想起维纳斯体形的曲线美。笔者曾以"独拔群峰外，孤秀白云中"（南朝陈·定法师《咏孤石》）的咏石名句，来品评其清秀绝伦的神采姿韵①。

（二）通（透、漏、巧、穿眼、玲珑、嵌空）

这是太湖石更为重要的审美特征。"透"、"漏"二字，其解释历来有种种：或释为有很多以横向为主、前后左右相通的孔和以纵向为主、上下相通的孔；或释为有孔彼此相通，若有路可行和石上有眼，四面玲珑；或释为多较大的罅穴和多比较规则的圆孔；或释为空窍较多，通透洞达和坑洼较多，穿通上下左右……它们之所以互有差异或分歧，就在

---

① 《留园》画册，长城出版社2000年版，第114页。

于此二字虽主要把握住了太湖石之类的美，但词义不免模糊交叉，难以明确地分清各自的界限。其实二者可一之以“通”字，使其包容以上各家解释，而且这早已见于诸家石谱，如——

颇多嵌空洞穴，宛转相通，不假人为，至有中虚可施香烬，静而视之，若云烟出没岩岫间。（《云林石谱·林虑石》）

石多穿眼相连通，可出香。（《云林石谱·镇江石》）

石多穿眼相连通，可掇假山。（《园冶·选石·岘山石》）

一种扁薄嵌空，穿眼通透。（《园冶·选石·湖口石》）

嵌空穿眼，宛转相通。（《园冶·选石·英石》）

嵌空、洞穴、中虚、穿眼、相连、出香、通透，都是“通”的表现。尤其值得注意的是，咏石诗中也不乏以“通”品石的佳句名言。如：“玉女窗虚处处通”（苏轼《壶中九华》）；“中函圭窦通空灵”（曹寅《砚山歌》）；“仇池窦穴通精灵”（高凤翰《拾得山溪奇石制为研山喜而作诗》）……这些诗句还富于哲理意蕴。以中国哲学精神来透视，太湖石的透漏之孔，是自然造化为其“凿开混沌窍”（朱长文《玲珑石》），赋予了三维空间坚硬实体以穿眼宛转、剔透玲珑、窦穴通达、虚灵嵌空的充分表现。这不但能生成丰富奇异的审美景观，而且符合于“气为本”“虚而灵”的传统美学思想。这种空窍虚中之美、透气通神之妙，与中国古典哲学观也是相通的。《管子·内业》说：“泉之不竭，九窍遂通。”这正是写出了通窍的造物过程。《老子·五章》说：“天地之间，其有犹橐籥乎？虚而不屈，动而愈出。”天地之间通透得像风箱，因而空虚而不会穷尽，流动而生生不息。《庄子·齐物论》则说，“众窍为虚”；《人间世》也说，“唯道集虚”。“虚”，正是道家学说的核心。《淮南子·精神训》也有这样的命题：“夫孔窍者，精神之户牖也。”为什么中国文人特赏太湖石的通透虚灵之美，只有升华到“气”、“神”、“太虚”、“元气”的哲学境层来看，才能予以真正的、本质上的解答；而中国文人写意园之所以总是“楼阁虚邻”（《园冶·装折》），

图23　独拔群峰外，孤秀白云中
——苏州留园冠云峰（陆　峰摄）

“门窗轩豁”（钱泳《履园丛话》），也只有提到这个本体论层面上才能真正得以透彻理解。由此看来，中国太湖石和中国古典园林在某种程度上存在着一种异质同构、异形同气的关系。因此，上引诗中“处处通”、“通空灵”、“通精灵”不约而同地出现，也不是偶然的。

作为抽象雕刻，太湖石的透漏之美，还可以在和西方雕刻的比较中见出。纵观西方古代雕刻，大抵倾向于大块的体积造型，多团块实体之固而无嵌空玲珑之奇，作品很少着眼于审美意义的孔穴。直至英国现代派雕塑家亨利·摩尔才把孔穴作为雕刻理论提了出来，认为“洞本身和实体具有同样的‘形体’的意义”，它“可以把这一边和那一边联系起来，使雕刻立即增加了三度空间的感觉”，“洞的动人之处就是山间顶峰的穴洞产生的那种神秘的想像”，等等①。正因为西方雕刻史上孔穴美的创造性发现，所以摩尔作品中的孔穴被誉为“摩尔之孔”。有人研究，这是受了中国太湖石的启发。这适足以说明太湖石作为自然天成的雕刻品，其透漏孔穴的“形体意义”，有着既特殊（纯粹东方的），又普遍（相通于西方）的美学价值。

图 24　玉峰面面滴空翠

——上海豫园“玉玲珑”（缪立群摄）

在中国石文化史上，通透之美的名石，有苏轼所咏“玉女窗虚处处通”的“壶中九华”，米芾宝晋斋八十一孔、中空外奇著称的湖石，米万钟千蹊万径，穿孔钩连，通透洞达的英石……。至于现存名园里立峰的通透之美，当推上海豫园的“玉玲珑”【图 24】。这一宋代“花石纲”遗漏下来的奇石，高达一丈有余，形如千年灵芝，遍体都是大孔小穴，宛转相通，以至达到了《云林石谱》所说“出香”的极致，而陈维城则依据中国哲学的“气本”说，写下了绝妙的《玉玲珑石歌》：

> 一卷奇石何玲珑，五丁巧力夺天工。不见嵌空皱瘦透，中涵玉气如白虹……石峰面面滴空翠，春阴云气犹濛濛。一霎神游造化外，恍疑坐我缥缈峰。耳边滚滚太湖水，洪涛激石相撞舂。庭中荒甃开奁镜，插此一朵青芙蓉。

这是对通透美的一阕赞歌。它以丰富的想像，摅写了玉玲珑的产地——苏州洞庭山缥缈峰；成因——“因波涛激啮而为嵌空，浸濯而为光莹”（范成大《太湖石志》）等。上引《玉玲珑石歌》第一、二句还说明了“通透”与“巧”、“玲珑”的一致性，而“玉玲珑”本身之名、《园冶·选石》“取巧不但玲珑”之句，也均可为之佐证。至于足以与玉玲珑媲美的，还有

① 转引钱绍武：《关于雕刻美》，载《美学专题选讲汇编》，中国广播电视大学出版社 1983 年版，第 391 页。

原苏州织造署花园（现第十中学）的瑞云峰【图25】。这一“花石纲”之遗，虚实错综，阴阳开合，气息流通，形神兼得，也臻于洞达虚灵的极致。明代袁宏道品为“妍巧甲于江南”（《园亭纪略》），通透之虚也通于妍巧之秀了。这里的“巧”，主要就是品其通透。

另外，王世贞《弇山园记》说：“一峰多嵌空而不能透，曰‘逗云’。”这也是《园冶·选石》所说的“坳坎”、“弹子窝”，它也应附属于本范畴。

图25　千态万状，众窍为虚——原苏州织造署花园瑞云峰（郑可俊摄）

（三）丑（怪、诡、险）

上文所引郑板桥的《题画·石》，从米芾的四字出发，并据苏轼“石文而丑”之语增一“丑”字，认为“石之千态万状，皆从此出”。这也极有识见，但并非创见。在唐代，白居易《双石》诗就写道：“苍然两片石，厥状怪且丑。”宋代早于苏轼的范仲淹《居园池》也有“怪柏锁蛟龙，丑石斗貔虎”之句。其后，《宋书·米芾传》也说：“无为州治有巨石，状奇丑。”如此等等。可见，在唐宋时代，以丑怪品石已不是个别的现象，不过苏轼影响更大而已。而郑板桥则将“丑”作为品石范畴予以拈出，认为“陋劣之中有至好”，更引起了普遍的注意。刘熙载《艺概·书概》还进一步阐发道：“怪石以丑为美，丑到极处便是美到极处。一‘丑’字中，丘壑未易尽言。”这也极有理论深度，其中“丘壑”拟略作解说，这决不是说美丑不分，或二者可以划等号。“以丑为美”的命题，应放在风格美的领域里解读才更有价值①。在石文化的领域里，“丑”字恰好概括了“石之千态万状”，千奇百怪，这正是“怪石以丑为美”的最主要之点。而白居易、范仲淹等也都这样地把“怪”、“丑”二者有机地联系起来，交叉叠合在一起的。再从形式美的视角看，

---

① 详见金学智：《书概评注》，上海书画出版社1990年版，第239～240页。如傅山论书所说的“宁丑毋媚”、“领略丑中妍”。又见金学智：《中国书法美学》下卷，第820～837页：“丑的美学”，“不在风格美之外的丑”。

西方的博克指出美的性质有——“光滑”；“各部分见出变化”但又“不露棱角”；各部分线条“不迅速地变换方向使人觉得意外，或者以它的锐角引起视觉神经的痉挛”等等①。而丑石则相反，它表面粗糙不平，皴皱纵横，层棱起伏，锐角廉利。如《园冶·选石》就说：太湖石“于石面遍多坳坎”，英石则“多棱角”……这些都有悖于形式美的光滑、平缓等特征，与博克关于美的标准背道而驰，故称之为“丑”是很恰当的。

丑不但与“怪”相通相当，而且又可含“诡”、“险”于其内。“诡”、“险”也是品石常用术语，如——

> 乃是天诡怪，信非人功夫……厥状复若何，鬼工不可图。（皮日休《太湖石》）
>
> 太湖石……有嵌空穿眼、宛转险怪势。（计成《园冶·选石》）
>
> 诡石居然云片青，松风吹窍韵清泠。”（乾隆《再题青云片石》）
>
> 依然诡石垒倾崎……（乾隆《池上居四咏·石》）

“诡”，与一般的丑怪有所不同，它还具有千态万状，幻变离奇，出人意外，令人莫测之意，带有一种神秘的魅力，是一种“鲸呿鳌掷，牛鬼蛇神”（杜牧《李长吉歌诗序》）般的谲诡之美，是一种移步换形，可惊可畏的动态之美。唐代一些影响极大的赏石家们，对于太湖石这种丑、诡之美描述极多。例如——

> 嵌穴胡雏貌……飞动向雷霆。（刘禹锡《和牛相公题姑苏所寄太湖石》）
>
> 富哉石乎！厥状非一……有如虬如凤、若跧若动、将翔将踊，如鬼如兽、若行若骤、将攫将斗者。风烈雨晦之夕，洞穴开呺，若欲云喷雷，嶷嶷然有可望而可畏之者……（白居易《太湖石记》）
>
> 掀蹲龙虎斗，挟怪鬼神惊……丑凸隆胡准，深凹刻兕觥。雷风疑欲变，阴黑讶将行。（牛僧孺《李苏州遗太湖石奇状绝伦因题二十韵奉呈梦得乐天》
>
> 或拳若虺蜴，或蹲如虎貙。（皮日休《太湖石》）
>
> 槎牙真不材，反作天下彦……旁穿参洞穴，内窍均环钏。（陆龟蒙《太湖石》）

这种槎牙不成材的美，陋劣谲诡中的至好，这种幻变叵测、厥状非一的丑石，给赏石家们提供了联类不穷的想像空间，如乾隆所咏原北京圆明园的“青云片”【图 26】（今存北京中山公园），可算是诡石的代表。

（四）拙（顽、痴）

“拙”是中国美学的重要范畴，为“巧”之反。在古代，一些正直或失意的文人往往信奉道家“大巧若拙”（《老子·四十五章》），“大智若愚”（苏轼《贺欧阳修致仕启》），“故将得道，莫若守拙”（《老子·三十二章》王弼注）的哲学，如柳宗元名其园为“愚溪”，邹迪光名其园为“愚公谷”，谢臻《四溟诗话》还说：“千拙养气根，一巧丧心萌”；“返朴复拙，以全其真”。这些内在之拙，常外现为特定的形式之拙。

计成正是从巧拙相对的哲学、美学思想出发，在高度评价太湖石瘦透漏皱之“巧”的同时，也充分肯定了黄石之拙。《园冶·选石》写道：

> 取巧不但玲珑，只宜单点；求坚还从古拙，堪用层堆……古胜太湖，好事只知“花石”；时遵图画，匪人焉识黄山。……黄石是处皆产，其质坚，不入斧凿，其文古拙……俗人只知顽夯，而不知奇妙也。

---

① 北京大学哲学系美学教研室编：《西方美学家论美和美感》，第122页。

图 26　飞舞青云，卷涌波涛——原北京圆明园“青云片”（蓝先琳摄）

这既指出了“拙”与“巧”的区别，又揭示了“拙”与“顽”的联系。以黄石为代表的石种，它们或顽夯，或愚憨，或笨痴……往往为俗人所鄙视，却为赏石家们所钟爱，所赞美。集录一组诗文于下——

余见其弃地下一白石，高一丈，阔二丈而痴，痴妙。（张岱《陶庵梦忆·于园》）

顽然一块石，卧此苔阶碧。雨露亦不知，霜雪亦不识……（郑板桥《石》）

有志归完璞，无材去补天。不求邀众赏，潇洒做顽仙。（曹雪芹《自题画石》）

夫石，顽然者也。今是峰……凛然有不可犯之色，虽不秀而顽，亦顽而介矣！（刘恕《晚翠峰记》）

补天填海两无缘，千古痴绝笑米颠。荣辱升沉云过眼，一拳水石自悠然。（今人魏嘉瓒《石韵》）

痴顽，也就是愚拙。上引诗文中这类品格和形象，正是特定社会环境中文人们的自我化身或写照。诗人画家们在咏石画石的同时，或倾吐自己的满腹牢骚，或显现自己的一身傲气，或表现自己返璞归真的意愿………所以王世贞《弇山园记》写道：“俯径之峰，其拙者曰‘似傲’……拙而大者曰‘太朴’。”而从美学的视角看，这类形象，或古拙，或朴厚，或混沌未凿，或阳刚方硬，粗豪盘礴而不瘦秀玲珑，原始囫囵而不灵巧宛转，这类形式的美或内容积淀为形式的美，在品石范畴系列中可谓别具一格。

（五）雄（伟、高大；附论“小”）

雄，是中国美学的又一重要范畴。司空图《二十四诗品》第一品就是“雄浑”：“大用外腓，真体内充。返虚入浑，积健为雄。具备万物，横绝太空。”雄，突出地表现为体量之大，气势之充，它可含“伟”、“高大”等于其内。计成论选石，特别重视雄伟之品。他指出——

太湖石……以高大为贵，惟宜植立轩堂前，或点乔松奇卉下，装治假山，颇多伟

观也。(《园冶·选石》)

伟石迎人，别有一壶天地。(《园冶·门窗》)

这种伟观，也就是“雄浑”之美。郑板桥在《题画·石》中评丑石，提出了“丑而雄，丑而秀”的精辟观点。这不但说明“雄”、“秀”均可统一于“丑”，而且在石文化领域正式提出了“雄”和“秀”这对重要的美学范畴。“秀”已如上论，至于“雄”却与之相反，它不是瘦秀、玲珑的阴柔美，而是雄伟、崇高的阳刚美。郑板桥《石》写道：“老骨苍寒起厚坤，巍然直拟泰山尊。”这当然不是秀而是雄，具有一种雄浑磅礴的气势。

在中国园林史上，宋徽宗赵佶建造艮岳，对伟石特别青睐。祖秀《华阳宫记》云：

“神运峰”广百围，高六仞，锡爵“盘固侯”。居道之中，束石为亭以庇之，高五十尺，御制记文，亲书，建三丈碑附于石之东南陬……又有大石二枚，配“神运峰”，异其居以压众石……置于寰春堂者，曰“玉京独秀太平岩”；置于绿萼华堂者，曰“卿云万态奇峰”。

这不但著称于石文化史，而且显示了皇家园林往往喜爱伟石。现存园林里伟石之最，当推颐和园为乾隆所赏的“青芝岫”【图 27】。这块让明代“石痴”米万钟望洋兴叹、停于半途而无力运归的房山大石，后被乾隆运至宫苑之内，同时，还伴以诡幻通透的“青云片”石。其《青云片歌》不仅突出了“大青小青近相望”的对比性联系，而且用“彼以雄称此通透”一语点出了“二青”的风格之异。诗中以一个“雄”字准确地概括了青芝岫巍然磅礴、覆压重深的雄浑之美。人们也据此爱把雄伟阔大的青芝岫称为“雄石”，而把青云片称为雌石（因其较小而玲珑通透，近于阴柔之美）。当然，青芝岫也略带玲珑之美。还值得一评的是，而今吴江静思园有一灵璧大石——庆云峰【图 28】，也历尽曲折艰辛才运至园内，巍然耸立于石座之上，这可看作是北方皇家园林风格因子的“南渐”。该石呈黑色，其上遍布难以数计的“穿眼”、“弹窝”以“开其面”，并臻于“出香”之致，这适足以美化其横空出世的崇高形象，助成其“返虚入浑，积健为雄”的风格之美，它已被评为世界吉尼斯之最。至于冠云峰、瑞云峰等，未尝不可称伟石并且列于“雄”的范畴，因为它们比起一般的立峰来，其体量确乎可说鹤立鸡群，但一是以其瘦秀玲珑，二是其体量比起青芝岫、庆云峰的庞然大物和磅礴气势来，毕竟相形见绌，故尚不能称雄。

与“雄”、“伟”相对待的是“小”，这也有审美价值。因为这“小”不是单纯的体量之小，更主要的是小巧玲珑，美观可爱。如苏轼所咏赞的“壶中九华”，米芾所宝爱“一尘具一界”(《砚山诗》)的砚山，范成大的“小峨嵋”等。这类微型美石，作为园林的室内清供，审美效果也极佳，也能使园林增值。

（六）峭

有一类石，或如笋、剑般劲挺锋锐、干霄直上，或如悬崖般峻拔而起、陡削壁立，这种不应忽视的风格美，可用唐人窦蒙《述书赋语格字例》中语来概括：“峻中劲利曰峭。”其主要石种，如石笋、斧劈石、剑石等。当然，太湖石等也可能有此类造型。

从历史上看，唐代平泉山庄就有远道而来的劲峭的海峤石，李德裕《海上石笋》诗以“亭亭孤且直”之语加以赞美。在明代，文徵明有《剑石为徐君作》诗：

片石倚空千仞苍，廉铦巑岏古干将。贞姿利用心难转，介气冲霄玉有光。迥觉崚嶒森秀色，依然齿齿见寒铓。灵根应自昆吾出，夜夜金精烛草堂。

图 27　返虚入浑，积健为雄——北京颐和园青芝岫（蓝先琳摄）

图 28　岹峣磅礴，通透顽拙——吴江静思园庆云峰

（静思园提供）

王世贞在《弇山园记》也写道，环玉亭旁有“独劈而上”的“劈峰”。这些都具有峻峭劲拔的美。

清代苏州留园主人刘恕《石林小院说》云：“院之东南绕以曲廊，有空院盈丈，不宜于湖石，而宜于锦川石。”可见这一类锦川石也有峭拔纵长的特征，又更说明峭石有其特殊的造景功能。如今该处则有孤直的斧劈石峰，与修竹为伍，大概就是留园十二峰中的“干霄峰”。当年，该园主宾们曾为之吟诗作画。诗云——

> 耿耿青天插剑门，雕云镂月有陈根。孤庭独立三千丈，万笏吴山一气吞。（刘恕《干霄峰》）

> 一笏插青天，经历几岁年。只有斧劈处，常自生云烟。（王学浩《干霄峰》）

在艺术想像的空间里，峭石有其独特的审美景效，是其他石种不能代替的。孤直、独立、劲挺、峻拔、英锐、耿介、干霄……这就是“峭”之风格美的种种表现，它在品石的美学领域应占一席之地。

二、主要表现为形式美的品评范畴系列

（一）色

色彩是诉诸视觉的最普遍也最重要的形式美因素。早在神话时代，先民们就直感于奇石的颜色美。女娲所炼的补天之石，是五色的，似乎这种美石更有神奇的功效。而《山海经》中，也有青碧之石、“白者如冰，半有赤色”之石、“五色而文”的“帝台之棋”石……

到了美石被广泛采用的宋元明清时代，造园、品石更重石色。计成在《园冶·选石》中，几乎每石必评其“色”，如太湖石，“一种色白，一种色青而黑，一种微黑青”；昆山石，“其色洁白”；宜兴石，“一种色黑……而黄者，有色白……者”；宣石，“其色洁白……俨如雪山”；英石，“一微青色……一微灰黑，一浅绿”；散兵石，“其色青黑”；锦川石，“有五色者，有纯绿者”，等等。再看在现存园林中，青黑或青灰色的太湖石、黧黑或青黑色的灵璧石、青黑的英石、黄褐色的黄石、灰绿色的石笋等，随处可见，它们还有不同的色差和品级，给人以不同的美感。至于供石，其色彩就更丰富了。

石色种种，各有其美。对此，古代文人似乎尤推崇青色。刘恕《晚翠峰记》说：“嵌空玲珑，以青色者为最……每当霜余月下，启窗望之，暗然油然咏白太傅‘烟翠三秋色’句，乃知其佳，视他峰为尤胜也。”这或许是由于文人雅好山林或尊崇白居易的缘故。

（二）质

质，是石的质地美。对于石质的品评，除了也要依靠视觉外，主要应靠抚摩的触觉，这才能更好地感知、品赏。

古代石谱在评石色的同时，往往兼评其质。如计成《园冶·选石》评太湖石，“其质文理纵横”；昆山石，“其质磊块”；宜兴石，或“质粗”，或“质嫩”；岘山石，“清润而坚”；英石，“其质稍润”；散兵石，“其质坚”；锦川石，“色质清润”；六合石子，“温润莹彻”……这里，所谓“粗”、“嫩”、“润”、“坚”等，均为不同的质。但是，《园冶》把“磊块”、“文理纵横”亦称为质，似不妥，准确地说，这主要应属于米芾所说的“绉”或下文所要论的“文”了。由此也可见，“质”的概念，有其多义性或多面性，不易把握，更不用说联系地质学及其分支等现代学科来作理性判断了。但是，这类或坚或嫩、或粗或细、或润或枯的自然质，诉诸人们的视觉特别是触觉，能满足人们区别于颜色美的不

同的审美需要。

（三）皱（皴）

“皱”、“绉”由于其意明显，历来解释不多。其实要探寻其内涵并进一步领略品赏，还得联系古代山水画论所说的皴法——

> 落笔便见坚重之性，皴淡即生洼凸之形。（郭若虚《图画见闻志》）
>
> 是皴也，开其面。（石涛《画语录·皴法章》）
>
> 依石之纹理而为之，谓之皴。皴者，皱也，言石之皮多皱也。（沈宗骞《芥舟学画编·作法》）

上引画论说明：皴即是皱，皱即是皴。或者说，皴就是山水画艺术中的“皱”，皱就是自然山石上的“皴”。现实中石面上的凹凸皱褶，就是《云林石谱》所说的“笼络隐起”，也就是《图画见闻志》所说的“洼凸之形”。对于石来说，“皱”能“开其面”，去其平面板律，使之层棱起伏，褶襞纵横，这样，石上的受光面就富于变化，十分耐看。计成品石，也往往皱、皴二字互用，如《园冶·选石》说龙潭石有“多皴法者”；散兵石“有古拙皴纹者”，也可见皱、绉即是皴，它具有山水画般天然笔法的形式之美。

现存园林中皱石极品，是杭州今移至“曲院风荷”名石苑内的绉云峰【图 29】①，它兼具皱、瘦二美而以皱为主，亦为江南名石。再如苏州网师园冷泉亭内，有一特大的英石峰，多纵向的起伏皴皱，也是镇园之宝。至于古代有关皱石的记载，如王世贞《弇山园记》所写：“右方一高峰，文理皴皴若裂，名之曰‘百衲’；其次而卑者，曰‘小百衲’。”这是很形象的描述。

图 29　形同云立，纹比波摇

——杭州“曲院风荷”绉云峰（缪立群摄）

（四）文（纹、脉）

古代石谱的品述中，色与文（纹）也往往紧密相连。罗大经《鹤林玉露》曾引苏轼赞文与可所画《梅竹石》：“梅寒而秀，竹瘦而寿，石文而丑。”对于“石文而丑”，郑板桥特赞其“丑”字，却未析其“文”字。

---

① 从书集成本《云林石谱》附有清人马汶《绉云石记》。其中《绉云石图》与杭州绉云峰的名、形（整体瘦曲的造型）、皱（斜向密布的绉襞）基本一致。绉云石由广东循州来，亦为英石峰，笔者初步认为，清代绉云石可能就是今日之绉云峰。

其实，这“文”字有几个层次：一是广义地联系着的人文之“文”；二是相当于美或形式美之“文”；三是作为“文”之本义的“纹”。“文”本是个内涵积淀深广的哲学、美学范畴，从字源学上看，其本义为“花纹之纹……正像人胸前有花纹之形”[①]。在甲骨、钟鼎古文中，它是原始时代“纹身”的象形字，突出了身上彩画纹饰的形象。以后，才发展为“物相杂，故曰文”（《易·系辞下》）；“文，错画也，象交文”（《说文解字》）。由此，“文”部分地成了美或形式美的同义词，文理纵横交织相杂，构成了形式之美。如《园冶》所说六合石子，“有五色纹者，甚温润莹彻，择纹彩斑斓取之，铺地如锦”。从哲学上看，“文”还联结着天文、地文、人文。文人们喜爱石之“文”，与此亦不无关系。至于“纹”字，则是后起的。本节的“文”，主要地用其本义——纹。今天，此类石还较多被称为纹石或文理石。在品石的领域里，“文”亦称为“脉”，如《园冶》说英石“白脉笼络”，是说石上白文纵横交错。

还应分辨的是“文”和“皱”的不同。“皱”是石表的褶襞纵横，其凹凸起伏受光影变化而呈现出不同的明暗交错之美，但这仍只是外表的一色之美；而“文”则不同，是美石内含于自身的文理见之于石表，并由“文”、“底”两种或两种以上不同的色彩显现而互成其美，所以，它可说是一种“因内而符外”的质地美，或一种交错相杂的石表的色相美。

从石文化史上看，从南朝开始，文人们就开始品赏石上的文理美了，如阴铿《咏石》有“苔驳锦纹疏”之语，它赞美了石上美丽的文理。唐代苏味道《咏石》，也有“河西濯锦文”之语。一般说来，石上文理的表现形式可分为如下四类：

（1）线文：元人吴师道《为叶敬甫赋母线石》写道：“密密线缝裳，依依石在匡。”根据诗意，可以推知石上有着密密麻麻、纵横交错的线文，于是，诗人就联想起唐代孟郊《游子吟》诗：“慈母手中线，游子身上衣。临行密密缝……”诗人称之为“母线石”，既形象生动，又赋予诗意的内涵。苏州网师园冷泉亭内有英石峰，该峰“黧黑隐白纹”，也是一种错综的线文美。这种黑底白线的呈现，更多见于灵璧石，是最常见、最普遍的一种线文美。

（2）斑文：它并非呈线条状，而是呈斑点状或斑块状，这也是一种“文”，但较少见。唐代平泉山庄中有“似鹿石”，著名藏石家李德裕《思平泉树石杂咏·似鹿石》诗中有“斑细紫苔生”之句，可见石上有大量的鹿文斑点。元人张雨《云根石》诗，也有“石色斑斑野鹿胎”之句，诗人也比之以野鹿身上的斑点或斑块……

（3）花文：线文与斑文都是抽象的；而花文则是指石上所显现的文理，近似于具象，能引起现实中的具体事物的象形联想，如模树石、菊花石、牡丹石等呈现的都是花文。唐代最著名的是李德裕平泉山庄的“平石，以手磨之，皆隐隐显云霞、龙凤、草树之形”（康骈《剧谈录》）。这是具有奇异花文的名石。

（4）云文：其文无明确边界，如烟云一般淡入而淡出，宛同中国画的渲染、渗化。其代表是大理石，故而又称云石。它多用于园林室内作挂屏、立屏，或装饰家具等。

（五）声

石本无声，但品赏、识别除借助视觉、触觉外，还往往可辅之敲击发声而诉诸听觉。《园冶·选石》也常写到品石以声或鉴石以声，如说岘山石、湖口石“扣之有声”；太湖石、英石“扣之微有声”；昆山石“扣之无声”，并认为灵璧石最佳，“扣之铿然有声”，

---

① 高亨：《文字形义学概论》，齐鲁书社1981年版，第88页。

其扁者可“悬之室中为磬”，所谓“泗滨浮磬”。

以上两大品石美学范畴系列，第一系列偏畸于表现为“形”的内涵风格之美，第二系列偏畸于纯形式之美。从逻辑上说，“形”是形式美中更为重要的因素，应列于第二系列，但鉴于中国石文化品评的历史积淀，它往往有形或无形地联系着神情气韵等，因此，本节尝试将其单独排作一个系列，并作为重点来展开和阐释。当然，这两个系列及其中范畴，往往是相与交叠、互补互涵的，因此，应力求避免非此即彼、相互割裂的孤立机械之评。

第二节　山的类型序列及其空间性格

在绘画美和园林美的王国里，山是一个具有广袤性的复杂概念。

在古代山水画中，除了点景人物和天、水、屋宇等，其他一切景物几乎均可包括在“山”的范围之内。在古代山水画论中，山可分为种种不同类型，有着种种不同的专名。宋代韩拙的《山水纯全集·论山》写道：

> 尖曰峰，平曰顶，圆曰峦，相连曰岭，有穴曰岫，峻壁曰崖，崖下曰岩，岩下有穴而名岩穴……有水曰洞，无水曰府……石载土谓之崔嵬，石上有土也；土载石谓之砠，土有石也。土山曰阜，平原曰坡，坡高曰垅……通路曰谷，不相通路者曰壑，……两山夹水曰涧，陵夹水曰溪……

这里的各种类型名称，虽然有的解释得不免过细，不够灵活，但大体上符合一般传统的理解，和传为唐代王维所写的《山水论》、五代荆浩的《笔法记》基本相符。这些类型和名称，对于山水画创作来说，是必须掌握的；对于园林美学来说，也不失其参考价值，因为在不同的园林系统中，这些类型或多或少地有所表现。潘允端《豫园记》就说：“出祠而东，高下纡回，为冈，为岭，为涧，为洞，为壑，为梁，为滩，不可悉记，各极其趣。”不过，这些名称，也和建筑物的名称一样，被较为灵活宽泛地运用着。这里试按照韩拙的论述，结合审美实例概括中国园林里山的种种名称、类型序列及其空间性格之美：

一、峰、顶、峦、岭、岫

这种类型的山，其主要的空间性格表现为高耸峻立之美，其区别也是相对的，不尽如韩拙所说“尖”、“平”、“圆”、“相连”、“有穴”。例如峰和峦固然可以有尖、圆、极高、较高的区别，但二者又均可称岫，而且也不一定非“有穴”不可。计成《园冶·掇山》则说：“峦，山头高峻也。”园林中的峦，则又近于峰了。可见，二者界阈不是很分明的。不过，四者之中，以峰为最高。山的尖顶固然可称为峰，但峰又可用以指高入云天的山。

峰的典型性格特征就是峻拔，其审美效果则有近观和远观的不同。

对于较近的观者来说，高峰引人仰视，激起人“危乎高哉”（李白《蜀道难》）的惊奇感和崇高感。北京香山原静宜园的最高峰，在“西山晴雪”之上，其势陡峭，不易攀登，故名“鬼见愁”。这个高峰，对于观赏者可说是一种“峻拔的崇高”；对于攀登者来说，是一种“艰难的美”。[①]

---

① 见李泽厚：《美学论集》，上海文艺出版社1980年版，第198页。

峰是造园构景的元素之一，尤其是借景的对象之一。避暑山庄康熙题三十六景有“锤峰落照”遥远地引进了景效极佳的棒锤峰。圆明园四十景有“西峰秀色”，乾隆诗序写：“轩窗洞达，面临翠巘，西山爽气，在我襟袖。”峰成了这里的主景了。杭州西湖有南高峰、北高峰，构成了西湖十景之一的“双峰插云”，当其在雨色空濛之际，或烟岚浮动之间，峰顶常常出有而入无，隐现于溟濛之中，给人以双峰高插入云之感，题名把人们的美感都概括进去了。灵隐寺前还有飞来峰，更发人联想……

“相连曰岭”。杭州西湖之滨的葛岭，富有岭的典型性格特征，它横亘在宝石山和栖霞岭之间，连绵数里，相传为晋代葛洪的炼丹之地，最高处为初阳台，为观日出的好处所。“葛岭朝暾”是钱塘十景之一。

峰峦岭岫，对于远观者来说，由于高耸在远方，这就构成了与崇高若即若离的另一种空间景观的美。这种远方高山的美、遥远的空间距离和空气透视似乎把它们崇高的特性蒸发掉了。

园林中的立峰，虽然总在近处，但也有其独特的美的魅力。单块的湖石立峰，固然能给人以峰高插云的幻觉，而堆叠的假山，同样可以具有险峰的意态。计成《园冶·掇山》指出：“峰石一块者，相形何状，选合峰纹石，令匠凿笋眼为座，理宜上大下小，立之可观。或峰石两块三块拼掇，亦宜上大下小，似有飞舞势。或数块掇成，亦如前式。”不论是单块或多块构成的石峰，求其上大下小，这也就是不但要求堆叠成高峰，具有峻拔之美，而且要求堆叠成险峰，具有飞舞之势。上大下小，高而且险，似欲飞舞，这似乎已成了叠峰的空间塑造规律。苏州网师园五峰书屋后庭院，其中大小三峰，均上大下小，有不同程度的飞舞势。石峰均横向堆叠，有如山水画的卷云皴，这样，立峰又如祥云冉冉升起，更能取得较好的审美效果。

园林中的点景石，题名为峰的不胜枚举，题名为岫的却稀如星凤。如前所述，颐和园著名的“青芝岫”，由于它不取纵向峻拔式，而呈魁乎其伟的横向式，乾隆名之为“岫”，是很恰当的。

江南园林中，不乏峦的成功实例。《园冶·掇山》认为峦的山头“不可齐，亦不可笔架式，或高或低，随致乱掇，不排比为妙”。苏州留园西部假山，符合“圆曰峦”的典型特征。它基本上以土堆叠，上面随致乱掇一些石块，或高或低，或聚或散，力避排比整齐，契合形式美的参差律，妙在有意无意之间，可说是江南园林中山峦的佳作，惜乎无地以远观，可说是美中不足。

二、壁、崖、岩

崖就是悬峭的山边、石壁。所谓悬崖峭壁，其空间性格表现为陡险峭拔之美。岩与崖比较接近，指崖下而言。

北京园林中最著名的悬崖峭壁，在原香山静宜园。在“西山晴雪”东南，有峭然耸峙于路旁的石壁，上面刻有乾隆所书“森玉笏”三字，为静宜园外垣八景之一。它巨大而陡峻，崖石缝隙中顽强地挣扎出种种杂树，令人联想起李白《蜀道难》中“枯松倒挂倚绝壁”的意境，给人以伴和着奇情险趣的美感。

崖岩由于陡峭壁立，往往垂直于地面，因此，它不但富于绝壁峭拔、悬崖陡峻的奇险之美，而且石壁的立面上是题字刻石的最佳处所，它能构成园林美的又一种景观。苏州虎丘的剑池【图30】，在狭隘逼仄的空间里，两侧的崖岩陡峭壁立，其上有大量古刻石，显现了剑池悠久而神秘的历史文化内涵。北京玉泉山原静明园十六景之一的“绣壁诗态”，崖壁上题字刻石琳琅满目，为绝壁增添了灿烂的锦绣，为环境增添了浓郁的诗情。

石假山的崖岩石壁，是对真崖实壁的模拟和再现。计成在《园冶·掇山》中十分重视崖、岩的叠掇，他多方面论述了“悬岩峻壁，各有别致”的书房山，“宜坚宜峻，壁立岩悬”的内室山，“墙中嵌理壁岩”的厅山。在论及“岩”时，他颇为自负地说：

> 如理悬岩，起脚宜小，渐理渐大，及高，使其后坚能悬。斯理法古来罕者，如悬一石，亦悬一石，再之不能也。予以平衡法，将前悬分散后坚，仍以长条堑里石压之，能悬数尺，其状可骇，万无一失。

所谓崖岩，贵在于其势“悬”而令人“骇”，然而其根本还在于“坚”。要使之稳定不倒塌，就得把握物理学的重力规律。计成根据叠石的实践经验，总结出“平衡法”，解决了这一矛盾，使之万无一失，这是一种科技美。《园冶》反复强调的“平衡法”，是我国叠山史上的一大创造。

图30　崖壑幽深，绝壁峭拔

——苏州虎丘剑池（缪立群摄）

江南园林中崖壁堆叠的佳例较多。苏州耦园的黄石假山，其宛虹桥边的石壁，给人以悬崖陡峭之感，而且它妙在下临深池，石壁下的石径在通往并接近池面处分为两条，一条折向上山的磴道，一条继续往前，化为池畔的“踏步”。这一艺术处理是高明的，它使高和深二者相反相成，一方面，以高反衬深，使深池倍增其深；另一方面，以深反衬高，使悬崖峭壁倍增其高。观者如取池畔石径特别是“踏步”这一方位向上仰视，就可能产生石壁耸峭，悬崖险峻，“其状可骇”的审美心理。

三、洞、府

洞、府以及岩穴，是十分近似的，没有严格的区别。现在不论水洞和旱洞，一般都通称为洞。

洞的基本空间特征就是中虚，其性格表现为与外界迥异的幽暗深邃之美，一种“别有洞天非人间”之美。英国雕塑家亨利·摩尔认为“洞”富有神秘感，这是对确实存在的某种审美心理的概括。洞往往由其阴翳杳霭、幽深莫测而给人以一种奇异的美感，又同时能勾引人们好奇而探胜的心理。陶渊明的《桃花源记》就写道，“山有小口，仿佛若有光，便舍船，从口入”。这种岩穴洞府之美，妙在“仿佛”二字，它给人以迷离莫测之感。试想，在林尽水源的山麓，黑洞洞的小口，光线隐约，似有若无，仿佛在对人眨着深邃的眼睛，这确实是一种神奇的魔力，能在人们身上转化为寻奇探幽的动力。正因为如此，渔人才不避艰深，舍船而入，终于得见灵境仙源的理想世界。

再看现实的洞府，它也有神奇的魔力引人寻奇探幽，甚至寻神访仙。试看如下一组古诗——

> 洞气黑昳眹……低头避峥嵘。攀缘不知倦，怪异焉敢惊。（唐·皮日休《太湖诗·入林屋洞》）
>
> 桂林多洞府，疑是馆群仙。（宋·陈藻《咏桂林》）
>
> 肃抱冰霜气，幽含神鬼情。（明·谢榛《游翠岩七真洞》）
>
> 沉沉阴壑雨，荒荒太古梦。古佛走而出，烟岚怯寒冻。（清·赵永怀《游石公山过归云、夕光二洞……》，自注：有石刻观音像，若侧身从崖缝中出。）

这些诗都把洞府和“怪异”、“群仙”、“神鬼”、“古佛”等联系了起来。诗人们由于洞的魅力而萌发了超现实的浪漫奇想，这种奇想实际上也还离不开一种神秘的审美心态。

正因为洞府总伴随着一种神秘感或奇异感，所以它往往附会着某种神话传说，或其中设以仙佛神像。如静明园“玉泉趵突”西南方有一大石洞，传说为八仙之一的吕洞宾来到人间的居息之所，故名吕祖洞，供以吕祖像，这无疑能助人游兴。玉泉山华严寺附近还有千佛洞、罗汉洞等，仅从题名来看，就可知其中神像的内容。正因为玉泉山不但有寺塔泉水之胜，而且洞府多，佛像多，因此被誉为“名山”、“灵境”、“福地”。

假山洞的神秘或神奇之感虽逊于真山洞，但堆掇成功的佳构也能使人产生类似的感受。常熟燕园的黄石假山洞，出之于叠山名家戈裕良之手（见钱泳《履园丛话》）。南面洞内外一片浅水，点以步石，导人进入洞内，倍增了洞的奇异感；北面洞口上方，刻以“燕谷”二字，并以片石半掩洞口，也增加了洞的幽深感和神秘感，其结构和意境是颇为成功的。扬州个园的黄石假山洞府，以多洞门、多层次构成窈然的境界为其特色，洞外明亮的光源和洞内由种种障隔造成的幽暗而光影变灭的主调形成强烈的对比。人在洞中，有身在山林之感，而天然的石桌之类，又令人联想起仙人在此下棋之类的灵异传说，勾起人们神秘的尘外之想。

如前所述，假山的堆叠，不但有艺术美的问题，而且有技术美的问题。且不说用什么黏性物填拓石缝才能牢固耐久，富有观赏效果，就说山洞的收顶，就需要先进的技术和丰富的经验。一般传统的方法是顶部用花冈条石构架，但乾隆年间的戈裕良却首创“钩带法”。钱泳《履园丛话》写道：

> 堆假山者，国初以张南垣为最。康熙中则有石涛和尚，其后则仇好石、董道士、王天于、张国泰皆为妙手。近时有戈裕良者，常州人，其堆法尤胜于诸家……尝论狮子林石洞皆界以条石，不算名手。余诘之曰：“不用条石，易于倾颓奈何?”戈曰：“只将大小石钩带联络，如造环桥法，可以千年不坏。要如真山洞壑一般，然后方称能事。”余始服其言。

这段文字，不但列叙了园林发展史的鼎盛期——清初至乾隆年间人才辈出的叠山名家，而且记述了戈裕良的先进技术经验。从苏州环秀山庄戈裕良所叠的湖石山洞来看，是用了穹隆顶或拱顶的构架，灰浆隐于石缝内，色与形和天然石缝近似，洞顶逼真而坚固，犹如石灰岩喀斯特溶洞景象。戈裕良的成功经验，揭开了园林科技史或技术美发展史上新的一页。

四、坡、垅、阜

坡、垅、阜是平原或坡度不大的平地、土山，它有时还是和山相接攘的山麓地带。其空间性格总的倾向于平坦旷远之美。和峰峦岭岫、崖岩洞府相比，它既不令人感到惊畏骇怪，又不令人感到神秘奇异，而是平易近人，具有现实感和人情味。

园林，往往有大小不同的坡地，它是种植芳草嘉树或略点奇峰怪石的最佳地带；对于高山、低水来说，它又是造成审美对比和艺术过渡的重要的空间环节。

北京香山静宜园内垣二十景之一的驯鹿坡，是一片放养鹿群的山坡。“群麋偕侣”（《园冶·相地》），“鹿知无害向人亲”（乾隆《山中》），这种物化了生态伦理学的环境，体现着人与动物的亲和关系，它和坡的空间性格也十分协调。

承德避暑山庄的平原区，面积极大，它实际上是范围广袤的坡垅地带，具有开阔辽远的空间性格。平原东部，老榆参天，杂树成林，为“万树园”；平原西部，芳草鲜美，平坦如茵，为“试马埭”。从山庄总体来看，它正是山岳区和湖沼区的广阔过渡地带；从平原景观来看，它特别富于塞外北国的草原风光。当年这里有笔直的驰道、蒙古的营帐，清帝常在这里野宴，接见蒙古王公，领略骑射情趣，这是洋溢民族气息和地方风味而具有独特性格的生态空间。

江南宅园的坡垅，面积一般都不很大，但能给园林带来旷野情趣。祁彪佳《寓山注·梅坡》写道：

> 予园率以亭台胜，独野趣尚少，于是积土为坡，引流为渠，结茅为宇，芊蓼萧萧，俨是江村沙浦，芦人渔子，望景争涂。坡上种西溪古梅百许，……徘徊爱境，盖此淡妆西子，足令脂粉削色矣。

这种坡垅的淡、野之美，是治人工、浓丽之药。园林里平而不平，单纯而不单调的疏林平坡，既富于人情味，又饶有山野情趣，是抚古木而盘桓，坐顽石而小憩以领略野趣的好去处。

五、谷、壑、涧、溪

这四者以及峡、峪等，是比较相近的，都是两山或两岩相夹之间形成的低平、洼陷的狭长地带。它们共同的空间性格美，表现为低落幽曲，而不是高爽开朗。其中涧、溪的特殊个性还在于必须有水，而其他数种则不一定有水，而且往往旱地居多。关于涧、溪，拟归入本章第三节中论述。

中国园林中规模最大的峡谷，在避暑山庄。山庄的山岳区，就有松云峡、梨树峪、松林峪、榛子峪、西峪等数道逶迤绵长的峡谷。这些奇峡幽谷之间，林木浓荫，蔚然深秀，山溪潺湲，峰回路转，借用王恽《汾水道中》诗来形容，是“苍巅互出缩，峪势曲走蛇”。这是一种气势磅礴的山峪林壑的景观美。

和避暑山庄的真峡实峪不同，江南园林中堆叠而成的山谷的空间体量较小，然而其中佳构也颇能给人以真实的深山大谷之感。

苏州环秀山庄的山谷，是最为成功的一例。它的两侧峭壁天成，相对夹峙，其间狭长屈曲，宛似“一线天”，人们几乎须抬头仰视方见蓝天，同时还可看到石壁危立，古柯斜出，一条石梁横空而过，于是顿生幽崖晦谷，隔离天日之感。王朝闻先生从接受美学的角度，在指出其“峰谷小中见大”的同时还说：

> 特别是夹谷上那块石梁的布局，能使人回忆起华山夹谷中的危石——从它下面走过时，游人既有怕它掉下来的危险感，又有明知它不会恰好在此时此刻掉下来的安全感。这两种感觉的统一，大大增加了游人的兴趣。①

假谷而能取得幽曲如真的效果，并能逗发游人萌生危险感与安全感相平衡的审美心态，这是难能可贵的，其实，这夹谷并不长。

以上五种类型序列，当然不可能囊括中国园林里山的全部品类、名称，但大体上可说是已包括在内了。这五种类型序列的划分，是对中国园林中的“山”这个大系统所作的分解研究，通过审美实例，可以见出这些不同类型的空间性格美以及人们由此产生的不同的审美心态或美感特征。

第三节　山的性质系统及其交叉

上节对山的类型序列及其性格所作的论析，用的是微观的或分解的方法，而本节结合审美实例对山的性质系统及其交叉互补的论析，则首先拟出之以宏观的综合的视角。

中国园林里山的类型虽然繁多，但综合起来，可分别纳入不同的性质系统之中，而这些性质系统又存在着交叉互补的关系。

一、“真”与“假”的交叉系统

关于中国园林的“真”与“假”，陈从周先生《说园（三）》写道：

> 假假真真，真真假假。《红楼梦》大观园假中有真，真中有假，是虚构，亦有作者曾见之实物，又参有作者之虚构。其所以迷惑读者正在此。故假山如真方妙，真山似假便奇……②

关于“假山如真方妙”的美学观点，本书第三编第一章中曾作论述。这种包孕着“真”的假山系统，从其性质来看，是以“假”为主，即以人工堆叠为主的系统。至于包孕着“假”的真山系统，其“真山似假”的美学特征，则可以分这样几个层面来理解：一是人力对真山的体形本身及其周围环境的加工，即对地形地貌所作的较大的改变；二是山区花木的人工栽植，即对山体外观的绿化和美化；三是山区建筑物的点缀与分布，这是对原有景观的更大改变；四是题名刻石、匾额对联等种种精神性的加工和美化……总之，这类妆山饰水，栽木造亭，都可看作是真中之假，用《红楼梦》的语言说，是“假作真时真亦

① 王朝闻：《不到顶点》，第306～307页。

② 陈从周：《书带集》，花城出版社1982年版，第58页。

假”。假山固然可以“真化”，而真山也可以“假化”亦即进行艺术化。

以颐和园的真山为例，万寿山比起其原型瓮山来，其一是山的体形经过了人力加工的改变；其二是周围的环境——水系更有改变，从元代起就开发西山一带水源，引水注入湖中，成为当时的水库；其三，更重要的改变，是建筑群形成的丰富景观，试想，万寿山麓如果没有绮丽如虹的长廊，山腰没有雄伟高耸的佛香阁，没有金光璀璨的排云殿建筑群，山巅没有异彩缤纷的“智慧海”，还有什么能引得游人如云，纷至沓来？这一系列的改变，都是不同程度、不同层面的“假化”，亦即艺术化、审美理想化。建筑物使自己连同它的周围环境都变成了人的艺术作品。颐和园的万寿山，可说是“真山似假便奇”的典范之作。

总之，山的“真”与“假”是交叉互补的。但偏畸于真者，本书称为真山；偏畸于假者，本书则称之为假山。

二、“土”与“石”的交叉系统

宏观地看，园林中的山不但可以归纳到“真”或“假”这两个交叉互补的系统之中，而且还可以归纳到“土”或“石”这两个交叉互补的系统之中。就其构成的材质来看，韩拙《山水纯全集》曾说：“土山曰阜”，“石载土谓之崔嵬”，“土载石谓之砠”。这就是一种系统划分，一种土与石的交叉互补。

对于土、石不同质的比较以及二者在叠山工程中的交叉互补，历来造园家均有所论述，而对土和土假山强调最力者，莫过于李渔。他在《闲情偶寄·居室部》论叠大山说：

> 用以土代石之法，既减人工，又省物力，且有天然委曲之妙。……累高广之山，全用碎石，则如百衲僧衣，求一无缝处而不得，此其所以不耐观也。以土间之，则可泯然无迹，且便于种树，树根盘固，与石比坚，且树大叶繁，混然一色，不辨其为谁石谁土，列于真山左右，有能辨为积累而成者乎？此法不论石多石少，亦不必定求土石相半，土多则是土山带石，石多则是石山带土。土石二物，原不相离，石山离土，则草木不生，是童山矣。……土之不可胜石者，以石可壁立而土则易崩，必仗石为藩篱故也。

这首先是强调了包孕着石的土假山最易取得天然委曲之妙，能避免石山那种百衲僧衣之“假”，从而生发出“假山如真”的审美效果；同时也从土、石的相互关联中强调了用土的重要性。这是对历来叠山艺术经验的完整而切合实际的理论概括。“土石二物，原不相离”一语，更是从美学的角度对不同比率、不同类型的土石相间的假山所作的概括，它揭示了叠山艺术中土不离石，石不离土，土石相辅相成、交叉互补的构筑关系。

土山与石山存在着质的区别。但由于土石“原不相离”，因此，山的性质就表现为“质渐在地就是量，反之，量渐在地也即是质”①。也就是说，土山中石的存在是潜在的、不明显的；相反，石山中土的存在也是潜在的、不明显的。这种潜在增减，不影响其质，“不过这种‘不影响’同时也是有限度的。通过更加增多，或更加减少，就会超出此种限度”②，可见土假山与石假山的区别，又是相对的，因为量变会导致质变。以下对二者综合性典型实例作一论析。

---

① 黑格尔：《小逻辑》，第 239 ~ 240 页。

② 黑格尔：《小逻辑》，第 188 页。

（一）土假山综合性建构

这种建构，苏州拙政园中部池中两山堪称佳作。它们都是土山带石，以土为主，坡度都不高，石块随致散点，显得天然真切。特别是自然隆起的山丘、土石相间的坡垅，配以宽阔的池面、扶疏的花树、轻灵的亭桥，展现出一派江南水乡的秀美风光，给人以亲切的感受。土山上下，攒三聚五地散置的石块，既有审美价值，又有功能价值。从审美视角看，山顶上的石块酷似真山土层覆盖下露出的岩石——"矾头"，这种"石骨"更增加了山的质感、稳定感和真实感；从功能视角盾，山脚下的石块，还起着固定山形的"藩篱"作用，这样，虽经雨水冲刷，山土也不易流失，山体也不会变形，与平地接界的轮廓线也不会走样。这种土假山，如李渔所说，既省人工，又省物力，而且具有委曲天成之妙，令人特别感到自然耐看。这种土山带石，又说明了"山无石不立"以及"石骨"的建构功能。

（二）石假山的综合性建构，这是本节的重点

这种建构，可说是小者易工而大者极难见佳。在现存的江南园林系统中，综合性的大型石假山又可分为黄石、湖石两种主要类型，而其成功的佳构实例为数极少，下文拟逐一作或详或略的描述和论析。

综合性的黄石大假山，上海豫园的极佳，可谓气象万千。此山以浙江武康黄石叠成，高约四丈，重峦叠嶂，深涧幽壑，磴道纡曲，古木葱郁，山上建构凉亭，山脚面临清池，显得嶒崚嵯峨，气势磅礴。乔钟吴《西园记》写道：

> 由萃秀堂出，右仰巨山，层崖峭壁，森森若万笏状。其金碧秀润之气，常扑人眉宇。遥望之若壶中九华，天造地设，几不知其为人力也。

这是对明代著名叠山家张南阳的大型黄石假山杰构所作的描述。当然此山也不是全用石料，而是在适当的地方留土以种花树，但总的比率是石多土少。

扬州个园的黄石大假山（即"秋山"），内外空间造型均妙。其内部洞府特大，山呈"薄壳型"结构，既节省了石料，又扩大了内部空间景观，还增加了外观空间的体量，体现了经济、功能、审美三者的统一。

常熟燕园的黄石大假山，峰峦洞壑宛自天开，风格浑厚苍古，尤不乏佳想巧思，生动地显现了"刚（山）柔（水）相推而生变化"（《易·系辞上》）的哲理。

苏州耦园综合性黄石大假山也是突出的佳构。它由东西两部分组成，东半部较大。对于此山的结构特色和艺术匠心，刘敦桢先生曾给以高度的评价和审美的描述：

> ……平台之东，山势增高，转为绝壁，直削而下临于水池，绝壁东南角设蹬道，依势降及池边，此处叠石气势雄伟峭拔，是全山最精彩部分。……绝壁东临水池，此处水面开阔，假山体量与池面宽度配合适当，空间相称，自山水间或池东小亭隔岸远眺，山势陡峭挺拔，体形浑厚。……几株树木斜出绝壁之外，与壁缝所长悬葛垂萝相配，增添了山林的自然风味。此山不论绝壁、蹬道、峡谷、叠石，手法自然逼真，石块大小相间，有凹有凸，横直斜互相错综，而以横势为主，犹如黄石自然剥裂的纹理，和明嘉靖年间张南阳所叠上海豫园黄石假山几无差别……①。

① 刘敦桢：《苏州古典园林》，第69~70页。

日本美学家足立卷一曾说："造园艺术家是在石头的配置中来把握自然的。"① 上海、扬州、常熟、苏州这四个黄石大假山作品正是这样，它们不但综合性均极强，而且都堆叠得不琐碎，不排牙，富于变化而浑成一体。它们的审美共性是：自然逼真，宛如天造地设；雄伟厚重，显得气势磅礴。然而又各有其个性的美：豫园的假山，雄伟中有秀润之气；个园的假山，雄伟中具玲珑之趣；燕园的假山，雄伟中饶苍浑之意；耦园的假山，雄伟中带峭拔之致，可谓各领风骚。

综合性的湖石大假山，更难于成功地表现出艺术之美，其杰作在扬州和苏州。扬州个园的湖石大假山（即"夏山"），富有灵巧而浑成之美，中空而外奇之趣。山前池水清冽，石峰丛立，有桥迎入洞中，洞室往复回环，左盘右旋至于山巅，山巅翼然一亭，伫立亭前，园内景色尽收眼底。

苏州环秀山庄的湖石大假山，更是国内罕见的佼佼者。刘敦桢先生对此曾作详尽的评述，这里摘引片断于下：

> 假山以池东为主山，池北为次山，池水缭绕于两山之间，对假山起了很好的衬托作用……主山分前后两部分，其结构于园的东北部以土坡作起势，西南部累叠湖石，其间有两幽谷，一自南向北，一自西北向东南，会于山之中央，将山分为三区。前山全部用石叠成，外观为峰峦峭壁，内部则虚空为洞。后山临池用湖石作石壁，与前山之间形成……涧谷。前后山虽分而气势连绵，浑成一体，由东向西犹如山脉奔注，忽然断为悬岩峭壁，止于池边……山的主峰置于西南角，以三个较低的次峰环卫衬托，左右辅以峡谷，谷上架石为梁，虚实对比，使山势雄奇峭拔，体形灵活饶有变化。……②

这个假山作品，贵在假中见真，宛似天开。其整体富于气势，局部处理细腻，占地只有半亩，却借助于审美尺度，富于广泛的概括性，既有危乎屹崒之高，又有峥嵘不测之深，把自然界丰富的山体形象"缩龙成寸"地集纳在有限的空间里，表现出高峰、危径、飞梁、绝壁、洞壑、石室、水谷等多变的山水生态空间，给人以丰富不尽的审美感受。

湖石假山规模最大的，当推苏州狮子林，号称"假山王国"，北方皇家园林曾一再加以模拟仿造。对于狮子林的假山，历来毁誉不一，其实应说是成败参半。其不成功者，主要集中于东部③，但东部亦有成功之作，如九狮峰的叠掇，就和《园冶》"上大下小，似有飞舞势"的要求相合。至于西部，除了黄石叠掇的水门———"小赤壁"极佳外，湖石叠掇的，如池西的瀑布假山，亦为佳构，特别是池南有上下三层曲径相通的假山，更富情趣。其下层的水假山，每当雨季池中水位上升，山蹊小径就入浸水面，给人提供渐足涉水的野趣……这些都是成功的上选之作。

北京故宫御花园的御景亭，建于湖石大假山——堆秀山上，被称为"亭山"。其实，这体现了远古时代"基为山岳"，"以山作台"的遗意，从而成为全园观景的制高点。堆秀山的堆叠，力求纹理一致，做假成真，为不可多得的佳构，但美中不足是和狮子林假山一样，山石中散插几株笔直的石笋，破坏了湖石假山浑然的一体性和纹理的和谐性。

南京瞻园南部湖石大假山，为整修时由刘敦桢先生主持所叠，可谓"天然图画"的极

---

① 安田武、高田道太郎编：《日本古典美学》，中国人民大学出版社 1993 年版，第 154 页。

② 刘敦桢：《苏州古典园林》，第 72 页。

③ 详见拙书江苏文艺出版社 1990 年版，第 248～253 页。

致【图31，见书前彩页】。在草树藤萝簇拥下，宛似天开的峰峦、有若自然的崖岩、钟乳垂垂的山洞、分割水域的步石、峰回路转的贴水曲蹊……与原生态的山林水壑无异，而且将其佳处高度集中，予以凸显，有咫尺千里的景效。这既体现了“搜妙创真”（荆浩《笔法记》）的创作方法，又体现了精益求精的创作态度，可谓湖石叠山艺术的典范。它还说明，“土石二物，原不相离”；如果这一石假山不用土，茂密的草木藤萝就无从生长，那么，这种童山秃岭就毫无生态美和艺术美可言了。

第四节　水的艺术地位与审美特征

园林离不开山，也离不开水。如果说，山石是园林之骨，那么，水就可说是园林的血脉。

郑绩《梦幻居画学简明·论泉》有一段话说得十分精彩：“石为山之骨，泉为山之血。无骨则柔不能立，无血则枯不得生。”这虽然讲的是绘画，但同样适用于园林美的构成。相比而言，山石是固体成形的，属于刚性；水泉是液体而不成形的，基本上属于柔性。山水画上，山石能赋予水泉以形态，水泉则能赋予山石以生意。这样，画面上就能刚柔相济，仁智相形，山高水长，气韵生动。

如果再以生态哲学视角，从水对于人或动植物的生理需要和生态意义来理解所谓“无血则枯不得生”，那么水比起山来确实更为重要。《管子·水地篇》早就说过，水是“万物之本原”，因为万物固然离不开土，但水是土必不可少的“血气”。无独有偶，对于古希腊的米利都学派，亚里士多德指出，“这一派哲学的创始人泰利士就把水看成本原”①。这也颇有道理。人的生存离不开阳光、空气和水，水是生存的要素，生命的源泉，是动植万物的生长之本。有了水，园林就不会“枯”，就能嘉木葱笼，花卉繁茂。苏轼《李氏园》有云：“其西引溪水，活活转墙曲。东注入深林，林深窗户绿。”这就是从生态的视角，揭示了水的功能——使园林到处充满了油油的绿意、蓬勃的生机。所以松年在《颐园论画》中甚至说：“万物初生一点水。水为用，大矣哉！”此外，园林里的水还可供听泉、赏景、观瀑、养鱼、垂钓、濯足、流觞、泛舟……正因如此，造园不可无水。

先看小说中的园林。古典名著《红楼梦》中的大观园，是曹雪芹对北京、南京、苏州、扬州等地古典园林所进行的高度而广泛的概括，加以虚构和创造，而它作为艺术美的存在，又似乎成了中国古典园林的范本，其中美学思想，值得详加研究。《红楼梦》大观园之妙，最精彩的就在于紧扣水来建构，来描写，几乎可说处处不离于水。这里姑摘几处描写为例——

进入石洞，只见佳木茏葱，奇花烂漫，一带清流，从花木深处，泻于石隙之下。（第十七回）

俯而视之，但见青溪泻玉，石蹬穿云，白石为栏，环抱池沼，石桥三港，兽面衔吐。桥上有亭。（第十七回）

忽闻水声潺潺，出于石洞，上则萝薜倒垂，下则落花浮荡……只见水上落花愈多，其水愈加清溜，溶溶荡荡，曲折萦纡。池边两行垂柳，杂以桃杏遮天，无一些尘

① 北京大学哲学系外国哲学史教研室编译：《西方哲学原著选读》上卷，商务印书馆1981年版，第16页。

土。忽见柳阴中又露出一个折带朱栏板桥来……（第十七回）

原来这亭子四面俱是游廊曲栏,盖在池中水上……(第二十七回)

园中水体的特点是清溜、溶荡、潺潺有声，曲折萦纡，而且还有亭廊栏桥、萝薜桃柳等与之搭配，相生相发。可以说，大观园里的良辰美景，赏心乐事，往往或隐或显地与水有着一定的联系。第十七回还有一段更重要的描写：

说着，引客行来，至一大桥，水如晶帘一般奔入。原来这桥边是通外河之闸，引泉而入者。……宝玉道："此乃沁芳源之正流，即名'沁芳闸'。……转过花障，只见青溪前阻。众人咤异："这水又从何而来?"贾珍遥指道："原从那闸起流至那洞口，从东北山凹里引到那村庄里，又开一道岔口，引至西南上，共总流到这里，仍旧合在一处，从那墙下出去。"众人听了，都道："神妙之极!"

这是全园水系布局最重要的一笔，是小说必不可少的交代，可见曹雪芹深深懂得相地造园中"疏源之去由，察水之来历"（《园冶·相地》）的重要。作为《红楼梦》的知音，"脂研斋"对这段描叙十分赞赏，并发表了极为精辟的见解。在"原来……"一句旁有一条双行"脂批"：

写出水源，要紧之极。近之画家着意于山，若不讲水；又造园囿者，唯知弄莽憨顽石壅笨冢，辄谓之景，皆不知水为先著。此园大概一描，处处未尝离水，盖又未写明水之从来，今终补出，精细之极。

这番高论，真可谓石破天惊！事实正是如此。一般山水画家，只知画山，甚至通幅堆满了臃肿的山，却不讲究画水，不懂得山和水的相互制约关系，不懂得"水为先著"。笪重光《画筌》论山水时指出："山脉之通，按其水径；水道之达，理其山形。"把二者相辅相成的关系说得何等透辟！王翚、恽寿平对此评道："水道乃山之血脉贯通处，水道不清，则通幅滞塞，所当刻意研求者。"这也突出了"水为先著"，因为它是"山之血脉贯通处"。这一画理，也就是园理。《画筌》还有"意中有水，方许作山"的警句，也值得造园家深思。

再看历史上现实地存在的园林。杜甫的《陪郑广文游何将军山林》，是中国古代文学史上出现较早的咏园诗。"不识南塘路，今知第五桥。名园依绿水，野竹上青霄……"诗一开头就点出了水在园林中的重要地位。于是，唐代以来的园林史上，就不避重复地出现了以"依绿园"、"绿水园"为名的园林，这一方面反映了人们对伟大诗人杜甫的景仰，愿取其诗意命园，另一方面，也是以题名的形式，肯定了园林中"水为先著"，亦即肯定了水在园林中重要的艺术地位。

正因为中国园林的物质生态建构中，理水比叠山更为重要，因此，园林的选址相地，首先要考虑到水，特别要考虑到源头这个园林"血脉"的由来。计成在《园冶·相地》中说："卜筑贵从水面，立基先究源头，疏源之去由，察水之来历。"这里反复强调的，就是水和水源。

在园林中，理水不但极其重要，而且极为困难，它的难度要比叠山大。从某种意义上说，"假山可为，假水不可为"（《锡山景物略》）。因为没有水源，水就"假"不起来。宝应曾有以水为特色的"纵棹园"。潘耒在《纵棹园记》中写道：

盖园居最难得者水，水不可以人力致，强而蓄焉，止则渴，漏则涸。兹地在城中，而有活水注之，湛然渊渟，大旱不枯，宜园之易以为胜，而至者乐而忘归也。往余在京师见王公贵人治园馆，极其宏丽，怪石蟠松，珍禽异卉，皆可罗致，而独患无不竭之水。

由此可见，园中不竭不枯的活水是多么难得而可贵。

水是中国古典园林的“血”，是园林不可或缺的命脉。从这一点上说，中国园林和日本园林就表现出迥乎不同的审美差异。

日本的园林，就其中水的审美性质作为划分类型的逻辑标准，可分为两类，一类具有真实性的水，另一类则只有虚拟性的水。前者以池泉庭园为代表，后者以枯山水庭园为代表。

池泉庭园一般面积较大，其中均有真实的池泉可供舟游、回游，较小的可供坐观、静观。如京都的等持院方丈庭、二条城二之丸庭园等是其代表，特别是滋贺的玄宫园，非常注重建筑、山水、花木的有机配合，注重借景以拓展园林空间，其中水体占有突出的地位，池中还畜养水禽以增加生气。然而，日本却以虚拟的枯山水庭园为主流。所谓枯山水庭园，就是没有真实性的水而只有虚拟性的水作为景观的庭园，它不论是平庭式或枯池式，还是枯流式或筑山式，面积都比池泉庭园小，常借助于平铺的白砂、小石子等固体作为液体的水的象征，以虚拟方池、山池、河流等水体景观，同时还堆置石块以模拟水上山峦、岛屿等。如始建于14世纪京都的天授庵庭园、大德寺龙源院方丈庭，17世纪京都的曼殊院庭院、正传寺方丈庭等，无不如此。最典型的是始建于14世纪京都的龙安寺方丈庭，三面以矮墙围出长方形石庭，其中疏朗地缀以少量体现一定造型的石块，其旁略衬以不同形态的草丛，以象征绿色树丛簇拥着岛屿山峦，周围则是大片平铺的白砂，在黄色矮墙烘托下，犹如白茫茫的大海【图32】。这是由于受中国禅宗思想影响，把“实相无相，玄妙法门”（《联灯会要》）之类的“悟”发展到了极致。其盎然的禅意可能把人导入“枯寂”、“禅定”的境界。但不管如何象征、抽象，日本枯山水庭园也还是把山水泉石作为园林建构要素，当然，其山石是真实的，水池则虚拟而并非实有①，仅仅以假象通过禅意诉诸人的想像力。这表现了日本一种独特的审美传统。

中国古典园林则不然，除了不占主流的微型的窗景式、天井式之外，不论任何类型，都少不了真实的水。在岭南园林群中，东莞的可园，门外有大莲塘，园内有五池三桥；顺德的清晖园，西部也以水池为中心……至于地处水乡的江南园林群中，水的地位更为突出，以水著称的名园有苏州的拙政园、网师园，吴江的退思园，无锡的寄畅园等。北京园林群中，更有面积极大的水域。避暑山庄虽号称为山庄，其实胜景却在水，其中有六七个湖泊，以与“水”有关的主题构成的景观更多，康熙题三十六景中就有水芳岩秀、曲水荷香、风泉清听、濠濮间想、暖流喧波、泉源石壁、远近泉声、芳渚临流、云容水态、澄泉绕石、澄波叠翠、石矶观鱼、镜水云岑、双湖夹镜、长虹饮练、水流云在等，几乎占一半之多。在北京，颐和园内以昆明湖为主体的水面占全园面积的80%左右，而北海、中南海，更以“海”为园名，如此等等。至于公共园林，如杭州西湖、扬州瘦西湖、济南大明湖，也以“湖”为名。由此可见水在中国古典园林系统中有着极其重要的艺术地位。

---

① “枯山水”之名，也深受中国训诂学影响。如《周礼·司书》汉郑玄注：“山林童枯则不税。”唐贾公彦疏：“山林不茂为童，川泽无水为枯。”故名为“枯山水”。

图32 实相无相，玄妙法门——日本京都龙安寺枯山水庭（选自《世界名园百图》）

园林中的水，究竟有哪些审美特征？这也是园林美学亟需研究的课题。先秦的儒家主张以水比德。《孟子·离娄下》说，孔子曾盛赞于水，有“水哉，水哉”之叹。苏州曾有“亦园”，其中的“水哉轩”，就是撷孔子语而命名的。尤侗的《水哉轩记》中，有这样一段富于理趣的主客对话，是从哲学、美学视角对“水哉”所作的阐释：

> 予曰：“吾何取哉？……若夫当暑而澄，凝冰而冽，排沙驱尘，盖取诸‘洁’；上浮天际，水隐灵居，窈冥恍惚，盖取诸‘虚’；屑雨奔云，穿山越洞，铿訇有声，盖取诸‘动’；潮回汐转，澜合沦分，光采混漾，盖取诸‘文’。”客曰：“子之取于水也恒矣！”予曰：“……吾尝学《易》而感焉，‘乾’、‘坤’之后，‘屯’、‘蒙’、‘需’、‘讼’、‘师’、‘比’，其配皆水也（按，此六卦，其卦形依次为：震下坎上、坎下艮上、乾下坎上、坎下乾上、坎下坤上、坤下坎上。《易·说卦》：“坎为水。”这说明水的重要性、普遍性——引者）……盖取诸‘坎’。”客曰：“大乎，水哉！旨哉，子之取于水也！”

这段主客对话，联系《周易》从哲学高度来探讨和概括水之美，其中“洁”、“虚”、“动”、“文”，是对园中之水的审美特征的高度概括，是带有普遍意义的。所谓“洁”，就是洁净之美；所谓“虚”，就是虚涵之美；所谓“动”，就是流动之美；所谓“文”，就是“文章”之美。

这里，拟按尤侗所揭示的园中之水的四个审美特征，结合审美实例加以阐述：

一、洁净之美

水具有清洁纯净的美质，或者说，这是其本质的生态美。“当暑而澄，凝冰而冽”，这就是水的现象美。在凛冽的寒冬，它凝固成冰而清冷；在温热的季节，其液态洁净而清澄。一般地说，只有异物污染水，而水决不会污染他物。在世间万物中，只有水具有本质的澄净，并能涤洗万物，为之“排沙驱尘”，使其清新鲜洁。

正因为水澄澈、清洁、明净……故而中国诗史上出现了不胜枚举的、千古传诵的咏水名句。现掇拾数例于下——

云日相晖映，空水共澄鲜。（南朝宋·谢灵运《登江中孤屿》）

余霞散成绮，澄江静如练。（南朝齐·谢朓《晚登三山还望京邑》）

野旷天低树，江清月近人（唐·孟浩然《宿建德江》）

潭清疑水浅，荷动知鱼散。（唐·储光羲《钓鱼湾》）

明月松间照，清泉石上流。（唐·王维《山居秋暝》）

笑解尘缨处，沧浪无限清。（宋·范仲淹《出守桐庐道中》）

诗中的“水”、“江”、“潭”、“泉”……给人以或清新、或亲切、或平静、或透明等沁人心脾的美感，而其本质在“澄”、“清”二字。在散文中，水的洁净美也有出色的反映。在先秦，《荀子·宥坐》中有“夫水……以出以入，以就鲜絜（洁）”的格言；在东晋，王献之《镜湖帖》就有“镜湖澄澈，清流泻注”的名句；在南朝梁，陶弘景《答谢中书书》中的“高峰入云，清流见底”，也脍炙人口；在唐代，柳宗元《小石潭记》中的“水尤清冽”，“鱼可百许头，皆若空游无所依……”更令人难忘。

以上诗文所描写的水的洁净美，在园林中大抵可以见到。在北京皇家园林北海东岸有画舫斋，斋前有一方池，四周有斋、轩、室、廊面向环绕，清澈明净的水池成了景区审美观照的中心。主体建筑画舫斋内，有匾曰“空水澄鲜”，就取谢灵运《登江中孤屿》诗意，它引导人们欣赏的，就是天空水面那种云日晖映、空水澄清的美。颐和园有一个园中之园——谐趣园，是依据无锡寄畅园而仿建的，其建筑采取围池散点周边布置格局。在面池的建筑中，除主体建筑涵远堂而外，有“引镜”、“洗秋”、“饮绿”、“澹碧”、湛清轩、澄爽斋……它们似乎都为水而命名，以水为主题，人们仅从一系列题名中，就可想见其水的洁净美。再就私家园林来看，明代王世贞《游金陵诸园记》也指出西园的芙蓉沼“水清莹可鉴毛发”；又指出武氏园中，“水碧不受尘”。苏州现存的怡园有抱绿湾，园主顾文彬曾为其集联：

一泓澄绿，两峡崭岩，漫云壑水边春水；

石磴飞梁，寒泉幽谷，似钴鉧潭西小潭。

这也是启导人们去拥抱其生态之绿，品赏其澄净之美。总之，这都是从生态品评的视角揭示了水那种清洁纯净的现象美或本质美。

二、虚涵之美

水的另一个审美特征是因洁净透明而虚涵。它借助于反射的光辉，能反映天物，特别是水平似镜、静练不波之时，更能收纳万象于其中，体现出“天光云影共徘徊”（朱熹《观书有感》）之类的现象美。

水中的倒影是迷人的。苏州拙政园有倒影楼，人们在溪畔、廊间，可观照楼影倒映入水的美景。车尔尼雪夫斯基曾对水及其中倒影作过如下的审美描述：

> 水，还由于它的灿烂的透明，它的淡青色的光辉而令人迷恋；水把周围的一切如画地反映出来，把这一切屈曲地摇曳着，我们看到水是第一流写生画家。水由于它的

晶莹的透明而显得美……①

水中倒影，究竟美在哪里？这是值得进一步加以探讨的。

首先，它确实似可说是高明的“写生画家”，能如实地反映，形象地再现，上面有什么，下面也反映什么，因此，水面上可以浮漾出天光和云影，船可以如在空中泛荡，鱼可以如在天上游动……如南朝陈释惠标《咏水》所说：“舟如空里泛，人似镜中行。”总之，天空和周围的一切景象都能如实地倒映于水中，朗彻地虚涵于水中。这是真正意义上的“反映”。

在圆明园福海之东，有“雷峰夕照”，其正宇为“涵虚朗鉴”，系四十景之一。它面临福海广大的水域，可充分领略福海的虚涵之美。乾隆《涵虚朗鉴》诗序写道：

结宇福海之西，左右云堤纡委，千章层青，而前巨浸空澄，一泓净碧。日月出入，云霞卷舒，远山烟岚，近水楼阁，来不迎而去不拒，莫不落其度内。

这在较大程度上和较大范围内写出了水之虚涵的审美特征。其诗还写道：“涵虚斯朗鉴，朗鉴在虚涵。即此契元理，悠然对碧潭……”这也可说是从哲理高度来领悟“唯道集虚”（《庄子·人间世》）的美学。而不迎不拒，“莫不落其度内”云云，这又是写出了水之虚涵的现象美。乾隆咏圆明园，还有《纳景堂》诗，其序云：“镜水写形，遇以无心，而景自为纳，斯堂所纳，殆乎近之。”所谓“纳”，就是虚涵之美。其诗写得极妙：“花木四时趣，风云朝暮情。一堂无意纳，万景自为呈。色是空中色，声皆静里声……”写出了虚涵美的理趣。

其次，水中的倒影又不尽是如实的反映。如在苏州网师园“月到风来亭”，可见水池把池东的建筑、山石、花木统统虚涵于水，一方面，以粉墙为背景的亭廊、假山、藤树等映入水中都是倒置的，上下相映，恰好是一正一反；另一方面，由于波纹晃动，涟漪随风，水中倒影包括亭影、墙影都会变色变形，它们屈曲、摇曳、聚合、分散，互为嵌合，相与融和……池中似乎隐藏着一种生发无穷的神异魅力，显出“池塘倒影，拟入鲛宫”（《园冶·立基》）的奇幻感和变形美。

水中倒影，用科学的语言说，是光学成像，而并非实物存在；用美学的语言说，是亦真亦幻，似实还虚，它捉不着，摸不到，可望而不可即。载滢《补题邸园二十景·凌倒景》诗序写道：“值风静波澄，则水底楼台，历历可鉴。幻耶？真耶？非笔墨所能到也。”这正点出了风平浪静时倒影的虚幻美。再以范仲淹《岳阳楼记》所描写的水上景观来看，如果说，“静影沉璧”是一种虚幻美，那么“浮光跃金”更是如此，这种动态美变灭不定，闪烁不已，使倒映于水的景物，都镶嵌着金鳞般的天光，真是摩荡幻化，不可凑泊。这是一种真假莫辨、虚幻不定之美。

真实、变形、虚幻，这是水中倒影的三美。尤侗说，“上浮天际，水隐灵居，窈冥恍惚，盖取诸虚”。这和倒影的三美不无吻合之处。因此，水中倒影的三美，可说均取之于“虚”，它们就是水的虚涵之三美。

三、流动之美

水的一个重要的性格特征就是“流”，就是“活”，就是“动”。这一点，不论是在中国古代哲学著作中，还是在绘画理论或园林理论著作中，都曾一再涉及到。

---

① 《车尔尼雪夫斯基论文学》中卷，人民文学出版社1965年版，第103页。

儒家学派著作中有两段关于以水比德的文字，在历史上有一定影响，上文论及“水哉轩”时，已有所涉及，这里进一步征引于下——

徐子曰：“仲尼亟称于水，曰：‘水哉，水哉！’何取于水也？”孟子曰：“原泉混混，不舍昼夜，盈科而后进，放乎四海。有本者如是，是之取尔。”（《孟子·离娄下》）

孔子观于东流之水，子贡问于孔子曰：“君子之所以见大水必观焉者，是何？”孔子曰：“夫水，遍与诸生而无为（普及万物而不以为功）也，似德；其流也埤（同卑）下，裾拘（水流曲折貌）必循其理，似义；其洸洸（水波动荡闪光貌）乎不淈（枯竭）尽，似道；若有决行（决水使之流通）之，其应佚（快速）若声响，其赴百仞之谷不惧，似勇……是故君子见大水必观焉。”（《荀子·宥坐》）

无论是孔子，还是孟子或荀子，在论水时都从伦理哲学的视角出发，都是以水比于君子之德，从而赞颂水，并主张观于水，但是，从园林美学的视角来看，不妨把它们当作关于水的审美特征来解读，从中可见水的不舍昼夜，逝者如斯，或“盈科而后进”，或曲折而缓淌，或居高而直下，或波摇而闪光，或流速而不竭，或铿訇而声响，或穿山而越洞，或赴谷而勇往……真是多姿多态，千形万状，然而一言以蔽之，曰“取诸动”。

郭熙在其著名的画论《林泉高致》中，对画水提出这样的要求：

水，活物也，……欲喷薄，欲激射，欲多泉，欲远流，欲瀑布插天，欲溅扑入地，……欲挟烟云而秀媚，欲照溪谷而光辉，此水之活体也。

绘画是静态艺术，但郭熙要求表现出水的插天扑地，源远流长的动态，表现出作为“活物”的水的“活体”来。这确实是把握住了艺术中的水体的审美性格。这一绘画美学和儒家有关水的伦理哲学一样，可作为园林美学的参照。

正因为水活，流动，所以在园林中，它能用来造成种种水体景观，给人以种种审美享受。例如在绍兴兰亭这个积淀着名士风流的园林中，其流水的利用可谓别具情趣，这就是大书法家王羲之《兰亭序》中所说的将“清流急湍”，引为“流觞曲水”。这一流芳百世、别开生面的游艺活动，就创造性地利用了水的流动性，正是“谁云真风绝，千载挹余芳。”（东晋孙嗣《兰亭诗》）而今兰亭的流觞曲水，力图恢复旧貌，水因自然成曲折，既有曲水流动之美，又有文化意蕴之美，几乎成了该园一个最著名的水体景观。我国很多名胜园林，都曾予以模仿。

四川峨眉山清音阁，为著名的寺观园林，建于山腰两条涧谷之间，两侧涧瀑奔流，喧腾而下，拥有山区园林最优越的自然生态条件，然而其设计更为出色，除了位居半山的清音阁、居高临下的神秀亭、面临牛心石的洗心台等建构外，最精彩的就是踞于两涧即将合流处的洗心亭，其两侧各跨涧而建曲拱桥，名为“双桥清音”。其联云：“双飞两虹影；万古一牛心。”这里，风物既美，秀丽悦目，清音更佳，动听悦耳，然而它的美离不开水的“活”、“流”、“动”的特性。

关于水的“活”、“流”、“动”的审美特征，还可再看以下写景抒情的有关对联——

花笺茗椀香千载；云影波光活一楼。（成都望江楼茗椀楼联）

爽气西来，云雾扫开天地憾；大江东去，波涛洗尽古今愁。（武昌黄鹤楼联）

风前竹韵金轻戛；石罅泉声玉细潺。（北京中南海听鸿楼东室联）

望江楼在四川成都濯锦江边，相传为唐代女诗人薛涛故居。园内有薛涛井、濯锦楼等，茗椀楼又名吟诗楼。上引何绍基所撰书之联妙在“香”、“活”二字，它不但像“诗眼”一样把对联点活了，而且揭示出水的动态美把楼也“活化”了。试想在楼上凭栏，云影波光映入眼帘，不正是一幅生机勃发的活动图画么？这正说明了水确实是“活物”、“活体”。在著名的黄鹤楼上，望大江东去，波涛滚滚，这是一种宏大开阔、气势磅礴的动态美，而在听鸿楼闻石罅泉声，则是一种境界幽微，情调婉约的动态美，它不是以云影波光诉诸眼帘，而是以淙淙泉声诉诸耳管，可见水的动态能给人以种种不同的美感。

四、“文章”之美

在中国美学史上，“文”和“章”都主要是指线条或色彩有规律的交织相杂而构成的形式美。冯延巳《谒金门》中有名句云：“风乍起，吹绉一池春水。”春天透绿而平静的池水，被乍起的风吹起了层层绉纹，如同绣绮，这就是水面上线、色交织的一种文章之美。

对于水面的文章之美，苏洵在《仲兄字文甫说》中论述得最为充分。他写道：

> 今夫风水之相遭乎大泽之陂也，纡余委蛇，蜿蜒沦涟，安而相推，怒而相凌，舒而如云，蹙而如鳞，疾而如驰，徐而如徊，揖让旋辟，相顾而不前，其繁如縠，其乱如雾，纷纭郁扰，百里若一。……回者如轮，萦者如带，直者如燧，奔者如焰，跳者如鹭，投者如鲤，殊然异态，而风水之极观备矣。故曰“风行水上，涣”。此亦天下之至文也。

这段文字，把水“殊然异态”的种种文章之美，描述得淋漓尽致，并推崇其为“天下之至文”。这是一种泛艺论的观点。所谓“风行水上，涣”，引自《周易》中的“涣”卦象辞，孔颖达《正义》解释说：“风行水上，激动波涛，散释之象。”这种风水相激，澜合沦分而成文的“散释之象”，正是一种风水相发之极观。

水面的文章之美，也可以构成园林的景观或景观主题。王世贞在《弇山园记》中写道：“启北窗呀然，忽一人间世矣：涟漪泱莽，与天上下，朱拱鳞比，文窗绮楼，极目无际”。他把以水纹之美作为构图中心的景观，看作是别有天地，另一人间。他又写道：“已复桥，稍东为‘文漪堂’。堂俯清流，湘帘朱栏，倒景相媚，微飔徐来，縠文烫皱……”这和北京北海的“漪澜堂”一样，把水的文澜绣漪之美题为堂构名称，作为景观主题了。这些堂构的题名，把人们审美的目光，引向清波微漾、涟漪轻泛的一泓碧水……

在中国园林中，水面的文澜绣绮之美不但被题作堂构名称，而且还被题作池沼名称。如无锡寄畅园中的水池，把园内的曲廊华榭，柳烟桃雨，都汇融于水面的波文漪章之中，烂若绣缋，故题名为“锦汇漪”，这可谓慧眼识美，巧思独具。

此外，中国园林中的对联也常点出此类景观之美——

> 水面文章风写出；山头意味月传来。（网师园濯缨水阁联）
> 绣縠纹开环月珥；锦澜漪皱焕霞标。（北京北海“金鳌玉蝀桥”联）
> 月波潋滟金为色；风籁琤琮石有声。（颐和园谐趣园知鱼桥联）
> 螺黛一丸，银盆浮碧岫；鳞纹千叠，璧月漾金波。（颐和园绣漪桥联）

这都是启导人们去欣赏风水相遭的文章之美，去观照水面文章之上一派明灭闪烁、光采滉漾的金色银辉……

水的审美特征，除了以上四种之外，当然还有一些，例如和山石的刚性美不同，水具有柔性的美等等，但主要地显现为四种。概括地说，它具有清澄纯洁的本质，能净化环境；它具有虚涵透明的特征，其倒影呈现出变色变形、亦真亦幻的迷人境界；它还有活泼流动的性格和皱縠成文的外观。……这些审美特征，是园林中其他物质性建构元素所不可能具有也不可能代替的。

第五节　水体的形态类型及其性格

自然中的水，或汪洋，或回环，或深静，或奔流，或潺湲，或滔滚，或倾泻，或喷薄……它不但形态丰富多样，而且有种种不同的生态类型。中国园林中的水，正是对自然界各种形态类型的水的审美模拟和创造性表现。

亦园主人尤侗在《水哉轩记》中，还写出了园中之水的模拟象征性：

> 夫水之为物大矣。海有四，湖有五，江有三，泽有七，推而至于津梁溪渚，沟洫泾濑之类，不知其几千万也。今以吾池当之……而旷若有余也。

亦园中不大的水面，既取之于自然，其形态又是对自然中水的广泛概括、提炼和象征。

作为物质生态建构系统，中国古典园林中的水体究竟有哪些形态类型，这里，划分也有其困难。园林中各种水体类型的名和实，也和园林建筑以及山体类型的名和实一样，存在着交叉互用的复杂情况，因此，水体形态类型的划分也只是相对的。下面，对园林中主要的水体类型及其名称作一概述，并证之以审美鉴赏实例。

一、湖海

一般说来，这是园林中面积最大的水体形态类型，它往往具有平远宽广甚至一望无际的胸怀，而正是这一特征，在很大程度上决定了该园境界开阔、气度恢宏的空间性格。

杭州的西湖，是比较典型的湖，其水体面积颇大，给人以一碧无垠之感。因此，它的境界的空阔性就截然有异于池沼之类的水体形态类型。刘致《山坡羊·侍牧庵先生西湖夜饮》写道：

> 微风不定，幽香成径，红云十里波千顷。绮罗馨，管弦清，兰舟直入空明镜。碧天夜凉秋月冷。天，湖外影。湖，天上景。

这首小令不只是写出了西湖虚涵倒影之美，而且写出了西湖水面的阔大，以及由此显现的湖天一碧、夜色清华、空明澄澈、寥廓无际的境界之美。

在中国古典园林系统中，以湖而著名的园林较多，济南的大明湖，扬州的瘦西湖，颐和园的昆明湖，避暑山庄的湖泊组群：如意湖、澄湖、镜湖、银湖、上湖、下湖、长湖。据记载，如意湖、长湖间有长桥，乾隆曾面对双湖抒写道：“每曦光散晓，魄影澄秋，如玉镜新磨，冰奁对启。……天水空明，烟云演漾。双湖胜景，难书难画矣。”（《如意湖诗序》）这也写出了湖的空阔性。

江南的宅园，由于园基面积小，很少有湖，唯有浙江海宁的安澜园，有较为辽阔的水面，也被称为湖。清人陈瑾卿《安澜园记》写道：

> 有轩然于湖上者，“和风皎月亭”也。三面洞开，湖波潋滟，秋月皎洁之时，上下天光，一色相映。北瞻寝宫，气象肃穆；南顾赤栏曲桥，去水正不盈咫；西望云树苍郁万重，意其所有无穷之境。……望隔湖山色，在烟光杳霭之中，夏日荷翠翻风，花红绚日，虽西湖三十里无以过之。

从园记的审美描述来看，对湖面的艺术处理是精到的，不愧为江南名园，所以北方的宫苑也曾多次加以仿拟，惜乎此园已消失在历史的烟雨之中。

自然界中的海，要比湖的面积大得多；但园林中的海则未必如此，它可以仅仅指面积较大的水体，而且这种情况，仅见于北京宫苑。圆明园中最大的水体，就名为“福海”，其实，福海面积还没有颐和园的昆明湖大；北京的西苑称为“三海”——中海、南海、北海，其实园中水体面积也不太大，所以金时称西华潭，元时称太液池，至明时才称金海，从命名来看，由潭而池，由池而海，逐步升级，可见园林水体类型命名的灵活性。但无论从圆明园图上“福海”中的“蓬岛瑶台”来看，还是从中南海伸入水际的迎薰亭、水云榭来看，都是琼阁浸琉璃，倒影漾碧波，确实能给人以瀛海神州之感，因此，称海还是比较恰当的，这正是一种历史的、文化的选择。

二、池沼

在古典园林中，池沼总比湖海的面积小。唯其面积较小，又灵活多样，因此就成为南方园林或北方宫苑的园中之园内构成景观的重要水体类型。在中国园林系统中，它的普及性要比湖海大得多，几乎可以说，没有哪一个园林没有水池，所以古代园林又被称为“池亭”、“池馆”、“园池”、“山池”等。由于普及，人们接触得多，又由于水面较小，风波不大，因此它往往具有平静清幽，灵巧可亲的性格特征。

古典园林中的池沼，可分为两大类，即规整式和自由式，前者较多地见于北方皇家园林和岭南园林，具有齐一均衡之美，后者较多地见于江南园林，具有参差不齐之美。

北京皇家园林中的水池，其平面多几何形的图案美，这和皇家以及“侯家事严整”（袁宏道《适景园小集》）有关。在紫禁城内，御花园浮碧亭、澄瑞亭所跨的水池，慈宁宫花园临溪亭所跨的水池，都是长方形的。而静宜园见心斋的水池，是半椭圆形的，颇为别致；北海静心斋内的水池也是长方形的；圆明园“坦坦荡荡”的水池同样是规整对称的组合……北京宫苑在总体布局上有时也表现出齐整的风格美，这和水池的齐整之美可说是互为影响的。山西新绛的绛守居园池，其芙蓉池【图 33】也呈规整式，这个衙署园林，也以严整的格调为美。

岭南园林也多规整式。番禺余荫山房东部以八角形水池为中心，西部以方形荷池为中心。再如东莞可园、顺德清晖园，其水池也呈曲尺形、长方形等几何形状，池岸线均为直线。岭南园林的这种审美风格，主要受西方园林的影响为多。

江南园林中的水池则不然，除浙江一带外，它们的平面基本上是自由式、不规整的，表现出一种参差美，天然美，因为自然中的水池没有一处是规整的。上海松江的醉白池，大体呈方形，但由于叠石池岸参差而不僵直，错落而不板律，适当间以水洞、水口，显得活泼多姿，自然可爱。更妙的是，池水经水洞通往醉白堂，这不但进一步打破了水池接近方形的构图，而且让主体建筑——醉白堂与醉白池更为贴近，显现了“门引春流到泽”（《园冶·借景》）的韵趣。无锡寄畅园的“锦汇漪”水池，池岸极不规则，随势而弯，依势而曲，水木清华，更富山林野趣，是江南园林自由式水池的典范之一【图 34】。这类现象，与文人园主们厌恶官场，企求自由有关。自由式水池处理极佳的，还有上海南翔古漪园，其周流全园的带状水系均为阔窄自如的自由式，而作为中心的戏鹅池，其池岸线也曲折有致，毫不板律，这种理水艺术在江南园林中堪称上选，体现出“疏水若为无尽，断处通桥”（《园冶·立基》）的意境之美。

图 33　侯家事严整——新绛绛守居规整式芙蓉池（蓝先琳摄）

图 34　文人乐自由——无锡寄畅园自由式“锦汇漪”（缪立群摄）

再以苏州园林为例，由于其中水池取法自然，参差自由，因此水池的平面造型和布局更能体现有聚有分，有断有续的变化组合，而这与池岸的形态处理又密切相关。苏州园林很少有单纯的自然形态的土坡岸，因为它容易被雨水冲刷而崩塌。现在人们看到的，主要是自然形态的叠石岸。刘敦桢先生总结这方面的经验说：

> 沿池布石是为了防止池岸崩塌和便于人们临池游赏，但处理时还必须与艺术效果统一。苏州各园中的叠石岸无论用湖石和黄石，凡是比较成功的，一般都掌握了石材纹理和形状的特点，使之大小错落，纹理一致，凸凹相间，呈出入起伏的形状，并适当间以泥土，便于种植花木藤萝。……总之，叠石池岸不宜僵直，尤不能太高，否则岸高水低如凭栏观井，和凿池原意无异背道而驰。[①]

这一论析，既概括，又精到。苏州的拙政园、网师园、留园、狮子林等，其池岸处理都有这样的特点，就是凹凸起伏，近于自然形成的池岸，而且有的池边还有石矶，更能丰富池岸线的空间造型，从而避免了僵直板律的线条。

三、溪涧

如果把湖海和池沼作一个比较，那么，其共同之处是水面大多呈四向展开之状；这两种水体形态类型的主要区别，只是空间面积大小不同而已，因此可以说，池沼是缩小了的湖海，湖海是扩大了的池沼。

溪涧则不同，水面呈带形，是两向延伸的，其空间的表现，常常采取曲折潆回的形态，并给人以源远流长的不尽之感。溪与池一样，也是生活中常见的水体形象，它们同样能给人以亲切之感。此外，涧、溪等还能表现出一种幽邃清静的性格美，所以古代画论不但强调“溪涧宜幽曲”（钱杜《松壶画忆》），而且还指出，“江海无风亦波，溪涧有纹亦静”（汤贻汾《画筌析览·论水》）。此外，溪涧还能使人真实地或假想地置身于山林、郊野的自然环境之中，感受到一种幽野的情趣。

溪涧与江河的形态近似，只有广狭长短之分。但中国园林中宁可称“海”，却很少称“江”或“河”，因为后者俗而不雅，使人联想起船只如梭的繁忙景象，而无清幽之趣[②]。所以，颐和园后山的水系，虽然有些段落近于带形，呈现出河的形态，但这个狭长水系，被总称为后湖。避暑山庄西北的带状水系，也不称江、河，而称为长湖。在中国园林系统里，即使不太长的水体，也乐于称溪、涧，其着眼点当然是为了园林的意境和情趣。唐代柳宗元称自己的宅园为“愚溪”。宋代学者沈括，也把他的宅园命名为“梦溪”，其中以渟萦杳缭的梦溪为主体而构成的园林景观，正是他梦寐以求的理想美境。

说到真实的溪、涧，杭州西湖的九溪十八涧颇为著名，这里山林幽静，溪流曲折，诉诸人们耳目的是水声潺潺，鸟鸣啾啾，嘉木阴翳，芳草萋萋……其极富原生态价值的绿意野趣令人心醉。

在无锡惠山，寄畅园的造涧艺术是第一流的，这容当后论。在明代，紧靠寄畅园的还有私园“愚公谷”。从历史上看，该园的造涧艺术也是第一流的，它主要以曲折胜，其妙处在于引进园外山麓的真涧——黄公涧以为假涧，并进行多曲度的审美处理。邹迪光《愚

---

① 刘敦桢：《苏州古典园林》，第 17 页。

② 当然，园林中也偶尔有题名为“江”、“河”的，如唐代长安著名的公共园林“曲江”，清代北京静宜园则有“月河”，桂林现存的雁山别墅有“相思江”，也极富原生态的水域之美。

公谷乘》写道：

> 对涧（指黄公涧——引者）而峙者为吾园，榜其门曰：“愚公谷”。引涧入吾园，亦复为涧，凡三折：自春申涧第一曲至“瀸瀸亭”为一折；自“瀸瀸亭”至小石梁为一折；自小石梁至“在涧”为一折。折折长短不同，统得四十余丈，势如建瓴，度不可御，则为堰以捍之。堰有五：第一堰即所谓“春申一曲”，第二堰为“水边林下处”也……

这种曲涧之所以令人味之不尽，主要就在于充分发挥了山麓园的优势，充分表现了水那种“其流也埤下……必循其理”（《荀子·宥坐》）的曲折动态之美。在明清时代，无锡环惠山而建的园较多，它们既得山之胜，又得泉之胜，而尤以其园内引泉造涧的水平而分工拙。寄畅园和愚公谷，都是成功地塑造曲涧的范例。历史地看，强调曲涧的塑造似乎成为无锡山区园林的群体风格特征之一。

水为园之血。在园林中，除了湖、池等类型容蓄大体量的水之外，还得靠溪、涧、湾、沟等带形水体的分布和流通以构成全园水系，就像人体血脉的分布和流动构成一个循环系统一样，因此，尽管园中的某些溪水是静止的，但人们仍称之为溪流，它仍能给人以园中之脉的感觉。就苏州园林来看，留园西部有“活泼泼地”水阁，一条小溪由阁前折西再折南而去，其实这是水路不通的止水，但它尚能给人以“活泼泼地”的流通之感。至于拙政园西部塔影亭至留听阁的小溪，以及留听阁东北穿过两座小桥的水溪等，其周流沟通的作用则是十分现实的，确实是“活泼泼地”。拙政园的水系是江南园林中的上乘之作，全园的各种水体类型不但富于变化，而且无不相互沟通，表现了出色的理水艺术。

四、泉源

在古典园林中，泉是重要的水源之一，也是重要的景观之一。泉，这是一个外延广袤概念，从所在地来说，有山泉和地泉；从水温来说，有温泉和冷泉；从空间形式来说，有团泉和曲泉；从表现形态来说，有动泉和静泉，动泉中又有流泉、涌泉之分。在众多的水体类型中，泉的个性是鲜明的，可以表现出多变的形态、特定的质感、不同的水温、悦耳的音响……综合地诉诸人们的视觉、听觉、触觉乃至味觉。例如，在有泉的园林名胜区，人们总要怀着好奇心理，或设法一试泉水的重质，或以手来感测一下水温，或是煮泉水，品香茗（例如西湖虎跑泉、龙井茶相匹配），领略一番泉水的特有滋味。

《锡山景物略》写无锡的“二泉”说：“泉在惠山第一峰白石坞下，本名惠山泉，经唐代陆羽品定……始名天下第二泉，简称二泉，又名陆羽泉。源出惠山若冰洞，终年不涸，味甘美。”陆羽是著名的《茶经》的作者。无锡寄畅园、“愚公谷”等均多二泉之水，“愚公谷”内还有二泉亭，这样，园中之水就和茶、味联系了起来。另外，“泉源”一词，还意味着“ 泉”是重要之“源”，它甚至可以是园林的命脉。明人王穉登《寄畅园记》说，“环惠山而园者，若棋布然，莫不以泉胜”，而寄畅园“得泉多而取泉又工，故其胜遂出诸园上”。其中“台下泉由石隙泻沼中，声淙淙中琴瑟”，此外，又有“飞泉”等，正因为如此，其“锦汇漪”汇成了一池活水，可谓得天独厚。

避暑山庄的泉源，可谓全国之冠。这里泉涌脉流，有著名的“热河泉”。它不但水量大，而且水温较高，即使是北方隆冬祁寒，也不易凝冰而冽，有时深秋季节由于地脉融煦，湖中荷花依然开放，经久不凋，成为一大奇观。见于记载的如——

> 回跸山庄，正当菊花之时，而湖中荷花尚有开者，节过寒露，即内地亦不能若此，实为罕见。（乾隆《木兰回跸至避暑山庄》诗注）
>
> 已届霜降，而塞湖之荷尚有香作花者。（乾隆《山庄荷花尚存》诗注）

游览避暑山庄的人们，总爱在热河泉畔，或以手一摸水温，或一掬泉水。这种通过触觉进行物质交流，也应该承认是审美的辅助手段之一。

山东济南是著名泉城，号称名泉七十有二。在原为祠观园林后为公共园林的“趵突泉”中，众泉曾经竞涌，有以水沫纷翻，如絮飞舞而命名的柳絮泉；有以聚成一线，映日生光而命名的金线泉；有以层叠而下，如挂晶帘，大珠小珠，跌落至池而命名的漱玉泉。此外还有马跑泉、卧牛泉、洗钵泉、浅井泉、皇华泉等，构成了蔚为大观的水泉群。其中以趵突泉为名泉之冠，池中泉水曾经喷雪溅玉，势如鼎沸，云雾水气，蒸滕而上，于是，“趵突腾空”就成了济南八景之一。

太原祠堂园林——晋祠的泉水是史有定评的，李白《忆旧游寄谯郡元参军》诗就有“晋祠流水如碧玉”之赞。它那碧玉般的流水，都是从泉中流出。清人刘大櫆《游晋祠记》写道：

> 有泉自圣母神座之下东出，分左右二道。居人就泉凿二井，……泉伏流地中。自井又东，沮洳隐见，可十余步，乃出流为溪。溪水洄洑，绕祠南，初甚微，既远乃益大，溉田殆千顷。水碧色，清冷见底，其下小石罗布，视之如碧玉。游鱼依石罅，往来甚适。

这段文字，以桐城派散文的白描笔法，概括了晋祠以泉为源的水系及其景观特色。如果说，山东济南金线泉的“金线”现象要在各种天然条件偶合的情况下才能见到，因而带有奇异的性格，那么，山西太原晋祠三绝之一的“难老泉”【图35】因与圣母殿的联系，则带有了灵异的性格，被称为“灵泉”、“圣水”。这也可看作是泉与自然或人文相关的一种审美个性。

泉源保护是园林保护乃至生态环境保护的一个重要方面。就济南、无锡等地现存的园林看，保护或恢复泉源是一个不容忽视的科研课题。

五、渊潭

和湖海、池沼的水面平远、空间宽阔不同，渊潭往往有水面紧缩，空间狭隘的特征，而一个“深”字更是其主导性格。李白《送汪伦》就有“桃花潭水深千尺”之句，直至现代散文大师朱自清的《绿》中，还说“亭下深深的便是梅雨潭”。可见潭离不开一个“深”字。俗话又说“万丈深渊”，这也见出渊也富有“深”的性格特征。渊潭的另一性格特征是“定”，亦即平静。汤贻汾《画筌析览·水》指出：“水性至柔，是瀑必劲；水性至动，是潭必定。”这可说是具有高度概括性的论水警句。

在古典园林中，潭的面积有大有小。大的如云南昆明的寺观园林黑龙潭，但它的主要性格特征及其给人的印象不在宽广而在深邃。阮元《游黑龙潭看梅花》有“千树梅花千尺潭”之句，也是强调其深。潭的概念还往往和龙、蛟联系在一起，使人感到它不仅深不可测，而且藏龙潜蛟，疑有灵异。因此，潭给予人的，往往不是池、溪的那种亲和感，而是一种神秘不测之感。

图 35　晋祠流水如碧玉——太原晋祠“难老泉”（牛坤和　武　鸿摄）

明代宜兴有山区园“玉阳洞天”，文徵明《玉女潭山居记》写道：

> 潭在山半，深谷中渟，膏碧莹洁如玉，三面石壁，下插深渊，石梁亘其上，如楣而偃，草树蒙幂，中深黑不可测。上有微窍，日正中，流影穿漏，下射潭心，光景澄澈，俯掬之，心凝神释，寂然忘去。

这是一个幽深叵测的天然潭，可谓渊潭美的典型。

苏州沧浪亭“步碕”廊边有潭。人在廊中向上行，岸愈高而潭愈深，于是倍增陟高临深之感。这个较为成功的创造，是苏州园林里一个独特的景观。

在常熟兴福寺，有据常建著名的《题破山寺后禅院》诗而命名的“空心潭”。对这一著名的千年古潭，拟于第五编第二章第一节予以论述。

六、瀑布

“飞流直下三千尺，疑是银河落九天。”（李白《望庐山瀑布》）瀑布以飞流向下倾泻，强劲有力的气势引起人们的惊奇感，它是一种崇高的景观美。康德在论述“作为势力的自然”时指出：

> 高耸而下垂威胁着人的断岩……一个洪流的高瀑，诸如此类的景象，在和它们相较量里，我们对它们抵拒的能力显得太渺小了。但是假使发现我们自己却是在安全地带，那么，这景象越可怕，就越对我们有吸引力。我们称呼这些对象为崇高，因它们提高了我们的精神力量越过平常的尺度……①

正因为如此，人们喜爱观赏瀑布，以求从中获得伟大的精神力量和痛快淋漓的感受，而在中国山水画中，危峰飞瀑也是人们喜闻乐见的审美对象。

在中国古典园林里，天然的瀑布并不多见，因为这种落差水源较少。但北方宫苑条件毕竟优越，徐珂《清稗类钞》记静宜园二十八景之一的“璎珞岩”也说：“其上为绿云深处，树尤茂。岩下月河如带，有瀑注之，长约丈许，下激山石，如飞银花”。承德避暑山庄，也不乏天然或有所加工的瀑注景观，如“暖流喧波”、“风泉清听”、“泉源石壁”、“观瀑亭”、“瀑源亭”等题名和建构，都是这种景观的生动体现。

江南宅园特别是市区园林，也积累了人工瀑布的艺术经验。计成《园冶·掇山》写道：

> 瀑布如峭壁山。理也，先观有坑，高楼檐水，可涧至墙顶作天沟，行壁山顶，留小坑，突出石口，泛漫而下，才如瀑布。不然，随流散漫，不成，斯谓“坐雨观泉”之意。

苏州环秀山庄西北角假山，就曾集屋檐雨水，下注池中；东南角假山还在石后设槽沟以承受雨水，由岩崖石隙下泄，在夏季暴雨时可见泛漫而下的瀑布。这是即小见大，以假瀑点缀和充实山水景观，借以使人萌发类似的审美联想。

苏州狮子林有所不同，在“问梅阁”顶曾置水柜，其北累石为瀑布四叠，这一景观是较为成功的。汪远翥《飞瀑亭记》写道：

> 西面新筑一亭，额曰：“飞瀑”。旁有瀑布，其声昼夜不息，游斯园者，如登海舶而怒涛。今主人又题一榜曰：“如闻涛声。”噫！其殆有深意存其间欤？

这是以飞瀑为景观主题了。今天，水源问题已解决，效果颇佳，成为一独特的水体

图36　喷珠溅玉，其响也琴

——苏州狮子林瀑布（陆　峰摄）

① 康德：《判断力批判》上卷，第101页。

景观【图36】。陈继儒说："瀑布天落，其喷也珠，其泻也练，其响也琴。"（《小窗幽记》）十六个字，字字珠玑，揭橥了瀑布形、势、声之美。在狮子林，就能领略到这如珠如练如琴之美。南京瞻园南部的湖石假山，也有人工瀑布，与周围环境配合，效果极佳。

中国古典园林系统中的水体形态类型，就其荦荦大者有以上几种，它们千变万化，构成了丰富的园林水体生态景观之美。

第六节　依水体景观类型之美

中国古典园林系统中，有一些景观类型离不开水或必须依水而成，它们既极大地丰富了园林的水体生态景观，又有其不同程度的独立的审美价值。园林建构中这些依水体生态景观类型，按其存在形态分，有静态和动态之别。静态如桥梁、堤岛以及水中的塔、幢小品等；动态如游鱼、水鸟、涉禽等。

一、桥梁

桥是陆地的跨越，架空的道路，水上的构筑。它近水而非水，似陆而非陆，架空而非空，是水、陆、空三维的交叉点，是静态的依水体生态景观中极为重要的类型。

桥除了合目的性的"善"而外，这个特殊的空间造型，在现实领域里是人的本质力量的对象化，是科技的真、艺术的美不断演进的结晶；在文化史的时间流程里，它的身上附丽着多少可歌可泣的故事，其形象又孕育了多少抒情写景的名作！见于诗人笔下的，如——

两水夹明镜，双桥落彩虹。（李白《秋登宣城谢朓北楼》）
绿浪东西南北水，红栏三百九十桥。（白居易《正月三日闲行》）
二十四桥明月夜，玉人何处教吹箫。（杜牧《寄扬州韩绰判官》）
波光柳色碧溟濛，曲渚斜桥画舸通。（欧阳修《西湖泛舟呈运史学士张掞》）
小桥流水人家。（马致远《天净沙·秋思》）

这些诗意的景观或明丽，或迷濛，或旖旎，或清幽……各各具有不同的美。中国古典园林和名胜古迹，也同样积淀着这种以桥为主要构境元素的情景交融之美。如"灞柳风雪"，是西安十二景之一，又是关中八景之一；"芦沟晓月"，是燕京八景之一；"湘桥春涨"，是潮州八景之一；"津桥晓月"，是洛阳八景之一；"断桥残雪"，为杭州西湖十景之一；"六桥烟柳"，是钱塘十景之一；"双桥清音"，是峨嵋十景之一……

桥梁在古典园林中的重要地位，突出地表现在它和水的审美关系上。所谓"小桥流水"，就揭示了桥与水的相关性：桥固然离不开水，这是由其依水的性格所决定的；而水体之美也往往要通过桥来划分水面、点缀水景才能更好地显示出来，从而耐人寻味地供人品赏。小桥流水，二者就这样相辅相成地构成了一幅优美的画面。

我国历史上形成的桥，基本上可概括为四大类型：拱式、梁式、吊式、浮式。古典园林系统中的桥，一般只有拱式和梁式两种①。按这两种桥型的主要分布来看，可以说，北

① 北京北海团城曾有吊桥，似为孤例。

方园林多拱式，江南园林多梁式；大型园林多拱式，小型园林多梁式……它们构成了不同园林的不同艺术情趣。

北京宫苑的拱桥，首先以其桥面和桥孔的曲线美逗人注目，引人游赏。就桥面来说，既有初月出云的短曲，又有彩虹卧波的长曲，既有轻波微澜的平曲，又有驼峰隆起的陡曲。这些桥不但有单孔和多孔之别，而且桥孔本身还呈现出不同的曲线形：半圆形、尖蛋形、马蹄形……这也是种种有意味的形式。

北海静心斋的单孔小石桥，是山池东部极为重要的艺术点缀，呈拱形短曲，横架于清清的小溪之上。桥身通体用汉白玉砌成，配以精致玲珑的望柱、栏板，两端还饰有美丽的玉麒麟，均十分惹人喜爱。它在红柱绿树、蓝天碧波的绚丽环境映衬下，特别显得洁白如玉，体态窈窕，既小巧，又厚重。苏州网师园的小石拱桥，也典雅、工致、精巧，妩媚可爱，是中国园林里袖珍型拱桥之最①。

颐和园中的十七孔桥，桥面呈长长的曲线，横跨于昆明湖上，桥如虹，水如空，成为既宜远观，又宜近赏的重要的依水型建筑，它对于周围环境的构景功能也是十分显著的。挪威建筑学家诺伯格·舒尔兹写道：

> “桥”更是有深刻意义的路线，它一方面结合两个领域，同时还包含着两个方向，一般处于令人感到力动均衡很强的状态。海迪加曾说：“桥在河流周围聚合大地而构成景色。”②

十七孔桥正是如此，它一端通向南湖岛，这是一个景呈瑶岛，影漾金波的审美领域，另一端通向东堤，这是一个铜牛望湖，伟亭廓如的审美领域。长桥卧波，沟通东西，有机地聚合着岛、堤的景色。东堤桥头镇水的铜牛，特别是全国园林中体量最大的廓如亭，其重量似乎适足以和南湖岛分庭抗礼，这就更使十七孔桥长长的弧形呈现出“力动均衡”和担重若轻的审美形态。

颐和园后湖的三孔石桥，桥面呈轻波微澜的平曲，这恰恰足以反衬出三个桥孔的马蹄形。或者说，桥面横向伸展的平曲，和桥孔纵向高耸的陡曲，二者形成了美丽的对比，在平静如镜的水面上，呈现出稳重静穆，优美典雅的立体造型。它还体现了审美性与实用的合目的性的统一，桥孔高耸，体量较大，可顺利地行船，给后湖的舟游提供了方便。

颐和园西堤六桥之一——著名的玉带桥，通体洁白纯净，桥面高高隆起，呈陡曲形，它的造型更博得人们高度的审美评价。桥梁专家茅以升先生从桥梁建筑艺术的视角指出：

> 在艺术上体现出既现实又浪漫的美妙风姿，如北京颐和园的玉带桥。它的石拱作尖蛋形，特别高耸，桥面形成“双向反曲线”与之配合，全桥小巧玲珑，柔和中却寓有刚健，大为湖山增色。③

正由于桥孔拱券呈高耸的半尖蛋形，又由于桥面和桥孔呈双向反弯曲线，因此，就这一立面来看，桥顶部分特别细窄，而两端的面较宽，在浓绿树丛、深碧水面的映衬下，洁白的体形及其曲线美，令人想起蜂的细腰、弯环如许的玉带……其尖蛋形的桥孔也耐人寻味，倒映入水，上下各半个尖蛋形，一实一虚，构成完形，又能逗人萌生“一道长虹上下圆”的浪漫遐想。

---

① 详见金学智：《苏州园林》（苏州文化丛书），第254－255页。

② 诺伯格·舒尔兹：《存在·空间·建筑》，载《建筑师》第23辑，中国建筑工业出版社1985年版，第237页。

③ 茅以升：《桥》，载《旅游》1984年第5期，第12页。

颐和园除了拱式桥外，也有梁式桥，如荇桥、豳风桥、镜桥等。由于桥的体量较大，桥身高而平坦，所以上面均建有亭榭，这是南北朝园林“飞梁跨阁”（《洛阳伽蓝记·河间寺》）合规律性发展的硕果。桥亭不但是凭空凌波欣赏水体景观的最佳处所，而且自身作为一种景观，其多姿多彩和桥梁一起，倒影荡漾于碧波，令人真幻莫辨。

江南宅园，因水体面积小，一般又不行船，所以既无高架的梁桥，又无大型的拱桥。如苏州园林，主要是梁式的石板桥，它们或长或短，或直或曲，或有栏或无栏，形式各异，但有一个共同特征，就是比较低亚近水，人行其上，如凌波微步，不但便于细赏池荷，指数清露，而且可以近观游鱼，会心不远。这种近水或贴水的桥，特别能使人和水建构起亲近的审美关系，感到清流似可一掬，沧浪似可濯足，加以石板桥的简朴自然，更能使人产生江南水乡之感或濠间濮上的原生态之想。扬州的宅园，也往往以低桥为美。李斗《扬州画舫录·城北录》写道：“桥之佳者，以‘九狮山’石桥及‘春台’旁砖桥，‘春流画舫’中萧家桥、九峰园‘美人桥’为最。低亚作梗，通水不通舟。”这里，以是否低亚近水作为主要的品评标准了。通水不通舟，确是江南宅园桥梁的重要特征。江南宅园还有廊桥，以拙政园的“小飞虹”【图37，见书前彩页】为经典，其下部亦为梁桥，由三组石梁架成，中略高，呈优美的弧曲形。上部建为三间华廊，卷棚顶亦微呈婉曲，檐下饰万川挂落，廊柱间设栏杆，展示出秀丽典雅的身影。明代文徵明《拙政园图咏·小飞虹》就写道：“朱栏光炯摇碧落，杰阁参差隐层雾。”而今，它更为风姿绰约了。

江南公共园林则不然。由于水体面积大，往往因地制宜，因景制宜，既宜低桥平曲，又宜高桥凌空。杭州西湖“三潭印月”的曲桥，以低平简朴为美，以便临水赏景，近水得月。扬州瘦西湖的五亭桥则以高跨繁复为美：“上置五亭，下列四翼，洞正侧凡十有五。月满时每洞各衔一月，金色混漾”（《扬州画舫录·桥西录》）。说十五孔各衔一月，这和三潭印月“湖中月成三”一样，系传说性的美化，或者说，是文化意味的积淀，但大小不同的桥墩巧妙结合，大小不同的桥孔正侧异向。桥墩面上的五亭，结构错综，金碧流辉，朱柱林立，翼角纵横，这都体现了科技美与艺术美的结合。《望江南百调》这样写道：“扬州好，高跨五亭桥。面面清波涵月镜，头头空洞过云桡。夜听玉人箫。”这种高跨的华桥，其风韵之美，显然不同于低亚的平桥，而在构景的审美功能上，这两种桥又可谓平分秋色，各有风采。

二、堤、岛

堤是两面临水的带形陆地，岛则是三面或四面环水，基本呈团形的陆地，它们都离不开水。如果说，堤是联结水体两岸的锦带，那么岛可说是独立或半独立于水体之中的美玉。作为静态的依水体景观类型，堤和岛既附丽于水，而又有其独立的景观价值；堤和岛固然是水体的重要点缀，而水又反过来烘托了堤和岛。

著名的苏堤和白堤，是杭州西湖的主要景观。苏堤全长近三里，自南而北，纵贯湖上，架有“映波”、“锁澜”、“望山”、“压堤”、“东浦”、“跨虹”六桥，成为南屏和北山之间的通道。一株杨柳一株桃的苏堤确实是美的。《西湖志》说：

> 春时，晨光初启，宿雾未散，杂花生树，飞英蘸波，纷披掩映，如列锦铺绣，都人士女揽其胜者，咸谓四时皆宜，而春晓为最云。

这是描述了春晓雾濛、湖光山色中的苏堤之美。正因如此，“苏堤春晓”被列为西湖十景之首，而作为苏堤景色的“六桥烟柳”，在元代也曾列为钱塘八景之首。北京颐和园的西堤，是仿西湖苏堤而建构的，堤上自南至北也依次有柳桥、练桥、镜桥、玉带桥、豳风桥、界湖桥六座。苏堤及其六桥这一景观在北方创造性的历史复现，正足以证明，作为依水体景观类型的长堤，颇有构景的审美功能。

还需要一提的是步石，它作为依水体景观类型是似堤而非堤。堤的体量阔而长，步石则不但以短小为美，而且在水中以虚间实，小有曲折地由此岸导向彼岸，使人感受到一种山野溪涧一种原生态的野趣和静境，人们在其上踏石而渡，就别有雅情逸趣。

岛屿是常见的静态依水体景观类型，其中大者往往被称为洲。作为水中陆地，它四面临水，人们只能隔水相望。“溯洄从之，道阻且跻；溯游从之，宛在水中坻。”（《诗·秦风·蒹葭》）愈是可望而不可即，愈是心向往之，这是审美的逆反心理。洲岛的美的魅力，往往正在于“宛在水中央”。

避暑山庄的堤、洲、岛处理艺术，颇为高明。错综的湖群或包有全岛，或形成半岛，湖与岛相互包容，犬牙交错。其中以“如意洲”的平面构图最美，命名立意最巧。这个岛像灵芝云叶的“如意头”，而通往宫区的堤，也呈弯曲形，像“如意”的柄，名曰“芝径云堤”，二者比拟贴切，妙趣横生。康熙《避暑山庄记》说：“夹水为堤，逶迤曲折，径分三枝，列大小洲三，形若芝英，若云朵。”这三洲就是环碧岛、月色江声岛和如意洲。如意洲上有“无暑清凉”、“水芳岩秀”、“沧浪屿”诸胜，其景观和题名大多与水相依。四周湖水回抱，波影漾碧，山光水色，景物宜人。洲北又有桥通向青莲岛，岛上有著名的烟雨楼。这样，岛、堤、水、桥，呈现出断而复续的意境美，令人如入仙界，留连忘返。

北京北海最著名的景区是琼岛。这是一个全岛，南面和东面分别有永安桥、陟山桥相通。徐珂《清稗类钞》写道：

> 琼岛即琼华岛，踞太液池，奇石叠成，巑岏岞崿，相传为宋代艮岳之遗，自汴中辇至燕者。巅有古殿……后为普安佛殿，上建白塔，又名白塔山。山左立一碣，御书“琼岛春阴”四字，亦燕京八景之一也。

人们仅仅站在对岸，就可见岛上殿宇争妍，林木竞秀，溢紫流金，堆云积翠；岛下湖水澄澈，引胜涤霭，波光塔影，摇曳生姿……“琼岛春阴”，可谓名不虚传！

北方宫苑、公共园林由于其中水体面积比较大，因此著名的岛比较多。现存的园林中，还有颐和园的南湖岛，中南海的瀛洲岛，杭州西湖的小孤山等，都以其水、岛景物相辅相成的美，强烈地吸引着人们。

一般来说，江南宅园水体面积不大，所以岛少而名岛更少，不过也有值得一提的。如祁彪佳《寓山注·回波屿》所写：

> 烟波深处有蜃结焉，一似峰随潮涌，岸接天迴，……惧不可以褰裳以涉，则曲桥是其一苇矣。自桥而亭，得石梁，策杖过之，微径欲绝，从乱磊中，蜂缀猿引，遂穿石门以上。……昔异僧披“金山”根下云：“茎渐孤细，如菌仰托”，此屿似之。当腹罅趾拆，水穿入其下，石踞之，若浮焉。环回相抱，曳带烟云，谢康乐“孤屿媚中川”，便是此中粉本矣。……

这段文字，把岛屿本身的艺术结构和周围水体的艺术环境，描述得历历如在目前，令人思欲一游，遗憾的是，这一绍兴的名园早已化为历史陈迹，人们只能从纸上追胜寻幽。

三、塔、幢

这里的塔、幢，是指水上的石塔、石幢，是一种园林建筑小品。如果说，堤、岛是大体量的依水体景观类型，那么，塔、幢则是小体量的依水体景观类型，它们主要起着点缀水面的作用。

提起水上之塔，人们就会想起西湖的三潭印月。品赏湖上的三塔，一是其以三为数的组合美，亦即分布美。二是其个体的造型美，它层层堆叠向上，大小相形，方圆相成，虚（方、圆之孔）实相生，呈纵向递减的优美造型，特别是它对于平展空旷的湖面，既起了界破作用，又起了点缀作用，使水体丰富而有变化，就像其自身的统一而富于变化一样。三是水上水中，塔月相映的倒影之美。有一副对联写道："波上平临三塔影；湖中倒影一轮秋。"在中秋月圆之夜，在"我心相印亭"可见，湖上塔里，灯光与塔身一起倒映入湖，和"静影呈璧"的圆月互为呼应，可说是：月光、灯光、湖光，交相辉映；月影、塔影、云影，融为一片。这种澄澈空明的光影世界，确实令人心醉神迷！

石幢是更小型的水面饰物。苏州留园"清风池馆"和"曲溪楼"前的水面上，拙政园西部水廊边的水面上，都饰有石幢。它们外形式上主要的审美功能，也是以纵向的立体造型，界破了横向展开的水面，其倒影静涵水中，也是一种微型水体景观之美。

静态的依水体景观类型，除了桥梁、堤岛、塔幢外，还有岸滩、踏步、石矶等，这里不再赘述。

四、游鱼

在动态的依水体景观类型中，游鱼是最为重要的。

在中国古典园林美的物质生态建构元素中，禽兽等动物经过历史长河的冲洗、淘汰，越来越退居次位，然而鱼则与之成反比，地位越来越显要，几乎成为不可或缺的元素。

从现存的园林来看，不论在北方宫苑或南方宅园，还是在公共园林或寺观园林，总不乏游鱼所构成的景观。如避暑山庄康熙题三十六景有"石矶观鱼"，乾隆题三十六景有知鱼矶，颐和园有鱼藻轩、知鱼桥，东莞可园有观鱼簃，苏州沧浪亭有观鱼处，上海豫园有鱼乐榭，而在杭州公共园林西湖，"花港观鱼"是著名的十景之一…… 这些景观，是庄子"知鱼之乐"这一著名典故的文化心理的历史积淀，这留待后论。

无锡寄畅园的知鱼槛，这是体现知鱼主题的著名园林建筑。一条靠壁的长廊，全部面临池水，中间的知鱼槛不但屋基屋顶略高于廊，而且离廊前伸，驾凌于水面之上，得"亭台突池沼而参差"（《园冶·相地》）之美。这个卷棚歇山顶的水榭，柔美飞动，轻灵空透，三面均有栏槛可供凭倚而观水。这一突出的依水型建筑，一切都围绕一个生态性主题，这就是"知鱼"。寄畅园这一主体景观的设计是成功的。

游鱼依水而构成的动态景观，是极富审美价值的。在碧波荡漾的池水之中，锦鳞赤鲤，色彩斑斓，或喁喁唫唫唼喋嬉戏【图 38】，或翻腾翔跃，拨刺有声；或扬鳍而来，回环穿梭；或悠然自得，摆尾而去；或饵之则霞起，惊之则火流……这种依水景观，往往能引得游人如织，观者如堵，或逗引起文人们的濠梁遐想、知鱼体验。诗作如——

> 滴滴跃跃洗池塘，朱鱼拨刺表文质。接餐生水水气鲜，霞非赤日碧非莲。儿童拍手晚光内，如我如鱼急风烟。士女相呼看金鲫，欢尽趣竭饼饵掷。（谭元礼《晚晴步金鱼池》）

> 欲去戏仍恋，乍探惊还逸……不有濠梁意，谁能坐终日。（徐贲《和高季迪狮子林池上观鱼》）

图 38　唫喁唼喋戏池塘——上海豫园鱼乐榭游鱼景观（缪立群摄）

两首诗一俗一雅，前者如实而生动地展示了一幅士女儿童观鱼图，这种尽欢极乐的审美活动，虽然还没有深入到历史文化心理的境层——“知鱼之乐”之中，但也足以令人留连忘返，也可说是充实和丰富了园林中物质生态建构的审美内涵；后者则抒写了文人的濠梁意趣。至于杭州西湖著名的“花港观鱼”或“玉泉观鱼”，更吸引了多少古代和现代的游人！在荷池之中，“鱼戏莲叶间”（《汉乐府·江南》），这又是别具诗情画意的一种生态景观之美。

在古典园林中，还往往可见“钓渚”、“钓鱼台”、“钓鱼矶”之类的景观题名，其实，这也只能看作是一种富于情趣的点缀。嘉兴曾有“江村草堂”，高士奇《江村草堂记·濑晚矶》写道：“午睡初足，出钓矶头，轻鲦细鲔，志不在鱼也。”可见即使是真的垂纶，也像“醉翁之意不在酒，在乎山水之间”（欧阳修《醉翁亭记》）一样，钓翁之意不在鱼，在乎为园林生活增添一乐。

五、水鸟、涉禽

建筑、山石、花木等种种类型所构成的景观，从本质上说，都是一种静态美。园林中的动态美，除了泉、瀑之类的水体生态类型而外，则有鸟兽虫鱼。不过，这些有生命的活动的景观类型往往要有所依附，其中依附于水体的，除了鱼之外，还有水鸟和涉禽。鱼是离不开水的，而水鸟、涉禽则常常浮游于水，或涉足于水。

古代园林中，水鸟的品种较多，见于古代园记的如——

> 瀑布下入雁池，池水清泚涟漪，凫雁浮泳水面，栖息石间，不可胜计。其上亭曰："噰噰"……（赵佶《艮岳记》）
>
> "凫屿"者，水中最大洲也，群凫、鹥、属玉（水鸟名）而族焉。（王世贞《安氏西林记》）

在水石岛屿的背景上，水鸟能以其形体、色彩、声音以及浮游或栖止等活动，构成别开生面的依水动态景观之美。

明清时期，苏州的艺圃曾以依水型禽鸟的戏广浮深为园林美的特色之一。汪琬所写的组诗《艺圃十咏》，不但描述了"无风莲叶摇，知有游鳞聚"（《乳鱼亭》）的妙境，以及鹅群"一一梳翎翅"（《红鹅馆》）的情趣，而且在《浴鸥池》一诗中咏道："积泉澂不流，白鸟泛空阔。眇眇苹蓼中，数点明如雪。更有两鸳鸯，飞来共成列"。洁白如雪的点点鸥鸟浮于远水，令人瞻而忘机；绚烂多彩的鸳鸯列于近滩，又令人见而多情，两幅意趣不同的画面如此这般地叠合在一起了。艺圃至今还有"浴鸥"月洞门，生发出极佳的景效。拙政园"卅六鸳鸯馆"池中至今还养有鸳鸯。水鸟的生态景观美有其独特的吸引力，它增加了园中的水趣和生机。值得一提的是苏州江枫园八景之一的"莲池鸥盟"，在题为"水云乡"的画舫中，悬有集文徵明撰书之联："得意江湖远；忘机鸥鹭驯"。其典出《列子·黄帝》：

> 海上之人有好沤（鸥）鸟者，每旦之海上从沤鸟游，沤鸟之至者百住（数）而不止。其父曰："吾闻沤鸟者皆从汝游，汝取来吾玩之。"明日之海上，鸟舞而不下也。

这是古代最可宝贵的生态伦理学资料之一，说明没有机心，动物就能与人相亲。"鸥鹭忘机"，可说是古代的"人与动物平等论"、"人与动物亲和论"。所谓"鸥盟"，就是人与鸥鸟订盟，亲密无间地同住于"水云乡"。"莲池鸥盟"一景的实际空间是有限的，但其生态伦理学的价值意义却是无限的。它是一个意味深长的"绿色启示"：人对动物应该"忘机"，即毫无机心，应该和它们建立起和谐的生态共同体，而"得意江湖远"的"水云乡"，就是人所诗意地栖居的、体现了"天人合一"、"生态平衡"理想的小小生物圈。

绍兴兰亭有鹅池亭。据南朝虞龢《论书表》说，大书法家王羲之生性爱鹅，听说山阴道士养有好鹅十余只，特乘舟往观，欲购不与，乃书《道德经》（一说《黄庭经》）换之，笼鹅而归。又有传说王羲之于鹅掌拨水而悟笔法。这是鹅与文化名人的历史联系。兰亭鹅池至今仍养有好鹅，令人想起"《黄庭》换白鹅"的佳话，想起东晋的名士风流……于是，连浮游于池水的鹅也令人倍感意趣无穷。

涉禽是涉行于浅水中的特殊禽类，如鹤、鹭、鹳等，其中鹤对于园林有着特殊的历史文化意义，需重点一论。

鹤是超然拔俗，卓尔不群的典型，是洁身自好、决不同流合污的文人的象征。杭州西湖孤山，就因为林和靖"梅妻鹤子"而闻名。郑绩《梦幻居画学简明》说，鹤"性高洁，不与凡鸟群。行依洲渚，少集林木，虽曰栖松，原为水鸟"。在历史上，文人的宅园常畜鹤。唐代，白居易《池上篇》有“灵鹤怪石”之语，以示其爱好；宋代，朱长文《乐圃记》也说：“有鹤室，所以蓄鹤也。”明代遗存至今的园林，无锡寄畅园有“鹤步滩”，苏州留园有“鹤所”……而以禽鱼生态著称的苏州艺圃，今天其中仍有联云：“荷溆傍山浴鹤；石桥浮水乳鱼。”清末苏州有鹤园，俞樾曾书“携鹤草堂”匾额以赠……

鹤在中国文化史上作为灵禽，“乃羽族之宗，仙人之骥”（《相鹤经》），这类美丽的神话传说多有流传，故人称“仙鹤”。而它被畜养在人们誉为“仙境”的园林里，可谓“得其所哉”。正因为如此，文人园林里的鹤可寓以“仙”意，以示城市山林的主人，犹如羽客谢红尘，翩翩兮欲仙。

鹤，在传统文化心理中，又是长寿的吉祥物。魏禧《蘧园双鹤记》说：“鹤千岁而元，又千岁更白，故禽之寿者。”园林畜鹤，又可寓以“寿”意，于是，“松鹤延年”、“鹤年松寿”就成了常见的吉祥文化母题。这也与园林非常协调，因为如前所论，园林本来就是怡情养性、延年益寿的生态艺术疗养院。在北方皇家园林里，松鹤是常见的构景要素，圆明园有“栖松鹤”一景；承德避暑山庄康熙题三十六景有“松鹤清樾”；乾隆题三十六景有“松鹤斋”；清代行宫时期保定的“古莲花池”，有作为十二景之一的“鹤柴”……在江南园林中，网师园的“松鹤延年”铺地也很著名……

鹤不但在意识领域里有种种文化积淀的品性之美，而且在现实领域里还有其色调、声音、形相、动态之美。

它纤尘不染，素净雅洁，周身以白色为主旋律，部分的黑色是和声，是对位，是协奏，二者形成了鲜明的两极调性对比。至于鹤顶鲜丽夺目的一点红，则犹如一幅黑白二色构成的美妙的书法作品，钤以朱红色印章一方，文采绚烂兮，而又不伤其黑白本色之美。

它鸣声清亮，传闻弥远。古老的《易经》中就有“鹤鸣在阴，其子和之”之语。试想在风清月白之夜，大小二鹤，音高、音量、音色虽有不同，但合起来却和谐悦耳，无异于“天籁”的二重奏。计成《园冶·园说》描写道：“紫气青霞，鹤声送来枕上；白苹红蓼，鸥盟同结矶边。”这是一种主要诉诸听觉的美。

它器宇轩昂，飞舞行走则如龙跃凤跄，姿态特美。南朝文学家鲍照为其所铺陈的《舞鹤赋》，脍炙人口。而《园冶·相地》也以“松寮隐僻，起鹤舞而翩翩”来赞美。

在园林中，鹤这位丹顶白羽、声态不凡的“仙客”，不但有其审美价值，而且有其实用价值。焦周东生《扬州梦》写道：“鹤以足踏蛇，蛇蟠腿上，口刺之，寸断充腹。名园必畜鹤，防蛇患也。”园林沟壑草泽之地，难免有蛇，危及人们安全，这也是园林往往有“鹤所”的原因。

不过，鹤在现存园林中却很少见其踪影，这当然也因为游人多，不易畜养，而关起来又未免煞风景。于是，鹤以其陈迹的美，遗憾地载入了中国古典园林美的史册；而如何使其转化为现实，是值得研究的课题……

第三章　花木之美：大自然的英华

——物质生态建构要素之三

在园林美的物质生态建构序列中，建筑、山水都是不可或缺的要素，然而，缺少了花木，园林就不可能从宏观上作整体性的生态功能配置，就不可能形成符合艺术美规律的画面感。

本章所论的“花木”，乃是具有广袤外延的概念，包括树、竹、花、草、藤蔓和水生植物等，总之，小到山脚下、阶砌旁的一丛书带草乃至假山石上的苍苔，大到银杏等参天大树，均统称之为“花木”，它是园林中一切植物的代称。

从自然科学的视角看，花木和建筑或山水的关系，是生物和非生物环境相互之间的生态学关系；从艺术美学的视角看，花木对于建筑、山水等的关系，是作为生态艺术重要品种的山水画、山水园林必不可少的建构关系。在中国古典园林里，花木对于构成园林画面感的重要的审美功能，首先可以从古典画论中得到印证。

传为唐代王维所写的《山水诀》和《山水论》，曾有这样的论述：“平地楼台，偏宜高柳映人家；名山寺观，雅称奇杉衬楼阁。”“有路处则林木”，“水断处则烟树”。“山藉树而为衣，树藉山而为骨”。画论告诉人们，作为建筑的亭台楼阁，偏要高柳、奇杉这些花木来“映”、“衬”，路边水际，也要“林木”、“烟树”来勾连，来开合回抱。至于树木和山石的审美关系，画论将其比作“衣”和“骨”的互相因依。骨不能无衣，否则就嶒崚裸露，成为童秃的山峦；衣不能无骨，否则就徒有其表，缺少骨体的内涵。

宋代郭熙的《林泉高致》也这样说，“山以水为血脉，以草木为毛发……故山得水而活，得草木而华”。对于山来说，花木不仅是衣饰，而且是“毛发”。山得到了花木，就不会枯露，就有了华滋之美，就会气韵生动，具有活泼泼的生趣。因此，可以这样说：画无花木，山无生气；园无花木，山无生机。因此，园林里的生意、生气、生机、生趣……和花木也存在着不可须臾离的关系。这种关系还可从文字学得到印证。“生”字在篆书中作㞢，正“象草木生出土上”（许慎《说文解字》），这是一个具有生态学意义的“会意字”。

花木在园林建构中的重要地位，还表现在“园林”一词要靠“林”字来组合，“园”离不开“林”。从发生学的视角看，“园”和“圃”一样，最早也是种植物的，不过着眼于实用价值而非审美价值罢了。后来，园林发展为艺术，其别名如“林园”、“林圃”、“林泉”、“林亭”、“山林”等，也离不开“林”字。园林又称为“花园”，可见又离不开“花”字。

从历史上看，园林美从它的滥觞期开始，就和花木结下了不解之缘。经过了漫长的艺术历程，园林中的花木以及依附于花木的景观品类愈来愈丰富而繁杂，形态内涵愈来愈深厚而美好，因而愈来愈能多层次、多方面地满足着人们的需要，这些需要，既有生理性的，又有心理性的；既有自然生态性的，又有文化生态性的；既有立足于自然美的，又有缩结着社会美的……客体和主体的历史交叉和积累，孕育和促进着花木景观类型序列和价值系统的不断繁衍和分化。

第一节　绿色空间与生态平衡

绿树成荫，繁花似锦，空气新鲜，芳香馥郁……人们欣赏花木所构成的这种自然美，是心理的需要，而这种心理需要从根本上说，又基于生理需要。因此，关于花木的审美价值和其他价值，必须首先从人的生理需要谈起，从人类所需要的生态平衡谈起。

在人类出现以前，地球上的生物圈里是保持着生态平衡的。这种原始的生态平衡，是自然调节的和谐。但当“人猿相揖别”后，就不断地“改造自然”，“征服自然”，然而不能忽视这样一个严峻的事实，正如本书第一编所详论，就是当人们陶醉于对自然的胜利的时候，自然也会反过来对人们实行“报复”，这是因为人们破坏了自然的生态平衡，破坏了生态环境，致使自己不能和环境和谐相处，反过来，环境严重地威胁着人的生存。

从人和自然环境的关系来说，人是自然中的一个系统。作为一个整体，人必须置身于大自然的怀抱之中，和大自然进行物质交换，并保持生态平衡，这才能取得生存权利，才能获得生命的活力。具体地说，人基于生理的、心理的结构和机能，需要新鲜而洁净的空气，良好而适宜的气候，安静而美好的环境……这在城市里更是如此，而绿色植物恰恰能为人提供这样的理想空间。本书把包括各色花木在内的良好林木环境称为“绿色空间”。

宏观地说，绿色空间不但是人类文明的摇篮，而且也应是人类文明的归宿。因此人类必须千方百计保护和发展绿色空间，这是人们对于自己生存环境的真、善、美的认识，这是一种新的价值观，一种新的科学发展观。

具体地说，绿色植物有净化空气的功能。它不但能通过光合作用和基础代谢，吸收二氧化碳，并放出人赖以生存的氧气，而且能对有毒气体起分解、阻滞和吸收的作用。有毒气体通过绿带，浓度会降低，气体污染会被稀释。绿色植物又能吸滞粉尘，减轻粉尘污染。含尘气流通过绿带，一部分颗粒大的灰尘因被树木阻挡而降落，一部分较细的则被树叶所吸附，这就降低了空气的混浊度，增加了空气的纯粹度。绿色植物能滤毒、滤尘，还能滤菌、杀菌，因为不但许多菌类都依附在粉尘上，滤尘同时也是滤菌，而且根据科学研究，仅花叶飘散在空中的芳香就能杀灭多种病菌。

正因为花木能维持人与自然的生态平衡，消除公害，美化环境，有益于人的身心健康，所以养花、植树、造林，特别是园林绿化，已成为我国的一个悠久的历史传统。尽管古代对于花木这一功能质的认识并不十分自觉和深刻，而往往是直感的、不自觉的或不全面的，但崇绿、守绿、护绿、育绿这个传统却在较大范围内特别是在园林里继续着，发展着。

以扬州园林为例，李斗《扬州画舫录》中有记载当时人们种树、爱花习尚的片断——

扬州宜杨，……或五步一株，十步双树，三三两两，跂立园中。构厅事，额曰“浓阴草堂”，联云：“秋水才添四五尺，绿阴相间两三家。”……“扫垢山”至此，蓊郁之气更盛，种树无不宜，居人多种桃树……花中筑“晓烟亭”，联云：“佳气溢芳甸，宿云淡野川。”(《桥西录》)

“尺五楼”……廊竟，小屋七八间，营筑深邃，短垣镂缋，文砖亚次，令花气往来，氤氲不隔。(《冈西录》)

五步一株，十步一双，繁木嘉荫，蓊郁浓盛，这既是绿化，又是净化，而且种了花就筑矮墙，墙上再开漏窗，让花香两面相通。至于文中所说的氤氲不隔的“晓烟”、“佳气”、“花气”，用现代科学来解释，或是早晨经过花木生化作用而代谢过的新鲜空气，或是被绿色植物过滤了的清净空气，或是迎风带露的花朵所散发的芳香，当然还包括清晨未散的露气等，它们对人的生理、心理结构都是有益的，一字以蔽之，曰“佳”。

绿色植物不但能净化空气，消解污染，吸滞粉尘，除灭病菌，而且能调节空气湿度，改善生态气候。特别是当其他地区空气、土壤十分干燥时，绿色空间的土壤仍能保持相当的湿润，树叶也能蒸发出水汽，从而使空间保持一定的相对湿度，这对人的生理、心理结构同样是有益的。苏轼《书摩诘蓝田烟雨图》曾录有王维这样的诗句：“山路元无雨，空翠湿人衣。”可以设想，在这个特定的空间里，植物的绿色调主宰着一切，在空气中弥漫、氤氲、扩散、浮动，这濛濛的绿，无雨之“雨”，离不开绿色植物所保持和散发出来的湿度、水汽，它几乎能达到无雨而湿人衣的程度。这两句诗是显影剂，它把花木能调节空气湿度这一功能质夸张性地凸显出来了。

中国的古典园林，主要是“城市山林”型的。在城市中，即使在古代，人和环境的关系也存在着多方面的不和谐，例如市街上车辚辚，马萧萧，叫卖吆喝，众口喧嚣，人来人往，声浪翻涌。这种种噪声对人的生命机体是有害的，今天，声音污染或噪声污染更不知严重了多少倍，然而花木有其一定的减噪保静作用。在绿色空间，一部分声音因被树叶向各方面不规则的反射而减弱，一部分则因声波所造成的树叶微振而消耗，因此，其环境就比非绿色空间安静。王维的辋川别业有“竹里馆”，这位园林诗人在《竹里馆》一诗中写道：“独坐幽篁里，弹琴复长啸。深林人不知，明月来相照。”从现代科学的视角看，这诗是写绿色植物减噪保静功能的佳例。“幽篁”、“深林”，这是有一定面积和密度的绿色空间，由于它能阻止、减轻、反射声音，所以外界的声波不易传进来，境界显得“幽”而且静；同样如此，诗人在其中弹琴、长啸，声波也不易外传，所以才“人不知”，只有明月来相照了。

绿色植物还有遮荫降温的显著功能。它除了在隆冬能遮御风寒外，最明显的作用是防暑遮荫，改善生态小气候。夏季酷暑，赤日炎炎，但阳光投向绿色空间，一部分就被阻挡和反射回去，而另一部分则被浓密的树冠所吸收，其吸收的热量，大部分由于蒸腾作用和光合作用而被消耗，所以在夏季，绿色空间的气温较低。关于这一点，古代园记多有精彩的描述——

> 劲风谡谡，入径者六月生寒。（祁彪佳《寓山注·松径》）
>
> 高梧三丈，翠樾千重……但有绿天，暑气不到。（张岱《陶庵梦忆·不二斋》）
>
> 老桧阴森，盛夏可以逃暑。（赵昱《春草园小记》）
>
> 乔树有嘉荫，仙境称避暑。停舆坐其下，伞张过丈许。况复透风爽，实不觉炎苦。（乾隆避暑山庄《古栎歌碑·乔树》）

一棵高大的树，树荫张开如特大的伞盖，已使人“不觉炎苦”，至于翠樾千重的“绿天”，当然是更能生寒并让人避暑的清凉世界了。

绿色空间在一定程度上能生风，因为冷空气的密度大，它会下沉产生压力，迫使附近热空气上升，于是，空气流动，微风拂拂。乾隆诗中的所谓“透风爽”，也就是说，由于风透而使肤觉感到凉爽。避暑山庄的绿色空间，在这方面是异常突出的。所以乾隆在一系列的咏园诗中不厌其烦地咏唱道："树张清荫风爽神"（《古栎歌碑·山中》），"爽风林下暑全收"（《古栎歌碑·林下》），"清闲复午憩，嘉荫喜风穿"（《林下戏题碑》）……他对这种使肤觉凉快，心清神爽的绿色风透环境，是极为赞赏的。乾隆还特别喜爱绿荫之美，在北京静明园有两棵高大的古桧，枝繁叶茂，蔚然蓊郁，于是，他因树建屋而居，以领略片片翠云荫盖的绿色空间之美，并题名为"翠云嘉荫"，作为该园十六景之一。

正因为绿色植物有遮荫、降温、透风、防暑的功能，所以树下林中，成了人们乘凉休憩的好处所。许慎《说文解字》解释道："休，息止也。从人依木。""休"这个会意字，就是人在木下以示休息的形象，古代的"仓颉"们已经掌握这一点了。

绿色空间对于人和自然的生态平衡，有着多方面的功能，因此，改善和扩大绿色空间，实现人与自然的和谐，这已成了环境保护、生态平衡、可持续发展和包括环境艺术在内的生态艺术以及环境美的一个聚焦课题。而园林基本上可说是绿色空间，它们是古代实现环境保护的一种重要措施和一个突出的标本，产生着明确的"绿色导向"，含茹着深刻的"绿色启示"。明代的计成，对于园林的绿化和环境保护，已有较充分的认识。他在《园冶》中曾这样反复阐述——

新筑易乎开基，只可栽杨移竹；旧园妙于翻造，自然古木繁花。（《相地》）

市井……院广堪梧，堤湾宜柳；别难成墅，兹易为林。（《相地·城市地》）

风生寒峭，溪湾柳间栽桃；月隐清微，屋绕梅余种竹。似多幽趣，更入深情。两三间曲尽春藏，一二处堪为暑避。（《相地·郊野地》）

宅傍与后有隙地，可葺园，不第便于乐闲，斯谓护宅之佳境也。……竹修林茂，柳暗花明。（《相地·傍宅地》）

计成一再强调花木对于住宅和人的关系，强调"为林"、"葺园"的必要性，以及园林"幽趣"、"深情"、"堪为暑避"的科学价值和审美功能，特别可贵的是，他不但认为园林是"便于乐闲"——供人游乐休息的审美空间，而且认为园林是"护宅之佳境"——保护住宅的理想的自然生态环境，这就更符合"人宅相扶，感通天地"（《黄帝宅经》）的理论。计成认为，宅旁屋后只要有隙地，就可"葺园"，使之成为竹修林茂或柳暗花明的理想境地。这类绿化理论，对于今天的环境科学特别是城市生态建设，还不失其现实的意义。

还应论述的是，植物世界的色调主旋律——绿色，对人还有其抚慰视觉乃至心灵的特殊的审美作用。这一点，是西方美学家通过研究颜色美所得出的一致的结论。举数例于下——

在自然界中，这种色彩给大地披上绿装，而这种色彩的美，是任何时候也不会使眼睛感到厌倦的。①

当眼睛和心灵落到这片混合色彩上的时候，就能宁静下来，……在这种宁静中，人们再也不想更多的东西，也不能再想更多的东西。②

绿色却使神经安宁，眼睛因而得到休息，内心也得到平静。③

绿色是最平静的色彩。这种平静对于精疲力竭的人有益处……④

---

① 威廉·荷加斯：《美的分析》，第79页。

② 歌德语，转引自鲁道夫·阿恩海姆：《艺术与视知觉》，中国社会科学出版社1984年版，第471页。

③ 《车尔尼雪夫斯基论文学》中卷，第100页。

④ 瓦西里·康定斯基：《论艺术里的精神》，四川美术出版社1985年版，第81页。

以上四家，其美学体系泾渭分明，观点各异，荷加斯认为美在形式，歌德认为美在合理，车尔尼雪夫斯基认为美在生活，康定斯基认为美在抽象，然而在对绿色及其视觉感受的认识上却达到了共同的结论。荷加斯说绿是“诱人的色彩”，歌德说绿色能给人以“真正的满足”，车尔尼雪夫斯基说绿色使人“神经安宁”，康定斯基还总结说，“这是一个不仅光学家而且整个世界都认识到的真实”。他们的观点又何其相近乃尔！

绿色之所以能给人抚慰，使人宁静，让人消除疲劳，不但由于它是强烈的刺激色——红色的对立面，在明度上处于中性偏暗的层面，对人的刺激极微，具有阴柔温顺的性格美，而且究其根源，还在于人在现实生活中历史地形成的视觉适应心理的积淀。人类自从诞生以来，就长期地生活在绿色空间的怀抱之中，衣食住行等物质生活几乎都离不开绿。诱人的绿是植物的本色，是大自然的主宰色。人类就生存和生活在这生物圈里，而这生物圈主要地表现为绿色圈层，只是由于后来出现了城市，这种历史情况才开始改变，但城市里的人们还时而向往着山野里油油的绿意，要踏青，要远足，要四出旅游，甚至要到郊野建住宅，造别墅，这也是基于自然生态平衡的需要，而从本质上说，这是遭大自然“报复”后的某种“还原”、“寻根”心理的表现。这就是绿色空间之所以始终诱人的基因。

再具体到园林的绿色空间，事实证明，它确实能给人以抚慰、宁静和快适，从而得到“真正的满足”。现代著名画家丰子恺先生曾倘徉于杭州西子湖畔，园林初春的绿诉诸画家审美的眼睛，他欣欣然写道：

> 绿色映入眼中，身体的感觉自然会从容起来，……大概人类对于绿色的象征力的认识，始于自然物。像今天这般风和日丽的春天，草木欣欣向荣，山野遍地新绿，人意亦最欢慰。设想再过数月，绿树浓荫，漫天匝地，山野中到处给人张着自然的绿茵与绿幕，人意亦最快适。……总之，绿是安静的象征。①

这段情理交融、质朴隽永的文字，写出了园林之绿的表现性、象征性给人的感受及其历史根源。

再引古代的两首词，看诗人们是如何栽培绿、沉醉于绿的——

> 带湖吾甚爱，千丈翠奁开。……废沼荒丘畴昔，明月清风此夜，人世几欢哀！东岸绿阴少，杨柳更须栽。（辛弃疾《水调歌头·盟鸥》）
>
> 三枝两枝生绿，位置小窗前。要使花颜四面，和着草心千朵，向我十分妍。（张惠言《水调歌头》）

带湖新居是辛弃疾精心营构的园林，原是一片荒地。他要在东岸多栽杨柳，增添绿阴。在《沁园春·带湖新居将成》中，他还说，“要小舟行钓，先应种柳；疏篱护竹，莫碍观梅。秋菊堪餐，春兰可佩，留待先生手自栽。”这也写出了他的绿化规划，并决定自己亲手予以实施。而张惠言的词中，则写出了诗人对绿的关心、爱护以及和绿的双向交流、相对互动。

绿，是生命的色彩，健康的源泉、生态的象征、环保的文化符号、园林生态品评的重要标尺。在古代，不论是小型的庭院，还是较大的园林，人们已往往把审美的目光集中在这个“绿”字上，他们捕捉着绿，注视着绿，欣赏着绿，享用着绿……在圆明园里，有“平皋绿静”、“绿满窗前”、“环翠斋”、“绿荫轩”、“纳翠轩”、“绿满轩”、“翠交轩”等

---

① 丰华瞻等编：《丰子恺论艺术》，复旦大学出版社 1985 年，第 186 ~ 187 页。

等题名。在古代园记中，见诸形象描绘的，则如——

高槐深竹，樾暗千层……余读书其中，扑面临头，受用一“绿”，幽窗开卷，字俱碧鲜。（张岱《陶庵梦忆·天镜园》）

入古木门，高梧十余株，交柯夹径，负日俯仰，人行其中，衣面化绿。（郑元勋《影园自记》）

绿晓阁……开窗则一围新绿，万个琅玕，森然在目，宜于朝暾初上，众绿齐晓，觉青翠之气，扑人眉宇间。（徐珂《清稗类钞·随园》）

碧梧蹊。“兰渚”后碧梧夹道，行其下者，衣裾尽碧。（高士奇《江村草堂记》）

这类对于园林绿色空间的生动描述，对于园林翠情绿意的审美欣赏，从本质上应看作是对于自然生态平衡自觉或不自觉但又十分强烈的生命需求。

可以这样说，作为“城市山林”的园林，是实现人与自然的生态平衡的有效的绿色空间。从环境科学或城市生态学的视角来看，园林艺术是有其科学依据和科学价值的。就这一点说，中国园林的建设及其理论，在中国科学史上也应占一席之地。

第二节　花木与依花木类型及其性格

马克思指出，“人靠自然界来生活”①。这一命题，应该从两个层面来加以理解：一方面，自然界是人的肉体生活所必须依赖的生存环境；另一方面，自然界又是人的精神生活所不可缺少的重要营养。联系园林的花木来看，它对人同样有着肉体生活——自然生态和精神生活——精神文化生态两个层面的意义。而园林的花木满足人们精神生活的审美需要，则又突出地表现为以其不同的类型、品种构成不同的审美景观。

花木，按照其园林审美功能和现代观赏植物学的视角来看，可以分为观花类、观果类、观叶类、林木荫木类、藤蔓类、竹类、草木类、水生植物类等。这是一个序列，其中每一个类型里，有着众多的不同品种，它们有的也呈现着某种交叉的情况。这不同的类型、品种，都可以成为园林里具有种种不同审美价值的独特的风景线。这里，按景观类型结合审美实例列述于下：

一、观花类

花，有美丽的色彩，美好的姿容，美妙的芳香，美洁的品性，它不但是大自然的赐予，而且是人类长期地选择、培育的成果，也是嫁接、创造的结晶。

在社会生活领域里，花是美的化身，生命的显现，繁荣的形相，幸福的象征。“怡红快绿”，花给生活带来了欢乐、温馨、活力和希望。今天，人们用它来比喻天真的儿童、纯洁的少女、诚挚的友谊、美满的爱情，以及生活中一切美好的事物。

其实，花在古代也备受青睐，不妨看两首古诗——

江上被花恼不彻，无处告诉只颠狂。走觅南邻爱酒伴，经旬出饮独空床。（杜甫《江畔独步寻花》其一）

东风袅袅泛崇光，香雾空蒙月转廊。只恐夜深花睡去，故烧高烛照红妆。（苏轼

① 马克思：《1844年经济学－哲学手稿》，第49页。

《海棠》）

诗人杜甫被江畔似锦的繁花所挑逗，所吸引，爱花之情达到了如痴若狂的程度。而南邻酒伴不幸未遇，只得独自漫步江边寻花，他一连写了七首七绝，通过寻花、赏花、爱花、颂花……表达了对美的追求。苏轼更有意思，在园中廊间，在月下花前，他不但欣赏着崇光泛彩的花丛，而且感受着香雾空蒙的美妙。夜深了，人们早已入睡，他却陪伴着鲜艳妩媚的海棠，还唯恐花也睡去，故而秉烛夜游，高照着浓妆美女般的花朵，尽情欣赏。诗人也达到了如痴若狂的地步。从这首诗还可窥见古代文人园林生活之一斑。

在园林中，花确实是重要的审美景观。国色天香的牡丹，含羞欲语的月季，临风婀娜的丁香，灿若云霞的杜鹃，贴梗累累如珠的紫荆……它们以其纷繁的色彩、扑鼻的芳香、娟好的形状姿态，诉诸人们的感官，给人以种种不同的风格印象：或娇俏，或飘逸，或浓艳，或素净，或妖冶，或端丽……

宋代文人洪适在波阳曾有宅园“盘洲”，他在《盘洲记》中，集锦式地记载了园中形形色色的花树：

> 白有海桐、玉茗、素馨、文官、大笑、末利、水栀、山樊、聚仙、安榴、衮绣之球；红有佛桑、杜鹃、赪桐、丹桂、木槿、山茶、看棠、月季……黄有木犀、棣棠、蔷薇、踯躅、儿莺、迎春、蜀葵、秋菊；紫有含笑、玫瑰、木兰、凤薇、瑞香为之魁……

这里仅仅是节录其片断，已觉其色彩缤纷，锦簇满眼，当然其中有的并不是木本观花类植物，而属于藤蔓类或草本植物类，然而值得注意的是，园中竟荟萃了如此众多的名品佳种，丽彩素色，真可说是群芳争艳，百花竞妍了。这段文字既反映了园主爱花、育花、护花、赏花的精神生活，又足以说明，观花类植物品种之繁多，它竞放着万紫千红、姿质各异的美。

观花类植物的景观，主要表现为花的色、香、姿三美。当然，枝干有助于构成花的姿态美，“红杏枝头春意闹”，没有了枝，也就失去花的美；叶丛也有助于表现花的色泽美，所谓“红花虽好，还须绿叶扶持”，花和叶色彩不同，确实能相互映发。总之，在干、枝、叶以及周围环境的烘托下，花的色、香、姿更富于魅力。

观花类的品种繁多，略举如下数种，以窥一斑——

玉兰，它色似玉，香如兰，等不得绿叶满枝，抢先在早春开放。那微微绽开的花瓣，长大而曲，如羊脂白玉雕刻而成，繁花缀在疏疏的枝头，形状姿态极美。“绰约新妆玉有辉，素娥千队雪成围……影落空阶初月冷，香生别院晚风微。”文徵明的《玉兰》诗，点出了它素艳多姿的品格美。北京颐和园乐寿堂庭院的玉兰，有两百多年历史，它们亭亭玉立，冷香满院，沁人心脾，在堂前显示着它的身份。苏州拙政园也有著名的玉兰堂。广庭固然最宜植玉兰，但北京中南海“静谷”的玉兰，偏偏不植在堂前庭中，花时如玉圃琼林，也不失其品格的美。苏州虎丘玉兰山房的玉兰，曾名冠吴中：“虎丘山后玉兰树，岁岁春风花盛开。”（姜实节《南宋玉兰》）今天，每至早春，山房旁玉兰竞放，素艳照空，玉容生姿，与古老的虎丘塔相映生辉。

山茶，具有潇洒高贵的品格，人们给它概括出花好、叶茂、干高、枝软、皮润、形奇、耐寒、寿长、花期久、宜瓶插十大美点。它的花色、花型又可以是多种多样的，其中宝珠山茶尤为名种，千叶含苞，殷红若丹。现在苏州拙政园西部也有山茶景观，而在历史上，拙政园的宝珠山茶更是名闻遐迩。它交柯合抱，得势争高，花开巨丽鲜妍，为江南园林所仅见。吴伟业《咏拙政园山茶花》诗云："拙政园内山茶花，一株两株枝交加。艳如天孙织云锦，赪如姹女烧丹砂。吐如珊瑚缀火齐，映如蠕蛛凌朝霞。……"又是宝珠，又是连理，千叶火红，花簇如珠，这种名花，确实是"古来少"的。不过，后来的园主已不能一饱眼福了，但他们曾把吴伟业的诗铭刻在银杏木屏上，悬于水阁间，作为"宝珠色相生光华"之美的历史纪念。

四川新都的桂湖，是别具一格的园林。园中环湖种桂，南面"香世界"更是赏桂的景点。每当桂花开放，溢彩流金，清风徐来，天香云飘，令人神思飞越，萌生月中广寒仙境的遐想。

以观花类植物作为审美景观，历史上和现存的古典园林中有许多著名的例子。北京颐和园排云殿旁有曾被称为"国花台"的牡丹台，堪称众香国里最壮观；紫禁城御花园绛雪轩前有群植的海棠，花时如雪而色彩艳丽；顺德清晖园船厅东有玉堂春，花大如碗，晶莹若玉……

二、观果类

品类繁盛的木本植物，有的以它的花供人欣赏，有的以它的果供人观照。在园林里，枝头灼灼的花朵固然是一种美，而枝头累累的果实也是一种景观美。如果说花使人看到生命的横溢，那么，果让人看到的是生命的充实。

观果类植物有枇杷、石榴、橘、梨、柿、花红、香橼、南天竹等等。它们主要在夏秋季节供人观赏，也有的作为冬季的点缀，装扮着园林的生态景观。

枇杷的叶子常绿而有光泽，果子犹如黄金铸就，有极佳的可观性。拙政园有一个园中之园——枇杷园，其中群植枇杷树，初夏成熟，累累枝头，黄与绿错综着，在白色云墙映衬下分外醒目。当园里披上一层金黄色的阳光，枇杷薄薄的皮更为透明，似乎可见其中饱孕着甜蜜的汁水。园中的"嘉实亭"，点出了这一景观的美，并令人想起芳叶浩浩，嘉实离离的丰收，想起戴复古脍炙人口的《夏日》诗："东园载酒西园醉，摘尽枇杷一树金"。

石榴是身跨数类的观赏花木，不但其繁绿的叶、火红的花具有审美价值，而且沉甸甸的果实也具有美的魅力。朱熹《题榴花》诗云："五月榴花照眼明，枝间时见子初成……"石榴的美使得理学家朱老夫子也动情了，其审美的目光不但停留在花上，而且注视着花间初结成的果实。北京圆明三园之一的长春园曾有"榴香渚"，遍植石榴，花开红绿相间，果实团团泛红，蔚为一大景观，至今可以想见其状之盛。

宋代"盘洲"的园主洪适，不但重视观花，而且重视观果。他在《盘洲记》中写道：

> 甘橘三聚，皆东嘉、太末、临妆、武陵所徙。又有菅道、庐陵之金甘，上饶之绣橘，赤城之脆橙，厥亭"橘友"。……栗得于宣，梨得于松阳，来禽得于赣，于果品皆前列，厥亭"林珍"。木瓜以为径，桃李以为屏，厥亭"琼报"……

花的艳丽芬芳，主要诉诸人们的视觉和嗅觉，果则以其色泽、形态各异的圆形实体主要地诉诸人们的视觉，同时也审美地引起人们的味觉联想。洪适在园中多方收罗果树珍品，并为之建构"橘友"、"林珍"、"琼报"之亭，主要地是让人们在这里更好地观赏乃至"品味"这些名列前茅的果品之美。

苏州拙政园还有待霜亭。文徵明《拙政园图咏》写道："待霜亭……傍植柑橘数本。

韦应物诗云：‘洞庭须待满林霜。’而右军《黄柑帖》亦云：‘霜未降，未可多得。’”现亭旁仍有橘树，霜降结实时，更令人想起文徵明的诗句：“倚亭嘉树玉离离，照眼黄金子满枝……”

三、观叶类

木本植物的叶，在园林里除了绿化、遮荫等等生态功能外，有的还是重要的审美对象，它也可以构成种种生态景观，人们通过它那色、形、姿的美，看到了蓬勃的活力和生机……

园林中常植的观叶类树木，有垂柳、柽柳、槭檞、黄栌、枫香、乌桕、黄杨、女贞、桃叶珊瑚、八角金盘等。其中如以红叶为特征的枫（槭与之类似），品种就很多，其树叶的色、形均有不同的美，是园林中构成景观的重要题材。

北京香山静宜园，以红叶著称。漫山遍岭，均植黄栌，霜重色浓，秋色烂熳，一树树红叶使人联想起遍地燃烧的熊熊火焰，不禁心情亢奋；又使人联想起杜牧《山行》诗中“霜叶红于二月花”的著名比喻，不禁诗意盎然。

扬州原有“净香园”，李斗曾记其中檞叶的变色之美。《扬州画舫录·桥东录》写道：

> 涵虚阁之北，……半山檞叶当窗槛间，碎影动摇，斜晖静照，野色连山，古木色变。春初时青，未几白，白者苍，绿者碧，碧者黄，黄变赤，赤变紫，皆异艳奇采，不可殚记。额其室曰“珊瑚林”，联云：“艳采芬姿相点缀；珊瑚玉树交枝柯”。

这类树叶的绚烂艳异之美，其观赏效果不亚于姹紫嫣红的花，而且它决不是像花那样，星星点点，仅仅闪现于叶丛之间，而是一大片，名之为“珊瑚林”，可谓妙绝！苏州留园西部山上，也有枫林，其叶也闪现着红、橙、黄、绿诸色，灿然夺目，美不胜收！

如果不从宏观来审美，而从微观上来品赏，那么，这种种艳色奇采的树叶，其状也随品种的不同而不同，叶端有尖、钝之别，叶形有三裂、五裂和七裂之分，这种平面纹样是图案构成的好素材。荷加斯曾说：“各种植物、花卉、叶子的形状和色彩，……就像是专为以其多样性悦人眼目而创造出来似的。”[①] 这种种观赏型树叶，正是突出地以其多样性的形状和色彩之美来悦人眼目的，这是大自然的创造和赐予。

再以绿色树叶的柳为例。中国人对柳有着深厚的历史感情，柳在中国诗史上曾经成千上万次地被作为抒情题材。柳树枝叶的美，主要在于修长而又纤弱，它倒垂拂地，柔情万千，随风起舞，猗傩多姿，而远观则又烟暧暧，雾濛濛，犹如薄纱轻笼，细雨迷漫，是入诗、入画、入园林的好题材。柳树适应性强，南北园林均可栽植，特别宜于临水。在泉城济南，柳是传统品种，正如大明湖铁公祠一副名联所写：“四面荷花三面柳；一城山色半城湖。”试看大明湖畔，趵突泉边，到处柔丝细缕，搓黄弄绿，牵风引波，楚楚动人，给济南园林平添了无限风情。

四、荫木、林木类

这类树木的基本特征是倾向于高大粗壮，枝叶繁茂。它们冠盖群木，古老寿长，并以其成荫或成林为主要的景观美。北京曾有王侯园林“成国公园”。李东阳《成国公槐树

---

① 威廉·荷加斯：《美的分析》，第26页。

歌》写道："东平王家足乔木，中有老槐寒逾绿。拔地能穿十丈云，盘空却荫三重屋……"就概括了荫木的主要的审美性格。荫木和林木是园林中山林境界和绿荫空间的主要题材，也是园林花木配置的主要基础，其品种较多，常见的有松、柏、榆、朴、香樟、银杏、枫杨、梧桐等。

无锡寄畅园的绿荫空间，离不开几棵大香樟。知鱼槛、涵碧亭附近以及池北共有五棵大香樟，它们不仅以绿色调渲染着亭榭水廊的景观之美，而且互为呼应地荫庇了偌大的生态空间！在寄畅园中部、北部的绿色空间结构中，香樟组群起着举足轻重的作用，是它们决定着绿色空间的浓度、高度和深度。但是在偏南的郁盘亭附近，现今既无高大的荫木，又少一般的花木，毫无绿色蓊郁之气，遂使园墙裸露，园外电杆历历在目，这个鲜明的对比，正足以说明荫木林木在园中重要的审美功能。

松是园林植物的重要品种，孤植群植都很适宜。避暑山庄的"松鹤清樾"，是一种独特的景观。而松云峡、松林峪，又构成一派郁郁青青的崇高的林木基调，长风过处，松涛澎湃，如笙镛迭奏，宫商齐鸣，又如千军万马，大振声威，天然的崇高美令人心胆为之一壮！

五、藤蔓类

藤蔓类基本上是攀援植物，它和其他能自立的花木不同，必须有所依附，或缘墙依石，或攀架附木，构成一种其他花木不能替代的景观美。

《红楼梦》第十七回有这样一段关于蘅芜院的描写：

> 步入门时……一树花木也无，只见许多异草：或有牵藤的，或有引蔓的，或垂山岭，或穿石脚，甚至垂檐绕柱，萦砌盘阶，或如翠带飘摇，或如金绳蟠屈，或实若丹砂，或花如金桂，味香气馥，非凡花之可比。贾政不禁道："有趣！……"

这就是以藤蔓类为主构成的生动而独特的景观，它足以令人目眩神迷！

藤蔓类花木有两个主要的审美特征，一是花叶的色泽美，二是枝干的姿态美。

紫藤是园林中常见的观赏花木，它以其姿态花叶成为一种重要景观。就江南园林而言，上海豫园、南京瞻园、苏州西园、留园等都有观赏价值极高的紫藤，花时照眼明，鲜英密缀，络绎缤纷，强烈地吸引着人们审美的目光。岭南的番禺余荫山房，主厅深柳堂庭院两侧有两棵炮仗花古藤，怒放时犹如一片红雨，蔚为繁花艳丽的景观。园门两侧有联云："余地三弓红雨足；荫天一角绿云深"。出句、对句以"余"、"荫"二字领起，点出了园中藤蔓类花木所构成的主要生态景观，"余荫山房"之名也由此而来。其中的"浣红跨绿"桥，也以题名再次突出了这一重点花木景观的色泽之美。

藤蔓需要构架来攀援或引渡，这又造成种种景观。单株架构之藤，宜于孤赏；多株藤蔓则可架构成天然的绿色长廊，花开时节更为明艳照眼，宜于动观。假山如果是石满藤萝，则斧凿之痕全掩，苍古自然，宛若天成。《园冶·相地》又说："引蔓通津，缘飞梁而可度。"这又是宛自天开的一景，藤蔓经由桥梁而度水，攀缘到对岸，这能模糊人力之工而显示天趣之美，能从微观上助成园林的"天然图画"之感。"引蔓通津"，已成为一种造园手法。拙政园芙蓉榭的临水台基上，也牵藤引蔓，密布倒垂，如同璎珞妙鬘，配合着榭内的种种精美的装修，很富有装饰美的风韵。

古藤枝干的姿态美，不像花开一时那样短暂，即使在花谢叶落后，也令人寻味不尽。

它左盘右绕，筋张骨屈，既像骇龙腾空，苍劲夭矫，拗怒飞逸，又像惊蛇失道，蜿蜒奇诡，奋势纠结……藤蔓的这类姿态美，引起了历代书画家的注意。萧衍《草书状》就说，"及其成也，粗而有筋，似蒲萄之蔓延，女萝之繁萦"。古藤枝干，具有张旭、怀素草书那种线条美和气势美，又具有中国画藤本植物大写意那种盘曲飞动，气势磅礴之美。

藤本植物屈曲盘绕的奇枝异干，从某种视角来看，又是一种不可名状的抽象美。当代画家吴冠中就别具慧眼，从抽象美术的视角来提出问题：

> 爬山虎的种植原是为了保护墙壁吧，同时成了极美好的装饰。苏州留园有布满三面墙壁的巨大爬山虎，当早春尚未发叶时，看那茎枝纵横伸展，线纹沉浮如游龙，野趣惑人，真是大自然难得的艺术创造，如能将其移入现代大建筑物的壁画中，当引来客进入神奇之境！①

在画家审美的眼睛里，爬山虎之类都脱去了藤蔓的实体，净化为线形的精灵，这确实可说是一种抽象范畴的美。

六、竹类

从春秋时期卫国的淇园修竹（见《诗·卫风·淇奥》）开始，竹就逐渐成为传统的园林植物。到了两晋南北朝，竹更成为人们喜闻乐见的审美对象，竹林七贤之一的嵇康有园宅竹林；王羲之修禊兰亭，当地有茂林修竹；江逌写有《竹赋》；谢庄也写有《竹赞》，南朝梁刘孝先《咏竹》写道："无人赏高节，徒自抱贞心。"这是较早的咏竹诗……后来，一直到清代郑板桥画竹，贯穿于中国诗史、画史乃至文化心理史，构成了传统的竹文化。它对园林的花木配置，产生了不可忽视的深远影响。

竹有四美。猗猗绿竹，如同碧玉，青翠如洗，光照眼目，这是它的色泽之美；清秀挺拔，竿劲枝疏，凤尾森森，摇曳婆娑，这是它的姿态之美；摇风弄雨，滴沥空庭，打窗敲户，萧萧秋声，这是它的音韵之美。竹还有意境之美，清晨，它含露吐雾，翠影离离；月夜，它倩影映窗，如同一帧墨竹……

叶梦得《避暑录话》说："山林园圃，但多种竹，不问其他景物，望之使人意潇然。"在园林中，不论是山麓石隙，池畔溪边，还是楼下厅旁，花间林中，竹几乎是无不适宜的。这已被全国由竹构成的大大小小的景观及其效果所证实。

竹的品类较多，它的美也同中有异，洪适曾在其私园盘洲中多方罗致。他在《盘洲记》中说："两旁巨竹俨立，斑者、紫者、方者、人面者、猫头者，慈、桂、筋、笛、群分派别。厥轩以'有竹'名。"这当然还没有收集齐全，但也可称为竹类展览了。

沧浪亭也以竹胜。苏舜钦在《沧浪亭记》中描述道："构亭北碕，号'沧浪'焉。前竹后水，水之阳又竹，无穷极，澄川翠干，光影会合于轩户之间，尤与风月为相宜。"水和竹是当时沧浪亭两大特色。今天，看山楼北的"翠玲珑"前后，也还是绿竹成林，乱叶交枝，筛风漏月，清韵悠然。在沧浪亭的假山石间，又遍植矮干密叶的箬竹，倍添了山林野趣，这都使人约略想见当年情景。广东顺德清晖园，也有"竹苑"一景，其"风过有声留竹韵；月夜无处不花香"一联，也与苏舜钦之意不谋而合，不但启迪人们领略竹韵的美，而且揭示了竹与风月相宜的园林审美真趣。

---

① 《关于抽象美》，载吴冠中《东寻西找集》，四川人民出版社 1982 年版，第 53 页。

七、草本及水生植物类

草本植物一般都比较小，茎干比较柔软，然而正由于它有着与众不同的特殊个性，所以也是园林里不可或缺的品类，其常见的有芭蕉、芍药、菊花、凤仙、蜀葵、秋葵、萱草、秋海棠、鸡冠花、书带草等。

草本植物中，最大的要数芭蕉。它修茎大叶，姿态娟秀，高舒垂荫，苍翠如洗，多种于庭院、窗前或墙隅，渲染着一种园林情调。在晴朗的夏日，它宛如天然的伞盖，能遮阳降暑，给窗前投下一片凉爽的绿情，引动人们的诗兴画意。在潺潺的雨天，雨点淅淅沥沥，滴在叶上，声声圆润，清脆动听，使人如闻《雨打芭蕉》的轻音乐。苏州拙政园听雨轩的院子里，小池畔，石丛间，植几本芭蕉，就为人们提供了一个别致的"听雨"的生态艺术空间。

书带草在草木植物中偏小，叶狭长而柔软，常植于庭院阶砌间，又称沿阶草。此草由于东汉经学家郑康成爱植而著名。据《三齐纪》载，"郑康成教子处有草如薤，谓之'郑康成书带'"，于是"书带草"一名就传开了。它是园林中常见的用以填空补白，遮饰点缀的草本植物，又由于"书带草"的名称饶有雅韵，还能给园林增添文人书卷气息，所以在中国古典园林中，它大有用武之地。陈从周先生曾说：

> 书带草不论在山石边，树木根旁，以及阶前路旁，均给人以四季长青的好感，冬季初雪匀披，粉白若球……是园林绿化中不可缺少的小点缀。至于以书带草增假山生趣，或掩饰假山堆叠的疵病处，真有山水画中点苔的妙处。[①]

山水画中的点苔，被称为"美人簪花"，似有锦上添花之意，其实毋庸讳言，点苔还有一个作用，就是掩丑遮疵。在画山构线时，偶有败笔，如浮滑飘浮，不够沉涩，或软弱板律，缺少风致，在线上间以苔点，就能在一定程度上给以补救。园林中的书带草也有这种补救掩饰功能。建筑物阶砌与地面之间，假山或花坛的石与石、石与地面之间，花树的土壤与庭院的铺地之间……这些交界接缝处的"线条"，裸露了也往往易见败笔，适当补以书带草则既增生趣，又掩丑疵，可说是另一种"有意味"的绿化和美化。

园林里还有野生细草，也有其独特的功能："依阶疑绿藓，傍渚若青苔"（梁元帝萧绎《细草》）。这和"苔痕上阶绿，草色入帘青"（刘禹锡《陋室铭》）相类似，是一种微观的绿色之美。

水生植物生于水中或水边，能丰富水体景观或独立构成景观，常见的有荷花、睡莲、浮萍、芦苇等。"接天莲叶无穷碧，映日荷花别样红"（杨万里《晓出净慈寺送林子方》），构成了杭州西湖独特的景观美。避暑山庄还有"萍香泮"、"采菱渡"，这更是以水生植物为主题。绿萍浮水，菱花带露，这种水乡野趣之美，又是这个塞外园林的一种殊相世界。

在中国古典园林系统中，除了以上花木景观类型序列外，还有依花木景观类型，如某些飞禽走兽等，它们的生态性存在，不可能离开或完全离开花草树木。

在园林中，既然花木馥郁繁茂，就必然会招蜂惹蝶，并引来蝉、鸟栖息其上，飞鸣其间，而这又为园林平添几许景致和生趣！其实，在中国文化心理史上，早就大量地积累了这类脍炙人口的有声空间的景趣——

---

① 陈从周：《园林谈丛》，第76页。

蝉噪林逾静，鸟鸣山更幽。（南朝梁·王籍《入若耶溪》）

黄四娘家花满蹊，千朵万朵压枝低。留连戏蝶时时舞，自在娇莺恰恰啼。（唐·杜甫《江畔独步寻花》）

何物最关情？黄鹂三两声。（宋·王安石《菩萨蛮》）

池上碧苔三四点，叶底黄鹂一两声，日长飞絮轻。（宋·贺铸《破阵子》）

生生燕语明如剪，呖呖莺歌溜的圆。（明·汤显祖《牡丹亭·游园惊梦》）

这些昆虫鸣禽，虽然主要地不是特意收养罗致的，但花木是它们的依托之所、活动之处，而且可以用来构景，如杭州西湖的"柳浪闻莺"，避暑山庄的"莺啭乔木"……在园林花木丛中，这些昆虫鸣禽，其审美功能是多层面的。

首先，它们能生发出审美的闹趣。试想，花间叶底，蝶舞蜂忙，不有类于"红杏枝头春意闹"（宋祁《玉楼春》）的意境吗？这类画面，洋溢着一派活泼泼的生趣！这种生趣，可以理解为热烈的自然美所提供的生活情趣。更何况这类生动的画面，还有呖呖圆润的莺歌燕语的声音美作为伴奏！

其次，换一个角度来品赏，那么，闹趣又能转化为一种审美的静趣。试想，枝头树梢，蝉噪鸟鸣，不又能令人"直知人事静，不觉鸟声喧"（王勃《春庄》）吗？因为"人事静"，才能分明地感知蝉噪鸟鸣，非但不觉得它喧闹，恰恰感到它的寂静；相反，如果车马嘈杂，人声鼎沸，就不可能感知和享受燕语莺歌之声音美的静趣了。

寂处闻音，动中见静，蝶舞虫喧，声声鸟鸣，能使山林庭园更为宁寂幽深。《洛阳伽蓝记》就说，景林寺西园多嘉树奇果，"春鸟秋蝉，鸣声相续"，其效果是"虽云朝市，想同岩谷"。在繁喧的城市里，虫鸟鸣声能使人产生静谧幽深的山林之想。这一审美现象，在西方心理学中称为"同时反衬现象"；在中国传统美学中称为"反常合道为趣"。造园家是懂得这种审美辩证法的。拙政园有雪香云蔚亭，周围古木森立，花草杂生，古朴而多野趣。亭上有额曰："山花野鸟之间"。石柱上镌以文徵明手书对联："蝉噪林逾静，鸟鸣山更幽。"它们颇能引导人们领略这一"反常合道"的有声静谧境界之美。

再次，莺歌燕语不但间关呢喃，悦耳动听，使人通过听觉产生快感和美感，而且还能帮助人们确证视觉的空间感，这是一个意蕴颇深的美学问题。巴拉兹曾总结了这样一条空间审美经验：

> 当我们能在一片很大的空间里听到很远的声音时，那就是极静的境界。我们能占有的最大空间以我们的听觉范围为极限……一片阒无声息的空间反而使我们感到不具体、不真实……只有当我们看到的空间是有声的时候，我们才承认它是真实的，因为声音能赋予空间以具体的深度和广度。①

这一见解，是很有美学深度的。钱锺书先生也说："寂静之幽深者，每以得声音衬托而得愈觉其深。"② 这都是说，听觉的声音感和视觉的空间感在人的审美心理结构中有其相关性和互补性。声音感能帮助人们确证空间感，并深化空间感，这又可说是一种感知心理上的同时正衬现象。

作为画家、园主，王维特别富于视觉的空间感，他不但用绘画的眼睛来观照，而且用

---

① 巴拉兹：《电影美学》，中国电影出版社 1958 年版，第 143～144 页。

② 钱锺书：《管锥编》第 1 卷，中华书局 1986 年版，第 138 页。

音乐的耳朵来谛听。在《鹿柴》中，“空山不见人，但闻人语响”，他通过“人语响”来确证“空山”的具体性、真实性。夜登“华子冈”，王维不但看到“寒山远火，明灭林外”，而且听到“深巷寒犬，吠声如豹”（《山中与裴秀才迪书》），这是借助于听觉来领略空间的广度和深度。再回到鸟鸣上来。试想，王维的《鸟鸣涧》中，如果没有“月出惊山鸟，时鸣春涧中”，能确实而有效地表达“夜静春山空”这样的幽深广远的空间感吗？因此，如果说花木给园林带来了绿色空间，那么，依附于花木的虫鸟则给园林带来了有声空间。对于园林空间来说，无论是色还是声，都是符合人们的审美需要的。

莺歌燕语还有一个重要的审美功能，这就是引发人们动情，勾起种种思绪。黑格尔曾论述过声音的特性及其对于审美主体的作用，他指出：

> 声音固然是一种表现和外在现象，但是它这种表现正因为它是外在现象而随生随灭。耳朵一听到它，它就消失了；所产生的印象就马上刻在心上了；声音的余韵只在灵魂最深处荡漾……①

这是说，声音虽然有转瞬即逝的定性，却颇能打动审美主体的心灵，在内在的灵魂深处回旋、震动、荡漾、交响，并和审美主体的情思相契合。而这也正是音乐艺术最富于主体性的原因之一。

从园林美学的视角来看，可以这样说：在园林中，“虫声有足引心”（刘勰《文心雕龙·物色》），“蝉在高柳，其声虽甚细，而使人闻之有刻骨幽思”（恽格《瓯香馆画跋》）……至于清和婉转的鸟鸣，则更足以引心动情了。所以王安石在南京筑“半山园”，园中虽有泉石花木亭桥，但他感到“最关情”的，还是“黄鹂三两声”。而《牡丹亭》中的杜丽娘一感受到燕语莺歌，声音的余韵就在“灵魂的最深处荡漾”，于是一语双关地说：“不到园林，怎知春色如许!”此时，这位少女已勾起了内心的一片春情……。音乐美学认为，“声”与“情”有着某种必然的相关性，这一命题在一定程度上也适用于园林美学。

中国古典园论非常重视飞禽在园林美物质建构中的地位。陈扶摇《花镜》说：“枝头好鸟，林下文禽，皆足以鼓吹名园，非取其羽毛丰美，即取其声音娇好。”可见，文禽好鸟不但有声音美，而且有形态美、色泽美，这都足以为园林美锦上添花。至于《园冶》、《长物志》，也强调“好鸟要朋”等的构景功能，认为其声音颜色、饮啄姿态、飞舞跳跃能令人忘倦。

在园林中，走兽常依附于山林或林泽，本书也把它列入依花木景观类型。从园林美的历史行程看，走兽在园林美的生态建构序列中的地位每况愈下。在宋、元、明、清阶段，宫苑中的走兽也不多，因为猛兽要伤人，会取消游园审美的安全感，而关起来又徒损天然之美，破坏“自由天地”。清代宫苑畜养走兽较多的是避暑山庄。“鸟似有情依客语，鹿知无害向人亲”（乾隆避暑山庄《山中》诗碑）。人与自然是如此地亲密无间，和谐相处！避暑山庄至今还有鹿群，这一良好的生态环境，更能给人以回归自然的感觉。鹿和鹤一样，是古典园林中最富有文化意义的动物形象。

在古典园林建筑的内外空间，为了突出花木色香姿形的美，往往有一系列辅助性的景观配置。这或大或小的花木景观配置序列为：花坛、花架、盆景、盆花、瓶花……。其中盆景缩龙成寸，以小见大，既可看作是微型的园林，又可看作是园林的分支，其美学特征

---

① 黑格尔：《美学》第3卷上册，第333页。

留待后论。这里，只简要论述花坛的建构。

北方宫苑的花坛多规整式，江南宅园的花坛多自由式。就审美效果来看，自由式似较规整式为佳。在苏州园林中，不论是湖石花坛，还是黄石花坛，其平面或立面大都采用不规则的自由造型，坛上配植各种花草树木，往往还缀以湖石立峰和石笋等，构成以花、树为主，草、石为辅的小型自然景观，成为园林美的一个有机组成部分。苏州怡园藕香榭南面的花坛，是苏州园林中的佳构。它四周用湖石叠成高低错落、凹凸相间的坛砌，叠石的形象多变，层次丰富，气脉相通，浑然一体。坛砌与地面的交接处、湖石交接间的深窈处，又间隔地饰以葺密的书带草，而无草处却似有深窈不测之感。这给人的审美品味量就大为增加了。在藕香榭庭院里，几个花坛还结成组群，同时起着围合道路的作用。曲折萦回的小径，供人们多方位、多角度地品赏叠石坛砌和花草树木。几个花坛上杂植牡丹、丁香、瑞香、梅、竹、枫等。这些花树在花坛的铺垫衬托下，益发显得多姿多彩，耐人品味。

第三节　美、古、奇、名、雅的价值系统

斯托洛维奇认为，价值的概念，人们“用以标明人对世界的特殊关系，评定某个对象在它对人的关系中所具有的意义”①。在中国古典园林里，花木的价值，也是它与人的所构成审美关系中所具有的意义。那么，这种意义究竟有哪些呢？应该说，主要就是“美”，此外，还有“古”、“奇”、“名”、“雅”，这样，就构成了一个价值系统。试分论如下：

一、美

本章第一节已论及，花木构成了对人有利有益的绿色空间。从价值论的视角来看，这种优化了的空间，除了对人的生理有种种价值意义外，对人的心理结构也有利有益，如绿色空间所固有的绿色，所散发的芳香，所形成的静境……都富于审美的价值意义，即使是新鲜空气，对人的审美也有作用。桑塔耶纳认为，“新鲜空气所带来的心旷神怡，对我们的欣赏力有一种明显的影响。清晨的美和它完全不同于黄昏的魅力，多半是由于此。”②这当然也是绿色空间对人的审美关系中所具有的价值意义。

本章第二节论及，花木的花、果、叶、枝、干、藤蔓、绿荫……，能分别地或综合地呈现出线、形、色、香、姿和静态、动态等等的美。所有这些，在一个园林中，或错综，或交替，或聚合，或分散，可以构成种种有意味的景观。试以王世贞《弇山园记》中的片断为例：

> 入门，则皆织竹为高垣，旁蔓红白蔷薇、荼蘼、月季、丁香之属，花时雕缋满眼，左右丛发，不飔而馥……名之曰“惹香径”。……右方除地为小圃，皆种柑橘，土不能如“洞庭”，名之曰“楚颂”……前列美竹，左右及后三方悉环之，数其名，将十种。亭之饰皆碧，以承竹映，而名之曰“此君”。……高榆古松，与阁争丽；美荫不减竹中，而不为窈窕深黝，……古隶大书曰“清凉界”……轩后植数碧梧。

---

① 列·斯托洛维奇：《审美价值的本质》，第3页。

② 乔治·桑塔耶纳：《美感》，第38页。

这纷至沓来的景观，能给人以种种不同的审美感受。

园林中花木价值系统中的“美”，是一个外延广袤的概念，它还包括种种构景功能如“亏蔽景深”、“互妙相生”等，这留待后论。花木价值系统中的“美”，是普泛性的、一般性的“美”，它主要表现为一般的独立景观价值或组景因素价值；至于呈现于独特视角下、表现在人对自然的特殊关系中的“古、奇、名、雅”，则是建立于一般美的基础之上的种种特殊的美，它们的价值意义，又和一般的美有所不同，这里结合审美实例予以分论。

二、古

“古”，是一种邈远的时间累积。花木价值系统中的“古”，也是一种极大化的时间价值，它是呈现于欣赏者时间观乃至时空观视角下的一种特殊的价值意义。朱光潜先生曾说：“愈古愈远的东西愈易引起美感”①。在园林美学的领域里，时间之久与价值之高是成正比的。

古木又称寿木。人们对它特别尊崇的，就是它那数百年乃至数千年的寿命以及由此而来的高大的空间体量。早在原始时代，先民们就崇拜这种寿木古树，以之为神物。《山海经·海内西经》说，昆仑之虚，“上有木禾，长五寻，大五围”。《淮南子·地形训》也说，“上有木禾，其修五寻……不死树在其西……建木在都广，众帝所自上下。”这些神木、寿木、不死树，不但寿命无穷，而且体量参天，色彩奇丽，有着浓郁的神话色彩。

清代苏州绿荫斋曾有古桂，系该园著名景观，戴名世为之专写了《绿荫斋古桂记》。其文云：

> 朱氏之园，唯绿荫斋为最著。斋之东有古桂一株，盖百余年物，其枝四面纷披而下，其中可坐数十人。每花开，召客宴集其下，绿叶倒垂，繁英密布，如幄之张，如藩之设，风动花落，拂襟萦袖。行酒者伛而入，绕树根而周，客无不欢极称叹而去。

这真可说是以古桂为主体景观的良辰美景，赏心乐事了。《古桂记》又对比地写到附近的“七松草庐”，其中作为“宋元时物”的七株古松，“数里外望之，挺然离立云表”，某氏竟“斧以为薪”。作者面对这一不可挽回的损失叹道：“良材异质，辱于匹夫之手者多矣，吾悼七松，所幸古桂之遇也！”这篇名家散文，表达了尊崇生态环境，保护古树名木的可贵主题。至于今日，它更倍增其价值意义。

一个园林中古木存活的数量和质量，在一定程度上决定着该园的价值。古木是园林建构中最难具备的条件。亭榭可以建造，假山可以堆叠，一般的花木可以栽种或移植，历时均不需很久，但古木却非要千百年的时间不可，非要几代人乃至几十代人的延续不可。

古木有其观赏价值，它高或参天，大或数抱，或直如绳，或曲如钩，蟠根蚀干，古拙苍劲……然而更重要的还在于其时间价值。古木的空间体量、形态，似乎只是它的外观形式美，而悠久的时间价值则是其深厚的内涵美。

放眼全国各类园林，有价值和极有价值的古木并不太少。

太原晋祠除了著名的泉水、古建筑等，还以古木群见长。圣母殿旁有相传为西周所植的古柏，饱经了数千年的历史风雨，祁寒霜雪，它仍然树干劲直，树皮皴裂，倾斜地挺伸于殿旁【图39】，而青葱的疏枝披覆于殿宇之上，显得更为苍劲挺拔，老而弥坚，是中国

---

① 《朱光潜美学文集》第1卷，上海文艺出版社1984年版，第33页。

古典园林系统中不可多得的古木景观。这棵周柏，和长流不息的难老泉、精美绝伦的宋塑侍女像一起，被誉为晋祠“三绝”。晋祠另有一棵隋槐，老干粗大，需数人合抱，浓荫密布，护盖了整个关帝庙庭院，使之成为偌大的绿色空间，它那高大的形象和勃勃的生机同样令人萌生敬意。圣母殿前又有一棵古老的“左扭柏”，它拔地而起，树皮一律向左绞扭，一圈圈地螺旋上升，直冲云天，就像地上刮起的龙卷风，又像天上挂下的一根又粗又壮的绳，扭曲顽劲，集结着一股无比巨大的力。它以其“古”和“奇”的双重之美吸引着人们的关注。在晋祠殿前水边，还有其他苍古的树木，或偃如傲，或蔓如附，或如金刚顶天立地，或如龙蛇游走惊起，都以苍古的风骨见胜。晋祠的古木群把人们拉回到历史的空间之中……

昆明的寺观园林黑龙潭的古木序列也以其独特的魅力吸引着人们审美的关注。其中唐梅、宋柏、元杉、明茶，号称“四绝”。

唐梅枝干纠结，复瓣重台。裴宗锡《观唐梅碑跋》写道：“梅以色、香、韵冠群花，高迈处尤在骨。若乃铜柯石根，霜皮黛影，白擢龙蛇，黑垂雷雨，此二本盖松柏身也……”一般的花木，有韵者无骨，有骨者无韵，此树骨、韵兼全而尤以骨胜，它可以和苍松、古柏比美。现主干已枯，只存原株的分枝，冬季仍以色香冠于群花。

图39　苍古弥坚，巍然清抗

——太原晋祠雪中周柏（牛坤和　武　鸿摄）

宋柏已有千年高龄，树身需四人才可合抱。它桢干凛凛，冠荫森森，巍然清抗，生机发越。可谓“错节灵根俯八荒”，“不凋不残寿而康”，“大气参天气宇昂”，“烟霞为友云为裳”（吴翼翚《黑龙潭龙泉观宋柏碑题诗》）。人们无论从时间视角还是空间视角，都会惊赞它的崇高之美，而一般的花木和它相比，简直微不足道。黑格尔认为，在崇高面前，“个别物象和它们的存在便仿佛无足轻重，渺然若失”。而车尔尼雪夫斯基在扬弃了黑格尔的观点后指出，“远远超过与之比较的其他物象或现象的东西，是伟大的。或者说，是崇高的”。他还说，崇高引起的感觉，不同于一般的美所引起的赏心悦目的感觉，“静观伟大之时，我们所感到的或者是畏惧，或者是惊叹，或者是对自己的力量和人的尊严的自豪感，或者是肃然拜倒于伟大之前，承认自己的渺小和脆弱”[1]。宋柏正是如此。它和其他古木一样，还能激荡人的感情，振奋人的意志，使人摆脱自身的渺小，超越自身的平庸，大大提高自身的精神境界……

元杉又名孔雀杉，叶端如孔雀尾毛，树高20余米。明茶又称早桃红，初春盛开，花红一片如火……

人们面对着梅、柏、杉、茶那苍古郁勃、多姿多彩的骨气风貌，犹如将唐、宋、元、明四朝的历史匆匆翻阅一过，眼前一派时间的云烟过处，看到了古柯繁花之中凝定了的邈远悠久的历史价值。

古木千百年来，顶风傲霜，经磨历劫，纵观古今兴亡，阅尽人间春色，而自身品性不改，老而弥坚，器宇轩昂，元气淋漓，枝如铁铸，干比石坚，不凋不残，风骨凛然。从这一审美视角出发，人们在古木身上，看到了历史精神，看到了时间价值。正因为如此，人们尊重古木，爱护古木，见之油然而生敬意，由衷地萌生出一种历史主义的感情。另外，园林之所以尊重古木，需要古木，不但由于它能构成重要景观，充实园林内涵，荫庇绿色空间，拓展园林的“天际线”，而且还由于它与园同寿，甚至寿胜古园。古木是古典园林的历史见证，它倍增了园林中“物质－自然生态”和“精神－文化生态”两个层面的审美价值。古木还可以构成园林景观主题。苏州留园有明代的古柏和女贞，二者交柯连理，构成了庭院的主景——“古木交柯”，惜乎古木今已不存。北京北海画舫斋有一棵唐槐，取陶渊明《归去来兮辞》“眄庭柯以怡颜”之意，题名为“古柯庭”。乾隆《古柯庭》诗有云：“闲庭构其侧，几榻皆清绝。树古庭因古，偶憩辄怡悦。”正因为古柯不但有其观赏价值，而且有其时间价值，才建庭于其旁，而由于树古，庭也因之而古，这就凝重了古老的历史感。

三、奇

古代审美品评，有时重视一个“奇”字。刘勰《文心雕龙·辨骚》就赞美“奇文郁起”，并提出了“酌奇而不失其真”的品评标准；韩愈《进学解》说，“《易》奇而法”，而他自己也以怪怪奇奇为美；苏轼在论柳宗元诗时，提出“诗以奇趣为宗”的主张……这都反映了一个新的审美视角——奇。

追求花木之奇，这几乎是中国古典园林早就出现的一个审美传统。汉武帝修上林苑，其中花木开始具有独立的审美价值，是和名花异树“以标奇丽”分不开的；梁孝王筑兔园，“奇果异树”是园中物质生态建构序列的元素之一。隋炀帝建显仁宫，也广采“嘉禾异草”。而唐代李德裕建构平泉山庄，几乎把草木特别是奇花异木置于首位，他特地撰写了《平泉山居草木记》。记中说：

> 木之奇者，有天台之金松、琪树，稽山之海棠、榧、桧，剡溪之红桂、厚朴，海峤之香柽、木兰，天目之青神、凤集，钟山之月桂、青飕、杨梅，曲阿之山桂、温树，金陵之珠柏、栾荆……

他如数家珍地把奇木异草一一列出。其中如金松，枝如怪松，叶如瞿麦，翠叶金贯，粲然有光，李德裕还为其写了《金松赋》。再如月桂，叶如桂，花浅黄色，四瓣，青蕊，花盛发如柿，叶带棱。……这类草木，确实是罕见的奇品。罗致这类奇花异木的行为本身，就

[1] 车尔尼雪夫斯基：《美学论文选》，人民文学出版社1959年版，第78、97、98页。

表现了对于花木好奇尚异的审美情趣。

在古典园林中，除了移植、集纳天然的奇品异种外，还有人工嫁接之“奇”。都穆《听雨纪闻》说：

> 凡花木之异，多人力所为。种树家谓苦楝树上接梅花，则花如墨梅；黄白二菊，各去半干而合之，其开花黄、白相半……此虽非其本然，然能夺造化，亦一奇也。

这类经过试验培育而成的、功夺造化的新品种，是地地道道的“人化的自然”。这种奇异之美，既不离天然，又更离不开“人的本质力量”。宋代李格非在著名的《洛阳名园记》中，写到李氏仁丰园时就说：“今洛阳良工巧匠，批红判白，接以它木，与造化争妙，故岁岁益奇且广。”古代这类与造化争妙的“益奇且广”的园艺嫁接实践，不但丰富了园林的美学内涵，而且对植物栽培学也是出色的贡献。

清代南京的随园，有“藤花廊”一景，奇在一株古藤根居于室内，藤干出户而上高架，“盘旋夭矫，如虬如龙，垂荫几满，花时粉蝶成群，游蜂作队，春光逗漏，何止十分！”（袁祖志《随园琐记》）这是又一种“奇”，它当然也离不开人力。

在古典园林中，还有一种奇树异木，虽有时和人力不无关系，然而它的出现主要靠天然，说得更准确些，主要靠偶尔的天成。

北京中南海原有一棵古柳，突然受狂风吹袭，树干倾斜，枝垂于地，由人工折下原柳枝条插入地下作为支撑，这柳枝居然也成活，和原柳呈“人”字形相交，被称为“人字柳”，成为园内一大景观。现瀛台西岸还存有“人字柳”碑。

北京香山碧云寺水泉院中，叠石玲珑，亭桥参差，古柏挂石壁，清泉出岩下，而奇树也是其中的重要景观。泉旁曾有一柳树，“累累若负瘿”，被称为“瘿柳”；另外还有稀世奇木“三代树”，即在一棵枯柏的根部又生一柏，第二代柏树死后，其空干中又生出一棵银杏，而枯柏残桩仍存。这一代代相传的奇木，是一种奇迹，对人们是颇有吸引力的。

连理树也是一种罕见的奇木。中南海“静谷”内有连理柏；北京紫禁城御花园更有十多棵连理树，由松、柏培育而成，已有数百年历史【图40】。这些大多是人工加天然并由种种偶然条件凑合的结果。在古代，皇家以为祥瑞，而南朝民歌则唱道：“不见

图40　愿为连理树，异根同条起

——北京故宫御花园连理树（蓝先琳摄）

连理树，异根同条起”（《子夜歌》）。

“奇”，就是一种视角，一种价值。物以稀为贵，正因为“稀”，不常见，人们必欲一见而后快。奇花异木，以其不同寻常的奇趣美，满足着人们好奇爱异的审美心理。

从以上实例还可知，“奇”往往和“古”联在一起，奇木多数同时又是古木，“一身而二任焉”。苏州留园的“古木交柯”，不但是古木，而且也是一种奇木。这类奇、古之木，有着双重价值——时间历程之古和空间形态之奇，既引人欣赏，又耐人寻思，人们甚至可以从中得到某种启示。

四、名

奇树与古木，作为园林的重要景观，都可说是“名木”；著名产地移植来的，如洛阳牡丹、天目山松之类，也可说是名花名木。但本节所说的“名木”，只限于历史名人手植或命名过的花木。这种花木，除了一般的景观价值外，除了具有“奇”、“古”的特殊的审美价值外，还有更多一层的审美内涵，这就是它和历史名人的有机联系及其文化价值。

拙政园有文徵明手植古藤，单凭它是明代大画家、吴门画派领袖亲手所植，就比其他藤本植物身份高百倍。金松岑《拙政园文衡山手植古藤歌》写道：

> 入门左顾压屋藤阴重，筋张骨屈古藤苍皮干。虬枝上天根络地，五龙拘蛟腾掷缘橦竿。鲜英紫萼密缀千万缕，妍华香胜披拂成妙鬘。衡山高节古风调，隔世相望齐凤鸾……更看此藤万古真气完。

诗歌生动地描述了古藤的筋骨老健，虬枝盘曲，如同惊蛇拗怒、矫龙腾掷的奇古姿态之美，描述了古藤的紫英密缀，妍华披拂，如同缨络妙鬘的生机蓬勃之美，而且突出地歌颂了文徵明的高风亮节，敬仰之情溢于言表。再如钱泳《履园丛话》载：“青藤书屋在绍兴府治东南一里许，明徐文长故宅，……青藤者，木连藤也，相传为文长手植，因以自号”。这棵蟠曲绕架、“虬枝上天根络地”的青藤，正因为是明代大画家、“青藤画派”的开创者徐渭所植（徐渭也因号“青藤道士”），所以一代代人对其倍加宠爱，能使之从明代无恙地幸存至今。青藤书屋由于是徐渭故居，后来大画家陈洪绶也慕名来此寓居多年，因而使小小的宅园具有较高的文物价值，然而更可宝贵的是青藤这个活的文物，这个有真实生命的历史遗产。人们观赏文化名人文徵明或徐渭手植的古藤，往往还兼从这一特殊的审美视角出发，这是不同于“奇”、“古”的另一审美层面——“名”。

除了文化名人手植之外，有的树木还由于具有高大奇古的价值形态而受到帝王的题封，于是，在当时社会条件下，它在树木群的品位就青云直上，由“古木”而荣列“名木”之列。最为著名的，如相传秦始皇至泰山封“五大夫松”；汉武帝巡视到河南嵩山书院，见高大的周柏而封为“大将军”、“二将军”。在清代北海团城，原有三棵名木，最著名的是一棵苍劲古老的大油松，由于乾隆盛夏烈日曾在树下乘凉，清风拂处，暑汗全消，于是封为“遮荫侯”；另外又封了附近的一棵白皮古松为“白袍将军”，这两棵古树名木幸存至今，它们增加了小小团城的审美品味量。团城西侧还有一棵形态奇特的古松，树干向西卧伸，树冠掠过雉堞下倾，俯瞰着太液池，也被封为“探海侯”，惜乎现已不存。这类古木由于和名载史册的人们发生了某种特定的联系，因此多了一层特定的与众不同的文化价值，而人们在欣赏时，也饶有趣味地多了一层审美寻味的内涵——由名木而连及名人的设身处地的联想。

五、雅

所谓“雅”，是和儒家的伦理哲学及其渗透下的传统文人诗画的影响分不开的。就以文人画为例，古代画家画花木，要求胸中有万卷诗书，笔下无半点尘俗，从而体现出风雅潇洒而有韵味的美学要求，具体地说，就是强调表现出花木和人相似的清高绝俗的品格个性。中国文人诗画这一审美传统，其源可追溯到先秦儒家美学的“比德”说。不过，这已属于精神性的范畴了，也可以说，其自然生态已主要地转化到精神文化生态领域了。

花木的价值序列中，“美”、“古”、“奇”均紧密地缩结于花木本身的某些空间的、时间的物质特性。当然，作为古木，其经磨历劫的崇高已与精神品性的领域接壤或交叠，但其根本，仍在于自然生命的久长；至于“名”，虽更游离花木本身的物质特性，与历史人物有着某种特定的文化联系，但这类名木总同时还具有“古”乃至“奇”的价值，因此，本书仍将其列入物质生态建构序列。至于“雅”，则已进一步主要地升华到精神的领域，特别是紧密地缩结于文化心理、审美心理，因此，本书既列目于此，以见出花木价值系统的完整性，又拟置于第七编有关审美文化心理的章节予以重点论述，此不赘。

在古典园林系统中，作为物质生态建构要素的花木，品类繁茂，功能不一。其价值当然也是多层面的——既有诉诸人们生理的，又有诉诸人们心理的；既有诉诸人们感性的，又有诉诸人们理性的；既有表现出自然生态意义的，又有表现出社会文化生态意义的；既有表现出空间功能的，又有表现出时间内涵的……它为人们提供了审美品味的广阔天地，满足着人们多方面、多层次的生理、心理需要。

第四章　天时之美：流动着的自然形相

——园林美的时空交感之一

费尔巴哈曾指出："空间和时间是一切实体的存在形式。"① 具体地说，空间，这是物质形态广延性的并存序列；时间，这是物质形态持续性的交替序列。

空间，似乎是较易把握的。对于物体的空间特性——形状、大小、远近、深度、方向等，人们比较容易通过空间知觉来加以把握，因此，康德把空间作为哲学范畴提出来时，还把它和感性、直观相联系。他认为空间"是一切外感官的现象的形式"，"只能用于感性的对象。我们称之为感性的这种接受性的固定的形式"。而时间却无影无踪，无声无息，飘忽流逝，不易把握，似乎比较抽象，因此康德把时间称为"内感官的形式"②。这是揭示了空间和时间在感知上的某种区别。

中国古典园林作为存在于空间的艺术，其物质生态建构的并存序列中，建筑工艺、山水泉石、花草树木等空间形象，都是易于感知的，但存在于园林中抽象逻辑的时间因素却往往被人们不同程度地忽视着。不过，造园家、园林鉴赏家和理论家们则不然，他们或用景观题名、匾额对联等来加以突出，或用文艺作品来加以抒写、阐发，或从美学理论上来加以概括、总结，给人们以深刻的启示。

现代物理学和哲学的研究成果表明：运动和时间、空间是三位一体、紧密相联的，或者说，时间和空间是互为因依、互为渗透的，既没有无时间的空间，又没有无空间的时间，爱因斯坦称这种结合为"空间－时间"。1908年，德国数学家又给相对论作阐释，指出世界是一个"四维平直时空"。古典园林的艺术空间同样如此，它不可能离开时间的绵延，不可能离开那"四维平直时空"之美，具体地说，它不可能离开春夏秋冬的季相变化，不可能离开晨昏昼夜的时分变化，不可能离开晴雨雪雾的气象变化。从理论上说，园林中的这些变化，存在于时间之中，并由于时间而存在；从艺术创造和品赏的实践上说，这些时间因素恰恰也是构成园林景观的一个不可忽视的物质性元素。

英国美学家纽拜曾指出时间对于风景的重要价值：

> 时间的流驶对风景较之对其他艺术更有意义，根据这一尺度，可以肯定自然过程对风景的重要性。在一定程度上，风景是受季节变换支配的，因此气候变化的广泛样式是很重要的。气候条件能够增强对风景的意识，……风景不仅顺应自然力因时而变，而且它也作为人类活动的结果因时而变。因此时间的流驶使人面临的不是一个风景而是一个风景序列。风景是一组活动画片，它是在空间中也是在时间中展开的。③

西方现代美学对于风景的时间性的理论探讨，同样适用于中国古典园林景观。

其实，中国古代的造园家和鉴赏家们，早就掌握了园林景观的时间性。随着实践和认

---

① 《费尔巴哈哲学著作选集》上卷，第109页。

② 北京大学哲学系外国哲学史教研室编译：《十八世纪末－十九世纪初德国哲学》，第48、49、53页。

③ 纽拜：《对于风景的一种理解》，载《美学译文》第2辑，中国社会科学出版社1982年版，第185～186页。

识的发展，他们不断地直至主动地、充分地利用和把握自然性的天时之美，使“良辰”和“美景”互相融合，使时间和空间互相交感，构成一个个风景系列。而这种时空交感，正是园林美物质生态建构的元素和重要方式之一。

第一节　时间流程中的季相美

时间是永恒之流，它无止境地流逝着：日月不淹，春秋代序，逝者如斯夫！

在时间的流程中，天地万物无不在生生不息地变易着，流动着，体现了时间的持续性、交替性，而在天地万物的流动之中，古代哲学家、诗人又往往以其沉思的目光或抒情的敏感，审视着或感受着四时有序的变化。见诸先秦哲学、文学名著的，如——

天何言哉？四时行焉，百物生焉，天何言哉？（《论语·阳货》）

天地有大美而不言，四时有明法而不议，万物有成理而不说。（《庄子·知北游》）

日月忽其不淹兮，春与秋其代序……时缤纷其变易兮，又何可以淹留。（屈原《离骚》）

在《荀子》等著作中也有类似的表达。天地有一种无言的美，它在时间的流程中默默地显现出春、夏、秋、冬四时周而复始的有序运行，而一年四季除了显现为气候炎凉等等变化之外，更鲜明地显现为山水花木的种种具体形象的先后交替和变化，这都可以称之为季相美。

时间或时序显现为季相，这就是时间和空间的形象交感。在中国长期的农业社会里，季相意识深入人心。例如《礼记·月令》就说，孟春之月，“天地和同，草木萌动”；季夏之月，“温风时至”；孟秋之月，“凉风至”；季秋之月，“菊有黄花”；孟冬之月，“水始冰，地始冻”……这类普遍地掌握着群众的岁时观念、季相意识，上升和转化到美学的领域，就表现为对春、夏、秋、冬四时的殊相世界的审美概括，见于历代山水画论之中，如——

秋毛冬骨，夏荫春英。[①]（〔传〕南朝梁·萧绎《山水松石格》）

春山淡冶而如笑，夏山苍翠而如滴，秋山明净而如妆，冬山惨淡而如睡。（宋·郭熙《林泉高致》）

山于春如庆，于夏如竞，于秋如病，于冬如定。（明·沈颢《画麈·辨景》）

春山如笑，夏山如怒，秋山如妆，冬山如睡。（清·恽格《瓯香馆画跋》）

春山如美人，夏山如猛将，秋山如高士，冬山如老衲。（清·戴熙《习苦斋画絮》）

这些画论，都是对山水草木等不同季相美的综合概括，它们不但言简意赅，形相活脱，而且表现为情景互渗，物我同一，景的审美性格渗入了人的审美感情，构成了绘画视域中的一种自然的人化。在诗歌领域里，对季相美进行综合概括而又出现得较早的，为晋宋之交陶渊明的《四时》诗[②]：“春水满四泽，夏云多奇峰。秋月扬明晖，冬岭秀孤松。”其表现空间显然大得多。该诗从每个季节中选择了具有代表性的景物，在广袤的空间里形象地概括了全年的“四维时空”。它对上引画论是有影响的，可说是起了先导作用。

---

① 韩拙《山水纯全集》：“春英者，谓叶细而花繁也；夏荫者，谓叶密而茂盛也；秋毛者，谓叶疏而飘零也；冬骨者，谓枝枯而叶槁也。”

② 对于这首与园林美学关系颇为密切的诗，古代有些注家认为系东晋顾恺之的《神情》诗，误入《陶渊明集》。

在园林领域里，最早作理性表述的，是唐代白居易的《草堂记》。记云：

> 其四傍耳目杖履可及者，春有"锦绣谷"，夏有"石门涧"，秋有"虎溪"月，冬有"炉峰"雪，阴晴显晦，昏旦含吐，千变万状……

其季相意识已十分明确而强烈，而且意识到春夏秋冬和阴晴昏旦交叉结合，可以生发出千变万状的景观美。这是白居易又一可贵的美感经验表述。他在《池上篇序》中也写到："每当池风春，池月秋，水香莲开之旦，露清鹤唳之夕……"这里，春、秋和旦、夕又构成了时间序列的交叉。它又可看作是欧阳修有关美学思想的先导。而影响更大的，是宋代欧阳修关于时空交感的美学思想。其著名的《醉翁亭记》写道：

> 若夫日出而林霏开，云归而岩穴暝，晦明变化者，山间之朝暮也。野芳发而幽香，佳木秀而繁阴，风霜高洁，水落而石出者，山间之四时也。……四时之景不同，而乐亦无穷也。

这里，山水之乐、林亭之趣和朝暮、四时交互错综，构成无穷之景和无穷之乐。这种交互错综，又通过生动传神的妙笔描绘出来，既体现了自然美的活力，又表现了艺术美的魅力，它形象地显现了"时间是一种持续的秩序"① 的哲理，是季相意识、时景意识在园林美历史行程的新阶段——宋代升华为园林美学的一个突出标志，它的影响是极其深远的。

在欧阳修的影响下，在已成为典型的公共园林的杭州西湖，元代不少散曲家都写有成套的四时西湖组曲，甚至成为一种创作模式，这说明了在园林中，季相意识已深入人心，牢固地形成为一种审美心理定势。

联系具体实例来看，首先值得充分肯定的，是清代扬州个园虚拟象征性假山的季相之美。这一序列，集中而突出地表现了园林艺术创造特别是艺术接受中的季相美学观。

在个园的月洞门前两侧的花坛上，翠竹秀拔，绿荫宜人，石笋参差，配搭有情，构成了一幅墙、窗为纸、竹石为绘的画面【图41，见书前彩页】。这是一幅洋溢着翠绿色调的春山图，使人联想起雨后春笋、生机蓬勃的意境。这里，翠竹是真，石笋是假，但人们在季相意识和形象思维参与下，竹林中的石笋仿佛是春雨后破土而出的肥壮的竹笋。因此，即使在其他季节，人们看到这幅带有虚拟象征性的画面，也似乎可以形象地感到春之来临，感到"天地和同，草木萌动"之美，感到"春山如笑"而又"如庆"之情。这幅真假结合的春山竹石图，其美中不足之处是，作为背景的墙上开有若干特大的黑色漏窗，不但泄了园内之景，而且破坏了构图背景的完整性，干扰和削弱了竹石的主体形象。如易之以一片白粉墙，则不但能反衬出竹石鲜丽的绿色，而且有时墙上还能映出婆娑的竹影，这也是一种景观美。

个园主楼西侧有湖石假山【图42，见书前彩页】，它奇峰突起，雾卷云涌，八面玲珑，形态多变，给人以"夏云多奇峰"（陶渊明《四时》诗）之感。山顶秀木苍翠，繁荫如盖，山旁还有夏季观花植物，池中又有夏季艳开的睡莲，山石和花木都体现出"于夏如竞"的审美特色，假山前水池上横架曲梁直至洞室，洞内曲折幽邃，四面通达，水景可观，凉意袭人，而且由于湖石青灰色调的笼罩而更增凉意，这些又给人以夏日"树下地常荫，水边风最凉"（石涛《画语录·四时章》"其夏曰"引诗）之感。如果说个园进口处的春山萌生着"春英"的殊相之美，那么夏山又以一个侧面渲染出"夏荫"的殊相之美。

---

① 莱布尼茨语，载《莱布尼茨与克拉克书信集》，武汉大学出版社1983年版，第27页。

主楼东南面的秋山【图43，见书前彩页】，不像湖石的夏山那样具南方之秀，而是擅北方之雄，它以黄石叠成，气势磅礴，奇伟嶙峋。由于山洞巧妙地交错相通，引起空气对流，所以洞中又能给人以“秋风萧瑟天气凉”（曹丕《燕歌行》）之感。对于该山的“秋意”，陈从周先生描述道：

> 山的主面向西，每当夕阳西下，一抹红霞，映照在黄石山上，不但山势显露，并且色彩倍觉醒目。山的本身拔地数丈，峻峭凌云，宛如一幅秋山图，是秋日登高的理想所在。它的设计手法，与春景夏山同样利用不同的地位、朝向、材料和山的形态，达到各具特色的目的。山间有古柏出石隙中，使坚挺的形态与山势取得调和，苍绿的枝叶又与褐黄的山石造成对比。它与春景用竹、夏山用松一样，在植物配置上，能从善于陪衬以加深景色出发，是经过一番选择与推敲的。①

秋山的主宰色调是褐黄，在夕阳的余辉映照下，特别能给人以“秋山明净而如妆”的美感。

个园的南部与春山一墙之隔的庭院里，厅南墙北，贴壁叠有体量并不高大的宣石假山——冬山【图44，见书前彩页】，石骨裸露，蜷缩于墙隅，给人以“惨淡而如睡”之感。宣石又称雪石，其色纯白，给人以山上积雪未消之感，正如《园冶·选石》所说，“唯斯石应旧，逾旧逾白，俨如雪山也”。由于假山面北，处于墙阴处，更有寒冷之感，特别是在墙上开了四排直径尺余的圆形风洞②，增加了空气的流量和流速，有时风声作响，给人以隆冬北风呼啸之感。庭院还用白矾石作冰裂纹铺地，助成空间的白色统调，并植腊梅、南天竹等冬季观赏植物，令人更添寒情冷趣，但又不觉枯寂。冬日山林景区与春日山林景区的一墙之隔，又有两个圆形空窗相互沟通，似寓有“冬尽春来”或“大地春回”的时序意蕴。

扬州个园虚拟的四季假山，在国内是惟一的孤例。它凭借石料（分峰用石）、造型、花木、环境等种种因素，使四个假山景区各具鲜明的殊相特色，并象征着春夏秋冬不同的山林之美。人们从月洞门入园，顺时针绕园一圈，恰好经历了一年四季的时间流程。这是一支山林回旋曲：春山简洁明快，是入园的序幕；夏山繁茂丰富，可说是一个充分的发展；经过七间长楼和楼廊的过渡，就到了磅礴雄豪、结构复杂的秋山，这是回旋曲的高潮；最后，冬山蜷曲收敛，这是全曲的结尾，而它又和春山气息周流，隔而不断。张华《杂诗》说：“晷度随天运，四时互相承。”在接受视野里，个园的山林回旋曲，正是表现了天时运转，四季相承的流动美的交替序列。

“春山烟云连绵，人欣欣；夏山嘉木繁阴，人坦坦；秋山明净摇落，人肃肃；冬山昏霾翳塞，人寂寂。”（郭熙《林泉高致》）这又可说是个园四季假山的象外之情、景外之意。不同的季相能令人产生不同的时空心理效应，然而个园假山季相序列之妙，又在于纯属虚拟，是美国美学家苏珊·朗格所谓的“虚幻空间”、“情感符号”。它只是调动人们过去的季相意识、表象记忆和审美经验的积累，以虚拟的方法引导人们进行艺术接受和审美的再创造。

如果说个园的季相假山回旋曲用的是“无标题音乐”的手法，那么，中国园林用得更多的是“标题音乐”的手法。如杭州“西湖十景”，依次为苏堤春晓、曲院风荷、平湖秋

---

① 陈从周：《园林谈丛》，第63页。

② 四六二十四个风洞，又象征二十四个节气。

月、断桥残雪……这前四景，恰恰点出了春夏秋冬的季相美，只是没有出现“夏”、“冬”字样罢了。关于西湖十景标题中“晓”、“风”、“月”、“雪”的时景之美，留待后论，这里只想指出，园林名胜的标题中，“春”、“秋”出现得最多。

北京的“燕京八景”，其中“琼岛春阴”在北海，“太液秋风”在中南海，至今都有石碑铭刻着这两处季相美的标题。这用哲学语言说，琼岛、太液池作为空间因子，春阴、秋风作为时间因子，“是互相涵容，互相包括的，每一部分的空间，都存在于每一部分的绵延中，每一部分的绵延，都存在于每一部分的扩延中”①，于是，二者交感而各自成为一个殊相的审美天地。再如颐和园的知春亭，是一个重要的点景建筑，设在伸出湖中的岛上。这里，湖面染青，绿柳含烟，可以近观春水，远眺春山。“知春”二字的题名，点出了季相，把较为抽象而不易把握的时间，显现为感性的空间形象。香山静宜园内垣二十景之一的“绚秋林”，最佳的时空交感景观在金秋季节。这里杂植松、桧、柏、槐、榆、枫、银杏等，粲然成林。时逢霜秋，则红橙黄绿，诸色陆离纷呈，绚烂明丽之极，“绚秋”二字名不虚传。

中国园林中的景观题名，颇多四时皆备的，体现出“与天地合其德”，“与四时合其序”（《易·乾卦·文言》）的美。颐和园的彩画长廊，对称而有序地由东至西建构了“留佳”、“寄澜”、“秋水”、“清遥”四亭，分别象征春夏秋冬“四时行焉”的时间流程，而四亭的题名，又用浓缩的语言分别暗示了四个季相的某种最佳意象，给想像提供了广阔的接受天地。在颐和园里，这个贯通四亭的长廊，把“天地之大美”转化为建筑空间，转化为康德所说的“感性的这种接受性的固定的形式”。圆明园对于四时季相也力求全备，见之于堂构题名的，有春雨轩、清夏堂、涵秋馆，生冬室等，还有仿海宁安澜园而建构的“四宜书屋”，即所谓春宜花，夏宜风，秋宜月，冬宜雪，四时无不宜。它力求适应四时最佳季相及其转换，或者说，力求将流动的四时，交感于一个审美的接受空间。

园林中的建筑、山水、花木，都是物质性的三维空间造型，但由于作为园林美的物质性建构元素的季相的介入，又明显地渗进了时间的维度，体现出四维时空结构的美。而这种四维时空结构的季相美，又最典型而敏感地体现在花木的有序转换上，因此，园林总特别注意配植最足以表征四时季相流程的花木。以宋代苏州四照亭，杭州西湖为例：

> 四照亭，在郡圃之东北……为屋四合，各植花石，随岁时之宜：春海棠，夏湖石，秋芙蓉，冬梅。（范成大《吴郡志》）
>
> 春则花柳争妍，夏则荷榴竞放，秋则桂子飘香，冬则梅花破玉……四时之景不同，而赏心乐事者与之无穷也。（吴自牧《梦粱录》）

两段话把景和人都置于时间的流程之中，自觉或不自觉地体现了欧阳修《醉翁亭记》中“四时之景不同而乐亦无穷”的美学思想。

审美客体和审美主体总是相互影响，相互生成的。园林的四时花木，培育和增进了人们的季相审美意识，而人们的季相审美意识，又不断改善着园林四时花木的配植，使之朝着更为精细的方向发展，以求不但是每个季节，而且是每个月份都有富于特征性的花木殊相可供观赏。南宋周密写都城临安（杭州）的《武林旧事》一书，就收录了《张约斋赏心乐事》这篇全面反映园林季相审美意识的文字，其中详叙了一年十二月的时间流程中在

① 洛克：《人类理解论》上册，商务印书馆1959年版。第173页。

不同观景点观赏不同花木的具体内容[①]。《赏心乐事》的作者张镃（字约斋），可说是“天地有大美而不言，四时有明法而不说”的代言人。他所开列的四时十二月的群芳谱，具体而集中地向人们展示：抽象的时间逻辑是如何地在园林空间转化为活生生的花木具象；时间流程所交感的四时十二月的花木景观是如何地丰富多彩；这种花木景观又是如何具体地丰富着园林季相美学，如何具体地丰富了人们的“赏心乐事”……

第二节　时分、气象所显现的景观美

从历史上看，天时之美中最早被人们系统把握的是四时之美，因为春夏秋冬有规律的交替变化，明显地造成了一年之中的时间序列。在审美领域中，虽然“四时有明法而不议”，但人们通过季相意识能直觉地把握这一序列，并系统地、感性包孕理性地把握一年中不同的季相美。至于季相之外其他的天时之美，由于品类繁多而又比较分散零碎，因此，理论上的概括就显得更为需要。

汤贻汾《画筌析览·论时景》说：

> 春夏秋冬，早暮昼夜，时之不同者也；风雨雪月，烟雾云霞，景之不同者也。景则由时而现，时则因景可知。

这里的“时”和“景”，实际上可分为三个系统：一、春夏秋冬，这是一年之间四时有序交替的季相系统，其中每一阶段都是一个大单元，都可分为孟、仲、季三个小单元。二、早暮昼夜，这是一天之内晦明有序地交替的时分系统，其中包括正午、深夜等在内的每一阶段都是一个小单元。《管子·四时》就指出了这类有序的变化：“春秋冬夏，阴阳之推移也；时之短长，阴阳之利用也；日夜之易，阴阳之化也。”三、风雨雪月，烟雾云霞，这基本上属于气象系统，这种阴晴之类的变化往往带有某种无序性、偶然性，所谓“天有不测风云”，而且在这一系统中，“雪”又与季相系统有关，“月”、“霞”又与时分系统有关……

再看三个系统的相关性质。季相系统和时分系统均比较抽象，属于“时”的范畴；气象系统则比较具体，基本上属于“景”的范畴。抽象的“时”，通过具体的“景”才更能显露，才更易被人感知；具象的“景”，通过抽象的“时”才更能表现，才更易被人理解。这就是汤贻汾所说的“景则由时而现，时则因景可知”。

本书把季相系统所显现的美称为季相美，这已于前一节中论述；把时分、气象系统所显现的美，称为时景美，这是本节要详加论述的。

园林需要借助于时景之美来建构物质生态的流动景观。在园林里，有些独特的景观之美离不开有序性或无序性的时景，或者说，它们那可视空间的殊相之美离不开与时景的交感。

时景之美在园林的内外空间里有种种具象的表现，这里择其要者列述于下：

一、晨旭

对于清晨和白昼的太阳和阳光之美，西方美学家们曾不止一次地作过审美礼赞——

---

① 例如“四月孟夏”，满霜亭赏桔花，玉照堂赏青梅，艳香馆赏长春花，安闲堂观紫笑，群仙绘幅楼前观玫瑰，诗禅堂观盘子山丹，鸥渚亭观五色罂粟花……。

当太阳一出现在东方，我们的整个半球马上充满了它的光辉的形象。一切向阳的或者朝着被太阳照耀的大气的固体的表面，都渲染上阳光或大气光的颜色。（达·芬奇①）

自然界中最迷人的、成为自然界一切美底精髓的，这是太阳和光明。难道太阳和光明不是大地上一切生命的主要条件？（车尔尼雪夫斯基②）

确实如此，太阳是光明的形象，它以生命之火普照万物，使一切生机勃勃，喜气洋洋，到处荡漾着灿烂欢乐的情氛。因此，旭日东升可以构成园林的景观美。

杭州西湖的"葛岭朝暾"，是"钱塘十景"之一，以观日出为其审美优势。葛岭最高峰的"初阳台"，受日最早。人们登台远眺，可看到浑沌的天际是如何地闪动着一线微明，可以看到即将逝去的黑夜和即将来临的朝暾是如何奇幻交替，可以看到火、热、生命、光明和美是如何地联翩来到人间。旭日初升，西湖的一切带着清新蓬勃之气苏醒过来，远山近水和花木亭台被阳光照射的表面都染上了一层金色，这又是多么迷人的美！至于在"曲院风荷"之晨，人们也许会联想起杨万里《晓出净慈寺送林子方》诗中的"映日荷花别样红"的名句来……

在颐和园西部湖山之间，有迎旭楼，这里也是迎接伟大的光明诞生的好处所。当旭日的金光开始辉耀绿树丛中一座座巍峨华美的殿宇时，这又是何等的璀璨、何等的壮观！

二、夕照

傍晚的太阳，又有其特殊的魅力，它的美全然不同于东升的旭日或高照的红日，似乎更富于诗情画意。试看在西方美学家笔下的落日景象之美——

落日的金色光华透过层层彤云赤霞，照射着一切（这是带有感伤情绪的，但是，这不是很动人吗？）……一个敏感的诗人在甜蜜的忘怀中观察这一切，没有察觉半个钟头是怎样过去的。（车尔尼雪夫斯基③）

落日的颜色有一种引人注意的光辉，一种爽心悦目的温和或魅力，那时暮色和天空所带来的许多联想就集中在这种魅力上，而且使之加深。所以最锐感的美可能富有感情的暗示。（桑塔耶纳④）

在美学家眼里，落日似乎具有颇佳的表情效果。中国的山水诗人，也很喜爱夕景。陶潜《饮酒》说："山气日夕佳。"王维《赠裴十迪》说："风景日夕佳。"这也影响了园林的构景，如圆明园有"夕佳书屋"，颐和园有"夕佳楼"……。

正因为夕阳余辉映照下的景物确实佳美，所以陕西临潼华清池有关中八景之一的"骊山晚照"，杭州有西湖十景之一的"雷峰夕照"，等等。至于避暑山庄康熙题三十六景之一的"锤峰落照"，更是国内罕见的时景远借景观。这里，特建"锤峰落照亭"。康熙《锤峰落照》诗序写道："诸峰横列于前，夕阳西映，红紫万状，似展黄公望浮岚暖翠图。有山矗立倚天，特作金碧色者，磬锤峰也。"这位一代雄主，也沉醉于这种"引人注意的光辉"和"甜密的忘怀中"了。避暑山庄的"锤峰落照亭"，这个提供人们短暂地远借落

---

① 戴勉编译：《达·芬奇论绘画》，人民美术出版社1979年版，第94页。

② 《车尔尼雪夫斯基论文学》中卷，第34页。

③ 《车尔尼雪夫斯基论文学》中卷，第32~33页。

④ 乔治·桑塔耶纳：《美感》，第51页。

照的场所，从本质上看，从生态美学的视角看，却是一个伟大而永恒的艺术创造。怀特海就曾以欣赏落照为例，从人与自然有机整体论的视角指出："伟大的艺术就是处理环境，使它为灵魂创造生动的、转瞬即逝的价值"。"灵魂若没有转瞬即逝的经验来充实就会枯萎下去"。① 此话意味深长。

存在于空间的具体景物，似乎是静止不动的，然而它又处于变动不居的时间之流中，又无不随时随刻改换着自己的风貌，变化着似乎凝固了的形相，从而构成了活动的风景序列。就以具有稳态性的山来说，它不但在四时季相的流程中，而且在朝暮时景的流程中，也呈现出"转瞬即逝"的极大的可变性。郭熙不愧为伟大的艺术家，其《林泉高致》写道：

> 山春夏看如此，秋冬看又如此，所谓四时之景不同也；山朝看如此，暮看又如此，阴晴看又如此，所谓朝暮之变态不同也。如此，一山而兼数十百山之意态，可得不究乎？

这揭示了一条时空交感的美学原理，即在同一座山的空间形象上，季相、时分、气象三个时间系统可以互为叠合交叉，于是，一山就能兼有数十百山的意态之美。园林里"转瞬即逝"的审美的领域也是如此，在或朝或暮、或晨旭或夕照的不同条件下，其美感效果就显然不同，更不用说还有春夏秋冬、阴晴雨雪交叉的殊相之异了，它们"为灵魂创造生动的……价值"，用郭熙的话说，"可得不究乎？"

三、夜月

在古代园林审美的天平上，夜晚如遇上晴空月色，就感到它远胜于或朝或暮的景观之美。袁宏道《西湖二》写道：

> 西湖最盛，为春为月。一日之盛，为朝烟，为夕岚。……然杭人游湖，止午、未、申三时，其实湖光染翠之工，山岚设色之妙，皆在朝日始出，夕舂未下，始极其浓媚。月景尤不可言，花态柳情，山容水态，别是一种趣味。

这位明代著名的旅游文学家，在这里总结了西湖时空交感的审美经验，还对不同的时空景观进行了比较品评。一年之中，春被推为第一；一日之中，朝和夕最为浓媚；而昼夜阴晴之中，"月景尤不可言"。这里，着重论述月景。

"尤不可言"的月景究竟美在哪里？前人曾归结为三个字："移世界"。宗白华先生在《美从何处寻?》一文中曾引张大复以下一段文字：

> 邵茂齐有言：天上月色能移世界。果然！故夫山石泉涧，梵刹园亭，屋庐竹树，种种常见之物，月照之则深，蒙之则净。金碧之彩，披之则醇；惨悴之容，承之则奇；浅深浓淡之色，按之望之，则屡易而不可了。以至河山大地，邈若皇古，犬吠松涛，远于岩谷，草生木长，闲如坐卧，人在月下，亦尝忘我之为我也。

所谓月色"移世界"，也就是说，它变移现实空间原有的色、形和情调、氛围，创造出深、净、醇、奇、淡、空、幽、古、远等种种不同的境界美。

圆明园曾有"山高先得月"、"溪月松风"等景。试想，每当白露暧空，素月流天，人们会发现这一带空间的凝静、华严、超逸、空灵……在月色朗照下，近处是黑白分明的

---

① 怀特海：《科学与近代世界》，商务印书馆 1959 年版，第 192～193 页。

世界，远处则融入一派迷濛之中，到处都掩隐着猜不透的谜，这种味之不尽的境界，可称之曰“深”。

杭州西湖的“平湖秋月”，在皎洁的秋月下则会显得特别空明纯净。李卫《平湖秋月》写道：“盖湖际秋而益澄，月至秋而愈洁，合水、月以观，而全湖之精神始出也。……前为石台，三面临水，旁构水轩，曲栏画槛。每当秋清气爽，水痕初收，皓魄中天，千顷一碧，恍置身琼楼玉宇，不复知为人间世矣。”这种水天清碧、表里澄洁的境界，可称之曰“净”。难怪人们喜爱在三五之夜，来到“平湖秋月”或“三潭印月”，沐浴在洁净的月光之下，涵泳乎一派空明之中。

中南海补桐书屋后有待月轩，瀛台迎薰亭则有“相于清风明月际；只在高山流水间”一联。如果待得明月东升，这里的青绿山水、金碧楼台在月光下会失去自己的正色，缤纷多彩、辉煌灿烂的景物会薄薄地披上一层素朴柔和的光，于是，一切都溶化在统一的色调里，显得那样静穆温雅。壮丽的宫苑景物消失了新艳热烈的色彩，另呈一种“披之则醇”的境界美。

月华，明润而含虚；流辉，融洁而照远。但是，如果是朦胧的淡月，那么又会使空间形相似真似幻，若隐若现，宛如展开了奇妙甜美的梦境，而善感的诗人又喜欢在这里寻找那银色的梦。这则是一种“奇”的境界。

在月光之下徘徊，人们还仿佛会邈远地走进历史，或邈远地走进幽谷，这又使人思接千载，视通万里了。总之，月色所移的世界，“屡易而不可了”。而在这种种近于幻化的境界里，审美主体有可能和审美客体相契合，相拥抱，进入忘我的审美王国。

四、阴、雨

日、月光照，这是一种晴朗的美，玉泉山静明园有“芙蓉晴照”，扬州瘦西湖有“白塔晴云”……然而阴雨之时也能交感成不可替代的殊相之美。关于杭州西湖晴、雨的不同时景，苏轼写过一首脍炙人口的《饮湖上初晴后雨》。诗云：

水光潋滟晴方好，山色空濛雨亦奇。
欲把西湖比西子，淡妆浓抹总相宜。

在丽日晴空之下，西湖的一切清晰分明，显示出瑰美华艳的殊相；在雨丝风片之下，西湖的一切又缥缈隐约，显示出素雅朦胧的殊相。苏轼把这两种美概括为“浓抹”和“淡妆”，对尔后西湖的审美产生了历史性的影响，其中特别是对于雨中西湖的朦胧美的发现和品赏，影响更大。

于敏先生的《西湖即景》就这样写道：

雨中的山色，其美妙完全在若有若无之中。若说它有，它随着浮动的轻纱一般的云影，明明已经化作蒸腾的雾气。若说它无，它在云雾开豁之间，又时时显露出淡青色的、变幻多姿的、隐隐约约的、重重叠叠的曲线。若无，颇感神奇；若有，倍觉亲切。要传神地描绘这幅景致，也只有用米点的技法。

这就是“山色空濛雨亦奇”的具体形相，它可以比之于画家米芾所开创的笔墨浑化、不可名状的“米氏云山”。

嘉兴的烟雨楼，在南湖的湖心岛上，古朴崇宏的建筑组群掩映在蓊森的绿树丛中，水色空濛，时带雨意，这一独特的园林空间，最宜交感在月夜特别是雨中，每当烟雨拂渚，在雨帘风幕里，模糊不定的绿、澹然生烟的湖、出有入无的渡船、隐约微茫的楼阁……令人联想起诗人杜牧的名句："多少楼台烟雨中"（《江南春绝句》）。烟雨能制造距离，在朦胧之中，岛与四周湖岸的距离拉远了，给人以浩淼无际的空间感。烟雨楼之所以也宜于月下，因为这种"照之则深"的效果也能造成类似的空间感。总之，或虚或实的"雨"，成了嘉兴烟雨楼景观的建构要素。避暑山庄所仿建的烟雨楼，风格趣味虽各有不同，但也最宜于烟雨，这同样是一种"披之则醇"的朦胧之美，一种特殊的"空间距离"之美。

雨不但能构成诉诸视觉的美，而且能构成诉诸听觉的美。除了雨打芭蕉的乐奏和疏雨滴梧桐的清韵而外，苏州拙政园有留听阁，取李商隐"秋阴不散霜飞晚，留得枯荷听雨声"（《宿骆氏亭寄怀崔雍崔衮》）的诗意命名。荷叶受雨面极大，这种水面清音是悦耳的；而入秋的枯荷，受雨后其声更为清脆动听。

雨除了构成诉诸听觉的景观外，又能构成诉诸嗅觉的景观。《日下尊闻录》写道：

> 雨香馆为静宜园二十八景之一。高宗纯皇帝诗引："……山中晴雨朝暮各有其胜，而雨景尤奇。油云四起，滃郁栋牖，长风飘洒，倏近倏远，苔石药苗，芬香郁然……"

诗人爱写雨香，中国诗论史上曾发生过雨是否有香的争论[1]，其实，这不妨从通感之"虚"来理解，也不妨从间接的"实"——他物被雨湿润后散发的沁人心脾的清馨来理解，雨香馆恰恰为后者提供了一个富于说服力的审美实例。

游览园林名胜，有些人就怕下雨，就怕天气变化，故而有"天公不作美"之语，这是不了解雨天的审美价值。明人韩纯玉在《菩萨蛮·西湖雨泛》中说得极为精辟："日日是晴风，西湖景易穷。""人皆游所见，我独观其变。"这是把握了"变"的价值。正因为时间流程中天有不测风云，才能使园林景观日日生新，变化无穷，显现出丰富的美。从这一意义上说，"天公不作美"恰恰又是"天公作美"。

关于品赏雨天的美以及选择游园的最佳时间，作为园林审美家的张岱更有系统的论述。他在《西湖梦寻·明圣二湖》中发人深思地从西湖的游人写起：

> 在春夏则热闹之至，秋冬则冷落矣；在花朝则喧哄之至，月夕则星散矣；在晴明则萍聚之至，雨雪则寂寥矣。故余尝谓，善读书无过董遇三余，而善游湖者，亦无过董遇三余。董遇曰：冬者，岁之余也；夜者，日之余也；雨者，月之余也。雪巘古梅，何逊烟堤高柳！夜月空明，何逊朝花绰约！雨色空濛，何逊晴光滟潋！深情领略，是在解人。

这是对季相时景美的一个理论概括。它通过西湖的冬与春、夜与日、雨与晴的比照，指出了"三余"——冬、夜、雨的审美价值。所谓"三余"，实际上是不同于一般的、不被人们注意的非常时间，它有着不平凡的美。张岱还指出审美主体只有"深情领略"，才能发现和品赏"三余"时空交感所构成的季相、时景的非常美。这番议论，可谓别具只眼，概括了不为人们所重视而确有价值的"三余"之说，真不愧为园林审美的"解人"！

五、雾

雾也是气象流程中的变异，雾景极具诗情画意，极有审美价值。先看南朝梁代的两

① 见胡震亨《唐音癸签》卷十六诂笺一"香云香雨"条。

首诗：

从风疑细雨，映日似游尘。乍若飞烟散，时如佳气新。（萧绎《咏雾》）

窈郁蔽园林，依霏被轩牖。睇有始疑空，瞻空复如有。（沈趍《赋得雾诗》）

雾，它如雨，如尘，如烟，如气，似有而若无，似无而若有，能以其模糊感来制造距离。对于距离，英国美学家布洛指出："距离是通过把客体及其吸引力与人的本身分离开来而获得的。"[①] 这是揭示了包括雾景在内的距离景观的审美本质。雾与水面相对应，则显得特别美，它把高阁低桥、近花远树的轮廓全给模糊了，使建筑物美丽的倩影蒙上了羽纱，影影绰绰，欲藏还露，倒映入水，隐隐约约，淡化为模糊。于是，空中雾似水，池中水似雾，蒸腾的色调消溶在迷濛之中，分辨不出是梦是真。这是朦胧美的极致，它使人联想起飘浮在水面上用小提琴弱奏的一支梦幻曲，又使人想起秦观《踏莎行》中的名句："雾失楼台，月迷津渡"……又如在杭州西湖三潭印月，每当薄雾轻笼，细雨烟迷之际，湖上优美的塔影就从朦朦胧胧的纱幕前跃出，而其后的桥、堤、树……则淡淡地就像溶化在湖水之中，衬托着前景，如同一幅优雅的套色木刻【图 45，见书前彩页】。雾的出现或消失，带有偶然、无序的时间性。清景一失，驷马难追，水雾、山烟，和雨丝、风片一样，需要"我独观其变"，需要善于审美的眼睛去捕捉，去抓时间，抢镜头。

六、雪

雪是白色的精灵，它更能移世界，变影调，构成迷人的美景。雪比起雨、雾来，它的存在形态或许要固定一些，因为雨是"液态"的，雾是"气态"的，而雪则是"固态"的存在。园林里纷纷霏霏的雪景是美的：空中，轻质飘飘随风；地面，白色随物赋形——因方而成圭，遇圆而成璧，化彩而为素，矫异而为同。于是，翼然的屋顶、精致的亭阁、起伏的地面、多姿的树石……都由于飞英的委积而鲜亮，而皎洁，而闪烁清辉，犹如瑶华境界！

雪，是北方皇家园林景观美的建构元素。例如，避暑山庄康熙题三十六景之一的"南山积雪"，粉装玉琢，广阔无垠；香山静宜园燕京八景之一的"西山晴雪"，更是一派清辉，充满画意；颐和园"须弥灵境"的雪【图 46，见书前彩页】，更有特殊魅力，那奇色异彩、层次丰富的建筑物经雪覆盖，无雪处的色彩在白色反衬下更为凸显，炫人眼目，真可谓红装素裹，分外妖娆了。

杭州西湖的雪景是极为著名的，所以有"晴湖不如雨湖，雨湖不如月湖，月湖不如雪湖"（汪砢玉《西子湖拾翠馀谈》）之说。这个比较，颇有美学见解。力主"三余"说的张岱，在《湖心亭小记》里这样写"雪湖"的景观之美：

崇祯五年十二月，余在西湖。大雪三日，湖中人鸟声俱绝。是日更定……独往湖心亭看雪。雾凇沆砀，天与云与山与水，上下一白。湖上影子，唯长堤一痕，湖心亭一点，与余舟一芥，舟中人两三粒而已……

这就是特定的时分、特定的空间、特定的气象交感而成的"宇宙奇观"。

时分、气象所显现的景观美，除了朝暮、昼夜、日月和晴、阴、雨、雾、雪之外，还有其他天时因子，也可以构成种种景观及其题名的美。在历史上和现存的园林里，如"风

---

① 爱德华·布洛：《作为艺术因素与审美原则的"心理距离说"》，载《美学译文》第 2 辑，第 96 页。

篁清听”（北京玉泉山静宜园）、“荷风四面”（苏州拙政园）、“月到风来”（苏州网师园）就离不开风；“莲风竹露”（圆明园）、“花露含香”（上海醉白池）、“清响”（无锡寄畅园）、待霜亭（拙政园）就离不开露和霜；“四面云山”、“云容水态”（避暑山庄）就离不开云；枕烟亭（如皋水绘园）、烟水亭（江西九江）离不开烟；“赤城霞起”（颐和园）、染霞楼（圆明园）、霞标磴（北京香山静明园）就离不开霞……这些风景点，或供人们品赏荷风动月影，或供人们聆听竹露滴清响，或供人们坐亭静观烟水景，或供人们踏磴喜看赤霞起……它们或虚或实，调动人们的感官和想像，使人们涵泳于时分、气象所参与的时空交感之美中。

园林美的物质生态建构序列的三要素——建筑、山水、花木是在空间中丰富多彩地横向并列展开的，然而锺惺《梅花墅记》则又说：“阁以外，林竹则烟霜助洁，花实则云霞乱彩，池沼则星月含清，严晨肃月，不辍暄妍。”可见，楼阁、林竹、花实、池沼等物质生态建构元素，宜和纵向流动的天时之美的因子——季相、时分、气象交相为用，共成其变化不尽之美，这再用计成《园冶·屋宇》的话来生发，更可说是“隐现无穷之志，招摇不尽之春”了。锺惺这段看似极普通的文字，其潜美学价值也正在这里。园林发展史以大量事实表明，建筑、山水、花木、天时，它们作为园林艺术美的物质生态建构元素，其每一个形式之间也都能通过种种组合或交感，成为园林美的有意味整体的一个组成部分。

第 五 编

园林美的精神生态建构序列

艺术品必须是由许多互相联系的部分组成的一个总体，而各个部分的关系是经过有计划的改变的。

——丹纳：《艺术哲学》

形成了人的环境的那个世界，不仅仅是自然环境……而且是一个文化的世界。

——皮尔森：《文化战略》

任何艺术，都离不开一定的物质性。文学离不开语言，音乐离不开声音，绘画和雕刻离不开颜色和石头，戏剧和舞蹈离不开舞台和演员，建筑艺术更离不开沉重的物质材料……然而，任何艺术又离不开一定的精神性。在艺术的王国里，语言、声音、颜色、石头、舞台、演员、建筑材料，都通过不同的途径和方式指向心灵。从本质上说，这些物质材料及其特性都参与着艺术的精神性的审美建构，都在不同程度上渗透着审美主体的心灵因素。可以这样说，在艺术品中，物质性是离不开精神性的。

作为美的艺术，园林的物质生态建构元素，无论是建筑，还是山水、花木乃至天时，只要它参与到作为整体控制的艺术创造中来，就必然不同程度地渗透着审美主体的精神性。在这一点上，中国园林和西方园林虽似一致，但是，精神的渗透度却颇不相同。

除此而外，中国园林和西方园林更存在着特色各具的审美个性，这就是：西方园林主要表现为物质性的人文艺术建构，其精神性取弱形式的表现。中国古典园林则不然，其精神内容异常繁复，它在物质性人文艺术建构的基础上，鲜明地表明出精神性的特质来。鲁枢元先生从生态文艺学的视角曾指出："诗歌、小说、音乐、绘画、书法、雕塑……就是人类精神世界的丛林，它们就是人类生机、活力的象征，是精神生长发育的源泉，是对日常平庸生活的超越，是引导人们走向崇高心灵的光辉。"① 中国古典园林几乎把当时可能出现的门类艺术以及其他的精神文化种类全部综合到自己的一统领域之内，或者说，把人类种种生机、活力都根植于自己肥沃的园地里，让这些精神性因素生长发育成为精神世界的丛林。这样，园林就成为洋溢着感人的审美情氛和文化意味的艺术空间，或者说，就成为充满着多元性人文内涵的审美主体的精神家园，而这正是中国古典园林不同于西方园林的又一个重要的美学定性。

中国古典园林的精神生态建构可分为两个类型序列。第一序列为艺术综合性的人文之美，第二序列为社会历史性的人文之美。园林艺术的精神生态建构，正是由这两个序列以及其中种种类型、成分多元交叉组合而成的。

---

① 鲁枢元：《生态文艺学》，陕西人民教育出版社2000年版，第164页。

第一章　集萃式的综合艺术王国

中国古典园林的艺术综合性，是在中国古典美学的大系统、大背景下历史地形成的，因此，只有把它放在中国美学的大系统中，放在和西方美学的比较中来考察，才能在宏观上历史地加以把握，才能在本质上对此有较为深入的认识。

从西方美学史上看，莱辛的《拉奥孔》是里程碑式的名著，它主要不是论述艺术的综合性而是划清诗画的界限，论述二者的区别的。这部具有深远历史影响的著作的前言，就开宗明义地批评了“希腊的伏尔太”（西摩尼德斯）关于“画是一种无声的诗，而诗则是一种有声的画”的对比语，而莱辛自言写书之“目的就在于反对这种错误之趣味和这些没根据的论断”[①]。

中国的美学则不然，似乎是反其道而行之。历史上把画说成“无声诗”、“不语诗”、“有形诗”，把诗说成“有声画”、“无形画”的理论可谓俯拾即是。[②] 它们很少遭受物议，相反，更多地被作为艺术美学的名言警句而被肯定着和流传着，其中苏轼关于王维“诗中有画”“画中有诗”（《书摩诘蓝田烟雨图》）的著名观点，是有广泛代表性的，而且这一观点在中国美学史、艺术史上的影响，不亚于莱辛《拉奥孔》在西方美学史、艺术史上的影响。

这一美学的比较，说明西方美学侧重于门类艺术之间的区别性、独立性、不相关性；中国美学则侧重于门类艺术之间的相通性、包容性、综合性。正因为如此，中国艺术的综合性比起西方艺术的综合性来要强得多，突出得多。

从艺术综合性这一视角看，中国古典艺术是一个大系统，其中大体可分为四个不同综合形态的子系统。其一是诗、乐、舞的动态综合艺术系统，《毛诗序》早就揭示了三者的关系，后人又据此作了多层面的阐发；其二是诗、书、画静态综合艺术系统，具体表现为中国美术史上大量诗书画“三绝”的名家和名作，郑板桥还有“三绝诗书画；一官归去来”的名联，而西方的画上，没有诗，没有书，甚至连名字都没有；其三是集萃式的以动态为主的综合艺术系统，这就是具有中国独特风采的戏曲（戏曲的综合艺术性及其与园林的比较，详后）；其四是集萃式的以静态为主的综合艺术系统，这就是体现了强形式的人文艺术综合化的中国园林。

对于西方园林，黑格尔认为：

> 讨论到真正的园林艺术，我们必须把其中绘画的因素和建筑的因素分别清楚。……一座单纯的园子应该只是一种爽朗愉快的环境，而且是一种本身并无独立意义，不至使人脱离人的生活和分散心思的单纯环境。[③]

黑格尔在这里赞成园林的单纯性，而不赞成园林的综合性、繁复性。这一观点，可说与莱辛不约而同。

---

① 莱辛：《拉奥孔——或称论画与诗的界限》，人民文学出版社 1982 年版，第 2 ~ 3 页。

② 详见钱锺书：《中国诗与中国画》，载《旧文四篇》，上海古籍出版社 1979 年版，第 5 页。

③ 黑格尔：《美学》第 3 卷上册，第 103 ~ 105 页。

中国园林则相反，是一个大型繁复的、以静态为主的综合艺术系统。它和中国具有独特风采的戏曲一样，几乎拥有一切艺术门类的因素。这个综合系统工程包括：作为语言艺术并诉诸观念、想像的诗或文学；作为空间性静态艺术并诉诸视觉的书法、绘画、雕刻以及带有物质性的建筑、工艺美术、盆景等；另外，也还有作为时间性动态艺术并诉诸听觉或视觉的音乐、戏曲等，它们相互包容，相互表里，相互补充，相互生发，建构着一个集萃式的综合艺术王国。

第一节 向精神文化生态领域升华

——文学语言"形而上"的审美功能

在中国古典园林这个集萃式的综合艺术系统中，建筑是最重要的基础艺术；离开了建筑艺术及其功能的延伸和扩展，园林艺术也就不复存在。但是，建筑在园林美的精神生态建构中却又显得那样无能为力，因为建筑艺术最突出地表现出它那沉重的"形而下"的物质性和客体性。黑格尔认为，建筑"所用的材料本身完全没有精神性，而是有重量的，只有按照重量规律来造型的物质"①；至于作为语言艺术的文学则恰恰与之相反。黑格尔指出：

> 语言的艺术，即一般的诗，这是绝对真实的精神的艺术，把精神作为精神来表现的艺术。因为凡是意识所能想到的和在内心里构成形状的东西，只有语言才可以接受过来，表现出去，使它成为观念或想象的对象。所以就内容来说，诗是最丰富、最无拘碍的一种艺术。②

就建筑和诗的美学定性来看，建筑是物质性最强的艺术，诗则是精神性最强的艺术，或者说，建筑是服从于客观重量规律的艺术，诗则是能表现意识所能想到的一切的自由艺术。诗和建筑的这种质的区分，用《易・系辞上》的哲学语言说，是"形而上者谓之道，形而下者谓之器"。这里，形而上与形而下，一字之别，显示了内容表达上的自由性和拘碍性，显示了最善于表现审美主体的精神和最突出地表现审美客体的物质的殊异性。

中国古典园林有一个十分重要的美学定性，这就是除了按重量规律对形而下的物质进行精神性的艺术安排外，即除了把形而上的精神转化为有重量的物质实体——建筑等类型外，还着重地借助于文学这门"把精神作为精神来表现的艺术"，充分发挥文学语言形而上的审美功能，使园林建筑的造型以及山水、花木更能渗透审美主体的精神因素，使物质和精神互渗互补，相得益彰。从生态美学或艺术生态学的视角看，文学语言在这里的重要功能，是使园林由物质领域、自然生态领域进一步升华到精神文化生态领域，或者说，使形而下的物质自然生态和形而上的精神文化生态在园林中互渗互补，相得益彰。

中国古典园林中文学性的建构成分，主要表现为题名、匾额、对联、刻石等，这也可合称为"品题"。《红楼梦》第十七回中的"大观园试才题对额"，就集中地体现了中国古典园林这方面的美学思想。在小说中，曹雪芹借贾政之口说道："若大景致，若干亭榭，无字标题，任是花柳山水，也断不能生色。"这正是点出了形而上的文学语言——"标题"（亦即"题对额"），对于形而下的物质建构——亭榭、花柳、山水……有着突出的精

---

① 黑格尔：《美学》第3卷上册，第17页。

② 黑格尔：《美学》第3卷上册，第19页。

神生态性的生发功能，这番话也可说是概括了中国古典造园艺术一条重要的美学规律。

中国古典园林对文学成分的综合，有这样一个传统特色，就是匾额对联中的文字多数来自以往既成的文学作品。《红楼梦》中贾宝玉在题对额时说过一句极为精彩的话："编新不如述旧，刻古终胜雕今。"曹雪芹或贾宝玉，并不是主张复古、盲目地拜倒在传统脚下的人。但这两句言简意丰的话，有其较深的意蕴，它是对中国古典园林对额创作艺术的某种理论概括。这里先摘录李斗《扬州画舫录·虹桥录上》中有关"冶春诗社"的片断叙述：

> "秋思山房"后，厅事三楹，额曰"槐荫厅"，联云："小院回廊春寂寂（杜甫）；朱栏芳草绿纤纤（刘兼）。"由厅入冶春楼，联云："风月万家河两岸（白居易）；菖蒲翻叶柳交枝（卢纶）。"……阁道愈行愈西，入"香影楼"，盖以文简"衣香人影"句名之，联云："堤月桥边好时景（郑谷）；银鞍绣毂盛繁华（王勃）。"……

从对额与建筑景观的关系来看，二者确实是能相互映照、相互生发的，尤其值得注意的是，对联均为"述旧"的集句联，而且大抵处理得对仗工整，珠联璧合，至于堂构题名，也基本上不是"编新"的，如"香影楼"、"冶春楼"等就是。

"述旧"、"刻古"的题名、对额，有其突出的优越性，因为所撷取的古代诗文往往是人们较为熟悉的，这样就能产生一种独特的由此及彼的心理效果。谢切诺夫在谈到人的联想的心理机制的灵敏性、积极性时说："对部分的极小的外来暗示，就会恢复起完整的联想。"① "述旧"、"刻古"的审美效果正是如此。园林的对额、题名只要撷取古代诗文特别是名篇中的几个字，人们往往由这个极小的暗示而联想起有关的句群，乃至联想起作者及其被引用的整个作品，联想起有关的人物、思想、事件、景色和审美情趣等。例如扬州瘦西湖冶春诗社的香影楼，题名就撷取自清代诗人王士禛（谥文简）咏瘦西湖红桥的名作："红桥飞跨水当中，一字栏杆九曲红；日午画船桥下过，衣香人影太匆匆。"（《红桥》）人们看到香影楼，王士禛司理扬州时修禊红楼，与名士们赋冶春诗的盛况以及当年胜景，就可能历历在目。这种手法很像古代诗歌创作的用典，更像现代器乐曲创作引用过去曲调的某一乐句，目的都是为了借助于过去的审美信息，引发人们的艺术情思，规范人们的接受定向，拓展人们的诗意联想，扩大作品的审美信息量。一般说来，园林中文学性的题名、匾额、对联，能起如下的作用：或揭示点拨，或启发诱导，或深化拓展，或由景入情，或迁想妙得；或追虚捕微，或兴会感神……

中国古典园林中所综合的文学元素，是丰富多样的，其题名、对额除了新创作之外，常常取意于以往各种文学体裁的作品，表达着种种不同的艺术情思，蕴蓄着种种不同的文化意蕴。这按体裁来分，最主要有如下几类：

一、取意于诗

叶梦得《石林诗话》说，苏州沧浪亭原为钱氏广陵王别圃，"庆历间，苏子美（舜钦）谪废，以四十千得之为居，傍水作亭曰'沧浪'"。所以欧阳修在《沧浪亭》一诗中写道："清风明月本无价，可惜只卖四万钱。"而苏舜钦《过苏州》诗中又有"绿杨白鹭俱自得，近水远山皆有情"之句。于是，清代文人梁章钜就将其集为一联："清风明月本无价；近水

① 转引自克列姆辽夫：《音乐美学问题概论》，人民音乐出版社1983年版，第184页。

远山皆有情。”沧浪亭现存这副对联之妙，从形式上看，梁章钜把上、下联集得天衣无缝，实属难能可贵；从内容上看，它集中表达了品赏山水风月之美的深刻体悟；同时，它又把欧、苏两位著名诗人更紧密地联在一起了。包括梁章钜在内的这三位作者的集体创作，可称得上是一首诗人友谊颂。它有着丰富深远的意蕴，使人联想起苏舜钦买地建亭的经过，联想起欧、苏两位诗人的友情和有关诗篇……从而倍增兴会和意趣。沧浪亭本是用沉重的物质按重力规律建构起来的建筑物，它所以能引发人们产生丰富动情的审美联想，用黑格尔的话说，“只有语言才可以接受过来，表现出去，使它成为观念或想象的对象”。

在中国园林发展史上，取意于诗的品题极为普遍，北方宫苑如北京香山静宜园，其内垣二十景之一为“青未了”，取意于杜甫著名的《望岳》诗：“岱宗夫何如，齐鲁青未了。”江南宅园如无锡寄畅园，取意于王羲之的《兰亭》诗：“三春启群品，寄畅在所因。”岭南宅园番禺余荫山房的深柳堂，取意于唐代刘昚虚的《阙题》诗：“闲门向山路，深柳读书堂。”……均令人品味不尽。

二、取意于词

最著名的实例在苏州怡园。园主顾文彬特别喜爱宋词，其园中景点的许多对联，都集自宋词，蔚为大观，这就构成了怡园一道著名的风景线。他还把这些“再创作”编集为《眉绿楼词联》一书。现今的怡园，所悬对联有些已不存。姑举“坡仙琴馆”的集句联为例：

步翠麓崎岖，乱石穿空，新松暗老；

抱素琴独向，绮窗学弄，旧曲重闻。

此联各句均集自宋代苏轼之词。上联第一句出自《哨遍·为米折腰》，它令人联想起苏词意境：“亲戚无浪语，琴书中有真味。步翠麓崎岖，泛溪窈窕，涓涓暗谷流春水……”其“琴书中有真味”与“坡仙琴馆”十分吻合，其他景色，在怡园中也可找到它的影子，如“翠麓崎岖”的假山曲蹊，“暗谷流春水”的“抱绿湾”；第二句出自《念奴娇·赤壁怀古》，而琴馆南庭院亦即拜石轩北庭院恰恰也是怪石嶙峋，玉骨玲珑，具有“乱石穿空”意象；第三句也出自《哨遍·为米折腰》：“嗟旧菊都荒，新松暗老，吾年今已如此！但小窗容膝闭柴扉，策杖看孤云暮鸿飞。”这种心境以及“归去来兮”的情调，也与顾文彬建园之初衷相合。而且怡园多松，不但白皮松多，而且有“松籁阁”的建构，有“碧涧之曲，古松之阴”的品题，有“听松”的刻石，这与“新松暗老”也不无契合之处。下联三句，出自苏词《水龙吟·小沟东接长江》、《水龙吟·楚山修竹如云》、《行香子·冬思》，而且又紧扣琴馆之实景，并借咏其子体弱有病，在此潜心学琴兼养病之实事，颇为贴切。特别有意味的是，这里曾藏有苏轼的“玉涧流泉”琴，因题名为“坡仙琴馆”，故而对联也全部集自苏轼的词。于是，馆藏东坡琴，悬东坡像，集东坡词为联，其审美品味量就极为丰盈了，构思可谓绝妙！

三、取意于歌

苏州沧浪亭之名，就取自《楚辞·渔父》中渔父在泽畔劝说屈原后所唱的《沧浪之歌》：“沧浪之水清兮，可以濯吾缨；沧浪之水浊兮，可以濯吾足。”宋杰《沧浪亭》诗写道：“沧浪之歌因屈平，子美（苏舜钦之字）为立沧浪亭。亭中学士逐日醉，泽畔大夫千古醒……”苏舜钦之后，以“沧浪”题名者颇多，如拙政园有“小沧浪”，济南大明湖也有小沧浪亭……

四、取意于赋

明代吴江曾有谐赏园。顾大典《谐赏园记》写道："园在城，故取康乐（谢灵运晋时袭封康乐公）'在兹城而谐赏'句，以名吾园，语适与境合也。"这是取谢灵运《山居赋》中的部分极小的提示，既点明园林所处的地望，又使人联想起山居的风味，甚至联想起谢灵运的某些山水诗来。于是，想像和现实、文学和园林如此这般地综合起来了。

五、取意于文

中南海有一座朱楹黄瓦卷棚歇山顶的华楼。楼前植有含娇闹春的海棠和笑舞春风的柳树，近旁则一片水面，浮光跃金，到处荡漾着明媚旖旎的春光，而楼檐下有额曰："春明楼"。这一题名也是一种审美的刺激物。克罗齐曾说过："审美的再造所用的刺激物……本来只是帮助人再造美或回想美的。"[①] "春明"二字作为语言的符号，作为储存的信息刺激，它能帮助人们回想起范仲淹著名的散文《岳阳楼记》，回想起那脍炙人口的名句："至若春和景明，波澜不惊，上下天光，一碧万顷……"这种文意和眼前的景色又是多么协调！自然生态和精神文化生态、形而上与形而下，文学与现实，情与景圆满综合，互为生发，它还能使人进而回想起或吟诵起《岳阳楼记》中的下文来："登斯楼也，则有心旷神怡，宠辱偕忘，把酒临风，其喜气洋洋者矣。"审美主体的这种综合、回想、欣赏、接受，实际上就是克罗齐所说的一种审美的再造活动。

除以上而外，还可取意于各种类别的作品[②]，不一一赘述。

为了进一步理解以文学语言（包括广义的文学语言）来题对额可以使园林景观"生色"的美学现象，不妨先引述方薰《山静居画论》中两段关于绘画题跋的论述——

以题语位置画境者，画亦因题益妙。高情逸思，画之不足，题以发之。

画家有未必知画；不能画者每知画理，自古有之。故尝有画者之意，题者发之。

这是说，画家为识见所囿，特别是为物质性的画面或画上物象所囿，不可能非常自由地、无拘无碍地在画中表现自己的"高情逸思"之美，或充分自觉地、独标真愫地在画中抒写性灵，阐发底蕴，因为"有一些美是由诗随呼随来的而却不是画所能达到的"[③]。因此就得借助于自己或他人的题跋来加以生发，或者说，借助于"精神的艺术"来使之向形而上的审美空间升华。方薰所说的虽然是指存在于二维空间的平面的画，但也适用于三维空间的立体的画——园林。当园林美的物质性建构不足以表达"高情逸思"时，也需要"由诗随呼随来"，需要发挥文学语言超越物象的表达功能，需要"以题语位置画境"，使其

---

① 克罗齐：《美学原理－美学纲要》，第107～108页。

② 还有取意于题跋的。山东潍坊十笏园，就取意于郑板桥《竹石》画上著名的题跋："十笏茅斋，一方天井，修竹数竿，石笋数尺……"十笏园取名于此，其意有三：一是极言其园之小；二是借助于文人写意画及其题跋进一步孕育诗情画意；三是郑板桥曾任多年潍县令，有政声，岁荒时一再开仓赈济饥民，遭罢官。潍人感恩，画像以祀，并建生祠。十笏园之名，把潍县的历史和文化名人也积淀于园中了，可谓妙绝。再从广义的文学看，园林的题名、对额，还可取意于经、史、子、集、文论、小说、戏曲、笔记……详见金学智：《苏州园林》（苏州文化丛书），第278～285页。

③ 莱辛：《拉奥孔》，第51页。

"因题益妙"，从而实现"乘物以游心"（《庄子·人间世》）的形而上的自由的精神活动。

园林美对于文学语言的综合，除了题名、匾额、对联外，还有碑刻、砖刻、石刻、屏刻、书条石和室内的挂件（包括书写诗文的"中堂"、屏条）等。园林中文学语言的功能，也不只是状物、写景、抒情，而且还有言志、记事等。从这一视角看，园林美对形而上的文学语言的综合，极大地丰富了园林空间的精神内涵，极大地增加了园林所储存的信息量，它能使游人深入其境，览景物而生情思，于是，园林得以同时上升为黑格尔所说的观念或想像的对象。中国古典园林之所以富于诗情画意，富于典雅美丽的神韵风致，一个重要的原因就是由于文学语言的点缀、形容、渗透、生发、升华……这还可用德国著名哲学家海德格尔一段著名的论述来阐发和深化：

> 这并不意味着：诗意只是栖居的装饰品和附物。栖居的诗意也不仅意味着：诗意以某种方式出现在所有的栖居中。……作诗首先让一种栖居成为栖居。作诗是本真的让栖居。但我们何以达到一种栖居呢？通过筑造。作诗，作为让栖居，乃是一种筑造。①

这一论述，可置于中国古典园林的系统中来作新的观照和解读。园林的诗意品题，绝大多数表现为以匾额对联附于建筑，但这不仅仅是装饰和附属，更重要的是从本真的视角看，这是在作诗，是以建筑的语言来作诗，或者说，是以作诗的语言来筑造，从而让人栖居于由文学语言净化了的诗意构筑中，让人性归复于诗意的栖居中。因此，由沧浪亭、寄畅园、春明楼、深柳堂等推而广之，它们都是以"作诗建造着栖居之本质……作诗与栖居相互要求，共属一体"②。在古典园林里，文学是精神生态建构的第一要素，它涉及"诗意地栖居"的核心问题。

第二节　书法：文学载体，高雅艺术

——汇成艺术空间的空间艺术之一

中国古典园林，从本质上说，属于以静态为主的空间艺术，因此，它所综合的空间艺术门类最多，其中偏畸于物质性的空间艺术，有建筑、工艺美术（家具、古玩陈设）等，这在本书第四编第一章中已作详论；偏畸于精神性的空间艺术，有书法、绘画、雕刻等，本节专论书法。

书法是中国具有独特传统和悠久历史的精神性艺术，享有崇高的声誉。成公绥《隶书体》这样赞美："烟缊卓荦，一何壮观！繁缛成文，又何可玩！"在园林这个集萃式的综合艺术王国里，在多种多样艺术成分的建构序列中，书法也有其重要地位。就这一点而论，中国园林也迥异于西方，因为西方园林不但没有综合进文学的成分，而且更没有综合进书法的成分，其实在西方艺苑里，压根儿没有书法这一门特殊的、罕有其匹的艺术。

在中国古典园林中，书法往往和文学如影随形，这是因为文学的流播需要载体，需要书写的艺术与之互为表里。张怀瓘《书断》曾说："文章之为用，必假乎书，书之为征，期合乎道，故能发挥文者，莫近乎书。"书法在园林艺术中的审美功能正是如此。它的实用价值，表现为容载和传达着文学、语言的精神内容。就以书法对园林的题名来说，它就

① 《海德格尔选集》上卷，第465页。

② 《海德格尔选集》上卷，第478页。

有标明并供人确认园中构筑、景点的功能。人们也由此可知，这里就是扬州集石涛书法而题其叠山遗迹的“片石山房”；那里就是避暑山庄蜚声中外的“热河泉”……

此外，园林中书法的题名，又有其丰富多样的形式，如竖匾、横匾、楹联、刻石、砖额等。就从纯形式的视角看，书法凝定于其上的匾额、对联及其配置，也能构成引起视觉快感的特殊的美。在北京北海静心斋，当人们步上精美的小石拱桥，映入眼帘的或许是建筑物檐下书有“罨画轩”三个金色大字的横匾，以及两旁竖柱上形式对称、乌黑闪亮的抱柱联，联上的书法也粲然入目。这种纯形式的艺术配置，也是一种有意味的建筑装饰美，不过它有着与建筑、工艺迥然有异的精神性。

还应指出的是，与对额崇尚“刻古”、“述旧”一样，园林对于书法，也主张“境无凡胜，以会心为悦；人无今古，以遗迹为奇”（岳珂《宝晋英光集序》）。这也是一项品选标准，试看王世贞《弇山园记》中所述——

吾乡有从废圃下得一石，刻曰“芙蓉渚”，是开元古隶，或云范石湖家物，因树之池右……

为桥以导其水，两山相夹，故小得风辄波，乘月过之，溶漾琐碎可玩。适有遗余蔡君谟《万安桥记》者，中“月波”二字甚伟，因摹以颜桥楔之楣。

二者均“以遗迹为奇”，一是沿用旧石，一是古碑帖选字，均更能使园林生趣增色。当然这并非很普遍的现象。

书法本身还有其特殊的审美价值，书法家们冲动萌于胸中，巧态生于毫端，通过一枝笔既表达着文学——广义文学或狭义文学的内容，又表达着书法家深层的“笔意”乃至“书意”①，从而和物质生态建构元素组成综合艺术形态的景观。在园林中，书法往往是建筑、山水等景观的眉目，它点醒了建筑、山水等沉重庞大的物质躯体，使之分外精神。缺少了它，园林美的物质生态建构就眉目不清，神态不韵，不易显现其精神内涵和艺术风采，也较难孕育风雅的文化氛围。

苏州园林里的书法景观，有许多佳例。在沧浪亭，潭西石上刻有清代朴学大师俞樾的篆书“流玉”② 二字，其婉润流动、诘曲悠长的线条美，引起了人们关于潭中水流如碧玉的感受；在留园，石林小院有明代著名书画家陈洪绶所书联：“曲径每过三益友，小庭长对四时花。”不但其文字内容把这个小型庭院点活了，使人联想岁寒三友的花木比德、四时季相的时空交感，而且那笔兼篆隶行草、十分耐看的书法艺术，又使庭院生气勃发，古意盎然，平添一番艺术情趣。在拙政园，画舫额有明代吴门画派领袖文徵明行书“香洲”二字，表现出优美娟秀的姿韵，使建筑物及周围景观增加了文化生态价值。在狮子林，有文天祥诗碑亭，其中文天祥所书急风旋雨般的狂草《梅花》诗“静虚群动息，身雅一心清。春色凭谁记，梅花插座屏”，其“体雄而不可抑”（虞世南《笔髓论》）的草势，令人想起“书如其人”的古训，这是又一道书艺风景线……

中国古典园林还有壁上嵌以书条石的综合艺术传统，有关园记就有如下载录——

兰坡都承旨之别业，去城既近，景物颇幽，后有石洞，尝萃其家法书刊石为《瑶阜帖》。（周密《吴兴园林记·赵氏瑶阜》）

---

① 详见金学智：《中国书法美学》上卷，第302～337页；下卷，第879～883页。

② 出自李白《忆旧游寄谯郡元参军》：“晋祠流水如碧玉。”

亭右为曲廊十余间，取所藏晋、唐以来墨迹，钩填入石，悬壁间，署曰“翰墨林”。（张凤翼《乐志园记》）

把历史上著名的法书珍品摹刻于砖、石之上，组成系列，嵌在壁间，蔚为空间艺术景观，这比起纸素之上的作品来，既宜于长久保存，不愁风雨侵蚀，又宜于随时观赏，集中品味。这种翰墨汇刻的陈列形式，其功能美又不同于配合个体建筑类型而特意书写的匾额、对联或碑刻。

山东潍坊十笏园，亭壁、墙间嵌有郑板桥“六分半书”书条石，其特别有意思的是如前文所述，郑板桥曾在潍县当过县令，关心民瘼，并留下了不少手迹，以其书上石，又倍增了史、地文化价值。

苏州现存的很多园林都有书条石的系列组合。如留园就有三百多方，称为“留园法帖”，其中有虞世南、褚遂良、李邕、颜真卿、杨凝式、苏轼、米芾等书法家的名迹。江南园林这类数以百十计的书条石，汇集着不同书体、不同文字内容的作品。就其书体风格来说，篆书有婉通诘诎之美，隶书有蚕头燕尾之美，草书有龙蛇飞动之美，楷书有端匀严静之美，行书有活泼流畅之美……它们在不同书家笔下，又各有其不可重复的个性风貌，这可看作是一种特殊形式的系列法书展览，真可用到“细缊卓荦，一何壮观”之语了。

比起江南园林书法美的众芳摇曳、百花竞妍来，北方宫苑显得单调平庸，其中几乎是清一色的所谓“御笔”：康熙、乾隆、慈禧……在“九五之尊”面前，历史上各擅其美的著名书家几乎一概是英雄无用武之地。这不仅有悖于美的多样性，而且这类“御笔”在艺术上又不甚高明，不免滑熟之病。当然，也不能说北方宫苑就轻视书法的艺术建构，如避暑山庄的“烟波致爽殿”，四周几乎满缀书法，从匾额对联到长卷短幅，从一字之作到十余字乃至数百字之作，品类众多，形式各异，几乎可谓“御书”展览馆了。它们和殿内陈设的各种珍贵工艺品交错辉映，显得颇为协调，构成了一个出色的、华贵肃穆而丰富多彩的室内书艺空间。

值得指出的是，“珍宝尽有之”的宫苑，其中书法毕竟不只是独此一家。如圆明园曾有著名的兰亭碑和兰亭八柱，白石亭柱上分别刻唐以来名家所临《兰亭序》和所书《兰亭诗》，依次为虞世南、褚遂良、冯承素的临摹；柳公权的书诗、戏鸿堂刻柳、于敏中补柳、董其昌仿柳、乾隆临董仿柳《兰亭诗》，而碑上则刻有曲水流觞图……这一极有艺术价值和文物价值的法书景观，现已移建于中山公园的“兰亭八柱碑”亭。再如长春园含经堂后回廊，曾嵌有全套初拓《淳化阁帖》刻石，名曰“淳化轩”，乾隆《淳化轩诗》写道：“阁帖欣犹善本全，几余考订为重镌。墨华辉映题轩匾，石刻珍藏嵌壁传。”他还写自己的心得体会说，阅古就是“阅岁月”，赏心就是“赏云烟”……北京北海白塔山西麓，有左右环抱呈马蹄形的“阅古楼”，壁上嵌满乾隆亲自编定的三十二卷《三希堂石渠宝笈法帖》刻石，它汇刻了内府收藏的从魏晋至明代的著名书家数百件作品，其中包括号称“三希”的晋代王羲之的《快雪时晴帖》、王献之的《中秋帖》和王珣的《伯远帖》三件“希世奇珍”①。这四百九十余方刻石，堪称美的荟萃，书的精英！在这里“阅古”，也就是对金薤琳琅、辉煌璀璨的古代书法史的审美巡礼，正如乾隆所书联云：“怀抱观古今；深心托毫素。”这种包括陈列法书用的建筑在内的集萃式的皇家大型法书景观，确实具有

① 至道光十九年，对“三希”又加刻花边，以见其为稀世珍宝。关于“三希”多方面的突出的审美价值，详见金学智：《中国书法美学》上卷第55、213、272页；下卷第520～527、750、808页等，以及书前图版。

繁缛成文、包罗万象的宏大气派，这又是江南私家园林所望尘莫及的。

第三节　绘画：养性情·涤烦襟·迎静气
——汇成艺术空间的空间艺术之二

书、画是姐妹艺术，诗、书、画被称为“三绝”。古典园林如果只有诗、书而没有画，就不免美中不足。

然而比起诗和书来，绘画在园林精神生态建构序列中的艺术地位要略低一些。因为书法有标明景构名称的实用功能，镌刻在匾额、砖石上又能保存得很久，而画则不然。纸素之画最忌风吹雨打日晒，因此，室外空间或开敞型建筑内部空间均不宜悬挂。

厅堂斋馆等建筑类型内部空间，是很适宜挂画的。它和书法相匹配，不但强化了室内空间的艺术综合性，而且强化了室内空间的文人气息，从而造成了一种特定的精神生态氛围。一般来说，厅堂往往悬挂“中堂”，这也能显示其室内空间堂正高显的性格风貌，而且正中所悬挂的绘画作品，其内容、风格更易形成一种艺术“场”，对整个室内的精神空间起着统驭、辐射作用。马蒂斯曾说：“一幅画必须具有一种展开的能力，它能使包围着它的空间获得生命。”① 这一西方现代画学名言特别适用于中国画的室内悬挂效果。可以说，挂的是一幅金碧楼台，还是一幅浅绛山水；是一幅枯木竹石，还是一幅梅下横琴；是一幅写意仙佛，还是一幅工笔花鸟……它在室内的精神控制效应是各各不同的，它所赋予室内空间的生命也是不同的。不只是厅堂，即使在房室内也是如此。《红楼梦》第五回是这样写“会芳园”中秦可卿卧房的：

> 说着大家来至秦氏卧房。刚至房中，便有一股细细的甜香……入房向壁上看时，有唐伯虎画的《海棠春睡图》②，两边有宋学士秦太虚写的一副对联云：“嫩寒锁梦因春冷；芳气袭人是酒香。”……

这类艺术风格的综合，就以其引力场和辐射面造成了一个“情”的空间，为“贾宝玉神游太虚境”提供了环境条件。在古代，园林建筑中还往往按不同的节日、月令悬挂不同的画，这又表现了一种节令季相意识，使得室内空间和室外空间相互交流，显得更为协调融和。

古代园林建筑室内所悬，大抵是山水、花鸟……关于这类画种的功能，古代画论指出——

> 望秋云、神飞扬；临春风，思浩荡……此画之情也。（王微《叙画》）
>
> 学画所以养性情，且可涤烦襟，破孤闷，释躁心，迎静气。昔人谓山水家多寿，盖烟云供养，眼前无非生机……（王昱《东庄论画》）
>
> 云霞荡胸襟，花竹怡性情……画家一丘一壑，一草一花，使望者息心，览者动色，乃为极构。（方薰《山静居画论》）

作为生态艺术的重要品类，山水画、花鸟画和中国园林的功能可说是同一的，二者主要表现为二维平面和三维立体之异。它们的具体功能是：养性情，涤烦襟，破孤闷，释躁心，迎静气，荡胸怀……

古代园林建筑内部所悬挂的书画，往往为名家所作。据徐珂《清稗类钞》所记，中南

---

① 引自苏珊·朗格：《情感与形式》，中国社会科学出版社1986年版，第95页。

② 唐伯虎，即明代画家唐寅。明清时代，传说、曲艺中有《三笑姻缘》，讲唐伯虎点秋香的韵事。“海棠春睡”，用唐明皇、杨贵妃典，见《野客丛书》卷二十四。

海的瀛台四周是水，室内壁上的“贴落”为清初“三王”真迹……毫无疑问，这类名家的书画能极大地增加建筑物内部空间的精神价值。然而作为珍贵文物，名作也可以因悬挂而缩短其寿命，所以园主们更多地注意珍藏。这见于明、清时代的园记，如——

> 台之左，筑室三楹，扁曰：“云萝馆”。左楹为寝室，贮彝、鼎、樽、罍、琴、剑之属；右为便坐，贮经史、内典、法书、名画之属。（顾大典《谐赏园记》）

> 东为藏弆书画之所，曰“读画庐”，烟云供养，消暑为宜。……从容谈艺，啸傲于湖山之表，息游于图史之林。（张问陶《邓尉山庄记》）

这类法书名画，虽然收藏多于悬挂，但同样能增进园林的综合艺术气氛，满足园主多方面的艺术需求，丰富园林的精神生活。

纸素之画悬挂易于损坏，名画作为稀世珍品需要藏弆保养，于是往往代之以木刻、画屏之类。如苏州留园“林泉耆硕之馆”中有排列整齐的槅扇，其内心仔的长方形框中镶有系列绘画木刻，图为新罗山人华嵒等所作花卉、树石、鱼鸟，屏风上则刻有《冠云峰图》，这些木屏刻画，风格典雅大方，线条富于表现力。拙政园有“拜文揖沈之斋”，表达了对明代吴门大画家沈周、文徵明的心仪，斋内有沈、文画像石，又有郑板桥竹石书画系列木刻屏。再如网师园“看松读画轩”，其中槅扇内心仔长方形框中裱有系列性群松绘画，它既为“看松读画轩”点题，又装饰了室内空间，其艺术风貌又不同于色彩单一的木屏刻画。

江南园林中亭、廊等开敞型建筑所陈列的绘画，一般取石刻或砖刻形式，这是由于这种形式较之木刻、画屏更坚固，不怕风雨侵蚀。钱杜《松壶画忆》写道：“吾浙武林城外有园，水木之胜，冠于西城。园中有亭，壁上为米海岳所画。”作为该园景观之一的宋代名家米芾绘画刻石，受到了清代画家钱杜的珍视，这归根结底，还是一种艺术的引力作用。

苏州拙政园中部廊墙，刻有明代吴门画派首领文徵明为拙政园所绘三十一景图，并亲书所作之诗，合为《衡山先生三绝册》，洵为稀世珍品，堪供园林、绘画爱好者一饱眼福。又如苏州沧浪亭的《沧浪亭图》刻石【图 47】，不但有艺术价值，

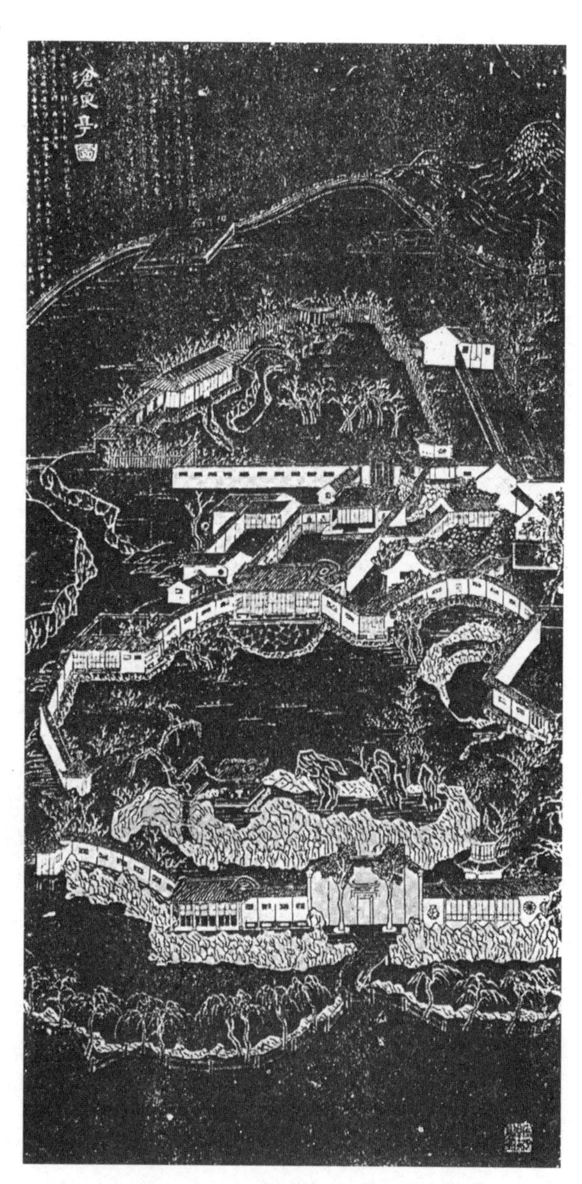

图 47　精绘名园，青史流芳——清代《沧浪亭图》刻石（现存苏州沧浪亭）

而且有历史价值，可以看到清代光绪年间沧浪亭的面貌：河边叠石参差，柳树成行，山上危峰耸立，古亭翼然，园内长廊曲折，屋舍俨然，远方城墙逶迤，群山隐约……其刻工精细，历历分明，醒人眼目，耐人品赏，是沧浪亭的一个珍贵的生态艺术景观。

第四节　雕刻：更多地走向“依附美”
——汇成艺术空间的空间艺术之三

雕刻是存在于三维空间的精神性艺术，但又因其不同于绘画的明显的物质实体性，特别适宜与建筑艺术相综合，以至有人将其看作是建筑艺术的一个附类。

黑格尔曾把雕刻分作两类：

> 有些雕刻作品是本身独立的，有些雕刻作品是为点缀建筑空间服务的。前一种的环境只是由雕刻艺术本身所设置的一个地点，而后一种之中最重要的是雕刻和它所点缀的建筑物的关系，这个关系不仅决定着雕刻作品的形式，而且在绝大多数情况下还要决定它们的内容……①

这两类不同的雕刻，前者可说是“独立美”，主要表现为圆雕；后者可说是“依附美”，其中主要为浮雕。中国古典园林中的雕刻，也表现为这样两种不同类型的美。

一、“依附美”

这种依附于建筑物作为不同种类装饰艺术的雕刻，又可分为室内和室外两种。

室内依附性的雕刻美，突出地表现在内檐装修上，主要是罩、槅扇、长窗上面的木雕。拙政园留听阁的飞罩，下部雕出湖石，上部雕出弯曲的虬干构成基本框架，其间布以细枝，缀以松、梅、雀等形象，体现了“喜鹊登梅，松竹长青”的吉祥主题，显得精巧玲珑，并与建筑相适应。苏州耦园“山水间”水阁的落地罩，为大型雕刻，刻有“岁寒三友”的图案，诸种植物，交错成文，风格雄健，形式美观，在国内也堪称上选。这类罩的雕刻艺术，依附于建筑，美化着建筑，使建筑物原来平直单一的框架结构，变为生动多姿而又耐看的艺术景观，而其总的形式则是由“雕刻和它所点缀的建筑物的关系”所决定的。

依附性雕刻从室内走向室外，其形式也随之而多样。它可以是砖雕、石雕、金属雕等，就材料来说，它不同于木雕，而是具有抗侵蚀性；就题材来说，它不像室内那样以植物为主，而是人物、动物居多。

钱泳《履园丛话》说：“大厅前必有门楼，楼上雕刻人马戏文，玲珑剔透。”这已成为江南园林建筑的一种艺术模式，然而依附于门楼外部的砖雕精品并不太多。网师园“藻耀高翔”门楼上的砖刻为江南之冠【图48】。这个装饰精致、玲珑剔透的门楼上，有许多藻饰精美、意趣隽永的砖细雕刻作品，其中除某些浮雕乃至透雕等类外，特佳的是“郭子仪上寿”等微型的多层雕。在中枋小小的框架——“兜肚”里，层次丰富，空间深邃，人物栩栩如生，突现于背景之上，表现了古代无名雕刻家的精湛的艺术技巧②。虽然这个

---

① 黑格尔：《美学》第3卷上册，第183页。

② 详见金学智：《苏州园林》（苏州文化丛书），第261～269页。

雕刻品的形式是由门楼建筑所决定的，起着装饰建筑的作用，但是，人们未尝不可以把它当作独立的艺术品而细加品赏。

图 48　砖细绝艺——苏州网师园门楼砖雕（郑可俊摄）

颐和园东宫门中间台阶上，砌有云龙陛石，是从圆明园安佑宫废墟中移来的。这个大型作品显示了我国石雕艺术的高超水平，石上的二龙戏珠，活灵活现，生动传神，似欲腾云离石而飞去。这一气度恢宏的石浮雕，使宫门显得更有皇家气派。

“金阶铸出狻猊立，玉柱雕成翡翠啼”（韩偓《苑中》）。园林中宫殿前面和大门两侧的动物雕刻，或为石雕，或为金属雕，均应包括在室外依附性雕刻之内。这类作品虽然已不属于难以脱离建筑物实体的浮雕乃至透雕，而是可以独立置放的圆雕，但它们依附于大门，因而必然使其“丧失这种独立性而服务于建筑”①，当然这不一定会削弱其艺术之美。颐

① 黑格尔：《美学》第 3 卷上册，第 183 页。

和园的铜狮雕像，大狮体型魁梧，周身富于肌肉感，用前足戏弄小狮；小狮圆润丰满，四脚仰天，稚真之态可掬。这一大一小、一俯一仰的形象，不仅表现了强烈的对比效果，而且还被赋予了人的情性美，嬉戏而不失威严，可敬而又可亲，令人想起父母嬉弄婴孩的情状。"这种美，不是本来不存在于艺术的原型（小猫等）之中，凭作者的主观而臆造出来的，也不完全是单独存在于原型本身。而是喜爱这种特点的作者，在别的对象中发现它，抓住它，……使它能够和人们的精神发生较普遍的联系。"① 这种广泛的艺术概括的价值，在于其超越性，即形象已超越于其本身的属类。当然，从另一角度看，这种依附美又不可能超越其所点缀的建筑。

二、"独立美"

中国古典园林中本身独立的雕刻较多地表现为神像，而园内殿庙建筑作为环境是适宜于供置的。北海团城承光殿内有著名玉佛一尊，为释迦牟尼坐像，用整块白玉雕成。雕像身披袈裟，头顶和衣褶上均嵌有红绿宝石，系从缅甸传来。作为珍贵的艺术品，这尊玉雕的审美价值，一是所用的感性材料高贵而罕见，体量大而洁白无暇；二是雕刻技艺高明，周身细腻光润，见出惊人的琢磨工夫；三是佛像的神态刻画入微，借用黑格尔的语言作审美描述，就是"它把神的形象表现为不依存于情境的，表现出单纯的无行动的静穆美的，或则说，自由的，不受干扰的，不牵涉到具体行动和纠纷的，处在无拘无碍的纯朴的情境中"②。这种单纯的神性，沉浸在无限的静穆之中。不过，这种封闭于室内的独立性圆雕，已开始走向园林的界域之外了。正因为如此，本书不拟评价晋祠圣母殿著名的宋塑雕像群，因为它们属宗教艺术领域，尽管晋母殿是地道的园林建筑。

至于室外的独立性雕刻，汉代曾有所发展。如昆明池中有玉石雕刻的鲸鱼，长三丈。《三辅黄图》甚至说，"每至雷雨，常鸣吼，鬣尾皆动。"从神话式的夸张中，可窥见其造型的活脱生动。池左右立有牵牛、织女石像，以象征云汉之无涯。杜甫曾写有"织女机丝虚夜月，石鲸鳞甲动秋风"（《秋兴八首》其七）的著名诗句，表现了对这一园林雕刻景观的神往。再如太液池上的三神山，也刻金石为鱼龙奇禽异兽之类。可是在明清时代，宫苑的室外独立性雕刻已属罕见，其他园林中更为少见。这种情况，又和西方园林形成了明显的对比。这里，不妨继续把中、西园林系统作一简略的比较。

西方园林的室外景观，以数量众多的雕像为重要的美学特征之一，而最典型的莫如法国凡尔赛宫苑，其中雕刻无论是数量还是质量都十分突出。我国著名画家刘海粟先生在《欧游随笔》中描述道：

> 正殿前面……有两个大喷池，这池是被许多男的女的老的小的种种水神的铜像环绕着的……。降十级而至平地正中是腊东大喷池，中间最高处立裸体女像，这就是女神腊东的像。……腊东池前方那边，绿茵十里，白石夹道，每十武列石像，绿茵尽处，则是所谓阿博洛池了。……中间阿博洛神驾了四匹奔马，这是法国有名的雕刻……路易十四的全盛时代，凡尔赛宫中齐集雕刻家达五十余人之多……

这段文字再现了凡尔赛宫苑的雕刻之盛。这个法国古典主义规整式的宫苑，其雕刻也体现

---

① 《王朝闻文艺论集》第2集，上海文艺出版社1980年版，第233页。

② 黑格尔：《美学》第3卷上册，第183页。

了当时君主体制的气质。在雕像的宏大序列中，被围拱和突出的是腊东和阿波罗。这里，对阿波罗青春、力量和美的赞颂，也就是对路易十四的赞颂。这一有主体、有序列的严整宏大的雕像群建构，当时被认为是古典主义美学原则的一大成果。西方园林之所以重雕刻建构，除了这一原因外，更主要的是由于西方从古希腊罗马以来所形成的重雕刻的美学传统和人文地域环境的影响。

中国古典园林和西方园林相比，室内外的依附性雕刻较多，而室外独立性的雕刻特别少，这也和社会环境有关。和雕刻家有很高地位的希腊、罗马不同，在古代中国，琴棋书画是文人高尚的雅事，而雕塑家被认为是“君子不齿”的“百工”之类，认为雕刻只是技艺而不是艺术。所以在中国有文字记载的美术史上，书画家的名字多如夏夜繁星，而雕刻家的名字却寥若晨星，屈指可数。正因为如此，雕刻也更多地走向“依附美”。当然，园林中室外独立性雕像，也还是有的。北京北海琼岛北侧有“铜仙承露盘”，在高达数丈的蟠龙汉白玉柱上，立有一肃穆敦实的铜雕人像，他双手托盘以承玉露。这一雕刻在审美内涵上，使人联想起李贺的《金铜仙人辞汉歌》；在审美形式上，又能使人联想起古罗马的图拉真记功柱，富于视觉效果。再如颐和园昆明湖畔，有一头造型生动、栩栩欲活的铜牛【图49】，注视着开阔的湖面。牛背篆文说明牛是镇水的，这就把它从内容上和昆明湖自然地绾结在一起了。作为真正的“独立美”、地道的园林景观，这一杰出的动物铜雕选址极佳，它被置于东堤中部三岔路口，南面是廓如亭，西面为南湖岛，前后均为湖面，铜牛若有所思地西望美丽如画的湖山。如果说，铜仙承露盘满足人们仰视远观的审美要求，那么，铜牛则满足人们平视细观的审美要求，而优美的十七孔桥、伟美的廓如亭或浩瀚的湖面作为环境，更增添了铜雕的美的魅力。

图49　铜牛望湖——北京颐和园铜牛圆雕及十七孔桥（蓝先琳摄）

第五节　琴韵："导养神气，宣和情志"
——时间艺术的流动与凝固

园林作为集萃式的综合性的空间艺术，它不但把各种单一的空间艺术综合到自己的系统中来，而且还力图把时间艺术也吸收进来，形成在艺术领域中无所不包的集萃系统。园林综合体中的时间艺术元素有音乐、戏曲等，而以音乐为代表。

中国绘画美学有一个耐人寻味的观点，即认为欣赏作为空间视觉艺术的绘画，同时应该振之以音，辅之以乐。宗炳在《画山水序》中说："闲居理气，拂觞鸣琴，披图幽对，坐究四荒。"他正是在音乐声中来欣赏绘画空间和自然空间的。《宋书·宗炳传》还写到，他"凡所游履，皆图之于室，谓人曰：抚琴动操，欲令众山皆响"。

宗炳以后，画中求声几乎成为一种传统。唐人沈佺期《范山人画山水歌》说："山峥嵘，水泓澄……忽如空中有物，物中有声。"明人沈颢在《画麈》中也把"挹之有神""玩之有声"作为绘画美的最高境界。戴熙《赐砚斋题画偶录》则说："竹声铮铮，泉声琤琤，耳非有闻，听于无声。"他要从无声中听出有声之美来……这就形成了一个把视觉和听觉、空间和时间结合起来使之互渗互补的审美传统。

中国绘画的这一审美传统，同时也见之于园林。作为著名音乐活动家，白居易在庐山的草堂中就设漆琴一张，在履道里的私园中更筑池西琴亭。他的《池上篇序》写道：

> 每至池风春，池月秋，水香莲开之旦，露清鹤唳之夕，拂杨石，举陈酒，援崔琴，弹姜《秋思》，……又命乐童登中岛亭，合奏《霓裳散序》，声随风飘，或凝或散，悠扬于竹烟波月之际者久之……

在这种或凝或散的音乐境界中，空间在流动，时间在凝固，一切都是有声有韵的。

在古典园林的音乐性综合元素中，古琴是首要乐器。在中国古代音乐史上，琴是最古老的乐器之一，是一种正宗雅乐，故而《礼记·曲礼》有"士无故不撤琴瑟"之语。以琴为代表的中国古典音乐，对外在自然来说，追求"与天地同和"的境界；对审美主体来说，希求导养神志，怡悦性灵①。所以嵇康《琴赋》说："可以导养神气，宣和情志，处穷独而不闷"。由此可见，琴和士大夫的身份，和文人山水园林追求天人合一的和谐，特别是追求独善乐逸的合目的性功能，都是十分吻合的。另外，园林重琴的传统又和陶渊明有关。作为深有影响的园林美学思想家，陶渊明虽不解音律，却蓄无弦琴一张，他在《归去来兮辞》中还说，"乐琴书以销忧"。于是，琴作为音乐的重要元素就在园林中积淀下来，并作为园林美的一个不可或缺的精神性元素出现在古典艺术论著之中——

> 琴为古乐，虽不能操，亦须壁悬一床。以古琴历年既久，漆光退尽，纹如梅花，暗如乌木，弹之声不沉者为贵。（文震亨《长物志·器具》）

> 琴为书室中雅乐，不可一日不对清音……纵不能操，亦当有琴。渊明云：但得琴中趣，何劳弦上音。吾辈业琴，不在记博，唯知琴趣，贵得其真……（项元汴《蕉窗九录》）

至于古琴乐曲的意境情调，演奏的环境要求，也都和古典园林非常适应。徐上瀛《溪山琴况》古琴二十四论中，对操琴提出了"和"、"静"、"清"、"远"、"古"、"澹"、"恬"、

---

① 参见金学智、陈本源：《大乐与天人同和——音乐养生功能论》，载《文艺研究》1998年第5期。

"逸"、"雅"、"丽"、"洁"等美学要求，这同样是古典园林风格美的要求。可见，园和琴也有着某种同构关系。

园林室内或室外的环境，最宜于操琴，或《猗兰操》，或《良宵引》，或《阳春白雪》，或《鸥鹭忘机》……琴曲中的高山流水、清风明月、松涛泉声、兰香鸟语……这些，同样是园林景观美的重要内容，于是音乐美和园林美相互感应浑融，和谐统一。

中国古典园林美的历史行程也往往伴随着优美的琴音而流动。魏晋时代，竹林七贤中的嵇康、阮籍爱在竹林中操琴；写过著名的《招隐》诗的左思也善琴，创作过《招隐》、《幽兰》、《秋月照茅亭》、《山中思友人》等充满园林情调的琴曲。在唐代，王维爱在园中独坐，"弹琴复长啸"（《竹里馆》）。在宋代，朱长文在"乐圃"中建有琴台，还写了《乐圃琴史》；"梦溪"主人沈括把琴列为"九客"之首。在明清时代，琴棋书画更成为私家园林所必备。古琴或供陈设，或供操奏，成为园林精神生活的一个组成部分。以奏琴、听琴为代表的种种音乐生活，还见诸园记之中——

> 每春秋佳日，主人鸣琴竹中，清风自生，翠烟自留，曲有奥趣。（蒋恭棐《逸园记》）
>
> 新月在天，水光上浮，丝管竞作，激越音流，栖禽惊飞，吱吱格格与竹肉之声相和。堂之左，连闼洞房，为主人操琴之所，素心人来，作一弄……（邓嘉缉《愚园记》）

从这种精神生活里，似乎仍可看到王维、白居易的影子，其文化心理结构是一脉相承的。

在清代，北京宫苑在古典雅乐传统和江南文人园的影响下，北海有韵琴斋，中南海有韵古堂，圆明园有"委怀琴书"、琴趣轩、琴清斋等……

"曲终人不见"。音乐是时间艺术，它会随着时间的流逝而消失，但有些园林中至今还残存着音乐的遗迹，如皋的水绘园有董小宛琴台；苏州怡园有坡仙琴馆、石听琴室，均弥漫着音乐的情氛。苏州网师园的"琴室"，更令人寻味，其题名渊源有自，采自南朝宋徐湛之在蜀冈营建的"风亭、月观、吹台、琴室"。至今，扬州瘦西湖还有"琴室"，可见，琴韵在扬州已流动和凝固了一千多年。网师园的琴室，其实不是"室"，而是戗角翼然的半亭。它不采取怡园坡仙琴馆那种封闭式建筑结构以集聚音响，这是由于操琴者的主导思想趋向于"醉翁之意不在酒，在乎山水之间"。明人杨表正《弹琴杂说》云：

> 凡鼓琴，必择净室高堂，或升层楼之上，或于林石之间，或登山巅，或游水湄，或观宇中；值二气高明之时，清风明月之夜，焚香静室坐定，心不外驰，气血和平，方与神合，灵与道合。如不遇知音，宁对清风明月，苍松怪石……是为自得其乐也。

网师园琴室当年的操奏者有似于此，他有感于知音难逢，又欲以此守操养性，排闷遣忧，宣和情志，自得其乐，故而特地面向庭院，"宁对"风月。这不仅有文为证，而且有物为证。该琴室庭院僻静清幽，院中正对着琴室的，是一古桩特大盆景，盆内残桩皴驳，裂干欹斜，但又稀稀疏疏地透出一些新绿的枝叶来，使得生机蓬勃与老态龙钟共处于一身，树下则小片怪石与书带草相映，整个盆景苍古奇拙，正是所谓"宁对"的理想对象。庭院西南隅和东南隅，还有半浮雕式的峭壁山。琴室庭院这种幽篁峰峦，也是操奏者"宁对"的对象，这又令人想起南朝宋宗炳对着山水画"抚琴动操，欲令众山皆响"的著名典故来。

第六节　异质同韵：园林美与戏曲美

——两大综合艺术的珠联璧合

本章开头在比较中、西美学时，就指出中国古典艺术中有两个集萃式的综合艺术系统，以静者为主的是园林，以动态为主的是戏曲。戏曲的综合性表现为：剧本是文学的体裁之一，它通过戏剧演员的表演直接诉人们感性直观，其动作是充分程式化了的舞蹈，而静止的亮相又是活的雕塑。其唱腔是具有民族形式的戏剧声乐，不同于西方歌剧的咏叹调或宣叙调，而锣鼓经又是独特的民族器乐。演员的宾白，抑扬顿挫，是具有突出的音乐性的朗诵。“唱、念、做、打”中的“打”，不但也是舞蹈，有时还带有杂技的因素。演员的服装是富于装饰性和技艺美的工艺美术品，舞台美术则又是绘画乃至建筑立面图用之于戏剧，当然，更多的是省略一切写实性布景。“中国戏曲……几乎具有一切艺术部门的因素”，“由于长期强调表演艺术的表现力的结果，在表演经验不断积累的基础上，形成了在国际剧坛上独树一帜的显著特色”①。中国园林高度的艺术综合性和显著特色同样如此。

中国戏曲不但具有综合性，而且讲究程式化、形式美、假定性和虚拟性（写意性）。这些特色，在中国园林里均可找到其“异质同构”的表现。例如演员手中的桨，不但代表了船，而且也可代表江湖千里，园林艺术也具有这种假定虚拟的写意性。陈从周先生指出，扬州“二分明月楼”、嘉定秋霞圃均能用“旱园水做”法，“园虽无水，而水自在意中”，“我们聪明的匠师能在这种自然条件较为苛刻的情况下，达到中国艺术上的‘意到笔不到’的表现方法”②，这就是画舫虚拟性的“江湖千里”。可见，戏曲和园林一样，都善于“以无当有”。陈从周先生又说：“我曾见过戏台上的一联……‘三五步，行遍天下；六七人，雄伟万师’。演剧如此，造园亦然。”③ 这可用《长物志》的名言作证：“一峰则太华千寻，一勺则江湖万里。”可见，戏曲和园林一样，还都善于“以少当多”。

再从合目的性的功能视角来看，戏曲是以其综合性、写意性供人休闲娱乐的，园林同样如此。清代的李渔，既是戏曲理论家、戏曲作家，又是园林理论家、造园家，其《闲情偶寄》中，“词曲部”、“演习部”和“居室部”、“器玩部”相并相连，正足以说明这两门艺术均有寄托“闲情”的共性，或者说，二者之间在休闲娱乐方面有其相通性。在当时，园主们既然在园内要尽情休闲游乐，就必然要欣赏戏曲，以求两全其美。正因为如此，《红楼梦》大观园里，梨香院养着龄官等十二个女孩子，“令教习在此教女戏”；龄官等在藕香榭演戏，“那乐声穿林度水而来”；《牡丹亭艳曲警芳心》一回，林黛玉欣赏那“良辰美景奈何天”的唱段……小说还多次描写了园内演戏的“赏心乐事”。

王侯园林既然需要戏曲，那么皇家园林就更如此，帝后们需要借戏曲以享乐消闲，来调节精神生活。宫苑中戏曲演出的盛况，早已随时间流程而一去不复返，但其物化的积淀仍保留于现存的园林空间。颐和园的德和园，是规模宏大的戏曲演出构筑。大戏楼翘角重檐，上下三层，朱栏绿柱，金描彩绘，三层戏台可以同时演出，其间有天地井相通，神仙可从天而降，鬼怪可从地钻出，还可巧设机关布景。当时一些著名的京剧表演艺术家谭鑫培、杨小楼等常在这里演出。大戏楼正北是颐乐殿，为慈禧看戏的地方。德和园与北京紫禁城的畅音阁、避暑山庄的清音阁，是清代三大戏楼。颐和园中还有“听鹂馆”，其中有供小型演出的戏台。

江南私家园林不乏小型的戏台或供演出的厅、阁。上海豫园点春堂前，至今还有打唱台，题额“凤舞鸾鸣”。苏州拙政园的卅六鸳鸯馆及其耳室，也极宜兼供顾曲之用；留园

---

① 王朝闻主编：《美学概论》，人民出版社 1982 年版，第 276 页。

② 陈从周：《园林谈丛》，第 72 页。

③ 陈从周：《书带集》，第 170 页。

东南庭院中，光绪年间建有戏台和观戏厅甚为华丽，一直保留到20世纪30年代，现在只留得库门上“东山丝竹”四字砖刻……。明清时代的江南，昆曲盛行，园林也臻于成熟，二者正是在这一文化背景上融合和相互交叉起来的。陈从周先生在《园林美与昆曲美》一文中作了如下描述：

> 花厅、水阁都是兼作顾曲之所，如苏州怡园藕香榭，网师园濯缨水阁等，水殿风来，余音绕梁，隔院笙歌，侧耳倾听，此情此景，确令人向往……。中国过去的园林，与当时人们的生活感情分不开，昆曲便是充实了园林内容的组成部分。在形的美之外，还有声的美，载歌载舞，因此在整个情趣上必须是一致的。从前拍摄“苏州园林”，及前年美国来拍摄“苏州”电影，我都建议配以昆曲音乐而成功的。[①]

苏州园林讲究典雅，昆曲也讲究典雅，二者都具有浓郁的书卷气。园林作为集萃式的以静态为主的综合艺术系统，和作为集萃式的以动态为主的综合艺术系统的戏曲相综合，不但表现为珠联璧合，互相辉映，而且表现为时空交感，异质同韵，二者在意境、风格、结构、形式等方面呈现出一种契合的美。

音乐、戏曲都有在时间内流动的定性，在园林中它们也总是随生随灭，只有与之有关的空间物化形式留了下来，乐器、戏衣、戏具、舞台以及有关的匾额、对联、建筑，都可看作是时间艺术的凝固。当然，后人也可由此而悬想当时的流动表现。今天，造型于空间的园林艺术能否再济之以表现于时间的戏曲艺术或声音艺术呢？答案是肯定的，陈从周先生成功的经验就是明证。今天有些古典园林在夜晚恢复了戏曲或演奏节目。其实，在白天也未尝不可适当播放优雅的昆曲音乐以及古琴曲、古筝曲、江南丝竹和其他符合园林情调的民族器乐曲。这样，诉诸视觉的园景是“天上人间诸景备，芳园应锡大观名”（《红楼梦》第十八回元春题大观园句）；诉诸听觉的音乐是“此曲只应天上有，人间能得几回闻”（杜甫《赠花卿》）。通过时、空二元交叉，让层出不穷的园景逐步地展现在声音美的伴奏和流动之中，岂不更妙？

中国古典园林，体现了强形式的综合性艺术的人文之美。它是以建筑和山水、花木所组合的物质生态为主旋律，以文学、书法、绘画、雕刻、工艺美术（见建筑部分家具、古玩陈设等专节）、盆景（详后）乃至音乐、戏曲等门类艺术为和声协奏的，既宏伟繁富而又精丽典雅的交响乐。它是把各种不同门类的作品有机地荟萃在一起，从而给人以丰富多样的审美感受的综合艺术博览馆。

任何国家，任何民族，总会或多或少具有综合艺术的门类，但它们都远远比不上中国古典园林那样具有高度的综合性，既门类齐全，鲜花百态，又和谐共处，浑然一体。在这个精神家园里，连林浓绿间新绿，处处繁花满眼春，它确乎是精神世界的“大丛林”和“众香国”。

席勒在谈到审美教育时有句名言：“艺术是自由的女儿。”[②] 人们在中国园林这个精神丛林、综合艺术王国里，可以尽情呼吸清新自由的空气，品赏含芳吐艳的百花，在沉醉中唤醒自身的生命元神，归复自身的生存活力，提升自身的精神生态。鲁枢元先生曾指出：

---

① 陈从周：《书带集》，第176页。

② 席勒：《美育书简》，中国文联出版公司1984年版，第37页。

> 艺术在本质上是一种生存方式、生活态度，是生命赖以支撑的精神。或者，如福克纳所说："是生存的栋梁"。……这意味着独立自主、自得其乐、自我完善。艺术还应当成为一种生存境界，一种流连忘返、沉迷陶醉的高峰体验。艺术本质上是肯定，是祝福，是生存的神话，是人们的自我救治、自我保健。[①]

中国古典园林正是这样一种高度自由、高度理想化的、与凡尘相比带有神话色彩的、令人目不暇接而又令人心醉神迷的生存境界和天堂乐园。

---

① 鲁枢元：《生态文艺学》，第367～368页。

第二章　人文之美：凝固了的社会意识

——园林美的时空交感之二

园林美时空交感的时间因素，不但可以是物质性的，如春夏秋冬的季相变化，晨昏昼夜的时分变化，晴雨雾雪的气象变化等，也可以是精神性的，如种种文化意识和历史精神在园林里的流动和凝固，这都是社会人文意识性的，而且它们往往通过感性直观的空间形式显现出来。

时间“是人的积极存在，它不仅是人的生命的尺度，而且是人的发展的空间”[①]。在中国古典园林的空间里，同样印下了人发展的时间轨迹。不过这种带有时间流动感的社会性、精神意识性的人文之美，就其个别的、具体的、相对的阶段性来说，往往凝定在静态形式的独特的可视空间里，其本身几乎很少发展了。它们和时刻变化的天时之美相比，不但有精神与物质，社会与自然的不同，而且有凝固静止和发展流动的区别。

社会性精神意识的人文之美，主要表现为相互区别又相互联系的两大层面：

其一，是人文意识之流的积淀。对此，首先应略作理性的分析、概括。文化这一概念有其多义性。有人把它仅仅归属于精神生产领域；有人则把它分成物质文化和精神文化两部分；而莫·萨·卡冈则以系统方法把它分为三个基本层次——物质层次、精神层次和艺术层次[②]。卡冈的划分法似更适合于本书体系。就园林美的建构来说，物质生态的建构序列主要地属于物质层次；在精神生态建构序列中，综合性的各种艺术因素主要属于艺术层次，这已于前一章作了详论，而主要表现为非艺术性的因素，则属于社会的、人文历史的意识层次。本章专论关于精神层次的社会、人文历史意识，并简称之为“社会意识”。

区别于艺术意识的社会意识，是历史地产生和发展的，它是一种“流”。这种表现为群体意识的精神文化之流，本书称之为“社会意识流”（不同于西方心理学派的个体“意识流”）。这种社会意识流，当它离开了浑沌的原始阶段而且进入了文明时代以后，就逐步分化，历史地形成了种种支流：宗教意识流、重农意识流、崇文意识流，以及政治意识流、伦理意识流、哲学意识流……历史上的这些意识流，也或多或少地以这种形式或那种形式在园林美的空间里不断凝冻、积淀。本章拟分节论述种种社会意识支流在古典园林里的历史积淀和显现，其中某些哲学意识和园林品赏中既是深层又是高层的审美心理密切相关，故拟留于第七编专论。

其二，则是历史人物、事件在时间流程中所留下的对象性存在，它呈现于社会性的意识领域，本书称之为“感性地打开了的社会史册”，它大体属于史学领域，其意义、内蕴也是园林美精神生态建构中的构成元素。

本章按这两大层面及其序列，结合审美实例，分节论析如下：

---

① 《马克思恩格斯全集》第47卷，人民出版社1979年版，第532页。

② 见莫·萨·卡冈：《美学和系统方法》，中国文联出版公司1985年版，第87～88页。

第一节　心空彼岸：宗教与审美的互补

在中国历史的流程中，宗教和艺术结下了难解难分的姻缘，宗教意识和审美意识也常常纠葛、渗透在一起，二者起着相互推进的作用。列·斯托洛维奇曾指出，“在文化的历史发展过程中暴露出审美意识和宗教意识的复杂交织”，“由此产生宗教体验和审美体验的心理结构的共同性”①。这一论述，颇适用于中国古典园林。

常熟破山寺附有小型园林。唐代诗人常建写有一首著名的《题破山寺后禅院》诗：

清晨入古寺，初日照高林。竹径通幽处，禅房花木深。山光悦鸟性，潭影空人心。万籁此俱寂，唯闻钟磬音。

渗透着宗教意识的“潭影空人心”这一名句，早已物化为寺园中千年古迹“空心潭”。在宋代，刘拯《空心潭》写道：“碧潭发幽石，潇洒无纤尘。到此心已空，何用濯我缨。”后人又在空心潭之北建“空心亭”，翼角轩举，曲廊萦纡，加以林木蓊郁，怪石参差，令人心境澄澈，胸绝纤尘。该园又有“初日亭”，取常建“初日照高林”句意。在此，每当一派旭辉洒入林中，眼前梵宇庄严，山光悦性，耳际万籁无声，醒鸟初鸣，人们不但会沉浸于虞山十八景之一的“破山清晓”的氛围中，而且会感受到周围空间所洋溢的宗教意识，令人沉思，令人静省，令人心空……

始建于唐南诏时昆明的圆通寺，有元代重建的主体建筑圆通宝殿，伸入方形水池之中，其前平台还有拱桥通往池心的两层大八角亭。池三面回廊周接，并与正殿柱廊相连，使正殿完全“浸入”于以水池为中心的园林境界里，这一结构布局之美，堪谓独辟蹊径。然而，它凸出主殿的位置，也就是突出了宗教意识。该殿柱间有联云：

圆如满月丽天，靡幽弗显，广照大千世界，觉路同登，休论珠火为眉，青莲作眼，但入选佛场，莫非罗汉；

通喻慈航泛海，无往不达，普渡亿万众生，菩提共证，岂必金花著面，卍字横胸，始知转轮王，即是如来。

对联用的是上下联以“圆”、“通”二字领起的“凤顶格”（即“鹤顶格”）。它以广照大千世界的满月譬“圆”，以普渡亿万众生的慈航喻“通”，形象生动地显现了佛教义谛。至于“珠火”、“青莲”、“金花”、“卍字”、“罗汉”、“如来”……莫不是佛家语，然而这些彼岸世界的形相，又和“眉”、“眼”、“面”、“胸”等此岸的通俗具象绾结在一起，增添了可接受的形象性，人们在“吉祥所集”的“卍字在胸”的形象上，看到菩萨的“瑞相”。有些文人，则又能从哲学的视角，思考“觉路”、“菩提”以及不偏不倚、无所阻碍的“圆通”等佛家智慧。于是，天宇池水，莫非妙道，佛殿亭桥，无不真如。佛教是通过形象来传布宗教意识的，故而又称“像教”。费尔巴哈在《基督教的本质》中说：“宗教与哲学的区别在于形象”，“谁拿掉宗教的形象，谁就拿掉了它的实质，……形象就是作为形象的实物”②。圆通寺突出地体现了浓重的佛教意识的形象是什么？是佛像和佛殿，是佛殿所悬的长联；然而它不同于其他佛殿之处，还在于寺即是园，园即是寺，包括方池在

---

① 列·斯托洛维奇：《审美价值的本质》，第100～101页。

② 北京大学哲学系外国哲学史教研室编译：《十八世纪末－十九世纪初德国哲学》，第540页。

内的全部建筑，或者说，整个寺园都体现了宗教的“实质”，园林就是宗教“形象的实物”。而今，其宗教意识流过了唐、宋、元、明、清，仍以其作为“形象的实物”供人观照，引人流连……

在颐和园，有三大寺庙建筑组群，一是万寿山前山的佛香阁、众香界、智慧海组群；二是后山“须弥灵境”组群；三是南湖岛龙王庙组群。颐和园原名清漪园，其中主要建筑，是乾隆为庆贺母寿拆明代的圆静寺而重新建构的大报恩延寿寺。乾隆在《大报恩延寿寺记》中写道：

> 以兹寺为乐林，为香国，……前临平湖，则醍醐之海也；后倚翠屏，则阿耨之山也；招提广开，舍利高耸，则琉璃土而玉罂台也。散华蕤葳，流芳飞樾。旃檀之香，溯风而闻。迦陵之鸟，送音而至。

他把万寿山比作佛经中的阿耨之山，把昆明湖比作醍醐之海，神游于梵天乐土的彼岸。这里，宗教意识又和园林理想境界的“善”融和在一起了。现今颐和园佛香阁——众香界——智慧海组群正是这一宗教意识之流的历史凝冻和集中表现。琉璃交响结构的“智慧海”及其前奏“众香界”，就是地道的宗教建筑，其奇光异彩的外观形式和光线幽暗的内部空间，都给人以一种神秘感。“智慧海”中观音、文殊、普贤、韦驮、天王的神像系列和外部无数琉璃小佛像饰面，也是宗教意识之流的审美显现。“众香界”牌坊前后的石额、无梁殿“智慧海”前后的石额，依次题为：“众香界，祗树林。智慧海，吉祥云。”这前后贯穿而联成有韵的三字偈语，说明了这里为众佛所居的天界，这一偈语本身，也渲染了宗教意识。

颐和园后山的宗教建筑组群，又展现了别一种奇特的境界。这一建筑群称为“坛城”（曼荼罗），主殿为“香岩宗印之阁”，其屋顶一反传统坡顶形式，色彩也很别致。两侧分布着日坛、月台，象征日月环绕在须弥山和佛的附近。四周又有以藏式建筑为主的四大部洲和八小部洲，而红、绿、黑、白四座瑰异的喇嘛塔也分布在庙宇群四周，是模仿西藏桑耶寺建构的。这一综合性的宗教建筑群，在园林建筑的审美风格方面，异彩纷呈，别开生面，丰富了建筑形式景观；在审美内容方面，则表现了幻想的独特作用，是对宇宙间天地日月关系的神秘猜测，又是对大地诸洲的组合的大胆假想。宗教对现实的把握具有富于幻想的特色，如《楞严经》就说：“如存不存，若尽不尽，如是一美，名非想非非想处。”这是一般识力达不到、非一般思维可了解的境界。颐和园后山宗教建筑组群，正体现了这种想入非非的奇思遐想，而这又和审美想象有着某种同构关系。

塔，也是宗教意识之流积淀给园林美的杰作。它的性格就是腾空直上，指向蓝天。黑格尔曾指出，“努力向上飞腾……是高惕式建筑的基本性格”，“高到一眼不能看遍”，于是，人眼要“看到两股拱相交形成微微倾斜的拱顶，才安息下来，就像心灵在虔诚的修持中起先动荡不宁，然后超脱有限世界的纷纭扰攘，把自己提升到神那里，才得到安息”①。中国的佛塔也有这一宗教功能，其物质建构虽终于尖顶，而精神建构却直升天国……

为了进一步说明“宗教没有审美补充就不可能存在”②，这里着重论析北京北海白塔的形式美。从造型上看，无论是苏州的虎丘塔，还是杭州的西湖保俶塔，或是北京玉泉山

---

① 黑格尔：《美学》第3卷上册，第92～93页。

② 列·斯托洛维奇：《审美价值的本质》，第113页。

的玉峰塔，尽管其个性不一，形制各异，但它们之间有着共同的形式定性，即上锐下丰，但是北海的白塔则不然。对于这种从喇嘛教引进的藏式白塔，《日下尊闻录》这样写道：

凡塔皆上锐下丰，层层笋拔也。白塔独否。其足则锐，其肩则丰，如胆之倒垂然。肩以上长顶矗空，节节而起，项覆铜盘……塔通体皆白。

北海的白塔正是如此，其塔基为一方形台座，表现出单纯的一致性。而其上又有三层逐步收小的圆台，这就使得"一致性与不一致性相结合，差异闯进这种单纯的同一里来破坏它"[①]。建立在圆台上的塔身，是有意味的立体，下部为塔肚，如胆之倒悬，上略宽而下略锐，丰满浑圆，单纯一律，通体皆白，而南面贝叶形的"时轮金刚门"，门框的黄底上有绿色的卷花草纹。门内为红底绿莲花座，座上有黄色藏文组成的图案。[②] 就塔肚看，大片白色的洁净和三色组成的小块华艳，构成强烈的对比与和谐的统一。"由于这种结合，就必然有了一种新的，得到更多定性的，更复杂的一致性和统一性。"[③] 上部为节节而起的长长的塔项，基本上是下略丰、上略锐的符合渐次递减律的圆锥体，这种向上"递减也是一种多样性，也可以产生美"[④]。挺拔高耸的塔项，有着向上递减的一道道的横圈，称为"相轮"或"十三天"，但这种横向的空间分割，阻止不住纵向形体的向上态势。最上为镏金宝顶，由天盘、地盘、日、月、火焰组成，宝顶缩腰处还刻有动物花草图案，地盘周围则挂有铜铃。这部分体量最小而内容最丰。总的来说，白塔的台基有端庄坚实之美，塔肚有丰满硕壮之美，塔项有秀拔层递之美，塔顶有玲珑轻巧之美。它们除了体现出想入非非的宗教内涵外，形式上突出地构成了多样化的完美的立体造型，并以其35.90米的高度在琼华岛上巍然高耸，势如涌出，成为北海区别于其他园林最重要的主体景观。

列·斯托洛维奇说："在文化史上宗教价值有时同审美价值和艺术价值联在一起。……宗教价值中存在着审美根源。"[⑤] 宗教需要审美的补充，如常熟破山寺（今兴福寺）空心潭、昆明圆通寺正殿、北京北海白塔，其"心空彼岸"的宗教意识的感染力，均离不开审美的补充，人们可通过这种交融来理解宗教，走近宗教。这是美的艺术对于宗教的巨大作用。

反过来看，宗教对于园林美也有不可忽视的作用。这主要有二：

其一是装点园林，丰富景观。圆明园有"月地云居"一区，这里有"心空彼岸"、"呀吗达嘎坛"、"莲花法藏"等，建筑别致，内涵特殊。乾隆在《月地云居》诗中说："何分西土东天，倩他装点名园。"可见"月地云居"景区，在圆明园四十个景区中别具异彩，与众不同，它以其个性使圆明园景观更为丰富。这种装点功能，还可从其他园林见出。试想，颐和园没有佛香阁、智慧海，北海没有白塔，岂不大为逊色？它们事实上成了园林的主要景观 。颐和园的须弥灵境之所以具有很强的吸引力，也由于它突出地具有改变景区风格，供人改换审美"口味"的作用。

其二是宗教景观可以供人逃禅，避俗涤虑，使人似乎进入了"彼岸"世界。如江南私

---

① 黑格尔：《美学》第1卷，第174页。

② 对于这种藏族的宗教内涵，可联系黑格尔语来理解："美的艺术对于了解哲理和宗教往往是一个钥匙，而且对于许多民族来说，是惟一的钥匙。"（黑格尔《美学》第1卷，第10页）

③ 黑格尔：《美学》第1卷，第174页。

④ 威廉·荷加斯：《美的分析》，第26页。

⑤ 列·斯托洛维奇：《审美价值的本质》，第106页。

家园林中所积淀的宗教意识流，为园林增添了消尘涤虑的空间。高士奇《江村草堂记》写到，其中有“逃禅阁”，“中设西方圣人像。清池皓月，倚户可窥。稍厌尘嚣，即来趺坐，击磬数声，焚香一片，足以消尘涤虑；若云留心静理，则吾不能”。张问陶为查澹余作《邓尉山庄记》，说其中也有“逃禅处”，名曰“春浮精舍”……可见，非寺观园林中富于宗教意味的建构，并不一定表示园主笃信和潜心于宗教，其主要作用之一是供精神生活的调节。这又足以说明宗教体验和审美体验的心理结构有着某种共同性，它们互补共济，推动了园林美的历史流程。

第二节　田园生态：平畴远风的别趣

在中国长期的农业社会里，不断地流贯着重农意识，重视土地就是其表现之一。《礼记·祭法》：“共工氏之霸九州也，其子曰后土，能平九州……”《白虎通·社稷》：“封土立社，示有土也。”故而中国历来重土地神、社神等。这见于哲学领域，早在战国时代，就有农家学派，被《汉书·艺文志》列为“九流”之一。《孟子·滕文公上》也写到有许行，主张贤明的君主应“与民并耕而食”，这反映了古代社会中农民的理想。这一意识曾流贯于整个封建社会，致使历代帝王也往往以重农相标榜。

就清代北京宫苑来看，北海画舫斋北有方形的“先蚕坛”，三面植护坛桑林，还有“观桑台”和“亲蚕殿”等建构，铺以绿瓦，为桑色之象征，这里是后妃们祭蚕神之所。中南海有供帝后“养蚕”的结秀亭，亭西为丰泽园，中有稻田，为清帝举行“演耕礼”之处，并寓“民本食天”、“知稼穑艰”之意，园内有春耦斋，内藏唐代著名画家韩滉《五牛图》真迹，后又藏项圣谟、蒋廷锡的仿画，共十五头耕畜。在帝后看来，这些已体现了“贤者与民并耕”的思想。乾隆还有《春耦斋》诗：“春耦临丰泽，无非穑事从。五牛贮图寓，三白幸畦封……迩虽疏举止，意实不忘农。”在颐和园，西堤六桥之一的“桑苎桥”，附近有“水村居”“耕织图”等与重农意识有关的田园生态景观，后该桥改称“豳风桥”，也与《诗经》中咏唱农业劳动生活的《豳风·七月》绾结在一起。

圆明园四十景中，体现重农意识的有“多稼如云”、“北远山村”等景区。为了解其田园生态内涵、风格，录乾隆诗二首并序于下——

> 坡有桃，沼有莲，月地花天，虹梁云栋，巍若仙居矣。隔垣一方，鳞塍参差，野风习习……又田家风味也。盖古有弄田，用知稼穑之候云。（《圆明园四十景图咏·多稼如云》诗序）

> 循苑墙，度北关，村落鳞次，竹篱茅舍，巷陌交通，平畴远风，有牧笛渔歌，与春杵应答，王、储田家诗，时遇此境。　矮座几楹渔舍，疏篱一带农家。独速畦边秧马，更添岸上水车。牧童牛背村笛，馌妇钗梁野花。辋川图昔曾见，摩诘信不我遐。（《圆明园四十景图咏·北远山村》诗并序）

诗是景的概括，景也可看作是诗的物化。圆明园这两个景区，是受了源远流长的重农意识流的影响，如品题有多稼轩、稻凉楼、稻香亭、观稻轩、课农轩、耕云堂、绘雨精舍、“水村图”……均或多或少与“农”有关；吴长元《宸垣识略》说，北远山村“禾畴弥望，河南、北岸仿农居村市”；乾隆诗中，也把水村、茅舍、竹篱、稻塍、水车等作为审美对象来欣赏；乾隆诗中还说到“稼穑艰难尚克知”，“四海如兹念在兹”（《多稼如云》）

……然而更主要的是，二诗中重农意识已流向审美意识，其诗意更多地受传统的田园诗画的影响，上引诗中就提到王维、储光羲等人的田园诗，然而历史地看，其根子还在陶渊明。所谓“平畴远风”，就来自陶诗名句。而长春园更有一景，直接以陶诗“平畴交远风”来题名。

“平畴远风”，确实能代表陶渊明诗的风格。这种田园风格的景观，已历史地在皇家园林乃至其他园林中积淀下来，还几乎形成一种造园布局模式，亦即一园之中，诸多景区之间常杂以田园风光区，就像常杂以宗教建筑区那样。为了理解这种独特的景观风格美，在此先引一组陶诗——

> 有风自南，翼彼新苗。（《时运》）
>
> 暧暧远人村，依依墟里烟。狗吠深巷中，鸡鸣桑树颠。（《归园田居》其一）
>
> 晨兴理荒秽，带月荷锄归。（同上其三）
>
> 平畴交远风，良苗亦怀新。（《怀古田舍》）
>
> 既耕亦已种 ，时还读我书。（《读山海经》其一）

诗的内容，是平淡的，所咏都是平凡的农事村景；其构图，是平远的。郭熙《林泉高致》论山水画“三远”中的“平远”说，“平远之意冲融而缥缥渺渺”，其人物“平远者冲澹”。陶渊明的诗中景，景中人，其美学特征也在于冲融淡远。这种既耕且读的生活情趣，平远冲淡的艺术风格，对士大夫文人特具魅力。“陶诗艺术境界的特殊的地方，就在它把平凡的生活中所蕴含的美极为自然质朴地写了出来”，尽管历来学陶者很难得其真髓，“但‘平淡’这种艺术境界和审美理想却仍然延续了下来，成为宋代及其以后美学中的一个重要观念”①。

再看皇家园林的风格，基本上是巍峨壮观，金碧璀璨，铺锦列绣，焜丽辉煌，它缺少的，正是平淡冲融、质朴自然的田园生态境界。陈继儒《青莲山房》诗云：“造园华丽极，反欲学村庄。”这正是对一种逆反心理的普遍概括。再进一步，假借重农景观的外壳，吹进陶渊明乃至王、储等平远诗风的灵魂，是宫苑趋势之必然。圆明园“澹泊宁静”一区也有“多稼轩”，它东临稻田，前为“观稼轩”，其后恰恰为“怡情悦目”。从这一建构组合中也可窥见重农意识向审美意识的转化，转为“多稼”、“观稼”的生态之美与美感。

从宫苑审美的视角看，重农景区这种平凡朴远的田园风，亦即乾隆诗序中所说的“田家风味”，对于珠宫金阙、画栋雕梁的“仙家胜境”来说，是一种有效的自我调节，正如吃腻了山珍海味以后，品尝一下农家菜蔬也别有风味。在富丽堂皇的宫苑建构中，适当杂以田园风光，这具有以“质朴济富丽”，以“恬淡药浓艳”的审美功能。

在“大观园”这个王侯园林中，也有稻香村一区。《红楼梦》第十七回写道：

> 里面数楹茅屋，外面却是桑、榆、槿、柘，各色树稚新条，随其曲折，编就两溜青篱。篱外山坡之下，有一土井，旁有桔槔辘轳之属；下面分畦列亩，佳蔬菜花，一望无际。贾政笑道：“倒是此处有些道理。虽系人力穿凿，却入目动心，未免勾引起我归农之意……”

大观园里这个有系列田园配置的独特景区，既不同于潇湘馆，又不同于怡红院，更不同于崇阁巍峨的大观楼。贾政虽说由此生归农之意，其实毋宁说是对于华丽风格美的逆反心理

---

① 李泽原、刘纲纪主编：《中国美学史》第2卷上册，中国社会科学出版社1987年版，第397、401页。

的某种补偿。

在江南部分宅园中，重农意识流又嬗变为士大夫文人的所谓“归农意识”，并与隐逸意识相与融和。如苏州沧浪亭明道堂两侧有“东菑”、“西爽”砖刻，借用王维的诗意表达了归隐事农的情思；拙政园的命名，取灌园鬻蔬以代耕，“亦拙者之为政”之意，中部的绿漪亭又名为劝耕亭，而其东部在明代为“归田园居”；留园北部，为“又一村”，令人想起陆游“莫笑农家腊酒浑”（《游山西村》）那首描写田园生态的著名诗篇，而且这里也表现出一种不同于其他景区的、带有平远特色、以竹篱瓦舍村树为特征的田园风光……。对于这种景观风格，明代祁彪佳《寓山注·志归斋》曾这样写道：

平畴远风，绿畦如浪，以觞以咏，忘其为简陋，而转觉浑朴之可亲，遂使画栋雕甍，俱为削色。……乃此是志吾之归也。

由此可见，从园林风格学的视角看，重农或归农意识之流积淀、淡化的结果，给园林增添的美，是一种使画栋雕甍黯然失色的平远冲澹、简陋浑朴之美；而从生态美学的视角看，志归斋的建构，正是一种典型的“诗意地栖居”。这种诗意，是以陶渊明为代表的田园诗意，它以牧歌般的生态音调缭绕在人们的心田，催生着人们“归去来”的情思……

第三节　崇文意识的凸显及其价值

——由武至文的“和解”哲学思考

文人园林之崇文，是完全可以理解的，这除了前文所论“筑圃见文心”，以及文学对园林“形而上”的提升等等而外，崇文意识流所凝积的具体景观，还普泛地表现为陈设古雅、文气氤氲的书斋；而其典型化的重点则表现为藏书的构筑，这类构筑，不论供私家藏书，还是供皇家藏书，其空间虽不大，但意义却不小，需重点一论。

在文人私家园林发展史上，园主们不但酷嗜读书，而且注意营建藏书的构筑。自唐代以来，见于园记的，例如——

又曰，“虽有子弟，无书不能训也”，乃作池北书库。（唐·白居易《池上篇序》）

其中为堂，聚书出五千卷。命之曰“读书堂”。（宋·司马光《独乐园记》）

程氏园，文简公之别业也。去城数里，曰“河口”。藏书数万卷，作楼贮之。（宋·周密《吴兴园林记》）

尔雅楼，……所以称“九友”者，余夙好读书及古帖名迹之类，已而旁及画，又旁及古器……凡所蓄书，皆宋梓，以“班史”冠之……僭而上攀二氏之《藏》，以及山水，并不腆所著《集》，合为九。（明·王世贞《弇山园记》）

渔书楼。典籍图史，足备考据，村居不可无。草堂后大楼五楹……藏古今书帙其中。（清·高士奇《江村草堂记》）

这样，读书堂、尔雅楼、渔书楼，都成了该园的景点之一，而且它的价值还不仅在于建筑物的外观形式，而更在于其藏书的内涵。王世贞弇山园中的尔雅楼，所藏大抵珍本古籍，其中“班史”，即班固的《汉书》宋刻本，它与《后汉书》均为藏书界著名珍秘，曾为元代赵孟频所藏，一再转手，王世贞以一座庄田的代价买得，故曰藏书“以‘班史’冠之”。又如明代的祁彪佳的寓园，由于郑樵论“求书之道有八”，因名其藏书楼为“八求楼”，“自吴中乞身归，计得书三万一千五百卷”（《寓山注》）。清代，苏州网师园的主体建筑为“万卷堂”。在南宋时，这里的宅府就名为万卷堂，旁造花圃，屡经易主，后仍能以“万卷”名其堂，这也应看作是崇文意识流的回归与凝冻。

藏书的质和量，是与园林的人文价值成正比的。有的园林就是为藏书而建构的。宁波的天一阁，为明代范钦所建，是我国最古的书馆建筑的代表，藏书达数万卷。后屡经修建，外观为二层硬山顶，特殊地面阔六间，以应《周易》郑注“天一生水”、“地六成之”之说。并且楼前有池，兼具消防（防火）和审美双重功能。池南叠石为山，依墙建亭，池上架桥，花木荫郁，曲径盘互于山池树石间，以半亩之地建成了清幽的庭园，首创了藏书楼阁园林生态化的模式，然而它主要以藏书的质和量闻名于世。清人全祖望有联云：

十万卷签题，缃帙斑斑，笑菉竹、绛云之未博；

三百年清秘，洋光炳炳，接东楼、碧让以非遥。

联语极赞天一阁所藏古籍珍秘清妙，丰饶多采，价值非凡，并将几个著名的藏书阁进行比较，认为明代叶盛的菉竹堂、清代钱谦益的绛云楼，藏书还不够广博，而天一阁又与杭州灵隐寺东的华严藏经楼、西湖孤山的文澜阁比较靠近，气息相通……在历史上，天一阁早已成为著名的园林游览胜地，然而离开了藏书，它还有什么吸引力呢？

杭州的文澜阁也仿自天一阁，为硬山顶二层楼阁，也在阁前建构清秀雅洁的立峰水池庭园，也具有“育秀通虚映万卷”（乾隆《玲峰歌》）的人文风格。它以藏有《四库全书》而身价百倍。当时，乾隆为珍藏《四库全书》而建的藏书阁，除文澜阁而外，北京紫禁城的文渊阁、圆明园的文源阁、承德避暑山庄的文津阁、镇江的文宗阁、扬州的文汇阁、沈阳的文溯阁，均不同程度地参照天一阁的构筑模式而建，其一连串的“文”字，将崇文意识咸萃其中，强烈地体现了“与古人相对，左图右书”（圆明园“濂溪乐处”联）的人文气息之美。

对于内廷四阁之一的避暑山庄文津阁，乾隆《题文津阁》诗写道：“四库书成将弆之，范家天一仿而为。”故而其形制、布局极肖似天一阁，也是外观两层而内有三层，其前池水渟泓，假山参差，亭台映衬楼阁，环境雅静宜人，成为山庄别具特色的园中之园。乾隆在《文津阁碑》中说：

夫山庄居塞外伊古荒略之地，而今闾阎日富，礼乐日兴，益兹文津之阁贮以四库之书，地灵境胜，较之司马迁所云名山之藏，岂啻霄壤之分也哉！

以“文”字当头的文津阁、文源阁……典型地体现了古典园林的崇文意识，它们为园林储存了汗牛充栋的人文信息，为园林增添了丰富的精神性的人文内容。在这一意识“场”的控制下，文津阁庭园甚至能给人以“古松低头听读书”的审美情趣。“文之为德也，大矣！”（刘勰《文心雕龙·原道》）

说到崇文，就必然要联系到尚武。包括狩猎在内的“尚武”，作为一种文化意识，在古代苑囿史的最后阶段——明清时代并未完全彻底地消解，吴长元《宸垣识略·苑囿》引高士奇语云，明代永乐年间，南苑“缭以周垣百六十里，育养禽兽”。吴长元自己也写道，清代因袭之，“春搜冬狩，以时讲武”。此外，中南海等也有演武的制度和场所。但是，其地位早已被“崇文”取而代之，其体现尚武积淀的物化构筑，也逐步消失。

宏观地看，从哲学的角度沉思，可以发现：中国园林的发展过程中有两个由武至文的历史流向——这是不被研究家们所重视、其意义却非同小可的流向，这是可以宏观地联系整个人类史及其合规律性的发展趋势来深入思考的。其表现之一，是人与动物之间由狩猎之“武”的对立到“鸟兽禽鱼自来亲人”之“文”的和谐①，这不妨看作是人与自然二者历史地走向“和解”的预示和表征；其表现之二，是如避暑山庄等皇家园林的“义重习武”，发展到“骎骎乎崇文”（乾隆《避暑山庄后序碑》）。② 这不妨看作是人与人之间历史地走向“和解”的预示和表征。当然，避暑山庄的习武是必要的，因其在塞外，有强化边防等重要意义，但即使如此，它在园林系统中也还是流向于“文”。从中国园林美的历史行程来看，武离不开对立、冲突，文则导向于中和、统一；或者说，武重斗，文重和。因此，崇文必然崇和。概括地说，中国古典园林美千川归海的这一历史流向，一是流向人与自然（动物、植物、石头……）之和，二是流向人与人自身之和③。早在19世纪，恩格斯就企盼并力求为“我们这个世界面临的两大变革”即“人类同自然的和解以及人同本身的和解开辟道路”④。中国古典园林的发展流程，恰恰暗寓着或契合着流向两大“和解”的哲理。它似乎为两大“和解”的实现，提供了一个生态学、美学、史学上的参照系；它以自己悠远的过去，映射着当今和未来的时代主题——“和解”与“永存”。这是本书通过哲学沉思得出的不成熟的点滴感悟。

第四节　政治、伦理意识流积淀述略

在江南很多园林中，政治意识非常淡化，而且往往表现出与政治背道而驰的走向，这是和园林中的隐逸文化、隐退意识相应的。在宋代，苏舜钦的《沧浪静吟》就写道：“二子逢时犹饿死，三闾遭逐便沉江。我今饱食高眠外，唯恨醇醪不满江。”这表现了对政治的一种逆反心理，表现了对“仕宦溺人为至深”（《沧浪亭记》）的一种体悟。因而当时沧浪亭内，毫无体现政治意识的构筑。而北方宫苑则相反，政治意识往往采取强形式的显现。圆明园四十景的第一景“正大光明”，正殿旁有配殿和翻译房，为清帝处理内政外交之处。第二景为“勤政亲贤”，为清帝披省章奏、召对臣工之所。乾隆《圆明园四十景题咏·勤政亲贤》写道：“庭训昭云日，钦承切式刑。敕几宵旰暇，吁俊刻靡宁。一念征蒙圣，群言辨渭泾。乾乾终始志，无逸近书屏。”这在有限的程度上表达了勤勉政事、求贤吁俊的意识。第三景“九州清晏”，也寄寓了一定的政治理想。总之，这些题名及其艺术建构，都渗透了政治意识。可以说，在圆明园四十景的宏观序列中，政治意识的“善”及其物化建构是处于先导的地位的。至于颐和园的正殿——仁寿殿，在清漪园时代也名为“勤政殿”，其堂正肃穆的风格，宏大壮丽的建构，适足以和皇家政治意识相应。中南海也有“勤政殿”，而避暑山庄的正殿——澹泊敬诚殿，则可说是不标明“勤政”的“勤政殿”……。这些，无不是皇家政治意识流的物化积淀。

至于伦理意识流，和政治意识流一样，既是一种“善”，又是一种“流”。在中国长期古代社会里，儒家思想占主导地位，而儒家哲学主要就是伦理哲学。因此，儒家的伦理

---

① 参见本书第二编第一章第三节“苑囿的具体秉性及其发展”，第二章第三节“禽兽在园林中的价值嬗变”等。

② 参见本书第三编第二章第三节“多功能的感性实践要求”。

③ 联系其他园林来看，江南私家园林，网师园有蹈和馆，拙政园绣绮亭有“处世和而厚”的联语；北方皇家园林，圆明园宏观景区有“万方安和”，微观品题有“饮和”、“一堂和气”等，可谓雅俗兼具，而颐和园之“和”，则又侧重于人自身精神生态之“和”了。

④ 《马克思恩格斯全集》第1卷，人民出版1956年版，第603页。

意识之流，必然渗透在各类园林之中，并在精神领域鲜明地显现出来。

先看皇家园林。在圆明园，儒家伦理意识集中体现在作为四十景构成的“澡身浴德”等景区。其中的水，被比拟为“不竭亦不盈，是唯君子德”（乾隆《圆明园十景题咏·澡身浴德》）……在颐和园，早在仁寿殿的前身——勤政殿，就悬有一联：“义制事，礼制心，检身若不及；德懋官，功懋赏，立功唯其人。”联语的伦理意识是集中而突出的。孔子主张“道之以德，齐之以礼”（《论语·为政》）。这是说，应该用“德”去引导、感化人心，用“礼”来规范、统一人们的行动。勤政殿的对联正符合此意，即主张用“义”、“礼”作为行动、修养的法式、准则；对于有德、有功者，应大大地提升、奖赏。儒家经典《书经》说：“与人不求备，检身若不及”（《伊训》）；“后王立政，其唯克用常人”（《立政》）。对联也要求以此约束自己的身心、言行，以此来推行政事，选用人才。可见勤政殿把儒家的伦理思想楹联化了。由此也可见，在皇家园林中，政治意识和伦理意识往往是同源合流的。

在江南私家园林中，其题额、对联等，也往往体现着种种伦理意识。而这些伦理意识，有些与园林的氛围颇为吻合，有些则不免抵触。司马光在《独乐园记》中，一开头就引了《论语》中“饭蔬食饮水”数语；又引颜子“一箪食，一瓢饮，不改其乐”等语，悬为伦理学标准。朱长文《乐圃记》也写道：

> 不以轩冕肆其欲，不以山林丧其节。孔子曰，“乐天知命故不忧”；又称颜子“在陋巷不改其乐”，可谓至德也已。予尝以“乐”名圃，其谓是乎？

这类文化意识，被现代学者称为“乐感文化”。这种乐感文化之流，不但有其绵延性，而且有其广延性，普泛地流贯于历代的许多园林，它与园林审美意识之流可说是水乳般交融在一起的。至于吴江的退思园，题名来自《左传·宣公十二年》：“进思尽忠，退思补过”。仅从“退思”字面来看，它与园林性质、氛围也并不矛盾。

然而，有些伦理意识流在园林里的积淀，与园林应有的氛围颇有抵牾。以苏州网师园为例，濯缨水阁有郑板桥所书联：“曾三颜四；禹寸陶分。”出句说曾参“吾日三省吾身”（《论语·学而》），颜渊则有“四勿”——“非礼勿视，非礼勿听，非礼勿言，非礼勿动”（《论语·颜渊》）。这类伦理信条，对于园林生活是一种束缚，是一种“紧箍咒”，它有碍于人们在园林里放眼、畅神、陶情、忘我……；对句是说，大禹惜寸阴，陶侃惜分阴。《晋书·陶侃传》：“常语人曰：‘大禹圣者，乃惜寸阴；至于众人，当惜分阴。岂可逸游荒醉……是自弃也。”珍惜光阴是应该的，但也应有劳有逸。园林是供人休息逸乐的，游园本身就是“逸游”。在这里宣传排除“逸游”在外的珍惜分阴，实际效果就是劝人不要游园，以免浪费光阴。其实，游园也可看作是珍惜光阴的表现，所谓“文武之道，一张一弛”，没有积极休息的“逸”、“弛”，也就没有分秒必争的“劳”和“张”。《天隐子·斋戒》就说：“久劳久逸，皆宜戒也。”是为至理名言。再回过来说，该联如挂于园林中的书斋还可以，现挂在面向水池，供人观景的濯缨水阁，就不免煞风景了。它可能冲淡人们的游兴，把人们的对于山水花木的审美情致引向纯粹的社会道德领域，这样，怎么能谈得上“片山多致，寸石生情……得闲即诣，随兴携游”（《园冶·相地》）？因此，它至少是一种对审美的干扰……

另有一种情况，避暑山庄有大殿名“水芳岩秀”，匾额为康熙所题，意为“水清则芳，山静则秀”；后来乾隆又题匾曰“奉三无私”，意为皇帝应效法“天无私覆，地无私载，日月无私照”，处理朝政应廉正奉公。这表现山水之美和皇帝之德两块匾，在殿内南北相对，显得很不协调，使得自然美的意识和伦理善的意识互相矛盾。可以说，一殿之内的二匾，分则双美，合则两伤。

由此可见，伦理意识对于园林的作用有其二重性。纵观古今，伦理的善渗透于园林的美，二者结合得最为融洽无间，并令人品味不尽的，莫如花木之“比德”，这留待后论。

在中国古典园林里，除了历史地发展着宗教、重农、崇文、尚武、政治、伦理、哲理等意识外，还有神话意识（如蓬壶仙境、弇山乐邦之类的象征）、吉祥意识（如松鹤延年、五福捧寿之类的图饰）等，它们也是相互区别又相互错综、相互影响的精神之流；它们在园林的审美空间里也有着一定的流量和种种不同形式的历史积淀和显现。总之，种种社会性精神意识之流，极大地丰富了园林美精神生态建构的社会文化内涵，而又能动地推进了园林美的物质生态建构。

第五节　感性地打开了的社会史册

“人事有代谢，往来成古今。江山留胜迹，我辈复登临……”（孟浩然《与诸子登岘山》）此诗在某种程度上概括了名胜古迹时空交感的审美定性，它也同样地适用于中国古典园林。

中国古典园林也体现着人事代谢，时空交感的史学特征。圆明园四十景有“茹古涵今”，这一题名颇有其普遍的概括意义，以圆明园来说，就有其激动人心的兴亡史。所谓“茹古涵今”，说明凡是现存的古典园林，它总经过了或长或短的时间流程，总是既联系着过去，又联结着当今，因而留有种种不同内容、不同形式的“胜迹”，后人足以据此抚今追昔，赏鉴品味——发思古之幽情。

茹古涵今的园林以及其中有关的历史人物、事件所造成的对象性的存在，是感性地打开了的社会史册。这些“胜迹”虽然诞生于特定时代的历史，并且已经凝定为物化对象，但是它们的史学意义和美学意义，却属于精神性的文博范畴，也是园林美精神生态建构序列的元素之一。

历史人物的精神价值，是与其有关园林的审美价值成正比的。杭州西湖孤山的西泠印社四照阁有联云：“面面有情，环水抱山山抱水；心心相印，因人传地地传人。”这是写出了人和园的价值相关性：园因人传，人因园传；园因人显，人因园显。

在这方面，兰亭是一个很好的例证。兰亭，在绍兴兰渚山下，这里有崇山峻岭，茂林修竹，又有清流激湍，映带左右，风景是很优美的。但是，它不和人文美绾结在一起，也决不会流传千古，名播宇内。柳宗元《邕州马退山茅亭记》说：“夫美不自美，因人而彰。兰亭也，不遭右军，则清湍修竹，芜没于空山矣。”这一见解是异常精辟的。在兰亭，人们欣赏山水生态景观之美，同时也是在欣赏晋代书法家王羲之的人格美、艺术美以及名流们修禊活动的韵事之美，人们甚至是了解了这种人文美之后才去兰亭的，尽管今日之兰亭，早已非昔日之兰亭①。这就是山水园林之美“因人而彰”的审美事实。相反，如果离了历史上流传下来的这种精神性的人文美，或者说，离开了文学史、书艺史上王羲之的杰作《兰亭序》这一文化生态背景，兰亭无疑地会贬值，甚至不成其为古典名园。

---

① 郦道元《水经注》：“太守王廙之，移亭在水中。晋司空何无忌之临郡也，起亭于山椒……”而现存之兰亭，为明嘉靖间移此重建。

在中国古典园林中，文化遗迹所显示的价值意义，涉及到种种史学领域，如政治史、民间史、科技史、文学史、艺术史等等。分述如下：

一、政治史

政治人物的历史事迹，可以成为园林建构的某种主题。西安骊山下的“华清池”，除了作为关中八景之一的“骊山晚照”、千载长流的天然温泉和清代以来重行修建的殿池亭榭外，还负载着历尽沧桑的种种传闻。人们在这个历史悠久的宫苑中还可以追想周幽王“烽火戏诸侯”的典故，可以访觅秦始皇“骊山汤”离宫遗址，尽管这些遗址在正史、野史之外早已杳如黄鹤。而更有兴味的是，人们还联系唐玄宗、杨贵妃的故事来游览和寻觅飞霜殿、九龙汤以及贵妃池、梳妆台、晾发台……于是，岸上拂地的垂柳、池中荡漾的碧波、华赡富丽的龙石舫等，都似乎倍有历史情致。这里，精神性的人文景观系统和物质性的自然景观系统经由园林的艺术建构而融合在一起了。

再看清代的宫苑，颐和园是和慈禧的政治决策、奢侈生活、媚外邀宠、修复园林等活动绾结在一起的，这可写一本形象化的、见证性的史书。其中玉澜堂是慈禧囚禁光绪之处，这正像紫禁城宁寿宫花园的珍妃井（珍妃为光绪宠妃）一样，人们可以把它放在历史悲剧美的人文背景下来浮想联翩。

公共园林也往往由于有历史名人的遗迹而倍增其人文价值，西湖的岳王墓就是突出的一例。袁枚的《谒岳王墓》写道：“江山也要伟人扶，神化丹青即画图。赖有岳、于双少保，人间始觉重西湖。”一个“重”字下得极妙。岳飞在宋绍兴十年封少保，于谦在明正统十四年封少保，二人崇高的民族气节和为国为民的精神大抵相似，他们的墓分别在栖霞岭和三台山山麓，其悲壮的美足以为湖山园林增色添彩，时光的流逝也不会使其淡化，其结果正是相反。湖山园林需要伟大的历史人物来抬高自己的身价。伟人的祠庙墓阙，在园林价值的天平上增加了沉甸甸的历史砝码，于是人间更加看重西湖，而西湖在优美的总体风格中，又添了几分令人壮怀激烈的雄丽色调。许多事实证明，西湖的美也是“因人而彰”的。

二、民间史

如果说，政治史的人文内容主要是有关帝王将相的，那么，园林美还应该有其民间内容。如南京莫愁湖有胜棋楼，因明代开国君主朱元璋在此和徐达对弈而建构、而题名，这当然仍属政治史的范畴，然而这里更为驰名的，是历史上的洛阳民间女子莫愁。南朝梁武帝《河中之水歌》就咏道：“河中之水向东流，洛阳女子名莫愁。十三能织绮，十四采桑南陌头。十五嫁作卢家妇……”这一传说流过了多少朝代而愈来愈显出其魅力。莫愁湖曾有一副对联说：“世事如棋，一着争来千古业；柔情似水，几时流尽六朝春。”这是以园林空间为起点进行超越，在悠远的时间流程中逆溯而上，其时空交感性是异常明显的。另有一联则云：“湖山犹有英雄气；莺花合是美人魂。”人们沉浸在史学的情氛之中，从湖山花鸟中不但感受到了君臣的英雄气概和运筹策略，而且感受到了一位民间女子的似水柔情和绰约丰姿。

杭州西湖有苏小小墓，它蕴蓄了下层妇女的人文内涵，带有阴柔美、悲剧美的情调。与此相似，苏州虎丘有真娘墓。真娘为唐代苏州名妓，本良家女，北方人，能歌善舞，美貌出众。安史之乱中，在南逃路上失去怙恃，被骗入姑苏阊门青楼，但只伴客歌舞，守身如玉。后为免遭污，投缳自尽，葬于虎丘。历代文人游虎丘，总带着怜香惜玉之情，凭吊寄哀。白居易《真娘墓》写道：

真娘墓，虎丘道。不识真娘镜中面，唯见真娘墓头草。霜摧桃李风折莲，真娘死时犹少年。脂肤荑手不牢固，世间有物难留连。难留连，易销歇。塞北花，江南雪。

这首抒情诗，把遗迹中动人的民间悲剧美给挖掘出来了。历代文人题咏又增加了真娘墓这一景观的人文内涵，而真娘墓又增加了虎丘的美的魅力。

上海豫园有点春堂，上海小刀会起义时曾在此设立公署。今天，这里作为陈列室，感性地展出了有关小刀会的文物，这是又一种民间史的人文内涵，它构成了园林又一种人文景观之美。郭沫若先生题诗云："小刀会址忆陈刘，一片红巾起海陬。日月金钱昭日月，风流人物领风流。玲珑玉垒千钧重，曲折楼台万姓游。坐使湖山增彩色，豫园有史足千秋。"这首诗不仅点出了社会历史和园林景观时空交感的特色，而且指出了豫园由于有了小刀会起义遗址这一文史胜迹，因此园林山石增添了色彩，楼台厅堂增添了风流。所谓"有史足千秋"，也就是说，由于豫园有了这一彪炳的史实，因而更使其自然美、社会美、艺术美三者乳水交融而名垂于青史。

三、科技史

园林中也有或显或隐的科技史的积淀。上海豫园有得月楼，曾供奉元代女纺织技术家黄道婆像。得月楼月洞门上有清人所书对联："罗列峰峦，阶除旧迹支机石；涵空杼轴，亭榭新秋促织声。"庭院回廊间还有跂机亭，其屏门上有棉花栽培、纺纱织布技术等黄杨木雕十六方。这些构成了可贵的科技史景观系列，其主题的建构可谓独树一帜。而"支机石"，又丰富了石文化的内涵。

再从科技文明的视角来看，园林美的物质生态建构序列，无论是建筑花木，还是叠山理水，无不是科技的积极成果。颐和园的佛香阁、铜亭、十七孔桥、玉带桥，在科技史上都应该有其地位。苏州环秀山庄由戈裕良所叠的湖石假山，以大块竖石为主，以挑、吊、压、叠、拼、挂、嵌、镶为辅，不但发展了计成所创的"等分平衡法"，而且洞顶用戈氏所创的"钩带法"，也是有其科技史价值的。至于圆明园西洋楼的建筑以及喷池等，又可见出西方建筑技术之东渐。园林美的物质生态建构，同时是科技的对象化。这种科技美，既是物质文明之果，又是精神文明之花。

四、文学史

园林美的空间存在，大量地和文学史的时间流程形成交叉。因此，文学史在古典园林中的积淀，决不只是雪泥鸿爪。

先以祠堂园林为例。在四川眉山三苏祠中，对文学史上著名的三苏父子——苏洵、苏轼、苏辙的纪念成了该园的主要景观内涵。曾有一副对联概括了这一祠堂园林的人文特征以及人们的崇敬、怀念之情："江山故宅空文藻；父子高名重古今。"如把这一感性存在加以抽象化，那么"故宅——江山"作为横向展开的空间，和"古——今"作为纵向流走的时间，适成两线相交的十字形逻辑结构，而相交之点正是"文学"。

在济南公共园林大明湖，湖中有著名的历下亭。刘鹗《老残游记》第二回特别提到此亭的一副对联："海内此亭古；济南名士多。"联句出自杜甫《陪李北海宴历下亭》，既囊括了山东历下过去渊源有自的文化史，又点出了当今群贤毕至的盛况，其中当然也包括任北海太守的大书法家兼文学家的李邕在内。历下亭因杜甫、李邕的宴咏而身价益高。至于这一对联，为清代大书法家兼文学家何绍基所书。他因直言上书而获罪罢官，咸丰年间至济南泺源书院讲学，为历下亭撰书了此联，还写了《重修历下亭记》、《历下亭诗碑》，而此事在俯仰之间，又化为陈迹，碑刻作为历史文物保存在历下亭旁的东阁和"名士轩"中。历下亭由于有了这颗颗明珠一线串的文学史迹，它成了济南人文荟萃的一个聚焦点，而大明湖作为人文化了的公共园林，其空间无不受到湖心历下亭的文学美这个意识"场"的光辉辐射，这真可说是"因人传地地传人"了。

至于江南名园，也往往"因人而彰"。且不说苏州寒山寺由于唐代张继《枫桥夜泊》而名播寰球，就说只用四十千买下的沧浪亭，也由于宋代著名诗人欧阳修、苏舜钦相互酬唱而名垂千秋。宋荦《沧浪亭用欧阳公韵》写道："长史作记欧公赋，金钟大镛声相宣。斯亭遂与人不朽，卖得只用四万钱。"沧浪亭就由于苏舜钦其人，欧阳修其诗而成了中国古代园林史上的名园。这种重视人文之美的价值观，大量地被总结在有关的园记散文中——

> 唯念古昔园林之盛，载籍所书外，莫可纪数，而传名者究不多。人以园重乎？园以人重乎？（冯浩《网师园序》）
>
> 汉魏而下，西园冠盖之游，一时夸为盛事，而士大夫亦各有其家园……然亭台树石之胜，必待名流宴赏、诗文唱酬以传。（钱大昕《网师园记》）

这番理论，验之以中国古典园林美的历程，是颇有道理的。很多名园都是景观空间和文学史的流程相交叉的产物。

五、艺术史

中国古典园林也和历史上的书画金石家等结下了不解的人文之缘。

本书上编第三章第三节就论及了拙政园和青藤书屋由于分别有明代著名画家文徵明、徐渭的手植古藤而更为增值，这是园林史和绘画史在特定感性空间里的人文交叉。

园林史还更多地和书法史交叉，这不只是表现为书法家一般性的题书或书条刻石，而且表现为书法家留下的具有文物价值的重要遗迹。太原晋祠有唐碑亭，又称"贞观宝翰亭"，中有《晋祠铭并序》，为中国书法史上最早的行书碑，系唐太宗这位书法家撰文并书写。碑上书迹劲秀挺拔，飞逸洒脱，骨势雄奇，刀法洗练，这构成了晋祠又一重要的精神性艺术景观。再如唐代大书法家颜真卿曾为湖州刺史，据宋人周密《吴兴园林记》说，赵氏园"后临颜鲁公池"。由于这一遗迹，这个三维空间的园林，就增加了一个维度——时间，或者说，空间凝铸了时间，具有了书法艺术史的深层内涵。

位于西湖孤山风景最佳处的西泠印社，是含茹着金石篆刻断代史的园林。西泠印社是以"保存金石，研究印学"为宗旨并在国内外深有影响的学术团体。该园堂馆廊阁内外，有许多古碑刻，特别是"三老石室"存有东汉《三老讳字忌日碑》，吴昌硕《三老石室记》载此碑辗转流传过程甚详，为浙江现存最古的碑刻，字体介于篆、隶之间，宽舒不拘，艺术价值颇高，成为该园重要的人文艺术景观之一，或者说，是一个镇园之宝。此外西泠印社还有一系列篆刻家的小像和题赞，有丁敬总结浙派篆刻经验的《研林诗墨》刻石，有篆刻家邓石如、吴昌硕的雕像，还有印泉和宝印山房等等，小龙泓洞附近，刻石尤多。园中观乐楼一联写道：

合内湖外湖，风景奇观都归一览；
萃东浙西浙，人文秀气独有千秋。

确实可以说，西泠印社的人文秀气扑人眉宇，园外湖山、园内泉崖、学术社团、金石篆刻均已相与交融为一个和谐的艺术整体，园以社传，社以园传，这也是一种“因人传地地传人”。

于敏先生在《西湖即景》这篇游记中，从审美接受的视角写道：

如果西湖只有山水之秀和林壑之美，而没有岳飞、于谦、张苍水、秋瑾这班气壮山河的民族英雄，没有白居易、苏轼、林逋这些光昭古今的诗人，没有传为佳话的白娘子和苏小小，那么可以设想，人们的兴味是不会这么浓厚的。我们瞻仰岳庙而高歌岳飞的《满江红》，漫步南屏而暗诵张苍水的《绝命诗》；我们流连在苏堤上而追忆苏东坡的“六桥横绝天汉上，北山始与南屏通”，登孤山和放鹤亭而低吟林和靖的“疏影横斜水清浅，暗香浮动月黄昏。”在这里，自然与人的功业与人的创造融为一体。相得益彰的不只山和水，还有自然和人。

西湖是感性地打开了的政治史、民间史、文学史、艺术史……而灵隐寺、文澜阁、断桥等又体现了宗教意识、崇文意识、神话意识之流的历史积淀，这些对于西湖美的接受者是深有影响的。“发思古之幽情”，这是园林审美的一个极为重要的内容。接受者总会结合着园林美的这类由流动而凝冻的种种人文因素和精神建构，来品赏这部感性地打开了的社会史册，园林美学也决不应忽视接受者这类游览、品赏的经验。

至此，本编还可进一步得出如下美学结论：

“物华天宝，人杰地灵”，中国传统哲学强调这种“天——地——人”三才系统。在古典园林的艺术王国里，如果说，“天”是自然性的天时之美，“地”以及“物”是山水、花木以及建筑等物质生态建构之美，那么，“人”也可理解为社会性和精神性的人文之美，其中包括文化意识流和各种门类史上“园以人显”的积淀，当然，也包括文学、书法、绘画、雕刻、音乐、戏曲等艺术系列，因为包括文学在内的艺术是“人学”，是由人而作，为人而作的。中国古典园林这个“天——地——人”三才系统，是由许多相互联系的部分组成的一个总体，是一个多元交叉的大型集萃系统，是物质生态建构序列和精神生态建构序列相互交叉、相互乘除，包括精神文化在内的生态内涵异常丰富的艺术王国，借用皮尔森的术语说，它是“自然环境”和“文化世界”的大综合。

第 六 编

园林审美意境的整体生成

有境界则自成高格。

——王国维：《人间词话》

就中国艺术方面——这中国文化史上最中心最有世界贡献的一方面——研寻其意境的特构，以窥探中国心灵的幽情壮采，也是民族文化底自省工作。

——宗白华：《中国艺术意境之诞生》

中国艺术和西方艺术，中国美学和西方美学，其重要的区别之一，就是是否强调审美意境的创造。意境作为中国古典艺术的特构，无论是对于诗词、绘画、音乐还是对于园林乃至盆景的创作来说，都能赋予灵魂，灌注生气，化景物为情思，变心态为画面，使作品近而不浮，远而不尽，意象含蓄，情致深蕴，从而以其特殊的美的魅力，引人入胜，耐人寻思。

艺术作品的意境，是由若干相关相生、互渗互补的元素所构成的完整统一的、形有尽而意无穷的、深邃的艺术空间。园林的意境美更是如此，它是一个完整的有机系统，其构成诸元素具有突出的相关性和内聚力。本书第四编和第五编虽然也涉及到园林美物质性和精神性建构序列诸元素之间的某些相关性，但主要是以分析的方法对两大序列中诸元素作分解的、各别的乃至微观的论述。然而，园林美的意境却有赖于两大序列诸元素相辅相成、相生相发的有机生成，有赖于符合园林意境美的规律的意匠经营和整体章法。亚里士多德认为，“美与不美，艺术作品与现实事物，分别就在于美的东西和艺术作品里，原来零散的因素结合成为统一体”。[①] 艺术美是如此，作为中国艺术核心的意境美，更是如此。

在园林的艺术空间里，无论是地位最为突出的物质生态建构三要素——建筑、山水（泉石）、花木，还是其他物质生态建构元素或精神生态建构元素，当它们一旦服从于园林意境整体生成诸规律的控制调配，一旦体现了古典园林审美境界的空间观，一旦纳入了意境统一体的审美系统，作为艺术的有机部分来处理，就能和其他元素呼吸照应，互补交融，显现出一个个独特的境界来。

本编拟在前两编各别地分析园林美建构诸元的基础上，进而主要以综合的方法，分章分节概括和论述园林审美意境整体生成的诸多规律——“空间分割”律、“奥旷交替”律、“主体控制”律、“标胜引景”律、“亏蔽景深”律、“曲径通幽”律、“气脉联贯”律、“互妙相生”律、“意凝神聚”律以及体现了园林空间观的“唯道集虚”律[②]等，并拟分章分节结合审美实例展开论述。

---

① 北京大学哲学系美学教研室编：《西方美学家论美和美感》，第39页。

② 除“唯道集虚”律外，其他九条规律均于本编第一章中一并论述；至于第十条“唯道集虚”律，则由于内涵特丰，故拟于第二章中单独专题详论。

第一章　园林意境整体生成诸规律

园林意境系统的整体生成，离不开造园家“经营位置”的艺术章法，离不开园林从宏观到微观的控制调配。在这方面，绘画美学也可以作为园林美学的参照系。

中国绘画美学，历来十分强调章法布局。南齐谢赫提出的著名的“六法”中，就有“经营位置”一法。所谓“经营位置”，也就是章法，用现代的语言说，它主要是要求宏观地进行控制，艺术地把握大局。这对于绘画的艺术创造来说，是有着决定意义的。清人蒋骥《读画纪闻》论及章法时这样写道：“山水章法，如作文之开合，先从大处定局，开合分明；中间细碎处，点缀而已。”这也是说要从宏观上把握一幅画的大局，注意作品的整体效果，因为这是决定创作成败的关键；至于“细碎处”，只是画中的微观问题，是次要的，当然，它对于艺术创造来说，也是不容忽视的。

绘画美学中关于经营位置、章法布局的论述，也颇能适用于作为立体绘画的园林。对于园林的艺术创造来说，怎样才能体现审美的宏观控制呢？计成认为应该做到“意在笔先”。《园冶·借景》写道：“物情所逗，目寄心期，似意在笔先，庶几描写之尽哉！”其实，“意在笔先”的命题，也是从传统绘画美学中借鉴过来的。传为王维的《山水论》就说：“凡画山水，意在笔先。”

中国历代画论中，有关“意在笔先”的论述甚多，最精彩的莫如笪重光的《画筌》：

> 目中有山，始可作树；意中有水，方许作山。作山先求入路，出水预定来源。择水通桥，取径设路，分五行而辨体；峰势同形，谙于地理，象庶类以殊容。

这是提出了艺术创造之前的整体思维问题。也就是说，在意境酝酿过程中，要有内心的整体视象，要把握山水、树石、建筑、路径的系统相关性，山路、水源的意脉连络性，峰峦、桥梁“象庶类以殊容”的多样统一性……这都应该在事先有全局性的深思熟虑。

园林及其意境系统的创构同样如此，在选址相地之后，建构施工之前，必须全局在握，成竹在胸，然后再将胸中丘壑物化为园林及其生气灌注的意境系统整体。当然，这里还有一个“景到随机”（《园冶·园说》）亦即随机性以及不断修改、调整的问题。园林审美意境系统的创构，一般来说，有如下一些规律：

第一节　空间分割：方方胜景，区区殊致

任何园林，它的实际空间面积总是有限的，而艺术意境则要求无限，要求具有似乎不可穷尽的性质。园林要在这有限的空间里创造出丰富多样、各具个性的景观和层出不穷、含蓄不尽的意境，首先就得意在笔先、在宏观上加以把握，将整个园林空间分割为如下的景区或景观层次：大景区、中景区、小景区乃至个体景观、微型景观……其中包括过渡性空间以及中国园林特殊的空间——园中之园。在这个逐层分割的序列中，每个空间单位应有其不同的主题、风格、特色和美，构成不同的意境单元——意境子系统，这才能满足人

们好奇求新的审美心理。由此可见个性相异的空间之分割的重要性和必要性。当然，由于园林的性质和面积不同，这种空间分割也有所不同。以下分类作逐一介绍：

一、大型皇家园林的空间分割举隅

本书第三编第二章曾提及，北方大型宫苑就其功能结构可分为朝宫区、寝宫区、苑囿区乃至寺庙区等不同的功能区。这当然也是一种大景区或中景区的划分，这些景区也各有其合目的性的善和不同风格的美。

在承德避暑山庄，以澹泊敬诚殿为主体的宫殿建筑组群所构成的朝宫区，其总体风格倾向于肃穆淡雅之美；而北京颐和园以仁寿殿为主体的朝宫区和以乐寿堂为主体的寝宫区，其总体风格则倾向于富丽堂皇之美。这都是符合于个性风格相异的艺术要求的。

不过，本书只能适当结合功能结构的视角，而重点采取意境建构和景观风格的审美视角，这样，大型北方宫苑又可以分割为若干大景区，这些大景区可以大于或小于上述功能区。

就以北方大型宫苑中的苑囿区来说，由于它的面积极其广大，地貌颇为复杂，首先，可分割为若干大景区和中景区。

避暑山庄苑囿区的各大景区也都有其主要特征，它们各自的风格个性也显得特别清楚："湖泊景区具有浓郁的江南情调，平原区宛若塞外景观，山岳区象征北方的名山，乃是移天缩地、融冶荟萃南北风景于一园之内"[①]。就湖泊区来说，其空间面积也很广大，因此又被分割为若干景区和景观。如东部有水心榭、文园狮子林等；西部有"芳渚临流"、"曲水荷香"等，中部有"月色江声"、"无暑清凉"、"水芳岩秀"、"金莲映日"、烟雨楼等。仅从其题名来看，就丰富多采，风貌不一，所以人们每进入一区，眼前就换一番景色，别有一种艺术意境，于是，通过比较或对比，就会感到方方胜景，区区殊致，境界观赏不尽，层出不穷了。从理论上说，这就是一个个各别的意境单元，通过游览线和人们的审美脚步，串连而为一个整体的、动态的园林意境系统。

颐和园的空间分割也是成功的。它除了宫殿区外，还分割为以南湖岛为中心的昆明湖大景区、万寿山前山大景区和后山大景区。这三个大景区也各有其主要特征，而且可看出是经过精心设计的。例如，昆明湖岛屿零落，建筑稀疏，露出辽阔的湖面，以自然天成为主；万寿山前山则景物簇聚，建筑密集，覆盖了大部分的山麓，以人工建筑为主，二者反差极大，个性鲜明。值得一提的是介于山水间的长廊，有着分割空间，界定景区的良好功能，它把坦荡秀美的湖和崇高壮丽的山这两大景区，富于对比性地分割了开来。再看万寿山的两大景区，前山的广阔大路以平直为主，分布于山坡上；后山的林间小道以曲折为主，蛇行于山坳间。前山多建筑组群，富丽瑰玮，格局严整，视域寥廓；后山多山林野致，幽静恬美，构图自由，境界深邃。万寿山前山和后山截然不同的风格个性，体现了"山分两麓，半寂半喧"（笪重光《画筌》）的意境和章法，而前、后山又可各自分为若干中、小型景区以及谐趣园一类园中之园。这都是园林空间分割的杰出成果。

二、私家园林的空间分割举隅

私家园林有大型、中型和小型的不同，它们的空间分割大多没有大型宫苑那种层层相

---

① 周维权：《中国古典园林史》，第237页。

套的复杂处理，但也同样地可呈现出景区各异，“象庶类以殊容”的多空间性，而且特别显得自然随宜而不拘。梁思成先生就这样总结说：“大抵南中园林，地不拘大小，室不拘方向，墙院分割，廊庑分割，或曲或偏，随宜设施，无固定程式”。①

如王世贞的《弇山园记》写到，这个较大的宅园明显地分割为东弇、中弇、西弇三大区，“大抵中弇以石胜，而东弇以目境胜。东弇之石，不能当中弇十二，而目境乃蓰之。”这就是概括了该园两大景区的主要特征，它们能给人迥然有异的审美感受。祁彪佳《越中园亭记》也说，在“密园”中，“旷亭一带，以石胜；紫芝轩一带，以水胜；快读斋一带，以幽邃胜；蔗境一带，以轩敞胜”。这又是四个情趣各异、不可替代的意境单元，鲜明地显现了造园家所要强调的四种主要观念，人们优游在这类空间分割之中，就不会有重复感、雷同感，就会在层层深入之中，感受到寓多样变化于统一的意境之美。

为了具体地理解宅园空间分割之美，体会其经营位置之妙，这里摘录小说《金瓶梅》第五十四回有关内相花园的一段描述：

> ……慢慢的步出回廊，循朱栏，转过垂杨边一曲荼蘼架，踅过太湖石、松风亭，来到奇字亭。亭后是绕屋梅花三十树，中间探梅阁，阁上名人题咏极多。……又过牡丹台，台上数十种奇异牡丹。又过北是竹园，园左有听竹馆、凤来亭，扁额都是名公手迹。右是金鱼池，池上乐水亭，凭朱栏俯看金鱼，却象锦被也是一片浮在水面。……又登一个大楼，上写“听月楼”。楼上也有名人题诗，对联也是刊板砂绿嵌的。下了楼，往东一座大山。山上八仙洞，深幽广阔，洞中有石棋盘，壁上铁笛铜箫，似仙家一般。……

这段精彩而简洁的描述，富于动态地展示了一个园林的空间序列，其中一个个景区或个体景观，都是界阈较为分明，有序而不杂乱。人们按游览线前行，一个个动人的主题迎面而来：梅花、牡丹、翠竹、金鱼、听月、仙洞……如作一归纳的话，开头是花、竹、水、鱼的有序性的多种空间，主要由物质生态建构元素配置而成，还比较“实”；后来以“月”为主题，并让人听之以耳，就显得比较“虚”；最后呈现出仙家胜境，就更缥缈而难于捉摸了。这个由实而虚的景区景观序列的位置经营，颇能成功地发人游兴。如果这些景区景观都混杂在一起，不加以经营、分割、配置，那么，人们的游览，就可能有始无终，半途而废。

在中国古典小说中，反映古典园林空间分割规律而最为出色的，当推曹雪芹的《红楼梦》。在曹雪芹的笔下，贾宝玉、金陵十二钗的住所和附近景区以及其他景点，如怡红院、潇湘馆、蘅芜院、秋爽斋、栊翠庵、稻香村、藕香榭……各有不可替代的个性，读者一闭眼睛，不同风格的景区、建筑，就历历在目。曹雪芹关于空间分割的艺术经验，值得总结，值得借鉴。例如贾宝玉所居怡红院——

> 说着一径引入，绕着碧桃花，穿过竹篱花障编就的月洞门，俄见粉墙环护，绿柳周垂。……进了门，两边尽是游廊相接，院中点衬几块山石，一边种几本芭蕉，那一边是一树西府海棠，其势若伞，丝垂金缕，葩吐丹砂。(第十七回)
>
> 只见院内略略有几点山石，种着芭蕉，那边有两只仙鹤，在松树下剔翎。一溜回廊上吊着各色笼子，笼着仙禽异鸟。上面小小五间抱厦，一色雕镂新鲜花样槅扇，上

---

① 《梁思成文集》第3卷，中国建筑工业出版社1985年版，第232页。

面悬着一个匾，四个大字，题道是“怡红快绿”。（第二十六回）

再如林黛玉所居潇湘馆——

急抬头见前面一带粉垣，数楹修舍，有千百竿翠竹遮映，众人都道：“好个所在!”……进门便是曲折游廊……后院墙下忽开一隙，得泉一派，开沟尺许，灌入墙内，绕阶缘屋至前院，盘旋竹下而出。贾政笑道：“这一处倒还好；若能月夜至此窗下读书，也不枉虚此一生。”（第十七回）

来至一个院门前，看那凤尾森森，龙吟细细，正是潇湘馆。（第二十六回）

黛玉所居潇湘馆，与新鲜奇异的怡红院回乎不同，这里花光苔痕，鸟语溪声，湘帘垂地，翠竹掩映，宜品茗，宜下棋，宜读书。其主要特征是秀淡雅洁，僻静清凉，借用计成的话来形容，是“轻纱环碧，弱柳窥青”，“修篁弄影……俗尘安到”（《园冶·门窗》）。绿，成了这里的主色调；凉，成了人们的总感受。这和怡红院室外“葩吐丹砂”的热烈，室内“花团锦簇”的富丽，构成了鲜明对比。一斑可窥全豹，由此可见大观园里的景区、景观，其建筑构成、泉石配置、花木栽植，无不各有个性，别具风采。

就现存园林来看，广东番禺余荫山房，以“浣红跨绿”桥【图50，见书前彩页】将全园分割为二，西部以长方形荷池为中心，东部以八角水榭及八角环池为中心，两个水庭形成鲜明对照。两池因桥而分割，又因桥而沟通，颇为巧妙。再如苏州留园可分割为四区：中部饶山池风光；东部为建筑组合；北部有田园风味【图51，见书前彩页】；西部擅山林野趣。在东部建筑群落中，五峰仙馆前后庭、石林小院、冠云峰庭院也互为区别，毫不重复，各有自己的独创性和生命力，典型地体现出方方胜景、区区殊致的意境之美。

三、山区和水际园林空间分割举隅

“天下名山僧占多。”山区园林主要是寺观园林。山区园林空间分割得非常成功的，如镇江金山江天寺。它最大的建构特色是依山的坡度来分割空间，而最精彩的两个景区就是山腰的台陛区和山巅的殿宇区。台陛区是别具匠心的构筑，其石砌、台阶、望柱、栏板，错综相接，斜正相参，人行其间可以有上下左右种种不同的走向，能倍增游人的审美意兴。殿宇区则亭殿楼阁，高低错落，立面形象极为丰富，而山巅之北又建八面七级慈寿塔，极大地增加了殿宇区的空间立面层次。同时，这两个景区又形成了有意味的对比，不但有地处山巅与山腰的高低对比，而且有色调的对比，台陛区交错重叠的石结构在绿荫的包围中突现着素淡的本色，而殿宇区占统摄地位的黄墙，在蓝天映衬下则显现出庄严的色相。正因为其空间配置极妙，所以避暑山庄的金山和扬州瘦西湖的小金山，均对此作了不同程度的仿建。再如苏州虎丘，其千人石广场、剑池空间、山腰殿堂廊庑建筑群直至塔院，层层提升，又高低错落，其整体效果真是“楼阁依山若画屏”（蒋堂《虎丘》）。又如四川青城山天师洞——古常道观的空间分割也极佳。奥宜亭至集仙桥，为曲折起伏的带状导引空间；“云水光中”、三清殿、古黄帝洞等建筑景观群为主体部分；“曲径通幽”所串联的殿、洞，是别致的一区；慰鹤亭至洗心池，又是以自然生态为主的景区。从总体上看，分布有主有次，有奥有旷，有聚有散，有藏有露……构成了这一“其趣恒佳”的道观园林意境系统。

水际园林空间分割得非常成功的，当推杭州西湖的三潭印月。这个公共园林，与其说它是园中之园，还不如说它是湖中之湖，岛中之岛，或者说得更准确些，是湖中有岛，岛中有湖。它四周是环形堤埂，围合分割出一个内湖，这样就产生了水面空间的比较。放眼四周浩渺的外湖，或水天相连，或山水相映，或湖外有湖，或景外有景，其背景或景观分别为："柳浪闻莺"、湖心亭、孤山、"苏堤春晓"、湖中三塔……这些景区令人眼界开阔，心胸宽舒。再回首内湖，湖中又有小块陆地——中心绿洲，其东西向主要以绿堤与外堤相接，南北向则主要以曲桥与外堤相接，于是，堤桥又将内湖分割为四个小景区，而以九曲桥、开网亭、"亭亭亭"、九狮石一带景物最为密集。内湖中，有荷花、睡莲点缀着水面，绿洲曲堤上，则批红判白，栽黄育紫，铺锦列绣，美悦人目。从整体布局来看，其内外空间玲珑互渗，层次多变，处处有意，方方有境，似割而非割，相扣而非扣。康有为题"小瀛洲"（"三潭印月"旧名）长联有云："岛中有岛，湖外有湖，通以卅折画桥，……如此园林，四洲游遍未尝见。"它是对这一景区的空间分割和空间渗透的极高审美评价，而"三潭印月"内外互渗的意境整体，正是建立在这一空间分割之上的。

四、园中之园

这在中国古典园林里也有许多典范之作，除三潭印月之外，如颐和园的谐趣园，中心水池四周建有堂斋亭轩，如澄爽斋、瞩新楼、涵远堂、兰亭、小有天、知春堂、澹碧……并有曲折回廊沟通，形成以水为主题的独立庭园，建筑物正侧开合，高低大小，形态各异，多而不乱，而且互为对景，确实足谐奇趣。再如北海的静心斋、画舫斋，中南海的静谷，拙政园的枇杷园、海棠春坞，网师园的殿春簃等，都有其不同的意境个性之美。对此，本书或先或后会有所论及，这里不再一一赘述。

沈宗骞《芥舟学画编·布置》论绘画作品中部分和整体的相关性，这样指出："拆开则逐物有致，合拢则通体联络。"讲的虽然是绘画，但似乎更符合于中国古典园林方方胜景、区区殊致的空间分割律。

一个园林之内有机地分割而成的、层层相套的大大小小的景区和景观，"象庶类以殊容"，它们不但有其风貌各异的多样性，而且各有其相对的独立性，大都可以自成单元，作为单独的艺术品或意境美来欣赏，这就是"拆开则逐物有致"，亦即每个部分均有其独立的艺术价值和独特的审美意味。

然而，艺术作品的整体性、相关性还要求：每一部分都得成为一个有意味的整体的特定的组成部分。因此，作为艺术整体的园林，又要求取消其每个组成部分的各自分裂性，它决不容许任何部分成为超然于自己之外甚至与自己分庭抗礼的独立王国。在园林整体的宏观控制之下，每个层次的景区、景观和意境单元之间都必须息息相关，一气贯注，异态而共处地融洽成一个完满而有意味的艺术整体——意境系统。这就是"合拢则通体联络"。

既着意造成殊相的意境单元之美，又着意造成总体的意境系统之美；既可拆开供单独品赏，又可合拢作整体评价；独立多样而不分裂散乱，协调统一而不雷同板滞；变化多致，联络有情。这就是中国古典园林空间分割的美学规律。

第二节　奥旷交替：反预期心理的空间构成

和空间分割律密切相关的，是奥旷交替律。在中国园林里，景区与景区联缀或过渡的重要规律之一，就是奥旷交替。上节所提及的密园，“快读斋一带，以幽邃胜；蔗境一带，以轩敞胜”，就是一种奥旷交替的空间组合。

在中国园林美学史上，最早提出“奥如”“旷如”概念的，是唐代写著名山水小品《永州八记》的柳宗元。他在《永州龙兴寺东丘记》中说：

> 游之适大率有二，旷如也，奥如也，如斯而已。其地之凌阻峭，出幽郁，寥廓悠长，则于旷宜；抵近垤，伏灌莽，迫邃回合，则于奥宜。

其大意是说，升于悬崖陡壁之上，出于幽蔽阴郁之地，视界寥廓，空间悠远，就是“旷如”之境。而置身土山小丘之曲，潜隐灌木草莽之间，环境局促，空间迂回，则是“奥如”之境。对于这种幽邃的奥如空间，人们往往认为它没有价值，而赞颂开阔的旷如空间。其实，这是一种偏见。柳宗元认为旷如固然是佳境，而奥如也能满足人们另一种游赏的需要。龙兴寺东丘宜于“奥”，因此，柳宗元主张利用其奥，发展其奥。于是，“屏以密竹，联以曲梁，桂桧松杉楩柟之植，凡三百本，嘉卉美石，又经纬之。俯入绿缛，幽荫荟蔚”，使人“步武错迂，不知所出”。这样，真是“曲有奥趣”了。柳宗元爱好游山玩水，精于营造园林，善写山水小品，又是哲学思想家。他在记中从美学的高度表达了“游有二者”的卓识，提出了“奥如”、“旷如”这一对山水园林美学范畴，是很有价值的。恩格斯说，“要思维就必须有逻辑范畴”①。柳宗元提出的这对范畴，推动了园林美学品评的发展，促进了园林意境的创构，把人们轻视“奥如”的传统观念和心理定势扭转了过来。

柳宗元之后，“奥如”、“旷如”这两个基本概念较频繁地出现在包括园记在内的诗文中，对园林意境的生成也发生了深远的影响。见于历代园记，例如——

> 屈曲回护，高敞隐蔽，邃及乎奥，旷及乎远，无不称者。（尹洙《张氏会隐园记》）
>
> 地只数亩，而有纡回不尽之致；居虽近廛，而有云水相忘之乐。柳子厚所谓“奥如”、“旷如”者，殆兼得之矣。（钱大昕《网师园记》）
>
> 京师园林……郑王府为最有名。其园甚钜丽，奥如旷如，各极其妙。（崇彝《道咸以来朝野杂记》）

乾隆也爱用这一对美学范畴，其《圆明园四十景题咏》诗序也写道——

> 在园之西南隅，地势平衍，构重楼数楹，每一临瞰，远岫堆鬟，近郊错绣，旷如也。（《山高水长》）
>
> 缘溪而东，径曲折如蚁盘。径椽惬室，于奥为宜，杂植花木，粉红骇绿。岩幽石仄，别有天地。（《洞天深处》）

从以上可见，柳宗元提出的“奥如”、“旷如”这两个空间概念，已得到历史的认同。园林意境要求一个园中既要有屈曲隐蔽，深邃回合的奥如空间，又要有寥廓悠长，虚旷高远的旷如空间，二者交替兼具，各极其妙，而又相得益彰。

古典园林中的景区或景观空间单位，如加以横向的比较，有些可以分别地纳入“奥”、“旷”这两个不同的美学范畴之中。而中国古典园林对于这两种空间的交替处理，一般有如下两种形式：

一、入门奥如

中国园林似乎有一种模式，即一进门往往是不同形式的奥如空间。文震亨《长物志》

---

① 《马克思恩格斯选集》第3卷，人民出版社1972年版，第533页。

就说："凡入门处必小委曲，忌太直。"这一模式，是和中国园林的合目的性和意境结构分不开的。中国古典园林既然基本上是以"居尘而出尘"为目的的城市山林，那么，必然不愿让外面的尘嚣流进园内，也不愿让内部的清幽泄出园外。然而，门是非开不可的，所以入门处一般不设虚敞的旷如空间，而设或蔽或曲的奥如空间。再从意境结构来看，柳宗元《答韦中立论师道书》说："抑之欲其奥，扬之欲其明，疏之欲其通。"这可以和他的奥旷理论相互发明。抑，能产生"奥"的效果，而扬、疏、明、通都不同程度地和"旷"有关。进门处的奥如空间，是一种"抑景"的手法，其目的之一是为了张扬其中即将呈现的旷如境界之美。

苏州的留园，从沿街的大厅到宅后的园林，其间有一条狭窄漫长、敞幽交替而几经曲折的夹弄。这条入境的夹弄，其中大有文章。陶渊明的《桃花源记》是这样描述渔人入境的："山有小口……初极狭，才通人，复行数十步，豁然开朗，土地平旷，屋舍俨然。"渔人是带着一种神秘好奇的心理进入洞口的，在山洞这个奥如空间探行的过程中，他必然会消去种种尘虑，而"世外桃源"也正是靠其狭小幽暗的入口来保证其清幽静谧、独立自足的境界的。留园入口"邃及乎奥"的夹弄有类于此，它能使人在入口处就收敛心神，洗涤尘襟，进行心理的净化，为审美准备必要的精神条件。经过这种委曲式的奥如空间的过滤，"尘俗"之心就不易带进去，而园内清幽静谧的意境情氛也就不易外泄。其次，由于奥如空间的约束性，使视域窄小，直至"古木交柯"小庭而光线由暗渐明，空间由窄渐宽，于是，迎面有光影参差的一排漏窗，隐约可见窗外优美的山水、花木、屋舍之属，再绕过弯去，在对比的错觉心理影响下，会特别感到一望旷如，豁然开朗，风光如画，眼界一舒。这是一个空间上和心理上欲扬先抑的审美过程。这种奥旷交替，在国内堪列上品。

拙政园又自不同。一进园门（指中部原来的腰门），迎面一座黄石假山挡住视线和去路，要入园，就得绕道假山西侧的小径。这是一种"障景"手法。这种遮蔽式的奥如空间处理，有类于《红楼梦》第十七回关于大观园的描写：

> 开门进去，只见一带翠嶂挡在面前。众清客都道："好山，好山！"贾政道："非此一山，一进来园中所有之景悉入目中，更有何趣？"众人都道："极是。……"

文学创作有"开门见山"一法，是把要给人看的一下子亮出来，让人悉皆入目；园林创作则有"入门见山"一法，它反其道而行之，把要给人看的一下子遮藏起来，不让人立即看到，这就能保证园内清幽的境界不外泄，解决了总体结构上居尘出尘而又非开门不可的矛盾；同时，这也是一种欲扬先抑的艺术方法。贾宝玉还主张将大观园入门第一景题为"曲径通幽"。于是，红学家们据此景及题名等等进行考证，认为大观园的原型是北京恭王府花园，当然这也有一定道理。如恭王府花园入门第一景，恰恰也是"曲径通幽"。载滢《补题邸园二十景·曲径通幽》写道："行行入园路，山树青葱茏。曲折数十步，豁然蹊径通。……客休畏迷误，不与桃源同。勿谓地幽僻，真趣在其中。"可见该园曲径通幽的奥如空间，也有一峰挡在前面，绕过去则是如桃花源一样的豁然开朗的旷如空间。

即使是大型宫苑，也不乏入门奥如的构境形式。北京颐和园，走进东宫门也只见类似四合院式的平凡结构，空间不甚开敞，要曲折地经过几个殿堂庭院才豁然开朗，于是，寥廓悠长的昆明湖和万寿山呈献于目前，这才是一个旷及乎远的开敞境界。

宗白华先生在比较中国和西方美学的不同特征时说：

> 中国的园林就很有自己的特点。颐和园、苏州园林以及《红楼梦》中的大观园，

都和西方园林不同。像法国凡尔赛等地的园林，一进去，就是笔直的通道，……中国园林，进门是个大影壁，绕过去，里面遮遮掩掩，曲曲折折，变化多端，走几步就是一番风景，韵味无穷。把中国园林跟法国园林作些比较，就可以看出两者的艺术观、美学观是不同的。①

确乎如此，中国园林和西方园林相比，一进门就感到趣味不同，前者奥如，后者旷如，或者可以进而这样说，西方园林之内，基本上是清一色的旷如空间，它决不遮掩躲闪，不但不怕外露，而且有意坦露，让人一目了然于它那规整式的图案造型之美。

二、园内奥旷相兼，互换为妙

早在宋代，李格非《洛阳名园记》就说："洛人云，园圃之胜，不能相兼者六：务宏大者少幽邃，人力胜者少苍古，多水泉者艰眺望。"这代表了一种普遍的审美要求，而其中就包括着奥旷相兼的意愿。

其实，自宋代以来，很多园林是注意了奥旷相兼。袁枚《渔隐小圃记》写道，该园中"'足止轩'者，仅容二人膝语，甚奥；'睇燕堂'者，长庲重橑，可以张饮会宾，甚恢宏；'列岫楼'者，遮迣穹窿、灵岩诸峰，甚旷"。这就是由奥而旷的渐进序列。

园内奥与旷的交替转换，能引起独特的心理效果，能构成园林审美的独特心境。黑格尔曾强调说："园林的整齐一律却不应使人感到意外、或突然……"② 但是，中国传统的审美心理结构则不然，往往喜欢追求意外的奇趣、突然的美感。《桃花源记》中由奥而旷的"豁然开朗"的境界，陆游诗中由奥而旷的"柳暗花明又一村"的境界，它们之所以千百年来深入人心，原因之一就在于它们满足着人们追求意外奇趣的审美心理。其实，陆游的名句也不过是这类传统审美心理的艺术再创造之一。翁方纲《石洲诗话》就写道：

王半山"青山缭绕疑无路，忽见千帆隐映来"，秦少游"菰蒲深处疑无地，忽有人家笑语声"所祖也。陆放翁"山重水复疑无路，柳暗花明又一村"，乃又变作对句耳。

三例足以说明这一审美爱好和艺术趣味在中国有其普适性。人们在游赏山水园林时，对前面即将出现的境界，总会有一种估计，一种预期心理，如果不出所料，就会感到平淡乏味；相反，如这种接受期待被打破，被否定，就会陡然产生一种出于意外的惊异感。上引诗句，都写出了反预期心理空间的忽然出现，这种由"疑"而"忽"，就是一种心理陡转，就是一种美感的极大满足。正因为如此，陆游的诗句才不但转化为众口相传的成语，转化为园林审美的名言警句，而且转化为大量的园林意境景观。这类例证，在中国园林史上，可谓俯拾即是——

草堂之西，疑无径路，忽由小室宛转而入，有堂爽朗……（高士奇《江村草堂记》）

将及山，河面渐束，堆土植竹树，作四五曲，似已山穷水尽，而忽豁然开朗，"平山（堂）"之万松林已列于前矣。（沈复《浮生六记·浪游记快》）

石缝若无路，松巢别有天。（北海"写妙石室"联）

这种山穷水尽而柳暗花明，豁然开朗，别有洞天，都是由奥而旷，都是以反预期心理的空

① 宗白华：《艺境》，第326页。

② 黑格尔：《美学》第1卷，第317页。

间构成，给人一种出其不意的奇趣之美，给人以深刻的印象和极大的心理满足。

在苏州现存的园林中，也颇多由奥、旷互为交替而创构的出奇意境。

如进入狮子林的假山丛中，时而蹊壑盘奥，感到方位莫测，诡谲莫名；时而登上峰顶，顿感眼界明旷，空间寥廓悠长；时而迂回曲折，涉足于幽暗的水洞深涧；时而豁然开朗，只见如镜的池面上，天光云影共徘徊……这频繁的变换，无不是出人意外的别境，无不能令人随着脚步的行进而生奇趣异情。

再如留园，当人们饱赏了池山风光和庭院情趣以及奇峰异态之后，转入庭后曲廊，似感园景已尽，然而却出乎意外地在北部发现一个月洞门，上刻“又一村”。这里一进门，是带有旷如特色的平畴空间，竹篱杂树洋溢着农家情氛，迥然不同于方才所见楼馆厅堂的丽构和蓬岛仙苑的胜景，这也是一种奇趣。再如在留园中部的旷如景区的西南，廊庑奥如，为一幽静去处，忽见刻有“别有天”三字，其内清旷而饶有野致，山林溪流别具风采，廊壁还有“缘溪行”题刻，更发人浮想联翩……这又是一种空间的别趣。

对于中国古典园林中这种奥旷交替、绝处逢生的意境结构，计成在《园冶》中也有理论上的概括：“信足疑无别境，举头自有深情。”这也表达了中国人一种追求奇趣别境、幽意深情的美学观。

园林游览线上结合着空间分割所贯穿的意外性、突然性、出奇性，在外国游人心目中会感到更为新奇突出。日本学者横山正在《中国园林》中这样描述和概括道：

> 花园也是一进一进套匣式的建筑，一池碧水，回廊萦绕，似乎已至园林深处，可是峰回路转，又是一处胜景，又出现了一座新颖的中庭，忽又出人意料地看到一座大厦。推门入内，拥有小小庭院。想这里总已到了尽头，谁知又出现了一座玲珑剔透的假山，其前又一座极为精致的厅堂。……这真好似在打开一层一层的秘密的套匣。①

这虽然主要是对以苏州留园为范本的描述，但也是对中国园林乃至中国人的空间意趣、人生哲学的概括。中国的园林，正是在层层相套、奥旷交替中不断地展开自己的空间序列的；中国人也正是在山重水复、柳暗花明中不断地走过探寻奥秘、渐入佳境的历程的。

第三节　主体控制：凝聚·统驭·辐射

艺术品作为一个审美整体，它的各个组成部分的地位，决不是相互等同，平分秋色的，而是存在着主与宾相关相依、互为协调的美学关系。正是这种关系，使它们得以有机地整合而成为一个呼吸照应、生气灌注的意境美的整体。

艺术确实需要主体②或中心，小说、戏曲、舞剧需要主角乃至主线；音乐需要主音乃至主旋律，雕像群需要主像，建筑群需要主体建筑，绘画构图、建筑布局需要中心，如此等等。在古代山水画论中，也颇多关于这种宾主律的论述，例如：

> 凡画山水，先立宾主之位，次定远近之形，然后穿凿景物，摆布高低。（李成《山水

① 见《美学文献》第1辑，书目文献出版社1981年版，第425～426页。

② 本节的“主体”，区别于本书论述中相对于客体的审美主体，而是指相对于宾体的主体景观、主要景区或景物，它是章法布局意义上的“主体”。

诀》）

> 写山水家，万壑千岩经营满幅，其中要先立主峰。主峰立定，其余层峦叠嶂，旁见侧出，皆血脉流通。（朱和羹《临池心解》）

可见山水画中的主峰，是何等的重要，它往往是整幅构图的枢纽，血脉流通的关键。它有一种凝聚力，把其他的山水树石形象聚引到自己的周围，组合成完美的构图。于是，“主山正者客山低，主山侧者客山远，众山拱伏，主山始尊；群峰盘亘，祖峰乃厚……”（笪重光《画筌》）一幅幅符合章法规律的山水画，就这样地生成了。

中国古典园林审美意境的整体生成，也离不开不同类型、不同层次的主体的章法创构。在园林空间里，主体控制着、统驭着宾体，宾体围绕着、映衬着主体，于是，群星拱月，宾主相生，这是园林意境美学的又一条重要规律。

依据空间分割律，园林往往可以分割为若干大景区或景区，而其中往往有主景区。这特别重要，它是全园精华所萃，在园林宏伟的交响乐中，起着领奏和主奏的作用。避暑山庄除宫殿区外，山岳、湖泊、平原这三个特大景区中，湖泊区是主景区，尽管它面积不太大，但康熙、乾隆品题的七十二景中，有三十景均集中在湖泊区，所以说山庄虽以山名，它的胜趣其实却在于水。相反，山岳区面积虽然极大，品题景观却并不多。在颐和园，除宫殿区外，昆明湖区占全园总面积的大部分，但全园的主景区却是万寿山前山，该区不但建筑密聚，景观集中，而且从临水的云辉玉宇坊经过佛香阁到智慧海，有一条明显的中轴线，它可说是统驭全园的主轴。

在一个园林或一个景区之中，还往往有不同的主体类型。以江南园林为例，清人沈元禄曾说：“奠一园之体势者，莫如堂；据一园之形胜者，莫如山。”① 这是概括了江南园林中最突出的主体类型，当然，此外还有水体中心等。

江南园林的厅堂，如本书第四编第一章所论，是堂正型建筑的代表。它往往是全园的中心，方位一般为居中朝南，面对水池或山石，周围辅以亭台轩榭，缀以花木竹树，或用曲房回廊围合成中小型景区或庭院。厅堂作为全园或一个景区的主体建筑，它的体量、形式特别是所处的地位，也和其他宾体建筑显然不同。

拙政园的主厅远香堂，比起中部大景区各种个体建筑来，屋基平面面积最大，结构装修特别精美，屋顶也讲究华饰，如屋顶正脊用鸱尾，在苏州园林中较为罕见。总之是，它要显示出与众不同的地位、风采和气势。远香堂所起的“奠一园之体势”的作用，表现为居园之正中，山水、花木、建筑等一切景观都因之而设，围绕它而展开。作为主体建筑，远香堂在体势上对全局的控制作用，在苏州诸园中是发挥得最佳的。

在江南园林中，除了主体建筑而外，山和水也往往可以是大体量的主体类型。

苏州耦园东部的城曲草堂是重楼型的体量较大的主体建筑，而其南的黄石大假山造型逼真，宛自天开，为全园主山，假山东南的水池作为宾体，是一个有力的衬托。再往南是“山水间”水阁，它中隔黄石假山而与城曲草堂南北相对，围合而成以假山为主体的主景区，从而主宰着、决定着耦园的意境整体风貌。

在苏州园林中，以水池为主体的，这类水池一般居于园的中央，四周则点饰以种种景观。网师园是处理水池的佳例，其原则是一切为了有效地突出水池这个中心，池南的黄石

---

① 转引自童寯：《江南园林志》，第35页。

假山——云冈，似乎气势磅礴，但联系水池来看，其宾衬作用仍是很明显的，它只是相反相成地强化了这个水园的意境。拙政园中部水面广阔浩森，有水乡渺漫之意，它也是景区和意境的中心。试看，远香堂面临着水，“香洲”伸入于水，“小飞虹”廊桥横跨于水，“小沧浪”水阁架构于水，几座曲桥散布于水……而若断若续的土假山处于水池中央，也丰富了水体景观。早在明代，文徵明就在《拙政园记》中说，其水体景观“滉漾渺弥，望若湖泊”，“凡诸亭槛台榭，皆因水为面势”。这也是指出种种景观的向心力，它们都向着水体中心。

在北京颐和园，万寿山前山是主景区，而佛香阁又是其中的主体中心，它对于改变万寿山乃至全园的面貌起着几乎不可估量的决定性作用，这是需要重点详论的。总的来说，颐和园幅员广大，地貌丰富，其中有辽阔的湖面，高耸的山峦，但是，天然的地貌不等于艺术的意境，这里人工的改变也是不容轻视的。山岭一起一伏始有情，建筑或高或下方见意。万寿山的原型就缺少起伏之情和高下之势，显得板律有余而变化不足，因此，要把这里建构为主体中心，离不开惨淡经营。应该说，分布在万寿山前山瑰玮毗连、高下相倾的广大建筑组群，是使山貌顿异的主要原因，而佛香阁更起着决定的作用。

耸立在山腰中部高台上的佛香阁【图52，见书前彩页】，体型魁伟，高达40米，为琉璃瓦八角攒尖顶的层高型建筑，其结顶略高于万寿山巅和智慧海之顶。这一建筑，气宇轩昂，高超于一切景物之上，雄视着万寿山和昆明湖，显示出“据一园之形胜”的雍容宏大气度。从其审美功能来看，一方面，它打破了万寿山单调刻板的格局，使建筑和山势相结合，产生了起伏高下的情势，并有了丰富多彩的色调；另一方面，佛香阁前体量特大的石砌高台以及“八”字形的朝真磴，又以其大面积的几何体的规整造型反衬出山形的变化多样。总之，这类相生相破的空间关系，造成了颐和园这一主体景观的美。在这个主景区里，从万寿山南坡顶到昆明湖畔，建筑组群中的个体建筑，都拱向着佛香阁这一主体。例如湖滨呈直线形的彩画长廊，经过“云辉玉宇”牌坊处特地呈现出弧形，其围拱、面向主体排云殿－佛香阁的趋势是十分明显的。再看以这一牌坊作为起点的中轴线上，佛香阁踞于中心，前有排云门、排云殿、德辉殿，后有众香界、“智慧海”，东有“转轮藏”，西有五方阁……这都是佛香阁宏观的审美控制的范围。阁中有联云：“暮霭朝岚常自写；侧峰横岭尽来参。”一个“参”字，写尽了它统驭控制，唯我独尊的主体地位，写尽了周围建筑、山水、花木无不向其朝揖参拜的特点。再扩而大之，就整个颐和园来说，高耸于万寿山腰的佛香阁，也可说是一个有着强烈辐射性的艺术“场”。司空图《诗品·雄浑》说：“大用外腓，真体内充。返虚入浑，积健为雄。具备万物，横绝太空……”佛香阁就具备这种品格。它那崇高的体量似乎含蕴着真气，巨大的作用向四面八方伸张；磅礴之气，横绝于广袤的艺术空间，雄浑之概，笼罩园内万物，使它们获得了美的力量。它可说是颐和园整体意境的灵魂。

山水、建筑之所以能成为一园或一个景区的主体类型，一个重要原因在于它和其他景物相比，体量特别大或比较大，这是它们和园林物质生态建构三要素之一的花木的不同之处。然而，花木也未尝不能成为主体景观。

且不论北海古柯庭的古柯，就说济南千佛寺历山园庭院的宋柏，苍干虬枝，巍然挺立，也是这一景区独特的主体景观。这类崇高美激起了人们由衷的景仰之情。

园林里的主体、中心，都是相比较而存在的，都是在一定的空间范围内形成的。如果这类条件发生了变化，主体的地位、作用也可能发生变化，甚至有可能转化为非主体。

据崇彝《道咸以来朝野杂记》载，作为颐和园前身的清漪园，和今天颐和园的宏观布局是大不一样的。该书写道：

当年清漪园门北向，即后来颐和园所称后门者。入门为一大佛刹，即佛香阁。山下正殿、转轮藏及铜殿皆属之。山背临昆明湖，沿湖无围墙，其后皆旷野，一望无际。至排云殿、长廊，皆光绪中增修者。

根据这段记述来看，清漪园的艺术境界不大，景区和景观所提供的审美品味量不丰，佛香阁的主体地位没有今天这样充分地加以突出，它所笼罩、所辐射的艺术空间也不十分广阔。今天的颐和园是光绪以后在浩劫堆上逐步修复、兴建的。从宏观布局上看，颐和园比之清漪园的面貌大为改观。其一是宫门东向，把北大门改为后宫门，并把广大的昆明湖用围墙圈入园内，用西堤分割湖泊区，使其中的南湖区成为主景区，西湖区成为次景区，二者合为湖泊区而归属于佛香阁的宏观控制之下；其二是把佛香阁所处的后山改为前山，并以排云殿－佛香阁为中心增建了大量的建筑组群……这样，由湖泊区到沿湖长廊，由山脚而上山坡，登佛香阁和万寿山巅的“智慧海”，这个由低而高的序列更为符合园林、建筑的审美心理。李渔《闲情偶寄·居室部》说：“房舍忌似平原，须有高下气势，不独园圃为然，居宅亦应如是。前卑后高，理之常也。”改建后的颐和园，既极大地拓展了主体建筑控制之下的园林意境空间，又在前卑后高的审美序列中强调了主体建筑的崇高地位和雄浑气势，把主体建筑的性能充分地发挥出来了。

再如山西太原晋祠的园林主体中心，也是随着园林建筑的增建而改变的。郦道元《水经注》说：“际山枕水，有唐叔虞词，水侧有凉堂，结飞梁于其上。”可见在北魏时期，是以唐叔虞祠为该园的主体中心的。到了北宋天圣年间，唐叔虞被追封为汾东王，并为其母邑姜修建了宏大壮丽的圣母殿及其建筑组群，唐叔虞祠与之相比，相形见绌，它只可能退居宾位。于是，这个祠庙园林的宏观布局发生了根本性的变化，这种艺术上的“喧宾夺主”，是有审美价值的。就现在晋祠布局来看，园林的主体中心是十分明确的。从大门经水镜桥过会仙桥到金人台，这前半段中轴线主要地起着导向的作用，接着就进入园林的主景区，由对越坊而至献殿，对称感特别强，一面是钟楼，一面是鼓楼，再往前就是著名的鱼沼飞梁以及主殿——圣母殿。就这样，圣母殿及其中轴线在宏观上控制了全园。

在园林的艺术空间里，主体中心至关重要，它影响着全局，控制着整体，为园林的生命所系，在全园、景区中起着凝聚、统驭、辐射等宏观或中观方面的艺术功能。而在主体中心各种类型里，山、水固然是重要的，但建筑的功能更不容忽视，因为建筑和“人”相联系，人又和“情”相联系，有人有情，才有园林意境之美。

第四节　标胜引景：建筑乃山水之眉目

在园林美的物质性建构序列之中，建筑不但可以发挥其主体控制的审美功能，而且即使作为宾体，它也有其点景、引景的审美功能。因此，园林的主体控制律固然离不开建筑，而标胜引景律更离不开建筑。这在古代有关论著中也有所涉及——

有回廊而山水以回廊妙，有层楼曲房而山水以层楼曲房妙，有长林可风，有空庭可月。夜壑孤灯，高岩拂水，自是仙界，决非人间。（张岱《吼山》）

既具湖山之胜，概能无亭台之点缀乎？（乾隆《清漪园记》）

凡一图之中，楼阁亭宇，乃山水之眉目也，当在开面处安置。（郑绩《梦幻居画学简明》）

湖山的自然美，如果没有建筑美为之标胜，为之点缀，就会面貌模糊，显得眉不清，目不秀，不那么引人入胜。因此可以说，湖山再美，也离不开建筑的标胜、点缀乃至点睛。这里所说的标胜和点缀，二者略有不同，前者主要指规模较大的建筑或建筑群，如张岱所说的回廊层楼曲房，后者如乾隆所说的一亭一台，这也能起画龙点睛的作用。山水之间有了建筑，就不但使人感到可行可望，而且感到可游可居。所以《园冶》有“安亭得景”、“楼台入画”等语。有了建筑点景，山水景观就大为生色，就有了活趣，成为不可多得的胜景了。这可分几个层面来理解：

一、水体的标胜引景

北京的中南海，水体较宽阔，翠碧澄鲜，但由于水中瀛台岛上有了繁复错综建筑群，黄、绿、蓝多色琉璃瓦屋顶掩映在绿树丛中，特别是岛南端伸入水中碧瓦红柱的迎薰亭，“相于清风明月际；只在高山流水间”（迎薰亭联），因而才更具美的魅力。而“中海”建于水中的水云榭，亭台倒影浸琉璃，亦标胜概，给人以蓬莱仙境之感。同样地，杭州西湖如果没有“平湖秋月”或“三潭印月”各类建筑为水体景观点睛，西湖的美也必然大为逊色。

二、山体的标胜引景

乾隆《茜园八景·标胜亭》说：“笠亭据假山，亦足云据胜。”在园林中，假山的山巅或山腰设一小亭，景观也就会顿时增胜，增添其人情之美和形式之美。因此，假山上设亭，几乎成了造园的模式之一。如江南园林中，拙政园中部假山上有待霜亭、绣绮亭；留园中部假山上有可亭，西部假山上有舒啸亭；怡园假山上有螺髻亭……北京园林中，御花园假山上有御景亭；宁寿宫花园假山上有碧螺亭、耸秀亭；北海团城假山上有圆亭……。在中小型园林或景区的假山上设亭，既可充分利用空间面积以增添胜概，点缀山态，丰富景观，又可供人们登临以揽全园或景区之胜。这类山亭，以小巧玲珑为佳，如静心斋的枕峦亭，不过是一个微观配置，却能起到画龙点睛的标胜作用【图53，见书前彩页】。在灰白色的假山上，在绿色树丛的映衬下，该亭的丽姿艳彩分外显目，把周围空间都点醒点活了，这种点景引景的“枕峦”效果，是非常突出的。

三、制高点需要标胜引景

从宏观上或整体上看，艺术往往需要制高点。在时间艺术里，小说、戏剧、叙事诗、交响乐如果没有高潮，往往会结构松散，缺少趋向性和生命力。时间艺术里的高潮，也就是美的制高点。作为空间艺术的绘画，其制高点即画幅中所谓“上留天之位”，影响着画面包括空间感在内的整体形式感，而其地位的或高或低，也往往能决定画面的不同情趣。至于园林空间的制高点，往往也需要建筑来标高，来强调。

避暑山庄的湖泊区，众多的湖都平面地横向展开着，其中层高型的建筑并不多。要改变这一众体分散的状态，要打破这一基本趋于平面的园林构图，就必须强调制高点。如意洲东面湖中堆砌的石山上，有危然高耸的主体建筑金山亭，为体量高大的三层六角攒尖顶亭阁。湖泊区的这个极为重要的制高点，其作用不但在于康熙《天宇咸畅》诗序所说，

“仰接层霄，俯瞰碧水，如登妙高峰上，北固风云，海门风月，皆归一览”，而且还在于它拔地而起，以纵向的造型界破了湖泊区横向为主的平展构图。华翼纶《画说》写道：“画有一横一竖：横者以竖者破之，竖者以横者破之。”这里的两个“破”，前者被称为“透领”，后者被称为“穿插”。作为主体建筑的金山亭，正是以竖破横，既发挥它那主体控制作用，又发挥了它那制高点巍然独立的透领作用：透空而起，统领着湖泊区，使之构成一个完美的意境空间。

避暑山庄辽阔的山岳区，诸峰顶上高高地散布着几个亭子：东北是观赏冬日雪景的“南山积雪”亭，其北则有“北枕双峰”亭，西北是重九登高观赏秋色的“四面云山”亭，为山庄的最高点，此亭“山高先得月；岭峻自来风”的联语，写出了居高临下的气势。这几个制高点，不但在宏观上控制着山岳区乃至整个园林空间，而且可以说遥控着园外绵延的山岭，层叠的峰峦。这类亭子，比起体量极其庞大的山岭来，可说微乎其微，它们决非主体建筑，然而其作用却非同小可，不能低估。它们既是“据胜”——高踞于群山之巅，又是“标胜”——为园林名山胜景画龙点睛，还可说是广袤空间中具有辐射功能的艺术“场”。“空亭翼然，吐纳云气”（戴熙《习苦斋画絮》），这些亭对四周的环境进行宏观的标胜、辐射、收纳、引揽、透领……它们相互呼应着，相互交流着，织成了高空立体交叉的点景标胜网络结构，使得整个山岳区的景观浑成一体，蔚为壮观。

广东肇庆七星岩星湖，湖面广阔，山有“七星”——石室、玉屏、阆风、天柱、蟾蜍、仙掌、阿坡七亭，而湖上又大小错落地安置了一组亭子，于是，山上众亭与湖上众亭，既各自呼应，又相互呼应，结成了上下左右互联互应的点景网络，蔚为胜观。尤其是群山之巅的亭，更成为高空之“星”，放射、闪耀、点缀、引景，控制了公共园林的偌大空间，使其更有人文秀气和引人入胜的魅力。

建筑对于园林的标胜引景功能，除了突出地表现为亭以外，还有楼阁这类层高型建筑。广东东莞的可园，是以建筑美为主要特色的园林。在园内既无大体量的主山堆秀耸翠，又无大体量的水池作为中心，但是园林需要主体中心，景观需要透领点引，而该园内四层之高的邀山阁，正起了这一作用。这一层高型建筑为了避免园内空间塞实，屋室拥挤，特建于园的近边界处。它既让周围建筑物环绕朝揖，如群星拱月，又使全园景物联络照应，有机地联成一片。这个卓然独立，犹如鹤立鸡群的主楼，以其峻拔的身影，扩大了整个园林的立体空间，其点睛、标胜的审美功能是异常突出的。如取园外的方位进行观照，也可见此阁极大地丰富了整个园林的立面造型，特别是丰富了以建筑为主的园林天际线，使得坦荡的地平线上的建筑组合结构，不是平铺直叙，毫无起伏，而是立面不一，造型多姿，高低错落，宾主分明。这里的“高”和“主”，起着决定的作用，充分地体现出它那异乎寻常的主体控制和标胜引景的审美效应。

关于建筑在园林章法布局和意境整体中的构景功能，陈从周先生曾强调指出：

> 我国古代造园，大都以建筑物为开路。……盖园以建筑为主，树石为辅，树石为建筑之联缀物也。……园既有“寻景”，又有“引景”。何谓“引景”，即点景引人。西湖雷峰塔圮后，南山之景全虚。①

---

① 陈从周：《园林谈丛》，第10～11页。

可见，建筑物在园林中有着重要的地位，它既是造园进程中的开路者，又是园林物质生态建构诸要素之首，在园林意境的整体生成中，它还有其点景、引景的标胜功能。

在中南海“静谷”一角、树石深处，建筑物隐约可见。在周围绿色包围之中，数楹红柱有着万绿丛中一点红的标胜魅力，它不但出色地点缀了景观画面，而且逗引着人们踏着步石去寻胜探幽，可以说，如果没有绿中之红的标胜和诱惑，这里的步石可能无人问津，必然减损其审美价值。

至于作为层高型建筑的塔，尤其是山上之塔，其标胜引景功能远胜于楼阁，它具有磁性般的艺术“场”，能在更广大的空间里生发出强大的吸引力。如在杭州西湖，宝石山巅美人倩影般的保俶塔，也颇能以其非凡的魅力把人们诱向如诗似画的西子湖。袁宏道在《西湖一》中，就这样写道：“从武林门而西，望保俶塔突兀层崖中，则已心飞湖上也……即棹小舟入湖。”在袁宏道的审美心目里，这个塔似乎有勾魂摄魄般的功能。作为制高点，作为艺术“场”，作为标胜引景的建筑，保俶塔的作用不亚于北京北海的白塔，它已历史地成为西湖的眉目，杭州的象征，正像天安门成为北京的标志，布达拉宫成为西藏的标志一样。

第五节　亏蔽景深：一隐一显之谓道

正如本书第二编第三章所论，词和园有着密切的、相互影响的美学关系，它常常以园作为抒情环境，因此，园林美学也可以从词中得到某种有益的启示。

宗白华先生曾指出：

> 中国画堂的帘幕是造成深静的词境的重要因素，所以词中常爱提到。韩持国的词句：“燕子渐归春悄，帘幕垂清晓。”况周颐评之曰：“境至静矣，而此中有人，如隔蓬山，思之思之，遂由静而见深。”董其昌曾说：“摊烛下作画，正如隔帘看月，隔水看花。”他们懂得“隔”字在美感上的重要。①

这番话别具只眼地揭示了词境之所以深幽闲静的一个原因，而且拈出一个“隔”字，指出它在词境乃至一切艺术意境中的审美价值。词境的深静要借助于“隔”；至于园境，更离不开“隔”。正因为如此，宋代词人特别爱写“帘幕”，写到庭院时更爱突出“帘幕”，如“重重帘幕密遮灯”（张先《天仙子》）；“梦后楼台高锁，酒醒帘幕低垂”（晏几道《临江仙》）；“楼上几日春寒，帘垂四面”（李清照《念奴娇》）……“帘幕”已成为词人们表现深静情境的艺术符号。欧阳修词中也一再出现“帘幕”，这些“帘幕”使词境或词中的园境不但静谧化，而且景深化，令人味之不尽。他的《蝶恋花》更是发人深思，在一开头就这样写道：“庭院深深深几许？杨柳堆烟，帘幕无重数……”这一名句里的“帘幕”有两种解释：一种认为是堂馆楼阁中的真实的帘幕，另一种认为是用以比喻杨柳。《蓼园词选》说：“首阕因杨柳烟多，若帘幕重重者，庭院之深以此。”这一解释是可取的。试想，间隔杂植的杨柳，低垂着，掩映着，宛似重重帘幕，层层烟霭，扑朔而又迷离，确乎能产生“深深深几许”的审美效果。由此类推，园林中一切具有遮隔功能的实物，都有其“帘幕”作用，都能使园林的意境空间景深化。

---

① 宗白华：《艺境》，第162页。

遮隔具有深化园境、造成景深的审美功能。这在南北朝有关园林的诗作中就有所反映，不过不称“遮隔”，而称“蔽亏”或“亏蔽”。宋代以来，更不但在词中如欧阳修那样喻之为“帘幕”，而且在园记中还进一步概括其“亏蔽”的审美功能。这里并引如下——

草径滋芜没，林长山蔽亏。（北齐・邢卲《三日华林园公宴》）

左右皆林木相亏蔽……（宋・苏舜钦《沧浪亭记》）

岛之阳，峰峦错叠，竹树蔽亏，则南山也。（明・潘允端《豫园记》）

逾杠而东，篁竹阴翳，榆槐蔽亏。（明・文徵明《拙政园记》）

纷红骇绿，蔽亏变换。（清・钱谦益《朝阳榭记》）

西南一带植牡丹二十余本，界以奇石，高低断续，与帘幕掩映，丹棂翠楹，互相亏蔽，为园中繁华处。（清・叶燮《涉园记》）

从园林美学的视角看，园记似从苏舜钦的《沧浪亭记》开其端，“亏蔽”或“蔽亏”成了专门性的园林术语，或者说，成了园林美学的范畴之一。至于“亏蔽”的功能，张岱在《吼山》一文中作过具体阐释，他指出，“吼山云石……孤露孑立，意甚肤浅。陶氏书屋则护以松竹，藏以曲径，则山浅而人为之幽深也。”“亏蔽”的作用，是通过一定遮隔，使景观幽深而不肤浅孤露。

“亏蔽”和“遮隔”，其义又同又不同：遮隔只是一个概念，“亏蔽”则包含两个相对而又相关的概念。“蔽”相当于遮隔，它阻挡人们视线，使之无法通过；“亏”则相反，是指视线未被遮隔的透空之处。又是透，又是不透，或者说，又是隔，又是不隔；又是藏，又是露，二者互映互补，这就是作为园林美学范畴的“亏蔽”的基本内涵。

再说“景深”，这原来是摄影、电影艺术的术语：

在照相技术中，所谓景深，就是“由所摄镜头的前景伸延至后景的整个区域的清晰度。”景深越大，镜头孔径越小，焦距就越短。

景深是同人的视线活跃的深拓活动这种天性相一致的，因为，人的视线总是固定在明确的方向内进行搜索的……①

这也就是说，“景深”是在感光片上形成清晰影象的景物深度。本书用其作为园林美学术语，其义颇不相同，不但是指肉眼能见的景物深度，而且是指审美感受、审美想象中前景延至后景的空间深度。特别应说明的是，这种深度不是指“清晰度”，有时还更是指似清非清的“模糊度”。因为前景的物象似透非透、似隔非隔，其后景的能见度就必然表现为似清非清，似晰非晰；隐约模糊，若隐若现，于是，人们就倍觉其富于深度感，人们的“视线活跃的深拓活动”，就会伴随着美感而进一步展开，进行搜索，进一步探美寻幽。

亏蔽景深，是园林意境美学的又一重要规律。

中国园林的亏蔽艺术，形式多种多样，表现异常丰富，总的来说，它们可分为“全蔽”、“半亏半蔽”、“不隔之蔽”三大类型。

一、全蔽

本书曾一再论及，中国古典园林典型地表现为隔断尘嚣的城市山林。沈德潜在《勺湖

---

① 马赛尔・马尔丹：《电影语言》，中国电影出版社1980年版，第140页。

记》中写道："屋宇鳞密，市声喧杂，而勺湖之地，翛然清旷，初不知外此为阛阓者；而阛阓往来之人，不知中有木石水泉禽鱼之胜。"这段洗练的园记文字说明，城市山林型的古典园林，内外判断有别，园外是万户鳞密，市声喧嚣，一片城市繁华；园内则是翛然清旷，泉石幽静，一派山林野趣。这种截然分明的对比，是城市山林的基本特征。那么，这一特征是怎样造成的呢？一词以蔽之，曰"蔽隔"。

中国园林要成为一个深幽闲静，独立自足的自然生态王国，并隔绝园外的尘喧，最有效的方法莫如四周缭以墙垣。黑格尔在论建筑艺术时曾说，房屋"要求有一种完整的围绕遮蔽，墙壁对此是最有用最稳妥的"，"墙壁的独特功用并不在支撑，而主要地在围绕遮蔽和界限"①。可见，墙垣最主要的功能之一，就在于蔽隔。作为一种重要的蔽体，它可以用来造成一个独立完整的围绕遮蔽的空间。回溯古典园林发展史，本书第二编第一章就指出，早在秦汉以前，"囿"、"苑"乃至"园"、"圃"四周就是常设墙垣的。园的重要特点之一，就是四周用墙把自己围起来。"囗"，就是"围"的古字，是围墙俯视的象形字，也是全蔽的形象。发展到后来，只有公共园林如杭州西湖四周才不设墙垣，至于城市山林型的江南宅园，则都可说是高墙深院式的，借助于墙垣造成"全蔽"，这是建构城市山林的必要条件，是园内幽深闲静的意境生成的可靠保证。

二、半亏半蔽

这是园林内部最富于审美功能的艺术方法。在园林的内部，不论是要构成三维空间的幽深意境，还是要体现出类似二维空间的画面感，都离不开蔽隔。必须指出，园林对内是不能用全蔽方式的。因为这既不利于"游"，又不利于"览"，也不能使园内空间成为有机相联、气息周流的完整的意境空间。半亏半蔽则不然，它介于隔和透之间，能促使园内景区与景区、景物与景物、元素与元素之间互为联系，互为掩映。这样，就能使园内处处蔽隔，处处空透而相通，从而成为层次丰富、境界深幽、含蓄不尽、意趣无穷的城市山林。如果把一个园林看作是一个独立自足的系统，那么，对于园外的社会环境②来说，它无疑是一个全蔽式的封闭系统；而对于园内的审美境界来说，则是一个半亏半蔽式的遮而不断、隔而不绝的开放系统。城市山林的意境之美，正是建立在封闭和开放二者相生相需的基础之上的。

从审美观照的视角来看，半亏半蔽的主要结构功能是使景物体现"隐"与"显"的统一，从而给人以意趣深隽的美感。布颜图《画学心法问答》论证"山水必得隐显之势方见趣深"的绘画美学命题时指出：

> 显者阳也，隐者阴也……一阴一阳之谓道也。比诸潜蛟之腾空，若只了了一蛟，全形毕露，仰之者咸见斯蛟之首也，斯蛟之尾也，斯蛟之爪牙鳞鬣也，形尽而思穷，于蛟何趣焉！是必蛟藏于云，腾骧矢矫，卷雨舒风，或露片鳞，或垂半尾，仰观者虽极目力，而莫能窥其全体，斯蛟之隐显叵测，则蛟之意趣无穷矣！

这是以哲学的观点、喻证的方法揭示了景观构图和意境美的奥秘——一隐一显之谓道。可见，只有隐显二者相生相破，才能如神龙见首不见尾，或偶露一鳞一爪，使人"莫能窥其

---

① 黑格尔：《美学》第3卷上册，第65～67页。

② 这里的"社会环境"，不包括对园外作为自然景观的山水花木的外借和作为人文景观的塔之类建筑的外借。

全体”，才能生发出无穷意趣。从一些优秀园林中的景观来看，确实无不如此，它们总是尽可能避免全形毕露。人们如果站在一定的距离之外，那么不论从哪个方位或视角来观照，总只见其掩映藏露，而决不会“形尽而思穷”，令人一览无余。这种有亏有蔽、有隐有显的艺术方法，就其所凭借的蔽体类型而分，大体有如下几种：

（一）花木亏蔽

在园林中，花木是功能最佳的“帘幕”。它使画面轮廓自然，色调丰富，隐显叵测，境界层深，而且它可以单株，可以群植，形式也灵活多样。

再以杨柳为例，如在济南“趵突泉”这个园林里，无论是在趵突泉周围，还是在来鹤桥附近，一带拂地的绿柳，柔条千缕，婆娑随风，其疏密之间不断露出无数大亏小空，使被遮掩的厅堂、亭廊、桥泉若隐若现，若明若暗，这颇能给人以依稀朦胧，如烟似雾之感。这种“杨柳堆烟”，是带有某种透明感的重重“纱幕”，而景物未被垂柳遮掩的部分，则显露分明，但又不让人窥见全体。就杨柳的亏蔽功能来看，“趵突泉”确乎具有“庭院深深深几许”的意境含蓄之美。

上海松江的“醉白池”，是仿白居易池上赋诗而作，园主有“疏篱延远景，老树入清秋”之句。在园内，至今可见老树围以疏篱，而醉白堂正由于树群亏蔽，给人以“隐显叵测”之感，于是勾引起人们“视线活跃的深拓活动”，这正是层次、景深所孕育的意境魅力。

成都杜甫草堂有“水槛”，临水而筑，跨水而建，内部空间畅豁而外部空间幽深，所谓“叶润林塘密”（杜甫《水槛遣心》）。这一境界的生成，由于周围散植以竹为主的绿色植物，水竹相映，凤尾森森，池光粼粼，渲染着一派绿意，掩蔽于其间的建筑物，特别显得清幽静谧，引人入胜。

苏州的北半园，中有半亭、半舫、半廊、半桥等，可见其面积之小，如再让其全部裸露，必然意浅易穷。现其中树木蓊郁，蔚然深秀，从不同方位互为亏蔽，就令人感到步步有景，曲奥难尽，能逗引起人们觅胜寻幽的游兴。借用布颜图的画论说：“莫能窥其全体，斯蛟之隐显叵测，则蛟之意趣无穷矣！”

中国古典园林中，花木亏蔽的景观随处可见，或殿宇翼然，挑出于苍翠的松柏之隙；或有山如幅，隐现于蒙密的层林深处……一幅幅半亏半蔽的画面，供人观照，引人品味，使人流连忘返，这就是所谓“擅风光于掩映之际，览而愈新”（笪重光《画筌》）。

（二）山石亏蔽

如果说，花木亏蔽除了配置修剪外，主要出之天然，那么，山石亏蔽则既见天然，又见人工。经过加工的小型真山，特别是人工堆叠的石峰、假山，是园林中重要的蔽体。这种蔽隔给人的感觉，不是花木那种疏疏的柳、淡淡的烟的轻柔感，也不是郁乎苍苍、蔚然深秀的浓密感，而是一种磊落厚重、块然大物的实体感。

《红楼梦》第十七回，通过贾政一行人，展示了稻香村的亏蔽境界：

> 一面说，一面走，忽见青山斜阻。转过山怀中，隐隐露出一带黄泥墙，墙上皆用稻茎掩护。有几百枝杏花，如喷火蒸霞一般，里面数楹茅屋……

这一景观的总体环境，虽有不甚合理之处，但从具体景观来说，不乏诱人的意境之美。青山斜阻，这是山石亏蔽；喷火蒸霞的杏花，这是花木亏蔽；里面则是数楹茅屋。这三个层面之中，还有其他景物亏蔽着，穿插着，构成了层面丰富的画幅，现出种种色相，映出丰富的美。

山石在园林中的亏蔽形式是多种多样的。如扬州的佛寺园林大明寺，以蔽而又亏的黄石洞山掩映着粉墙上的月洞门，特别能增加园林空间的层次，生成吸引力。河北保定的"古莲花池"，园中有玲珑通透的假山——春午坡，借用章学诚的话说，是"峰峦石骨坚瘦，自持堆阜"(《月夜游莲花池记》)，它既可看作是入门奥如的障景，又可看作是亏蔽景深的蔽体，它使其后的牌楼隐现叵测，而不孤露肤浅。又如北京的白云观，属于道观园林，其西部有青石假山，山洞上刻"小有洞天"，亏蔽着其内的楼阁，而入洞登山，峰石又掩映透漏着艳采别致的妙香亭。再如常熟燕园，或以片石半掩"燕谷山洞"，或以黄石叠成"过云桥"来掩景，或以小型叠石作为庭院屏隔……这都是山石亏蔽的不同形式。

唐志契《绘事微言·丘壑藏露》写道：

> 画叠嶂层崖，其路径、村落、寺宇，能分得隐显明白，不但远近之理了然，且趣味无尽矣。更能藏处多于露处，而趣味愈无尽矣。盖一层之上，更有一层；层层之中，复藏一层。善藏者未始不露，善露者未始不藏。藏得妙时，便使观者不知山前山后，山左山右，有多少地步。

古典园林是以山石为皴擦，以花木为点染的立体山水画，其成功之作与唐志契所揭示的绘画美学原理若合一契。例如留园就以美和不足从正反两方面证明了这一点。刘敦桢先生曾指出：其"屋后山后用高树、竹林、楼阁等穿插其间作为背景，使房屋山林向上层层推远，可以造成景外有景的印象。留园中部从涵碧山房前西望土山，在树石亭廊后面还有枫林作背景，层次重叠高远；而由此北望，虽有园中主景，但山后别无他物衬托，因此景色浅近而少层次。"[①] 就前者来看，是藏中有露，露中有藏，一层之上，更有一层，其遮隔映带的艺术效果极佳，使人们感到触目深深，幽蔽莫测，竟不知山前山后有多少地步。这不正是一种典型的艺术意境?

(三) 屋宇亏蔽

这里所说的"屋宇"，是指除具有明显界隔作用的墙、廊之外的建筑物。在中国古典园林系统中，屋宇是纯粹出于人工的蔽体，它以造型的优美或壮观，色调的素雅或浓丽，立面的单一或丰富，调节着园林的画面，深化着园林的意境。

不妨先以林木为例，大片的林木，层次不一定丰富，甚至会使人感到单调，但如果中间杂以错落的亭台、参差的楼阁，那么，这种高低远近各不同的屋宇和林木互相穿插，就能生发出更多的层面和不尽的美感。蒋和《学画杂论》写道：

> 树石布置须疏密相间，虚实相生，乃得画理。近处树石填塞，用屋宇提空……树石排挤，以屋宇间之，屋后再作树石，层次更深。

这种屋宇与林木交相亏蔽的艺术，不论在北方园林还是南方园林中，是极为普遍的。

明代北京曾有宜园。刘侗《帝京景物略》说："其堂三楹，阶墀朗朗，老树森立。堂后有台，而堂与树交蔽其望。"这就是关于屋宇和树木相互间隔的一例，而所谓"交蔽其望"就是两种或数种蔽体交叉亏蔽，相与间隔，从而挡住人们的部分视线，不使景物全然裸露，这种交错的层面就是一种景深。"交蔽其望"就是"亏蔽景深"，它是园林意境美学的一条重要规律。

---

① 刘敦桢：《苏州古典园林》，第14页。

苏州艺圃“芹庐”小院一区，月洞门相套，别具情趣，如果说洞门为“亏”，那么，高墙就是“蔽”，二者把景区掩映得颇为幽邃，给人以“庭院深深深几许”之感，耐人寻味。这是屋宇亏蔽为主，结合着树石亏蔽所生成的艺术效果。

（四）廊、桥亏蔽

这里指具有一定长度，在遮隔上有亏有蔽的空廊、高桥、亭桥，而不是指缘墙而筑的单面廊，因为墙的主要功能是全蔽；也不是指江南园林中的平桥，因为这又主要表现为亏而不蔽。只有空廊、高桥，才既有交通功能，又有亏蔽功能，它有着和花木、山石、屋宇三种亏蔽类型不尽相同的特殊个性。

先说廊。四川新都的桂湖，有着壮实灵虚的建筑，开阔空爽的水面，宽敞透明的空间，开朗明快的风格，然而又层次丰富，遮隔有致，其景深效果离不开空廊回合，曲阑横斜，从这点上说，它不愧为巴蜀园林的代表。其建筑及装修特别是栏杆，古拙而灵巧，交错而多变，可谓掩映景深韵致多。

在济南大明湖，其空廊的半隔功能也发挥得较佳。如在铁公祠“小沧浪亭”旁，有一条水廊，南临开阔明净的大明湖，北面为亭畔规整形的小莲池，它不但使得廊外廊内的湖光池水交相辉映，大小水面形成对比，而且由园内透过长廊－水廊的亏蔽眺望大明湖，更感到它的波光渺渺，饶有远韵，特别富有审美意趣。

和铁公祠的长廊－水廊相比，北京中南海的“怀抱爽”，为旱廊－短廊，它的主廊只有三间，横列于小块平地和小块山石区之间，起着过渡或间奏的作用，短廊明间的前面，以天然的石块铺成的“涩浪”代替规整形的台阶，这是一种过渡的过渡。人们通过这一华彩的空廊向山石区透视，可见磴道散石随意点置，古木杂树高下相倾，景色幽深，层次丰富，具有含蓄的美。它以意境所特具的诱惑性吸引着人们或入廊小坐，或入境寻幽……

关于桥的亏蔽功能，发挥得最佳的要数北京颐和园，无论是桥上架有屋宇的荇桥、镜桥、练桥、柳桥、豳风桥，还是桥身隆起，部分地遮挡着人们的视线的玉带桥、界湖桥、后湖三孔桥，均把湖面遮隔得隐露断续，流响交光，画意盎然，诗情浓郁。

半亏半蔽的蔽体，除了以上几种类型外，还有堤岸之类，但它主要起围合空间、分割景区的作用，这里不再论述。当然，林木山石、屋宇廊桥也能起围合、分割景区的作用，这当视其遮蔽的程度而定，有时它们甚至是一身而二任，兼有亏蔽掩映、空间分割的双重功能。

在古典园林的亏蔽系统中，半亏半蔽的表现形式最为多样，构境功能最为突出，不但室外如此，室内同样如此。苏州园林建筑物室内，常常通过装修乃至陈设来创造层次和深度，如拙政园的“卅六鸳鸯馆”、留园的“林泉耆硕之馆”、狮子林的燕誉堂和立雪堂、耦园的“山水间”，室内均以精美雅致的飞罩、挂落飞罩、落地罩等隔成气息流通的不同空间，这种半亏半蔽的艺术美所创构的深静意境，远胜于室内真实的帘幕。陈从周先生指出：

> 园林与建筑之空间，隔则深，畅则浅，斯理甚明，故假山、廊、桥、花墙、屏、幕、槅扇、书架、博古架等，皆起隔之作用……日本居住之室小，席地而卧，以纸隔小屏分之，皆属此理。[①]

① 陈从周：《书带集》，第66页。

这是以简明的语言，概括了园林室外空间和室内空间的亏蔽景深律。

三、不隔之蔽

苏州园林对外可说都是典型的全蔽式的封闭系统，但沧浪亭却是惟一的例外。它北面不以高墙界隔，而濒临园外的一湾清流，着意让园景外露，园门也面水向桥而开。然而在特定的条件下，没有蔽隔作用的水也有隔离尘嚣的功能。这是由于沧浪亭北面的小巷相对地较为僻静，而且门临一湾清流，又可能由“沧浪”二字想起“沧浪之水清兮，可以濯我缨”，于是在俯瞰清流、信步过桥而入园时，无形中在精神上进行了一次净化，这是心理上形成的一种园内、园外的蔽隔。沧浪亭这种“不隔之蔽”的艺术处理，可谓匠心独运，在国内园林中是一个突出的范例。

古典园林内部的湖池溪流，沟涧水湾，都可看作是一种不隔之蔽，它们同样能增添景面层次，给人以亦即亦离的美感。不过这种盈盈一水的相间，主要是产生一种心理上的“蔽隔”感。不妨先从比较入手，例如，隔山相望和隔水相望是不同的，前者是“隔”，后者是“透”，但又有相同之处，即两者都有阻意，都不同于平地的通达，因此，水在心理上也会产生阻隔感。其次，平静似镜或波光荡漾的水面以及倒映水中的天光云影、花容树态，也会以其光色变幻缭人眼目，从而使人产生距离感，感到彼岸景物如隔一层无形的帘幕。正因为如此，董其昌总结绘画经验时，才把“隔水看花”和“隔帘看月”相提并论。

在中国园林史上，借助于水面蔽隔而创构意境的审美实例很多，如——

> 前临广池，灏溔潢漾，……遥睇南岸，皓壁绮疏，隐现绿杨碧藻中，其壶瀛宫阙幻落尘界乎？（张宝臣《熙园记》）
>
> 俯鉴清流，远观竹木，层层深隐，睇瞩不穷，可以涤烦消暑，墅中佳境，此为最胜，“瀛山”之称，当之无愧。（高士奇《江村草堂记》）

可见，不论是广池还是清流，它们的空间距离，水波光影，均虽“亏”而又带有“蔽”的功能，都能孕化意境之美。

圆明园有“蓬岛瑶台”，四周都是亏而若蔽，隔而不隔的水，人们的视线虽未被隔断，却又使人深感有着物质空间和心理空间的距离和阻隔。乾隆《蓬岛瑶台》诗着重对这种审美心理作了描述：“蓬岛瑶台福海中，往来只借舟相通……若台若榭皆熟境，庭松峙翠盆花红。不如可望不可即，引人企思翻无穷。”这是说，高台低榭、苍松红花都是常见之物，可望而又可即，因而近熟而味淡；但是，它们置于被水遮隔而可望不可即的蓬岛，却化熟为生，远而味浓，能引发人无穷的企思。这是道出了园林意境美学的三昧——距离，它不但可以和张宝臣等人的园记相印证，而且可以和唐代戴叔伦“诗家之景……可望而不可置于眉睫之前”（司空图《与极浦书》引）的诗歌意境美学相印证。

架于水上的梁板式平石桥，也不妨看作是一种不隔之蔽，这在苏州园林里表现了出色的构境功能。留园中部弯环曲折的水谷上，有六七处小石梁，它们高低错落，很少遮蔽视线，然而却创造出若干情趣各异的以溪涧景观为主的段落，给人以层深不尽的审美余味。而苏州的“艺圃”，有较高审美价值的景观在西南“芹庐”小院内外，这里意境幽静。值得称道的是，小院内引进院外池水为一小小曲溪，溪上巧妙地架有石板小梁，它对溪水的作用是隔而不隔，不隔而隔，于是，小溪的流向景深化了，所谓“水因断而流远”（〔传〕梁元帝《山水松石路》），而这又“同人的视线活跃的深拓活动这种天性相一致”。小院的院外水面上也有平曲桥，它们不但使内外水体多层面化，而且使小院的整个空间也无形地多层面化了，但这主要是诉诸审美心理而形成的微型景深境界。

《易·系辞上》说："物相杂，故曰文。"《易·系辞下》说："参伍以变，错综其数。通其变，遂成天下之文；极其数，遂定天下之象。"这一古老的哲理，在中国古典园林的亏蔽系统中，已化为活生生的具象之美，意境之美。

不妨对拙政园中部以水体为主的景观【图54】作一多角度多方位的综合剖析。如取北面见山楼南望的视角纵向地看，首先可见池水被亏蔽为四五个景观层面，其中有平曲桥的近乎不隔之蔽，使水流似断而实续；有"香洲"伸入水中的屋宇亏蔽，使水面形态更为耐看；有"小飞虹"廊桥的亏蔽，它只有弧曲形屋顶、几根廊柱以及华美透空的栏楯遮挡视线，使得透空的虚处水面更为诱人……如果反过来，把水面看作是一种"不隔之蔽"，那么，被水所隔的景面，除了曲桥、香洲、小飞虹之外，还有荷风四面亭的小岛以及"小沧浪"水阁等。如果再变换方位，横向地看，池水又把两岸风物作了种种不蔽之隔，而近处的空廊又遮水隔陆，掩花映树。在整个立体画面上，还随处可见种种花木亏蔽……总之，在这个丰富的艺术空间里，有种种物质上的亏蔽，也有包括心理距离在内的心理亏蔽……，它们交汇成一个不隔而隔，亏中有蔽，变化成文，互为藏露的多结构开放系统，并使园景这个审美客体和观赏者这个审美主体在相互交流中"通其变"，"极其数"，实现隐与显、物与我的统一。中国古典园林审美意境的整体生成，离不开这种多层面、多角度"相杂"的亏蔽艺术。

图54 "物相杂，故曰文"——苏州拙政园部分景观鸟瞰（选自刘敦桢《苏州古典园林》）

第六节　曲径通幽：游览线的导引功能

唐代诗人常建在《题破山寺后禅院》中，有如下脍炙人口的名句："竹径通幽处，禅房花木深。”它历来广为传诵。值得注意的是，常建这首诗在流传过程中，“竹径”更多地被改为“曲径”。一字之差，却值得作一番考证，作一番美学探索，这就是：作为园林游览线的“径”，取什么样的形态通往“幽处”，才最符合中国古典园林的性格？

唐代殷璠的《河岳英灵集》，是唐人选唐诗的总集之一。它首录常建的诗作“竹径”。唐末韦庄的《又玄集》以及后人刻的《常建集》收录此诗，均作“竹径”。据此推测，这可能是此诗的本来面目。直至南宋，魏庆之《诗人玉屑》引录诸家诗评，多处均作“竹径”，但卷六引晦庵（朱熹）诗评，却似乎首次作“曲径”，从园林美学的视角看，这是一个值得注意的走向。宋、元以降特别是明、清时代，作“曲径”的就愈来愈多了。《唐诗品汇》、《唐诗别裁集》以及影响极广的《唐诗三百首》、《重刻千家诗》等，均作“曲径”，今人高步瀛《唐宋诗举要》以及郭绍虞《沧浪诗话校释》所引，也作“曲径”，如此等等。

在漫长的历史进程中，为什么“竹径”逐渐地几乎被“曲径”取而代之？这是与审美风尚的嬗变分不开的。早在东晋时，曾有人以建康的路径纡曲为劣；有人却认为是优，因为“阡陌条畅，则一览而尽，故纡余委曲，若不可测”（《世说新语·言语》）。这是值得注意的美学思想，但这仅是一次讨论，而且并不是讲园林。到了南朝，咏园诗中出现了曲径：“入林迷曲径，渡渚隔危峰。”（萧绎《游后园》）但这类曲径，很可能是自然地形成的。在唐代，园林的路径也一般取自然形态，当然其中不乏曲径，如刘禹锡《城中闲游》所说的“竹径萦纡入，花林委曲巡”。但是，当时对园林的曲径似乎没有突出的关注，就像常建那样。直至唐末的司空图，总结和发展了唐代山水诗以及园林的美学思想，并以园境喻诗境，才突出地表现了对“委曲”境界的理论兴趣。其《诗品》“委曲”一品写道：“登彼太行，翠绕羊肠。杳霭流玉，悠悠花香。力之于时，声之于羌。似往已回，如幽匪藏。”他欣赏羊肠小道的诘屈，欣赏弓的弯曲，欣赏“羌笛之声曲折尽致”（杨廷芝《诗品浅解》）。这种审美趣味的形成，也和他晚年退居山林别墅——中条山王官谷的“休休亭”有关。我国古代美学史上关于“委曲”的审美理论，虽发端于东晋，但这只是个别审美经验的记录，并未形成一种文化气候或一种自觉理论。直到唐末追求“韵外之致”的司空图，才把它作为一个美学范畴提了出来。与之相近，宋代李成《山水诀》也提出“路要曲折”的绘画美学规范来。

宋元明清时代，对“曲”更表现出愈来愈突出，也愈来愈自觉的审美强调。这可放在广阔的艺术背景上来作文化学的透视。宋代姜夔《白石道人诗说》解释“曲”这种体裁说：“委曲尽情曰曲。”元、明以来，戏曲流行。明代王骥德《曲律》认为其特点是“委曲宛转”，“宜婉曲不宜直致。”所以戏既称“曲”，又称“折”，意在曲折有致。清代声乐理论著作《明心鉴》说：“曲者，勿直。”刘熙载《艺概·词曲概》也说：“余谓曲之名义，大抵即曲折之意。”这一时期，小说也特别尚曲，在理论批评上，宋代的刘辰翁开其端。他在《世说新语》一处批道：“此纤悉曲折可尚。”《红楼梦》第四十六回脂评也说：“九曲八折，远响近影，迷离烟灼，纵横隐现。”这几乎可以当作园论来读。至于诗歌，施补华《岘傭说诗》强调“忌直贵曲”。刘熙载《艺概》还把草书用笔比作相地中的所谓“龙脉”，认为“直者不动而曲者动”。……可见，宋、元以来的诗歌、小说、音乐、戏曲、书法以及绘画理论等，都以曲为美。清代的袁枚，更从美学思想上进行概括，他在《与韩绍真书》中写道：“贵曲者，文也。天上有文曲星，无文直星。木之直者无文，木之拳曲盘纡者有文；水之静者无文，水之被风挠激者有文。”当时，这番话还流传为“人贵直，文贵曲”的谚语。袁枚对“曲”的美学强调，应该看作是文艺中“以曲为美”的历史经验不断积累的结果。

“曲径通幽处”的诗句之所以在明、清时期特别流行，除了当时以曲为美的艺术趣味的影响外，更由于当时趋于成熟的园林美学趣味的影响。《园冶》就有“曲径绕篱”，“长廊一带回旋”，“小屋数椽委曲”等语，并对曲廊的建构有创造性的发展。清代李渔《闲情偶寄·居室部》说，园林往往“故作迂途，以取别致”。程羽文《清闲供》也有“门内有径径欲曲”之语，如此等等。

诗句“竹径通幽处”和“曲径通幽处”相比，并无什么优劣之分。“竹径”可能是“直径”，也可能是“曲径”，不过诗人认为没有必要写出破山寺后禅院“径”的这一特征，这从一个侧面反映了唐代园林不特别讲究“径”的曲直。宋元以来，园林的曲径不断得到了人们审美的公认，于是许多著作在收录或引录常建诗句时大多从“曲径”而不作“竹径”。一个“曲”字之改，表现了前人长期来对园林的重要组成部分——作为游览线的路径的主要形态的审美选择，它表征着人们对于“委曲美”由自发向自觉的转换。“曲径通幽”就是这样历史地演变而来的。它是时代审美风尚的产物，是各门艺术孕育的结果，是造园艺术的历史经验的一个结晶。

曲径通幽，是园林意境整体生成的一条美学规律，它在园林中有着普遍的表现。如本章第二节所述，《红楼梦》大观园一进门的羊肠小道，被题为“曲径通幽”。北京恭王府萃锦园，进门第一景也是“曲径通幽”。再如北京碧云寺水泉院有“曲径通幽”，为碧云十景之一。至于北京的大型宫苑，其中曲径也占有重要的艺术地位，如对联、诗句所描述——

芝径缭以曲；云林秀以重。（中南海“大圆镜中殿”联）

境因径曲诗情远；山以林稀画帧开。（北海“邻山书屋”联）

径曲致因静，檐虚趣转舒。（圆明园乾隆咏《含清阁》诗）

这也都说明，在北方园林系统中，和亏蔽一样，曲径也是孕育诗情画意、幽境静趣的重要手段。

在苏州园林中，“曲径通幽”更是典型的美学特征。这种贵“曲”的美学思想，突出地体现在“曲园”的艺术构思上。清代著名学者俞樾在苏州筑室，其旁隙地构小园就名为“曲园”，这一是因其整个地形曲折，二是由于其中的径、景俱曲。他在《曲园记》中写道：

曲园者，一曲而已，……山不甚高，且乏透、瘦、漏之妙，然山径亦小有曲折。自其东南入山，由山洞西行，小折而南，即有梯级可登……自东北下山，遵山径北行，有“回峰阁”。度阁而下，复遵山径北行，又得山洞……“艮宧”之西，修廊属焉，循之行，曲折而西，有屋南向，窗牖丽镂，是曰“达斋”。……由“达斋”循廊西行，折而南，得一亭，小池环之，周十有一丈，名其池曰“曲池”，名其亭曰“曲水亭”。

在这个园中，有山径之曲，有池水之曲，有修廊之曲，建筑物的题名，也常常赋予曲义：回峰阁，使人想见山境的峰回路转；曲水亭，使人想见水流的盘曲潆洄。从记中所叙路线来看，也是高高低低，曲曲折折，给人以盘绕不尽之感。俞樾不但以曲名园，把“曲”作为园林主题，而且还以此为号，自称“俞曲园”。

俞樾在《曲园记》中还发人深思地问道：“曲园而有‘达斋’，其诸曲而达者欤?”这一思想和传统的诗歌美学有关。魏源《诗比兴笺序》就说：“词不可以径也，则有曲而达焉。”俞樾进而在园林领域里，提出了“曲而达”的命题，丰富和深化了“曲径通幽”的美学思想，这是极有价值的。在某种园林中，路径曲者忽视达，达者则忽视曲，俞樾的美学将二者辩证地统一了起来。

园林中的曲径有什么审美功能？诗人常建写道：“曲径通幽处，禅房花木深。”诗句点出它是通向“幽”、“深”境界的。《红楼梦》第十七回则指出曲径通幽是“探景的进一步”。可见，引人入胜，让人探景寻幽的导向性，正是曲径十分重要的审美功能。

而更重要的是，曲径所通的幽境，又并非绝境，并非死角，它只是曲径中的一段或一点。因为曲径不只是“曲”，而且还“达”，是通此达彼的。在这条曲径上，随着审美脚步的行进，前面总会不断地展现出不同情趣的幽境，吸引着人们不断地去探寻品赏。曲径那种几乎无限的导向性，归根结底是由几乎往复无尽的通达性所决定的。

《扬州画舫录·城北录》是这样描述小洪园的曲径的：

> ……石路一折一层，至四五折，而碧梧翠柳，水木明瑟，中构小庐，极幽邃窈窕之趣……过此又折入廊，廊西又折；折渐多，廊渐宽，前三间，后三间，中作小巷通之。……廊竟又折，非楼非阁，罗幔绮窗，小有位次。过此又折入廊中，翠阁红亭，隐跃栏槛。忽一折入东南阁子，躐步凌梯，数级而上，额曰“委宛山房”……阁旁一折再折，清韵丁丁，自竹中来，而折愈深……游此间者，如蚁穿九曲珠，又如琉璃屏风，曲曲引人入胜也。

这种变化多端、引人入胜的曲径，是很有审美意味的。美国的艺术理论家库克曾写道：“‘用一根线条去散步’，这是德国伟大的艺术家保罗·克莱一次用来表达线条的一句话。它总结了关于线条的一个重要的方面……”① 这是对线条的功能的高度概括，然而这毕竟只是一个妙喻而已。西方画论中这个颇具卓识的名言，在中国园林中竟成了现实的审美活动。这根线条就是幽美的曲径，就是“曲而达”的线条。正像一根曲线贯穿起一颗颗熠熠生辉的珍珠一样，小洪园的这条曲径上，也贯穿着一系列不同的幽境：水木明瑟的小庐，罗缦绮窗的华楼，委宛尽致的山房，清韵丁丁的竹林……造园家正是用这根曲线导引人们去进行脚踏实地的美学散步的。

中国古典园林的曲径，除一般蜿蜒于平地者之外，还有多种多样的表现形态。例如：曲蹊，这是山间的曲径；曲岸，这是水边的曲径；曲堤，这是夹水的曲径；曲桥，这是水上的曲径；曲室，这是屋内的曲径；曲廊，这种曲径，既有屋宇，又在室外，还可以在山边、水际、水上迤逦曲折，在园林中占有十分重要的艺术地位。对于除平地曲径而外种种曲径的表现形态，这里结合审美实例分别论析如下：

一、曲蹊

平地的曲径，基本上是在两度空间的平面上曲折萦绕的；而山间的曲蹊，则还在作为三度空间的立体上曲折萦绕，它既有曲度，又有坡度（高低起伏，也是一种“曲”），同

---

① 库克：《西洋名画家绘画技法》，人民美术出版社1982年版，第18页。

时在随着山势而高低起伏、左折右曲时，一路也缀以花树、亭阁、怪石、山洞、石梁、涧谷、泉瀑等，使得游人处处有景可赏，有胜可探，不断地领略其幽深的境界之美。

小园的叠山，应特别讲究曲蹊的高下盘曲和沿途景点所构成的意境效果。在这方面，苏州环秀山庄在江南园林乃至全国园林中可谓首屈一指。其中假山占地仅半亩，但山上蹊径长达60～70米，涧谷长约12米，曲蹊依势而绕，据险而设，一路既有景点之美，又有对景之奇。陈从周先生曾作过洗练而精彩的描述：

> 自亭西南渡三曲桥入崖道，弯入谷中，有洞自西北来，横贯崖石。经石洞，天窗隐约，钟乳垂垂，踏步石，上磴道，渡石梁，幽谷森严，阴翳蔽日。而一桥横跨，欲飞还敛，飞雪泉石壁，隐然若屏……沿山巅，达主峰，穿石洞，过飞桥，至于山后。枕山一亭，名半潭秋水一房山。缘泉而出，山蹊渐低，峰石参错，补秋舫在焉……①

这种千岩万壑，方位莫测，移步换影，层面丰富的曲蹊，仅仅是一个小园在半亩之地上所做的文章，真足以令人叹为观止！

大型宫苑也需要曲蹊，这在中国园林史上不乏宏伟的杰构。南宋开封的“艮岳”，其规模独具的曲蹊，曲折而至于奇险，可谓空前绝后之作。张淏《艮岳记》写道：

> 复由磴道盘纡萦曲，扪石而上，既而山绝路隔，继之以木栈，倚石排空，周环曲折，有蜀道之难。跻攀至“介亭”，此最高于诸山。前列巨石，凡三丈许，号“排衙”，巧怪巉岩，藤萝蔓衍，若龙若凤，不可殚穷。……自山蹊石罅，搴条下平陆，……徘徊而仰顾，若在重山大壑、深谷幽岩之底，不知京邑空旷坦荡而平夷也。

这个“括天下之美，藏古今之胜”的“寿山艮岳”，其借助于“花石纲”所建的曲蹊，有类于华山之险，蜀道之难，堪称委曲尽情、若不可测的瑰怪奇异之观！

二、曲岸

这里所说的“曲岸”，并不是指园林中所有“可观”的曲岸，而是专指作为水际曲径的“可行”的曲岸。在园林中，岸必须讲究水陆之际的艺术衔接。如果处理得不好，会显得单调板律，而无气韵生动之致。

一般说来，大园的水岸有偏于直的，如北京颐和园和北海的某些湖岸、池岸、堤岸，往往以其直致而显示出皇家的气派，崇闳的境界；但是，小园却不宜偏于直，岭南园林的水池一般为规整形，浙江园林水池也多方形，如是，其池岸必然多几何线形，如广东顺德清晖园就如此，这虽不失为一种风格，但天趣、意境终逊一筹。

处于水乡地带的苏南园林，比较注意曲岸的处理。无锡寄畅园锦汇漪四周的曲岸，特别是鹤步滩一带，土石相间，或池岸凸入水际，其上斜枝探水，或池水形成凹穴，其上石板横架，自然生动而多野趣。苏州网师园池南曲岸，不但下多水口，意象幽邃，而且池岸线伸展自如，人行其上，花树扶疏，曲折有情。它一面临水，一面依山，俯仰可观，步步生景，令人油然而生“山阴道上行，如在镜中游”之感。网师园池岸边的石矶，更丰富了曲岸的层次，充实了曲岸的形象。它不但可观，而且可行，能给人以凌波微步的感觉。拙政园水池周围可行的曲岸，一般来说，都比较成功，但是，由见山楼北对岸往东直至绿漪亭，这条很长的水岸线，却是简单的石驳岸，僵直而无曲致，既无导引功能，又不能生成

---

① 陈从周：《园林谈丛》，第48页。

幽境，给人以一览无余之感，这不能说不是败笔。刘熙载说，线条和“风水”学中的“龙脉”一样，“直者不动而曲者动”（《艺概·书概》），这在一定的范围里是带有真理性的。

三、曲堤

避暑山庄的曲堤，极为著名，称“芝径云堤”。《热河志》写道：“由‘万壑松风’北行，长堤蜿蜒，径分三洲若芝英、云朵、如意。堤左右为湖……湖波镜影，胜趣天成。”洲如芝英，其茎（径）堤也自然蜿蜒，弯曲有致，人行其上，确实颇有意趣。至于颐和园模仿杭州西湖苏堤的西堤，也左折右弯，高低起伏，颇饶曲意。

四、曲桥

桥作为跨水建筑物被引进园林，往往曲而折之，宛转卧波，表现出艺术的意匠经营。它不但是园林里重要的点景妙品，而且是导向幽境的水上曲径。

统观中国园林，可以说，短桥如石梁、板桥不妨直，但长的梁桥必须以曲为美。北方大型宫苑中，水体深而广，桥宜以拱曲为主，但如十七孔桥其平面毕竟是直线型的；江南宅园，水体浅而小，适宜用最富于曲致的平曲，其中以苏州拙政园的平曲桥景效最佳。

再看无锡寄畅园锦汇漪四周，建筑、曲岸等游观效果均极佳，唯独横跨于池上的“七星桥”似是败笔，长直的桥身平卧池上，毫无曲致，与周围风物的格调不甚和谐，其实天上的北斗七星，连起来也是优美的曲线。对比地看，苏州天平山的高义园，有“十景塘”、“宛转桥”之胜，它以其曲折而增添了园境的幽趣，此桥又被人们称作“九曲桥”。

提起九曲桥，人们就会想起上海豫园前的九曲桥，此桥又是走向了另一极端，是刻意求曲而违反美的规律的标本。其失败之处，一曰以虚为实，索然寡味。其实“九曲”的“九”，是虚数，以示数之多。但豫园前九曲桥以虚为实，不多不少，正好是九曲，显得机械呆板，了无余味可寻。二曰形式单一，毫无变化。此桥不但曲折过多，而且每曲均呈直角，如法炮制，千篇一律，单调平板。它不但可观性差，而且可游性也差。人行其上，走若干步要作一90度的转折，如是者竟要连续九次之多，令人颇难以忍受。相反，苏州拙政园的曲桥都只有三五曲，曲度也不大，却曲折有致，能给人以“意中九曲”之感，这才是“曲”的艺术。

在中国园林史上，北方园林也不乏九曲桥的佳构。明代北京米万钟的“勺园”以水胜，所谓“处处亭台镜里天”（王思任《勺园诗》）。其中“逶迤梁”构筑别具一格。一般的九曲桥，不管有几折，人行其上基本上只有两个朝向，对景也只有两个景面，而勺园的逶迤梁共六折却有六个不同的走向，这样，人行其上，对景的景面就丰富了，这是极有创造性的；而可以与之匹配的，是圆明园“上下天光”中伸入后湖而逶迤多向的曲桥，惜今亦不存。

五、曲室

园林的房室屋宇，平面宜曲。《园冶·屋宇》说：“《文选》载：‘旋室㛹娟以窈窕’，指‘曲室’也。”《园冶·装折》也说：“园屋异乎家宅，曲折有条，端方非额。”这都是对洞房曲室的要求。

据李斗《扬州画舫录》载，倚虹园的妙远堂，“旁通水阁十余间，如曲尺，额曰饮虹阁”；而桂花书屋“逶迤连络小室数十间，令游者惝怳弗知所之”……

苏州现存园林中，曲室通幽也有处理极佳的。在沧浪亭明道堂西南角，要斜向地连续经过一道曲廊和两进小曲室，才到达“翠玲珑”曲室，人行其间，愈折而室内外的境界愈幽美。至于留园曲室的群体组合，无论是从“古木交柯”、“绿荫”到“恰杭（航）”、明瑟楼，还是从曲溪楼、西楼之下到五峰仙馆，或从揖峰轩、“静中观”廊屋到鹤所……，屋宇都是虚实映带，回环相接，一转一深，一折一妙，境界似乎层出不穷。这种非凡的艺术处理，在中国现存的古典园林中可谓首屈一指。

六、曲廊

这是园林中最重要的、必不可少的曲径。计成在《园冶》一书中作了重点的强调。他一则曰，“房廊蜿蜒”；二则曰，“廊者……宜曲、宜长则胜”；三则曰，“廊基……蹑山腰，落水面，任高低曲折，自然断续蜿蜒。园林中不可少斯一断境界。”这虽然是对江南园林的理论概括，其实也是为中国古典游廊建筑提出的美学准则。

拙政园有两条著名的曲廊。中部的“柳阴路曲”空廊，题名取自司空图《诗品·纤秾》：“碧桃满树，风日水滨，柳阴路曲，流莺比邻。”该廊正是在这种纤秾的诗意孕育下建构的。人们如果从荷风四面亭西渡曲桥至对岸，可见空廊分作两路，一路向北数折而至见山楼，另一路向西，不数步而见“柳阴路曲”匾额，由此又分两路，一路折向西南，引往“别有洞天”，另一路向北曲折，自由地伸展，这一段的曲线型特别美，蛇行斗折，短短的一段竟有七个不同的走向，然而又毫无矫揉造作之感。“柳阴路曲”空廊组群，蜿蜒于柳阴之下、曲水之滨、山石之间，在风和日丽的季节，特别能表现出“采采流水，蓬蓬远春”（《诗品·纤秾》）的诗情幽境之美。

拙政园西部架于水上的波形水廊，可谓苏州园林乃至全国园林的曲廊之冠。它既富于左转右折之曲，又拥有高低起伏之曲，而且二者有着和谐的结合【图55，见书前彩页】。廊的南段，转折委婉而微妙，似直而有曲，起伏也平舒而自然；北段则有许多明显的转折，幅度极大，特别是折向倒影楼处近于急转弯，北段下面还通过一个水洞，因而廊的起伏度也大于南段。这条长长的水廊，从平面看是波形的，至水洞处宛如一个漩涡；从侧立面看也是波形的，是一条柔美的波浪线，被称为波形水廊，这使人联想起一波三折的隶书之美。成公绥《隶书体》赞美这种线条说：“轻拂徐振，缓按急挑。挽横引纵，左牵右绕，长波郁拂，微势缥缈……”用来赞颂这条曲水廊，是十分合适的。整个曲廊在长波郁拂之间，有缓按，有急挑，使人如在舟中，给人以有弛有张，有伏有起的动感。廊的屋顶部分，也富于波形之美，不但屋脊线随廊的起伏而轻拂徐振，而且屋顶也采用线条柔美如波的卷棚式。整个水廊的立面造型，从南端看，它的动势导向于引人入胜的倒影楼；从北端看，曲廊与曲水更是相与委蛇，辉映成趣，令人感到屋面也似乎随曲廊在波动，它使人的心波也随之而流向美妙的前方。

总之，在拙政园中，不论是“柳阴路曲”空廊还是波形水廊，它的曲势和动感特别富于魅力和导引的功能，特别能逗发人们寻幽探胜的雅兴，这是直廊所不可同日而语的。

计成《园冶·屋宇》又说：

> 古之曲廊，俱“曲尺曲”。今予所构曲廊，“之字曲”者，随形而弯，依势而曲。或蟠山腰，或穷水际，通花渡壑，蜿蜒无尽……

这是他对自己艺术经验的评价和概括，对园林美学和园林艺术实践也具有创造性意义。所谓“曲尺曲”，指其形如木工求直角所用的曲尺那样，计成以前的“古之曲廊”，其曲度大都是直角，比较单调，缺少变化。当然，这在园林中是不可避免的，例如建筑物四周的走廊必须如此，因为建筑物的折角一般是90度。至于空廊，则无所依傍，较少牵制，更可在山水或建筑物之际的空间里按照美的法则自如地布形，这就可较多地采用“之字曲”了。比起“曲尺曲”来，“之字曲”更有审美意味，其特点是可以“随形而弯，依势而曲”，更能体现艺术的匠心安排。这也可以和不拘一格、富于变化的书法线条美作比较。大书家王羲之《兰亭序》中的“之”字，为什么博得历代人们的交口赞誉，因为二十余个“之”字变转悉异，个个都表现出不同的神态意趣。园林曲廊的“之字曲”，和王羲之笔下的“之”字有异曲同工之妙。拙政园两条曲廊，把“之字曲”的优越性充分表现出来了。

北方园林也不乏曲廊通幽之美。圆明园中曲廊所生成的意境，曾一再赢得乾隆的好评，例如，“回廊多曲折，闲馆致幽深”（《静香馆》）；“回廊宁借多，曲折以致深”（《涵雅斋得句》）……现存的北海静心斋，罨画轩西有回廊三十五间，经四折而至园中制高点叠翠楼，这个爬山彩廊的曲度主要表现为逐步升高的坡度。在叠翠楼南又有彩廊二十七间，逐步下降，经三折而通往静心斋主体建筑。这条廊高低曲折，大起大落，犹如飘舞的彩带环绕于园的四周，以其独特的风格美装饰了和深化了静心斋这个园中之园及其幽境。

在中国园林系统中，曲径以其导引功能和种种优美的表现形态满足着人们的审美需要，并与西方园林及其美学相区别。这里不妨结合主体的审美心理略加探讨。

在西方美学史上，黑格尔就不满于园林“以复杂和不规则为原则”。他从审美心理的视角指出，其中“错综复杂的迷径，变来变去的蜿蜒形的花床，架在死水上面的桥……只能使人看了一眼就够了，看第二眼就会讨厌”①。这一系列的贬词，意在批评以曲径为重要美学定性的中国园林。其实，在黑格尔的时代，如法国的芳藤伯罗和德国的无愁宫，都出现了带有中国园林趣味的新风格，并为当时西方人们所接受和欣赏。黑格尔的园林美学思想还是停留在18世纪，它首先接受不了中国以曲为美和曲径通幽的审美心理学。

然而，中国传统审美心理却特别适应于曲径的艺术形态。古代诗品著作这样概括曲径的美学特征及其所引起的心理反应——

> 似往已回，如幽匪藏。（司空图《诗品·委曲》）
>
> 揉直使曲，叠单使复。山爱武夷，为游不足。扰扰阛阓，纷纷人行。一览而竟，倦心齐生。（袁枚《续诗品·取径》）

袁枚为什么特别爱武夷山？因为它径呈九曲，饶有幽趣，能给人以“为游不足”的乐趣。至于闹市的街道，基本上是直径，所以一览无余，毫无情趣意境可言，令人顿生倦意。以司空图、袁枚为代表的诗品美学或意境美学，取径不喜直而爱曲，不喜整齐一律而爱复杂多变，这和西方以黑格尔为代表的园林审美心理是如此之不同！

曲径为什么能给审美主体以“为游不足”之感？从静观的视角看，它作为一种景观，富于画意的美。古代画论就一再指出——

> 路要曲折，山要高昂。（李成《山水诀》）

---

① 黑格尔：《美学》第1卷，第316~317页。

水分两岸，桥蜿蜒以交通。（笪重光《画筌》）

樵径斜穿，盘纡曲折而下。（唐岱《绘事发微》）

古画中楼观台殿，塔院房廊，位置折落，刻意纡曲，却自古雅。（方薰《山静居画论》）

曲蹊、曲桥、曲室……都是可以入画的，它能提供快感和美感；再从动观的视角看，李渔《闲情偶寄·居室部》说："径莫便于捷，而又莫妙于迂。"这是说，路径有两种形态，一是直捷，它满足实用的需要，为了求便；一是迂曲，它满足审美的需要，必须求妙。曲径的妙，既在于延长了路径，迂回而有效地扩展了园林的有限空间，又在于能使审美主体放慢游赏的脚步，稽延盘桓，而不是贪快求捷，一溜而过。宋荦《重修沧浪亭和欧阳公韵》写道："隔城山色落衣袂，步碕矫首聊迟延。回廊约略纷点缀，管领风月凌平泉。"这是点出了回廊以及被称为曲折堤岸的"碕"，能使人"聊迟延"，亦即使作为游赏者的主体放慢审美的脚步；而且由于曲径转折多，走向不一，因而审美主体在"延步"的同时，还能多视角多方位地观赏变化着的对景画面之美。这样，既可游，又可观，审美主体就可以不断地一折一转地"管领风月"了。曲径的这种魅力，是一种极佳的导引功能。这种功能，是通过吸引主体并延续其审美脚步来完成的。

然而特别应引起注意的是过犹不及。黑格尔指出"举凡一切人世间的事物……皆有其一定的尺度，超越这尺度就会招致沉沦和毁灭。"① "曲"超过了一定的"度"，也会败坏人们的游兴。因此，园林的曲径，又贵在曲折有度。刘熙载《艺概·书概》论书法的线条美说，要"曲而有直体，直而有曲致"。园林的路径也是如此，直者应济之以曲，曲者应济之以直，曲与直相互制约，相互结合，就能显出美来。如一味求曲，就不可能取得肯定的审美效果。历史上和现实中不乏片面求曲而弄巧成拙的例证——

隋炀帝游扬州，造江都宫，楼阁高下，幽房曲室，千门万户，互相连属，人误入其间终日不得出，名为"迷楼"。这是曲室求曲而失其度。

苏州狮子林假山的石磴洞穴，有些部分过于盘曲而又特长，往往使游人颇不耐烦，甚至采取"行不由径"的"越轨"行动。这是曲蹊求曲而失其度。

圆明园的属园长春园，有周围环河的"黄花阵"，中心为一凉亭，四面各有一门，皆安铁栅栏，进门后必须按图而经过重重迂回盘旋，方能至中心圆亭，否则辗转往返，总是此路不通，很难达到目的地。这就把"曲"复杂化、庸俗化了，宜用于儿童游乐场。乾隆对此赞赏，正反映了他那园林趣味的低级的一面，致使曲径求曲而失其度。

此外，还有上海豫园的九曲桥，是曲桥求曲而失其度……

园林的路径形态宜曲，但曲折过多会失去其艺术的美。这里，"曲而有直体"的美学原则是重要的。

至于一味求直，也不太符合我们民族的审美心理习惯。颐和园的长廊，主要倾向于直。这样的长度如果仅求其直，确实价值不大。其实，该廊的妙处离不开曲。如前所论，它在接近排云门处绕了一个较大的弧，从而既突出了排云殿 - 佛香阁的主体、中心，又使其本身表现出"直而有曲致"的美，可谓一箭双雕。

曲径作为中国园林游览线的路径的典型形态，既要曲而通达，引人入胜，又要曲中有

① 黑格尔：《小逻辑》，第234～235页。

直，曲折有度，这就是中国古典园林“曲径通幽”律的美学内涵和规范。

当然，园林中的路径形态未尝不可以直，某些宫苑的某些片断往往要借助于一定的直径（例如中轴线上的直径）来造成气氛，这种直径也不乏其审美效果。但是把这种直径放在中国园林的大系统中来考察，可说是不够典型的。

第七节　气脉联贯：脉源贯通，全园生动

作为园林意境整体生成的重要美学规律，气脉联贯主要指山与山、水与水乃至山与水整体章法上的有机联系，而其关键在于一个“气”字、“势”字或“脉”字。

作为生态艺术的重要品种，中国山水画的章法讲究山有脉，水有源，隐显联络，虚实贯穿，从而创造出气韵生动的境界来。见于古代画论，例如对于画山的要求——

> 画山，于一幅之中先作定一山为主，却从主山分布起伏，余皆气脉连接，形势映带。如山顶层叠，下必数重脚，方盛得住。（饶自然《绘宗十二忌·三曰山无气脉》）
>
> 画山水大幅，务以得势为主。山得势，虽萦纡高下，气脉仍是贯串……（赵左《文度论画》）
>
> 一幅之山，居中而最高者为主山。以下山石，多寡参差不一，必要气脉联贯，有草蛇灰线之意。（沈宗骞《芥舟学画编·山水》）

再如对画水的要求——

> 一幅山水中，水口必不可少，须要从峡中流出……既有水口，必有源头……从石缝中隐见。（唐志契《绘事微言》）
>
> 山脉之通，按其水境；水道之达，理其山形。（汤贻汾《画筌析览》）
>
> 由山之幽壑曲折而出，谓之流泉，必须曲曲弯弯，似断仍连，似连而断，气脉贯通……（松年《颐园论画》）

可见，气脉联贯也是山水画极为重要的艺术品格和美学规律，它要求画中山水的脉络不全部外露，而应似断若续，欲藏还露，萦纡高下，似实还虚，有如草蛇灰线，出之贵实，用之贵虚，让人思而得之。其实，这也涉及到意境美学的含蓄隽永的问题。需要指出的是，“脉络”和“气脉”是两个不同的概念，脉络是山水有形可见的联系，它脉露而意浅；气脉则是脉络处于断续藏露之间，有气而有势，韵高而意深，因此，中国绘画美学用“气”、“气脉”、“气势”这类具有丰饶内涵的概念来限定它。

在江南宅园系统中，有些优秀园林颇能注意山或水的气脉联贯，而且处理得颇为成功。

苏州环秀山庄这个面积不大的著名园林，是以山为主体建构的。在园中，湖石堆掇的主山气势磅礴伸向东南，而西北隅有客山箕踞，与之呼应，它是作为主山的余脉而出现的。于是，主客二山一大一小，一高一低，脉断而意接，拱揖而有情，形离而势连，尊卑而有序，构成了完整的画面和含蓄的意境。该园主山东北的土坡上，还有散点的叠石，攒三聚五，参差不一，如同主山伏脉所露的石骨，它们以无形的力量支撑着主山，联系着主山，增加了主山乃至次山的稳定感和真实感。饶自然《绘宗十二忌》还写道：“如山顶层叠，下必数重脚，方承得住。”环秀山庄假山群的气脉塑造，完全符合画理，也极能生发意境。对此，如再要作进一层的具体分析，这又如刘敦桢先生所指出，“前后山虽分而气

势连绵，浑成一体，由东向西犹如山脉奔注，忽然断为悬岩峭壁，止于池边，如张南垣所谓‘似乎处大山之麓，截溪断谷’之法。山的主峰置于西南角，以三个较低的次峰环卫衬托，左右辅以峡谷……虚实对比，使山势雄奇峭拔，体形灵活有变化。”① 此外，山峰与峡谷，山洞与石室，飞梁与危径，绝壁与水池……在相互的立体错综之间，均有呼吸，有照应，联络贯通成为气韵生动的整体，这正是“山脉之通，理其水境；水道之达，理其山形”的艺术实践的丰硕成果。环秀山庄的假山，是国内假山富于气脉和意境的冠冕。它和某些园林中山无气脉，峭然孤出的现象形成了鲜明的对照。

在《红楼梦》第十七回中，曹雪芹通过贾宝玉之口，借“天然图画”的古语说明了山水景物的气脉连贯问题。他指出：

> 此处置一田庄，分明是人力造作成的……背山无脉，临水无源……峭然孤出，似非大观，那及前数处有自然之理、自然之趣呢？……古人云“天然图画”四字，正恐非其地而强为其地，非其山而强为其山，即百般精巧，终不相宜……

他对忽视气脉贯通的建构所作的批评，是异常深刻的，可谓一语中的。

再论水的气脉贯通。环秀山庄的水，也气息贯通。乾隆年间，该园在山脚下掘地得泉，名曰“飞雪”。其泉和山下环绕着的池水也有着脉通关系，令人虚实相生地想见活水之源。在环秀山庄，池泉贯通，曲折潆洄，水有源，山有脉，园林虽小，而山山水水却体现了映带周流的活气和生机蓬勃的联系，如同天然图画，既符合生态之理，又富于自然之趣。

网师园是以水为主体中心的小园，它更注意水的虚实照应，断续脉承。陈从周先生指出：其中部池水“明波若镜，渔矶高下，画桥迤逦，俱呈现于一池之中，而高下虚实，云水变幻，骋怀游目，咫尺千里……俯视池水，弥漫无尽，聚而支分，去来无踪，盖得力于溪口、湾头、石矶之巧于安排……至于驳岸有级，出水留矶，增人‘浮水’之感，而亭、台、廊、榭，无不面水，使全园处处有水‘可依’。园不在大，泉不在广……西南隅有水一泓，名‘涵碧’，清澈醒人，与中部大池有脉可通，存‘水贵有源’之意。”② 事实确乎如此，网师园的理水艺术，在国内也是第一流的，它虚实互涵，蕴藉含蓄，且不说中部之池与西部之泉的脉连关系，就说中部水池，一是它联结着向东南隅和西北隅延伸的小小溪涧和小小水湾，似有源远流长而不尽之感，溪涧上流还有虚设的小小水闸……；二是池岸之际不但有石矶，而且石岸之下，还有一些大小不一、参差不齐的水口洞穴，池水通入其中，不知浅深，幽窈莫测，似乎水源不断，这就增添了有限池岸的虚涵性、广延性、意象性和含蓄性，使池岸线具有虚涵不定的审美特征③，从而更增添了“沧波渺然，一望无际”（钱大昕《网师园记》）之感，同时又切合于“网师”、“渔隐”的情思。

山东潍坊的十笏园，也是以水取胜并著称于世的小园。陈从周先生在《别有缠绵水石间》一文中盛赞道：

> 山东潍坊十笏园是一个精巧得像水石盆景的小园，占地2000多平方米，内有溶溶水石，楚楚楼台，……亭台山石，临池伸水，如浮波上，得水园之妙，又能以小出之，故山不在高，水不在广，自有汪洋之意。而高大建筑，复隐其后，以隔出之，反现深远……以有限之面积，化无限之水面，波光若镜，溪源不尽，能引人遐思。“盈

---

① 刘敦桢：《苏州古典园林》，第72页。

② 陈从周：《园林谈丛》，第42～43页。

③ 详见金学智：《彩霞池赞》，载《苏州杂志》1998年第6期。

盈一水间，脉脉不得语”，古诗十九首中境界，小园用水之极矣。……水为脉络，贯穿全园，而亭台山石，点缀出之，概括精练……风采神韵，即在水石之间。北国有此明珠，亦巧运匠心矣。①

这是恰如其分的艺术评价。还应强调的是，其池岸线也独具风采。其西部面山为长廊，池岸线不免板律，故以参差的叠石岸为过渡，石岸中也有水入于穴罅，即使在风定如镜时也能令人悬想其微风漾波，水石相媚之态。廊尽折东，渡桥入榭——四照亭，不但桥洞作半圆形，而且榭下也有半圆形系列水孔，让水绵延其中。在全园自由式与规整式相结合的池岸线上，此类半圆形的大孔小孔参以山石岸的水口穴罅，使池水呼吸吞吐，确乎有“去来无踪”，缠绵不尽之意【图56】。对于这一清流联贯，碧波浸润的水园，“溶溶水石，楚楚楼台”之评，当之无愧。

图56 别有缠绵水石间——潍坊十笏园水池及周边景观（中国建筑工业出版社提供）

陈从周先生特别重视造园的气脉联贯律。他在《说园》一开头就说：“叠山理水要造成‘虽由人作，宛自天开’的境界。山与水的关系究竟如何呢？简言之……山贵有脉，水贵有源，脉源贯通，全园生动。”② 这十六个字可作为本节的一个总结，而“生动”二字，也通向中国山水画的最高境界——气韵生动。

中国园林美学不但强调园内山水景物的气脉联贯，而且讲究园内景物和园外地貌环境的脉源关系。为此，造园家十分重视园基的选址。《园冶·相地》说：“涉门成趣，得景

① 陈从周：《中国园林》，第49～50页。

② 陈从周：《园林谈丛》，第1页。

随形，或傍山林，欲通河沼。探奇近郭，远来往之通衢；选胜落村，藉参差之深树……驾桥通隔水，别馆堪图；聚石垒围墙，居山可拟。”在中国园林系统中，大型宫苑和一些寺观、祠堂园林，如承德的避暑山庄，北京的静宜园、静明园、颐和园，太原的晋祠，扬州的大明寺、平山堂……周围有山水可因，有景物可借，园内山水和园外地貌环境气脉息息相通，颇多“涉门成趣，得景随形”之妙，毋须赘述。需要一论的是江南某些宅园与其外环境之间脉连交融的审美关系。

吴江是典型的江南水乡，境内的退思园颇有与众不同的特色。陈从周先生写道：

> 吴江同里镇，江南水乡之著者，镇环四流，户户相望，家家隔河，因水成街，因水成市，因水成园。任氏退思园于江南园林中独辟蹊径，具贴水园之特例。山、亭、馆、廊、轩、榭等皆紧贴水面，园如出水上。其与苏州网师园诸景依水而筑者，予人以不同景观。前者贴水，后者依水。所谓依水者，因假山与建筑物等皆环水而筑，唯与水之关系尚有高下远近之别，遂成贴水园与依水园两种格局。[1]

就今天的退思园来看，它那富于水乡风味的个性特征却能予人以深刻印象。在园的东部景区，建筑、山石、花木不但环水而设，而且贴水而构，甚至如浮水上，而“菰雨生凉”轩内的大镜，又广阔地反映出一派水园风光。然而更值得详论的，是该园与周围环境的相洽。

江南美，美在水。古镇同里因水成街，因水成巷，一带小桥流水人家，就颇有些园意。试看明代风格的民居建筑鳞次栉比，古老而形式多样的桥梁纵横错杂，河面上舟楫往来……风景画和风俗画连同小镇诗情都交融在转折回环的清流之中。人们尚未进入退思园，似已感到身处园中，借用锺惺《梅花墅记》中“泛园论”的话来说，“出江行三吴……入舟舍舟，其象大抵皆园也”，“水之上下左右……无非园者”，“三吴之水皆为园，人习于城市村墟，忘其为园”……古老的同里水镇为什么也能使人感到大抵象园？这一方面由于小镇及其周围的水乡风情中客观地含茹着园林美的种种因子，另一方面也由于退思园作为艺术“场”的“辐射”，或由于人们游园的预期心理的“外射”，如此这般地情景交融，水镇作为水园的外环境就必然也微漾着园林美的意趣。

当人们通过外环境的品赏而进入园林这一内环境，又会感到退思园是“大园”中的一个“小园”，或者说，是偌大水乡水镇中的一个“园中之园”，用锺惺记中语说，则是“园于水而稍异于三吴之水者”。退思园水体面积并不大，却不但能给人以“水外有水”之感，而且能给人以“水中有水”之感，借用锺惺的话说，“登阁所见，不尽为水，然亭之所跨，廊之所往，桥之所踞，石所卧立，垂杨修竹之所冒映，则皆水也……”例如其临水之舫——“闹红一舸”，凌架水上，仅角隅垫以湖石，其下“则皆水也”。何况园中脉承园外之水，因而水位颇高，其水之质与量倍于他园，而建筑、山石、花木又无不贴近于水，故以“贴水园”名闻遐迩【图57】。园中四处之水，似皆可伸手承揽。锺惺记中赞园中水曰：“竟川含绿，染人衣裾”；“流响交光，分风争日”；“鱼鸟空游，冲照鉴物”；“水乎？园乎？难以告人”……这均可移评于退思园。那么，人们又为何特别能发现和品赏园中水体之美及其贴水特征呢？这当然又是园外水环境围绕和影响其内环境的结果。退思园内外水环境气脉联贯及其审美交融，无异是古代泛园论美学的一个现实标本。

---

① 陈从周：《书带集》，第67～68页。

图 57　园中有园，水外有水——吴江退思园水池景观（缪立群摄）

再以山和泉为例。在明代，无锡惠山之麓的园林较多，而以得山得泉的多少和取山取泉的工拙区分优劣。其中除寄畅园外，“愚公谷”也是很著名的。该园不但引泉入园，而且山能收水之情，水能受山之趣，使外环境和内环境气脉联贯而交叉，表现出独运的匠心。邹迪光《愚公谷乘》写道：

吾园锡山龙山纡回曲抱，绵密复袷，而二泉之水从空酝酿，不知所自出，吾引而归之，为嶂障之，堰掩之，使之可停可走，可续可断，可巨可细，而唯吾之所用，故亭榭有山，楼阁有山，便房曲室有山，几席之下有山，而水为之灌漱。涧以泉，池以泉，沟浍以泉，即盆盎亦以泉，而山为之砥柱。以九龙山为千百亿化身之山，以二泉水为千百亿化身之水，而皆听约束于吾，园斯所为胜耳。……余虽无财，而稍具班倕之智，故能取佳山水剪裁而组织之。

这段园记，可看作是一篇园林美学论文，它不但揭示了山和水的美学关系，揭示了人工和天然的美学关系，而且揭示了园林内环境和外环境的美学关系，并使这三种关系互渗互补地糅而为一。愚公谷把园内山水和园外山水的脉连关系处理得如此自然而又富于艺术性，以至于园内的山水成了园外山水的“千百亿化身”。这是该园取佳山水而妙加剪裁的艺术成果，也是园主对于园内外气脉联贯融洽所作的引以自豪的结论。还值得指出的是，和锺惺的“泛园论”一样，邹迪光的“化身论”也是有其美学价值的，二者出发点的不同在于：前者是由小而大，由内而外，由园林而泛至自然；后者则由大而小，由外而内，由自然而化为园林。二者的理论思维是逆向的，但都建立在园林内环境和外环境的相关互通、气脉联贯的基础之上。

第八节　互妙相生：美在双方关系中

世间的事物，总是相互联系、相互影响的，这也表现在园林的意境生成上。圆明园有多稼轩十景之一的互妙楼。乾隆《互妙楼》诗序写道："山之妙在拥楼，楼之妙在纳山，映带气求，此'互妙'之所以得名也。"

诗序在阐明山与楼的相互关系时，提出的"互妙"的概念，这不但契合于普遍的哲理——自然界相互联系、相互作用的规律，而且"拥"、"纳"、"映带气求"的阐释尤有美学深度，特别适合于园林的中观、微观的景物配置，因此，应该把"互妙"看作是颇有理论价值的园林意境美学概念之一。这里，还可进一步把"互妙说"和西方狄德罗著名的"关系说"作一美学的比较。这样，二者就可能相互补充，相互深化。

狄德罗曾经指出：

> 美总是随着关系而产生，而增长，而变化，而衰退，而消失……因此我说，一个物体之所以美是由于人们觉察到它身上的各种关系，……不论是怎样的关系，美总是由关系构成的。①

狄德罗的"美在关系"说在西方美学史上的出现，有其重要的意义，它把美和种种关系联结起来加以理解，认为离开了关系，美就失去其存在的条件。这种摒弃了孤立和静止的美论，颇能发人深思。不过，尽管狄德罗也讲到有各种各样的关系，"有的相互加强，有的相互削弱，有的相互调剂"②，但他着重强调美的个体的各种关系，而没有突出地强调处于关系之中双方或多方的美。乾隆的"互妙"说虽然不同于狄德罗的美的本质论，而只是就园林美的某种现象而立论的，但不可否认，这是较有价值的潜美学宝贵资料，它在强调关系双方这一点上优于狄德罗，或者可看作是对狄德罗的"关系说"的一个补充③。

"互妙说"可以理解为，景物的美也在双方的关系之中，它们"总是由关系构成的"，而这种关系是相互关系，或者说，是互映互带的关系。在这种特定的关系之中，美的双方是你因我而妙，我因你而妙；合之则双美，离之则两伤。对于"互妙"这个概念，乾隆还用"映带气求"来加以阐明、概括和深化。相关相联的"映带"，还偏畸于景物双方外观上、形体上的关系；呼吸照应的"气求"，则偏畸于景物双方内在的、意趣上乃至文化上的关系了。乾隆关于"互妙"的美学思想还体现在他的咏园诗中。圆明园有"松湍流韵"一景，乾隆在诗中写道："泉荫松为盖，松垂泉作绅。闲中问与答，世外主与宾。"这是一幅松泉互妙图。横向的流泉以松冠为荫盖，竖向的松干以流泉为绅带，二者交叉相藉而成其关系之美。在乾隆的审美心目中，二者互为宾主，互为问答，"吸呼通颢气"（《互妙楼》诗），融洽而为一个有机的微观境界。无锡寄畅园有立石名"介如峰"，乾隆诗碑写道："一峰卓立殊昂藏，恰有古桧森其旁。"在他看来，石峰介如，昂然卓立，恰恰在于其旁森立着古桧而益增其妙。这也是着眼于二者互妙的审美关系。

为什么两种或两种以上的景物配置在一起，有可能生发出"互妙"的效果？因为艺术作品中各部分结合而成的整体的价值，要比各部分相加之和大得多。这一现代系统论的观

---

① 《狄德罗美学论文选》，第29、31页。

② 《狄德罗美学论文选》，第35页。

③ 有意思的是，乾隆（1711—1799）和狄德罗（1713—1784）系同时代人，乾隆早生两年。

点，用通俗的成语来说，叫做“相得益彰”。不同种类和特点的景物恰到好处地配置在一起，通过均衡、比例、映衬、对比、呼应、宾主、纵横、斜正、动静、曲直、刚柔等种种美的关系，就能臻于互妙相生的境界。

中国古代画论也十分注重景物之间的关系美。例如——

平地楼台，偏宜高柳映人家；名山寺观，雅称奇杉衬楼阁。（［传］王维《山水诀》）

或山为君而树辅，或树为君而山佐……（沈颢《画麈》）

山本静水流则动，石本顽水流则灵。（笪重光《画筌》）

竹枝石块两相宜，群卉群芳尽弃之。（郑板桥《题画》）

石得梅而益奇，梅得石而愈清。（吴昌硕《老梅怪石图》）

这些论述，都是从事物的相互联系乃至相互转换的原则出发的，是联系整体思维来提出问题的。系统论的相关性原则认为，任何系统都不是孤立的、封闭的和静止的，它总存在于特定的环境之中，总和周围的其他系统进行联系和交换。自然界或园林中的山石、树木、水流、建筑作为各自的系统，它们也不可能是孤立的，总要相互发生联系，“映带气求”，进行交换，并在联系和交换中生成整体效果。正因为如此，古代游记、园记也注意从互妙相生的视角来揭示山水园林之妙——

怪石林立水上，与水相遭，呈奇献巧。大约以石尼水，而不得往，则汇而成潭；以水间石，而不得朋，则峙而为屿……以水洗石，水能予石以色，而能为云为霞，为砂为翠；以石捍水，石能予水以声，而能为琴为瑟，为歌为呗。（袁中道《游太和记》）

寓园佳处，首称石，不尽于石也。自贮之以水，顽者始灵；而水石含漱之状，唯“读易居”得纵观之。（祁彪佳《寓山注·读易居》）

第一则，把水石互妙相生的关系美揭示得淋漓尽致。第二则所欣赏的，也不只是石本身，而是水石之间的相关性。这一景观，是“石本顽水流则灵”的美学的互妙显现。再者，石是刚，水是柔，《易·系辞上》说：“刚柔相推而生变化”。可见，“读易居”所“读”的“易”，正是水石含漱互妙之状，正是顽石因水而始灵的意境，正是水石“相推而生变化”的美。

至于山和水的关系，则更为密切。静态的山，可以因水流而带有动态的美。试想，颐和园的万寿山，如果不是面对着辽阔的昆明湖，怎能构成互为因依而具有生动流转之美的整体画图？这不正是一种“吸呼通颢气，表里接山灵”（乾隆《互妙楼》诗）？而苏州留园的冠云峰，如果前面不凿以小池——浣云沼，又怎能构成峰静波摇的活泼泼的互妙景观之美？

计成在《园冶》中也一再揭示了园林景物互相借资之妙——

泉流石注，互相借资。（《兴造论》）

院广堪梧，堤湾宜柳……窗虚蕉影玲珑，岩曲松根盘礴。（《相地》）

风生寒峭，溪湾柳间栽桃；月隐清微，屋绕梅余种竹。（《相地》）

花间隐榭，水际安亭，斯园林而得致者。（《立基》）

或有嘉树，稍点玲珑石块。（《掇山》）

一系列景物，它们或二或三地组合，但这决不是机械的相加，而是映带互妙的有机统一，是园林意境的生成和景观的提升、增值。

关于园林景物的映带互妙，张潮、朱锡绶所写幽兰般的隽语小品中，也颇有精彩的见解——

花不可以无蝶，山不可以无泉，石不可以无苔，水不可以无藻，乔木不可以无藤萝……（张潮《幽梦影》）

梅边之石宜古，松下之石宜拙，竹旁之石宜瘦，盆内之石宜巧。（张潮《幽梦影》）

筑楼必因树，筑榭必因池……（朱锡绶《幽梦续影》）

高柳宜蝉，低花宜蝶，曲径宜竹，浅滩宜芦……（朱锡绶《幽梦续影》）

竹藏幽院，柳护朱楼……梧桐覆井……芭蕉障文窗。（朱锡绶《幽梦续影》）

花与蝶、山与泉、石与苔、水与藻、楼与树、榭与池、柳与蝉、滩与芦、桐与井、蕉与窗……都是互妙相生的一对，张潮还指出，给梅、松、竹、盆配石，应各有区别，慎重地加以选择、搭配。如果修竹配以拙石、苍松配以巧石，古梅配以新石……确实会破坏整体风韵，甚至“两败俱伤”。对于松石的关系互妙，同气相求，不妨再举园林景观一例。吴锡麟《狮子林歌》写道：“石以松古青逼肤，松以石怪垂龙胡。”这幅古松怪石图，就由于二者相得益彰而互为增值，并和谐地构成了意境之美。

再看园林里具体的互妙景观建构，杭州西湖十景中的“柳浪闻莺”、“三潭印月”、“雷峰夕照”等，都因互妙而具有诗情画意。中国古典园林里还有些互妙景观，根植于传统文化积淀之中，因而更耐人寻味。如避暑山庄的“梨花伴月”，因晏殊的“梨花院落溶溶月”（《寓意》）而更妙；圆明园的“山高水长”，因范仲淹的“先生之风，山高水长”（《严先生祠堂记》）而更妙；扬州的“春草池塘吟榭”，因谢灵运的“池塘生春草”（《登池上楼》）而更妙。网师园的“小山丛桂轩”，因庾信的“小山则丛桂留人”（《枯树赋》）而更妙……这些互妙相生、互补相成的景观，有些还具有时空交感、虚实相生的特色。

相映相衬，相杂相和，相补相成，相生相发，这类关系美正是景观创构的安身立命之基，而“互妙”则是其最高境界。在园林风景美的时间－空间里，往往可见“竹君子，石大人”（郑板桥《题画》）；桃李争春，梅竹迎雪；山高月小，水落石出；古柯据岩，曲廊浮水；明月松间照，清泉石上流；万绿丛中红一点，花香影里鸟数声；平地楼台，偏宜高柳映人家，名山寺观，雅称奇杉衬楼阁……这都是一幅幅互妙相生的画面，一个个幽美动人的境界，无不是“合之则双美”的结果。在中国园林里，甚至连树木的常绿和落叶杂植，在冬季也有其互妙的效果，它使建筑隐而又露，树色富于变化，还如中国画里一样，“密林间以枯槎，顿添生致”（笪重光《画筌》），得虚实相间之美……

至于园林景物相反相成的对比关系之美，最典型的莫过于《红楼梦》第七十六回史湘云所作的一段描述：

这山上赏月虽好，总不及近水赏月更妙。你知道这山坡底下就是池沿。山凹里近水一个所在，就是凹晶馆。可知当日盖这园子，就有学问。这山之高处，就叫“凸碧”；山之低洼近水处，就叫“凹晶”。这“凸”、“凹”二字，历来用的人最少，如今直用作轩馆之名，更觉新鲜，不落窠臼。可知这两处，一上一下，一明一暗，一高一矮，一山一水，竟是特因玩月而设此处。有爱那山高月小的，便往这里来；有爱那皓月清波的，便往那里去。

这番具体而精到的审美描述，揭示了一种“学问”——关系学，亦即处理园林景物“互妙”关系的学问。按这种关系学建构的“凹晶”与“凸碧”，竟交互着四重对比，对此，如用哲学的语言说，“它们的相互联系，只存在于它们的相互分离之中。它们的相互依存，只存在于它们的相互对立之中”①。这种“互妙”关系，当然是“妙”不可言了。

园林意境的互妙相生律，不但适用于微观、中观方面，而且从宏观方面看，可以说，园林中的一切景物，无不处于相互影响的关系网络之中，它们或因互妙而益美，或因相犯而损美，都影响着意境的整体生成，以致牵一发而可以动全身。张惠言的《鄂不草堂记》，曾具体地记载了一个荒圮的“先春园”，由于在修葺的过程中注意了整体的关系安排，因而各部分互妙相生而呈现出活泼泼的意境。文章写道：

> 益治其倾圮，位置其树石，增以迤逦曲房，高楼修除，山若耸而高，水若浏而深，花木鱼鸟，皆若相得而欢。

这个园林尽管只是部分的修葺，或“治”，或“增”，或变换“位置”，并未作全面性的重建，然而其中的每个组成部分，不论是高楼曲房，还是山水花木，无不处在审美的关系网络之中，相互比照，相互呼应，映带而气求，既影响自身，又影响他物，于是，山好像变得高了，水好像变得深了，特别是花木鱼鸟，好像获得了新的生命。文中的三个“若”字，体现了互妙相生律在造园构境方面的重要作用，体现了园林意境美的整体效应。

第九节 意凝神聚：主题、题名的系列化

从园林美的物质生态建构序列和精神生态建构序列的视角来看，以上所论园林审美意境整体生成的八大规律——空间分割、奥旷交替、主体控制、标胜引景、亏蔽景深、曲径通幽、气脉联贯、互妙相生，主要地是联系或归属于园林美的物质生态建构序列，不过，由空间分割所萌生的、体现了“文心”的景区群或景观群的系列性题名，则属于精神生态建构序列了。本书将这类系列题名，归入“意凝神聚”的范畴。当然，意凝神聚律不但涉及到精神生态建构序列，而且也涉及到物质生态建构序列。

在古典园林里，如果群体题名或围绕着一个主题，或服从于统一要求而构成完整的序列，那么，一种精神性的凝聚力就产生了，它能形成一个美的核心或体系，把有关的景区群或景观群聚合而为一个有机的、连续的意境整体。这种精神领域里的意凝神聚律，主要表现为元主题②或主题群体的建构。

园林境界的意凝神聚律，主要有如下不同表现：

一、以“人”作为凝聚的元主题

这以由名人建构的私家园林或纪念名人的祠堂园林表现得尤为突出。苏州沧浪亭有面水轩、明道堂、“翠玲珑”、观鱼处、“步碕”、“静吟”等，构成了一个系列，它们无不与苏舜钦其人其文其诗有关，对此，本书第二编第三章第三、四节已作详论；此外，该园廊壁间，还或整或散地嵌有《沧浪亭记》、《重修沧浪亭记》、《沧浪亭图》、《沧浪亭诗》等碑刻或书条石，这是园中又一景观系列，这些精神生态建构元素也和苏舜钦其人有关，它们历史地重复着与苏舜钦和沧浪亭这个园林的精神联系。这样，苏舜钦就成了沧浪亭的元主题，它把园内若干景观的主题、题名及其建构贯串起来，凝聚为一个意境整体，极大地

---

① 《马克思恩格斯选集》第3卷，第494页。

② 统驭或孕育其他主题群的主题，本书称之为“元主题”。

充实和丰富了园林意境的深层内涵。

再如位于成都浣花溪畔的祠堂园林杜甫草堂，原为杜甫故居，后人为了纪念这位伟大诗人，在此建园立祠。全园的景观群大抵和杜甫其人其事其诗有关。当人们进入草堂正门，穿过大廨即来到园中主体建筑“诗史堂”，这是由堂廨游廊围合而成的第一景区；再往北经“柴门”即为工部祠庭院，这是第二景区。“柴门”前的清溪，西通幽静别致的“水槛”，东连繁花迷人的“花径”和草堂影壁。工部祠庭院西为“恰受航”轩，东为草堂书屋，祠前有径可达“少陵草堂碑亭”。祠西为梅苑景区，祠东为草堂寺。这些景区、景观构成的主题系列，大都意聚于一个焦点——诗人杜甫。这个川西园林的意境整体，洋溢着浓郁的诗情，人们通过每个建筑和景观都可以联想起杜甫的生平和诗篇，从而深化了对诗人的仰慕追思之情。由此可见，对于名人纪念园林意境的整体生成，意凝神聚律有其重大的作用。

二、以“文”作为凝聚的元主题

欧阳修曾写过著名的散文《醉翁亭记》，文中不但描述了引人入胜的情景美，而且表达了对于山水、季相、时分的园林美学观点。安徽滁县琅玡山的醉翁亭，早已成了名播遐迩的一个山区园林，它的景观序列大都是围绕《醉翁亭记》这篇名文而展开的。在蔚然深秀的琅玡山上，“让泉”是醉翁亭的序曲，醉翁亭和二贤堂庭院是园林的主体。院西还有“九曲流觞”，上建“意在亭”，突现了文中“醉翁之意不在酒，在乎山水之间”的主题。该园的书法景观尤为著名，除“醉翁亭”、“二贤堂”的篆、隶石刻外，碑刻颇多，特别是宝宋斋内有苏轼楷书石刻《醉翁亭记》。景观序列的尾声为览余石、怡亭之后的“醒园”，出醒园过桥可至洗心亭。这可说是《醉翁亭记》文意的演绎或延伸。园林的景观组群离开了这一散文名篇的元主题，必然会散漫无神而毫无收束，景观也将会淡而乏味。可见作为精神性建构因素的元主题，不但有着强大的凝聚力和穿透力，而且含茹着足以使“味之者无极，闻之者动心”(锺嵘《诗品序》)的审美信息。

吴江退思园水池周围的某些建筑景观，和姜夔的《念奴娇》词有着特定的意境联系。从序中可知，这位词人荡舟于古城野水间，感到“意象幽闲，不类人境”，“光景奇绝”，于是深有所感地在词中写道：

> 闹红一舸，记来时，尝与鸳鸯为侣。三十六陂人未到，水佩风裳无数。翠叶吹凉，玉容消酒，更洒菰蒲雨。嫣然摇动，冷香飞上诗句……

退思园池西南建有画舫，就名为“闹红一舸”，舫故饰为红色，舫身伸入池中，犹如扁舟随波荡漾。在盛夏季节，如菰蒲嫣然摇动，更能令人心醉。池南水湾处，有室曰“菰雨生凉”，是据“更洒菰蒲雨”和“翠叶吹凉”组合而成的，其题名与词也有不即不离的特色。人们在此，夏秋间听雨打水草，令人顿生凉意。“闹红一舸”之北，还有“水香榭”，也是从该词概括出来的。人在榭里也会感到清风徐来，“冷香”飞动，沁人心脾。又有“眠云亭”，是对姜词及序中“绿云（荷叶）自动”，“留我花间住”之意的再概括。此外，“天香秋满”厅、“金风玉露”亭等，也与词中的秋意相合，特别是词序中还有“秋水”，“清风徐来”之语。总之，这一景观序列，是姜夔词境的物化，它使其中水池、花草、岸石、建筑及其题名，相互融贯而孕化出“不类人境”(词序)的幽闲意象。退思园也展现了以一个文学作品为主题所意聚而成的整体境界。

三、以“物”作为凝聚的元主题

在园林的某一景区或景观中，作为物质生态建构序列中的“物”，也往往可以作为意凝神聚的元主题或主题，从而渲染一种意境。留园冠云峰庭院里，就有这种意凝神聚的整体组合。在冠云峰这一江南名石之前，有浣云沼，为半规整形水池，池前为品赏冠云峰的最佳方位，池中又可照见这一瘦秀之峰的亭亭倩影，池水把她浣洗得更加清秀美丽。沼西为冠云台，供人在西南方位品赏这一名峰。沼东又有伫云庵，也以一个“云”字点题。峰后还有冠云楼，峰左右则陪衬着岫云、瑞云二峰。这一景观序列，对冠云峰从四面八方加以映衬、渲染、烘托，反复突出了一个“云”字，这是用聚焦的艺术方法取得整体意境效果的一例。

个体建筑中也可以把“物”作为意凝神聚的焦点。吴长元《宸垣识略》说：“李园，明武清侯李伟别业，……中有梅花亭，砌亭为瓣玉，镂为门，为窗，绘为壁，范为器，其形皆以梅。”这就是以梅这个“物”作为贯穿主题了。据《帝京景物略》载，不但其建筑平面图案为梅形，而且亭顶为三重檐，以象征梅花的重瓣。不过梅亭周围没有植梅，这不能不视为憾事。苏州狮子林则不然，“问梅阁”附近种有梅树，阁内则地面呈梅花纹样，窗格镂刻梅花纹样，桌椅制为梅花形，且悬有“绮窗春讯”匾额，槅扇上陈列的，则是有关梅花的诗、书、画系列。这样，即使不在冬季，也令人如见暗香疏影，并想起王维著名的《杂诗》：“君自故乡来，应知故乡事。来日绮窗前，寒梅著花未?”比起李园的梅亭来，问梅阁这一境界显得更为情趣隽永，而狮子林曾作为寺观园林，还可能令人想起“马祖问梅”的禅宗公案故事来，总之，它匠心别具地把物质生态建构元素和精神生态建构元素聚焦融贯在一起了。

四、以系列题名的“数”作为构境手段

这是大型或中型园林、公共园林乃至名胜风景区常用的构景方法，能很好地促进宏观意境的整体生成。它体现了中国具有悠久传统的审美方式，不但在民间喜闻乐见，而且深得文人雅士的宝爱，并进而广为传诵吟咏，可谓雅俗共赏。这种借助于文学语言、以“数”为贯穿逻辑的题名，有“质”和“量”两个层面的要求。

先从“质”这一层面来看，如前所论，“苏堤春晓”、“平湖秋月”之类，既能借物写意，借景写情，又能标出季相意识，体现时空交感。正因为如此，杭州西湖自宋代盛行题名之风以来，“西湖十景”之名不胫而走，它既是文人的创作，又是集体智慧的结晶，成为一种文化的历史积淀，西湖的风貌、品位和魅力也由此而得到提升。

再如北京香山静宜园曾有二十八景，其中有“绿云舫”、“璎珞岩”、“青未了”、“绚秋林”、“雨香馆”、“森玉笏”、“隔云钟”……也是文采斐然，锦绣满眼。它们或是从杜甫等诗人的名句中撷来的精英，或是从园林的景观美中提炼出来的神韵，这些题名诉诸人们的视觉、听觉、嗅觉和想象、情感……供人们含英咀华，因题品景，因景品题，从而进入意境，涵容乎意中，神游乎境外。和西湖十景一样，静宜园系列题名的“质”也是很高的。

借助于语言文字的景观题名，从“质”的层面还可作深一层的理解，这主要是使形而下的景物向形而上的精神领域升华。因为“外在的有生命的事物如果不能显现出独特的意义丰富的灵魂，对于较深刻的心灵来说，就还是死的”，而作为题名，其如诗的语言，“有

可能按照所写对象内在深度以及时间上发展的广度把它表现出来”，供人们“在想像中牢固地把握住这个形象而对它进行欣赏”①。这样，就能孕育出耐人品味的意境。

再从“量”这一层面来理解，“数”具有如下的重要功能：

（一）序列性、贯穿性

题名凝定为一定“数”，就有了贯穿逻辑，能构成作为整体的、明确的景区序列或景观体系。这种序列见于各类园林，除公共园林系统中杭州的“西湖十景”之类外，宫苑系统有圆明园四十景，香山静宜园内垣二十景、外垣八景等；寺园系统有浙江宁波天童寺的“天童十景”、北京碧云寺的“碧云十景”等；宅园系统有南京随园二十四景，苏州惠荫园八景等，仪征也曾有朴园十六景，而且每景系以小诗，刻石于园中，构成了又一类景观序列。克莱夫·贝尔指出：“把各个部分结合成为一个整体的价值要比各部分相加之和的价值大得多。”② 这也就是说，整体大于其各部分之和，而一个园林的八景、十景等构成的贯穿逻辑，它所凝聚、整合而成的总体价值，要远远超过其分散的各个景点相加之和。

（二）优选性、精粹性

“数”的限量决定了选题的优化原则，也就是必须重点突出，遴选精粹，并在文字上反复锤炼，供人含英咀华。北京玉泉山——静明园被誉为“灵境”，境内山水吐纳，岚霭变幻，景观丰赡，气象万千，往往使人不知从何游起，重点又何在。吴振棫《养吉斋丛录》写道：

> 静明园，在清漪园之西……有十六景，以四字标题：廓然大公、芙蓉晴照、玉泉趵突、竹炉山房、圣因综绘、绣壁诗态、溪田课耕、清凉禅窟、采香云径、峡雪琴音、玉峰塔影、风篁清听、镜影涵虚、裂帛湖光、云外钟声、翠云嘉荫。

静明园十六景组成的数的序列，就把园林的重点突现出来了，把美景的英华提炼出来了，把其中意境的灵魂勾画出来了，便于人们重点而有序地寻景和品赏。古希腊的数学学派——毕达哥拉斯学派发现“数”有多种特性，其中“一种是理性和灵魂”③，这倒可借用于本节。如果说，序列性、贯穿性是“数”的一种“理性”，那么，美的优选性、精粹性就集中而有序地展示了园林的“灵魂”。再如惠州的“西湖八景”——水帘飞瀑、半径樵归、野寺岚烟、荔浦风清、桃源日暖、鹤峰返照、雁塔斜晖、丰湖渔唱，每一题就是一幅幽美的山水画，或一首隽永的田园诗。由此可见，“数”通过宏观上的优选性和穿透性，把一个个如珠似玉的景区或景观联结起来，成为闪光的一串。

（三）约束性、规整性

这不但表现为题名的数量不宜多（圆明园、避暑山庄规模特大，题名之多属于例外），一般是八景、十景、十六景等，而且表现为题名的字数不宜多，每题一般为四字（如静明园十六景）或三字（如静宜园内垣二十景）。它们就像古代格律诗的语言一样具有规整性，字数是相同的，体现了形式美的齐一律，或者可以说，优秀的题名序列，如诗般地具有闻一多先生所说的“绘画美”（文字描述有如画般的美）、“建筑美”（堆叠排列起来如建筑物一样规整）、“音乐美”（读来富有音乐一样的节奏、韵律）。从宏观整体上来理解，如果说，没有题名序列的园林，在精神的领域里只具有散文的结构，那么，有着规整性优

---

① 黑格尔：《美学》第3卷下册，商务印书馆1981年版，第24、6页。

② 克莱夫·贝尔：《艺术》，中国文艺联合出版公司1984年版，第155~156页。

③ 北京大学哲学系外国哲学史教研室编译：《西方哲学原著选读》上卷，第19页。

秀题名序列的园林则具有了诗的结构，因为由“数”的规整性和约束性所构成的凝聚力，能消除园林整体的散文化状态，能生发出多层次、多结构而又完整统一的意境序列。不妨再比较一下河北保定的“古莲花池十二景”——“春午坡”、“花南泝北草堂”、“万卷楼”、“高芬阁”、“宛虹桥”、“鹤柴”、“蕊藏精舍”、“藻咏楼”、“篇留洞”、“绎堂”、“寒绿轩”、“含沧亭”，其中六字题一，四字题一，三字题八，二字题二，散而不整，缺少闻一多先生所说的“三美”，既缺少意凝神聚的力量，又不能给人以如诗似画的深刻难忘的印象，因而不能说是很成功的。

当然，本书并不主张凡园必有“数”的题名序列，而只认为，根据中国传统的文化心理和审美习惯，大型园林或景观繁多的园林不妨以此为构境的手段。试想，杭州西湖没有十景题名，圆明园没有四十景题名，其意境、情趣以及整合性、凝聚力等必将大为减损。由此可以说，乐于采用以“数”为限量的题名序列，也是中国园林区别于西方园林的美学特征之一。

笛卡尔曾说：

> 美不在某一特殊部分的闪烁，而在所有部分总起来看，彼此之间有一种恰到好处的协调和适中，没有一部分……损害全体结构的完美。[①]

这番话也适用于园林意境生成的十大规律——空间分割律、奥旷交替律、主体控制律、标胜引景律、亏蔽景深律、曲径通幽律、气脉联贯律、互妙相生律、意凝神聚律以及下一章将要详论的“唯道集虚律”，它们所创造的美，并不是孤立绝缘的特殊部分的闪烁，而是参与整合、融入总体的园林意境，即使是局部的、微观的美，也离不开宏观的控制，整体的调配。无数事实证明，园林美从宏观到微观的控制调配，关键在于彼此之间恰到好处的协调和适中，而不让某一规律、某一部分损害全体结构的完美。

① 北京大学哲学系美学教研室编：《西方美学家论美和美感》，第80页。

第二章　唯道集虚：园林审美境界的空间观

意境或境界，作为中国艺术史所形成的特构，作为中国美学所关注的中心，它首先是一个空间的概念。从词源学的视角来看，不论是“境”还是“界”，都和实体的空间密切相联。在古代，境界有疆界之意，《后汉书·仲长统传》就说：“制其境界，使远者不过二百里。”这就是一个明显的空间概念，意指空间的界限。“境”又有地域、处所、境地等含义，这也无不和空间有关。

当“境界”和宗教意识相结合，它就蒸发而为一种精神空间，带有虚幻不定的特征。如《华严梵品行》说：“了知境界，如幻如梦。”这种境界，就涂上了不可捉摸、不可感知的玄秘色彩，同时，它又突破了具体空间的界限，于是，就不可能再以“使远者不过若干里”来计算了，而成为一个玄妙莫测的、不可限量而仍带有空间性的宗教学范畴。

唐宋以来，“境界”和诗、画等审美意识相结合，又转化为艺术性的精神空间。一方面，它吸取了汉以前的“实”的空间的内涵，使其中有物，其中有象，同时打破其界限性的局囿；另一方面，又吸取了魏晋时代宗教、哲学意识中“虚”的空间的内核，使之带上了虚灵而无限的精神契机，同时扬弃其明显的玄秘性。唐代诗僧皎然《登故鄣南楼》诗写道：“苍林有灵境，杳映遥可羡”。就显示了“境界说”发展的这一意向。

审美境界或意境，在艺术的王国里，应该是象存境中、境生象外而又渗透着主体情致的完整和谐的空间——它既是“实”的空间，又是“虚”的或“灵”的空间，二者互渗互补，契合而成以不测为量的、令人品味不尽的空间美的组合。关于意境美学的研究，长期来虽有很大发展，然而在一定程度上忽视了意境的“空间性”研究，这是其不足之处，而园林美学特别是“唯道集虚”的美学恰恰在这方面可以弥补其不足。“唯道集虚”是园林意境生成十大规律中最重要、内涵特别丰富的规律，故而本书特辟专章，分三节予以详论。

第一节　有无相生与超越意识

中国艺术的审美境界，特别是中国园林的审美境界，是和中国古代哲学、美学中关于虚实、有无的空间意识紧紧地绾结在一起的。

苏州网师园有“集虚斋”，这一建筑的题名来自《庄子·人间世》：“气也者，虚而待物者也。唯道集虚，虚者，心斋也。”这里值得注意的是“唯道集虚”、“虚而待物”以及关于“气”的观点。所谓“虚”，也就是“空”，就是所谓“气”，这可以理解为一种灵动的空间存在形式。在《庄子》看来，只有“道”才能把“虚”全部集纳起来；而只有“虚”，才能很好地对待和集纳万物。最早由庄子提出的这种“唯道集虚”的空间观，对后来的美学、艺术特别是园林建筑影响甚大，网师园集虚斋的题名仅仅是这种表现的沧海一粟。

在中国哲学史上，最早提出“有”、“无”的空间相关性的是《老子》，它不但提出了“大象无形”、“有无相生”的观点，而且进行了具体的论证：“埏埴以为器，当其无，有器之用；凿户牖以为室，当其无，有室之用。故有之以为利，无之以为用。”（《老子·十一章》）器皿或屋室作为具体的空间存在形式，它的“有”是离不开“无”的。这是符合于建筑的空间原理的，因为一个建筑物如果没有室内的“无”和室外的“无”以及门窗之“无”，是不堪设想的。《老子》的观点，受到了西方现代建筑学界普遍的赞誉。至于清代诗人袁枚论诗文境界，也强调“全在于空”，其《随园诗话》取譬设喻说：“一室之内，人之所游息焉者，皆空处也。若窒而塞之，虽金玉满堂，而无安放此身处，又安见富贵之乐耶？钟不空则哑矣，耳不空则聋矣。”这说得颇有道理。当其无，有室之用。室内如果失去了空无，就必然毫无实用价值可言，更不用说艺术价值了。有无相生，这应该是建筑空间美学的一个重要命题。

老、庄有无相生的空间观，在汉代的《淮南子》中有了进一步的发展。该书写道——

> 夫无形者，物之大祖也。……是故有生于无，实出于虚。（《原道训》）
>
> 物之用者，必待不用者。故使之见者，乃不见者也。（《说山训》）

这类观点，到了魏晋时代王弼等人那里，又发展而为“贵无”论或“尚虚”论。不可否认，《老子》最早提出的“有生于无”的观点，是有其消极面的，因而后来受到了王安石、王夫之的反对，但是，“有无相生”对于中国的艺术，却产生了积极的影响，它使艺术作品突破实体界域的局囿，具有几乎无限的空间表现力和空间涵蕴量。

“唯道集虚”、“有无相生”，不但在虚实相生、通气有神的中国山水画里可以找到无数的审美实例，而且在中国古典园林中表现得更有空间的深度和广度，更能体现中国美学的空间意识。

常熟虞山之麓有“虚霩园”，为《孽海花》作者曾朴之父所建，又称“曾园”。这一空间不大的宅园，其园名就取自《淮南子·天文训》：“道始于虚霩，虚霩生宇宙，宇宙生气……”曾园这个小小的空间，却吞吐着大到不能再大的境界——气、宇宙、虚霩，而且合乎最高的范畴——“道”。宗白华先生在《中西画法所表现的空间意识》一文中，援引了《淮南子》里的这段话之后写道：“这和宇宙虚霩合而为一的生生之气，正是中国画的对象。……中国画山水所写出的岂不正是这目所绸缪，身所盘桓的层层山、叠叠水，尺幅之中写千里之景，而重重景象，虚灵绵邈，有如远寺钟声，空中回荡。”[①] 曾园的命名也决不是好高骛远，故作豪语，因为它所因借的，正是目所绸缪，身所盘桓的虞山；曾园正是经由这重重景象、虚灵绵邈的画面，进而通向宇宙虚霩的。

苏州曾有面积并不大的“亦园”，中有揖青亭。尤侗在《揖青亭记》中带着他那空间哲理意识发人深思地写道：

> 亦园，隙地耳。问有楼阁乎？曰无有。有廊榭乎？曰无有。有层峦怪石乎？曰无有。无则何为乎园？园之东南，岿然独峙者，有亭焉。问有窗棂栏槛乎？曰无有。有帘幕几席乎？曰无有。无则何为乎亭？曰凡吾之园与亭，皆以无为贵者也。……夫登高而望远，未有快于是者。忽然而有丘陵之隔焉，忽然而有城市之蔽焉，忽然而有屋宇林莽之障焉，虽欲首搔青天，眦决沧海，而势所不能。今亭之内，既无楼阁廊榭之

① 宗白华：《艺境》，第101页。

类以束吾身；亭之外，又无丘陵城市之类以塞吾目，廓乎百里，邈乎千里，皆可招其气象，揽其景物以献纳于一亭之中，则夫白云青山为我藩垣，丹城绿野为我屏裀，竹篱茅舍为我柴栅，名花语鸟为我供奉，举大地所有，皆吾所有，又无乎哉？

这段妙文，论述的中心是"以无为贵"。如果说，虚霩园是古代"尚虚论"的艺术典型，那么，亦园揖青亭则可说是古代"贵无论"的美学标本。既然大地所有的几乎都可说为该园所有，这就不仅仅是"无"了。揖青亭的境界可谓大矣，几乎是"包罗万有"；然而如果没有文中所说的一系列的"无"，"万有"就不可能如此地纷至沓来，献纳于一亭之中。"有之以为利，无之以为用"，在这里，抽象的哲理已化为生动的雄辩性的文辞，化为具体的宇宙意象和万殊的形象观照。

清代南京的随园，登小仓山之巅，也可见诸景隆然上浮，囊括江湖之大、云烟之变的宏廓气象。袁起的《随园图说》就有这样的生动描述：

崎岖而上，跻高峰，筑室于巅……其上曰"天风阁"，登阁四顾，则长干塔、雨花台、莫愁湖、冶城、钟阜，虎踞龙蟠，六朝胜景，星罗棋布于窗前，遥望三山、白鹭洲，江光帆影，映带斜阳，历历如绘，非山之所有者，皆山之所有也。

这段文字，堪称《揖青亭记》的姐妹篇，它虽然在字面上没有直接出现"无"字，却有异曲同工之妙，正如《淮南子》所说，"使之见者，乃不见者也"。这个"不见者"，就是阁内可以安放此身的"无"，就是室外不致遮隔视线的"无"，就是窗户足以供人凭高明而远眺望的"无"。《揖青亭记》和《随园图说》同样表现了不受界域限制的空间意识，二者的殊异，不过表现在前者偏畸于气势充沛的议论，后者偏畸于历历如绘的描写而已。

中国古典园林里的亭、台、楼、阁，其题名或景观也往往突出地体现了不受界域局囿的空间意识，从而极大地拓展了园林的境界。

先说亭。祁彪佳《寓山注·妙赏亭》写道：

"寓山"之胜，不能以"寓山"收，盖缘身在山中也，子瞻于匡庐道之矣。此亭不昵于山，故能尽有山，几叠楼台，嵌入苍崖翠壁，时有云气，往来缥缈，掖层霄而上，仰面贪看，恍然置身天际，若并不知有亭也。

这种"妙赏"，首先表现了一种超越的空间意识。身在此山中，是不能见其真面目的；只有超越，才能升华到更高的境界。"不昵于山，故能尽有山"，于是，恍如置身天际，一种虚廓的意象油然而生。

次说台。汉武帝曾在甘泉宫建通天台，据说云雨均在其下，其题名就是某种宇宙意识的表现。苏轼则写有著名的《凌虚台记》、《超然台记》，这些台名就已表现了对于有限空间的超越意识。

再说楼。颐和园现有"山色湖光共一楼"，这个地处山麓水际的三层八面建筑，中实外虚，四面八方有楼廊，可供多方位地凭栏观赏，从而近揽昆明湖光，远纳西峰山色，细赏万寿山一带的壮美风采。这个楼把偌大的空间都"共"进来了，它以其广袤的空间情趣逗发着人们登临凭眺的雅兴豪情。至于广东东莞的可园，有四层之高的可楼——邀山阁【图58，见书前彩页】。张敬修《可楼记》写道：

居不幽者志不广，览不远者怀不畅。吾营可园，自喜颇得幽致，然游目不骋，盖囿于园，园之外不可得而有也。既思建楼，而窘于边幅，乃加楼于可堂之上，亦名曰可楼。楼成，……则凡远近诸山，若黄旗、莲花、南香、罗浮，以及支延蔓衍者，莫不奔赴、环立于烟树出没之中；沙鸟江帆，去来于笔砚几席之上。劳劳万象，咸娱静观，莫得隐遁。盖至是，则山河大地举可私而有之。

这一超越性的层高型建构，不但极大地拓展了“欲穷千里目”的借景视野，极大地拓展了园林立面的天际线，使其有极大的起伏幅度，而且也可说是代表了中国园林“唯道集虚”，力求超越园界局囿的空间意识。

最后说阁。圆明园曾有安澜园，系仿海宁同名园林而建，其中“无边风月之阁”为十景之一。乾隆《安澜园十咏·无边风月之阁》中，就有“三千界外三千界，踪迹无边那可寻”之句，界阈已经打破，有边的空间已走向无边的空间。乾隆在诗序中还说：“界域有边，风月则无边。轻拂朗照中，吾不知在御园在海宁矣。”处身于这种无边的境界里，空间地域似乎已失去其特有的定性。而朱彝尊题出晓阁也有联云：“不设樊篱，恐风月被他拘束；大开户牖，放江山入我襟怀。”这同样表现了中国园林追求一种超越意识的审美传统。

今天的颐和园，还有“无尽意轩”、“涵远堂”……它们也把无尽的意境、辽远的空间，共纳于轩、堂之中，令人们神思飞越，视通万里……

宗白华先生特别赞赏中国园林唯道集虚的空间意识，其《中国艺术意境之诞生》写道：

中国人爱在山水中设置空亭一所。戴醇士说：“群山郁苍，群木荟蔚，空亭翼然，吐纳云气。”一座空亭竟成为山川灵气动荡吐纳的交点和山川精神聚积的处所。……张宣题倪（云林）画《溪亭山色图》诗云：“石滑岩前雨，泉香树杪风，江山无限景，都聚一亭中。”苏东坡《涵虚亭》诗云：“唯有此亭无一物，坐观万景得天全。”唯道集虚，中国建筑也表现着中国人的宇宙意识。[①]

这可看作是对于唯道集虚空间美学的理论总结，它是建立在大量审美实例的基础上的。由此也可见，亭是园林里虚灵的活眼，是不可或缺的生态“场”，它起着吐纳生气、收聚万景的作用。

由上论可知，中国古典园林是一个开放系统，它凭借着唯道集虚的美学，要突破亭台楼阁内部小空间的局囿，要超越园林四周围墙的有限界域，要取消狭小天地中形成的思维空间和精神樊篱，虚而待物，面向无限的宇宙，让视觉感受和审美想像获得充分的自由，从而眼界为之一放，心胸为之一宽。

然而，本书在前一章中论及亏蔽遮隔艺术系统时，又以大量的实例说明，中国园林除公共园林外，对外主要是一个全隔的封闭系统。是的，开放是一个层面，封闭又是一个层面，二者统一在一个特定的审美价值标准之下。《园冶·兴造论》写道：“园虽别内外，得景则无拘远近，晴峦耸秀，绀宇凌空，极目所至，俗则屏之，嘉则收之……斯所谓巧而得体者也。”可见，园林的界墙虽然是区别内外的，但是对于园外的空间，并不是一概加以屏除隔绝的，而是要区别地对待，如果是喧嚣尘俗，即使是极小的，离园很近的，也必须加以屏除，这是由园林全隔的封闭系统的结构功能所决定的；但如果是清景佳境，即使是无限大的，离园极远的，也必须千方百计地加以收引，予以容纳，这是由虚敞的开放系

---

① 宗白华：《艺境》，第150页。

统的结构功能所决定的。“俗则屏之，嘉则收之。”这是中国园林处理外部空间的美学准则，它体现了中国园林取舍外部空间相反而又相成的二重性。

中国古典园林对于外部空间，其封闭和开放两个层面相比，封闭无疑是主要的。因为只有在园外有清景佳境可供品赏神驰的情况下，空间系统才对此开放，才采取收纳的原则；如果园外空间不具备这一条件，那么，就宁可将自己封闭在独立自足的园内小天地里。从总体上说，中国园林外部空间具有“嘉则收之”的条件者并不很多，这是由“城市山林”这一定性所决定的。

一个值得注意的现象是，中国古典园林对于内部空间来说，开放则是主要的，这是中国古典园林一个十分重要的美学定性。这里，可先联系中国建筑艺术来考察。

中国传统建筑艺术要求内部空间具有通透的境界。汉代著名的未央宫、建章宫等，其重要的美学特色就是千门万户而不迫塞，玲珑显豁而不窒碍，这种通透洞达的内部空间结构，在中国建筑史上成了一种典型，它对于尔后的建筑艺术乃至文学艺术的创造也有着良好的影响。至于园林建筑的内部空间结构更体现着这样的要求，见于古典园论的，例如——

> 临溪越地，虚阁堪支；夹巷借天，浮廊可度。(《园冶·相地》)
>
> 相间得宜，错综为妙……砖墙留夹，可通不断之房廊；板壁常空，隐出别壶之天地。亭台影罅，楼阁虚邻。绝处犹开，低方忽上。(《园冶·装折》)
>
> 虽数间小筑，必使门窗轩豁，曲折得宜。(钱泳《履园丛话》)

这都是强调虚灵、通达、留空、轩豁、因借……

空白、虚灵，是中国美学的重要范畴①，绘画应该上下空阔，四傍疏通，而最忌充天塞地，布置逼塞，这一绘画的美学要求也适用于园林内部的空间结构。仍以假山为例，庭院中的叠山最易犯布置迫塞之忌。明代北京有宜园，刘侗《帝京景物略》说：“入垣一方，假山一座满之，如器承餐，如巾纱中所影顶髻。”这就是对该园假山布置迫塞的婉言微讽。假山充塞了整个院落，如食物盛满于器中，又如纱头巾中映出的一团发髻，满而又满，实而又实，毫无流通的空间，这只能窒息人们的美感。

苏州留园东部建筑组群的空间处理，则可算得上是唯道集虚的范例。“五峰仙馆”这个精丽典雅的厅堂就是四通八达的，南北两面基本被轩豁的门窗所占，东西两面除了窗之外，还各有门通往别院：东南通虚灵极致的“鹤所”；东面通堪称开敞佳构的“静中观”以及石林小院一带，西北可通“汲古得绠处”，东北则可通“林泉耆硕之馆”……这个周带联络的建筑组群，其重要的审美特色就是通前达后，实中留虚，极尽空灵风致之美。然而，它也不免有败笔，在五峰仙馆的前院，以峰为主的假山组群所占的面积太大，过于逼近五峰仙馆前门，于是，院内留空不多，这种实多虚少的庭院，就显得不够潇洒风致。关于厅前、楼前的叠山，计成在《园冶·掇山》中作了精辟的论述——

> 人皆厅前掇山，环堵中耸起高高三峰，排列于前，殊为可笑。……以予见，或有嘉树，稍点玲珑石块；不然，墙中嵌理壁岩，或顶植卉木垂萝，似有深境也。
>
> 楼面掇山，……高者恐逼于前，不若远之，更有深意。

计成对于“深境”、“深意”的探讨是有益的，他主要着眼于厅、楼的前庭院的虚灵境界，因此认为只宜稍点石块，或叠掇浮雕式的靠壁山。艺术中审美意境的空间定性之一，就是

---

① 详见金学智：《“虚”与“实”——艺术辩证法札记》，载《江海学刊》1963年第9期。

要远而不尽，“庭院深深深几许”；即使是近，也要近而不浮。如果厅山、楼山高耸院中，逼近于前，就难以产生“深意”或“深境”。在苏州留园，五峰仙馆前的空间比“华步小筑”大得多，但“华步小筑”却靠壁稍点石块，配以卉木藤萝，似有深意远境，五峰仙馆前的庭院与之相比，就略嫌浅浮闷塞。由此可见，“虚灵”的空间在园林内部结构中具有何等重要的审美功能！

扬州的个园，其特色之一是所谓“曲廊邃宇，周以虚栏，敞以层楼”，“闿爽深靓，各极其致”（刘凤浩《个园记》），然而更值得称道的是其中有厅曰“透风漏月”，这可说是揭示出园林内部开放性空间结构的三昧。园林内部的建构，应和太湖石的品格一样，贵在“透”、“漏”，因为只有这样，才能让风花雪月透进来，漏出去，才能使人感到空间虽不大，境界却不小。“透风漏月”，这是对于“唯道集虚”的哲理的生动具体的审美表述。

无锡寄畅园沿池的一带轩廊，也是以透漏为美的典范之作。如把品赏的目光经由曲廊投向“知鱼槛”，可见池上空间和屋宇空间已互渗而化作一体，其屋宇轩敞，窗框通透，栏杆疏减而空灵，于是，“虚”成了空间的主宰，一切都和谐而透漏，唯有空窗之下长长的书条石是累赘的蛇足。这里的风格是：娟秀、清丽、轩豁、虚灵、开放、洞达……人们在这里，可尽情领略“唯道集虚”之理或透风漏月之趣。

第二节　借景、对景及其类型序列

中国园林对于外部空间，一方面是“俗则屏之”，其方法就是“全隔”；另一方面是“嘉则收之”，其方法就是“借景”。本节在上节的基础上，首先论述借景的类型。

借景是中国园林打破界域，扩大空间，“虚而待物”，创构审美境界的重要方法，历来为造园家和园林美学家所重视。《园冶·借景》写道：

> 构园无格，借景有因。……高原极望，远岫环屏，堂开淑气侵入，门引春流到泽……山容蔼蔼，行云故落凭栏；水面鳞鳞，爽气觉来敧枕。南轩寄傲，北牖虚阴。半窗碧隐蕉桐，环堵翠延萝薜……

上引关于借景的审美描述，主要是指园外空间而言的。计成还这样总结说：“夫借景，林园之最要者也。如远借，邻借，仰借，俯借，应时而借。然物情所逗，目寄心期，似意在笔先，庶几描写之尽哉！”这可看作是园林通过借景以创构意境的美学性纲领。

遵循计成关于借景构境的思维指向，联系千百年来借景艺术的历史经验，可按借景的距离、方位和所借景观的内容、形式，概括为如下不同的类型划分：

一、以借景的空间距离、空间方位为逻辑标准的分类

这样，可分为远借、近借、邻借、仰借、俯借等，结合审美实例论述如下：

（一）远借

这是园林借景最重要的类型之一。叶梦得《避暑录话》中录有如下一段话：“李翱之论山居，以怪石奇峰、走泉、深潭、老林、嘉草、新花、视远七者为胜。”这里，“视远”亦即远借，是山区园林的“七胜”之一。

远借能最大程度地拓展视域，远化空间，使境界深味不尽，富于诗情画意的美。作为兼擅绘画的园林审美家，计成不但也要求园林能“极目所至”，“远峰偏宜借景，秀色可

餐”（《园冶·园说》），而且《园冶·立基》还说：“动‘江流天地外’之情，合‘山色有无中’之句，适兴平芜眺远，壮观乔岳瞻遥。”这都是要求园林能通过远借表现出王维的那种诗情美和画意美来。

现存古典园林中，远借处理得最为理想的，是避暑山庄远借棒锤峰，著名的“锤峰落照”，是借景的经典之作。在榛子峪北侧山冈上，有面阔三间的卷棚歇山敞轩，这里是远借锤峰的最佳观景点，柱上有“岚气湿青屏，天际遥看烟树色”的联语。每当夕阳西下，群山呈深暗色时，锤峰却挺立天际，身染霞光，灿然夺日，蔚为壮观。

对于颐和园的借景，王朝闻先生曾写道：

> 进了万寿山的谐趣园，再往后走，顺着溪水朝西看，游人可能产生错觉，以为自己是置身于不受万寿山公园限制的自然环境之中，觉得园内的溪水，参天的松树，和园外远远的西山好像很自然地结合在一起，好像自己置身在比花园浑然而广阔的天地之中。在庭院的设计上，可以说这是不容易感觉到有技巧的技巧。①

这是从艺术接受的角度指出颐和园通过技巧远借西山之妙。

在江南园林中，如城市山林型的拙政园，因借的条件极差，然而造园家却巧妙地在西面的树冠丛中，特意“实中留虚”，留出一路虚灵的借景空间，把远方的北寺塔借进园内【图59，见书前彩页】。摄影家还结合“应时而借”，捕捉到了霞光夕晖映衬的北寺塔。逆光远视，亭亭的塔影，光影反差极大，犹如一幅色彩既单纯而又绚烂丰富的油画，而塔尖倒映入池，更发人遐想。这是造园家唯道集虚、借景如画的大手笔。

在南方园林中，也不乏远借的著名佳构。云南昆明的大观楼，是以借景为主的自然山水园，其中一胜就是誉满神州的孙髯翁所撰长联，它不但笔如巨椽，文奇千古，上下联各有九十字之多，而且出句一开头，就以磅礴的气势、辽远的意境吸引着人们：

> 五百里滇池，奔来眼底。披襟岸帻，喜茫茫空阔无边！看东骧神骏，西翥灵仪，北走蜿蜒，南翔缟素，高人韵士，何妨选胜登临……

三层四角攒尖亭阁式的大观楼，就是这样地吸引着游人，它把广阔的滇池、昆明东部的金马山、滇池西面的碧鸡山、北面的蛇山、滇池南端的白鹤山……都远远地借来眼底，真可谓洋洋大观了。可以设想，大观楼如果没有这种远借，没有这种寥廓的境界，必将大为逊色，而且楼也名不副实了。

（二）近借

如果说，远借由于空气透视而表现出一种若隐若现、若有若无的模糊感、迷蒙感，那么，近借则给人以一种明晰感和亲近感，正如黑格尔所说，“光与阴影的对比在近的地方显得最强烈，而轮廓也显得最明确”②；又因为对象的距离比较近，所以并不是如远借那样可望而不可即，而是就在附近，是可以亲近的。

无锡寄畅园，地处惠山山麓，有极为优越的借景条件。它既可西借附近较大而富于野趣的惠山为景，又可东南借稍远而山顶点缀着建筑物——龙光塔的锡山为景，而后者的景观效果更佳。在园内，如果以“锦汇漪”西北池岸作为观景点，那么，近处是对岸以知鱼槛为主体所组成的廊榭秀美、倒影如画的景面，而园外的锡山又作为一个景面在其后补充

---

① 《王朝闻文艺论集》第2集，第235页作者自注。

② 黑格尔：《美学》第3卷上册，第278~279页。

着，映衬着，使得一层之上，更有一层，景观更为丰富。由于距离较近，山顶上寺院建筑的歇山顶、龙光塔的每一层都可以看得比较清楚。乾隆《寄畅园杂咏》写道："今日锡山姑且置，闲闲塔影见高标。"就是对这种近借所作的描颂。

再如常熟的虚霩园特别是与之相邻的赵园，离虞山都较近，也不妨说是近借，而赵园外借虞山的景观效果更佳。当然，借景的所谓远和近，其区分是相对的。

（三）邻借

比起近借来，邻借的对象和园的距离更近，是紧密相邻的，它所提供的景面更为清晰，似乎就在园内。

寄畅园和惠山寺相邻，王穉登《寄畅园记》写道："右通小楼，楼下池一泓，即惠山寺门阿耨水，其前古木森沈，登之可数寺中游人，曰'邻梵'。"这就是一种邻借。今天登上邻梵阁，虽景观有异，但仍可见惠山寺门前的诸般宗教建筑景观，确乎可数游人，这一寺庙景观，和园内山林野致相比，又别具情趣。

苏州拙政园，西部原为补园，二者分属两家。补园在靠近两园分界墙的石山上，建有六角攒尖的宜两亭，登亭即可饱览隔园柔美旖旎的风光，而如在原拙政园中隔墙西望宜两亭，也可邻借到山上亭阁高耸的一番景色。这一建筑对于两园都是相宜的。此亭的题名，还有更深的历史含义。南朝陆慧晓与张融为邻，中间隔池，池上双方共有绿杨；而唐代白居易愿与元八结为邻居，让两家同见明月清辉和绿杨春色，于是用典作诗赠之曰："明月同好三径夜，绿杨宜作两家春"（《欲与元八卜邻，先有是赠》）；后人又撷此诗意以为"宜两亭"题名，寓有相邻友好之意，这就更深化了邻借的意境，因此宜两亭也可说是体现了相邻友好的空间造型，它使两园结成为一个"共享空间"。

（四）仰借、俯借

所谓远借、近借、邻借，都是对园和所借景面的距离而言的；仰借和俯借，则是从高和低的方位而言的，《园冶·借景》写道："眺远高台，搔首青天那可问；凭虚敞阁，举杯明月自相邀"，"俯流玩月，坐石品泉"……这都联系着不同方位的仰借和俯借。再具体地说，寄畅园借景锡山之巅的龙光塔，必须取仰视角来观赏，而在"邻梵阁"邻借惠山寺景面，必须取俯视角来观赏。

苏州虎丘的拥翠山庄，是一个山麓台地园，不但可远借狮子山，而且在近处可仰借虎丘塔，俯借虎丘山麓一带景致。它视野开阔，多方借景，不失为结合地形充分利用空间的园墅构筑。虎丘还曾有"海涌山庄"，顾禄《桐桥倚棹录》说，该园"碧梧修竹，清泉白石，极园林之胜。因凿地及泉，池成而塔影见，故又名塔影园"。这又是通过水光的折射，巧妙地俯借高处的虎丘塔了。

二、以借景的时间流程为逻辑标准的分类

计成的所谓"应时而借"，可分为借春、借夏、借秋、借冬，借日月，借雨雾等等。这些季相、时分等所显现的景观美，除了显现于园中的花木等类之外，均可说属于应时而借。白居易《草堂记》就写道："春有'锦锈谷'花，夏有'石门洞'云，秋有'虎溪'月，冬有'炉峰'雪，阴晴显晦，昏旦含吐，千变万化，不可殚纪。"白居易的庐山草堂，就以包括这种应时而借在内的借景而著称。关于这种收四时之烂熳的借景，本书第四编第四章中均多有详论，在此不再重复。

三、以所借的内容美或物质生态建构元素作为逻辑标准的分类

亦即按所借园外物质性建构元素，可分为借山、借水、借建筑、借花木等等。

（一）借山

园林借景，在自然景物中借得最多的是山，因为群峰插云，远岫如屏，最易于借入园中，而且这种自然美的景面是园中最缺少的。正因为如此，中国园林中颇多以“借山”为题名建筑。宋代司马光的独乐园有“见山台”，今天的沧浪亭有“看山楼”，拙政园有“见山楼”等，但今天已借不到山景了。现存的典型实例，有本节所论避暑山庄、颐和园、寄畅园等。

（二）借水

在园林中，借水的实例没有借山多，但建于湖畔的园林却往往以借水见长。周密《吴兴园林记》说宋代的钱氏园，“因山为之，岩洞秀奇，亦可喜，下瞰太湖，手可揽也”，就是俯借于水的适例。作为公共园林，杭州西湖的三潭印月、平湖秋月，它们迷人的魅力都离不开所借的西子湖水。滨临西湖的宅园汾阳别墅（郭庄），被《江南园林志》誉为“武林池馆中最富古趣者”，其水洞与西湖之水相通，洞上建“赏心悦目”亭。若登亭以观，可见西湖一片空明，天光晶映，风物嘉秀，景色媚人，也是极理想的借水景观。

在中国园林系统中，借湖者颇多，而借河者却极少，苏州沧浪亭在这方面是罕例也是佳例，本书前一章论“不隔之隔”，从“遮隔”的视角对此作了论述；如果从借景的视角而论，其景面效果也极佳。沈光祀《水龙吟·沧浪亭》上片写道：

> 剪来半幅秋波，悠然便有濠梁意。潭清潦尽，水明天淡，一湾空翠。苹末风来，松阴雨歇，晚凉新霁。望芙蓉镜里，夕阳红衬，攒峰影，堆螺髻……

园门前的半幅秋波、一湾空翠【图60，见书前彩页】，就是“剪来”（借来）的：碧波微漾，绿色宜人，河中倒影，绘出了多么迷人的景面！

（三）借建筑和花木

园外或远或近的艺术性建筑，造园家也尽可能使之成为借景对象，其中以塔居多。此外，也有其他建筑或建筑群。李格非《洛阳名园记》曾这样写王拱辰的宅园“环溪”：“榭北有风月台，以北望，则隋唐宫阙楼殿，千门万户，岧嶢璀璨，延亘十余里，凡左太冲十余年极力而赋者，可瞥目而尽也。”这是园林史上借景的著名范例。今天现存园林中，也不乏借景于建筑的实例，如登上北京景山的万春亭，南望紫金城，也可见巍峨壮观，一片金碧灿烂的宫殿的海洋……至于借景于花木，只能是近借或邻借，太远就目力不及了。园外凡是古木名花，有外借可能的，当然都在“嘉则收之”之列。

四、以所借景物的形式美因素作为逻辑标准的分类

这样，又可分为借形、借色、借光、借声等。

谢灵运《游南亭》写道：“密林含余清，远峰隐半规。”远峰衔着半边太阳，使之呈半圆形的图像，这是对诉诸视觉的形状美的外借。

邓嘉缉《愚园记》写南京的愚园说：“登阁而眺，东北诸山，烟云出没，如接几席，因名阁曰‘延青’。”楼阁把目力所及的优美的青色都延请到园里来了，这是对诉诸视觉的色彩美的外借。

苏州艺圃的主体中心为水池，池北架水阁五楹，内部空间宽敞，题名为“延光”。阳光照射于粼粼的水面上，经反射而穿窗入阁，变灭不定地跳荡于室内顶部梁椽之间，成为

十分活跃的主角。这是对诉诸视觉的光线美的外借。在苏州沧浪亭“闻妙香室”，日光穿过系列半窗而入，于是，最明的光和最暗的影，在地上织出空间的韵律【图61】。这种抽象的形式美，更离不开外借穿窗入室的光的颤动。

图61　品黑白律动之妙趣——苏州沧浪亭“闻妙香室”光影

（陆　峰摄）

在中国古典园林中，诉诸听觉的“借声”，也是借景的一个重要方面。宋代洛阳的丛春园，曾以听洛水声而著称于世。苏州耦园有听橹楼，特地让园外河上的声声欸乃传进耳鼓……在古典园林中，江声、橹声、樵歌、渔唱等等，就作为一种特殊的“音画”被借到园里来了，它诉诸审美主体的听觉，甚至会引起审美主体的视觉联想，从而产生一种特殊的美感。

计成《园冶》还说：“萧寺可以卜邻，梵音到耳。”这就是古典园林往往傍寺而筑的重要原因之一。园林向寺院借声，最为典型的莫过于钟声。北京香山静宜园外垣八景有“隔云钟”，玉泉山静明园十六景有“云外钟声”，当年每当夜幕降临，均可听到钟声悠扬断续，远近相应。而更为著名的，是杭州西湖的“南屏晚钟”。雍正间《西湖志》写道：“寺钟初动，山谷皆应，逾时乃息。盖兹山隆起，内多空穴，故传声独远，响入云霄……”这种借声的审美境界是令人神往的，有时又令人浸入哲理性的沉思、深省之中。现今苏州江枫园有“霜天钟籁”一景，就是为借寒山寺钟声而建的。

以上种种借景类型，在园林中不是孤立存在的，而是错综交织的，它有着丰富的意境可供人反复品味，这可举出刘鹗《老残游记》第二回中关于济南大明湖多元借景的脍炙人口的审美描述：

> 到了铁公祠前，朝南一望，只见对面千佛山上，梵宇僧楼，与那苍松翠柏，高下相间，红的火红，白的雪白，青的靛青，绿的碧绿，更有那一株半株的丹枫夹在里面，仿佛宋人赵千里的一幅大画，做了一架数十里长的屏风。正在欢赏不绝，忽听一声渔唱。低头看去，谁知那明湖业已澄净的同镜子一般。那千佛山的倒影映在湖里，显得明明白

白。那楼台树木，格外光彩，觉得比上头的一个千佛山还要好看，还要清楚。这湖的南岸，上去便是街市，却有一层芦苇，密密遮住。现在正是着花的时候，一片白花映着带水气的斜阳，好似一条粉红绒毯，做了上下两个山的垫子，实在奇绝……

在这景面层层交织之中，错综着各种各样的借景类型、序列，有远借近借，有仰借俯借，有“应时而借”；有山水、建筑、花木之借；有形、色、光、影、声之借……这才博得老残由衷地发出“如此佳景”、“真正不错”的赞美。

再论对景。

在中国园林系统中，对景和借景一样，都是对空间的组织、利用和创构，但借景所处理的，是观景点和园外景面的关系；而对景所处理的，则是观景点和园内景面的关系。然而，二者都离不开“虚”。

和借景一样，对景的观景点和所对的景面之间宜虚不宜实，宜透不宜隔，宜有空间距离，不宜有其他实物阻挡审美的目光，也就是说，其间应留有“对景空间”，这样，观景点（视点）——对景空间——所对景面，就形成了一条审美的对景线。对景空间是一个“灵”的空间，其生命就在于“虚”、“空”，而切忌“如器承餐”，“如巾纱中所影顶髻”，因为在一个空间中，如果所对景物太满，太充塞，太逼近观景点，对景空间就无异取消了自身，审美主体就无法“虚而待物”，景面也就无从生成。一般来说，所对景物的体量与对景空间的体量应成正比，如果所对景物小而疏，如一片石和数竿竹，对景距离不妨近些，空间不妨小些；相反，所对景物大而实，如大体量的建筑、山景之类，距离就应该远，空间就应该大，这才能生成审美的对景景面，总之，这也体现着“有之以为利，无之以为用”的哲理。

中国园林至少在南北朝就已经注意对景的艺术创构。从文献记载来看，宋代的朱长文《吴郡图经续记·南园》说：“亭宇台榭，值景而造。”可见，至迟到北宋，就已出现了自觉的对景理论。所谓“值景而造”，就是说，亭宇台榭不仅是点景建筑，而且是观景建筑，它的各个立面之中至少一面有景可对，有美可审。因此它应该逢着美景而建造，使对方空间呈现出画面景色之美；或在亭宇台榭对面建构景观，使其呈现画面景色之美。

对景的类型和借景一样，有远对、近对、仰对、俯对、应时而对等不同，所对的景物也有泉石、山水、建筑、花木等区别。

在颐和园南部南湖岛的涵虚堂，或在突出于其旁的“仙人石”上，透过昆明湖上空广袤的对景空间，可见远方万寿山麓的建筑组群：东西胶葛，南北峥嵘，累屋层构的佛香阁雄峙于中心。这组巍峨璀璨的建筑群，和掩映着的绿树丛林一起倒映入湖，宛似仙山琼阁，美不胜收。这是远对山水殿阁的佳例。

苏州狮子林燕誉堂，南面对景是一组园林小品。在自由叠石筑成的低矮花坛上，石笋一株独立，其旁疏点湖石，略植花树，好似精美别致的盆景，突出于白墙的背景前，而铺地的图案，则如同铺锦列绣，典雅而华美。这是近对花石小品的佳例。

在北海永安桥此岸，凭栏可见这座汉白玉的三孔大桥直通彼岸。琼华岛在绿树簇拥之中，殿坊丛列，金碧辉煌，真可用“堆云”“积翠”来形容。依山坡层层升高的殿宇，更把人们的视线引向巍巍耸立山巅的藏式白塔，它不仅辐射着宗教之光，而且以其洁净、华严、浑圆、挺拔的形象美强烈地吸引着人们【图62，见书前彩页】。走在永安桥上，作为对景的琼岛白塔愈来愈高。愈是走近，须仰视才见，这是仰对层高型建筑的佳例。

在北海画舫斋古柯庭，有小型建筑“绿意廊”，而“古槐五百年，几度荆凡阅”（乾隆

《古柯庭》诗）的古柯，就是它的对景。面对着老态龙钟，枝叶稀少的古柯，联系“绿意”二字，是颇为耐人寻味的。这是近对稀世古木的佳例。

对景和借景的类型、序列大体是相近的，然而也有明显的不同。不但对景只限于园内，而借景却引向园外，而且对景可以双向互对乃至多向互对的，而借景却只能是纯粹单向的。

双向的空间互对，或者说观景点和所对景面之间的相互换位，其空间利用率就高得多了。互对的景面经由对景空间所结成的有机整体，其供人审美品味的涵量，远超于两个单向对景的机械相加，因为这两个互对的景面能相互呼应，拱揖有情，构成了风物的双向交流，借用刘勰《文心雕龙·物色》的话说，是“情往似赠，兴来如答”。

苏州网师园中部水池周边建筑是多向互对的佳例【图 63】,水池北面有“濯缨水阁”,伸出于水池之上,扶栏隔水相望,可见对岸“看松读画轩”隐现于松柏丛中,前有石矶、曲桥,构成如画的景面;在东北方斜对着的,是集虚斋楼面及其前玲珑空透、小巧典雅的“竹外一枝轩”,临水依依,倒影参差,又是一幅精致的景面。如果变换相反的方位,在看松读画轩前或竹外一枝轩中,又可见对面古朴厚重的黄石假山——云冈和轻巧凌水的濯缨水阁所构成实与虚、重与轻的审美对比,这也是一幅有意味的对景画面。这两组景面,通过沧波渺然的水池而隔水相呼,朝揖有情,结成了双向互对的艺术整体。如果在池西的月到风来亭,取第三个方位,还可见水池南北这两个景面的双向交流关系——你向着我,我向着你,或者说,你中涵我,我中涵你。当然,作为审美主体的人及其情,也是其间必不可少的重要的中介。

图 63　集虚为妙，多向互对——苏州网师园中部鸟瞰

（选自刘敦桢《苏州古典园林》）

在网师园月到风来亭如果向东观照，又可见一帧形与色“有意味”的空间造型，俨然一帧精致的宋画小品，而“射鸭廊”、小亭凸出于这个立面背景之前，也令人喜爱；如再取“射鸭廊”、小亭向西观照的方位，则可见月到风来亭又凸出于小廊曲折、花树扶疏的立面背景之前，与射鸭廊互为应答，特别是亭中一镜，光影迷离，隐隐照出射鸭廊一带景色，似乎又是“你中涵我”了。这也是一种隔水相望的互对，一种互摄互映、似往而复的双向交流，流出了整体意境之美。这里，宽阔无碍的池面或池上空间是极为重要的，它不仅成了最佳的多向互对空间，而且清池碧波及其倒影也极大地丰富了多向对景的画面之美。

利用水面作为互相对景的空间，这是最常见的对景处理手法，因为水面平远涵虚，不阻挡视线，水中倒影更易构成景面。如上述网师园水池周边景物都可倒映于水，构成优美的景面。当然，平地也可以作为互对的良好空间。在苏州拙政园中，如以枇杷园的月洞门作为观景框，可见东南面“嘉实亭”一带，在三五株枇杷树的掩映下，亭廊蜿蜒，花石错综，构成以建筑物为主的立体景面；如以嘉实亭作为观景点，品赏月洞门一带，则又是一幅情趣迥异的景面，月洞门及其云墙，亏蔽于树丛深处，透过月洞门，外面又是一番风光，境界层深，若不可测。这是旱园双向互对的佳例。

借景和对景，依赖于一定的空间，呈现为可视的境界，它们极大地丰富了园林的美。中国园林的这种景观，是有无相生、虚实互用的空间美学的物化，也是唯道集虚、内外开放的空间意识的积淀。中国园林意境的生成，离不开这种空间观。

第三节　框格美学与无心图画

中国园林的门窗，依附于建筑，本应列入建筑部分来论述，但它们“唯道集虚”的功能也非常突出，故移置此处专论。园林的门窗有着多重的功能，可从以下几个层面来理解：

一、从实用的视角看

门窗的作用是通风、采光、启闭或供出入通行。篆书中的“明”字，是会意字，一边是窗的形象，一边是月的形象（见《说文解字》），月照窗上则明，会合而成采光之意。因此，园林设有漏窗的墙，称为“漏明墙”。至于篆书“門”字，也是两扇可供启闭的门的形象，而其中漏出了空间，以示是可以通达的。

二、从装饰的视角看

门窗的框架和其中的花格都寓有图案形的美。篆书“明”字属囧部，此字《说文解字》释作：“窗牖丽廔闿明，象形。”甲骨文作囧（《殷虚书契后编》上，十一），其中亦为镂空的美丽花纹，呈窗牖“丽廔闿明”之象，这已体现出实用和美的统一，后来发展而为精美的“绮疏”，如《后汉书·梁冀传》所说：“窗牖皆有绮疏青琐。”至于园林中的门窗，更呈现出种种优美的图案形，它们还往往透过室外的光线，表现出光与影错综成文的美，成为装点园林的活泼题材。

就江南园林门窗框架的形状来看，可谓丰富多彩，应有尽有，犹如鲜花百态，令人目眩神迷。刘敦桢先生曾概括苏州园林的洞门形式说：

> 洞门的形式有圆、横长、直长、圭形、长六角、正八角、长八角、定胜、海棠、桃、葫芦、秋叶、汉瓶等多种，而每种又有不少变化，如长方形洞门的上缘，除作水平线外，又有中部凸起，或以三、五弧线连接而成，洞门上角，简单的仅作海棠纹，复杂的常加角花，形似雀替；或作回纹、云纹，构图多样……①

这里既有几何形的抽象，又有从现实中概括出来的具象，既不失其合目的性的实用功能，又有其合形式美规律的艺术特色。至于窗，由于不必供人出入，其独立性就更强，更可在艺术造型上见出其独创的审美特色。

园林里的窗主要有三种，一是作为屋宇外檐装修而镂有各式花纹木框的窗——花窗，对此，本书第四编第一章略有涉及；二是砖墙上所辟的空窗，空窗只有一个窗框，其中“空空如也”，其形式比洞门更为灵活多变；三是墙上所辟，其中布满图案纹样的漏窗，其构图可分为几何抽象形、自然具象形以及二者的综合三类②，它们错综结合，又可幻化出无穷无尽的纹样，不但各园有所不同，而且一园之中、一个小景区之中也很少重复。这是中国古典园林的一个微观的美学特色。

日本造园研究家横山正这样盛赞中国江南园林中的漏窗：

> 它千变万化，不知有多少复杂奇异的花样，犹如能工巧匠描绘而织成的光与影交相辉映的绵绣。……从纵横交错的人字型、竹节型、菱花型与直线材料组成的各种花型，以至鱼鳞型、钱纹型、葵花型、波纹型等弧线制成的花型，更有直线与弧线相结合的万字海棠型，还有中央装饰着琴棋书画图案的，也有动植物的生动造型，真是千姿万态，巧夺天工，叹为观止！……如此复杂多变的花样，实在只是由简单的几种材料组合而成。以极少的素材创造出变幻自如的世界，这里生动地显示出中国人的聪明才智。

这是日本专家眼中的中国园林窗格装饰纹样之美。他还赞美道：“看了这种永无止境地追求美的中国花格子的创造，不得不感到日本的造型艺术相形见绌了。”③

三、从窗框系列的观赏艺术效果看

墙上特别是列有系列漏窗的“漏明墙”上，一排等距的窗格能谱出音乐性的空间韵律，但南、北园林又存在着明显的形式差异。在江南园林中，系列性窗格的框边较薄，窗孔较大，一般取规整形（如方形、长方形），但每个框格中的图案纹样决不雷同，苏州沧浪亭长廊间的漏窗系列，留园“古木交柯”前走廊的漏窗系列等，都是范例。在北方园林中，系列性窗框的框边较厚，框孔较小（这与北方天冷风大等环境因素有关），边框往往取自由式而不重复。济南大明湖铁公祠这个小小祠堂园林廊墙上的窗框，其形态就丰富多变④，但又是大小相近，等距地排成系列。颐和园还有类似形式的灯窗。就其窗框系列相比较，南、北园

---

① 刘敦桢：《苏州古典园林》，第41页。

② 苏州沧浪亭廊间长长的，变化不一的漏窗系列，可看作是一种大型展览；狮子林漏窗有琴、棋、书、画的具象系列……

③ 横山正：《中国园林》，载《美学文献》第1辑，第431～432页。

④ 铁公祠窗框，有十字形、葵花形、扇面形、椭圆形、六角形、方胜形、蝙蝠形、海棠形、圆月形、菱形、桃形、壶形、钟形、瓶形……

林也有其不同的个性：江南园林主要表现出寓杂多于统一的美，北方园林则主要表现出寓统一于杂多的美。此外，苏州园林还有一种小品空窗，显得特别活泼可人，变化多姿。如怡园拜石轩西廊壁有秋叶形小品空窗，当人们审美的目光透过框格，又可窥见南雪亭南壁八角形大空窗和西廊壁的汉瓶形小品空窗，还可见瓶形窗外的景物若隐若现，小小框格之中，竟可透视到如许造型、层次和景深！这是微型而丰富的美。

四、从通气有神的空间美学看

在园林里，门窗轩豁，廊墙留虚，就能打破封闭局促的格局，赋予开敞空灵的美感，体现"隔"与"透"、"亏"与"蔽"的统一，使整个空间具有内外交流的相互渗透性。园林中这种气息周流、气韵生动的境界空间的生成，是离不开种种功能、种种形式的门窗框格的。

五、从对景以及借景"唯道集虚"的美学看

这是应重点论述的。通过门窗框架或其中的花格来实现对外部空间的借景或对景，这是中国园林建筑供人自内而外进行审美观照的习见方式，也是中国造型艺术传统所孕育的极为宝贵的美学遗产。

宗白华先生通过中、西美学殊异的比较，概括中国民族美感的传统特点说：

> 古希腊人对于庙宇四周的自然风景似乎还没有发现。他们多半把建筑本身孤立起来欣赏。古代中国人就不同。他们总要通过建筑物，通过门窗，接触外面的大自然界……"窗含西岭千秋雪，门泊东吴万里船"（杜甫）。诗人从一个小房间通到千秋之雪、万里之船，也就是从一门一窗体会到无限的空间、时间。这样的诗句多得很……从小空间进到大空间，丰富了美的感受。①

通过门、窗、挂落栏柱所构成的框格来欣赏外界的景物，吐纳远近的空间，这确实是中国人特殊的、独有的审美方式，这种体现了自觉的审美意识的诗句，确实是多得很，它大概从东晋、南朝开始，就和山水诗一起诞生，从而展开了自己的审美史的历程。

这里，对这种以门窗为代表的框格审美史作简约之一瞥——

> 罗曾崖于户里，列镜澜于窗前。（南朝宋·谢灵运《山居赋》）
> 结构何迢递，旷望极高深。窗中列远岫，庭际俯乔林。（齐·谢朓《郡内高斋闲望》）
> 鸟从檐上飞，云从窗里出。（梁·吴均《山中杂诗》）
> 栋里归白云，窗外落晖红。（陈·阴铿《开善寺》）
> 横阶仍凿涧，对户即连峰。（北周·庾信《同会河阳公新造山池聊得寓目》）
> 楼观沧海日，门对浙江潮。（唐·宋之问《灵隐寺》）
> 南山当户牖，沣水映园林。（唐·祖咏《苏氏别业》）
> 东窗对华山，三峰碧参差。（唐·白居易《新构亭台示诸弟侄》）

以上诗句联系其诗题可以看出，这种特殊的审美史，确实是和山水的审美史同位同步地发展过来的。到了宋元明清这一历史阶段，山水诗的黄金时代虽然几乎已成过去，其成就并不很大，但山水画和山水园林却臻于十分成熟的境地，故而上引类似诗文更可说俯拾即

① 宗白华：《艺境》，第324页。

是。在明末，张岱更把门窗统统作为绘画取景框来欣赏框中之景，其文写道："窗棂门棂，凡见湖者，皆为一幅画图：小则斗方，长则单条，阔则横披，纵则手卷，移步换影……所谓水墨丹青，淡描浓抹，无所不有。"（《西湖梦寻·火德庙》）其眼中所以无框不是画，一是由于西湖之美，本身如画；二是由于火德庙建筑的门窗艺术取景高明；三是由于作为园林审美家，张岱精于品赏，因而能作到"瓮牖与窗棂，到眼皆图画"（《火德庙》诗）。在清代，《日下尊闻录》也写道："延春阁楼上联曰：绿水亭前罗带绕；碧山窗前画帧开。"这类联句就更突现出诗情画意的框景空间之美了。

值得注意的是，这一审美史之所以在南方发其端并获得了长足的进展，是有其历史渊源的。"从人类开始有居室，北方属于窝的系统，原始于穴居，发展到后来的民居，是单面开窗为主，而园林建筑物亦少空透。南方是巢居，其原始建筑为棚，故多敞口，园林建筑物亦然。"[①] 可见，有其因则必有其果，本书第四编第一章也联系气候环境分析了江南建筑窗大而多的原因。[②] 正由于自古以来南方窗多而空灵，所以成为门窗框格审美史的发轫之地，以后才慢慢地北渐，成为中国园林较普遍的审美方式之一。

先论作为审美框格的门。"对户即连峰"，"门对浙江潮"，"门泊东户万里船"……古人早就用门作为框格进行观照了。计成《园冶·门窗》在提出"处处邻虚，方方侧景"的同时，还写道："伟石迎人，别有一壶天地。"这除了江南留园冠云峰作为厅门的框景等而外，还可在北方皇家园林找到佳例。在北京乾隆花园，透过殿门可见灰白色高大的"伟石"恰好收纳门内【图 64，见书前彩页】，在鲜丽华艳、五色缤纷的门框、檩枋、挂落、廊柱的映衬下，更凸显出洁白的英姿，又不乏通透绉漏之奇。这里，彩色的框格发挥了重要的审美功能。

至于凭借窗格进行自觉的审美活动，最突出的莫过于清代的李渔。这是应该在框格审美史上大书特书的。他在《闲情偶寄·居室部》中说："窗棂以明透为先，栏杆以玲珑为主。"这是着眼于"空灵"二字，而其作用则是："开窗莫妙于借景"。

他还以审美实例来阐明借景法的"三昧"。在寓居杭州期间，西子湖美丽的风光启迪了他的审美意识，于是，他尝试着把千篇一律的湖舫改造得与众不同。这就是舫上开有别出心裁之窗，其特点是"四面皆实，犹虚其中，而为便面[③]之形"。这种扇形窗四面用木板、灰布遮蔽，其中纯露空明【图 65】。李渔在《闲情偶寄·居室部》中还这样写道：

> 是船之左右，止有二便面，便面之外，无他物矣。坐于其中，则两岸之湖光、山色、寺观、浮屠、云烟、竹树，以及往来之樵人、牧竖、醉翁、游女，连人带马，尽入便面之中，作我天然图画，且又时时变幻，不为一定之形。非特舟行之际，摇一橹，变一象，撑一篙，换一景，即系缆时，风摇水动，亦刻刻异形。是一日之内，现出百千万幅佳山佳水，总以便面收之，而便面之制，又绝无多费，不过曲木两条，直木两条而已。

---

① 陈从周：《园林分南北，景物各千秋》，载《旅游》1985 年第 1 期，第 18 页。

② 还应补充的是岭南园林由于地处亚热带，日照时间长，热辐射强而湿度较大，需要通风换气，因此窗也大而多，甚至矮墙、半墙等也特别追求透漏。然而，岭南园林可能由于室外空间不大，又似乎偏重实用，因而较少利用门窗框格来审美。

③ 《汉书·张敞传》颜师古注："便面，所以障面，盖扇之类也。不欲见人，以此障面，则得其便，故曰便面，亦曰屏面。"后亦泛指扇面。

图 65 “尺幅窗，无心画”——湖舫便面窗图

（选自李渔《闲情偶寄·居室器玩部》）

这位“湖上笠翁”确实善于“虚而待物”，确实懂得“虚”在审美中的作用。他利用小小的窗孔，竟摄取了变幻不尽的景色。李渔还从美学的高度总结说：“同一物也，同一事也，此窗未设以前，仅作事物观；一有此窗，则不烦指点，人人俱作画图观矣。”这里，他就分出了非审美和审美的界阈：“作事物观”，这仅仅是对客观世界的观看而已；“作图画观”，或者说，作流动性的图画观，这已转化为对艺术美的观照了，而促成这一转化的，乃是审美之窗和审美的眼睛。

李渔曾把他的审美经验别具匠心地移之于楼头、轩内，创构了所谓“观山虚牖”。他的宅居“浮白轩”后有小山，颇具风致。于是他以山为画，以画为窗。也就是说，在一个长方形空窗的上下两旁，装饰着画轴的“天地头”和边框，俨如一幅“中堂”，而中间纯露虚空。李渔接着写道：

> 非虚其中，欲以屋后之山代之也，坐而观之，则窗非窗也，画也；山非屋后之山，即画上之山也，不觉狂笑失声……而“无心画，尺幅窗”之制，从此始矣。

园林美学中“尺幅窗，无心画”的著名命题，就这样地诞生了。后来，古典园林中的门窗，更被审美地称为“无心图画”了。这里的所谓“无心”，也就是“虚其中”的“虚”，而以窗后的立体景面充作画面，这种审美，是中国古典美学的一个创造。

李渔的审美经验也并非为他所独有，江南园林就颇多这类“审美之窗”。

在网师园，“看松读画轩”的明间的墙上特辟一空框——砖框木质花窗，上悬匾额，两边挂对联，于是窗外的景物俨然一幅立体画，在挂落、纱槅的映衬和两侧对联的相辅下，这幅画显得十分醒目而意味深长：原来“看松读画轩”请人“读”的，是“尺幅窗”的“无心画”！又如网师园“殿春簃”的乱纹框格花窗，图案极美，窗外蕉竹两植，透过“尺幅窗”而观，“无心画”就成了“有心画”——一幅《彩墨芭蕉》，应了《园冶·相地》“窗虚蕉影玲珑”之语【图 66，见书前彩页】，这是花窗框格如画。至于殿春簃的系列长窗，透过其框格外望，“无心画”则成了系列屏条【图 67，见书前彩页】。如果说【图 66】是泼彩写意画，那么【图 67】就是工笔景物画——系列四画屏，“画家”斟酌浓淡，剂量浅深，使四幅画面，或密如无地，或旷若无天，有浑有碎，有开有合，其中所留虚白，尤有让灵气往来之妙用，而点景人物则又成了点睛人物。蒋和《学画杂论》说：“大抵实处之妙，皆因虚处而生。”这里又可加一句，“画屏”上浓淡浅深的绿色之妙，又因一点红色而生。以上两幅“画”的成功还说明：

> 园林中的窗外景，当然是园林设计家按美的原则早已选择好了的，但仍然需要人们在此基础上进行审美的再选择。观者对窗外之景，正看、左看、右看、平看、仰看、俯看、近看、远看，效果也会各各不同。园林之窗在这方面为人们提供了审美再选择的余地，这是对作为审美主体的人的信任，是对游客审美能力的培养，它能通过比较增进人的构图感。①

园林里还有一种不是框格的框格，如在网师园射鸭廊，上有装饰性极强的“挂落”，下有图案优雅的“美人靠”，而两侧则有廊柱，它们虽然不在同一平面上，但逆光外望，依然是令人赏心悦目的“画框”【图 68】，其中，月到风来亭成了构图中心，游廊则起了分割画面的作用，上下左右景物天清地浊，均衡而又参差。这种栏柱框景，也可称为“类门窗”框景。

以上种种类型的审美实例，都是不同门窗框格无心而实为有心的生动画面，都是“唯道集虚”，“虚而待物”的积极成果。然而，园林美学不能到此为止，还应作进一步的追问。

李渔的审美经验，当然还可以举出大量的实例来加以验证，然而问题在于：小小的窗户，为什么能使人把“平生所弃之物”，变为“所取”的审美之物，或者说，为什么能使观者由“作事物观”进而升华为“作画图观”？为什么尤侗《过秀野草堂》说“文窗自具诗中画”？这类问题，李渔们并没有回答，而这正是园林美学需要加以探讨的。

首先，这是由于门窗作为框格，具有限制视域，约束视野的审美作用。莱辛曾说：

> 自然中的一切都是相互联系着的；一切事物都是交织在一起，互相转换，互相转变的。但是，这种无限纷纭复杂的情况……必须取得一种能够给原来没有界限的自然划出界限的本领。……艺术的使命就在于使我们在美的王国里省得自己去进行这一选择工作，使我们便于集中自己的注意力。②

---

① 金学智：《审美之窗》，载《艺术世界》1985 年第 2 期，第 21 页。

② 莱辛：《汉堡剧评》，载伍蠡甫主编：《西方文论选》上卷，第 433 页。

图68　廊以栏柱画帧开——苏州网师园射鸭廊栏柱框景（陆　峰摄）

一般来说，当一个人面对着无限纷纭复杂、一切都交织在一起的景色，他的视域往往漫无边际，注意力往往不够集中，不知看什么是好，因而对此只能“作事物观”，这时，美对他来说也显得很分散。如果有了门窗作为审美框格，就像画家、摄影艺术家有了取景框一样，情况就不同了。框格把框中之景和四周的景物隔离开来，把框中之景从纷绘繁杂的美的王国里选择出来，给原来没有界限的景色划出了界限，使之独立，于是，审美的眼睛就能摒除一切干扰，全神贯注，仔细品赏这框中美景了，这时，美也就以其最优化的组合，尽可能真纯、精练和集中地呈现出来。作为框格，门窗的这一作用不正和莱辛所说的艺术的使命相近？不正和或圆或方或呈扇面之形的有限画幅的作用相似？于是“作事物观”也就有可能转化为“作画图观”了。

其次，还由于门窗作为审美框格可以制造景深，制造距离。阿恩海姆曾概述西方19世纪流行的绘画见解说，“绘画作品的框架所起的作用”，是“使绘画空间从墙壁上独立出来并创造景深”；而一幅画的框架往往被称为“一个窗口”，“透过这个窗口，观赏者就看到了另一个世界”①。这里有一个比较美学的小课题，这就是：西方传统美学把画比作窗，中国传统美学则把窗比作画，前者从画中看出窗意，后者从窗中看出画意。然而二者又有共通之处，即都从中看到了距离和景深。从尺幅窗这个“无心画”的视角来看，园林的门窗或“类门窗”的某些框格确实可看作是画框，它能从墙壁上独立出来，并和墙壁产

① 鲁道夫·阿恩海姆：《艺术与视知觉》，第319页。

生空间距离的对比。由于墙壁在近处，框中景在远处，相形之下，后者更能成为创造景深的“另一个世界”。与之相应，观赏者也会产生一种具有审美意味的心理距离，从而把框中景和自己之间的距离推远，更见出其景深和美。观赏者“看到了另一个世界”，也就是看到了一个具有心理空间深度的境界。

最后，先引德国让·保尔的一句话：“加了框的铜版风景画总比原来的地方更迷人。”[①] 这是由于框对画面还有装饰美化作用。而中国园林里门窗边框如以上数图所示，更富于不同的造型美和装饰美，能使人们感到框中之景更美，能使审美品赏更好地由“作事物观”转化为“作画图观”。

另外，如果说，园林中的洞门、空窗或木、砖框花窗的中心部分是中间空明的无心图画，其中的“画面”全靠窗外对景来填补，那么，漏窗则有所不同，框中的图案纹样似乎是它的主体。这些图案以几何纹样或非几何纹样体现了均齐、平衡、穿插、适称、反复、四方连续、多样统一等美的法则，而窗外对景则恰好成为这幅图案画的“底版”。而且二者还能形成种种有意味的对比：图案画是有规则的，而作为“底版”的窗外对景是不规则的，这是一种对比；图案画是定型不变的，而作为“底版”的窗外对景则由于天气、光源以及观者视角的变化而有其可变性，这又是一种对比。就以光源而论，观者面对投在窗上的逆光，漏窗的图案就呈暗色，轮廓粗简，色彩单一，而窗外的对景则一派明丽，细部清晰，色调丰富，这是一种明暗对比；如观者面对投在窗上的顺光，漏窗的图案就呈明色，而透过窗上花格所见对景，则往往呈暗色，于是图案画的“底版”又不甚清晰丰富了，这又是一种明暗对比……而这一系列的变化，也可归结为有无相生、虚实互用的框格美。

眼睛是心灵的窗户，窗户是屋宇的眼睛。

当人们在园林里漫步，看到无数的门洞、窗孔和其他空灵的框格，特别是在曲折有致的长廊里，看到那统一而不单调，变化而不杂乱的窗框系列，不但审美的眼睛能得到调节，不感到疲乏，而且会使人感到在这审美之窗的节律之中，如李渔所说，“时时变幻，不为一定之形”，移一步，变一象，转一眼，换一景，作为画图观，真可谓移步换形，目不暇接，于微观中见大千世界了。

钟厚必哑，耳塞则聋，境界生成，离不开虚空。

《老子·四十一章》有云：“万物生于有，有生于无。”这一哲学命题，在一定程度上也符合于园林审美的空间观。在古典园林的空间里，从“唯道集虚”、“透风漏月”到远近俯仰的借景空间，从不同框格的“无心图画”到单向或多向的对景空间，都离不开“无”。凭借这个“无”，才能虚而待物，由“作事物观”到“作画图观”，由单一景面到多向景面，由有限空间到无限空间。相反，充天塞地，景物繁实，无异于作茧自缚，境界就无由生成。这符合于道家所揭示的“物或损之而益，或益之而损”（《老子·四十二章》）的规律。

但是，不能过分地强调“无”，虚无和实有是不能须臾离的。“尚虚”、“贵无”的集虚斋、揖青亭、天风阁，就离不开斋、亭、阁及其门窗等类之“实”。离开了“有”的

---

① 让·保尔：《美学入门》，载《欧美古典作家论现实主义和浪漫主义》第2卷，中国社会科学出版社1981年版，第349页。

“无”，就是数学意义上的“零”，就是纯粹的空白。因此，“有之以为利”和“无之以为用”是不可偏废的。

本编分章分节论述了园林审美意境整体生成的十条规律——空间分割律、奥旷交替律、主体控制律、标胜引景律、亏蔽景深律、曲径通幽律、气脉联贯律、互妙相生律、意凝神聚律和唯道集虚律。

斯宾诺莎指出：“律这个字，是指个体或一切事物，或属于某类的诸多事物，遵一固定的方式而行。”[①] 本编通过大量审美实例的丛证，说明了上述十条规律是由千百年来园林美的历史行程中“遵一固定的方式”而形成的，它们具有普遍性、重复性等特点。但是，现象总比规律丰富，任何规律总是近似的、不全面的，因此，不能对其作绝对化、简单化的理解。同时，这十条规律只是荦荦大者，除此而外，其他规律也还是有的；而仅就这十条规律来说，也不是各自孤立的，而是互为联系补充、互为交叉乃至叠合的。园林的美，或可因众多规律的交互作用而加强，或可因个别规律的孤立体现而削弱……

---

① 斯宾诺莎：《神学政治论》，商务印书馆 1982 年版，第 65 页。

第 七 编

园林品赏与审美文化心理

接受定向是艺术欣赏的重要心理因素。这种心理机制依靠着凝聚在我们头脑中的整个历史文化体系，依靠着所有前人的经验。

——鲍列夫：《美学》

心理结构是浓缩了的人类历史文明，艺术作品则是打开了的时代魂灵的心理学。

——李泽厚：《美的历程》

德国心理学家艾宾浩斯意味深长地说："心理学有一长期的过去，但仅有一短期的历史。"① 确实如此，真正是属于历史的心理学研究，为期并不长。就园林作为重要的生态艺术领域来说，有关园林文化心理学和园林审美心理学的著作至今未见问世，研究亦未见展开。本编拟在这两方面作一广角镜式的初探。

园林是人类历史文明的标志之一，它既是物质文明的标志之一，又是精神文明的标志之一。中国古典园林史及其有关文献，隐含着分散的、东零西碎的，但却是异常丰富的文化心理学资料，对这些资料加以爬罗剔抉、刮垢磨光，系统地加以梳理、概括，可以在建筑、山水、泉石、花木等许多方面看到种种文化心理是如何积淀而成的，它们又是如何根植于民族心理结构的传统之中的。

一个时代的园林，又是打开了的一个时代魂灵的心理学。园林的艺术创造和品赏接受，也凝聚着大量心理学的内容，如艺术泛化、审美距离、接受心境、品赏心理层级等，在这方面总结其规律，其意义可能超过园林审美心理学本身。

园林文化心理与园林审美心理，二者又是互为包涵、互为影响，甚至密不可分的，可合称之为审美文化心理。本编之所以将二者相对地界分开来，是为论述的方便。事实上，二者还互为因果。某一审美心理在历史上深有影响，可以成为某一文化心理之因，而某一特定的文化心理，又可以是审美心理之因，本编在这方面均可提供大量例证。而园林品赏的接受心境、心理层级等，还可以提升到"天人合一"的境界，而这也是作为生态艺术的典范的中国古典园林的最大功能，对此，本编亦拟作重点论述。

① 转引自波林：《实验心理学史》，商务印书馆 1981 年版，第 11 页。

第一章　古典园林的文化心理积淀举要

中国古典园林有其极为漫长的历史行程，因而其文化心理的积淀也特别深厚、丰饶。对此，本编、本章不可能一一予以列举和详论，只能择其要者——天圆地方的空间、鸟革翚飞的屋顶、一水三山的布局、恋石的文化情结四个方面予以论述，而以恋石情结为重点，以求做到“尝一脟肉，而知一镬之味，一鼎之调”（《吕氏春秋·察今》）。这样，本章的目的也就算达到了。

第一节　空间：“天道曰圆，地道曰方”

空间，这是哲学的概念，也是美学的范畴。它既是高度的抽象，又是具体的存在——大千世界，千汇万状，从宏观的天体到微观的沙尘，无不存在于空间之中。

从美学的视角来看，建筑和绘画的一个重要的美学定性就是空间性；它们的美，首先是一种空间造型的美。不过，绘画所表现的虽是三维空间，但它本身却只存在于二维空间的平面。建筑艺术则不然，它不但应把握二维空间的平面，而且还应把握三维空间的立体，在我国古代，已较早地意识到了这一点。从西周开始一直到春秋、战国，掌管工程建筑的官职称为“司空”①，金文作“司工”，既掌管空间，又掌管工程，从这一名称上，就可见当时已朦胧地把握到建筑工程离不开空间造型的特殊定性。

建筑既然离不开“空”，不只是内部的“空”，而且还包括外部的“空”，那么，必然会和一定的空间观——宇宙观、天道观绾结在一起，这是很自然的。

空间，对于远古先民来说，是一个神秘的谜。有时，他们怀着好奇的心理和童年的幻想，把它当作梦一样来捕捉、来猜想。早在神话时代，先民们就猜测地是方的。《山海经·中山经》：“天地之东西二万八千里，南北二万六千里”。它基本上是方的。尔后，《淮南子·地形训》又进一步发展了这一猜想。至于认为天是圆的，则是先民们从日出月落运行的直观感受中必然作如是猜想（如后来北朝《敕勒歌》就有“天似穹庐，笼盖四野”之语）。同时，人们在现实生活的实践中，也逐步把握了“方”、“圆”的概念。在建筑领域里，当先民们一旦开始摆脱“上古穴居而野处”（《易·系辞上》）的生活，其屋基面平面就和“方”、“圆”联系起来。“半坡村仰韶文化住房有两种形式，一种是方形，一种是圆形。方的多为浅穴”，“圆形房屋一般建造在地面上”②。在先民的原始生活中，浪漫和现实、猜想和实践是混杂在一起的。

在礼崩乐坏、思想活跃的春秋战国时代，除孔子外，诸子百家对有关“天道”的问题，发表了种种见解。《老子·二十五章》的“四大”中，就有“天大，地大”，此外，

① 《周记·考工记》郑玄注：“司空，掌营城郭，建都邑，立社稷、宗庙、造宫室……者，唐虞以上曰共工。”

② 刘敦桢主编：《中国古代建筑史》，第24页。

还有“人法地，地法天，天法道，道法自然”之说。《庄子》的《天地》、《天道》、《天运》等篇都涉及到对天地的哲学思考。特别是《墨子》有《天志》，《荀子》有《天论》，屈原有《天问》……著名的《天问》，也问到了“天圆”的问题：“圜（圆）则九重，孰营度之？……”是说，天有九重，谁丈量得了？这里，屈原就直接用“圆”来代“天”了。

把“天圆地方”概括为完整的学说，大概在战国至西汉之间。如果说，《易·说卦》的“乾为天，为圜”，“坤为地……为方”还较分散的话，那么，可能写于西汉甚至更早并具有科学形态的《周髀算经》，就更为集中了，其中“天象盖笠，地法覆槃”云云，就是著名的“盖天说”。天如笠之圆，这是抽象思维与形象思维交相运用的结果。而西汉的《淮南子·天文训》，则用纯理性的语言说：“天道曰圆，地道曰方。”《大戴礼记·曾子天圆篇》亦有此语。以后，《晋书·天文志》也载有“天圆如张盖，地方如棋局”之语……

近代科学的历史实践证明，“天圆地方”的观念，是虚妄的猜测。但在古代中国，几千年来却一直存在于人们的文化心理乃至物质生活之中，这是从远古开始、世代相续的心理结构在起作用，如用西方心理学家荣格的话说，是“集体无意识”，它“是通过继承与遗传而来，是由原型这种先存的形式所构成的”，而又只有通过后天的途径才有可能“赋予一定的精神内容以明确的形式”。荣格还说，在有些学科中，它被称为“集体表现”、“想象范畴”、“原始思维”等①。这用中国今天的美学眼光来看，诚如李泽厚先生所说，是一种历史积淀，是“人类流传下来的社会性的共同心理结构”②。而这种文化心理，在园林、建筑美的领域里，常常是理性积淀的为感性，心理结构表现为物质结构。

如本书第三编第二章所论，在“六王毕，四海一”（杜牧《阿房宫赋》）之后的秦、汉时代，一种精神气候、幻想和情欲使得秦皇、汉武钟情于以建筑形式去拟象天道。班固《西都赋》说：“其宫室也，体象乎天地，经纬乎阴阳，据坤灵之正位，仿太紫之圆方。”在这类广泛象征的大型建筑组群中，也包括着以圆、方来象征天地阴阳等等。于是，体象天地，仿之圆方的建筑文化模式，就逐渐地积淀下来，在建筑、园林中又不断地显现出来。

北京天坛、地坛，就是“天圆地方说”的典型显现。地坛又称方泽坛，坛形方，共两层，上层的长度、高度均合于六数，下层则以八数积成，二者“合八六阴数。皆以黄色琉璃。每成四出陛……南左右设五岳、五镇、五陵山，石座凿山形。北左右设四海、四渎，石座凿水形”（《旧都文物略》）。《周易》以坤为地，以六标阴爻；五岳、四海……是地的具象表征，黄则为土的色彩。而天坛则不同，其外围墙北圆南方，以象天圆地方，俗称“天地墙”。其中，圜丘坛圆形三层，明代仿南京圜丘坛规格而建，从清嘉庆间所绘《三成坛面甃石之图》看，每层直径均以一、三、五、七、九阳数——天数凑成。它的美学意义还如宗白华先生所说，“我们看天坛的那个祭天的台，这个台面对着的不是屋顶，而是一片虚空的天穹，也就是以整个宇宙作为自己的庙宇。”③皇穹宇为圆殿，单檐圆攒尖，蓝琉璃瓦，以象天色，犹如一把撑开的蓝色发光的伞，古代“盖天说”本来就有天如张伞之喻。祈年殿为三重檐圆殿，金顶蓝瓦，殿高九丈九，周长三十丈（一月为三十天），殿内楹柱系列分别以不同的“数”象征一年四季、十二个月、十二时辰、二十四个节气，等

---

① 荣格：《心理学与文学》，三联书店 1987 年版，第 94 ~ 95 页。

② 李泽厚：《美的历程》，第 213 页。

③ 宗白华：《艺境》，第 324 页。

等。殿东南还有七星石，以状北斗……这些都是对天象具体的模拟或抽象的象征，这正如宗白华先生所指出："北平天坛及祈年殿是象征古代宇宙观最伟大的建筑。"①

北海的团城，是一个自成系统的小园林。在辽代，这里原是一个小岛，俗称"圆坻"。金代在此建重檐圆基的"仪天殿"，又称"瀛洲圆殿"，以求与"天道"取得同形同构的形态，表现了当时对宇宙空间的哲理认知。同时，圆殿四周还建有石城，称"团城"。这样，小小园林和天坛一样，就有了天道无穷之感。明代又在仪天殿旧址上建构承光殿，意为承天之光。它又称"乾光殿"。《易·说卦》："乾，天也。"可见其题名均与天道有关，这是一种负荷了文化心理积淀的象征性的空间造型。

北海五龙亭的主体建筑龙泽亭，其名与天道有关，也与帝道有关。《易·乾卦·九五》就说："九五，飞龙在天利见大人。"尚秉和《周易尚氏学》指出："五于三才为天位，又为天子位，贵而得中，故曰飞龙在天。大人于此，居极尊之位，履万物之上。"故这组亭其数为五，龙泽亭贵而得中，居极尊之位。其两侧的澄祥、涌瑞二亭，虽为重檐，却是四角攒尖的方形，属地象。再两侧为滋香、浮翠二亭，更为单檐方形，亦属地象。唯独居中的龙泽亭，不仅体量大，而且重檐上圆下方，气势恢宏，以强形式体现出天圆地方，既贵又尊、至高无上的理念【图69，见书前彩页】。而这一"天地亭"，其外观形式又体现了"圆者参之以方，方者参之以圆"的艺术特征，于是它的美也更为耐看。再如北海的白塔之前建于高台上的善因殿，其屋顶也是上圆下方，屋基平面也呈方形。在洋溢着特定宗教气氛的环境里，人们仰首以视，特别能产生有关天道的联想。又如北京紫禁城御花园的重檐攒尖的千秋亭和与之相对的万春亭一起，不但体现了"春秋代序"的时空意识，而且它的屋顶也是上圆下方，然而又有变化，第二层出檐作十字折角形，呈放射线向四面八方伸出。这种多向的翼角，和上层的圆顶形成了有意味的对比。这种"天圆地方"的变化造型，更表现出对方圆之形那种熟练的感知把握和执着的审美兴趣……

文化心理积淀真是一种"集体表现"。"天圆地方"之说，甚至还可在私家园林、文人写意园林乃至公共园林中找到它的影子。如作为园林里室内陈设的长方形大理石挂屏，上部所嵌大理石一般为圆形，下部一般为方形，这既避免了二方或二圆的单调重复，下为方形又增加了稳定感，尤应指出的是它也打下了古代天道观的深深烙印，在苏州沧浪亭清香馆、留园"林泉耆硕之馆"、狮子林燕誉堂、艺圃博雅堂、网师园万卷堂西侧室、无锡寄畅园秉礼堂、扬州瘦西湖"月观"……均可看到这种上圆下方的大理石屏的平面造型，这实际上是一种集体流布的文化心理模式。又如作为文物古玩的璧，《白虎通义·辟雍》就说，"璧圆，以法天也"。在这微观的小小工艺品上，也显现着文化心理的历史积淀。

第二节　屋顶："如鸟斯革，如翚斯飞"

《诗·小雅·斯干》是较多地涉及周代建筑的一首诗，具有一定的文献价值。《诗序》说"宣王考室也"，即周宣王宫室落成时的颂辞；一说是"公族考室"，即公族卜居时的祷神之辞。

"秩秩斯干，幽幽南山……"该诗一开头就描写了宫室的外环境。幽深的终南山，清

---

① 宗白华：《艺境》，第103页。

清的涧水，“竹苞”而“松茂”，非常优美。以下描写中，有两句写到了屋顶：“如鸟斯革，如翚斯飞”。这是非常著名的关于建筑屋顶美的诗句。汉郑玄笺：“如鸟夏暑希革张其翼也……”唐孔颖达《正义》：“斯革、斯飞，言阿之势似鸟飞也。翼，言其体；飞，象其势。”宋朱熹《诗集传》：“其栋宇竣起，如鸟之警而革也；其檐阿华采而轩翔，如翚之飞而矫其翼也。盖其堂之美如此。”这类笺注，或从字面上加以解释，或据此进一步加以描绘，然而，值得思考的是，当时的建筑技术能否达到这样的艺术水平？特别是应考虑到，《斯干》中还有涉及筑墙的两句：“约之阁阁，椓之橐橐。”这两句，上句写用绳捆扎得很稳妥，按陈奂的解释，筑墙时须用绳缠缚筑版，上下相承而起，“阁阁”为捆扎稳妥貌；下句的“椓”，即“敲击”或“筑土”，“橐橐”为敲击或筑土声。其实，“阁阁”也应为象声词，而所谓筑版，是筑墙用的木板，用以使墙平直。这都说明当时还是版筑墙，用的是夯土技术，故而诗中多用象声词①。刘敦桢先生主编的《中国古代建筑史》写到，商代中期夯土技术已臻于成熟，从遗址考察中发现有版筑墙和夯土地基，“有了这种技术，就可利用黄河流域经济而便利的黄土来做房屋的台基和墙身”②。这一技术的出现，在商代中期确实是一件大事，而在西周末年宣王在位时代（公元前827—前782），也不失其价值。但是，凭夯土而成版筑墙这样的建筑技术水平，能否建成“檐阿华采而轩翔”的屋顶？当然，给古籍作注疏，不必如此地前后联系，全面细致地深入分析，故而我们也不能以此苛求前人。

然而问题在于，今天有的美学专著或美学史专著，已完全没有一字一句地进行训诂笺注的任务，完全可以而且应该超越前人注疏的局限，用现代的科学思维来进行全面深入的分析：当时的建筑实际，是否能达到这样高的技术和艺术水平？但是，这些专著只根据原文或注疏就确信不疑，甚至还望文生义地加以发挥：或认为“周宣王的建筑已经像一只野鸡伸翅在飞”；或认为“大概已有舒展如翼，四宇飞张的艺术效果”；或认为“当时人们……能够在静止的建筑艺术中，模仿鸟、矢③的飞动之势”，如此等等。

其实，“檐阿华采而轩翔”云云，只是注家们联系于唐宋时代的建筑形式所作的阐释。笔者曾认为，“这种屋顶形式，在技术条件落后（这是从总体上说）的诗经时代，它只是线形透视和视错觉相结合的美感抒写或对于建筑的美学理想”④。因为考古界至今未发现过先秦有反宇飞檐的屋顶结构形式。这一理想要转化为现实的建筑美，至少要到技术进步、艺术繁荣的汉代，而且其起翘还只是微微的，或者说，这种形式还只是初露头角而未成熟，这有出土文物为证【图70】。刘敦桢先生主编的《中国古代建筑史》指出：

> 这时期（指汉代——引者）文献虽有“反宇”的记载，广州出土的明器也有屋檐反翘的例子，但汉阙与绝大多数明器、画像石所表示的屋面和檐口都是平直的，还没有反宇与翘曲的屋角。不过正脊和戗脊的尽端微微翘起。⑤

---

① 《诗·大雅·绵》也有“缩版以载”及“筑之登登”的象声词。

② 刘敦桢主编：《中国古代建筑史》，第31页。

③ “矢”，见于《斯干》中的“如矢斯棘”。笔者认为“矢”并不是喻其飞动之势，而是喻其棱角之状。“棘”，《韩诗》作“朸”，棱角。此句说宫室四隅有棱有角，像箭头一样。

④ 详见金学智：《中国书法美学》下卷，第520页。至于下文所论及的汉代其他艺术门类的飞动之美对当时建筑屋顶造型的影响，见该书第514～521页。

⑤ 刘敦桢主编：《中国古代建筑史》，第76页。

汉代屋顶形式之所以能初现这种趋势，从其内部原因说，是建筑本身自律性的一个发展，亦即木构架组合形式合乎逻辑的一个发展，汉代是建筑技术和艺术承前启后的重要朝代，中国古代建筑的结构体系和型式特点，到汉代已基本形成；从外部他律性原因来说，飞动之势是汉代之时代精神的表现之一，当时的书法、舞蹈、杂技、绘画、雕塑、图案都以不同形态表现着飞动之美，这是那个时代前进活力的充分反映，它必然也会影响到建筑。别林斯基指出："艺术从来不是独立——孤立地发展的：相反地，它的发展总是同其他意识领域相联系着。"① 事实正是如此。

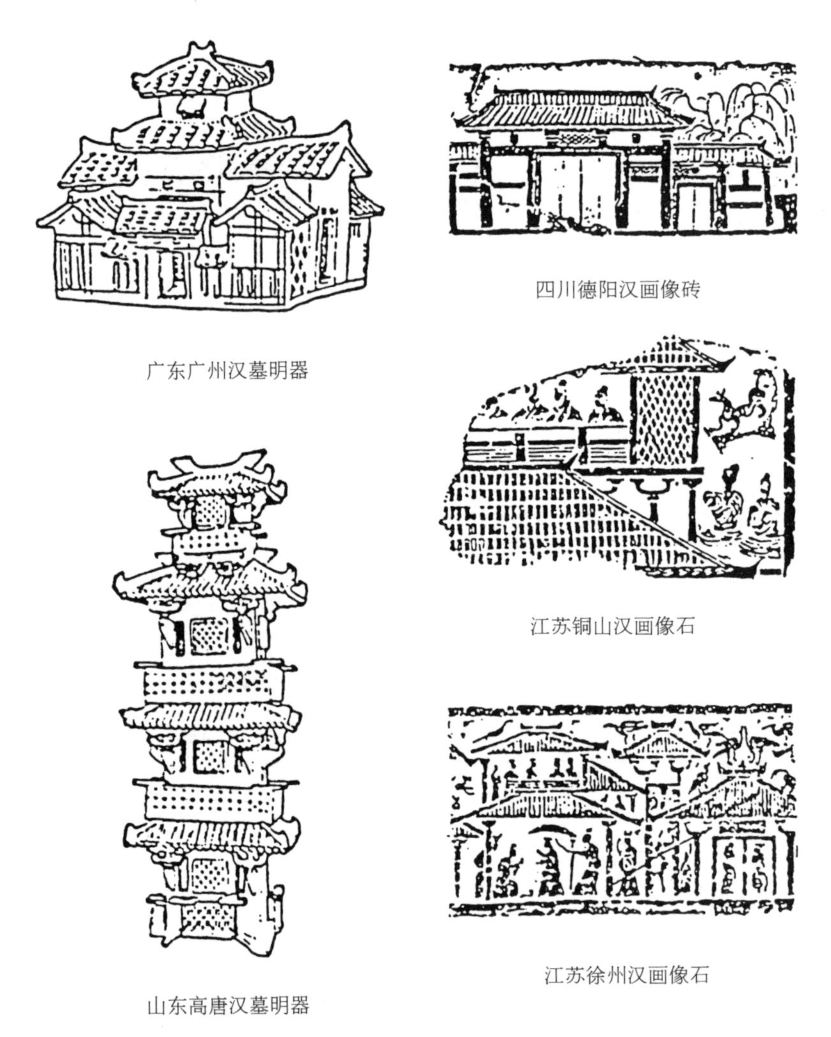

广东广州汉墓明器

四川德阳汉画像砖

江苏铜山汉画像石

山东高唐汉墓明器

江苏徐州汉画像石

图70 反宇业业斯为美——汉代建筑翼角微翘的明器及画像砖石

至于《斯干》中"如鸟斯革，如翚斯飞"的美感心理抒写，应该说是很有价值的。笔者曾认为，它"以其文学语言所体现的'文化超前意识'和先行的建筑美学理想，对

① 别林斯基：《希腊艺术的一般特征》，载《美术史文选》，人民美术出版社1982年版，第29页。

汉代及尔后飞檐翘角的出现起着催生和引导作用”。[①] 同时还应进一层来看，它一方面是中国原始时代以来“乐舞文化－飞翔意识”的历史积淀，另一方面，它作为文化心理结构，又积淀为后世——汉代特别是晋代以来活泼轻盈的反宇翼角，于是，“东晋的壁画和碑刻中出现了屋角起翘的新式样，并且有了举折，使体量巨大的屋顶显得轻盈活泼”[②]。因此，“如鸟斯革，如翚斯飞”这一关于建筑屋顶形式的文化心理或美学理想，应该说是我们民族远古以来飞翔意识的一个结晶，它在有关的民族文化心理史上，起着承前启后的中介作用。

翼角起翘的屋顶结构形式，其价值可从真善美三位一体的视角来看。如果说，中国古典建筑屋顶构架组合及其工程技术体现为对合规律性的把握——“真”，那么，其合目的性的功能就是“善”。反宇翼角的合目的性功能是什么？它除了本书第四编第一章所说的“防霜雪雨露”外，还有其不同于以往一般屋顶的特殊功能。以往一般屋顶往往出檐较大，这有利于保护建筑的外围墙面，但又易影响室内采光，同时也不能减轻暴雨时由屋顶下泄雨水易冲坏台基附近地面之弊，而屋檐一旦出现适度的反曲，则能在一定程度上弥补这两个缺陷，这就是合目的性的“善”的表现。至于翼角向上反翘，当然更能增加建筑物难能可贵的造型之“美”。

黑格尔谈到西方建筑时曾说：

> 在原始建筑结构里，安稳是基本的定性，建筑就止于安稳，因此还不敢追求苗条的形式和较大胆的轻巧，而只满足于一些笨重的形式。……如果一座建筑物轻巧而自由地腾空直上，大堆材料的重量就显得已经得到克服；反之，如果它粗而又矮，它就会……使人感觉到它的基本特征是受重量控制的稳定和坚牢。[③]

这番话基本上适用于中国古典园林建筑。就屋身来说，它对于屋顶是支撑者，其基本定性确实是“粗而又矮”，“止于安稳”。再就庞大的屋顶来说，它是被支撑者，其基本定性是受重力规律控制而沉重地往下压。然而中国古代的建筑师们敢于追求大胆的轻巧和苗条的线型，使屋檐反曲，翼角反翘，于是，“大堆材料的重量就显得已经得到克服”，仿佛轻巧而自由地腾空起舞。试看这类屋顶的正立面，例如苏州网师园濯缨水阁屋顶的正立面，两侧的两条曲线由上而下，随即二者略见反向延展，最后复由下而上，使沉重的建筑出现凤翼分张，翩翻欲飞的轻巧的态势，这种变单调为丰富，变生硬为柔和，化静为动，化重为轻的结构形式美，是多么富于美感！

李泽厚先生说：“心理结构是浓缩了的人类历史文明。”[④] 这里想据此简单梳理一下“如翚斯飞”心理结构来龙去脉的发展史。早在洪荒初辟以来，和龙相提并论的凤，同时也成了先民图腾崇拜和艺术表现的对象。在神话的时代，《山海经》就有“凤鸟自舞”之类的传说，而种种图腾乐舞，往往与鸟有着这样那样的联系；帝喾高辛氏使人奏乐，“凤凰鼓翼而舞”（《竹书纪年》）；再说东夷族的少皞（一作少昊）氏，也以鸟为图腾，还以一系列的鸟名作为一系列的官名，其中连掌管建筑之类工程的“司空”，也被名为“鸤鸠氏”，

---

① 金学智：《中西古典建筑比较：柱式文化特征与顶式文化特征》，载《华中建筑》1992 年第 3 期。关于下文原始时代的以来的“乐舞文化－飞翔意识”等，亦详见该文。

② 刘敦桢主编：《中国古代建筑史》，第 101 页。

③ 黑格尔：《美学》第 3 卷上册，第 79 页。

④ 李泽厚：《美的历程》，第 213 页。

该族可说是呈现出一个群鸟飞舞的世界；再说虞舜，《史记·夏本纪》说，乐正行乐时，“鸟兽翔舞”，“凤凰来仪”……总之，一些部落、氏族心理结构中，明显地积淀着鸟飞凤舞的原始文化因子，这确乎是一种“集体无意识”。在周代，这又演化为种种形式的羽舞，《诗·陈风·宛丘》有“无冬无夏，值其鹭羽”的描写，周代还有“献其羽翮”的习俗和制度。在这样的历史影响下和时代环境里，有关宫室的颂辞或祷辞，把王公建筑物的屋顶想像为“如鸟斯革，如翚斯飞”，是很自然的，这是长期来历史地形成的心理结构的艺术流露。当然，这也和《斯干》作者观照该建筑正立面时的“线形透视”有关。

到了西汉，一些大赋中对建筑颇有关于“反宇”的描颂，如张衡《西京赋》：“反宇业业，飞檐辙辙。”《文选》李善注：“凡屋宇皆垂下向而好，大屋飞边头瓦皆微使反上，其形业业然。”这一点也没有夸张。“微使反上”，不正是汉代反宇的初露头角？在东汉，又是八分隶书的飞舞世界，其书势的特点像“八”字一样左右分张。在隶书中，大量的字都像屋顶的斜脊、戗脊一样，有两根走向相反的斜曲线，如凤展彩翼，鸟奋双翅，所以成公绥《隶书体》中有“鸾凤翱翔，矫翼欲去”之喻……到了晋代，反宇飞檐终于完全孕育成熟。这就是李泽厚先生所谓“生产创造消费（如羽舞、八分、微使反上的大屋顶飞边等艺术创造培养了飞翔意识——引者），消费也创造生产（如包括《斯干》、《西京赋》在内的飞翔意识反过来孕育了晋代反宇飞檐的成熟，当然这又离不开建筑自律性的技术进步——引者）。心理结构创造了艺术的永恒……”①

不妨再往下作简略扫描。在宋代，大文学家欧阳修的《醉翁亭记》，有“峰回路转，有亭翼然临于泉上”之句。从本质上说，是翼然之亭创造了“有亭翼然”的名句，当然这也自觉或不自觉地联结着以往“如鸟斯革”的文化心理结构。而“有亭翼然”的名句，又不翼而飞，不胫而走，广为流传。

在明代，园记中与这类描写有关的如——

> 折而北，有亭翼然，覆水面……（潘允端《豫园记》）
>
> 画桥碧砌，有亭翼然……（顾大典《谐赏园记》）
>
> 《山海西经》有云：“弇州之山，五彩之鸟，仰天，名曰“鸣鸟”，爰有百乐歌舞之风……始以名吾园……入门而有亭翼然，前列美竹……（王世贞《弇山园记》）

王世贞既远承于《山海经》时代鸟飞凤舞的世界，又近承于欧阳修的妙喻，而“有亭翼然”之语还不怕一再与人重复。此类例句，可谓俯拾即是。

在清代，乾隆《狮子林八景诗·占峰亭》有“四柱小亭翼然据”之句。昆明翠湖海心亭，嘉庆间黄奎光有妙联曰：“有亭翼然，占绿水十分之一；何时闲了，与明月对饮而三。”直至清末，著名学者俞樾写《怡园记》，又有“西北行，翼然一亭”之语……

在现代，朱自清在著名散文《绿》中写梅雨亭，有“仿佛一只苍鹰展着翼翅浮在天宇中一般”的妙喻，这是写出了“人人心中所有（即所谓飞翔的“集体无意识”）、言语表达则无”的美感。试看杭州西湖汾阳别墅的“赏心悦目”亭【图71】，翼角飞翘，也如苍鹰展翅浮空一般。而陈从周先生写颐和园，也说：“入东宫门，见仁寿殿，峻宇翚飞，峰石罗前。”② ……

---

① 李泽厚：《美的历程》，第213页。

② 陈从周：《中国园林》，第45页。其中的“翚”字，被印作“翠”，误。

图 71　如鸟斯革，如翚斯飞——杭州西湖郭庄赏心悦目亭（缪立群摄）

一个民族的欣赏习惯，有其一脉相承的一面，这是历史积淀的产物，或者说，心理结构是浓缩了的人类历史文明——这，就是本节对反宇飞檐发展史或自古至今的飞翔意识的历史积淀简略扫描后所得的结论。清代李斗《扬州画舫录·工段营造录》说，“飞檐法于飞鸟”。这句美学名言，是从历史深处延伸出来的，它也至少应包括从《斯干》以来我们民族的历史美感在内。飞檐反宇的结构型式，历史地看，从本质上看，它表征着我们民族长期来一以贯之的追求自由腾飞的艺术精神和浪漫情调。

第三节　组合：蓬岛瑶台，一水三山

宫苑系统的文化心理积淀，最突出地体现在园林建构要素的艺术组合亦即总体布局上，这就是“一水三山”的建构模式。

这种建构，源于战国时代的神话以及入海寻求仙山之举。《史记·封禅书》写道：

> 威、宣、燕昭（即齐宣王、威王、燕昭王——引者）使人入海求蓬莱、方丈、瀛洲。此三神山者，其传在勃海中，去人不远。患且至，则船风行而去。盖尝有至者，诸仙人及不死药皆在焉。其物禽兽尽白，而黄金白银为宫阙。未至，望之如云；及到，三神山反居水下；临之，风辄引去，终莫能至云。

《汉书·郊祀志》、《列子·汤问》也有相似的记载。其实，这一诱惑人心的神话，是根据西北地区昆仑神话进一步敷衍出来的。《山海经·海内西经》就说："昆仑之虚，方八百里，高万仞……百神之所在。在八隅之岩，赤水之际。"《淮南子·地形训》又说："昆仑阊阖之中……疏圃之池，浸之黄水。黄水三周复其原，是谓丹水，饮之不死。"这一神话，随着时间的推移和流传地域的扩大，东渐演化而为蓬莱神话，它把以山为主变为以水为主了。这是值得注意的走向。在战国时代，蓬莱神话在临海诸国流传，故而齐威、燕昭等就派人寻求海上三山，找仙人及不死之药。当然，这一愿望是不可能实现的。

秦始皇奄有天下、包举宇内之后，更望长生不老，海上三山对他具有更大的诱惑力。他不但大规模派人入海寻求蓬莱仙山，以冀实现其浪漫的幻想，而且还在宫苑之内现实地引水筑山，拟象海上仙山。《史记·秦始皇本记》裴骃《集解》引《括地志》说："《秦记》云：始皇都长安，引渭水为池，筑为蓬、瀛。"这是中国古代园林史上第一个模拟海上仙山的构筑。

"武帝爱神仙，烧金得紫烟。"（李贺《马诗》）汉武的求仙欲，比起秦皇来有增无减。同时，他又继"筑为蓬、瀛"的秦代苑囿，进一步扩大规模，完善"一水三山"的组合形式。见于史籍记载，如——

> 渐台高二十余丈，名曰泰液（太液），池中有蓬莱、方丈、瀛洲、壶梁，象海中神山龟鱼之属。（《汉书·郊祀志下》）
>
> 武帝广开上林……穿昆明池象滇河，营建章、凤阙、神明、驳娑、渐台、泰液，象海水周流方丈、瀛洲、蓬莱。（《汉书·扬雄传》）

这样，海上三神山那种可望而不可即、飘浮在浪漫文学天空并诉诸想像的传说，终于在现实的物质界沉积下来，在宫苑里取得造型的直观形态，或者说，变成为可望、可即、可游、可居的一系列如同仙山胜境的具体景观。

然而，对于园林的物质性建构来说，值得注意的是，以往的苑囿，或是孤高耸立的台榭，或附近有山，或本身就在山上；或是在起伏的山地营造连绵的建筑组群，当然也可能有水流……总之，其突出的景观是台榭、建筑，而水的地位并不显要。一水三山的组合则不然，它提高了水在园林中的艺术地位，如《汉书》所云，"引渭水为池"，"穿昆明池象滇河"，一个"引"字和一个"穿"字，就说明不是纯任天然或任其自然，而是通过人工因地就势，加以疏引，这就有可能近似计成《园冶》所说那样，或是"浚一派之长源"，"纳千顷之汪洋"（《园说》）；或是"高方欲就亭台，低凹可开池沼；卜筑贵从水面，立基先究源头；疏源之去由，察水之来历"（《相地》）……这样，"周流"水系的介入，特别是设计和人工的进一步渗透，就必然使苑囿面貌改观。同时，山的形象也会与以往不同。过去，山往往是一部分、一座或两座，而且缺少高效能的艺术配置，现在则至少要三座，而且要在水中，这样，其体量就不能太大。如果是利用原有的真山，则必须有所选择和加工：有时还得完全另造假山以凑足其数。而且应考虑的是，既然至少有三座山，就得注意其大小、高低、主次的搭配，即画家所谓“山头不得一般”（［传］）王维《山水论》），或“山头不得重犯”（荆浩《山水诀》）。试想，如果三山大小相似，一式排列如笔架，板律无味，怎么会赢得仙山般的效果？此外，三山在水中的平面分布和立体组合的形象也至关重要。蓬莱神话中还说，“黄金白银为宫阙”。既然如此，山上的宫殿建筑就必须非常讲究其材质、色彩、造型以及类型的错落组合。当然，以往苑囿中的台榭宫殿也非常注意形象和质量，但这只是体现了尘世的、凡俗的最高标准，现在则要以仙山楼阁为审美追求目标，这就必须在原有基础上“更上一层楼”，充分发挥审美想像力和创造力，别出心裁，精思结撰，以求超凡入仙，使其如同蓬、瀛胜境一样。蓬莱神话的魅力还在于，“及到，三神山反居水下”。这种犹如水晶宫般的惝恍迷离之景，确乎无法模拟，但苑囿中三山宫阙在水中的倒影效果却是可以考虑的，这就要注意建筑与水、建筑与山、山与山、山与水的美学关系。

总之，对于以往苑囿来说，“海上三山”式的组合是一种美的飞跃——向“仙境”的艺术升华。它一是“升华”了园林审美设计和艺术衡量标准；二是提高了山水、建筑各个体类型的艺术质量；三是特别重视了山水、建筑、花木相互之间的群体组合关系。这样，必然能促进苑囿艺术的历史发展。

同时，这一艺术组合的文化心理内涵——神话传说中那种美丽的、非凡的、神秘的、新奇的、朦胧而不可捉摸的仙境的魅惑力和浪漫情调，更会若近若远、似有似无地勾引着人们，使人们产生种种异思遐想，奇情美感……

魏晋时期，游仙诗特别流行，它与昆仑、蓬莱神话以及“一水三山”的园林文化有着某种同构性。这也使得这一凝固着神话、宗教文化心理的园林建构组合模式，在中国古代园林史上取得艺术生命的延续性……

在三国时代，曹操在都城建有铜雀园，左思《魏都赋》描写该园，有“三台列峙以峥嵘”之语，这一组合，不妨看作是“三神山”的变相表现形式。在北魏，华林园内有大海，《洛阳伽蓝记》说，“世宗在海内作蓬莱山”，东有“羲和岭”，西有“姮娥峰”……这不但是蓬莱仙境的拟象，而且是对日月天体的象征。南朝宋时造玄武湖，宋文帝也“欲于湖中立方丈、蓬莱、瀛洲三神山”（《宋书·何尚之传》）。在隋代，隋炀帝建构规模巨大的西苑，《大业杂记》载：“苑内造山为海，周十余里，水深数丈，其中有方丈、蓬莱、瀛洲诸山，相去各三百步。山高于水百余尺，上有宫观……或起或灭，若有神变。”这一规模宏大的山水建筑艺术组合，从审美效果看，真像海上三山那样神奇多变，它成了西苑的主要景观。在唐代，“三内”之一的东内大明宫，太液池中也有蓬莱山，山上有太液亭。在元代，御苑也有一池（太液池）三山（万岁山、圆坻、犀山）的建构……

直到清代，皇家园林艺术臻于鼎盛期，“一水三山”的组合模式更或隐或显地见于诸多苑囿。承德避暑山庄有三十六景之一的“芝径云堤”，康熙《御制避暑山庄记》写道：“夹水为堤，逶迤曲折，径分三枝，列大小三洲。”这三洲就是较大的如意洲，中等的“月色江声”和最小的“采菱渡”，它们鼎足而列于湖中，由曲堤相贯，平面分布效果极佳，体现了优化的艺术组合和巧妙的艺术构思。再看北京诸宫苑。在颐和园昆明湖里，有南湖岛（龙王庙岛）、藻鉴堂、治镜阁构成的“一水三山”式的造型组合之美。在西苑三海，北海有琼华岛，中海有犀水台（水云榭），南海有瀛台，这也是三神山式组合的艺术象征，瀛台上还建有蓬莱阁（今香扆殿）……

在“万园之园”的圆明园，其仙境的建构规模更为宏大，以四十景中的“方壶胜境”这个景区来看，乾隆《圆明园四十景·方壶胜境并序》写道：

海上三神山，舟到风即引去，徒妄语耳，要知金银为宫阙，亦何异人寰？即境即仙，自在我室，何事远求？此方壶[1]所以寓名也。

飞观图云镜水涵……曲渚寒蟾印有三。鲁匠营心非美事，齐人搤腕只虚谈。争如茅土仙人宅，十二金堂比不惭。

再看具体景观，该景区有“集瑞”、“迎祥”、翡翠楼、碧云楼、紫霞楼、蕊珠宫、涌金桥、千祥楼、万福阁、琼华楼等，其题名就充满了仙家瑞气。从现存图画看，它临水背山，殿阁巍峨，确实无异于仙山琼阁，令人有“即境即仙”之想。又如圆明园“蓬岛瑶台”景区，在福海中央，有三岛，中间大岛上有门三楹，正殿七楹，东为畅襟楼，西为“神州三岛”，其旁瑶台高耸，华楯周接；东南渡曲桥，为东岛，翠柳掩映，青山环绕，有亭名“瀛海仙山”；西北渡曲桥，为“北岛正宇”……四周海水空明，倒映镜中楼台。这正如乾隆《圆明园四十景·蓬岛瑶台》所说，“隐映仙家白玉墀”，“水中楼阁浸琉璃”。诗中还自负地说：“海外方、蓬原宇内”！从乾隆的题诗来看，他对“一水三山”的传统，既有继承，又有扬弃和超越，这是他的高明之处。

生产创造消费。体现着历史传统的艺术，也创造和体现着人类流传下来的社会性的共同心理结构。故而在私家园林中，明代王世贞也企图在弇山园立“海上三山”之匾；扬州曾有“小方壶园”；潍坊十笏园水中至今有三岛；苏州留园水池中至今还有“小蓬莱”……而作为公共园林，杭州西湖“三潭印月”景区也有“小瀛洲”，它在湖天一碧的水中央，亭轩掩映，花竹交辉，也能发人遐想，特别是在三五月明之夜，更能令人坐忘尘世，生“即境即仙”之感……

第四节　情结：石文化“接受链”探因

奇石，在中国艺术文化里有着普泛性的存在，在工艺美术领域里，红木架上置一多姿的英德石，就成了所谓“文房清供”，成了室内置于几案的古玩佳品……；在盆景领域里，“斧劈石”略略加工，置于白石盆内，就成了咫尺千里的山水风景……；在远古神话领域里，奇石、灵石有着丰富的内涵（详见下文）……；在诗歌领域里，从南朝开始至今的咏石诗，可出版一本厚厚的选集……；在绘画领域里，它是人们喜闻乐见的题材，画石已成为一科，甚至发展到一笔而成的地步。郑板桥《一笔石》写道：“西江万先生名个，能作一笔石，而石之凹凸浅深，曲折肥瘦，无不毕具。八大山人之高弟子也。燮偶一学之，一晨得十二幅……”；在古典小说的领域里，《红楼梦》原名《石头记》，曹雪芹本人也长于画石，所谓“醉余奋扫如椽笔，写出胸中磈礧时”（敦敏《题芹圃画石》），书中还特意把宝玉和石头绾结在一起，《西游记》里的主角孙悟空也是“石猴”，《聊斋志异·石清虚》中，主角邢云飞爱石嗜石，最后以身殉石……；在古典园林领域里，孔传《云林石谱序》说：“虽一拳之多，而能蕴千岩之秀，大可列于园馆，小或置于几案。”古典园林中的置为立

---

[1] 方壶，见于《列子·汤问》：“渤海之东有五山焉，一曰岱屿，二曰员峤，三曰方壶，四曰瀛洲，五曰蓬莱……所居之人皆仙圣之神，而五山之根无所连者，常随波上下往还。”

峰，掇为假山，前已详论。今天，在城市雕塑的领域里，苏州等地隔离带里或人行道边的绿地上，堆叠两片太湖石，就是人们乐于亲近或观赏的抽象雕塑……；如此等等，不一而足。

和西方不同，为什么没有生命的顽石能闯进一个个艺术领域，并和园林结下了难解难分的亲缘关系？为什么中国人对石头有如此亲和深远的审美情感？中国人这种代代相传的文化心理渊源何在，它是怎样历史地形成和发展的？这是中国园林美学饶有趣味的研究课题。

应该说，各类艺术中所体现的中国人恋石、品石的文化现象，从深层心理学上说，是一种“情结”。这种情结的普泛的共时性存在，离不开悠久的历时性系统。黑格尔认为，任何事物的存在，都是“作为自身具体、自身发展的……一个有机的系统，一个全体，包含很多的阶段和环节在它自身内”[①]。中国的石文化以及恋石情结同样如此，它也是一种自身发展、包含很多阶段、环节在内的有机系统。本节拟在第四编第二章第一节“品石美学的范畴系列”的基础上，进一步探讨石文化以及恋石情结的历史发展及其种种原因和环节。

在中国文化心理史上，决定或影响恋石情结的原因或环节有如下几个：

一、原始的“万物有灵”的崇拜因

体现了“万物有灵”的原始的石崇拜，是和山崇拜密切相关的。在原始时代，山以其崇高、天成等种种原因成了崇拜的对象。所谓“天作高山”（《诗·小雅·天作》），“山岳则配天”（《左传·庄公二十二年》），都把山和“天”绾结在一起，于是产生了“高山仰止，景行行止”（《诗·小雅·车辖》）的崇拜心理。石的体积，比山小而量特多，先民们对石既有敬崇、景仰之心，又有喜爱、亲切之感。因此《山海经》中，几乎随处写石，如——

又北二十里，曰上申之山……多硌石。（《西山经》）

又北百八十里，曰号山……多汵石。（同上）

薄山之首……多怪石。（《中山经》）

滏水出焉，而西流注于泑水，其中多茈石、文石。（《北山经》）

此类记载极多，品类还有砥石、洗石、涂石、涅石、砆石、磁石、麇石、砺石等等。《山海经》似乎成了原始时代的“石谱”。《山海经》不但有石必记，而且无石也要记下来，如记述阴山、钦山等，都写明“无石”，全书凡九次。由此可见，石在当时人们生活和心目中的重要地位。石和玉一样，可作祷祭之用，《中山经》说：“帝台之石（即帝台之棋——引者），所以祷百神者也。”既可被人当作神来祷祭，又可用来祷祭神。《中山经》郭璞注还有“启母化为石而生启”之语。孙作云先生指出，“涂山氏是夏人的先妣……相传为涂山氏所化的石，汉武帝封禅嵩山时，犹祭之。”[②] 这就是石崇拜的历史遗留。全国特别是少数民族地区至今还有一些石崇拜的遗迹。

二、“炼石补天”等类的神话因

除了《山海经》帝台之棋、夏启之母化石而生启等神话外，《淮南子·览冥训》还记载了女娲“炼五色石以补苍天”的著名神话。在文化心理史上，这一神话影响的关键，在

---

① 黑格尔：《哲学史讲演录》第1卷，第32页。

② 孙作云：《诗经与周代社会研究》，中华书局1979年版，第301页。

一个“炼”字。《说文解字》：“娲，古之神圣女，化育万物者也。”通过女娲之“炼”，顽石就化育出了灵性，就可以用来补天。这一炼石补天的神话，有其深远的历史影响，它使现实界冥顽不灵之石，升华到精神的天宇，具有灵通之意。作为接受美学倡导者的姚斯曾说：“明显的历史意义是，第一位读者的理解，将在代代相传的接受链上保存、丰富……”①《淮南子》的作者，可说是“炼石补天”神话的“第一位读者”即第一位记录者。他使这一美丽的神话成为“自身具体、自身发展”的“一个有机系统”，在历史接受链上代代相传。例如，在唐代，姚合在《天竺寺殿前立石》诗中写道：“补天残片女娲抛，扑落禅门压地坳”，是说此石虽不能补天，但却能压地。这从接受美学视角来说，是不仅保存了补天神话，而且在一定程度上丰富了补天神话的文化心理内涵。明、清小说，则爱从“炼”字、“灵”字上加以丰富发展。吴承恩的《西游记》，从有“灵通之意”的仙石迸裂出石猴写起；曹雪芹的《红楼梦》，承受了姚合等人的接受链，从女娲补天剩下未用而弃于青埂峰下的一块石头——“形体倒也是个灵物”写起……。在园林领域里，清帝乾隆曾在南京莫愁湖石上题道：“顽石莫嗤形貌丑，娲皇曾用补天功。”这也没有割断历史接受链。今天，苏州的寺观园林虎丘，白莲池中还有“点头石”，令人想起“生公说法，顽石点头”的传说。元代顾瑛《石点头》写道：“生公聚白石，麈拂天花坠。可怜尘中人，不解点头意!”也是突出顽石的解意和灵性，它同时还应看作是在宗教意识流中的连锁反应。

炼石补天的浪漫主义神话之所以影响深远，还由于它的产生有其现实主义的历史背景，即诞生在先民们较大程度上掌握了石头诸种特性的石器时代，并和“击石拊石，百兽率舞”（《书·尧典》）的历史阶段相先后，和同时代的《山海经》中那种神话气氛相融和，如《山海经》中多次提到的“磬石”、“鸣石”，可能就是“击石拊石”，以歌舞祭神之具。此外，《北山经》中还有“精卫常衔西山之木石，以堙于东海”的神话，与“炼石补天”的神话相与呼应：一以填海，一以补天；此外，还一以支机（关于这一晚起的神话传说，详后）……均表达了人们掌握自然而又亲近自然、利用自然的意愿，这是人们乐意接受此类神话并代代相传至今的内在历史原因。李泽厚先生说，“积淀在体现这些作品中的情理结构，与今天中国人的心理结构有相呼应的同构关系和影响”②，事实正是如此。

三、云、雨所从出的现象因

与山石崇拜或隐或显地联系着，古代又有“石为云根”之说，这是由于直感到山间常有云雾缭绕，石面常有水气凝集，这类现象也导致了对山石的礼赞。如《公羊传·僖公三十一年》：“山川有能润于百里者……触石而出，肤寸而合，不崇朝而遍雨乎天下……”汉《华山庙碑》赞道：“岩岩西岳，峻极穹苍……触石兴云，雨我农桑。”东汉蔡邕《九疑山碑》也有赞语：“触石肤含，兴播建云”。直至清代，潘奕隽《卷石山房》诗还说：“根含莫厘云……”这也是一些名石常常被称为“云”的原因之一，如瑞云峰、冠云峰、绉云峰、卿云万态奇峰、青云片……

四、先民们初步感受到美石的形质因

《山海经》写道，独山多美石（《东山经》）；燕山多婴石（《北山经》），郭璞注：“言石似

---

① H. R. 姚斯、R. C. 霍拉勃：《接受美学与接受理论》，第339页。

② 李泽厚：《美的历程》，第213页。

玉肖符彩婴带"；扶猪之山多ᵒ8石（《中山经》），郝懿行引张揖："白者如冰，半有赤色"；休与之山有石"名曰帝台之棋，五色而文，其状如鹑卵"（《中山经》）；此外还有礨石、青碧石、采石、磬石……对这些不同程度神化了的石，先民们通过长期的生活实践，还开始感受到其形、质、色、声之美，这与后世"采其瑰异"的"石谱"的记述颇有相类之处。在《诗经》时代，人们又能进一步联系其环境来欣赏，如《诗·唐风·扬之水》："扬之水，白石粼粼。"总之，形式上的美或怪，也是恋石情结的重要原因。

五、《易·豫卦》比德于君子的伦理因

这一影响，在石文化史上颇为重要，而今人研究石文化，却有所忽视，这是需要一论的。《周易》是一部具有多方面价值和重大影响的著作，它在哲学、伦理学等方面对古代文人也有着深远的影响。这里，集《豫卦·六二》有关辞、传于下——

> 六二：介于石，不终日，贞吉。（《爻辞》）
>
> 不终日，贞吉，以中正也。（《象辞》）
>
> 子曰："知幾其神乎？君子上交不谄，下交不渎，其知幾乎？……君子见幾而作，不俟终日。易曰：'介于石，不终日，贞吉。'介如石焉……"（《系辞下》）

所有这些，都是伦理性的解释，或者说，是将石之特性往君子之德方面延伸。石有什么特性？《周易》中的"介"，为"砎"之省，硬也。故曰介如石。《淮南子·说林训》云："石生而坚。"直至明代，桑悦《煮石山房记》还说："物之坚刚，莫逾于石。"不妨再参之以西方的观点，海德格尔认为，石固有的特性是"坚硬、沉重、广延、块然、粗蛮"等①，正因为石坚硬、沉重，所以它不偏不倚，不谄不渎，具有"中正"、"贞介"的品性。在中国古代文化心理史上，"介"字还往往联系于石性延伸出耿介、正直、坚刚、节操、独特之行诸义，这从历来的运用中可以看出——

> 柳下惠不以三公易其介。（战国《孟子·尽心上》）
>
> 孑不群而介立。（汉·张衡《思玄赋》）
>
> 介介若人，特为贞夫。（晋·陶渊明《读史述九章·鲁二夫》）
>
> 介洁而周流，苞涵而清宁。（唐·柳宗元《东明张先生墓志》）

这里，"介"都是君子的高贵品性、德行。再看历代咏石诗中，有"徒然抱贞介"（隋·虞世基《赋得石》）之叹；有"贞坚自有分"（唐·戴叔伦《孤石》）之评；有"坚贞太古心，天地同不朽"（明·王绂《秀石》）之赞；有"贞姿利用心难转，介气冲霄玉有光"（明·文徵明《剑石为徐君作》）之颂……这些既是咏石，又是比德咏人。陈继儒题画石赏石家米万钟所画图卷也说："非独友石，友其德也。"直至清代，以画兰、竹、石闻名于世的郑板桥在《题画》中写道："介如石，臭如兰，坚多节，皆《易》之理也，君子以之。"还写道："四时不谢之兰，百节长青之竹，万古不移之石，写三物与大君子为四美也。"联系园林来看，无锡寄畅园至今还有"介如峰"，北京恭王府花园石碑上还留有《豫卦·六二》之辞。今天，人们论述先秦以来的"比德"说，只举玉、松柏、梅兰竹菊为例，而忽视了在古代影响极大的石。而忽视了以石比德，首先就无法解释郑板桥作画为什么爱把石和"四君子"的兰、竹绾结在一起。

---

① 引自张世英：《顽石论——艺术的隐蔽与显现》，载《文艺研究》1996年第4期。

六、孔子“仁者乐山”名言的哲理因

宋代孔传《云林石谱序》论石，除“弃掷于娲炼之余……”外，又说：“圣人尝曰，仁者乐山，好石乃乐山之意，盖所谓静而寿者，有得于此。”这一原因，也是重要的。因为石乃“山之体”（刘熙《释名》），故而乐山必然好石。关于孔子这一名言及其历史影响，留待下章讨论。

七、希羡如石之固、吉祥长寿的意愿因

汉代《古诗十九首》中，多次咏及石之坚固永久，如——

良无盘石固，虚名复何益！（《明月皎夜光》）

人生非金石，岂能长寿考？（《回车驾言迈》）

人生忽如寄，寿无金石固。（《驱车上东门》）

说友谊或寿命不如磐石，这都说明了“石”和“金”一样，是坚固的甚至是永久的。在上引诗的叹息声中，隐含着对石的企羡。何况孔子早把“仁者乐山”和“静——寿”一线贯穿。因此，后世往往把石和寿绾结在一起。苏州留园“林泉耆硕之馆”，面对冠云峰曾有“奇石寿太古”之额。清代篆刻家赵之谦刻印，由于印章用材为金石，故而印面有“寿如金石，佳且好兮”之语；而黄士陵也不避重复，印面再刻此语。玩石赏石藏石，既静且寿，这种趋吉意识，至少是《古诗十九首》以来延至清代的一种文化心理取向之一，它也纠结在恋石情结之中。

八、思古、返朴的归复因

其中可包括：含发思古之幽情在内的恋旧追昔情绪；返朴、归真、守拙甚至还“原”的复归意识；如顽石般“少私寡欲”（《老子・十九章》）、“无知无欲”（《老子・三章》），以逃离古代即已萌生的机巧、虚伪、罪恶等“文明病”的企求；对于回归自然，天人合一的意愿……种种情绪、意识、企求、意愿，交织错杂其中。

剪不断，理还乱。恋石情结的原因还可能有种种，但主要有上述几种，而且它们环环相扣，代代相传，错综成为一种复杂的“集体无意识”或“潜意识”之类，成为一种或隐或显、难解难分的恋石情结。这种历史性的绵延、发展，它的外在显现，就是一部石文化史。

当然，从远古石崇拜、石神话残留下来的某种心理积淀，必然会因历史长河的冲洗而不断变化。如受文明时代《周易》、孔子等等的影响而变化，从而削弱旧的时代意念，增添新的时代内涵，但历史上爱石、品石、写石之风，却伴随着中国特产的奇石怪石的被发现而愈来愈盛，而且其中有一条“显——隐——显”的历史轨迹。

在春秋战国秦汉时代，石文化情结已由显而隐，文献记载只有对玉的推崇，并无对石的品赏，但对石性认识直接或间接的记载却颇多。除上引之外，如《荀子・劝学》：“锲而不舍，金石可镂”。刘向《说苑・修文》：“志诚通乎金石。”《素问・示从容论》：“沉而石”……都说明了石之坚硬、坚定、沉重。

在魏晋、南北朝，情况就不同了，隐态又开始转化为显态。如汉代造园，仅《西京杂记》载梁孝王的兔园“山有肤寸石”一例。尔后，《三国志・魏书・高堂隆传》则说，魏明帝“凿太行之石英，采谷城之文石，起景阳山于芳林园”，可见已开始重视选石。当然

这也仅作为造山而并非作孤赏之用。在东晋，许珣“好泉石，清风朗月，举酒永怀”（《建康实录》）；在南朝宋，刘勔构园，“聚石蓄水，仿佛丘中”（《宋书·刘勔传》），这已是对孤石、群石的欣赏了。在南朝齐，文惠太子的玄圃园，“多聚奇石，妙极山水”（《南齐书·文惠太子传》），已突出了奇石。而到了南朝梁，又出现了名石的概念，如到溉“斋前山池有奇礓石”（《南史·到溉传》）。

值得注意的是，梁、陈间又出现了咏石诗，例如——

对影疑双阙，孤生若断云……虽言近七岭，独立不成群。（朱超《咏孤石》）

天汉支机罢，仙岭博棋余……云移莲势出，苔驳锦纹疏。（阴铿《咏石》）

中原一孤石，地理不知年。根含彭泽浪，顶入香炉烟。崖成二鸟翼，峰作一芙莲……（释惠标《咏孤石》）

迥石直生空，平湖四望通。岩根恒洒浪，树杪镇摇风。偃流还渍影，侵霞更上红。独拔群峰外，孤秀白云中。（高丽定法师《咏孤石》）

这就是中国石文化史上最早的一批咏石诗。从描写来看，不但是孤置，形姿奇特，似云如莲，而且大抵为立峰，这是值得注意的文化现象。诗中“孤”、“独”等字，与《周易》以来的伦理因不无关系，隐含“独善其身”、“坚确不移”的意味；“浪”、“烟”等字，可见所咏大概为太湖石、江州石之类；“势”、“纹”等字，又根植于美石本身的形质因，这对于尔后白居易等人的咏石诗颇有影响；诗中也多及“云”字，既状峰石色彩、气势之美，又联系于“石为云根”之说，把山石和烟云联系起来，拓展了品石的想像空间。还值得指出的是，后世以“云”字命峰，比象形象物的具体题名更妙，因为云的特点是“千形万态竟还空”（来鹄《云》），可以任人想像，在可捉摸和不可捉摸之间，得于仿佛，似是而非。

梁、陈时代的咏石诗，是中国石文化接受链上较为重要的一环；没有它，也就没有唐宋以来蔚为大观的咏石诗。其中特别是梁代阴铿的诗，内涵特丰，它紧紧联系于石文化的神话因：一是《山海经》“休与之山”的“帝台之棋”；另一是支机石。关于支机石，《太平御览》卷八引刘义庆《集林》：“昔有一人寻河源，见妇人浣纱，以问之，曰：‘此天河也！’乃与一石而归。问严君平，云：‘此支机石也。’”这一神话因，对后世恋石情结影响也颇大。如唐代宋之问的《明河篇》：“更将织女支机石，还访成都卖卜人。”这一文化心理接受链，一直贯穿到清末。如上海豫园跂织亭这一清代光绪年间的构筑，就不但和神话支机石有关，而且又现实地和上海松江乌泥泾的纺织技术家黄道婆绾结在一起。今天，豫园月洞门旁仍有一联：“罗列峰峦，除阶旧迹支机石；涵空杼轴，亭榭新秋促织声。”对联把神话与现实、文化与科技、历史与园林、社会与自然、黄道婆与石假山……如此这般地扭结、融和在一起了。跂织亭屏门上还有系列黄杨木雕，形象地显现了我国古代棉花栽培、纺纱织布技术，它也巧妙地将石文化糅和于纺织文化之中，增添了石文化新的内涵。

再回到南朝梁、陈之后，在隋代，岑德润有《赋得临阶危石》：“当阶耸危石，殊状实难名。带山疑似兽，侵波或类鲸。云峰临栋起，莲影入檐生……”“当阶”二字，说明已把似莲的云峰立于阶前作为对景来品赏了，而下文一连串“博喻”，又开了唐人咏石诗格局之先河。而虞世基《赋昆明池一物得织女石》写道：“隔河图列宿，清汉象昭回，支机就鲸石……”不但形象生动地和支机石联系起来，而且和汉武帝的昆明池石鲸联系起来。其《赋得石》还有“徒然抱贞介，填海竟谁知”之语，既绾结于《周易》，又绾结于神话……

在中国文化史上，如果说，远古时代石文化情结表现为强形式的显态，那么，春秋战国秦汉乃至三国属于隐态。从东晋开始，则又由隐而显。到了南朝梁、陈至隋，园林立石，诗歌咏石的现象已非个别了。这一文化心理现象，说明石头作为人的对象，已成为“人的意识的一部分，都是人的精神的无机自然界，是人为了能够宴乐和消化而必须事先准备好的精神食粮”①，人们得以欣赏其由种种原因生成的美，从而也丰富了园林景观和园林的精神生活。

从现实的历史看，恋石的文化情结到人文璀璨的唐代而特显。值得注意的是，唐代的审美思潮更多地把奇石从神话的天空拉回到现实的地面，于是它有些像《红楼梦》里的贾宝玉一样，隐去了或消失了神化的身份，具有人化的性格和艺术化了的美质。在唐代，恋石情结最突出地体现在白居易、刘禹锡、牛僧孺、李德裕等人身上。白居易的一些咏石诗，写得极有人情味——

苍然两片石，厥状怪且丑。俗用无所堪，时人嫌不取。……回头问双石，能伴老夫否？石虽不能言，许我为三友。（《双石》）

一片瑟瑟石，数竿青青竹。向我如有情，依然看不足。……有妻亦衰老，无子方茕独。莫掩夜窗扉，共渠相伴宿。（《北窗竹石》）

殷勤傍石绕泉行，不说何人知我情。渐恐耳聋兼眼暗，听泉看石不分明。（《老题泉石》）

在石文化史上，没有哪一首咏石诗像这样洋溢着一派深情，没有哪一位品赏者对石如此钟情，这才是真正意义上的情结。在白居易咏石诗里，奇石从远古带来的神性，已完全转化为现实的人性，它已成为诗人、造园家白居易的挚友、知音、情人……他还在一系列的咏石诗中，赞赏石的“精神”、“形质”、“天姿”、“气色”、“怪”、“丑”、“奇”……其《太湖石记》，是一篇最为重要的品石美学论文，它一锤定音，确定了太湖石在品石谱系中领袖群伦的地位。

至于牛僧孺，在洛阳别墅也收罗了大量名石，也“待之如宾友，视之如贤哲，重之如宝玉，爱之如儿孙”（白居易《太湖石记》）。这也是将石人化了，人与石结成了亲和契合的审美关系，表现了不同于实用价值的另一种价值观。他还把收罗到的奇石品第分等，在甲、乙、丙、丁四等中，每品又各分上、中、下，刻于石阴。这可看作是宋代品石之风的先导。牛僧孺《李苏州遗太湖石状绝伦因题二十韵奉呈梦得乐天》一诗还写道：“念此园林宝，还须识别精。诗仙有刘、白，为汝数逢迎。”这是在石文化史和园林史上第一次明确地把湖石尊为园林之宝，又强调了品鉴识别的重要，诗中“如对千年兄”一句，对米芾极有启发。在唐代，李德裕的平泉山庄，还广泛收集泰山、太湖、罗浮、桂水、严湍、庐阜、茅山、巫峡、琅琊台、八公山等名山大川的奇石，甚至还有所谓“仙人迹石”，以充实自己的园林。牛僧孺和李德裕两派的“牛李党争”，延续数十年而毫无共同语言，但二人却同样地嗜石成癖，用共同的语言品石，由此可以推想当时文人的爱石已蔚然成风。

宋代对石的品爱，可以苏轼、米芾、叶梦得等文人为代表，其中米芾尤为突出。

苏轼是文坛、艺坛的领袖人物，他爱石、藏石、品石、画石、咏石……。在中国绘画史上，他是最早以石为主要题材的画家之一。对于爱石品石之风，苏轼起了推波助澜的作用。林有麟《素园石谱》写道：“苏东坡于湖口李正臣家见一异石，九峰玲珑，宛转若窗

① 马克思：《1844年经济学－哲学手稿》，第49页。

棂，名曰‘壶中九华’，以诗纪之。”其诗有云：“五岭莫愁千嶂外，九华今在一壶中。天池水落层层见，玉女窗虚处处通。念我仇池太孤绝，百金买回碧玲珑。”可见其爱石之深。

至于米芾，更是爱石成癖，见于笔记如——

米元章守濡须，闻有怪石在河壖，……公命移至州治，为燕游之玩。石至而惊，遽命设席，拜于庭下曰：“吾欲见石兄二十年矣。”（《梁溪漫志》）

米芾诙谲好奇……知无为军，初入州廨，见立石颇奇，喜曰：“此足以当吾拜。”遂命左右取袍笏拜之。每呼曰“石丈”。（《石林燕语》）

这在中国文化心理史上成为盛传的美谈佳话，从此，米颠以及“石兄”“石丈”之称就流传开了。米芾的拜石，和原始的石崇拜有灵犀一线相通之处，但又形近而质异。石崇拜是前文明时代原始意识的表现，它“作为图腾所标记、所代表的，是一种狂热的巫术礼仪活动……如火如汤，如醉如狂，虔诚而蛮野，热烈而谨严”①。当然，其中也含有审美想像及艺术的萌芽。至于米芾的拜石，本质上不是敬而重之，而是爱而亲之，而是一种狂热的审美活动。这一举动，是人性化了的，是宋代爱石品石的普遍风尚通过“诙谲好奇”的个性形式的集中表现。这一事实，应从主、客体的普遍意义上来加以认识。一方面应该说，作为客体的奇石本身具有种种美质，另一方面，石文化史发展到较高的文化心理阶段，主体已具备了较高的品赏能力，“对象也对他说来也成为他自身的对象化，成为确证和实现他自己个性的对象……这就等于说，对象成了他本身”②。拜石，也就是对自然天成的美以及人的审美能力的崇拜和惊赞。

在宋代，奇石已成为普遍的审美对象，人们凭着它确证自己，实现个性，展示精神世界的丰富性，叶梦得就是如此。关于他的记载也甚多——

叶少蕴既辞政路，结屋霅川山中。凡山中有石隐于土者，皆穿剔表出之。久之，一山皆玲珑空洞，日挟策其间，自号“石林山人”。（吴炯《五总志》）

湖州西门外十五里，有卞山，在群山最为崙崒，……产石奇巧，罗布山间，巉岩礨磈，色类灵璧，而清润尤胜。叶少蕴得其地，盖堂以就其景，因号“石林”。（杜绾《云林石谱》）

叶梦得不但自号石林居士、石林山人，不但把自己的著作名为《石林词》、《石林诗话》、《石林燕语》，而且把自己的园林称为“石林”，其中“兼山堂”旁，还有“石林精舍”，均可谓石文化之所钟。

唐宋以来，文人特别是诗人爱石品石并咏石，已成为一种具有稳态的文化心理传统。他们游息之时，与石为伍，欣赏品评，情趣无穷。这一历史接受链一直贯穿到郑板桥和清帝乾隆……

再论石在园林里的地位和作用。早在晋代，张华《博物志》就说，对于名山，“石为之骨，川为之脉，草木为之毛，土为之肉”。这一结合人体的自然构成之喻，又贯穿着《周易》关于石具有坚确、贞介品性的观点，从而形成了著名的“石骨”说。这一“石骨”说，是哲理、伦理、审美三者融贯一体的产物，而又积淀在石文化的历程之中。古代绘画美学甚至认为：“石者，天地之骨也。”（郭熙《林泉高致》）在园林美的王国中，突出

① 李泽厚：《美的历程》，第11～12页。

② 马克思：《1844年经济学－哲学手稿》，第78～79页。

"骨"的咏石诗也颇多——

寒姿一片奇突兀，曾作秋江秋风骨。（张碧《池上怪石》）

水心山骨依然在，不改冰霜积雪冬。（康熙咏避暑山庄《南山积雪》）

一篑犹嫌占地多，寸土不留唯立骨。（赵翼《游狮子林题壁》）

这都是高度肯定了石之"骨"。"骨"，这是中国美学批评的重要范畴，有所谓"风骨"、"骨气"、"骨力"、"骨格"、"骨相"……。在园林美学里，以石为骨的审美内涵也是很丰富的，既包括它那古老的历史性和坚固的物质性，也包括园林饱经沧桑而它依然存在，不改本来面目的骨骼，还包括如果没有石，园则无以立的重要性……一个"骨"字，体现了对园石的最高的美学评价。

石是园林之骨。正像人遍体不可无骨一样，园林也不能无石。园林中的石，不但如前所论，有多种用途，而且怪石特别是其中的名品还可构成园林景观主题乃至景观主题系列，如苏州怡园的复廊东部一区，南面建筑为拜石轩，用画家米芾拜石的著名典故。轩南庭院，有峰石嵌空纤巧，多通透秀瘦之致。轩北庭院，有峰石突兀磊落，多浑雄丑怪之奇，与轩南庭院之石恰成风格上的鲜明对比。庭院北面为"坡仙琴馆"与"石听琴室"，室西北窗外有二石如人立，作伛偻听琴之状，颇能勾起人们不尽的妙想。最北面的小型建筑为"石舫"，其意在"石"而不在"舫"，故而室北小院有卧石一片为之点题，室内家具均为石制工艺，这可看作是主题序列的尾声。怡园东部以石构成系列主题，把建筑物、庭院、小院串成一个"始"（石与绘画）、"中"（石与音乐）、"终"（石与工艺）有序而每一景区个性各异的艺术整体，可谓颇具匠心。

古代一脉相承的爱石、品石的文化风尚，在现存园林中颇多静态形式的物化存在，如北京的"三青"（青芝岫、青云片、青莲朵），江南的四峰（瑞云峰、冠云峰、玉玲珑、绉云峰），岭南的九曜……。广州九曜园的"九曜石"，见于诗文，如——

石凡九，高八、九尺，或丈余，嵌岩峰兀，翠润玲珑，望之若崩云，既堕复屹，上多宋人铭刻。（《粤东金石略》）

南汉假山石，厥名称九耀。废置药池中，落落峰倾倒。榕根若连锁，水浪时鸣窍。其上镌姓名，宋元各年号……（袁枚《九耀石》）

这就是著名的"九曜石"景观，惜乎已零落不全了。这些千古流传、不改本相的"天地之骨"，以其物质存在凝结着历来文人的审美品评，成为中国传统的石文化的一种表征。

本章四节，足以说明：古典园林里的种种文化心理积淀，其"积淀因"在历史上往往或是一宗文化存在，或是一则神话传说，或是一位哲人的语录，或是一部著作中的名言，或是一个深刻的思想，或是一首诗里的妙语……由于对人们的心理发生重要影响，于是在代代相传的接受链上不断被保存、丰富、发展、表现，成为"自身具体、自身发展"的有机系统，成为浓缩了的人类精神文明的微观成分。其中，名人效应也颇为重要，如石文化在唐宋时代，被白居易、米芾等人"炒"得愈热，其积淀愈深。再推而广之，如曲水流觞，由于是江左名士的韵事，因而也成为园林史上的重要文化心理积淀；而"奥如"、"旷如"，从意境生成的视角看，是规律，从文化心理的视角看，它也是积淀，这由于它出自名人名文，人们对此又交口赞誉，一致肯定，其效果更被实践所证明，于是也和"山重水复"、"柳暗花明"等词语一起，历史地成了园林文化心理积淀之一……

第二章　山水、泉石、花木的“第三性质”

作为园林美物质性建构要素的山水、泉石、花木，就其对作为主体的人所发生的一以贯之的、有特殊内涵的历史性作用来看，这无疑是一种文化心理积淀；然而，从西方某些哲学家、美学家的视角来看，则可以称之为审美客体的“第三性质”。

17 世纪英国哲学家洛克，曾提出十分著名但往往被人误解的“两种性质”的学说。他认为，物体有两种性质：第一性质是“和物体完全不能分离的”，如把一粒麦子分成两半，其每部分仍有凝性、广袤、形相、可动性等，这又叫“原始性质”；第二性质，则“并不是物象本身所具有的东西，而是能借其第一性质在我们心中产生各种感觉的那种能力。类如颜色、声音、滋味等等”。[①] 对于这一划分，有些人批评说是取消了色、声、味等的客观存在，其实这是误解。洛克关于第二性质的学说，早已为伽里略、波义尔、牛顿为代表的自然科学所证明[②]。清人戴震《孟子字义疏证》也说：“味也，声也，色也，在物而接于我之血气……能辨之而悦之，其悦者必其尤美者也。”这也说明物借其第一性质作用于人的感觉、心灵，人能分辨其第二性质；如果它“美”的话，还能令人“悦”。洛克的学说对美学研究也有启发，西方有的美学家就认为，真、善、美这类价值，不同于事物大小、形状之类的第一性质，又不同于颜色、滋味之类的第二性质，而是“第三性质”[③]。本书则认为，园林中某些物质性建构要素如山水、泉石、花木等是历史地层累而成的。特殊的文化心理积淀，是地道的“第三性质”，本章拟结合审美实例重点论述这类“第三性质”。

第一节　“石令人古，水令人远”及其他

文震亨在《长物志·水石》中写道：“石令人古，水令人远，园林水石，最不可无。”这一园林美学名言，不但强调了水石在园林建构中的重要地位，而且言简意赅地揭示了作为审美客体的石、水的第三性质。联系园林物质生态建构的要素来看，不妨再补充两句：“山令人静”、“泉令人清”。现依次论述如下：

一、石令人古

上一章已涉及，石头有其坚硬、沉重、牢固、块状以及形姿、色泽等方面的种种特性，孔传《云林石谱序》又说：“天地至精之气，结而为石”。这是对它“太古”以来形成的种种特性的美学、哲学的总括。这种“至精”，就是王夫之所说的：“天致美于万物而为精”（《诗广传》）。总之，古人认为，石是天地精华之所钟。

---

① 洛克：《人类理解论》上册，商务印书馆 1983 年版，第 100 ~ 101 页。

② 参见金学智：《中国书法美学》上卷，第 30 ~ 32 页。

③ 李斯托威尔：《近代美学史评述》，上海译文出版社 1980 年版，第 74 页。

奇石的“致美结而为精”，其突出的表现之一，就是自然天成之美，也就是原生态的美。它虽然千奇百怪，不可名状，但只靠风化气荡，波洗浪激而成，不经人为加工。这有诗为证——

乃是天诡怪，信非人功夫……厥状复若何，鬼工不可图。（皮日休《太湖石》）

石原无此理，变幻自成型。天巧疑经凿，神功不受型。（张岱《飞来峰》）

所谓鬼斧神工，巧趣天成，是说它是大自然这位万能的雕刻大师的精构杰作。因此，只要稍加人工的刻削雕琢，就破坏了它的天然美质和盎然真趣。

这种“致美结而为精”，需要邈远的时间过程。白居易《太湖石记》就说过：“岂造物者有意于其间乎？将胚浑凝结，偶然而成功乎？然而一成不变以来，不知几千万年……”《帝京景物略》写北京宜园之石，也说：“劫代先后，思之杳杳。”就石的自然形成史来说，正是如此。故而凡园林里有奇石名峰，其对联往往有“太石”、“万古”、“千古”之赞。例如——

石含太古水云气；竹带半天风雨声。（上海豫园联）

奇石尽含千古秀；桂花香动万山秋。（苏州留园“闻木樨香轩”联）

这都是对它几千万年来的那种静穆、古老、悠久、永恒的美的礼赞。在咏石诗中，有关的内涵就更丰富、意味就更深远了。如——

中原一孤石，地理不知年。根含彭泽浪，顶入香炉烟。（惠标《咏孤石》）

烟翠三秋色，波涛万古痕。（白居易《太湖石》）

三吴金谷地，万古瑞云峰。（姜埰《己亥秋日游徐氏东园》）

春风秋月几阅历，海水桑田任迁转。故土那忆埋黄沙，素质奚得皴苍藓。（乾隆《玲峰歌》）

卷石洵且奇，一一罗窗户。根含莫厘云，穴滴太湖雨……疑有旧题石，剜苔坐怀石。（潘奕隽《寒碧庄杂咏·卷石山房》）

奇石名品体现了造物者的意匠经营，含茹着太古的时间意蕴，具有“古”的文化品格。石在园林里的重要作用之一，就是“使君池亭风月古”（卢仝《石请客》），而人们面对着大自然的这类千古杰作，其第三性质会令人发思古之幽情，当然，其内容可能各异，例如，或歌咏其自然物态的形成史，或遥想其沧海桑田的变迁史，或怀疑其上有被掩没了的古代题刻，或回顾其辗转流传的历程，或想到它和过去某一爱石成癖的主人的亲密关系，或想到它和“花石纲”的某些纠葛牵连……这就是“石令人古”的种种审美体验、感受，这样，甚至感到自己也古意盎然了，正如宋人朱长文所述：“幽轩相对久，古意日翛然。”（《玲珑石》）当然，“石令人古”的体验也离不开对其多方面美质的品赏以及爱抚、摩挲。

这种怀古的审美体验和感受，对于品赏者来说，又可发展为抱真、守拙、乐淳、求朴之想，所谓“悠悠上古……傲然自足，抱朴含真”（陶渊明《劝农》）；所谓“返朴复拙，以全其真”（谢榛《四溟诗话》）……

二、山令人静

这一第三性质的“积淀因”，也在于名人名言。孔子曾说：“知者乐水，仁者乐山；知者动，仁者静；知者乐，仁者寿。”（《论语·雍也》）这段名言，出色地“揭示了人与自然在广泛的样态上有某种内在的同形同构从而可以互相感应交流的关系。这种关系正是审美的一种心理特点。"① 或者说，它揭示了自然山水能引导和对应人的动静体态和心态，能提供人以"乐"和"寿"的源泉……这一对应关系，主要表现为：水不舍昼夜、永无止息地流动，而"知者不惑"（《论语·子罕》），其思维也是"川流不息"，活跃畅通，故而智者乐水而悦；山则旷阔宽厚，巍然不动，包容和养育万物，既有"仁"的品性，又有"静"的特点，故而仁者乐山；又由于"仁者不忧"（《论语·子罕》），而"善养生者……清虚静泰……旷然无忧虑，寂然无思虑"（嵇康《养生论》），因而陶弘景直接说，"静者寿"（《养性延命录》）。

孔子这一名言，流传广泛深远，影响到诸多领域。在历史上，它可以是造园的理由。《魏书·郭祚传》："高祖曾临华林园，因观故景阳山。祚曰：'山以仁静，水以智流，愿陛下修之。'"山——静——仁；水——流（动）——智，被郭祚一线贯穿。宋代郭熙《林泉高致》论画山水园林说："仁者乐山，宜如白乐天《草堂图》，山居之意裕足也；智者乐水，宜如王摩诘《辋川图》，水中之乐饶给也。"这是以历史上两位名人、两个名园来说明仁智之乐。清代画家方薰甚至把他的著作称为《山静居画论》。孔子之言，对游赏山水，建构园林，创作和欣赏绘画……都发生了很大的影响。

这里只论孔子名言在"山令人静"方面的文化心理积淀。山，本来就易令人生静感，有了孔子名言的历史性影响，后人就似乎有了一种代代相传的"集体无意识"，有了一种似乎"先在"的接受定向，于是一提到山或一见到山，就萌生静的体验和美感。见于有关园林的诗文楹联，如——

山静体依仁。（乾隆《圆明园四十景·正大光明》诗）

青山本来宁静体……（乾隆《圆明园四十景·澹泊宁静》诗）

长春园内爱山楼下，额曰："山静云闲"。（《日下尊闻录》）

动观流水静观山。（苏州拙政园"梧竹幽居"联）

山具有"令人静"的第三性质，它能令人"释躁心，迎静气"（王昱《东庄论画》），乃至"致虚极，守静笃"，"归根曰静"（《老子·十六章》）。沧浪亭锄月轩就有"乐山乐水得静趣"的联语。明初诗人高启在《师子林十二咏序》中说，他"久为世驱，身心攫攘，莫知所以自释"，于是游狮子林，"周览丘麓"，"觉脱然有得，如病暍人入清凉之境，顿失所苦"。这用得到《庄子·外物》所说的"静然可以补病"了。总之，山林这一生态环境，可以使人心情平和，助人养生疗疾，充分享受静趣。

三、水令人远

水的特性，是流，是动，是永不停息地流向远方，悠悠而不尽。汉代思想家董仲舒写道，水"混混沄沄，昼夜不竭"，"奏万里而必至"（《春秋繁露·山川颂》）；唐代诗人张若虚咏道，"但见长江送流水，白云一片去悠悠"（《春江花月夜》）；宋代画家郭熙说，"水，活物也……欲远流"，又说，"水欲远"（《林泉高致》）……总之，逗人情思，引人遐想，使人的心情也随波逐流，流向超越现实空间的远方，这就是水的第三性质。"水令人远"四字，和"石令人古"一样，言简意赅，语浅义深，可谓园林美学名言，山水审美真谛。

---

① 李泽厚、刘纲纪主编：《中国美学史》第1卷，第145页。

水能发人远思，这一文化心理历史地积淀在园林的审美主体乃至审美客体之中。在唐代，刘禹锡《海阳十咏·裴溪》就写道：“萦纡非一曲，意态如千里。”宋代，欧阳修《养鱼记》也写道：“循漪沿岸，渺然有江湖千里之想”，诗文中的“千里”，都蕴含一个“远”字。清代，钱大昕《网师园记》说，“沧波渺然，一望无际”，这固然是对该园理水艺术的赞颂，但未尝不包括由此而引起的“水令人远”的主体情思在内。今天苏州拙政园的小沧浪水院，有室曰“志清意远”，这一题名无疑是为这个幽美精致的水院画龙点睛，点出院中之水的审美意趣——水令人志清，令人意远。当年，明代著名画家文徵明《拙政园图咏》还曾写道：

钓砮，在意远台下。

白石净无尘，平临野水津。坐看丝袅袅，静爱玉粼粼。得意江湖远，忘机鸥鹭驯……

钓翁之意不在鱼，在乎由水引发的江湖之远意。

又如颐和园谐趣园这个园中之园，以水池为中心，周边缭以轩廊，其中主体建筑为“涵远堂”，它点明堂前水池把远方的景物、空间均“涵”于其中了，有限之水就成了“无限”，其清波微澜，令人心波流连，或长思，或远想，“心随水去天无际”……

四、泉令人清

这与“水令人远”密切相关，拙政园的“志清意远”，就标志了二者的有机联系。

水的洁净之美，本书第四编第二章已作详论。而其突出的表现之一，是不但有物质性的清洗功能，如排沙去尘，涤脏除垢，净化环境等，而且还有精神性的清洗功能，也能让人实现所谓“不清而入，洁清而出”（董仲舒《春秋繁露·山川颂》）。泉令人清，见诸古代诗文，如——

吾爱其泉渟渟……可以蠲烦析酲，起人心情……若俗士，若道人，眼耳之尘、口舌之垢，不待盥涤，见则除去。潜利阴益，可胜言哉？（《白居易《冷泉亭记》》）

挹之如醍醐，尽得清凉心。（范仲淹《天平山白云泉》）

鱼乐人亦乐，泉清人共清。（杭州“玉泉观鱼”联）

白云怡意，清泉洗心。（苏州留园冠云峰庭院刻石）

清莹的泉水不仅能使人眼目清凉，易于减除视觉疲劳，而且可以让人洗涤性灵，顿释一片烦心。这突出地体现了美能陶冶性情、净化心灵的规律。清净的水确实能安定情绪，净化魂灵，使人恢复精神生态，保持心理健康。费尔巴哈在引用古代伊奥尼亚学派“水是一切事物和一切实体的始基”的学说时说，水还“是心理和视觉的一种非常有效的药品。凉水使视觉清明，一看到明净的水，心里有多么痛快！视觉洗了一个清水澡；使灵魂多么爽快，使精神多么清新！”[①] 这把水泉令人清这一功能质表述得非常透彻。

再以苏州园林为例，由泉扩大至水。沧浪亭有“观鱼处”。王方若《沧浪杂诗》写道：“行到观鱼处，澄澄洗我心……”这是着眼于水在精神上的洗涤功能——“令人清”。文徵明《拙政园记》写道：“径竹而西，出于水澨，有石可坐，可俯而濯，曰‘志清处’。”俯而“濯”，当然是物质性的，但致使“志清”，而无疑已属于精神美的范畴了。

---

① 北京大学哲学系外国哲学史教研室编译：《十八世纪末－十九世纪初德国哲学》，第542～543页。

在北方园林，颐和园宝云阁联有“泉声入目凉”之句。这也是说“凉水使视觉清明”。对于北京恭王府花园的水景，载滢《补题邸园二十景·凌倒景》写道：

> 山因池凿成，池为山照镜。叠石象奇峰，山下相辉映。尘翳天浴清，云衣水洗净。微风织罗纹，树影摇不定。一片碧玲珑，俯仰澄心性。

地上的尘翳、天上的云衣都在碧玲珑的水中浴洗得十分清净，甚至连人们被尘俗污垢所染的心性也受到清净之美的洗礼。这一妙语如珠的审美描述，既是讲物，又是讲人，它在水天相映、情景互涵的俯仰观照之中，揭示了水在物质和精神两方面的清濯净化的审美功能，而水之所以有净化心灵——令人清的功能，这又是和文化心理的历史积淀有关，古老的《沧浪之歌》就唱道：“沧浪之水清兮，可以濯我缨……”

第二节　花木的“第三性质”系列

在先秦的理性主义精神影响下，哲学家们对自然美的观照往往和人的伦理道德互渗互补，融和在一起。《论语》、《荀子》以及后人采掇管仲、晏婴言行的《管子》、《晏子春秋》等古籍中，都曾以山、水、玉等来比德，并提出“君子比德”（《荀子·法行》）的观点，其中主要源自儒家学派代表人物孔子。对于花木的比德，孔子曾说过：“岁寒，然后知松柏之后凋也。”（《论语·子罕》）“芷兰生于深林，非以无人而不芳”（见《荀子·宥坐》）。这是从人的伦理道德观点去看自然现象，把自然现象看作是人的某种精神品质的对应物。这种同形同构的审美欣赏，影响是深远的。从美学史上看，“汉民族在对自然美的欣赏上，几千年来经常把自然的美和人的精神道德情操相联系，着重于把握自然美所具有的人的、精神的意义，从而充满着社会色彩，极富于人情味，具有实践理性精神，既很少有自然崇拜的神秘色彩，也很少把自然贬低到仅供感官享乐的地步。汉民族对自然美的这一可贵特点，就思想上说，不能不说是导源于孔子”①。

除了孔子和上述著作而外，《周易》、《楚辞》的比德也不容忽视。《周易》“介于石”的影响，上一章已论及；至于《楚辞》，则大量采用比德手法，从《橘颂》的“秉德无私，独立不迁”，到《离骚》的所谓“善鸟香草，以配忠贞”（王逸《离骚序》），对后世颇有影响。

从文化心理积淀史的视角来看，以花木比德，如获得了一致的历史性认可或较多公众的认可，它就可能成为文化心理积淀，其结果则是第三性质的诞生。不过，由于历史的变化发展，人们感受、理解的复杂性以及某种求异思维的消长，因此种种花木所获的“性质”或品格，又不尽一致，且往往交叉。这里试将有关的系列品评加以选择、集纳、排比于下——

> 与梅同瘦，与竹同清，与柳同眠，与桃李同笑，居然花里神仙。（陈继儒《小窗幽记·集韵》）
>
> 昔人有花中十友：桂为仙友，莲为净友，梅为清友，菊为逸友，海棠名友，荼蘼韵友，瑞香殊友、芝兰芳友，腊梅奇友，栀子禅友。（陈继儒《小窗幽记·集绮》）
>
> 梅令人高，兰令人幽，菊令人野，莲令人淡，春海棠令人艳，牡丹令人豪，蕉与竹令人韵，秋海棠令人媚，松令人逸，桐令人清，柳令人感。（张潮《幽梦影》，尤谨庸曰：

① 李泽厚、刘纲纪主编：《中国美学史》第1卷，第147页。

"读之惊才绝艳，堪采入《群芳谱》中")

兰令人幽，松令人古。(朱锡绶《幽梦续影》，华山词客云："梅令人癯，竹令人峭")

与菊同野，与梅同疏，与莲同洁，与兰同芳，与海棠同韵，定自称花里神仙。(苏州留园"五峰仙馆"陆润庠联)

以上各条，首先表现为一种趋同性，这是一个民族共同的文化心理积淀的结果，在它的"积淀因"里，"三名"——名人、名言或名诗起着生成、凝聚、扩散、贯穿的重要作用。张潮的《幽梦影》，在这方面不但品评艳绝，而且还有一段更为精彩的高论：

天下有一人知己，可以不恨。不独人也，物亦有之。如菊以渊明为知己，梅以和靖为知己，竹以子猷为知己，莲以濂溪为知己，……石以米颠为知己……香草以灵均为知己……一与之订，千秋不移。

这段美文，可借以为本书的"三名论"作注脚。"三名"，不但有凝聚力，而且有延续性，花木等物真是"一与之订，千秋不移"。

这里，试就上引诸品评系列，择其中主要的、一致的或接近的，结合诗、画、园的审美实例，概括其第三性质系列如下：

一、菊令人野，令人逸

"与菊同野"。菊是诗人喜爱的歌咏对象。如果说，楚辞中的"春兰兮秋菊"(《九歌·礼魂》)还只是偶尔出现的形象，那么，晋代则已成为范式，关于兰菊的诗赋铭颂中，"春茂翠叶，秋曜金华"的浓艳之辞，不一而足。然而在晋末诗人陶渊明笔下，却淡然出之。其《饮酒》诗写道："采菊东篱下，悠然见南山。"十个字就把菊的性格和环境——"野"，人的神态和情趣——"悠"勾画出来了。宋代以来，人们更爱菊。宋人写《菊谱》的有刘蒙、范成大、史正志……均载菊数十种。明、清则更增至数百种。宋代以来，具有野趣的菊，又成为绘画的习见题材，例如——

花开不并百花丛，独立疏篱趣未穷。(宋末元初·郑思肖《寒菊》)

老我爱种菊，自然宜野心。秋风吹破屋，贫亦有黄金。(明·沈周《菊》)

野菊挂危岩，猗兰秀空谷。(明·陈道复《墨菊》)

只消轩冕念，犹傲野先尊。(清·石涛《墨菊》)

菊和"篱"、"贫"甚至"破"联系了起来，而一言以蔽之，曰"自然宜野心"。在园林美的领域里，计成也说："编篱种菊，因之陶令当年"(《园冶·立基》)。这也是陶渊明诗意的历史延续。《红楼梦》中林黛玉《咏菊》说得好："一从陶令评章后，千古高风说到今。"这是具有历史深度的一个概括。

"令人野"，这就是菊的第三性质。"与菊同野"，这就是赏菊时的审美同化现象。当然，也可说"菊为逸友"，陶渊明就被钟嵘《诗品》评为"隐逸诗人之宗"。周敦颐《爱莲说》也说："菊，花之隐逸者也。"野与逸又可说同属一品。宋郭若虚《图画见闻志·论黄徐体异》就说："谚云：'黄家富贵，徐熙野逸。'"可见，野、逸密切相关。或者说：逸于富贵之外谓之野；"不入时趋谓之逸格"(恽格《南田画跋》)。

园林中的菊，宜有悠然野趣，宜有陶令遗风。高士奇《江村草堂记·菊圃》写道：

岁华将晚，草木变衰，唯菊傲睨霜露，秀发东篱……秋来花绽，如幽人韵士，虽寂寥荒寒，味道之腴，不改其乐，可为岁寒矣。

这就是从陶渊明以来所形成的“野”或“逸”的审美视角，赋予菊圃景观以特定的审美价值、人文意趣和第三性质。

二、梅令人疏，令人高

梅和炎黄世胄有着悠久的渊源关系。《诗经》已多次提到梅。宋代以来，咏梅诗文更是大量涌现，而以因“梅妻鹤子”而著称的林和靖的诗句独占鳌头，这是史有定评的——

> 林逋处士，钱塘人，家于西湖之上，有诗名。人称其梅花诗云，“疏影横斜水清浅，暗香浮动月黄昏”，曲尽梅之体态。（司马光《温公续诗话》）
>
> 梅之有花……直至孤山处士品题后，始觉身价顿高，不独宋以前无佳句传神。（王蓍《芥子园画传·梅谱·古今诸名人图画序》）

林和靖除了“疏影横斜”一联外，还有二联：“雪后园林才半树，水边篱落忽横枝”，“池水倒窥疏影动，房帘斜入一枝低。”也可说曲尽园林中梅的体态风韵。这三联又或明或暗地点出一个“疏”字，从此，“疏”字和梅如影随形地绾结在一起了，正是“菊以渊明为知己，梅以和靖为知己”。而辛弃疾说得更绝：“自有陶潜方有菊，若无和靖即无梅。”（《浣溪沙·种菊梅》）

尔后，人们品梅，有“横斜、疏瘦、老枝奇怪”的“三贵”之说，又有“四贵”之说：贵疏不贵繁，贵老不贵嫩，贵瘦不贵肥，贵合（含苞将开而不露）不贵开。这也都是从林诗中生化出来的。“疏”的内涵是丰富的，首先是外在形态之美，查礼《画梅题记》说：“画梅者，若枝枝相接，朵朵相连，……则实、板、滞，无足取矣。”这揭示了以疏为美的一个方面。然而，“疏”未尝不涉及内在神韵之美，如风神洒落，骨格清瘦，姿影横斜，暗香浮动，以少少许胜多多许，独步早春而不同于寻常花木……这都可囊括在“疏”的意韵之中。龚自珍《病梅馆记》曾批评了一种美学观点，即“以疏为美，密则无态”。其实他是借题发挥，所批评的只是当时的社会。无论从内容或形式的视角来看，梅的“以疏为美”都是不无道理的。

苏州狮子林有暗香疏影楼，以附近数株梅树点景，这是从以疏为美的视角出发的。杭州西湖孤山，是林和靖隐居之处，曾吸引多少人踏雪探梅，寻踪访幽，为西湖增添几许情趣！张翥《六州歌头·孤山寻梅》说，“自疏花，破冰芽”，“影横斜，瘦争些，好约寻芳客”……发挥了林和靖的诗意。赵善庆《忆王孙·寻梅》写道：“寻香曾到葛仙台，踏雪今临和靖宅。横斜数枝僧寺侧，动吟怀，一半儿衔春一半儿开。”这支散曲所咏也是以疏为美，以含蓄为美。散曲把对梅的风韵和人的品格的赞赏糅合在一起了。王心一《归田园居记》说：“老梅数十树，偃蹇屈曲，独傲冰霜，如见高士之态焉。”而梅枚《早春秋水园看梅花》也写道：“他年买宅成高隐，只傍孤山处士家。”诗句也突出一个“高”字。

从文化心理积淀史上看，令人疏，令人高，使人心生“高士之态”，这就是梅的第三性质。至于“梅令人癯”、“与梅同瘦”，是“疏”的延伸，因为密花肥枝，也就不瘦不疏了。

三、莲令人洁，令人净

“莲以濂溪为知己”。其实，在周敦颐之前，莲已经有了知己。屈原《离骚》就唱道：“制芰荷以为衣兮，集芙蓉以为裳。”李白的《忆旧游书怀赠江夏韦太守良宰》，有“清水出芙蓉，天然去雕饰”的赞颂。莲花和佛教更结有种种不解之缘。《华严经探玄记》描述道："如世莲华，在泥不染"，"一香，二净，三柔软，四可爱"。这几乎已成了周敦颐《爱莲说》的主题，也揭示了莲的第三性质。

然而，《爱莲说》毕竟写得短小精悍，言简意赅，形象生动，开合有致，富有哲理意蕴，能给人以无穷的余味。其文这样写道：

> 水陆草木之花，可爱者甚蕃。晋陶渊明独爱菊；自李唐来，世人盛爱牡丹；予独爱莲之出淤泥而不染，濯清涟而不妖，中通外直，不蔓不枝，香远益清，亭亭净植，可远观而不可亵玩焉。予谓菊，花之隐逸者也；牡丹，花之富贵者也；莲，花之君子者也。……

这段情理交融、脍炙人口的文字，突出地在各别的个体形态上揭示了花与人同形同值的审美对应关系：把菊、隐逸、陶渊明联在一起，这可概括为一个"逸"或"野"字；把牡丹和富贵者联在一起，这可概括为一个"丽"字；把莲、君子乃至周敦颐自己联在一起，强调的是一个"洁"或"净"字。这种既紧扣花木个性特征，又紧扣人的品格特征的比拟，对尔后的诗文、绘画特别是园林等发生了深远的影响。

就审美实例来看，皇家园林避暑山庄康熙题三十六景有"香远益清"，乾隆题三十六景有"观莲所"。圆明园有"香远益清"、"濂溪（人称周敦颐为濂溪先生——引者）乐处"等。就说避暑山庄的"香远益清"，为赏荷佳处，其中轩廊回缭，满庭皆水，中植重台、千叶等名种，如康熙词所说，"出水涟漪，香远益清，不染偏奇"。乾隆《圆明园四十景·濂溪乐处》则写道："水轩俯澄泓，天光涵数顷……时披濂溪书，乐处唯自省。"或写莲的不染，或写人的求洁，其指向是一致的。

江南私家园林，如严复在《上海刘氏园见白莲孤开》中，就有"一茎娟洁标高格"，"脱得污泥气益振"，"胸中长此玉峥嵘"等句。又如浙江吴兴南浔小莲庄，其中十亩挂瓢池给人以"接天莲叶无穷碧"之感，附近还有"净香诗窟"，取自濂溪先生"香远益清，亭亭净植"之句。题名以"净"字当头，也说明了"莲为净友"。苏州拙政园有远香堂【图72，见书前彩页】，这将其第三性质写到匾额上了。其堂北为大荷池，入夏，红裳翠盖，高花大叶，香远益清，出淤泥而不染。除了远香堂平台外，"香洲"、荷风四面亭等，都是赏荷极佳景点，而且这些建筑物的题名无不与"爱莲"有关，也就是无不与崇"洁"尚"净"有关，它们共同构成了一个统一的主题，而其功能质也是令人洁，令人净。

四、兰令人幽，令人芳

从先秦至汉代，人们就盛赞兰的诱人芳香。《左传·宣公三年》："兰有国香。"黄庭坚《书幽芳亭》解释道："兰之香盖一国，则曰国香。"《淮南子·说林训》也说："兰生而芳。"许慎《说文解字》："兰，香草也。"兰与香的关系，已人人皆知，约定俗成，进入了训诂学的领域。

还应指出，以兰比德，早在先秦时代已很流行。《孔子家语》对孔子的话作了这样的阐发："芝兰生于深林，不以无人而不芳；君子修道立德，不为困穷而改节。"这是说不遇于时而自抱坚贞。在屈原楚辞中，以兰比德更突出了："纷吾既有此内美兮，又重之以修能。扈江离与辟芷兮，纫秋兰以为佩。"（《离骚》）"秋兰兮麋芜，罗生兮堂下。绿叶兮素华，芳菲菲兮袭予"（《九歌·少司命》）……真是"香草以灵均为知己"，兰成了主体心灵之美和客观事物之美的象征。

在中国文学艺术史上，兰又是人们乐于歌咏和描绘的题材。例如——

深林不语抱幽贞，赖有微风送远馨。（刘克庄《兰》）

兰曰国香，为哲人出。不以色香自炫，乃得天之清者也。楚子不作，兰今安在？……贞芳只合深山，红尘了不相关。留得许多清影，幽香不到人间。（张炎《清平乐并序》）

能白更能黄，无人亦自芳。寸心原不大，容得许多香。（张羽《兰花》）

兰花质性本清幽，卖与人间不自由。（郑板桥《题画》）

兰原生深山幽谷之中，不与群芳争艳，即使无人欣赏，也依然含苞吐蕊。它寸心虽不大，却芳香四溢，被称为"国香"、"香祖"、"天下第一香"。兰花景观，能为园林室内室外增添雅趣，播散幽香。宋人赵鼎《双翠羽·三月十三日夜饮南园作》写道："小园曲径，度疏林深处，幽兰微馥。更欲题诗……不如花下，一尊芳酒相属。"词中洋溢着清幽芳馥的情氛。在清代，高士奇《江村草堂记》写到仰慕王羲之等禊集兰渚之兰亭，因建"兰渚"一景，其中"幽兰被壑，芳杜匝阶"，"往来游处，于此憩息"，令人神往。今天，在绍兴兰亭右军祠，廊间吊着盆兰，祠内摆着盆兰，青葱满眼，芳香满室，使人联想起屈宋的文章、右军的书法，它们同样散发着馥郁的翰墨之香，同样是沁人心脾的美。在"兰亭碑亭"附近，还有一方兰圃，以袭袭动人的幽香为其特色，颇具空谷幽兰的意趣，它令人含香，令人清幽，令人潇洒，令人脱俗。

五、松令人贞，令人古

松被人赋予第三性质，始自孔子。《论语·子罕》："岁寒，然后知松柏之后凋也。"这不只是指松柏的自然特征，而且是指与此相应相合的伦理精神和审美文化性质。

后人咏松、画松乃至植松，往往沿着孔子的思路、情景去塑造，去想像，例如——

修条拂层汉，密叶障天浔。凌风知劲节，负雪见贞心。（南朝梁·范雲《咏寒松》）

岁寒无改色，年长有倒枝……寄言谢霜雪，贞心自不改。（隋·李德林《咏松树》）

张璪画古松，往往得神骨……乃悟埃尘心，难状烟霄质。（唐·元稹《画松》）

诗作概括松的第三性质为"贞心"。值得研究的是，人们又往往称松为"古松"，却未有称"古竹"、"古兰"的，这主要由于松和柏一样年寿长。当然，"古"字之义还可包括其凌风迎寒，傲霜斗雪，顶天立地，经磨历劫，一年四季，郁郁葱葱……而这又与其"贞心"、"神骨"、"烟霄质"联在一起了。

在中国文化心理积淀史上，正由于青松、苍松、古松具有上述性质，因而人们往往将其比拟于君子、丈夫、英雄，寄寓以正直长青之意，崇高景仰之情。于是，在四川祠堂纪念园林中，孔明祠前，森森翠柏；杜甫草堂，郁郁青松。祁彪佳《寓山注·松径》也说："园之中，不少矫矫虬枝，然皆偃蹇不受约束，独此处俨焉成列，如冠剑丈夫鹄立通明殿上。予因之疏开一径，'友石榭'所由以达'选胜亭'也。"这种对群松的景观联想，也以第三性质为其基因。

六、竹令人韵，令人清

园林花木中，竹也常常被比拟于君子。《世说新语·任诞》载：

王子猷尝暂寄人空宅住，便令种竹。或问："暂住何烦尔?"王啸咏良久，直指竹曰：“何可一日无此君？”

这一典型地体现了晋人风度的韵事，其文化心理影响不亚于米芾的拜石，它直接地影响了苏轼“不可居无竹”，“无竹令人俗”（《於潜僧绿筠轩》）的园林审美情趣。王周《碧鲜亭》写道：“瑟瑟笼清籁，萧萧锁翠阴。向高思尽节，从直美虚心。”王世贞《题竹轩》写道：“吾家雅语世所闻，何可一日无此君。汝令人居但种竹……凤尾枝枝干碧云。”句句无不是清韵之语。竹的第三性质是多方面的，坚贞可以配松柏，劲挺可以凌霜雪，清瘦可以顶寒风，淡泊可以拒蜂蝶，高节可以干云霄，虚心可以友顽石……一言以蔽之，曰令人韵，令人清。在中国艺术史上，竹成了人们喜闻乐见的审美对象，诗人喜爱吟哦，画家乐于挥写。画竹名家郑板桥还爱把它和石绾结在一起。他在《题画》中一再写道：

竹君子，石大人，千岁友，四时春。

石依于竹，竹依于石，弱草靡花，夹杂不得。

竹枝石块两相宜，群卉群芳尽弃之。春夏秋时全不变，雪中风味更清奇。

竹称为君，石呼为丈。锡以嘉名，千秋无让。空山结盟，介节贞朗……

一则则，一首首，无不是满怀深情所写的“竹石赞”，这也可看作是对一两千年来积淀在人们审美心理中的竹文化以及石文化的一个历史总结。

园林几乎离不开竹，从现存园林来看，杭州西湖西泠印社有“竹阁”，苏州狮子林有“修竹阁”，上海南翔古漪园有“竹枝山”……而扬州个园在历史上就是以竹作为主题的，“个”字就是“竹”字之半。刘凤浩《个园记》写道：

主人性爱竹。盖以竹本固，君子见其本，则思树德之先沃其根；竹心虚，君子观其心，则思应用之务宏其量。至夫体直而节贞，则立身砥行之攸系者实大且远。岂独冬青夏彩，玉润碧鲜，著斯筱荡之美云尔哉！主人爱称曰“个园”。

这不但是从形式美的视角观照其色泽姿态，而且还从文化心理的视角品赏其以“韵”、“清”为主的多层面的第三性质，赋予了它以多视角的审美价值。竹石文化不仅对文人私家园林有深远影响，而且还影响了皇家园林，今天，北京紫禁城御花园的奇石大盆景，其旁也植有翠竹，二者相依，体现了“竹君子，石大人”的文化主题。

七、海棠令人艳

海棠以艳胜，它色泽悦目，或浓妆，或淡抹，姿影婀娜娇媚，被王象晋《群芳谱》誉为“花仙”，是园林中常见的花木。大观园中就有白海棠，《红楼梦》第三十七回有海棠结社的一组诗，姑摘数联于下：

玉是精神难比洁，雪为肌骨易销魂。（探春）

胭脂洗出秋阶影，冰雪招来露砌魂。（宝钗）

偷来梨蕊三分白，借得梅花一缕魂。（黛玉）

这都写出了海棠的素艳动人。苏州拙政园有海棠春坞，庭中植海棠。陈思《海棠谱序》说：“梅花占于春前，牡丹殿于春后，骚人墨客注意焉，独海棠一种，丰姿艳质，固不在二花之下。”这既点出了海棠的艳质，又指出了海棠在仲春开放的特点，所谓“春海棠令人艳”。“海棠春坞”的题名，使人如见一派春光融融，色质美艳的景象。

在自然和艺术的审美领域里，有“四君子”之说，这是指梅、兰、菊、竹。又有

“三益友”之说，此说内涵不甚明确，也不尽相同，且有变化。如江淹《陶征君潜田居》：“素心正如此，开径望三益。”一般认为这出自《论语·季氏》：“益者三友……友直，友谅，友多闻。”但在计成《园冶·园说》里的“径缘三益”，无疑又融进了“岁寒三友”之义。“岁寒三友”是如何发展而来，积淀而成的？这与园林美学密切相关，是值得一论的。吴企明先生指出，唐代朱庆余在《早梅》诗里说，“堪把依松竹，良途一处栽”。已把梅、松、竹合在一起来写。但是，“唐代还没有‘三友’之名。唐人或称云山、松竹、琴酒为三友（元结《丐论》），或称琴、酒、诗为三友（白居易《北窗三友》），都不是岁寒三友。……到了宋代，文学艺术家才真正明确地将松、竹、梅这三种耐寒的花木结合在一起……完成了‘岁寒三友’的形象创造”。[①] 如在南宋初年的诗画中——

南来何以慰凄凉，有此岁寒三友足。（王十朋《十月二十日买梅一株颇佳置于郡斋松竹之间同为岁寒三友》）

梅花屡见笔如神，松竹宁知更逼真。百卉千花皆面友，岁寒只见此三人。（楼钥《题徐圣可知县所藏扬补之画》）

宋末林景熙的《五云梅舍记》也说：“即其居累土为山，种梅百本，与乔松、修篁为岁寒友。”从以上例证可见，“岁寒三友”这一根植于民族传统中文化心理积淀的突出代表，是在诗、画、园林的历史实践中共同层累而成的。还可补充的是，在北宋，“岁寒三友”似尚未定型，罗大经《鹤林玉露》说：“东坡赞文与可《梅竹石》云：梅寒而秀，竹瘦而寿，石文而丑。是谓岁寒三友。”其中就没有松。可见定型是在北宋末、南宋初。在明代，冯应京《月令广义·冬令·方物》说：“松竹梅称‘岁寒三友’。”这是在历史行程的反复层累中取得了理论的形态。

包括“岁寒三友”、“四君子”在内的花木的第三性质系列，如变换视角看，它是一种“品”，一种价值。人们常说，西方美学重“美”，中国美学重“品”重“雅”，而且认为“品”、“雅”比一般所说的美更高，故而本书第四编第三章第三节将花木的第三性质列入“雅”的范畴，并构成“美、古、奇、名、雅”的价值系统。从整体上看，“第三性质”也好，“品”、“雅”也好，都是历史地形成的，然而在今天的园林审美活动中，它们往往仍起着某种价值定向和心理定势的作用。

列·斯托洛维奇在《审美价值的本质》中曾引用过这样的诗句：

一切东西都有两重性：
一个对象既是它本身的样子，
又是使人想起的那种东西。

他进而阐发道：“对象的审美价值既取决于‘它本身的样子’，又取决于它‘使人想起的那种东西’。但是对象使人想起的那种东西不仅取决于感知它的主体。必须指出，某种对象和人类社会之间在社会历史实践过程中形成客观的联系和相互关系，对象就‘使人想起’这些联系和相互关系。”[②] 这一审美价值观似乎特别适用于花木的第三性质系列。在园林里，一般的花木景观类型，主要地是“它本身的样子”，但当它们进入“古”、“奇”特别是“名”的范畴，则二者兼而有之，但仍以前者为主；至于第三性质系列——“雅”，则主要地成了“使人想起的那种东西”，并具有“令人……”的功能。康德说过，

---

① 吴企明、金学智、姜光斗著：《历代题咏书画诗鉴赏大观》，陕西人民出版社 1993 年版，第 359 ~ 360 页。
② 列·斯托洛维奇：《审美价值的本质》，第 77 页。

“美是道德的象征”[①]。这一西方的美学观点，恰恰最适合于中国的花木第三性质系列，而且在中国，花木系列的美和善，它的“本身的样子”和“使人想起的那种东西”，这一切是如此地融通为一！本书第五编已论及，在中国园林里，伦理意识流的凝冻，其形式有种种，这里可进一步指出，其中以花木的第三性质系列的美、善效果最为佳优。花木的第三性质，是建立在第一性质（固有的原生性质）、第二性质（如形、色、香、声）的基础上的；而从生态美学的视角看，第三性质又是建立在自然生态基础之上的文化生态乃至精神生态。

康德说：“美的艺术……促进着心灵诸力的陶冶，以达到社会性的传达作用。”[②] 园林里山水、泉石、花木的第三性质，它们作为文化心理的历史积淀，也促使着作为物质生态建构要素的客体向审美主体生成，促使着心灵诸力的陶冶与社会伦理的渗透二者的和谐结合，从而孕育出近而不浮、远而不尽的意境。清帝康熙《御制避暑山庄记》就说：“玩芝兰则爱德行，睹松竹则思贞操，临清流则贵廉洁……此亦古人因物而比兴，不可不知。”清人刘恕《石林小院说》写道：“《易》曰：‘介于石。’《诗》曰：‘他山之石，可以攻玉。’《易》言其德，《诗》言其功，余于石深有取焉。由是言之，崚峋者取其稜厉，矶硉者取其雄伟，崭巖者取其卓特，透漏者取其空明，瘦削者取其坚劲；稜厉可以药靡，雄伟而卓特可以药懦，空明而坚劲可以药伪。”这都是以花木水石比德以自律，是第三性质向审美主体进一步的衍伸和细化。而历史地看，这些都是地地道道的“打开了时代的魂灵的心理学”，今天，人们可以从中窥见自古以来一代代人与山水、泉石、花木一起共振同搏的心灵。当然，它们在今天人们的接受视野里，又可能会不同程度地或弱化，或停歇，或嬗变……

---

① 康德：《判断力批判》上卷，第201页。

② 康德：《判断力批判》上卷，第151页。

第三章　艺术泛化与园林品赏

在中国古代美学史上，有一种艺术泛化思想，或称之为泛艺论。这种思想，又表现为两个层面：

其一，是把现实世界中的事物当作艺术来品赏，例如明代竟陵派领袖锺惺，他那写水乡园林的著名园记——幽深孤峭的《梅花墅记》，落笔伊始，首先把园外广大的境域看作是优美的园林。他写道：

> 出江行三吴，不复知有江，入舟舍舟，其象大抵园也。乌乎园？园于水。水之上下左右，高者为台，深者为室，虚者为亭，曲者为廊，横者为渡，竖者为石，动植者为花鸟，往来者为游人，无非园者。然则人何必各有园也？身处园中，不知其为园；园之中，各有园，而后知其为园……予游三吴，无日不行园中，园中之园，未暇遍问也。

这一思想似乎是很奇特的。江南如许名园，争芳竞姿，他“未暇遍问”，却把江南一带的大自然环境看成是“无非园者”，而且指出人们各有其围于墙内的园，而后知其为园，却不知大自然“无非园者”。这种泛艺论或泛园论，是很有美学价值的。

从艺术创造的层面来看，罗丹曾说：“对于我们的眼睛，不是缺少美，而是缺少发现。”① 如果认为世间充盈着艺术之美，就易于培养自己善于发现的审美敏感。也就是说，用艺术泛化的眼光观照万物，就能涵泳乎气象万千的大自然之中，就能把所发现的万物之美更多地摄入自己创造的艺术境界之中。或者说，艺术创造就有了更为寥廓的思维空间和审美视野，两间的形形色色，都能成为“可用者”，从而有可能在更为广大的范围里去思索、取舍、想象、拓展、综合、抽象、幻变，去助我天机，使一切为我所用。对于园林艺术创造来说，就更有利于将“江山昔游，敛之邱园之内”（顾大典《谐赏园记》）。

从审美享受的层面来看，英国散文家艾迪生在《旁观者》中有一段十分精彩的描述：

> 尽管有些野外景色比任何人为的景物更能引起欣赏，我们仍然觉得，大自然的作品越是肖似艺术作品就越能使人愉悦：因为，在这种情况下，我们的快感发自一个双重的本源；既由于外界事物的悦目，也由于艺术作品中的事物与其他事物之间的形似：我们观察两者和比较两者之美时，同样获得快感……②

大自然景色越肖似艺术作品，就越能给人以审美的愉悦，这是一种普遍的审美现象。当苏轼写到“江山如画”（《念奴娇·赤壁怀古》）时，他是同时表达了发现自然的壮美酷似图画的那种愉悦之情。在园林美的领域里，锺惺行于水乡泽国的三吴之地，既看不到江，又看不到水，却感到“其象大抵园也”，还发现了高者、深者、虚者、曲者、横者、竖者形形色色之美。他把这种悦目的美和园林景观两相比较，也获得了特殊的快感。

---

① 葛赛尔记：《罗丹艺术论》，第62页。

② 载伍蠡甫主编：《西方文论选》上卷，第567～568页。

其二，泛艺论把一种门类艺术当作另一种门类艺术来评论、品赏，强调二者互补相通的质素。这种情况，也极普遍，中国有“诗是无形画，画是有形诗”之说，西方有“建筑是凝固的音乐，音乐是流动的建筑”之说，如此等等，这都是把一种门类艺术泛化为另一种门类艺术。依据这种思想来欣赏园林，于是，就有种种不同艺术泛化视角的审美品赏；于是，就不但有以园为园的品赏，而且还可有以园为诗，以园为画，以园为乐（音乐）等等的品赏；于是，对于园林来说，既可以有本位之赏，又可以有出位之赏……于是，园林的欣赏就品味不尽，乐趣无穷。正因为如此，笔者曾一再认为，对于园林，不但应重点品赏其包括建筑、山水、花木等在内的本体，不但应兼及其综合艺术之诸元——文学、书法、绘画、雕刻、盆景、工艺美术……而且还可作出位之赏，亦即艺术泛化之赏。正因为如此，笔者又主张，真正的园林品赏，审美主体还应该具有诗心、画眼、乐感、盆意……从而进一步拓展园林品赏的视域。对此，本章拟分节加以论述。

第一节　诗心：凝固的诗，心灵的逍遥游

作为一种本体，由建筑、山水、泉石、花木诸物质要素建构起来的园林，它同样可以追求不同程度的诗情画意。从艺术泛化的品赏视角来看，这种作为本体的园林，可看作是一种无言的诗、有形的诗、凝固的诗、以物质建构诸要素来造型的诗。而如要对此作理性的条分缕析，那么，这种凝固的诗有如下几种表现：

一、园为诗宅

这种类型的凝固的诗，它引发着品赏者进行心灵的逍遥游，而且其导向非常明确。

在中国古典园林特别是北方大型宫苑里，历史上有些富于意境的著名诗文，往往被撷来直接转化为园林的感性物质造型，这应该说是一种创造。黑格尔指出：

> 诗艺术是心灵的普遍艺术，这种心灵是本身已得到自由的、不受表现用的外在感性材料束缚的，只在思想和情感的内在空间与内在时间里逍遥游荡。①

而在北方大型宫苑特别是“万园之园”的圆明园，这种原来只在心灵的内在时空里游荡的诗，又被物化在感性材料的造型之中了，或者说，无形的情感又被有形化了，远游的心灵又被凝固化了，这样，园林就成了诗的“寓所”，诗就在这一物质躯壳里“定居”下来。这种情况，可称作“园为诗宅”。对于这一类园林景区、景观，欣赏者应以其原诗作为自己的诗心，从而随其导向作心灵的逍遥游荡。意大利美学家克罗齐曾说：

> 在观照和判断那一顷刻，我们的心灵和那位诗人的心灵就必须一致，就在那一顷刻，我们和他就是合二而一。我们的渺小的心灵能应和伟大的心灵的回声，在心灵的普照之中，能随着伟大的心灵逐渐伸展……②

这种伸展，也就是再一次心灵的逍遥游，当然，在同一方向之中还可做到“各以其情而自得”（王夫之《诗绎》）。

杜牧的《清明》诗中曾有“牧童遥指杏花村”的名句。圆明园就根据诗意设计了

---

① 黑格尔：《美学》第1卷，第113页。

② 克罗齐：《美学原理－美学纲要》。第132页。

“杏花春馆”景区，其中有山有池，还有“春雨轩”、“杏花村”等建筑组群，矮屋疏篱，东西参差。四周环植文杏，春深花发，灿然如霞，前面又辟有菜圃，呈现一派田野村落景象。这一具有田园牧歌情调的景区，在圆明园里是别具个性的，人们见此美景而生此诗心，也会“应和伟大的心灵的回声”，或产生“杏花春雨江南”的感受，或想起“清明时节雨纷纷”的名句，或勾起“借问酒家何处有”的雅兴，而乾隆则在《圆明园四十景·杏花春馆》诗中又咏出“载酒偏宜小隐亭”的富有个性的诗句来。

李白《秋登宣城谢朓北楼》写道：“江城如画里，山晚望晴空。两水夹明镜，双桥落彩虹。”这一优美的诗情画意，在圆明园里也凝固为物质景观造型，这就是“夹镜鸣琴”。该景区不但在茫茫的水面上建有美丽的虹桥，而且在近旁高耸的山上建有巍峨的宫殿以象征江城，另有聚远楼，则是对诗中宣城谢朓楼的模拟，其命意也在于引起“心灵的回声”。

圆明园还把陶渊明富于诗意的散文名篇《桃花源记》移植进来，建构“武陵春色”一区。乾隆《圆明园四十景·武陵春色》诗序写道：“循溪流而北，复谷环抱，山桃万株，参错林麓间。落英缤纷，浮出水面……”在这个景区里，沿着桃花林夹岸的清溪前行，林尽水源，有一“桃源洞”，仿佛是渔人舍船而入的洞口。入洞后则境界豁然开朗，在轻烟淡霭中，有“天然佳妙”、“洞天日月多佳景”、“紫霞想”、“小隐栖迟”、“桃源深处”等景，人们会顿生晋太元间武陵渔人之感，会引发起世外桃源仙境的遐想，于是神思飞越于心理时间和心理空间之中。今天，这一景区的遗址上，还可见到以天然石构筑的石洞，进洞后则为一片盆地……

园为诗宅的现象，除了皇家园林如圆明园那种大型的物质造型建构外，私家园林也有小型的点染性或象征性的物质造型构筑。苏州拙政园东部原为“归田园居”，王心一在《归田园居记》中写道：

> 峰之下有洞，曰“小桃源”，内有石床，石乳。南出洞口，为漱石亭，为桃花渡……余性不耐烦，家居不免人事应酬，如苦秦法，步游入洞，如渔郎入桃花源，见桑麻鸡犬，别成世界……

王心一在这里描述的桃源诗意，其建构带有一定的象征性、写意性，其景观诉诸人们的诗心，也能引起回响，勾起想像。

此外，还可以在诗人所在、所咏之地化诗为园。如杜牧《寄扬州韩绰判官》有名句“二十四桥明月夜，玉人何处教吹箫”，后人就在扬州二十四桥西岸建构听箫园，茅屋竹篱，栽桃植杏，园虽简陋，但由于以诗为园，只是略加点染，就使得游人兴味盎然。

二、诗为园境

如果说，“园为诗宅”是先有极其著名的诗，然后才凝固为园；那么，“诗为园境”则是先有园而后流动为诗，流动为极其著名、影响深广的诗，流动而为足以成为该园精神文化背景的诗。明代著名书画家董其昌曾说过十分警辟的话：“诗以山川为境，山川亦以诗为境。”（《画禅室随笔·评诗》）这虽不是专论园林的，但也适用于园林，足以说明诗与园可以互相影响，互渗互泛，从而推导出诗与园互为环境的理论。尤侗在《百城烟水序》中也指出：“夫人情莫不好山水，而山水亦自爱文章。文章藉山水而发，山水得文章而传，交相须也……”这有大量审美实例可证。

就以公共园林杭州西湖而论，一方面，它把丰富的审美信息传递给诗人，诗人则凭其修养有素的诗心去感受，从而萌发诗兴，孕育灵感，即所谓“文章藉山水而发”；另一方面，它又需要诗文来加以点染、生发、颂扬、美化，使人们能更好地发现其美，领略其趣，所以说“山水亦自爱文章”。西湖的意境美，离不开文人的题咏。白居易的《春题湖上》、《钱塘湖春行》，苏轼的《饮湖上初晴后雨》、《望湖楼醉书》，杨万里的《晓出净慈寺送林子方》……这些脍炙人口，不胫而走的诗歌精品，就成了西湖重要的精神生态环境。西湖的各个风景点虽然没有将这些诗文通过题名、镌刻或书法的形式加以显现，使之成为显态的艺术综合，然而这些诗句却代代相传，广泛地深入人心，诗化着人们对西湖美的品赏。西湖正是在这些无形地展开着的诗境的烘托、渲染下而愈见其美的。这也就是所谓诗因景生，景因诗发。

克罗齐曾说过：“自然的美是发现出来的”。这一观点不可能得到一致的认可，但是，他对于这一观点的解释却颇有合理成分。他指出：

> 例如有眼光和想像力的人们对于自然风景所指点出来的各种观点，后来有几分知道审美的游人到那里朝拜时，就跟着那些观点去看，这就形成了一种集体的暗示。①

对于西湖的园林风光来说，苏轼等人是“有眼光和想象力的”，他们关于西湖的诗，就是一种“集体的暗示”。仍用董其昌的话来说，是“一入品题，情貌都尽”（《画禅室随笔》）。于是，人们来到西湖，特别是其中“有几分知道审美的游人”，他们或多或少也有几分诗心，于是，脑际必然会艺术地反馈出“欲把西湖比西子，淡妆浓抹总相宜”等名句来。这类名句，是无形而又生动地展开着的精神性境界，一方面，它们以西湖的真山实水为自然生态环境，另一方面，它们又深化着人们对于眼前西湖的精神生态环境，深化着人们对于西湖真山实水的美的感受。这种无形的精神文化背景和有形的园林风物相渗透，这种集体的暗示和个人的观照相融和，就极大地丰富了园林的审美意境。这就是“山川亦以诗为境”的“园－诗”互渗现象。

诗意的集体的暗示，对于自然风景、园林名胜及其品赏是有重要意义的。罗丹认为：“美丽的风景所以使人感动，不是由于它给人或多或少的舒适的感觉，而是由于它引起人的思想……而是渗入其中的那种深刻的意义。”② 集体的暗示正是如此，作为文化史的不断积淀，作为一种客观存在和精神背景，它往往包孕着富于诗意的情思内涵，增添着风景的意境之美，并对品赏者的诗心起着启迪、引导、规范、拓展、深化的作用，从而使之沿着接受定向逍遥游荡。诗对景的这种作用，如韩愈的“江作青罗带，山如碧玉簪”（《送桂州严大夫》），就增添了桂林山水的意境美；而苏州的枫桥、寒山寺，也正是以张继的《枫桥夜泊》之诗为境的③。同样地，对于西湖来说，既有质又有量的咏湖诗文的作用也不可轻视。薛昂夫的小令《殿前欢》写西湖之景时说得好：“一样烟波，有吟人，景便多。”可见，同样的西湖园林美景，有无吟咏特别是有无名篇名句为之生发，是大不一样的；如果西湖没有众多的富于美学意义的集体暗示，就不可能如此名闻遐迩、千古争颂，它的景点也不可能那么多，更不可能引来游人如织，引得人们兴浓如酒，诗心如醉，甚至也吟诵或创作起来。

---

① 克罗齐：《美学原理－美学纲要》，第109页。

② 葛赛尔记：《罗丹艺术论》，第90页。

③ 详见金学智：《张继〈枫桥夜泊〉及其接受史》，载《苏州大学学报》2002年第4期。

三、“诗”字题名

这是一种不定方向的普泛性的暗示。有些园林景点，其题名爱嵌以“诗”字或“吟”、“咏”等字。圆明园有品诗堂、绮吟堂、朗吟阁、“展诗应律”等。保定行宫时期的古莲花池，则有十二景之一的藻咏楼。再如据《宸垣识略》载，北京清漪园中“‘就云楼’之东为‘寻诗径’”，为惠山园八景之一。其实，这一题名的意义已超越了这一景区空间本身，而紫禁城宁寿宫花园也有“寻诗径”。其实，在北方皇家园林中除了通幽的曲径有诗可寻而外，其他景点也大抵有诗可寻，可品，可吟，可咏。

再看南方园林，在常熟燕园，有十六景之一的赏诗阁。在扬州瘦西湖，有著名的冶春诗社，其中有秋思山房、香影楼等，至今仍称冶春园。今天，浙江吴兴南浔小莲庄，仍有“净香诗窟”，其名之妙，不仅在于取《爱莲说》“亭亭净植，香远益清”之意，而且“诗窟”二字更妙，不落俗套。诗社、诗窟，说明园中之诗多而且深，值得吟唱，值得挖掘。在清代南京，著名诗人袁枚的随园有“诗世界”，其范围更广，内涵更深。它虽说是藏集海内所投之诗的，但诗作很多是由园景引起的，而且“诗世界”作为一种艺术“场”，还有其辐射功能……总之，以诗心品赏以“诗”字题名的凝固景观造型，心灵更为自由，逍遥游的空间更为广阔。

四、“一切皆诗”，处处无非诗材

园为诗宅，诗为园境，“诗”字题名等现象，虽也能在一定程度上体现出诗歌泛化的园林建构和园林品赏，但毕竟数量不多，而最为广泛的，是除以上三者而外的一切皆诗的泛化品赏。

关于世间一切都是诗或文的泛化思想，起源较早。南朝刘勰《文心雕龙·原道》就说，“日月叠璧，以垂丽天之象；山川焕绮，以铺理地之形，此盖道之文也。”如果说，这还是指“道之文”，而不是严格意义之“文”，那么，张戒《岁寒堂诗话》则明确提出了“世间一切皆诗”的命题，认为“一切物，一切事，一切意，无非诗者”。魏源《诗比兴笺序》也说：“鱼跃鸢飞，天地间形形色色，莫非诗也。”

既然天地间一切皆诗，那么，集中了天地间一切美质的园林，当然是处处皆诗，随时随地能孕育诗心，激发诗情了。乾隆《圆明园四十景·碧桐书院》诗序就写道：

> 前接平桥，环以带水，庭左右修梧数本，绿荫张盖，如置身清凉国土，每遇雨声疏滴，尤足动我诗情！

在环境清幽的书院里，疏雨声声滴梧桐，这就是能引动诗心的诗的空间。再如在《西峰秀色》诗中，他也写道：“西窗正对西山启……不如诗客窗中玩”。面对美景，他更以诗客自居了。当然，皇家园林条件是最为优越的，但是，即使是苏州较小的怡园，其中山池花木，亭廊碑刻，也无不洋溢着诗情，试看如下咏园诗——

> 爱此寻诗地，容偷半日闲。林风禽语碎，花雨蝶魂孱。茶到吟边永，棋收动后艰……（陈任《怡园》）

> 闷来便上习家池，两载几吟百首诗……（吴兴让《怡园再观董书石刻》）

可见，这里不只是寻诗径，而且到处都是寻诗地了。

特别应强调的是，古典园林的创造者们，他们诗化园林的造型建构，往往不泥于模拟某一名诗，也不仅靠撷取某些诗意来题匾额对联，而更多地是将诗歌的泛化构思加以物化。试看计成《园冶》中的某些片段——

溶溶月色，瑟瑟风声，静扰一榻琴书，动涵半轮秋水。(《园说》)

闲闲即景，寂寂探春……阶前自扫云，岭上谁锄月，千山环翠，万壑流青；欲藉陶舆，何缘谢屐。(《相地》)

房廊蜿蜒，楼阁崔巍。动“江流天地外”之情，合“山色有无中”之句。适兴平芜眺远，壮观乔岳遥远。(《立基》)

每句都是园景，每句也都是诗情，或者说，园即是诗，诗即是园。正因为如此，一位怀着诗心的品赏者，一入园就能触景生情，诗思泉涌，题咏特多，甚至能达到“两载几吟百首诗”的地步。也正因为如此，今天编写园史、园志，哪一个古典园林不能同时整理出一本厚厚的咏园诗集？再从另一视角看，咏诗赏诗行为本身，就是当时园主们的园林生活的重要内容之一。在园林里，特别是在名园里，可说处处蕴蓄着诗意，在在积淀着诗魂，时时荡漾着诗情，事事体现着诗心，是地道的“诗世界”。因此，游园品园，应该尽可能培养、孕育一颗诗心，这样才能畅游饫赏，涵泳其中，满载而归。当然，本书并不主张游园者人人去写诗，人人成为咏园诗人，这是无须赘说的。

第二节　画眼：“顿开尘外想，拟入画中行”

品赏园林不但需要诗心，而且需要画眼，亦即需要善于品赏绘画美的眼睛。这首先可以从理论、历史两个层面加以论证。

本书第三编第一章提及，计成、曹雪芹曾以“天然图画”来品评园林，而圆明园中也有“天然图画”、“自然如画”、“西山如画”的题名，这都是把园林艺术一端和自然生态绾结起来，另一端和绘画文化绾结起来。这种三位一体的观点是中国园林美学的精华之一，它认为园林的艺术创造，一方面需要师法自然，有真为假，另一方面又需要向绘画吸取营养。诚然，绘画本身也需要“外师造化”，才能生气灌注，然而绘画又能通过“中得心源”和对自然的提炼加工，进而能动地超越自然，以假胜真。不可否认，叶燮在《假山说》中所阐发的美学思想是深刻的（见第三编第一章），然而他又认为，“今之为石垒山者，不求天地之真，而求画家之假，固已惑矣”。这个观点却不免偏颇。因为垒山固然不能“不求天地之真”，但是，“求画家之假”却未尝有错。园林的艺术创造应该很好地借鉴绘画艺术的历史经验，吸取绘画的长处来进一步创造“第二自然”。我国园林美的历史行程证明，造园家往往具有很好的绘画修养，因而能使园林创作臻于“如画”的妙境。这是由大量史实所证明了的。

在明代，自号“卧石生”的张南阳，不但绘画技艺胜过其父，而且还以画法堆叠假山，太仓的弇山园、上海的日涉园都是由他设计和创作的。上海豫园现存的大假山，饶有画意，堪称精品，也出自他的手笔。再如计成，《园冶·自序》开头第一句话就是：“不佞少以绘名，性好搜奇，最喜关仝、荆浩笔意，每宗之。”他之所以成为我国历史上卓越的造园家并写出不朽的理论名著，也是和他具有对于绘画的审美眼光分不开的。他在《园冶》中还这样反复强调——

合乔木参差山腰，蟠根嵌石，宛若画意。(《自序》)

刹宇隐环窗，仿佛片图小李；岩峦堆劈石，参差半壁大痴。(《园说》)

小仿云林，大宗子久，块虽顽夯，峻更嶙峋。(《选石》)

顿开尘外想，拟入画中行。(《借景》)

这都是主张园林应该具有如绘似画的意境美。

在清代，张涟、张然父子叠山也极为著名。袁枚《随园诗话》说张涟“以画法垒石，见者疑为神工”，《国朝画徵录》也说他“少学画山水，兼善写真，后即以其画意垒石”，“若荆、关、董、巨、黄、王、倪、吴，一一逼肖”。王士祯《居易录》则说，张然“以意创为假山，以营丘、北苑、大痴、黄鹤画法为之，峰壑湍濑，曲折平远，经营惨淡，巧夺天工”。再如戈裕良，也擅长绘画，从他现存的叠山作品——苏州环秀山庄和常熟燕园的假山来看，也是画意盎然，水平是一流的。清代的石涛，是大画家也是叠山家，据《扬州画舫录》、《履园丛话》载，扬州余氏万石园和片石山房假山均出自石涛之手……

除了叠山家擅长绘画之外，在园林发展史上，还有很多园主人不但工画，而且也亲自参加园林美的创建，这也必然地会把画意融进园林的造型中去。宋徽宗造“艮岳”，他本人就是画家。周密《癸辛杂识》则说，吴兴俞氏园由于俞子清“胸中自有丘壑，又善画，故能出心匠之巧，峰之大小凡百余，高者至二三丈”。况周颐《宜园记》也说，南浔宜园“主人善书画，精鉴藏，构园之始，规划不经师匠，一树一石，自饶画趣”。至于后人对园林的修建，有些园主也由于善绘画而倍添园林的画意。张宝臣《熙园记》就说，园主顾正心的子孙“皆以绘事擅长，胸臆间具丘壑，其增修点缀，俱从虎头笔端、摩诘句中出，宜其胜绝一代”……

再从园林美的接受反馈方面来看，画家们作为接受者的品赏和园画创作的反馈，也多少促进园林造型中画意的增长。如在宋代，画家李公麟居京师十年，“访名园荫林，坐石临水，翛然终日”(《宣和画谱》)；在元代，倪云林为狮子林作图已成著名的故实；在明代，文征明不但为拙政园写诗作记，而且画《拙政园图》，每景一幅，凡三十一幅；在清代，王翚曾画《沧浪亭图》，沈源、唐岱曾画《圆明园四十景图》，如此等等，不一而足。从历史上看，许多名园大都有名画家为之作图，这必然在一定程度上促使园林的画意向更高的境界升华。

既然园林里充盈着画意，那么品赏园林也必须具备画眼，这才能心心相印地发现画意之美，品赏画意之美。关于这一点，还可进一步联系古代绘画泛化的思想来理解——

人见好画曰逼真山水；及见真山水，曰俨然一幅也。(郎瑛《七修类稿》)

“会心山水真如画，巧手丹青画似真。”(杨慎《真似画，画似真》)

昔人乃有以画为假山水，而以山水为真画者。(董其昌《画旨》)

凡遇高山流水，茂林修竹，无非图画……就是不入画者，宁非粉本乎？(唐志契《绘事微言·画有自然》)

造化之显著，无非是画……行住坐卧，无在非画。(董棨《养素居画学钩深》)

这样，真实存在的山水竹木、行住坐卧，都被看作是山水画、人物画……。既然一般的真山水“无非是画”，那么，经过深入广泛的概括，经过“胸有丘壑”的孕育，园林中的山水必然更美，更是画了。

园林里最富于画意的是叠石掇山，这就是所谓“深意画图，余情丘壑”(《园冶·掇山》)，它可能通过种种皴法来表现画家的不同流派、不同风格。

山水画的所谓皴法，是用以表现山石纹理的技法，它是古代画家在长期的艺术实践中根据山石不同的地质结构而概括创造出来的表现程式。这种笔墨技巧本身就是美的，而不同的画家又特别擅长某种皴法，从而又成为各家各派不同风格美的特征之一。园林的山石叠掇，往往体现了不同的皴法美，因此，人们往往可以通过善于鉴别的画眼，来品赏不同山石的皴法美。如赵之璧《平山堂图志》赞赏扬州净山园堂前假山，“皆作大斧劈皴”，这接近于宋代画家马远、夏圭的艺术风格，苍劲方硬而有棱角。张凤翼《乐志园记》说，“池之东，仿大痴皴法，为峭壁数丈，狰狞崛兀，奇鬼搏人”，这又是元代画家黄公望那种博综解索、披麻、小斧劈诸皴的笔法。在有些园林里，为了一园之中不同景区能体现出不同的意境，从而契合于空间分割律，往往采用不同的石料和不同的绘画风格来叠山。癖好山水、喜爱绘画的王心一，在《归田园居记》中作如下的绘画泛化描述：

> 东南诸山，采用者湖石，玲珑细润，白质藓苔，其法宜用巧，是赵松雪之宗派也。西北诸山，采用者尧峰，黄而带青，古而近顽，其法宜用拙，是黄子久之风轨也。

该园东南景区和西北景区，分别表现了赵孟頫圆润巧秀的绘画风格和黄公望雄健苍顽的绘画风格。对于这种由分区用石或分区用法而造成的不同艺术风格，游赏者如果平时不接融绘画，没有一定的绘画美学素养，是品赏不了的，正如马克思所指出：“如果你想得到艺术享受，你本身就必须是一个有艺术修养的人。”①

园林中的绘画泛化，不但可以表现为以石为绘，而且可以表现为以水为绘，以花木、建筑为绘。江苏如皋的水绘园，就是以水来勾画园林之美的。陈维嵩《水绘园记》说：“南北东西，皆水绘其中，林峦葩卉……若绘画然。”李斗《扬州画舫录》也说，江氏东园瀑布处理，或委曲曼延，或盘旋潆回，或伏流尾下，或喷薄直泻，这是“善学倪云林笔意者之作”。可见，水和山石一样，也可以体现绘画的泛化。

至于园林里的花木，其本身的姿态美、与其他景物的配置美，均可以向绘画泛化。康骈《剧谈录》说，李德裕的园林“制度奇巧，其间怪石古松，俨若图画”。高士奇《江村草堂记》也说，“堂前瘦石数拳，凤尾竹三五丛，如管道升横卷”。二者可分别称为《古松怪石图》或《水墨竹石图卷》，不过它们已由二维空间泛化于三维空间罢了。陈从周先生也指出：“中国园林的树木栽植，不仅为了绿化，且要具有画意。窗外花树一角，即折枝尺幅；山间古树三五，幽篁一丛，乃模拟枯木竹石图。重姿态，不讲品种，和盆栽一样，能‘入画’。”②

叶圣陶先生《拙政诸园寄深眷》一文，其最大特点就是以画眼观照一切，以画为标准来品评一切。它概括苏州园林共同的审美特征说：

> 设计者和匠师们一致追求的是：务必使游览者无论站在哪个点上，眼前总是一幅完美的图画。为了达到这个目的，他们讲究亭台轩榭的布局，讲究假山池沼的配合，讲究花草树木的映衬，讲究近景远景的层次。总之，一切都要为构成完美的图画而存在，决不容许有欠美伤美的败笔。他们唯愿游览者得到“如在画图中”的实感，而……游览者来到园里，没有一个不心里想着口头说着“如在图画中”的。③

这段园林如画的理论概括，和黑格尔关于中国园林“是一种绘画”的看法，可谓一中一西，一古一今，不谋而合。它们不但适用于苏州或江南的宅园，而且也适用于北方的宫苑。

北京颐和园万寿山西部，有因山依势而构筑的“画中游”，在山石花树掩映中，廊庑回

---

① 马克思：《1844年经济学－哲学手稿》，第79页。

② 陈从周：《园林谈丛》，第2页。

③ 载《百科知识》1979年第4期，第58页。

环高下，亭台层层叠落，楼阁金碧辉煌，本身就是绚丽的画幅，人们盘旋其间，确有“如在画图中”之感；而且还可由此登临楼阁，指点湖山，目睹远方的山峦若隐若现，近处的湖水渟泓演漾，同样会感到“如在画图中”。而“画中游”这一题名之妙，就在于园林向绘画艺术泛化，就在于以显态的形式启发引导，要求游人至此审美，必须换上一双绘画的眼睛。

作为立体的画，作为存在于三维空间的绘画，江南宅园系统和北方宫苑系统又可说分属于不同的绘画流派。明代画家董其昌曾把山水画分作两宗，所谓“南宗”，是由王维开创的水墨山水一派；所谓“北宗”，是由李思训开创的金碧山水一派。此说虽有所争议，但这种风格划分有其价值，中国园林恰恰可以分属于这两种风格。姜埰《游徐氏东园》说：“西园花更好，画本仿南宗。”这无异是对苏州园林所表现的“南宗”绘画风格泛化的一个概括。颐和园藕香榭则有这样一副对联：“台榭参差金碧里；烟霞舒卷画图中。”这无异是对北京宫苑所表现的“北宗”绘画风格泛化的一个概括。事实上，北方宫苑确实曾“求画家之假”，如圆明园的蓬岛瑶台，就仿照李思训的画意来建构仙山楼阁的形象。《日下尊闻录》说：“蓬岛瑶台在福海中央……高宗纯皇帝诗引：‘福海中作大小三岛，仿李思训画意为仙山楼阁之状，岧岧亭亭，望之若金台五所，玉楼十二也。’有句云：‘天上画图悬日月；水中楼阁浸琉璃’。”又说：“延春阁楼上联曰：绿水亭前罗带绕；碧山窗外画屏开。”这些存在于三维空间的画，基本上属于“北宗”的金碧山水。当然，正像皇家园林的浓丽需要济之以淡雅，宫殿需要济之以村居一样，它也需要另一种风格作为审美的补充。所以，圆明园“北远山村”有“水村图”、“绘雨精舍”，颐和园有“耕织图”之类的品题，这是另一种风格题材的田园画，而中南海的“云山画”、“烟雨图”，则又走向另一派的“米氏云山”了。

鉴于中国古典园林与中国古典绘画之间存在着互渗互泛、互补互动[①]的美学关系，故而陈从周先生在《梓室谈美》一文中总结出中国园林创构、品赏和研究的这样一条经验：“余曾云不知中国画理，无以言中国园林。”[②] 这堪称至理名言。

中国古典园林，不但是自然生态的王国，而且是诗的王国，画的王国，其中既处处有诗的泛化，又处处有画的泛化。正因为如此，园林中的对联，常常上下联成双作对地以“诗”、“画”并题，用以提醒人们审美时必须诗与画成双作对、如影随形地泛化。如——

踏月寻诗临碧沼，披裘入画步琼山。（苏州艺圃“响月廊”）

境因径曲诗情远；山为林稀画帧开。（北海“邻山书屋”）

秋月春风常得句；山容水态自成图。（中南海“日知阁”）

胜地尚传诗句在，好山合作画图看。（中南海“漱芳润”）

有山皆图画；无水不文章。（西湖“三雅阁”）

而作为园林品赏家的乾隆，也特别喜爱从“园林－诗画”互渗的视角来咏园，借以显现园林中的诗情画意。例如——

窈窕本悬石谷画，冲融合读杜陵诗。（《再题“廓然大公”八景·影山楼》）

霜辰红叶诗思杜，雨夕绿螺画看米。（《圆明园四十景·西峰秀色》）

这些对联、诗句也足以说明：中国古典园林确实是“诗世界”，也可说是“画世界”，它

---

① 如画家们爱建宅园，爱赏园林，爱画园林；而北宗金碧山水，仙山楼阁，大抵为“园林画”，陶宗仪《辍耕录》所载“画家十三科”，其一为“界画楼台”，也与园林关系密切。董其昌《兔柴记》还说：“盖公之园可画，而余家之画可园。”

② 载蒋孔阳主编：《中国古代美学艺术论文集》，上海古籍出版社1981年版，第60页。

把无形的诗情有形化、实体化了，又把平面的画境立体化、物质化了。品赏者要适应于这种有意味的艺术传统，必须具备诗心画眼，才能进一步实现诗画泛化的品赏。

第三节　乐感：有声的音乐与无声的韵律

罗曼·罗兰在小说《约翰·克利斯朵夫》中，写下了如下一段发人深思的话：

> 对一个天生的音乐家，一切都是音乐。只要是颤抖的，震荡的，跳动的东西，……雷雨，鸟语，虫鸣，树木的呜咽，……夜里在脉管里奔流的血——世界上一切都是音乐；只要去听就是了。这种无所不在的音乐，在克利斯朵夫心中都有回响。他所见所感，全部化为音乐。

这番话不但适用于音乐天才，而且在一定程度上也适用于一般的音乐爱好者和园林品赏家。约翰·克利斯朵夫把世间一切都当作音乐来欣赏的现象，可称为音乐泛化欣赏。这种欣赏，在园林里也不是罕见的。园林的境界，是一个有声空间与无声空间互为交织、相与错综的艺术世界。这借用音乐术语来形容，它也是一种“织体”，其中流动着或凝固着“无所不在的音乐”，只要人们凭其音乐的耳朵特别是音乐的心灵“去听就是了”。

先论园林中并非丝竹管弦所奏的“有声的音乐”。这首先就是水的乐奏。

水的美除了活泼流动外，伴随而来的一个特征就是有声。车尔尼雪夫斯基在论述大自然中的水之美的时候，还这样写道：“水永远流驶……它奔流，迂回曲折，好像活的一样。潺潺的流水好像有生之物似的，凑着我们的耳朵絮聒”。① 正因为水似乎是活的有生之物，所以它潺潺的或哗哗的声响，似乎就在和人说话或为人奏乐。北京中南海有一亭，立于水中，建成时也称“流杯亭”，亭内有流水九曲，也取自兰亭典故。康熙则将亭改题为“曲涧浮花”，乾隆又题匾额为“流水音”。三个题名，以“流水音”最佳，自此该亭便被称作“流水音”了。这也说明，水的美不但以其流动的形态——曲涧浮花诉诸人们的视觉，而且以其潺潺的乐音——“流水音”诉诸人们的听觉，这种不绝于耳的声音似乎更能给人以美的享受。

乾隆特别喜爱把水声当作乐声来倾听，圆明园有“夹镜鸣琴”和“水木明瑟”两景区，其中水声琤琮，如同乐奏。这里节录乾隆诗及序以见这位品赏家的乐感——

> 架虹桥一道，上构杰阁，俯瞰澄泓，画栏倒影。旁崖悬瀑布，冲激石罅，琤琮自鸣，犹识成连遗响。　琴心莫说当年，移情远，不在弦，付与成连。（《夹镜鸣琴［调寄水仙子］》并序）
>
> 用泰西水法，引入室中……泠泠瑟瑟，非丝非竹，天籁遥闻，林光逾生静绿。……　林瑟瑟，水泠泠。溪风群籁动，山鸟一声鸣……（《水木明瑟》并序）

两个景区，两种水法，一中一西，而其效果则一：务使景区空间中林木瑟瑟，流水泠泠，鸟语声声，群籁自鸣，于是两区均成了“这种无所不在的音乐”的艺术空间。乾隆由于喜爱这种水乐景观，因而圆明园除这两大景区外，还有许多这类景点，如“响琴峡”、“鸣玉溪”、“溜琴亭”、“漱玉籁”、“韵石淙”，此外，这里也有“流水音”，可见其喜爱之甚，不避重复。再如玉泉山静明园十六景有“峡雪琴音”，其声“琅然清圆”，如同仙乐……这一系列“无所不在的音乐”，近乎《庄子·天运》中所说的“至乐（yuè）”，

---

① 《车尔尼雪夫斯基论文学》中卷，第103页。

“应之以自然”，“流光其声”，“在谷满谷，在阬满阬……流之于无止……此之谓天乐，无言而心说（悦）”。这种“天乐”，用现代的话语说，是自然的音乐，生态的音乐，非人工演奏的音乐，也就是左思所说的“非必丝与竹，山水有清音”（《招隐》）。

在公共园林西湖，这种水乐——“天乐”，也有生动而突出的表现。俞樾《九溪十八涧》写道：“重重叠叠山，曲曲环环路。丁丁冬冬泉，高高下下树。”富于音乐性的语言，写出了富于音乐性的泉声，这种声音美出现在山树蹊涧的环境里，是多么迷人！再如西湖“烟霞三洞”之一的水乐洞，宋代《梦粱录》早就说，“有声自洞间出，节奏自然”。今天，也有山泉从石缝中涌出，和谐悦耳，琤琮成韵，旁有“天然琴音”、“听无弦琴”等石刻，这都是启发人们以乐感去聆听其音乐性的美，或者说去领略天籁、地籁的美。

在保定古莲花池，“君子长生馆”附近有一组古建筑群，由响琴涧、响琴榭、响琴桥和听琴楼组成。响琴涧是当年鸡距泉流入园中水池的一段濠涧。水涧筑砌成平面置放的古筝形象，“古筝”头部的响琴榭横跨其上，榭顶呈琴状，尾部的响琴桥亦呈琴状。涧内散置嶙峋礁石，桥下急流冲石，如奏琴瑟。这一别出心裁的建筑组群，以形、音两方面勾起人们的乐感，拨动人们的心弦。

不只是水声，其他声之有韵者，都可以在富有乐感的心灵里引起回响。张宝臣《熙园记》说，龙湫在园内流为“曲觞水”，“驾水为听莺桥，花时趺坐，睍睆盈耳，可当数部鼓吹”。赵昱《春草园小记》则说，在“松石间”，“山有栝子松二株，青苍幽翳，谡谡风涛，恍如笙簧”。现存苏州园林里，“天乐”颇多①：水声——有泉声、涧声、溪声、瀑声等；雨声——怡园可听“疏雨滴梧桐”之韵，拙政园听雨轩可听“雨打芭蕉”之乐，留听阁可听“留得枯荷听雨声”之美；风声——拙政园松风阁可听松涛之起伏，沧浪亭“翠玲珑”四周多竹丛，其室内有联曰“风篁类长笛；流水当鸣琴”，这不但把潺潺流水当作弦乐来品赏，而且把萧萧竹韵当作管乐来品赏了。这里，每当风来，乱叶交枝，戛然有声，锵然而亮，铿然而文，真有类于丝竹管丝之盛了【图73】。

图73 “风篁类长笛”——苏州沧浪亭“翠玲珑”风竹声景（陆　峰摄）

① 见金学智：《摄召魂梦，颠倒情思——苏州园林的声境美》，载《苏州日报》2004年6月30日。

现存江南园林中最富乐感而又极有情趣的，应推无锡惠山山麓寄畅园的“八音涧”。当年，王穉登《寄畅园记》写道：

> 台下泉由石隙泻沼中，声淙淙中琴瑟，……引“悬淙”之流，甃为曲涧，茂林在上，清泉在下，奇峰秀石，含雾出云，于焉修禊，于焉浮杯，使兰亭不能独胜。曲涧奔赴“锦汇”，……而后汪然渟然矣。

“八音涧”原名“悬淙涧”，为引进园外的“惠山二泉”的伏流，因势导为曲涧，涧故意甃得很窄，这反使人感到更曲更长。它随体诘诎，斗折蛇行，利用倾斜坡面，层层落差，使流量不大的涧水逐层流淌下注，因之，诉诸视觉的，是水流的或直或曲，或隐或现，或急或缓；诉诸听觉的，是水音的或清或浊、或断或续，琤琤琮琮，如奏琴瑟，而且整个长长的曲涧，蜿蜒在与之相应的窈窕岩谷之中，还能在一定程度上引起空谷的共鸣或回响，这更能给人以“八音克谐”的音乐般的美感，同时更现出涧谷的幽静。经过曲曲弯弯，层层跌落，涧水终于流入园中主池“锦汇漪”之中，汇为汪然渟然的一泓。它那自然的曲折美，确实胜过现今兰亭的流觞曲水；它那涧水的音乐美，也胜过国内任何古典园林的“流水音”，能给人以丰富的乐感。而乾隆在将其移植至北京后，在《惠山园八景诗·水乐亭》中写道：“石泉真可听，丝竹不须多。声是八音会，征为六合和。”

一个人的乐感，作为一种本质力量，主要是后天培养出来的，其中音乐爱好和欣赏习惯起着重要作用。马克思曾指出，“从主体方面来看：只有音乐才能激起人的音乐感；对于不辨音律的耳朵说来，最美的音乐也毫无意义，音乐对它说来不是对象，因为我的对象只能是我的本质力量之一的确证”。因此，“只是由于属人的本质的客观地展开的丰富性，主体的、属人的感性的丰富性，即感受音乐美的耳朵、感受形式美的眼睛……才或者发展起来，或者产生出来”。① 这一论述不但特殊地适用于音乐品赏，而且普泛地适用于园林乃至一切艺术品赏。

园林境界里的音乐泛化品赏，除了上述“有声的音乐”而外，还有更为普遍的“无声的韵律”的品赏，这是需重点详论的。

音乐的主要表现形态是在时间里流动，而建筑的主要形式特征是在空间里凝固。然而西方美学史上存在着这样一个传统，即把二者相互类比，并使之沟通。较早地提出问题的是歌德。他说：

> 我在手稿中查出一篇文稿，里面说到建筑是一种僵化的音乐。这话确实有点道理。建筑所引起的心情很接近音乐的效果。②

此外，贝多芬、黑格尔、谢林乃至许莱格尔、叔本华等人都曾表述或发挥过这类观点，并终于把它铸炼为这样两句名言：音乐是流动的建筑，建筑是凝固的音乐。由德国古典美学发轫的这个命题，是一个美丽的思想，其价值在于在艺术哲学中把时间和空间、流动和凝固沟通起来了。直到现代中国的宗白华先生，还这样地加以阐发、演绎：

> “道”的生命进乎技，“技”的表现启示着“道”……音乐的节奏是它们的本体……这生生的节奏是中国艺术境界的最后源泉。……音乐和建筑的秩序结构，尤能直接地启示宇宙真体的内部和谐与节奏，所以一切艺术趋向音乐的状态、建筑的意

---

① 马克思：《1844 年经济学－哲学手稿》，第 79 页。

② 爱克曼辑录：《歌德谈话录》，第 186 页。后来，美学家加以引用和阐发，“僵化”常改作“冻结”、“凝固”。

匠……严谨如建筑的秩序流动而为音乐……[①]

园林和建筑一样，是凝固在三维空间之中的。然而从抽象的视角看，从时空相关的视角看，或者说，移动视线或进一步移动立足点，把它作为一个过程，那么，它又类似流动于时间之中的音乐。从这一点出发，巴黎圣母院、凡尔赛宫苑、北京故宫、圆明园和颐和园等都可说是一阕壮丽的交响乐，其三维空间崇闳繁复的结构中包孕和萌生着时间的维度乃至宇宙的节律。

就以园林的游廊来说，只要它和游人的审美脚步相结合，就具有了包含时间流程在内的四维结构。圆明园曾有"迎步廊"，这一题名就发人深思地概括了四维结构的因素在内，它引导人们由空间走向时间。乾隆的《迎步廊》诗写道："人步廊而前，廊似迎人步。谁主更谁宾，妙趣个中寓。曰往即具来，谓新已成故……"这首颇具哲理意蕴的诗，突出地阐明了游廊所寓含的时间维度，阐发了游廊中往与来相接、新与故交替的妙趣，而这正是建筑通向于作为时间艺术的音乐的一个重要契机。

和谐的韵律特别是其中的节奏，往往被认为是音乐的生命和本体。关于什么是节奏，汉斯立克从纯形式的角度指出：

音乐的原始要素是和谐的声音，它的本质是节奏。对称结构的协调性，这是广义的节奏，各部分按照节拍有规律地变换地运动着，这是狭义的节奏。[②]

这是对于节奏的一种解释。至于韵律，其内涵和表现形式更为丰富多样，例如音乐的对称、协调、比例、重复、变换、齐一、层递、模进、交替、间隔、循环、回旋、联缀、展延……而其总的核心，就是音乐的和谐。这些音乐形式美的规律，也和建筑、园林艺术相通，或者说，建筑、园林中也无声地流注着这种音乐的精神。

园林美四维结构的无声韵律，其表现形式也是多样的。试结合审美实例简论如下：

一、对称、协调

这是一种广义的节奏。音乐中的对称，可以通过复调音乐中的对位表现出来。这种同时进行的对称结构，相互关连和协调在音乐的有机整体之中；而园林建筑的对称结构，则表现在空间的并存关系之中。

《园冶·屋宇》说："凡厅堂，中一间宜大，傍间宜小，不可匀造。"中国园林建筑的厅堂或宫殿，从正立面看，总有数间并列，但不是均匀排列，而是各柱之间的距离不等。拙政园的主体建筑远香堂是颇为典型的。从正立面看，该堂面阔三间，两侧有廊，正中的明间特别开阔，置较宽的连续长窗六扇；左右的次间[③]特窄，为明间的一半，只置较窄的长窗三扇；两侧的廊更窄，几乎又是次间的一半，不设窗，这个相形见窄的廊，是造型序列的结束。这种结构，不但突出了正中的明间，使之显得堂正而有气派，而且使整个厅堂的建构完整协调，以明间为中心向两侧由宽而窄地展开，结合长窗宽窄、多少、有无的递减，形成对称的韵律结构。

避暑山庄的水心榭，坐落在横跨银湖、下湖之间的平石桥上，由三亭组合而成【图74】。中间的亭平面为狭长的矩形，立面为重檐卷棚歇山顶，由八柱支承；两边的亭平面

---

① 宗白华：《艺境》，第144～145页。

② 爱德华·汉斯立克：《论音乐的美》，人民音乐出版社1982年版，第49页。

③ 《清式营造则例》："明间两旁为次间，次间之外为梢间，梢间之外为尽间。"

均为较大的方形，立面为重檐攒尖顶，分别由双排十六柱支承，这就形成了对称均衡的韵律结构。再看桥身、桥基平面，中间是更为狭长的矩形，下为六孔水闸；两边方亭下的桥基平面，均为较大的菱形，其两侧又为小方形，其下均为一孔水闸，两端的引桥则分别为梯形。这个既多变又统一的几何形组合，同样具有整齐对称的审美特征。再从立面的整体效果来看，重檐重彩的屋顶、密布疏排的亭柱、平稳近水的桥身、规整成列的闸孔，均为对称结构，人回旋于双排立柱的空间，如同进入了节奏繁会的音乐之林。抽象地看，它们倒映入湖，更增添了水榭的动律和节奏，真可称为"流光其声"；具象地看，岸边绿树如烟，湖水波光摇青，处在其间的水心榭犹如雕刻精细、造型华美的游船，浮泊在湖面之上，如同富于韵律感的重彩画卷。

图74　亭柱齐列，流光其声——承德避暑山庄水心榭节律（张振光摄）

二、比例

比例是整体和局部、局部和局部的一种适称关系。古罗马的维特鲁威在其经典性著作《建筑十书》中，就指出比例是"组合细部时适度的表现的关系"，它要求"建筑细部的高度与宽度配称，而且宽度同长度配称"，"整体具有其均衡对应"①。而这个要求同样适用于音乐。黑格尔说："音乐和建筑最相近，因为像建筑一样，音乐把它的创造放在比例的牢固基础和结构上。"②

园林建筑也和音乐一样，把它的创造放在适度的比例关系上。留园有一小型过渡性建筑"鹤所"。其平面为狭长而有比例地构成的矩形三曲。从室内立面来看，这个匣式空间中，四周有六个门窗大框架，其中空窗和漏窗的横向边距宽窄不等，而上下边距则完全相等，它们的上限与顶部天花的间距也相等，于是，窗框的无序就走向有序，而两个门框又在一定程度上打破了这种有序性。在这个室内匣式结构里，众多的空框宽窄相间，上下相杂，大小不同，朝向不一，然而都由数比的逻辑、适称的比例规范着。再看门窗框外，景

---

① 维特鲁威：《建筑十书》，中国建筑工业出版社 1986 年版，第 11 页。

② 黑格尔：《美学》第 3 卷上册，第 356 页。

色随着步履的移动而生发出众多的变化：或是芭蕉洒绿荫，或是翠竹摇清风，或是石峰伴松柏，或是山茶映海棠，或是廊庑接庭馆……人们透过室内抽象的几何形框架，可看到室外活泼泼的具象纷呈，而这在本质上也和音乐相似。汉斯立克这样描述音乐的性能：

> 音乐就是这样一个万花筒……音乐带来变化无穷的优美的形式和色彩，它们有时逐渐过渡，有时显出尖锐的对比，它们总是相互有关，但总是新鲜，并且自成为完整充实的一体。①

小小的“鹤所”，正是由比例关系所构筑的立体音乐，正是“万花筒”式的令人感到新鲜的韵律空间。

至于室外空间，能体现优美比例关系的佳例，有北京北海画舫斋的附属庭院“古柯庭”。这个庭院呈不规则形。南面灯窗墙廊的平面为直角三曲形，但至东南隅转而为凸向院内的圆弧形，它们的形态和走向均变化多端，但其立面都服从于体量一致、灯窗一致的数学逻辑。廊由东折北，入“绿意廊”，屋宇顶部略为升高，再经“得性轩”而再略升高，这个适称比例关系，是由这两个建筑物的体量比例所决定的；又由于得性轩体量较大，于是，廊庑又略凸进于院内；再往北为单面廊，又退回原线，屋宇也恢复到南面曲廊的高度。这一系列的差异面，使得这一路线的平面和立面曲折有致，犹如虽有变化而起伏不大的旋律线。院北面由短短的曲廊进入两进三楹的“古柯庭”，庭前西侧又有曲尺形廊通往体量更为高大的主体建筑画舫斋。这两个建筑物，一大一小，合乎主、副比例。庭院西部为较高的画舫斋山墙，西南隅则为庭院的主题——古柯。这一庭院的四周，以规格近似的廊为逻辑，以错综而适度的比例关系为变化，二者相互关联，相互乘除，自成完整充实而富于韵律感的空间织体。

三、重复、变换、齐一

这是音乐最基本的节奏因素，表现为每部分按节拍有规律的运动。这种周期性重复出现的节奏序列，也大量地出现于建筑艺术之中。黑格尔指出：

> 拍子在音乐里的任务和整齐一律在建筑里的任务是相同的，例如建筑把高度和厚度相等的柱子按照等距离的原则排成一行，或是用等同或均衡原则去安排一定大小的窗户。这里所看到的也是先有一个固定的定性，然后完全一律地重复这个定性。②

对于建筑的这种节奏美，我国建筑学家梁思成先生曾作过具体的分析。他指出：“建筑的节奏、韵律有时候和音乐很相像。例如一座建筑，由左到右或者由右到左，是一柱，一窗；一柱，一窗地排列过去，就像‘柱，窗；柱，窗；柱，窗；柱，窗……’的2/4拍子。若是一柱二窗的排列法，就有点像‘柱，窗，窗；柱，窗，窗；……’的圆舞曲。若是一柱三窗地排列，就是‘柱，窗，窗，窗；柱，窗，窗，窗；……’的4/4拍子了。”③

中国园林的这种节奏美，最鲜明地体现在游廊上。如苏州沧浪亭或留园长长的廊，不但有同等高度的柱子以等距的原则排列成序，而且凡有廊壁的话，不是每间安排一定大小的窗，就是每间安排大小齐一、数量齐一的书条石。游廊虽然随形而曲，依势而折，不断变换，但是，柱、窗（或书条石）的造型组合又作为一个固定的模式定期出现，重复不断，迎

---

① 爱德华·汉斯立克：《论音乐的美》，第50页。
② 黑格尔：《美学》第3卷上册，第361页。
③ 载汪流等编：《艺术特征论》，第163页。

合着人们的节拍感觉和预期心理，使人们脚步轻松，心情愉快。这种序列，“节会有数，故曲折不乱”（阮籍《乐论》），可说是一支美妙动听的迎步廊随想曲。特别是沧浪亭随宜曲折的复廊，其漏窗的图案更为优美多变，窗窗不同，并使得廊的两面相隔而又相联，这在音乐的心灵里，可能化作一种无声的弦乐二重奏；沧浪亭又有高低起伏，往复回旋的游廊，长长的，曲曲的，也是柱、窗，柱、窗……地间隔着，给人以强烈的韵律感和节奏感。在《沧浪亭图》刻石上，人们通过视觉，可以明显地“看”到这种五线谱般的乐曲感。

从微观的视角来看苏州园林，包括廊在内的建筑物的顶部天花，无论是怡园走廊的菱角轩或复廊的茶壶档轩，还是网师园走廊的弓形轩或拙政园“卅六鸳鸯馆”的鹤胫轩，其“复水椽”和望砖深淡相间，取同一定性作频率急速的反复，形成了鲜明的节奏和优美的韵律。日本造园研究学家横山正，不愧为四维结构无声韵律的知音。他写道：“当我们抬头仰望时，见到装饰着紧排密布的垂木，仿佛在演奏造型的韵律，而且天花板呈圆筒型，更使人深感空间是何等充实。”① 这是写出了他由“顶轩”所萌生的造型韵律的乐感。

太原晋祠有“鱼沼”，为方形水池，池上架有中部略为升高的十字形桥梁，东西桥面分别与献殿和主体建筑圣母殿相接，南北桥面两端下斜与地面相平，犹如桥的两翼，故称“飞梁”，它把水池分割为四。鱼沼飞梁【图 75】特别富于节律感，方形水池四周环置着栏杆，十字形桥面每边也敷设着栏杆，栏柱以同等距离横向排列，栏板的雕刻也典雅大方，

图 75　横向交叉节奏——太原晋祠鱼沼飞梁（牛坤和　武　鸿摄）

① 横山正：《中国园林》，载《美学文献》第 1 辑，第 433 页。

整齐一律地重复着自己的定性。这样，十六排栏杆有高有低，有平有斜，纵横交错，回环相接，形成了节奏交叉的系列群。人们如在池畔或桥上漫步，一排排或近或远，高低错落的栏杆就会转化为一组组动态的时空系列，并且不断地变换着自己的节奏和音型，宛如众多的乐器以不同的声调奏出的交响曲，给人以洋洋乎盈耳之感。

四、层递

层递是重复、齐一的变种。一支乐曲在行进中速度逐渐加快或放慢，然而又保持其同一定性的节奏重复；乐音的逐渐增高或降低，都是一种层递。至于园林空间造型的层递美，则有纵向和横向两种基本类型。

纵向的空间节奏，仅靠单纯的重复齐一，其审美效果不一定理想。乔治·桑塔耶纳曾说，“美有一个物质的和形式的基础”，“十层楼的大厦，层层高度相等，不论设计如何合适，也不能像亭台楼阁或比例精致的宝塔这么美”①。比例精致的塔为什么比层层高度相等的高楼大厦美，这是由于它从塔基到塔顶按比例逐渐缩小，表现出递减的节奏美。

杭州西湖西泠印社的华严经塔【图76】，实心八面，除塔座外共十一层。最下层特别长，以上各层则按比例依次递减，最后逐步收束为刹顶，从而形成了分明的节奏感。该塔每层雕刻佛像或经文，既表现了宗教意识，又增加了节奏美的华彩性。这个比例精致的塔耸立在印社的山巅，为全园构图中心，不但倍增了园林纵向的节奏感，而且似乎以其节节层递的意向性，在引导着全园的景观向上升华，使得这个以人文艺术荟萃为特色的园林指向一种音乐精神。

图76　纵向层递节奏——杭州西泠印社华严经塔（缪立群摄）

颐和园的十七孔桥，是横向层递的典范之作。如果不是具象地描述它那体势之美和细部之美，而只是抽象地看，那么，长虹卧波的桥身就会化作为一条长长的优美的弧，这条起伏度不大的渐变的曲线，最富于柔和含蓄的抒情意味。桥身弧线上由低渐高再由高渐低栉比而立

① 乔治·桑塔耶纳：《美感》，第146页。

的望柱，按等距原则排成长长的序列，宛同乐曲中一个个迎面而来的等分的节拍。弧线之下十七个桥孔，其高度按数比关系依次递增，至桥中心又依次递减，如同音阶的排列，又像竖琴奏出的一组琶音或古筝所摹拟的一串流水音。这种桥身、桥柱、桥孔合乎比例地配合而成的三维空间的造型，堪称凝固的音乐。然而桥本静水流则动，在粼粼的波光之下，能给人以流动的感觉，犹如一支轻快而悠长的抒情曲，它可以和颐和园长廊的彩色交响曲媲美，这两个著名的建筑物，是颐和园中规模最宏大的四维结构的无声音乐。

五、循环、回旋

一首乐曲，或由主音出发，最后终止于主音；或移调、转调后，最终回复到原调；或曲式结构上表现出起、承、转、合；或基本主题在插段的交替中不断地回环复迭，……这都是音乐性的循环、回旋。

颐和园的“画中游”，是立体回旋结构的上乘之作，它不但内、外、平面、立面都富于造型的画意，而且其结构本身的高下回环就富于抒情的乐感。乾隆《塔山四面记》总结山地造园的美学精义说：

> 室之有高下，犹山之有曲折，水之有波澜。故水无波澜不致清，山无曲折不致灵，室无高下不致情。然室不能自为高下，故因山构屋者其趣恒佳。

位于万寿山前山的“画中游”，因山而构，依势而筑，不但高下起伏而有情，更兼回环往复而有灵，具有音乐般的曲体结构。这个建筑组群中间为八角两层的楼阁，东北和西北各配置一座重檐八角攒尖亭，两亭的东西侧又分别有爱山楼和借秋楼，正北又有一殿，这些多种多样、高低错落的建筑群由层层升高的台阶环拱着，特别是由数十间的复道回廊组接着，人们在其中巡回往复地游赏，会感到建筑本身就是一首层次丰富的回旋曲，而在其中多层次多方位地环视四面八方的景色，又无不如诗似画，于是内外的立体空间无不转动着时间的韵律——山林亭阁回旋曲，令人于“无声之中，独闻和焉”（《庄子·天地》）。

苏州怡园的空间虽不大，但其中不乏回旋曲式的结构。俞樾《怡园记》曾描述道：

> ……东行，得屋三楹，前则石栏环绕，梅树数百，素艳成林。后临荷花池，……循廊东行，为南雪亭，又东为岁寒草庐，有石笋数十株，苍突可爱。其北为拜石轩……又西北行，翼然一亭，颜以坡诗曰：“绕遍回廊还独坐。”廊尽此也。庭中有芍药台，墙外有竹径。遵径而南，修竹尽而丛桂见，用稼轩词意筑一亭，曰：“云外筑婆娑”。亭之前即荷花池也。

这条曲径，从荷花池起，循环往复，又回到荷花池，可说是“绕遍回廊”式的平面回旋曲。俞樾接着写道：

> 循池而西，至于山麓，由山洞数折而上，度石梁，登其巅，则螺髻亭也。自其左履石梁而下，得一洞，……洞之北，即余所谓“古松之阴”也。出松林，再登山，有亭曰小沧浪亭。后垒石为屏，其前俯视，又即荷花池矣。

这条曲蹊，又是从荷花池起，折高折低，最后仍回到荷花池，可说是山岭洞壑式的立体回旋曲。《怡园记》中的荷花池，犹如乐曲的主题，在呈示部、再现部不断出现，犹如A——B——A——C——A 式的回旋奏鸣曲，一次次的再现，加深着人们的音画感和韵律感。

一切艺术的流向都趋于音乐的形态，这话是有一定道理的，它特别适用于凝固在空间之内的音乐——中国古典园林，尤其是园林中的建筑。园林建筑虽然存在于静态的三维空间之中，但作为大体量的审美客体，能突出地表现为随着审美主体的流动而流动。它不但具有动态的契机，四维结构中流贯着时间的质素，而且具有较为抽象的数比品格，概括性地突现着包括音乐美在内的种种形式美的规律。

中国园林有着凝固于空间的节奏、旋律、音调、乐境，这是无声的、立体的音乐；而且到处都有这种泛化的音乐，都有“这种无所不在的音乐”，能给审美主体提供丰富的耐人品味的韵律感。不过，人们更应如《庄子·人间世》所说，“无听之以耳，而听之以心”，这样，就更会如歌德所说，它“所引起的心情很接近音乐的效果”。

第四节　盆意：即小见大，以假作真

盆景是中国独特的艺术门类，它和中国古典园林有着息息相关的联系。盆景本应置于第四编第三章“花木与依花木类型”一节予以论述，然而它涉及艺术泛化等重要问题，故在此特立专节一并详论。

盆景的起始，不晚于唐代。唐代李贤墓壁画上，已可见盆景的形象。王维也培育过盆景。杜甫诗中还曾写道：“一匮功盈尺，三峰意出群。望中疑在野，幽处欲生云。”（《累土为山承诸焚香瓷瓯》）不盈尺的盆景，却有数峰插云之势，平野千里之遥。在盆景史上，杜诗较早地揭示了这种微观艺术的两大美学特征——小中见大、假中见真。然而换一个视角来看，杜诗也可移用于园林的审美品赏。而李华又相继提出“以小观大，则天下之理尽矣”（《贺遂员外药园小山池记》），这是盆景美学原则，同样也是园林美学原则。

在宋代，盆景和园林携手并进，得到了长足的发展。苏轼曾在扬州获得两块奇石，渍以盆水，置于几案间。这一成熟的水石盆景作品，是和宋代园林中爱石品石之风同位同步的。范成大爱玩英石、灵璧，题为“小峨嵋”、“烟江叠嶂”等，这又和宋代园林题名之风的炽盛相呼相应。

在元代，僧韫上人称其所作的盆景为“些子景”；明人屠隆《考槃余录·盆玩笺》也说，“盆景以可置几案者为佳，其次则列之庭榭中物也。”还说，盈尺的天目松可使人感到“似入松林深处”，盆栽数竿水竹使人“便生渭川千亩之想”。这都进一步揭示了盆景即小见大、以假作真的美学特征，而其审美体验也与园林品赏相类似。

盆景是历史地形成的一门独立的艺术。它用咫尺千里、缩龙成寸的手法，把大自然的山容水态的气韵之美或古木奇树的苍劲之美，加以选择、概括、提炼，移入盆盎之中，使之富有诗画般的境界。它也是立体的画，无声的诗，还是有生命的雕塑，园林艺术的雏形、简化和缩影，甚至可以说，它就是微型的园林。

盆景和中国园林的多层面的联系，首先表现为它是园林美物质生态建构序列的元素之一，是作为集萃式综合艺术的园林的构成元素之一。厅堂斋轩中有了这类几案上的点缀，室外的花木山水之美就走进了室内空间。而在室外庭院里，人们也常常可以看到它多彩多姿的身影。在室内外不大的盆盎里，或高山耸秀，低树笼翠；或奇石突兀，丑怪万状；或虬枝盘屈，势若游龙；或苍干伴石，亭亭华盖……它们以其微型的景观和园林景观并存共处，相得益彰。

北京紫禁城御花园和宁寿宫花园，墙边路侧缀有奇石盆景系列。一个个石制的盆盎里或托座上，群石殚奇尽怪，构成了一种特殊景观之美，增添了这类空间不大的园林的审美信息量和品味量。苏州网师园琴室庭院里有大盆景，古木槎枒，竹石萧疏，它是花台的缩小，盆景的扩大，是别具匠心的庭院点缀……不只如此，我国很多园林，还都辟有盆景园。

然而更有意思的是，盆景美学在物质生态建构中向园林美学的泛化。

即小见大的盆景美学，是在古代哲学和绘画美学的影响下诞生的。早在儒家经典《中庸》里，就有"今夫山，一拳石之多"，"今夫水，一勺之多"之语。李贽《杂说》则说，"小中见大，大中见小，举一毛端建宝王刹，坐微尘里转大法轮。"这都可看作是盆景美学和盆景品赏的哲理基础。在古代绘画美学里，类似的论述就更多了——

竖画三寸，当千仞之高；横墨数尺，体百里之远。（宗炳《画山水序》）

意贵乎远，不静不远也；境贵乎深，不曲不深也。一勺水亦有曲处，一片石亦有深处。（恽格《南田画跋》）

这似乎都可看作是关于盆景美的论述。其实，在宋代的盆景美学中已反映出这类观点。王十朋《岩松记》写道：

……异质丛生，根衔拳石，茂焉非枯，森焉非乔，柏叶松身，气象耸焉，藏参天覆地之意于盈握间，亦草木之英奇者。予颇爱之，植以瓦盆，置之小室。

这个小室之中的岩松盆景，就颇具万千气象；而"藏参天复地之意于盈握间"一语，就撷取了盆景美学的精英。

寓宏观于微观，由微观中见宏观，这种在极小中寓极大的盆景美学，同样地渗透和泛化在园林美学之中。计成在《园冶》中就说："略成小筑，足征大观"（《相地》）；"多方景胜，咫尺山林"（《掇山》）。文震亨《长物志》也说过，"一峰则太华千寻，一勺则江湖万里"。至于乾隆的有些咏园诗，也颇有盆景美学的意趣，如《题小有天园》说："缩远以近取，收大于小含。"《纳翠轩得句》说："十笏不为仄，诸峰无尽奇。……设得拟芥子，纳千百须弥。"这几乎都可以看作是缩龙成寸的盆景美学的名言。这里，园意和盆意表现出互渗互泛的美学关系。

盆景以小为贵，以置几案间为佳，题名也有"小峨嵋"、"小武夷"等。而园林也常常自足于其小，所以有勺园、勺湖、芥子园、十笏园、小有天园等题名。就园中景观来说，也往往自炫其小，见之于对联的，如——

室雅何须大；花香不在多。（苏州怡园"石舫"联）

以船为室何妨小；与石订交不碍奇。（上海豫园"亦舫"联）

庭小有竹春常在；山静无人水自流。（颐和园"小苏州"联）

借取西湖一角，堪夸其瘦；移来金山半点，何惜乎小。（扬州瘦西湖"小金山"联）

这里的"小"、"奇"、"静"、"瘦"、"雅"……同时也是盆景的品格之美，二者在"小"这一点上，是相融互通的。

要很好地品赏园林，不但宜有诗心、画眼、乐感，而且宜有盆意，不妨以苏州园林为例。在留园，不但室内外有各式盆景陈设，不但"佳晴喜雨快雪之亭"前有松石大型盆景；不但"又一村"中辟有盆景园，而且在院角墙隅，庭前廊侧，人们随处可以领略到盆景般的盎然意趣。如"古木交柯"，当年，小庭墙边交柯的古木斜向而出，霜皮溜雨，绞盘多端，于是依墙围树而筑起规整形的花台，犹如一个大型花盆，台上再点以丛草小枝，俨然是绝妙的放大了的斜干式的树桩盆景；再如紧邻着的“华步小筑”，其空间更狭小，沿墙植爬山虎，其缠枝缘壁而上，分敷多态，其下散点湖石，立一石笋，植数本天竹，于是高低错杂而又和谐统一的盆景式小品又呈现目前。人们进入留园主景区，这两处也是必经之地。该园的总体设计，竟是让盆景的美首当其冲，然后才让人入内品赏园景。人们通过品赏也许会悟出一条艺术泛化的园林美学真谛：“园林大盆景，盆景小园林。”

留园还常用“曲廊留虚”的手法，让沿墙的游廊稍许曲折蜿蜒一下，就划出了一个个“些子”空间，其中或疏点树石，或略植花竹，这就是一种“些子景”，给人以“仿佛烟霞生隙地”之感。再如在东部“石林小院”、“鹤所”、“揖峰轩”一带，一个个或开敞或封闭的小小庭院之中，湖石、芭蕉、翠竹、紫藤、花树等随宜点染，也就是一个个耐人寻味的放大了的盆景：单干式、多干式、直干式、曲干式、附石式、旱盆式……这类树石艺术小品，既可说是盆景式微型园林，又可说是窗景式小型园林，它们是盆景的扩大化或庭院化，宜于透过门洞或窗框来加以观赏，品味其“缩远于近取，收大于小含”的艺术。清人潘奕隽很欣赏留园窗景式的树石小品，其《寒碧庄杂咏·卷石山房》写道：“卷石洵且奇，一一罗窗户”“秀色分遥岑”，“岚翠环廊庑”……

文震亨在《长物志·盆玩》中说：“最古者自以天目松为第一……结为马远之欹斜诘屈，郭熙之露顶张拳，刘松年之偃亚层叠，盛子昭之拖曳轩翥等状，栽以佳器，槎牙可观。”这是讲盆松的姿态犹如出自名画家的手笔。盆景是有生命的雕塑，特别讲究姿态、神韵、画意和造型美。苏州网师园中的花木，也颇多这种盆意。如“竹外一枝轩”前曾有一株不大的黑松，欹侧而偃亚，临池斜逸，姿态横生，接近于盆景的半悬崖式；“小山丛桂轩”廊边石旁的一株小巧玲珑的蓑衣槭，枝如蟠龙惊蛇，可看作是盆景中一寸三弯的曲干式，而树叶如红霞层叠，又似盆景中参差轩翥的云片式，是园林中不可多得的精品……

陈淏子《花镜》特列有《种盆取景法》一节，其中有云：

> 近日吴下出一种，仿云林山树画意，用长大白石盆，或紫砂宜兴盆，将最小柏、桧，或枫、榆、六月雪，或虎刺、黄杨、梅桩等，择取十余株，细视其体态参差高下，倚山靠石栽之，或用昆山白石，或用广东英石，随意叠成山林佳景，置数盆于高轩书室之前，诚雅人清供也。

这是一种丛林式的山石盆景的景观。在苏州怡园藕香榭后的花台上，或网师园“小山丛桂轩”的前院，都可以看到这种配植形式的山林佳景，能使人泛化出“望中疑在野”的盆意之美。

盆景中树木山石亭阁人物的配置，必须掌握比例尺度，这是盆景创作的三昧。传为王维所作的《山水论》说，“丈山尺树，寸马分人”，这就是一种适称的比例，它同样符合于盆景的尺度美学。正因为成功的盆景能把握尺度，所以能一拳如涵万壑，咫尺势若千寻，让微观通过艺术的尺度感表现出宏观的意境之美来。例如网师园的水池面积并不大，却表现出开阔之感，这是因为体量较大的建筑如“看松读画轩”和“小山丛桂轩”均离池较远，而让体量较小的濯缨水阁和空灵的“月到风来亭”面临池水；集虚斋的楼房虽较高，离池又较近，但前面却贵有低小而透空的“竹外一枝轩”作为过渡；再如池畔的假山也矮小玲珑，池上又空诸所有，在这些小巧空灵的造型比照反衬之下，水面就给人以“沧波渺然，一望无际”（钱大昕《网师园记》）的审美错觉。这种精巧细致的比例安排，是和盆景的艺术创作相通的。

在苏州园林中，最富于盆意美的园林，“窗景式”的莫过于留园，而就总体结构上来说，则莫如网师园和环秀山庄。从缩龙成寸的尺度美学和疑大于小的视错觉角度来看，如果说网师园具有“一勺则江湖万里”的盆意效果，那么，环秀山庄则具有“一峰则太华千寻”的盆意效果。至于北方园林，也不乏富有盆意美的佳构，如山东潍坊的十笏园、北海的园中之园静心斋等。

十笏园面积不大，园东南石矶参伍的池边半岛上筑有单檐六角攒尖的漪岚亭，体量特小，反衬出池面的开阔感和近旁假山的崇峻感。假山主峰上单檐六角的蔚秀亭，也以较小的尺度来强调峰峦的气势。山巅水际、一高一低的两个小亭，使这一带景观如同山水盆景的艺术配置：“十笏不为仄，诸峰无尽奇”；“咫尺之间，便觉万里为遥”。再如园中最高大的建筑砚香楼、春雨楼，也能退居于后院，而不会缩小前院主体山水的比例，这是较好的艺术处理。但池中心尺度较大的四照阁，以及通往四照阁的较长较实的三孔拱桥，却明显地缩小了水池的比量……这是其美中不足之处。

盆景的艺术创造，必须遵循既悭吝地节省空间又创造性地扩大空间的美学原则。这个原则在园林中也有着种种特殊的体现，除了高度的精巧以及比例、尺度外，还有曲折、掩映、占边、假象等，北海静心斋正是通过这些艺术方法来实现“藏参天覆地之意于盈握间”的。静心斋庭园的曲池，东面被汉白玉小石拱桥所分隔而流向园东，北面被华丽规整的沁泉廊所分隔而曲折地流向西北假山丛中；西面被平曲桥所分隔而流向西南。而东西走向的假山，至中部渐低处也被沁泉廊所隔。形如白莲盛开的假山及其背景，则被顶端的“莲蕊珠宫”——重彩的枕峦亭所掩映……全园的假山、水池、建筑就这样地纵横交错，曲折亏蔽，于是便创造性地延展和扩大了园林的艺术空间，给人们以多方位观照的不尽之感。静心斋庭园还充分节省和利用空间，采用以山池为中心，四面占边的布局，故而叠翠楼、罨画轩、焙茶坞、抱素书屋以及静心斋的后廊等建筑物，都分布于园的四周，这就腾出了园内全部空间以供雕山琢水，立象组景。该园沿围墙四面均缭以走廊或爬山廊，这既可供绕园游赏，又掩饰了四周壁面的单调，特别是爬山廊的壁面上还虚饰着一系列假的漏窗，其实墙外已无景可借，但远望叠翠楼一带爬山廊的假窗，似觉景外有景，象外有象。静心斋不愧为盆景般精丽的、由小筑而见大观的园中之园，故而梁思成先生指出，其“地形极不规则，高下起伏不齐，作成池沼假山，堂亭廊阁，棋布其间，缀以走廊，极饶幽趣，其所予人的印象，似面积广大且纯属天然者”①。这种小中见大，天然如真，同时也是盆景的审美特征。

在中国园林里，一些优秀的园中之园，也无不如盆景一样，小巧精美，雅致宜人，其中一勺水亦有曲处，一片石亦有深处，一丛竹亦有韵处，一楹屋亦有幽处。其审美实例，除静心斋已作重点论析外，还有苏州拙政园的“海棠春坞”、“听雨轩”庭院，留园的石林小院乃至“华步小筑”窗庭，网师园的殿春簃，艺圃的“芹庐”小院，等等，均为全园精华所在。陈从周先生指出：

中国园林，往往在大园中包小园，如颐和园的谐趣园、北海静心斋、苏州拙政园

---

① 《梁思成文集》第3卷，第227页。

的枇杷园、留园的揖峰轩等，它们不但给园林以开朗与收敛的不同境界，同时又巧妙地把大小不同，结构各异的建筑物与山石树木，安排得十分恰当……都是细笔工描，耐人寻味。游园的时候，对于这些小境界，宜静观盘桓。①

这种盘恒，实际上就是盆景式的静观品赏，其中自觉或不自觉地贯穿着盆景美学原则。

沈复在《浮生六记·闲情记趣》中，曾对中国古典园林的美予以纲领性的概括：

若夫园亭楼阁，套室回廊，叠石成山，栽花取势，又在大中见小，小中见大，虚中有实，实中有虚，或藏或露，或浅或深，不仅在周回曲折四字。……小中见大者，窄院之墙，宜凹凸其形，饰以绿色，引以藤蔓，嵌大石，凿字作碑记形，推窗如临石壁，便觉峻峭无穷。……实中有虚者，开门于不通之院，映以竹石，如有实无也；设矮栏于墙头，如上有月台，而实虚也。

沈复的论述，是对文人小园——庭院式小园的概括，但实际上也带有普遍意义，它多方面概括了古典园林的美学原则，在园林泛化中的盆意方面尤能给人以启发。

造园家应善于在墙壁上做文章。在园林中，壁面有时无窗可开，无门可通，或即使可开可通而无景可赏，无空间可利用，这种单调板律的墙面，就是无法创造意境的“止境”。然而，园林却应该无死角，无止境，于是造园家们在墙上嵌以书条石、碑刻之类，造成了综合艺术景观。

在单调的大片壁面上引以藤蔓，使之成为绿壁，也可消除“止境”之感。如留园涵碧山房南院，满壁的爬山虎构成了一个难得的植物景观，使整个院落成为幽深宜人的绿色空间，颇有含蓄不尽的意境。另外，平板乏味的壁面上还可叠为“峭壁山”，如《园冶·掇山》所说，“以粉壁为纸，以石为绘”。在苏州网师园、艺圃等园林里，就在墙壁的平面上叠峭壁山，既是壁上的“以石为绘”，又像壁上的山石浮雕，略具凹凸之形，远看就如立体的假山。这也是化平面为立体，化止境为意境的造型艺术，它既节省了真的空间，又创造了美的空间。

如果说，峭壁山或壁面攀藤尚具有一定程度的立体性，并非纯粹的假像，那么，壁上凿以假门，开以假窗，则完全是在平面上做文章，是纯粹的假像艺术了。例如南京的愚园，就曾“凿壁为门，阖之，以示境之不可穷”（邓嘉缉《愚园记》）。这也就是沈复所说的“开门于不通之院”，如有而实无，但却能令人联想起陶渊明的“门虽设而常关”。至于假窗之设，除了北海静心斋外，江南园林更多，墙面如果是绝境，往往于较高处开假的漏窗系列，于是就有了活趣，如网师园水池东壁上不通的假漏窗，环秀山庄假山东壁上通透的假漏窗，均为实例。它们既装饰了壁面，又“扩大”了空间，二维空间的墙面似乎有了深度，成了“三维空间”。对于艺术美来说，这种虚幻空间——“疑境”是很必要的。

园林美学和盆景美学，都要充分地利用空间和错觉、假像，都要创造性地扩大空间，以求得即小见大、以假作真的审美效果，因此，它们必然要交融、互泛、同化、渗透。从这一点上说，园林美学是盆景美学在创造性空间中的扩大、延伸……游园掌握了这种美学的互泛、交融，就更易即小见大，视假作真，时时通过静观、错觉品赏到众多不是盆景的盆景，“举一毛端见宝王刹，坐微尘里转大法轮”……由此可见，对于古典园林的品赏，

---

① 陈从周：《中国园林》，第42页。

胸中宜多盆意。

对于园林的泛艺之赏，出位之赏，除了诗心、画眼、乐感、盆意而外，还可辅之以雕塑泛化、书法泛化的视角……

雕塑泛化的视角，如把立峰作为抽象雕刻品来品赏，除了前文已论述的之外，还应联系环境，移动视线，改换方位，变化距离，所谓“塑形面面看”，“塑形步步移”，注意“雕像表面的精细刚柔，光影的明暗分布，线条的运动起伏、立面的转折关系……”① 不只是立峰可作雕塑来细加品赏，还可把假山作为雕塑来品赏，乾隆咏假山，就别具只眼地用一“塑”字。他在《狮子林八景·假山》诗序中说：“兹令吴下高手，堆塑小景，曲折尽肖”。诗中又有“妙手吴中堆塑能”之句。这为品赏假山提供了一个新的雕塑泛化的视角。

书法泛化的视角，如苏州网师园“小山丛桂轩”内，有被誉为“书联圣手”的清代著名书法家何绍基所书联：“山势盘陀真似画；泉流宛委遂成书。”如果说，上联是对附近“天然画本”黄石假山——云岗体势的概括，那么，下联则是对其旁的溪涧——槃涧的形态的描述。这条溪涧，用书法美学的术语说，它“曲而有直体，直而有曲致”（刘熙载《艺概·书概》），就像书法的线条美那样可供细细品赏。清帝乾隆曾写过《墨妙轩》一诗，诗云：“佳处敞轩名‘墨妙’，导之泉注顿山安。”“钗脚漏痕犹刻画，请看立石与泉流。”由于墨妙轩内艺术“场”的辐射，乾隆把轩外的立峰、流泉当作书法来品赏，并巧妙地用孙过庭《书谱》中形容运笔的名句“导之则泉注，顿之则山安”来品赏泉石，可见，书、园二者在追求自然这一点上也有异质同构之处。

---

① 参见金学智：《雕塑美欣赏》，载《艺术世界》1981 年第 1 期。

第四章　园林品赏的审美距离与接受心境

在古典园林中，审美意境的整体生成，离不开审美主体的创造和接受。

园林作为审美对象，其中虽然凝聚着审美主体（第一主体）——造园家创造性的情致、想像、意趣、哲理等主观因素，但毕竟还只是作为审美客体而存在，它有待于审美的游赏者在接受中把它转化为活生生的意境。从这一意义上说，游赏者也是生成园林审美意境必不可少的审美主体（第二主体）。也正是在这一流动的审美构架关系中，意境把客体和主体、创造和接受、造园家和游赏者①整合在一个系统之中了。

从中国美学史上看，意境包括客体和主体两个层面的思想，在唐代开始走向成熟。传为王昌龄的《诗格》，就认为诗有三境：物境、情境、意境。这三个范畴的划分虽然还不很科学，物境似偏畸于客体，情境、意境似偏畸于主体，但它们都少不了“心”、“意”等主观因素的介入。唐释皎然在《唐苏州开元寺律和尚坟铭》中说：“境非心外，心非境中，两不相存，两不相废。”这一佛家学说，无疑会给予当时和尔后的意境说以一定的影响。但是，古代的意境说，毕竟只是概括了艺术创造的经验，而没有总结艺术接受方面的审美经验。

只有到了今天，在现代学术意识和西方接受美学的影响下，意境说才把主客体的交融从单一的艺术创造境层同时推进到艺术接受的新的境层。这是艺术广泛而深入地掌握审美公众并在理论上进一步升华的结果。王朝闻先生曾指出：

> 动人的诗句所构成的境界，既体现着诗人的主观感受，也可能和并非诗人的人的主观感受相吻合。任何奇峰怪石在人们感受中所唤起的境界的大小或深浅，不能不受人们的主观条件的制约。……感受中的境界的大小或深浅，关系到审美能力的高低，关系到审美享受的浓淡。②

这种把意境和作为第二审美主体的游赏者缩结起来的论述，是普遍地符合于审美接受的事实的，有助于意境美学研究的新开拓。

本编在第一至三章论述了园林文化心理积淀及其所生成的第三性质以及艺术泛化的品赏后，拟于第四、五章进一步深入探讨作为第二主体的园林游赏者的审美心理结构等重要问题，以此作为本书的终结。本章拟论述园林品赏的审美距离与接受心境。

第一节　空间、情感距离的远与近

园林境界是一种空间组合，对它的观照离不开一定的距离。观照有近观、远观之分，它标志着审美主体和作为审美客体的景物之间不同的空间距离。在园林境界里，近观有其

---

① 从园林美的历程看，有些园主既是造园家，又是园林建成后的游赏者，他们还在游赏过程里间以扩建、增建、补充、修改的创造；然而更多的是二者的分离，因为更多的游览者并不是参与造园的园主。

② 王朝闻：《审美谈》，人民出版社1984年版，第344页。

审美价值，如对建筑物精美的内、外檐装修，花街铺地的图案，雕饰彩画的细部，花木、立峰的局部……都需要近观细赏。王维《山居即事》写道："嫩竹含新粉，红莲落故衣。"就是一种近观细赏。然而，远观似乎和园林的审美意境关系更为密切。

中国古典园林的审美特别崇尚韵趣之"远"，这当然与中国诗画的意境美学有关，如——

至近而意远……（皎然《诗式》）

凡所赋诗，皆意与境会……得之于静，故所趣皆远。（权德舆《左武卫胄曹许君集序》）

近而不浮，远而不尽，然后可以言韵外之致耳。（司空图《与李生论诗书》）

轩畅闲雅，悠然远眺。道路深窈，俨若深居……（董其昌《画禅室随笔》）

意贵乎远，不静不远也；境贵乎深，不曲不深也。（恽格《瓯香馆画跋》）

这类理论，对于园林审美主体的观照，对于园林审美意境的生成，或多或少会发生特定的影响。

"远"，应该是中国美学的重要范畴，它凝聚着中国人的审美趣味、文化心理，惜乎对此研究得很不够，几乎还是理论的空白。本节只能着重论述园林审美特别需要远观。

在西方心理学派某些美学家眼中，远观似乎很有美学价值，而且它还和所谓"距离说"缩结在一起。德国的弗·菲希尔曾作过分析：

我们只有隔着一定的距离才能看到美。距离本身能够美化一切。距离不仅掩盖了外表上的不洁之处，而且还抹掉了那些使物体原形毕露的细小东西，消除了那种过于琐细和微不足道的明晰性和精确性。[①]

这番论述以远观为例，开了西方美学"距离说"的先河，比瑞士的布劳的"心理距离说"要早七八十年。然而，更早地分析远距离美感的，是我国明代的谢榛。早于菲希尔三百多年，谢榛在《四溟诗话》中就写道：

凡作诗不宜逼真，如朝行远望，青山佳色，隐然可爱，其烟雾变幻，难于名状。及登临非复奇观，唯片石数树而已。远近所见不同，妙在含糊，方见作手。

这也是说景物隔着一定的距离才能见出佳色奇观，才能隐蔽其琐细的不美之处。中国古代和西方近代这两位美学家都认为应该远距离来观照美。两段言论，可谓异曲而同工。

那么，审美主体远距离观照所生成的意境，究竟可包孕哪些美呢？

其一，就是含糊美、朦胧美。这在大型宫苑和公共园林特别是某些园林的"远借"中，效果最为显著——

此地群山屏绕，湖水镜涵，由上视下，歌舫渔舟，若鸥凫出没烟波，远而益微，仅觌其影。西望罗刹江，若匹练新濯，遥接海色，茫茫无际……（张岱《西湖梦寻》）

隔岸数峰逞秀，朝岚霏青，返照添紫，气象万千，真目不给赏，情不周玩也。（乾隆《圆明园四十景·接秀山房》诗序）

这两段文字，前者偏畸于写远观中的水——西湖及更远的钱塘江，后者偏畸于写远观中的山——穿过福海所见的隔岸数峰及更远的山色。这些景观，或远而益微，仅觌其影；或江气海色，茫茫无际；或朝青暮紫，气象万千；或烟霞变幻，难于名状……总之，是一种隐然可爱的朦胧之美，它们甚至以若有若无的境界为美。

---

① 转引自车尔尼雪夫斯基：《生活与美学》，第39页。

其二，是气势美、宏观美。传为五代荆浩所作的《山水诀》说：“远则取其势，近则取其质。”确乎如此，站在远处观赏山峰、楼阁、山上的亭塔等景物，最能把握其整个画面的体势、气概。如在颐和园远距离观照万寿山、佛香阁，最能感受到崇高的皇家园林的气势之美。再如承德避暑山庄的山岳区十分辽阔，要品赏其宏观的气势美，只有远观。游赏者如站在较远的方位观照山岳区，可见高高的山顶上，“四面云山”亭、“南山积雪”亭或“北枕双峰”亭体量虽小，却能点缀、助成、生发乃至决定着山岭的气势之美，因为它体现着强形式的标胜引景的人文景观，使自然的崇高和人力的崇高结合、互渗得十分融洽，因此，画面显得如此气象万千，气势磅礴！正因为站得远，才能拓展远山连天向天横的宽阔视域，才能发现以亭镇山的宏观建构关系……从这一意义上来理解，确实可以说，“只有隔着一定的距离才能看到美”，看到具有非凡气势的崇高美。

此外，远距离观照还可以生成种种意境之美。中国山水画从宋代开始，就有“三远”之说。郭熙《林泉高致》提出：“山有三远：自山下而仰山巅，谓之高远；自山前而窥山后，谓之深远；自近山而望远山，谓之平远。”“高远之势突兀，深远之意重叠，平远之意冲融而缥缥缈缈。”韩拙《山水纯全集》又说：“愚又论三远者：有近岸广水，旷阔遥山者，谓之阔远；有烟雾暝漠，野水隔而仿佛不见者，谓之迷远；景物至绝而微茫缥渺者，谓之幽远。”审美主体所得的这种或突兀，或重叠，或冲融，或旷阔，或暝漠，或微茫之意，就是主体与客体由不同方位、不同情景的远距离关系所生成的种种境界之美。例如，唐代的王维在自己的辋川别业里，就喜欢远距离欣赏某些景点之美。如——

北垞湖水北，杂树映朱栏。逶迤南川水，明灭青林端。（《北垞》）

轻舟南垞去，北垞淼难即。隔浦望人家，遥遥不相识。（《南垞》）

前一首层次分明，绿树朱栏历历在目，而远方的水在林端“明灭”，则闪烁变幻，不甚清楚了，这是一种重叠的深远境界。后一首由于敧湖相隔，暝漠仿佛，可望而不可即，则是一种迷远境界。由此可见，“远”，可以生成种种境界的美。正因为如此，园林游赏者往往喜爱登山、登楼远眺，或在贴水的石矶上仰望山巅……，这都是力求在视觉上远化空间距离，以求生成或深远、或平远、或高远、或迷远的种种空间意境。即使在空间不大的园林里，善于审美的游赏者观照某些景面，也总是尽可能远化距离，或把园中的亏蔽遮隔乃至雾幕雨帘都当作某种空间距离，以求感受其意境的重叠、冲融、缥缈、隐约、模糊……

祁彪佳在他颇具潜美学价值的《寓山注》中写到，寓园中有一阁，名曰“远阁”。这一命名不只是由于目力之所及，也不只是由于登阁能揽四时季相、气象之胜概，还由于“远”能使审美主体博观众美，吞吐气象，使景物尽入望中。他在文中还提出了“态以远生，意以远韵”的意境美学命题，其价值又胜似谢榛或菲希尔的提法。《寓山注》对此还作了具体的审美描述：

飞流夹巘，远则媚景争奇；霞蔚云蒸，远则孤标秀出；万家灯火，以远故尽入楼台；千叠溪山，以远故都归帘幕。若夫村烟乍起，渔火遥明，蓼汀唱欸乃之歌，柳浪听睆睍之语，此远中之所孕合也。纵观瀛峤，碧落苍茫；极目胥江，洪潮激射；乾坤直同一指，日月有似双丸，此远中之所变幻也。览古迹依然，禹碑鹄峙；叹霸图已矣，越殿乌啼；飞盖西园，空怆斜阳衰草；回觞兰渚，尚存修竹茂林，此又远中之所吞吐，而一以魂消，一以壮怀者也。盖至此而江山风物始备大观，觉一壑一丘，皆成小致矣。

这段在越中名园所写的美文，把远距离所生成的意境美，作了集中的概括和生动的描绘，而且其中既有空间距离之远，又有由此而生的时间距离之远。这两种“远”所生发的气魄、境界、意态、情韵……，统统都吞吐于文字之中了，令人信服于“态以远生，意以远韵”的美学论断。

宗白华先生曾写道：“龚定庵在北京，对戴醇士说：‘西山有时渺然隔云汉外，有时苍然堕几席前，不关风雨晴晦也。’西山的忽远忽近，不是物理学上的远近，乃是心中意境的远近。”[①] 这番论述发人深思的价值意义之一，也是关于审美距离的远近问题。

如上文所论，在园林景物的审美接受中，主体和客体的空间距离似乎是愈远愈佳，然而，主体对于客体的情感距离，则又似乎是愈近愈妙，因为这也有助于生成意境之美。

在中国审美史上，心与物通过情感而消除距离，是以庄子知鱼的故事发其端的。《庄子·秋水》中有这样一段妙文：

> 庄子与惠子游于濠梁之上。庄子曰：“鯈鱼出游从容，是鱼之乐也。”惠子曰：“子非鱼，安知鱼之乐？”庄子曰：“子非我，安知我不知鱼之乐？”……

庄子的一番话引起了多少哲学家、美学家的争论。庄子并没有研究过动物心理学，他怎能知道游鱼的从容之乐？是游鱼的从容，还是庄子自己的从容？庄子、惠子之辩孰是而孰非？…… 这个发生于中国公元前二三百年以前的“知鱼之乐”的问题，却可以借助于西方19世纪的美学和20世纪的心理学来解答。车尔尼雪夫斯基曾说：

> 在鱼的活动中却包含有许多美：游鱼的动作是多么轻快、从容。人的动作的轻快、从容也是令人神往的，……因为动作轻快优雅，这是一个人正常平衡发展的标志，这是到处都使我们喜欢的……[②]

人和鱼体现着不同的质，决不能混为一谈。然而在特定的场合下，二者又有着相关相应的一面，鱼的出游和人的出游，鱼的从容和人的从容，这也不妨看作是西方“格式塔派”心理学家所说的“同形同构”或“异质同构”，庄子在濠梁之上至少是下意识地感受到了二者各自出游从容的共同点或类似点，这是其一。而更主要的是，鱼的从容或人的从容本身和人的“生理－心理”结构（包括情感运动）中的某一形态有类似之处。这一形态，就是车尔尼雪夫斯基所说的“轻快”，庄子所说的“乐”。这种鱼、人从容优雅的动作以及与之相映对的人的情感结构的“轻快”和“乐”，都是人们喜欢的，令人神往的。正因为如此，庄子津津乐道于鱼的出游从容，并在相映对的基础上推己及物，移情于鱼，赞赏起“鱼之乐”了。于是，在庄子的审美境界中，人仿佛游于濠梁之下，鱼仿佛游于濠梁之上。在这种物我同一，人鱼同乐的情感境界里，濠梁上下的空间距离被取消了。

和庄子知鱼经验相联系的，是《世说新语·言语》中这样一段文字：

> 简文（乃东晋简文帝司马昱，而非南朝梁简文帝萧纲——引者）入华林园，顾谓左右曰：“会心处不必在远。翳然林水，便自有濠濮间想也，觉鸟兽禽鱼，自来亲人。”

仅仅把这看作是妙言隽语，是很不够的。“会心”二字，是庄子知鱼经验的继续和发展，说明在园林境界中即使是近观，只要即景会心，以情观物，也能如刘勰《文心雕龙·物

① 宗白华：《艺境》，第138页。

② 《车尔尼雪夫斯基论文学》中卷，第31页。

色》所说，“目既往还，心亦吐纳”，“情往似赠，兴来如答”。这样，就会感到审美客体“自来亲人”。这种审美的亲近感，比起庄子来，又进了一个境层：庄子只是单方面“知鱼之乐”，也就是“情往似赠”；简文帝则进而体现了“兴来如答”，感到“自来亲人”，这是审美主体情感发酵的结果。“会心”二字，可说是浓缩了的艺术心理学，更是意境接受的重要关纽。它比西方的“移情说”更适用于园林审美意境的接受。

庄子和简文帝的美谈佳话及其情感体验，在中国园林美的历程中产生了深远的影响，已成为一种历史积淀，特别是在宋元明清时代，鱼作为依水体景观类型，几乎成了园林物质生态建构必不可少的要素；在园林美的精神性建构中，也常常可见“知鱼”、“会心”的情感的物化。上海豫园有“鱼乐榭”，其东有方亭，额曰“会心不远”；苏州留园冠云台，有“安知我不知鱼之乐”的匾额……再看如下对联——

> 眄林木清幽，会心不远；对禽鱼翔泳，乐意相关。（北京北海“濠濮间”临水轩联）
>
> 子产舍鱼，溯放生之始；庄周知乐，开转偈之机。（昆明“翠湖”海心亭联）
>
> 此即濠间，非我非鱼皆乐境；偶来亭畔，在山在水有遗音。（同上）

第一副对联把庄子和简文帝二人的审美情感经验糅而为一了。“不远”和“相关”，不但点出了人与鱼的审美相关性，而且点出了心与物的情感距离不宜远，而是愈近愈妙；消除了二者的隔阂，审美意境就能达到更高的层次。第二副，为清代著名学者阮元所撰，把知鱼和放生联系起来，从而拓展到佛教及其园林景观——放生池领域。第三副，为陶澍所撰，将知鱼经验泛化了，认为只要会心相知，处处皆是乐境。以上三联，无不是庄子“知乐”体验的辐射、延伸。

再就审美主体在“远借”中与审美客体所建构的关系来看，空间距离固然以远为佳，但二者的情感距离也还是以近为妙。园林中有关“远借”的对联，通过以情观物从而化远为近的例证颇多——

> 隔江诸山，到此堂下；太守之宴，与众宾欢。（扬州平山堂联）
>
> 西岭烟霞生袖底；东洲云海落樽前。（颐和园谐趣园涵远堂联）
>
> 不设樊篱，恐风月被他拘去；大开户牖，放江山入我襟怀。（嘉兴山晓阁联）

扬州大明寺的东、西偏，分别有平远楼和平山堂，此处远望江南诸山，历历如画，取郭熙“自近山而望远山谓之平远”而题其名，又寓有江南诸山与此平之意。然而在审美远观时，情感态度似乎又缩短或取消了主体和客体之间的空间距离，感到隔江诸山“自来亲人”，已自来到了堂下。不只如此，以情观物，甚至连西岭烟霞、东洲云海、万里江山、无边风月都可以落于樽前，入于襟怀，就像昆明大观楼长联的起句那样，“五百里滇池奔来眼底”，在阔远的境界中，空间距离经由情感而转化为“无”。

这种意境接受的情感体验，不但可表现于远观，而且可以表现于近观；不但被凝铸在对联中，而且还被凝铸在园记里。洪适《盘洲记》说：“三川列岫，争流层出，启窗卷帘，景物坌至。”这是园外远方景物的由远而近。陆游《南园记》说：“奇葩美木，争效于前；清泉秀石，若顾若揖。”这是园内近处花木泉石的由近而前。它们都是审美主体以情观物，消除隔阂、缩短距离的结果，它们也都可以说是一种“零距离”。

意境接受中的化远为近，这也和中国历史地形成的观照习性、空间意识和心理结构有关。宗白华先生曾通过中国绘画和西方绘画的比较来说明这一点。他指出：

> 西洋画在一个近立方形的框里幻出一个锥形的透视空间，由近至远，层层推出，

以至于目极难穷的远天，令人心往不返，驰情入幻，浮士德的追求无尽，何以异此？

中国画则喜欢在一竖立方形的直幅里，令人抬头先见远山，然后由远至近，逐渐返于画家或观者所流连盘桓的水边林下。《易经》上说："无往不复，天地际也。"中国人看山水不是心往不返，目极无穷，而是"返身而诚"，"万物皆备于我"。王安石有两句诗云："一水护田将绿绕，两山排闼送青来。"前一句写盘桓、流连、绸缪之情；下一句写由远至近，回返自心的空间感觉。①

这段中西比较美学的阐述，是很有价值的。在中国审美史上，确实有着以情感近化或取消空间距离的悠久传统，园林的意境接受同样如此，由远至近，返回自心，就是其中一种重要的观照方式和情感态度。

第二节　闲静清和：古典园林美的接受心境

心境，对于人们接受外界的信息，感知事物的真、善、美起着重要的作用，这就是或起阻碍作用，或起助成作用。起阻碍作用的是一种负价值，如视而不见，听而不闻，食而不知其味，这是由于"心不在焉"；起助成作用的，是一种正价值，如在对某事物心往神驰的情况下，最易于心领神会。园林审美，是不同于单纯感知的一种极为复杂微妙的心理活动，它更需要有与之相生相应的心境，从而能使意境客体向审美主体生成。这种接受心境，其特质概而言之有四，曰：闲、静、清、和。列论如下：

一、闲

这是古典园林美的接受心境的第一要素，它决定着其他要素的生成和组合。对于"闲"的心境，历来阐述者较少，而值得重视的是，在桂林以奇特著称的"象山"，其水月洞中刻有清人舒书的一篇不被人重视的游记——《象山记》。记中写道：

山阴有原，日不得而照之，人不得而扰之，可以饮酒，可以弈棋，时或操琴一弄，弦声与水流风响相应，其韵为特甚。而流水既绕于座畔，则又可以垂钓……自有余来以后，水潺潺为之鸣，石硁硁为之声，花鸟禽鱼欣欣为之荣。嗟乎，象山舍余无以为知己者，余舍象山，又谁复为知己？昔人有言曰："江山风月，闲者便是主人。"余虽不敢谓象山之主人，象山曷不可谓余之知己哉？爰勒石为之记。

这段潜藏于洞府、刻勒于石壁的妙文，是颇有潜美学价值的。它通过对具体微妙的悠情闲趣的审美描述，阐述、论证了"江山风月，闲者便是主人"这一重要的美学命题。当然，这一命题并非舒书的首创，明代陈继儒就集下苏轼《临皋闲题》中这一名言："江山风月，本无常主，闲者便是主人。"②（《小窗幽记·集素》）但舒书能结合主体的具体审美感受来加以描述、阐发、论证，令人信服于"闲"的美学价值。

为什么闲者能审美地主宰江山风月呢？这里既有一个客观的条件问题，又有一个由此而派生的心境问题。

如本书第一编所论，休闲，已成为国内外一种潮流，然而人们往往不了解闲的真正价

---

① 宗白华：《艺境》，第101～102页。

② 苏轼深知"闲"对于审美接受的的价值，其著名的《记承天寺夜游》中写了月夜清影后，写道："何夜无月，何处无竹柏，但少闲人如吾两人者耳。"

值和内涵。这一问题，不妨进一步借助于西方哲学来加以阐发。在古希腊，亚蒙尼认为，人类多欲，形役于日常的物质需要，成为自己生活的奴隶，因而不复能寻求理智。亚里士多德接受了亚蒙尼关于人类本性在缧绁之中的思想而又加以扬弃，并在此基础上充分肯定了“闲暇”的价值。他认为，闲暇是求知的必要条件和重要保证，因为它不为实用功利所拘，具有不凭外物，“一切由己”的属性，因此，“知识最先出现于人们开始有闲暇的地方。数学所以先兴于埃及，就因为那里的僧侣阶级特许有闲暇”①。正是在这种有闲的条件下，人才得以沉浸于包括审美在内的充分实现的自由境界里。亚里士多德这样描述道：

> 我们俯仰于这样的宇宙之间，乐此最好的生命……。吾人由此所秉受之活动与实现，以为觉醒，以为视听，以为意想，遂无往而不盎然自适，迨其稍就安息，又以为希望，以为回忆，亦无不悠然自得。②

这有点像《庄子》中“与物为春”(《德充符》)、“乘物以游心”(《人间世》)的精神境界。这种境界的特点就是自由、自主、自适、自得，但是，如果没有闲暇作为保证，这种境界也就不可能生成。由此可见，科学、艺术、审美的活动与实现，必须有或长或短的闲暇，而真正的审美，更需要有由闲暇所派生的闲适的心境。美学正应该从这一特定的视角肯定“闲”所具有的“由己性”、“自适性”等的价值。其实，这种肯定，与人的历史物质实践并不矛盾，而只是一个问题的两个方面。

舒书在《象山记》中，用了不少“余”字，这种融和着闲适心情的主体的自我意识，也只有在有闲的条件下才能生成。有了这种意识冲动和接受心境，象山才能成为知己，水才能为之鸣，石才能为之声，花鸟禽鱼才能为之欣荣……一切才能作为自我确证的对应物而充盈着美的生命跃动。这种审美接受，借用黑格尔的话说，是“在这些外在事物上刻下他自己内心生活的烙印，而且发现他自己的性格在这些外在事物中复现了。人这样做，目的在于要以自由人的身份，去消除外在世界的那种顽强的疏远性，在事物的形状中他欣赏的只是他自己的外在现实”③。外在世界既然不再是疏远化的存在，距离既然通过情感而化为零距离，那么在审美的王国里，外在世界必然是“余”的“知己”，一切为我所用，“万象为宾客”(张孝祥《念奴娇·过洞庭》)，以至于所谓“万物皆备于我”(《孟子·尽心上》)，“天人之际，合而为一”(董仲舒《春秋繁露·深察名号》)了。

“闲者便是主人”的审美命题，还可以从反面来加以论证。在自然美或园林美面前，为生活所役而忧心忡忡的人，为事务所困而忙碌无暇的人，他们对最美的景色必然无动于中，这是由于他们在客观上无心恋景，不可能深情领略，强形式的物质需要或繁重的事务压倒了他们对美的精神需要，因此，他们在审美王国里不可能成为江山风月的“主人”，江山风月也不可能成为他们的“知己”。

从中国审美史上看，对自然美或园林美的接受，确实必须具备闲暇的条件。

东晋的名流们之所以能在兰亭醉心于江山风月的赏会，其重要条件就由于他们有闲暇，这正如曹茂之《兰亭诗》所咏：“时来谁不怀，寄散山林间。尚想方外宾，迢迢有余闲。”正因为如此，他们得以兰亭雅集，以“闲者便是主人”的审美态度赏会风月，寄散山林，既饱览了自然之美，又在一定程度上促成了时代的审美觉醒。再如陶渊明的“采菊东篱

---

① 亚里士多德：《形而上学》，商务印书馆1959年版，第3页。

② 亚里士多德：《形而上学》，第248页。

③ 黑格尔：《美学》第1卷，第39页。

下，悠然见南山”（《饮酒》），就是和亚里士多德所描述的“悠然自得”的闲适心境相通的，而这种心境又取决于陶渊明“久在樊笼里，复得返自然”所争得的“虚室有余闲”（《归园田居》）。

在唐代，白居易在庐山建构了宅园草堂。他在《草堂记》中反复说，“乐天既来为主，仰观山，俯听泉，旁睨竹树云石”；“今我为是物主，物至知知各以类至，又安得不外适内和，体宁心恬哉？……庐山以灵胜待我，是天与我时，地与我所”。这种“为主”的自我意识，与“天与我时”的闲暇中所产生的恬适心境是相应的。其《褚家林亭》还有精警的联语：“天供闲日月，人借好园林。”这也证明了“江山风月，闲者便是主人”的园林美学命题。

北宋诗人苏舜钦建构沧浪亭，也由于他反思了“向之汩汩荣辱之场，日与锱铢利害相磨戛”，从而把握了“自胜之道”，“安于冲旷，不与众驱”，才能“沃然有得”（《沧浪亭记》）。从其“迹与豺狼远，心与鱼鸟闲”（《沧浪亭》）的诗作中，可见他对于园林审美意境的接受，离不开闲暇的条件和闲适的心境。又如南宋吴自牧《梦梁录》载，杭州德寿宫有聚远楼，“屏风大书苏东坡诗‘赖有高楼能聚远，一时收拾付闲人’之句”。可见登高赏远，也离不开“闲”。

明代许玄祐建宅园梅花墅，其中有“得闲堂”，题名就表达了“闲”对于古典园林审美的价值意义。锺惺《梅花墅记》还发表了如下警辟的论述：

> 闲者静于观取，慧者灵于部署，达者精于承受，待其人而已。故予诗曰：“何以见君闲，一桥一亭里。闲亦有才识，位置非偶尔！”

这段文字，别具只眼，是对“闲”的赞颂。它不但和亚里士多德一样，指出了才识可能出现于有闲暇的地方，例如部署灵妙、位置精当的园林美的设计，就离不开园主闲暇的条件和由此产生的闲适心境，而且它从艺术接受的视角，指出了在审美的王国里，高明会心的闲者能“静于观取”，“精于承受”，园林的审美意境，正是通过一个“闲”字向审美主体生成的。

在清代，张潮也深知闲的价值。其《幽梦影》写道：“人莫乐于闲，非无所事事之谓也。闲则能读书，闲则能游名胜……”由此他想到忙与闲、住宅和园林的远与近的问题，又写道：“忙人园亭，宜与住宅相连”。这似乎有暇游园了，但只是看到问题的一面，因为忙人还存在有无闲适心境的问题。张竹坡对此评道：“真闲人必以园亭为住宅。”这里，张潮和张竹坡，都触及了园林与“闲”的关系。清人毕沅在苏州营造灵岩山馆，但其终生未有闲暇一游自己的宅园。袁学澜《灵岩山馆》诗写道：“黄金虚掷创亭台，结构随山苦费才。夜静似闻猿鹤怨，主人终老未曾回。”此诗的潜台词是：忙人何必造园！

二、静

只有闲者才能静于观取，这还足以说明：“闲”和“静”是相随而行、互为生发的。关于这一点，裴度的《傍水闲行》写得绝妙：“问余何事觉身轻，暂脱朝衣傍水行。鸥鸟也知人意静，故来相近不相惊。”由于脱去朝衣一身轻，争得了闲，也就生成了静，于是，和鸥鸟的情感距离消除了，感到它们“自来亲人”。关于“静”与“闲”的如影随形，还可举出苏州南半园一联为例：

> 园虽得半，身有余闲，便觉天空海阔；

事不求全，心常知足，自然气静神怡。

上联之“闲”，下联之“静”，是相对而出、联翩而来的。至于对艺术创造或审美接受中“静”的心境的概括，古代的理性成果是颇为丰饶的。

《老子·十六章》最早提出：“致虚极，守静笃，万物并作，吾以观复。”《荀子·解蔽篇》进一步提出了“虚壹以静”之说，认为只有进入虚心、专一、宁静的心理状态，才能很好地认识“道”。刘勰把老子、荀子的虚静说用之于美学。《文心雕龙·神思篇》说：“陶钧文思，贵在虚静，疏瀹五藏，澡雪精神。”《养气篇》说：“水停以鉴，火静而朗，无扰文虑，郁此精爽。”这是说，水静才能映物，火静才能朗照，心境只有进入不受干扰的虚静的状态，才能很好地进行艺术创造。唐宋以来的诗画美学，在传统的基础上进一步把“静”和意境美绾结起来。如唐释皎然的《诗式》强调“意中之静”，权德舆也说过，“得之于静，故所趣皆远”。直到清代恽格的《南田画跋》中，仍是强调意境的静美。他指出：“意贵乎远，不静不远”……这些言论，虽然主要是讲艺术创造的心境，但大体适用于艺术接受的心境，何况接受本身也是一种再创造。

讲到接受心境之静，审美体验最深的是苏舜钦，他在《沧浪静吟》中写道：“独绕虚亭步石矼，静中情味世无双……”景物之静和心境之静交融为一。而张炎《祝英台近·为自得斋赋》也说：“听雨看云，依旧静中好。”体会也颇深。至于富有美学深度的，则是宋代道家学程颢流传颇广的《秋日偶成》。该诗有云：“闲来无事不从容，睡觉东窗日已红。万物静观皆自得，四时佳兴与人同。……”这不但点出了闲暇与静观的相因关系，而且指出了静观万物，就能盎然自适，悠然自得，四时佳兴，与人相通。于是，春山如笑，夏山如怒，秋山如妆，冬山如睡，花鸟为我而欣荣，风月为我而清明……眼前心中，无非活泼泼的意中之境。而恽格《南田画跋》也说：“川濑氤氲之气，林岚苍翠之色，正须静以求之。”

静观，已历史地积淀为重要的园林美学概念。康熙《避暑山庄记》有“静观万物，俯察庶类”之语。就苏州园林来看，留园就有“静中观”，它企图通过特大的空窗引导人们虚壹而静地观照庭院的境界之美；怡园有董其昌所书的“静坐观众妙”刻石，它依据老子哲学，揭示了园林观照的三昧；而网师园则有中国园林里最小的桥——引静桥，它虽只须两三步即可跨过，然而它引人入静，从而令人即小观大，品赏众妙……

北京的宫苑，香山被名为静宜园，玉泉山被名为静明园，北海有静心斋，至于圆明园，更有种种有关“静观”的景点题名：静虚斋、静鉴斋、静通斋、静香观、静嘉轩、“静悟”、“静奇”、“静知春事佳”，等等。这也启示人们，静可以知，可以鉴，可以悟，可以通……，或者说园林审美意境的生成，离不开审美主体知、鉴、悟、通的静观。对此，乾隆《静虚斋》诗说得好：“领妙无过虚且静。”表达了他对审美接受的领悟。

园林的审美静观，是一个外延广泛的概念，它不但可包括观、悟、通等，而且还可包括听。袁中道的《爽籁亭记》，就出色地写了听泉的静观过程：

> 其初至也，气浮意嚣，耳与泉不深入，风柯谷鸟，犹得而乱之。及暝而息焉，收吾视，返吾听，万缘俱却，嗒焉丧偶，而后泉之变态百出。初如哀松碎玉，已如鹍弦铁拨，已如疾雷震霆，摇荡川岳。故予神愈静则泉愈喧也。

这段审美描述，具体地写了如何地进入静观境界的。一开始，气浮意嚣，无由通过听觉进入静观；以后，收视返听，凝神绝虑，体现了《老子·四十五章》所说的“静胜躁”，亦即克服了浮躁心态，于是，就能品赏泉的变态百出，进入泉韵构成的有声境界。“神愈静则泉愈喧”，就是说，审美主体愈是静观，客体通过主体而生成的意境愈富有美的魅力。同时，意境又能反过来推进审美主体的静观，。《爽籁亭记》继续写道：“泉之喧者，入吾耳而注吾心，萧然泠然，浣濯肺腑，疏瀹尘垢，洒洒乎忘身世而一死生，故泉愈喧则吾神愈静也。”意境深入心灵，使静观的审美主体更加虚壹而静。

三、清

就心境而论，“静”和“清”也密不可分，二者互为影响，互为包容：徐上瀛《溪山琴况》说：“心不静，则不清。”静能生清，而清也能生静。乾隆题圆明园《抱清楼》诗云：“妙合而凝冲以静，佳名真副抱清楼。”《静虚斋》诗云：“清思于以生，尘念于以屏。”都说明了清与静二者的相伴或循环而生。北京北海“小玲珑室”也有联曰：“有怀虚而静；无俗窈而深。”上联主要言“静”，下联主要言“清”，联语也成双作对地显示了清静对于园林审美的必要性。

所谓“清”，从心理学视角说，是抑制杂念，注意专一；从社会学视角说，是去垢绝俗，远离尘嚣；从美学的视角说，则是心灵的一种审美净化。其实，《文心雕龙》所说的“澡雪精神”，《沧浪亭记》所说的不“与锱铢利害相磨戛”，《爽籁亭记》所说的“万缘俱却”、“疏瀹尘垢”……这类心灵的清洗或净化，都属于“清”的范畴。园林的景点题名，有的也足以说明需要这种“清”的审美心境。大型的园林，如圆明园，有“涤尘心”、“洗心观妙”、洗心室、理心楼；小型的园林，如苏州畅园，有“涤我尘襟”，这都可看作是揭示了一种园林审美的接受定向，当然，这也是精神生态的定向培育。

如本书第三编第二章所论，中国古典园林较多的是建构在城市或城郊的。因此，环绕着园林的外环境，很少是清静幽美的山林湖泽，而绝大多数是繁忙喧嚣，令人目眩心迷的街市。在这样的尘俗空间包围之中，要孕育出或保持住闲雅清静的心境，是不很容易的。但是，如果审美主体不具备这种心境，那么，园林的审美意境就无由向主体生成。

宋末元初方回的美学，本质上是以“清”为重要标尺的。他的《心境记》十分重视清净的“心”对于“境”的决定作用，认为有些幽人逸客趋高骛远地寻求什么空妙超旷之境，其实大可不必，因为他们只见“境”而不见“心”。方回指出：

> 唯晋陶渊明则不然。其诗曰：“结庐在人境，而无车马喧。”有问其所以然者，则答之曰：“心远地自偏。”吾尝即其诗而味之：东篱之下，南山之前，采菊徜徉，真意悠然，玩山气之将夕，与飞鸟以俱还，人何异于我，而我何以异于人哉？……其日涉成趣而园也，岂亦抉天地而出，而表能飞翔于人世之外耶？顾我之境与人同，而我之所以为境，则存乎方寸之间，与人有不同焉者耳。

方回通过揣摩比较，认为以境而论，陶渊明与他人是相同的；以心而论，则与他人不同。由于方寸之“心”的不同，所以陶渊明那种日涉成趣的园林境界就与他人迥然有异。于是方回得出结论说：“心即境也，治其境而不于其心，则迹与人境远，而心未尝不近；治其心而不于其境，则迹与人境近，而心未尝不远。”这番话是值得深味的。这还可与《维摩诘经》相印证：“欲得净土，但净其心；随其心净，即净土净。”

方回说，“心即境也”，虽然取消了主体和客体的界线，然而他充分重视主体心灵在意境生成中的作用，认为主要地应治其心而不是治其境，这对于园林审美意境的生成，是很有启发意义的。方回总结了陶渊明的审美经验，提出所谓“治其心”，也就是要让心灵得到净化。有了这样的审美心灵，就能居尘而出尘，近俗而远俗，排除人境车马的干扰，内心呈现出一片清莹明净。

陶渊明的经验、方回的理论，在古典园林美的接受史上影响深远，在明代，南京东园有心远堂，镇江的乐志园有心远亭；在清代，苏州的逸园也有心远亭……。这些题名，有如歇后语的藏词，还暗寓“地自偏”三字。这种因为“心远”而产生的“地自偏”的感觉，能极大地促进园林意境向审美主体的生成，从而融和而为“思与境偕”、“乘物以游心”的园林审美意境。还值得一提的是广东佛山梁园有“韵桥”。什么叫“韵”？钱锺书先生曾引前人的对话，其中有“不俗谓之韵”，“潇洒谓之韵”，“夫潇洒者，清也”……[①]梁园这座别致的廊桥，架于清净无尘的绿色水环境里，自身上下色彩、造型的对比更为明显，倒影演漾，更如诗似画，可谓清而不浊，韵而不俗【图77】。它的建构特别是题名，特别强调游赏者应有潇洒出尘、清净脱俗的心境与之相对应，或者说，应体现“清”之情与“韵”之景的互为因果。

图77　岭南清韵，水情绿意——佛山梁园韵桥（李友友摄）

四、和

美，离不开和谐。中国古典美学非常强调中和之美。《礼记·中庸》说：“中也者，天下之大本也；和也者，天下之达道也。致中和，天地位焉，万物育焉。”这一哲理见之于艺术美学，《乐记》有“大乐与天地同和”之说。就中国包括园林在内的种种艺术美来

① 钱锺书：《管锥编》第4册，中华书局1979年版，第1361页。

看，它们无不通过不同的形式，共同地体现着和谐的美学原则。

园林的审美，也离不开“和”的心境。这种“和”，相通于下一章审美心理层次中的情景交融，物我同一——天人协和、身心谐调的最高境层，故特列目于此，其内涵拟留于下一章一并论析。

在特定情况下，观照的空间距离欲其远，情感距离则欲其近，而审美接受的这一“远”与“近”，又离不开闲、静、清、和四者交相为用的心境。其实，情景交融，物我同一的“和”，也就是泯却了情感距离，“近”到了二者合而为一的地步——零距离。闲、静、清、和，这是本书根据古代园林审美接受史概括出来的接受心境四要素，园林品赏者只有力求具备或初步具备这些要素，才能很好地品赏古典园林。

第五章　园林品赏的审美心理层级

一般的审美心理学，把审美心理分为感知、想象、情感、理解四个层次，这一框架，符合于普遍的、大体的情况。但是，对于中国古典园林来说，鉴于中国国情、园林历程和艺术门类的特殊性，本章对园林品赏的审美心理层次描述，始基层不是"感知"，而是游园的生理上的"劳形"，而终极层也不是一般的"理解"，而是融入哲理境界的"惬志怡神"，并认为各层次不是相互割裂、独立自足的，而是相互联系、交叉互补的。

第一节　小劳步履与大惬性灵
——园林品赏的"劳形舒体"层次

本节作为园林品赏的始基层，主要论述游赏者主体的生理层次，当然也兼及建立于其上的愉悦性灵的心理层次。

陈从周先生在《说园》里，下笔伊始就写道：

> 园有静观，动观之分，……何谓静观，就是园中予游者多驻足的观赏点；动观就是要有较长的游览线。……拙政园径缘池转，廊引人随，与"日午画船桥下过，衣香人影太匆匆"的瘦西湖相仿佛，妙在移步换影，这是动观。①

文章是从造园的角度说的。如从游园的角度来说，即使是以静观为主的网师园，"绕池一周"，或槛前细赏花石，或亭中待月迎风，也离不开移步换影的"游"。可见，动观与静观之别，是相对的，只在"游"之路程的长短不同而已。

游，是园林品赏的主要方式，这是人们的共识，但它还应该是园林品赏的目的之一。《吕氏春秋·重己》指出："昔先圣王之为苑囿园池也，足以观望劳形而已矣。"认为建构园林的目的有二：一是供人"观望"，二是供人"劳形"。这一目的论，范围不免狭隘，但却颇有见地，因为游园不同于看诗、读画、听乐、观戏，它不但要满足人们的心理需要，而且要满足人们生理需要，这后者就是"劳形"。这种"劳形"，也是一种享受，它是在优美的生态环境里的舒体乃至舒心。游园的"劳形舒体"，这应是园林美学和园林养生学的课题之一。②

从中国养生哲学的视角看，生理上的"劳形舒体"不容忽视。且不说审美心理是建立在生理的基础之上的，就人的生理机能本身说，"劳形舒体"也是调节劳逸的重要方式。陶弘景《养性延命录》说："养性之道，莫久行、久坐……"司马承祯《天隐子·斋戒》说："久坐，久立，久劳，久逸，皆宜戒也。"正因为如此，久坐室内工作的人，爱以户外

---

① 陈从周：《园林谈丛》，第1页。

② 详见金学智：《园林养生功能论》，载《文艺研究》1997年第4期，第120～125页。

散步来调节；而久困城市的人，爱到远方旅游，或赏玩山水风景，或饱览园林名胜……这是人体生理自律性的内在需求，并不仅仅是审美心理的需要，所以《诗·大雅·灵台》郑玄注说："国之有台，所以……时观游，节劳佚也。""节劳佚"，也就是调节劳逸，劳者调之以逸，逸者调之以劳。联系园林来说，游园的劳形妙在适度，它对于久劳者来说是"逸"，对于久逸者来说又是"劳"；对于日常繁忙的劳作事务来说是"逸"，对于纯粹的坐卧休息来说又是"劳"，或者说，它是摆脱了紧张忙碌状态的"闲"和"逸"，又是进入了闲散逸静状态的"劳"和"动"，这种静中有动，动中有静，是符合于"闲静清和"心态的、真正意义上的积极的休息。这是第一种意义上的"节劳佚"。

第二种意义上的"节劳佚"，是游园过程本身又体现了劳与逸、动与静的节律性交替，这可借用《周易》的哲学语言说，是"时止则止，时行则行，动静不失其时，其道光明"（《艮卦·彖辞》）。而这又与园林中各类建筑的不同功能和配置密切相关。例如廊，《园冶·屋宇》说，"宜曲宜长"，"蹑山腰，落水面，高低曲折，自然断续蜿蜒"。廊引人随，审美主体就必然如此这般地高低曲折，左顾右盼，宛转行进，这是一种轻度的劳形。又如台或某些楼、阁，是"观四方而高者"，审美主体必须步步登高，"方快千里之目"（《扬州画舫录·工段营造录》），这是更需付出一定体力的劳形。至于亭，《太平御览》引《风俗通》说："亭，留也。"《园冶·屋宇》也说："《释名》云：'亭者，停也。'所以停憩游行也。司空图有休休亭，本此义。"可见，亭又能让人或小坐停憩，或小立赏景，这是一种逸或休，它能使动观和静观相结合，而不致在游园过程中久行久劳。园林中的厅堂、舫斋、馆室、轩榭、桥梁……其室内外的木椅石凳、坐槛半墙、扶手栏杆、"美人靠"……和主体的生理需要相配合，能极大地发挥其游园的调节功能，劳者调之以逸，逸者调之以劳，于是，得以在较长的游览线上穿山越涧，登高临深，动静观赏，行走坐立……其间以审美的漫步一以贯之。这样，就真正做到"形劳而不倦，气从以顺"（《素问·上古天真论》）。在这种生理、心理功能不断得到发挥、调整、协和的基础上所产生的审美愉快，就不同于单纯的静观所得。

乾隆咏圆明园，曾写过如下之诗——

回廊不欲直，曲折足延步。一转一致幽，迎人递佳趣。（《迎步廊》）

曲廊堪屧步，佳景每迎人。……曼回临露蕙，斜转护风筠。（《迎步廊》）

突起那论径庭，羊肠盘上山顶。岂惜略劳步履，端知大惬性灵。（《磴道》）

这都形象地说明，由于曲折，就必然会更多地延步劳形；在这一生理活动的基础上审美，效果必然更佳。审美主体在移步的同时，佳景幽境就不断迎步而来：廊腰曼回，则香草带露；曲径斜转，则翠竹迎风……

乾隆诗中"略劳步履"的一个"略"字值得深味，它点出了"劳"的恰到好处。唐代名医孙思邈根据《吕氏春秋》"劳形"说，从生理学的角度进一步指出，人"常欲小劳，但莫大疲及强所不能堪耳"（《千金要方·道林养生》）。乾隆的"略劳"云云，正符合于"小劳"之说。此外，结合着种种形式的"略劳步履"的园林品赏，还能使人"大惬性灵"，不但有利于身心健康，而且有利于身心愉快，这种萌发于生理基础之上的美感，这种萌发于自然生态环境中精神生态，体现了"舒体"与"舒心"的相生相发，而这种心理，更有利于园林品赏。冯应因《散步沧浪亭、大云庵、流水居诸处》有云："散步即散闷，悦目乃悦心。闷散心亦悦，旷然惬幽寻。"这首小诗，把生理与心理、劳形与审美、自然生态与精神生态相生相发的关系集中显示出来了。

第二节　形、线“意味”之探寻

——园林品赏“悦目赏心”层次之一

本节和下节，论述园林品赏审美心理的初级层次——与主体感官相联的感知层，其中主要论述与形、线、色、光等形式美诸因素相关的视觉心理[①]，并经过对“有意味的形式”之奥秘的重点探寻，进入到有关的深层文化心理，而这种探寻，又是对审美感知层大跨度的超越……

人的感官有五——眼、耳、鼻、舌、身；感觉有五——视、听、嗅、味、触。一般认为，只有视觉和听觉才可以是审美感觉。桑塔耶纳在《美感》一书中指出：

> 视觉是“最卓越的”知觉，因为，只有通过视觉器官和依照于视觉，我们才最容易明白事物。……所谓形式——它差不多是美的同义语——往往是肉眼可见的东西……凡是有丰富多采的内容的事物，就具有形式和意义的潜能。[②]

在各种感觉中突出视觉，强调其“最卓越的”审美功能，这应该说是正确的，它对于园林品赏也是有价值的。《吕氏春秋》就把园林的功能概括为“观望”和“劳形”；《诗·大雅·灵台》郑注也概括为“时观游，节劳佚”，这都离不开一个“观”字。杭州西湖的汾阳别墅（郭庄），有亭曰“赏心悦目”，四字对园林品赏有普遍意义，说明审美应首先发挥视觉“最卓越的”功能，才能进一步臻于“赏心”的境界。关于这一点，本书许多章节中大量的审美实例，都或多或少地已涉及到，故不赘述。桑塔耶纳论述的另一价值，是给人以这样的启示：以目赏美，不能仅仅停留于其形式之美，还应进一步探寻其底蕴，以窥其内含的“意义的潜能”，而这又应联系贝尔的“有意味的形式”之说来理解。

在西方美学史上，克莱夫·贝尔第一个提出“有意味的形式”这一著名概念，认为这种“有意味的形式”正是艺术品的价值之所在。他还具体指出：

> 我的“有意味的形式”既包括了线条的组合也包括了色彩的组合。形式与色彩是不可能截然分开的；不能设想没有颜色的线，或是没有色彩的空间；也不能设想没有形式的单纯色彩间的关系。[③]

这一观点，特别适用于园林建筑的空间造型，因为建筑总离不开形（线、面、体）和色的空间组合。不过，贝尔认为形式中的意味是所谓“终极的实在”，是不可名状、不可思议之物，这就限制了人们审美品味的提升，阻止了人们对艺术品的形式美的探寻、追问。事实上，并非任何艺术品的形式美都是只可意会不可言传的。在这一点上，康定斯基的观点就较有价值。这位抽象主义绘画创始人认为，形式是有其内在意义的，“只是有时明显，有时模糊”。他在一条原注中这样说：

> 的确不能说，任何形式都是无意义的和“说不出什么来”的，世界上每一种形式都有一定的意义。但是它的信息我们往往不知道，即使知道一些，也经常没有把握住

---

① 至于园林品赏中与声以及香、味等相关的种种感知心理，散见于本书的有关章节；至于集中的论述，详见本书2000年版第404～408页。

② 乔治·桑塔耶纳：《美感》，第50页。

③ 克莱夫·贝尔：《艺术》，第7页。

它的整个内涵。①

贝尔的观点和康定斯基的观点相比，可以说，前者让人就此止步，后者却要人继续探寻。

以下，拟联系视觉经验，先对园林建筑平面、立面空间的“形”及其意味，作一初步的审美的或理论性的探寻，以求深入把握“有意味的形式”这一重要概念。

园林建筑首先离不开屋基平面之“形”，不论是建构在万寿山麓巍巍显赫的宫殿，还是建构在西子湖畔的楚楚动人的亭榭，其屋基总是一个平面，一个具有某种抽象几何图形的平面。如本编第一章第一节所论，建筑的屋基平面形式，最基本的是方和圆。在这两个最简单的形状中，就部分地积淀了我国从原始时代以来几千年“具象－抽象”的空间经验。而“有意味的形式”，应该说是人类自身活动的历史积淀，是长期以来实践经验的简化和深化的结果，它的奥秘也深藏在人们深层的文化心理结构之中。

建筑史发展到一定阶段，就产生了如下认识：在圆形的平面上建屋基，从实用角度看，不但建造难度大，而且用地不经济；至于正方形屋基，也不能充分满足实用的和审美的需要。于是，长方形的平面就开始发展起来。长方形屋基平面上的建筑，不但受光面大（南向采光），易于通风，利用率高，而且审美上体现了多样统一律。西方美学就认为，“一个直角长方形比起正方形较能引起快感，因为在长方形之中，相同之中有不同”②。确实如此，这种比例关系，是令人愉快的，西方从建筑中抽象出来的“黄金分割”，就是一种合乎比例规律的长方形。

在园林建筑中，长方形的屋基较多，以颐和园为例，仁寿殿、涵远堂、听鹂馆、鱼藻轩、对鸥舫、重翠亭……长方形几乎遍及各种个体建筑类型，其中无不蕴藏实用的意义及审美的潜能，其中包括暗含的“黄金分割”。然而，如果满园都是千篇一律的长方形，又会显得单调乏味，会扼杀美感的萌生，因此又需要方、圆来作必要的补充。

北京颐和园中，不乏方形的屋基平面，例如宝云阁就是如此，它是颇有审美意味的。方形，由四边四直角组成，具有肯定、明确的形态。在传统审美心理中，方形还有端齐、严正、庄重、安稳、凝定、静止的意味和性格，这很早就被概括在古代哲学、美学著作中——

> 木石之性……方则止……（《孙子·势篇》）
>
> 坤……至静而德方……直其正也，方其义也。（《易·文言》）
>
> 方者矩体，其势也自安。（刘勰《文心雕龙·定势》）

这种方形所表现出来的“势”，是人们从对木、石等大量事物的观察中得来，并历史地积淀于视知觉经验的结果。阿恩海姆说：“我们可以把观察者经验到的这些‘力’看作是活跃在大脑视中心的那些生理力的心理对应物……虽然这些力的作用是发生在大脑皮质中的生理现象；但它在心理上却仍然被体验为是被观察事物本身的性质”。③ 于是，就产生了“方正生静”、“方者自安”的有意味形式，产生了主、客观相对应统一的“体”、“势”的协同性。它说明了：在特定的审美心理结构中，不同的“体”会生发出不同的“势”来，而这正是形式美的一种空间意味。当然，它也可说是一种“第三性质”。

颐和园著名的宝云阁，居于五方阁的群体建筑的中心。五方阁的群体屋基本身就是大的平面方形，宝云阁的台基——须弥座位居正中，也呈方形，而以正方形为屋基平面的宝

---

① 瓦西里·康定斯基：《论艺术里的精神》，第66页。

② 黑格尔：《美学》第3卷上册，第64页。

③ 鲁道夫·阿恩海姆：《艺术与视知觉》，第11页。

云阁又耸立在台基之上，坐镇中央，被四面八方构成方形的廊阁围拱着【图 78】，这种方中套方的结构形式特别能给人以悦目赏心的安定感、静穆感。加之宝云阁通体均系铜质铸成，更增强了建筑群中心的稳重感、严正感。这组匠心独运的空间造型虽然和佛教的“曼荼罗”有关，但它所含茹的哲学意蕴，也可借用《淮南子·原道训》中的话来加以阐发：“得道之柄，立于中央；神乎化物，以抚四方。”以宝云阁为中心的五方阁，若明若昧地显现出一种关于宇宙本体和空间方位的意味，它是人们通过悦目的“方正”形式可以透视到“由美入真”的有意味的空间造型。

圆形，也有一种体势感。见于古代哲学、美学著作，如——

图 78 “其势也自安”——北京颐和园铜亭（蓝先琳摄）

> 木石之性……圆则行。（《孙子·势篇》）
>
> 圆者规体，其势也自转。（刘勰《文心雕龙·定势》）
>
> 夫物圆则好动……（《苏氏易传》）
>
> 天圆则须转，地方则须安静。（《二程遗书》卷二）

试看北京天坛里的一些大型建筑，无不能使人由静见动，产生“天圆则须转”的视觉审美心理，体现出天道运转无穷的、既悦目又赏心的文化意味。北海的白塔，则以其浑圆的造型能引起人“蓍之德，圆而神”（《易·系辞上》）的联想，它也含茹着生生不息、运行不已的意象。

如果说，大型的圆形空间造型往往和“天道”、“神道”联在一起，那么，小型的圆形空间造型往往和“人道”联在一起，具有世俗的审美价值和丰富的人情味。例如北京宁

图 79 “其势也自转”——北京北海见春亭（蓝先琳摄）

寿宫花园中的碧螺亭，就显得灵巧可亲，圆满无缺。而在审美感觉上，它的“体”也给人以圆转、流动的势感，这是又一种由静见动的审美意味。小圆亭如北京北海的见春亭【图 79】，也踞于山上，人们仰首也可见其有一种亲切的、引人入胜的“似动感”，这由于它的屋顶、屋身、屋基都是圆的。

八角形，这既是对方形的超越，又是向圆形的靠拢，它也兼有圆形的体势。正因为如此，颐和园的“转轮藏”的两个配亭，其内外两层均作八角形，外空内实，给人以走马灯般“其势也自转”的流转感、运动感。

扇面形是部分的“圆”，它也往往有圆转、运动的态势。苏州狮子林扇子亭的形式处理是颇有审美意味的。这个扇子亭在一条直廊的尽头，如果人们由西步入直廊，就可能发现扇子亭似乎在转动，这是巧妙地运用直线和圆边相接，借助于艺术对比和视错觉而取得动势意味的一个赏心悦目的佳例。

再探寻线以及线、形组合的审美意味。江南园林多用云墙，墙顶呈西方美学颇为称许的波纹线。这种云墙也适应着审美主体的心理结构，颇能孕育动势意味。朱光潜先生曾依据斯宾塞的“筋力节省”说发挥道：

> 波纹似的曲线是一般人所公认为最美的线，依斯宾塞说，它所以最美者就由于曲线运动是最省力的运动。直线运动在将转弯时须抛弃原有的动力而另起一种新动力，转弯愈多，费力愈大。曲线运动则可以利用转弯以前的动力，所以用力较少。①

如拙政园、留园的云墙，其屋顶就呈长长的宛曲延伸的波纹线，波峰和波谷交替出现，起伏自如，颇能生发出最省力的动势美，令人心波荡漾，随之而起伏流动。按惯例，云墙上还得配以“其形团圈”的月洞门，这就更富有圆转流动的审美意味了。上海豫园的龙墙，是对云墙进一步的装饰化，观赏者借助于筋力感觉，似可看到墙顶的龙在毫不费力地蜿蜒游动，意趣无尽。

在苏州网师园的月到风来亭，隔池观赏“射鸭廊”、歇山方亭一带的粉墙对景，就可以发现一幅极其优美的线、形组合的空间构图：大片山墙块面直线上部，出现形态同中有

① 《朱光潜美学文集》第 1 卷，第 240 页。

异的三个“观音兜”，其双向反弧曲线构成了有意味的波状天际线，有极高的品赏价值①，并可作为荷加斯《美的分析》的极佳例证，它足以说明：

直线与曲线结合形成复杂的线条，比单纯的曲线更多样，因此也更有装饰性。

波状线，作为美的线条，变化更多，它由两种对立的曲线组成，因此更美……

没有任何装饰的平面，如果运用得当并与多样相对应，补充多样性，也会变为令人愉快的。

巧妙组合的艺术，无非就是巧妙运用多样化的艺术。②

再如苏州环秀山庄的边楼【图80】，其屋基平面仅仅是带状的长方形，然而，造园家善于在狭长的小空间里大做文章，使屋顶高低相杂，檐角曲直相破，墙壁正斜相交，立面前后相错，楼廊虚实相映……构筑形式既丰富，又完整；既多样，又统一。其作为园墙的天际线，本为平板单一的直线，然而其北段经过檐墙的一波三折，往上提升为第二高度的直线，于是，天际线也变得丰富多采了。这座边楼的艺术构成，犹如以建筑形式“刻”成的精美的贴墙浮雕——透雕，其寓多样统一于精美形式的意味也令人品赏不尽。

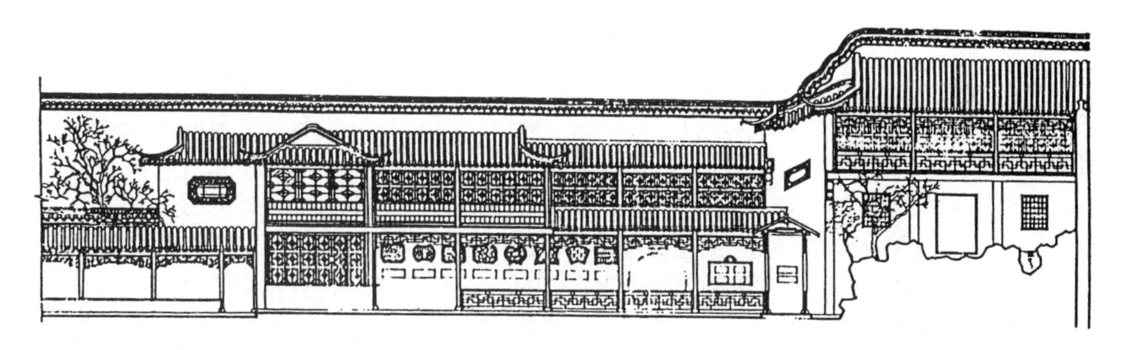

图80　精美建筑，贴墙透雕——苏州环秀山庄边楼正立面（选自刘敦桢《苏州古典园林》）

再如，站在北京颐和园排云殿西侧面仰视，可看到排云殿、德辉殿、佛香阁等个体造型所构成的建筑群重重叠叠，层层升高的画面，而画中的线条，或横或直，或斜或曲，立体交叉，相互错综。就屋顶来说，它就不同于江南园林以单檐为主的造型，而是重檐、三檐，以繁复为美，再加上廊柱、斗栱、兽吻、彩绘，更显得华美繁富。杜牧《阿房宫赋》说：“廊腰曼回，檐牙高啄，各抱地势，钩心斗角。”这正是历史地概括了古代宫殿建筑群空间立面造型的审美特色。排云殿、佛香阁一带的群体立面组合，典型地体现了这种繁复交错、“钩心斗角”的集合美，这也是一种悦目赏心的立体的“有意味的形式”。

第三节　色、光“意味”之探寻

——园林品赏“悦目赏心”层次之二

园林建筑的空间造型，不但离不开一定的形与线，而且离不开一定的色。作为形式美

① 详见本书第1版，江苏文艺出版社1990年版，第189～191页。

② 均见威廉·荷加斯：《美的分析》，第45、26、49页。

的要素，色彩随着人类审美史的发展，愈来愈多地具有特定的表情意味和象征意味。但它们也暗含着，深蕴着，以其诱人的魅力吸引着爱美的人们去深思，去追问，去探寻。

阿恩海姆在《艺术与视知觉》中，曾综合概括了歌德和康定斯基对于色彩的研究，其中有些观点特别符合于中国古典园林的美学，可借以探究北方宫苑建筑最引人注目的黄色和红色的形式意味。歌德认为，“当黄色得到红色的加深时，就增加了活力，变得更加有力和壮观”，“红黄色能督促我们前进和参与更多的活动”。他还把黄、红色称为“积极的（或主动的）色彩”。北京宫苑建筑中黄、红的主色调，和歌德所揭示的这两种“进色”的积极表现性质，其意味信息不能说没有某种契合点。关于这两种色彩的审美意味，康定斯基说得更为具体。他认为，“任何色彩中找不到在红色中所见到的那种强烈的热力”，并进而指出，红黄色“能唤起富有力量、精神饱满、野心、决心、欢乐、胜利等情绪”[①]。这几乎可看作是针对中国皇家宫苑、宫殿建筑的色彩而言的。北京故宫的屋顶一律用黄色的琉璃瓦，颐和园的建筑物特别是排云殿、佛香阁一带的屋顶主要用黄色的琉璃瓦，这些宫、苑的门、柱等主要用红色重彩，这都是和传统的深层文化心理联在一起的，都是和皇家的心理——企求积极、有力、强烈、壮观、欢乐、胜利……有着“异质同味”的审美联系。这些，正是宫苑、宫殿建筑的红、黄色调所深蕴或暗含的意味信息。

这类意味信息，西方有的学者也已作过接受和反馈。黑格尔认为，红色是“符合带有丈夫气，统治地位和帝王威风的东西”[②]。这一观点，一方面是从大量审美的历史事实中概括出来的，另一方面又系受歌德的影响。歌德曾说，“纯粹的红色能够表现出某种崇高性、尊严性和严肃性”，“使人敬畏”，它“之所以被称为帝王的颜色，这与它那和谐性与尊严性是一致的”；至于黄色，它也“能够象征尊贵（例如，它在中国是象征皇帝的颜色）”[③]。作为严肃的学者，歌德是言之有据的。早在汉代，黄色在五色中就列第一。董仲舒《春秋繁露·五行对》就说：“土者，五行最贵者也，其义不可以加矣……五色莫盛于黄。”黄，正是“中央戊己土”的颜色，故用为皇家色彩。又据宋代王楙《野客丛书》“禁用黄”条载：“唐高祖武德初，用隋制，天子常服黄袍，遂禁士庶不得服，而服黄有禁自此始。”这就是把黄色作为一种尊贵的象征，从而维护着一种唯我独尊的威严性。在宫殿、苑囿中同样如此，红黄的主色调显示着壮丽风格的崇高性，表现着不可一世的尊贵性，象征着皇权神圣不可侵犯的严肃性。试看，在紫禁城的乾清宫或太和殿建筑群中，在颐和园排云殿或佛香阁建筑群中，黄与红主宰着，闪烁着，它配合着丰隆巍峨的宫殿形象，纳朝曦而霞烂，激夕影而电扬，呈现出一派璀灿辉煌的万千气象，使建筑的空间造型“变得更加有力和壮观”。它作为审美对象诉诸与之相应的主体，于是成为崇高的造型，尊贵的具象，严肃的象征，帝王的色相，也就是成为色彩空间造型的一种“有意味的形式”。鉴于颜色的精神意味，鲍山葵曾引裴德的话说，颜色是“加在东西上面的精神，东西靠了颜色而成为这个精神的表现”[④]。这完全适用于中国宫苑建筑的色彩。

这里，还可以借用李泽厚先生的“积淀说”来加以进一步的论证——

在对象一方，自然形式（红的色彩）里已经积淀了社会内容；在主体一方，官能

---

① 见鲁道夫·阿恩海姆：《艺术与视知觉》，第469～472页。

② 黑格尔：《美学》第3卷上册，第275页。

③ 见鲁道夫·阿恩海姆：《艺术与视知觉》，第470、471页。

④ 鲍山葵：《美学三讲》，第29页原注。

感受（对红色的感觉愉快）中已经积淀了观念性的想象、理解。

> 人的审美感受之所以不同于动物性的感官愉快，正在于其中包含有观念、想像的成分在内。美之所以不是一般的形式，而是所谓“有意味的形式”，正在于它是积淀了社会内容的自然形式。①

宫苑建筑的红、黄色的有意味的造型，也体现了主、客体双方由社会内容到感性形式、由想像理解到感官愉快的悦目赏心的历史性积淀过程。不过，在这一美的历程中，形式所积淀的内容、感官所积淀的想像理解，也会随时光的流逝而淡化，从而年复一年地损失其象征性、表现性的意味，甚至净化为一种纯粹的形式和形式感，或凝固为一种模式，一种规范。

对于宫苑建筑以红、黄为主色调的有意味的造型，尽管作为游赏者的审美主体不一定都能接受其内容意味的信息，但它仍不失其为一种有意味的形式，因为其中还积淀着审美效果极佳的形式意味。这种色彩造型的模式，同样是千百年来人们关于纯形式的审美经验的结晶，其具体表现就是：不同的色彩在建筑的不同部位恰恰都能取得最佳的光影效果，都能分别给人的视觉以最大的愉悦。大画家达·芬奇通过对色彩的长期观察研究，概括光和色的美学关系说：

> 不同颜色的美，由不同的途径增加。……青、绿、棕在中等阴影里最美，黄和红在亮光中最美，金色在反射光中最美，碧绿在中间影中最美。②

中国宫苑建筑的屋顶用黄色琉璃瓦，门、柱等用红色，它们都能最大程度地受到阳光强烈的照射，在亮光中显示出最美的观赏效果，而屋檐下的梁枋斗栱，则主要绘以青、绿等冷色、暗色、退色，这不但能和屋顶、屋身的黄、红等暖色、明色、进色取得鲜明的对比效果，并增加檐下“似退”的空间深度，而且其本身在檐下的中等阴影里也能取得最美的观赏效果。另外，檐下还有着复杂微妙的反射光，这是因为梁枋等往往还饰以金色的线条图案，闪烁着最迷人的美。这种最佳的有意味的处理方式，则又是建筑技师、工匠们千百年来历史经验的积淀，更是多少世纪来民族审美意识中关于建筑美和色调美两相交融的产物。这种纯粹的形式意味也是耐人品赏的。正因为如此，著名建筑学家梁思成先生指出：“从世界各民族的建筑看来，中国古代的匠师可能是最敢于使用颜色、最善于使用颜色了。”③ 这是从包括北京宫苑在内的中国建筑艺术的历史实践中概括出来的。英国美学家莫里斯曾说过，建筑是“人类生命的表现”，这是十分精彩的观点；他又批评说，“不是设法把自己的灵魂灌注到其中去，是不擅长建筑的种族”，而“中国人是其中的典型”④。这就是一种误解，说明他根本没有读懂中国建筑，更读不懂这种有意味的形式。

至于以苏州园林为代表的江南园林建筑的色调意味，迥然不同于北京宫苑建筑的“彩色”意味，而是一种“极色”意味，其中别有审美天地。

白和黑，这是色彩序列的两极，中国古老的太极图就由此而构成。苏州园林建筑正是以这两极作为色调的主宰的。在园林中，各种各样的景和色，都被包围在由黑和白这两种“极色”所构成的围墙之内；园中建筑的其他色彩，也都融和于白墙黑瓦的块面之中。

---

① 李泽厚：《美的历程》第4、25页。

② 戴勉编译：《芬奇论绘画》，第121页。

③ 梁思成：《中国古代建筑史六稿绪论》，《建筑历史与理论》第1辑，江苏人民出版社1981年版，第11页。

④ 转引自鲍桑葵：《美学史》，第582页。

车尔尼雪夫斯基曾经说过：

> 黑白两色对随便那种颜色都是一样适合的，因为说实话，它们并不是什么颜色；白色，这是一切颜色的结合点；黑色，这是缺乏任何颜色的表示。[①]

这话不无道理。作为极色的白色和黑色，从这一意义上理解，又可说是无色或本色。中国古典美学所崇尚的，正是这种无色之美、本色之美，而其思想根源，可追溯到古老的“白贲”、“尚质”的哲学、美学思想。不妨先打开有关典籍——

“贲”，为《周易》的卦名，从“贝”，本义为装饰，即绚丽华饰之美；“白贲”，则是其反面。《易·贲卦》说：“上九，白贲，无咎。”指的正是这种无色或本色之美。而刘熙载《艺概·文概》对《周易》中的“白贲”之美进一步作了高度的概括和评价，指出：“白贲占于贲之上爻，乃知品居极上之文，只是本色。”他把“白贲”评为“品居极上”之美。

刘向《说苑》也载有孔子这样一件事：孔子得贲卦，意不平。学生子张问其故，孔子说：“贲，无正色也”，“吾闻之，丹漆不文，白玉不雕，宝珠不饰，何也？质有余者，不受饰也。”可见，在孔子看来，“饰”是无足轻重的，而不文不雕不饰的“质”，才是品居极上的“正色”。

《老子·三十八章》说：“处其实，不居其华。”[②]《韩非子·解老篇》这样解释说：“夫君子取情而去貌，好质而恶饰……和氏之璧，不饰以五采；随侯之珠，不饰以银黄。其质至美，物不足以饰之。”这里，儒家学派的孔子、道家学派的老子、法家学派的韩非，在“处实而弃华”，“好质而恶饰”的美学见解上达到了某种一致。

中国历史上，白贲、尚质的思想不但突出地体现在先秦以及尔后的哲学、美学之中，而且集中地体现在三类艺术品种之中。其一是只有黑白二色及其溶和互渗的水墨画。传为王维的《山水诀》就说：“夫画道之中，水墨最为上，肇自然之性，成造化之功。”在传统绘画美学中，水墨画是“正宗”，是品居极上的画种。此外，还有墨竹、墨梅……其二，是书法艺术，其经典是汉碑和晋帖，而汉碑是黑包围白，晋帖则是白包围黑。[③]其三，是以黑白为主宰的、以苏州为代表的江南古典园林建筑。这三类艺术品种，都把美学中白贲的理想境界物化为静态的作品，使人直观到“见素抱朴”（《老子·十九章》）的具体形象，使人直观到“质”有余而不受饰的典型画面。

苏州古典园林粉墙黛瓦的无色之美，也和水墨画一样，表现为不施彩色而能肇自然之性，成造化之功。笪重光《画筌》说：“间色以免雷同，岂知一色中之变化；一色以分明晦，当知无色处之虚灵。”苏州园林中的色调美也有类于此。

黑白二色，是明、暗两种光度的极致。黑色的屋面和白色的墙壁相组合，对比效果鲜明强烈，显得黑愈黑而白愈白，分外醒目。而灰色的水磨砖往往作为门框、窗框、勒脚等介乎其中，这种中性色，和黑相比是“明”，和白相比则是“暗”；其实，白就是极明的灰，黑就是极暗的灰。在园林建构中，光度最高的白、光度中等的灰、光度最低的黑，三者有统一，有比较，有层次，有变化，构成了非彩色的色阶序列。不过，最有审美价值的

---

① 《车尔尼雪夫斯基论文学》中卷，第101页。

② 《老子》、《庄子》与这方面有关言论较多，参见本书第四编第一章第四节。

③ 其实，文人们所雅好的琴、棋、书、画，无不是黑白文化之所钟。详见金学智：《苏州园林》（苏州文化丛书），第157～161页。

还是园林的白墙，它往往成为园林中景物的有意味的背景。陈从周先生指出：

江南园林叠山，每以粉墙衬托，益觉山石紧凑峥嵘，此粉墙画本也。若墙不存，则如一丘乱石，故今日以大园叠山，未见佳构者正在此。①

白墙的“画本”作用，还在于它拥有最佳的空间——“受影”面。迎风摇曳的竹，参差高下的树，被日光或月光映在粉墙之上，就是一幅绝妙的天然图画，这种粉墙为纸，竹树为绘的“水墨画”，颇多审美意味。如在苏州留园廊墙间，摄影家就以其锐敏的目光，捕捉到了一幅水晕墨章，气韵生动的泼墨画或“一色以分明晦”的淡墨画【图81】，令人联想起杜甫“元气淋漓障犹湿”（《奉先刘少府新画山水障歌》）的名句；联想起郑板桥一段著名的话：“凡吾画竹，无所师承，多得于纸窗粉壁，日光月影中耳”（《竹》）……如果人们把视线再转向姹紫嫣红、翡绿鹅黄的花树本身，那么又会发现，其冶艳多姿的色与形，更会由于借助白墙为底的映衬而分外凸显，倍增其明丽度，这又是粉墙为纸，花树为绘的“重彩画”了。这里，无论是“水墨”还是“重彩”，也都是“有意味”的空间造型，也是离不开“无色处之虚灵”之美的。

图81　浑化脱化，水晕墨章——苏州留园廊墙光影如画（陆　峰摄）

陈从周先生特别赞赏江南古典园林虚灵的无色之美。他曾在《说园》中这样强调：

园林中求色，不能以实求之。北国园林，以翠松朱廊衬以蓝天白云，以有色胜。江南园林，小阁临流，粉墙低亚，得万千形象之变。白本非色，而色自生；池水无色，而色最丰。色中求色，不如无色中求色。故园林当于无景处求景……②

---

① 陈从周：《书带集》，第59页。

② 陈从周：《园林谈丛》，第12页。

这段文字，言简意赅，内涵丰富深刻，它把《老子》中“大象无形”“无为而无不为”的哲学，和以苏州为代表的江南园林的色彩美学结合起来，提出了“无色中求色”的美学命题，这对于提高园林美的创造和品赏水平，是颇有裨益的。

园林里于无景处求景，莫如在墙上、地上寻寻觅觅，去倾听黑与白的协奏，光与影的交响。笔者曾为一本园林摄影画册作序云：

> 日光，是美的；月色，更迷人……在苏州园林，光与影有着丰富的表现：台阶前，曲栏旁，溪岸边，山路上，那婆娑的花树，虬结的藤廊，雅致的栏靠，精美的漏窗，滤下了月色或日光。于是，到处金斑点点，银丝缕缕，阴阳相杂，不可名状，如音阶之高低，如旋律之抑扬，如乐思之呈现，如调性之升降，如织体之流动，如八音之交响。这种光影错综的协奏曲，是无声之音，无色之相。于是，一些古诗名句也会跃进人们脑际：“月移花影上栏杆”，“云破月来花弄影”，“疏影横斜水清浅”，“明月松间照，清泉石上流”……①

这种有意味的寻觅与品赏，是力求把诗情、画意、乐韵、影调融而为一。

再从审美主体的心理效果来看，事实早已证明，不同的色调会引起不同的生理、心理效应。阿恩海姆曾指出：“强烈的照射、高浓度和磁波波长很长的色彩等都能产生兴奋，例如，一种明亮的和比较纯粹的红色就比一种暗淡的和灰度较大的蓝色活跃得多……某些试验曾经证实了肉体对色彩反应，例如弗艾雷就在试验中发现，在彩色灯光的照射下，肌肉的弹力能够加大，血液循环能够加快，其增加的程度，‘以蓝色为最小，并依次按照绿色，黄色，橘黄色，红色的排列顺序逐渐增大’”②。这是有其实验生理学、心理学的依据的。北京宫苑建筑的红、黄主色调是一种强烈刺激，引起人的亢奋欣动反应；而苏州宅园建筑的黑、白主色调，呈现素净淡雅的本色之美，温和而不刺目，给人以心理的抚慰，引起的是闲适宁静的反应。

色和光也是不可截然分开的。南方园林还有意识地建构明显彩色之光的空间，用以寄寓某种审美意味，暗示某种审美情调，如建筑装修中彩色玻璃的利用。桑塔耶纳说：

> 最锐感的美可能富有感情的暗示。彩色玻璃……以大量色彩来产生有力的直接影响，加强一种情调，这种情调终必依恋于最理想的事物……代表了那些对心灵具有同样威力的另一种绝对境界。③

这话在一定程度上适用于中国古典园林建筑。苏州拙政园“卅六鸳鸯馆”的四个耳房，窗格的图案是海棠形和菱形互为“图－底”，海棠形中嵌以普通玻璃，菱形中则嵌以蓝紫色玻璃。光线透入室内，二色交映生辉，这除了悦目赏心以外，不无感情意味。红、黄色属于进色，能激起人更多的动感，而蓝、紫色光波极短，刺激很小，属于退色。这种退色和历来园主的隐逸意识有着或隐或显的异质同构的联系。这还可以用反证法来说明，一个具有隐逸意识的园主人，他决不会用红、黄色的玻璃来采光。鲁奥沙赫通过对色彩的个性爱好的研究指出：“凡是那些能够控制自己感情的人，往往喜爱蓝色和绿色，而不喜欢红色。”④ 隐逸意识正是一种自我控制的感情，一种对理想的依恋，它通过蓝紫色玻璃的光，

---

① 金学智：《美在诗情画意中》，载陈健行摄影画册《苏州园林》，中国旅游出版社2000年版，第2页。

② 鲁道夫·阿恩海姆：《艺术与视知觉》，第460～461页。

③ 乔治·桑塔耶纳：《美感》，第51页。

④ 转引自鲁道夫·阿恩海姆：《艺术与视知觉》，第475页。

透露了此中信息，或者说，这正是一种“富有感情的暗示”。而岭南园林则不然，如可园双清室、番禺瑜园船厅等，其门窗除了无色玻璃外，还间以红、黄、蓝等色，显得艳丽多彩，这是由于受当地外向型人文、经济环境的影响，价值取向和审美趣味有所不同，而其园林也追求现实生活的享受，表现情感的欢乐，因而园林建筑中彩色玻璃的光色，具有开放性（接受外来影响）、世俗性、享乐性、装饰性的意味特色。当然，这又与“三分匠七分主人”（计成《园冶》）的选择密切相关。

中国古典园林中的建筑，通过线、面、体、色、光等抽象的造型因素，建构了悦目赏心，意味不尽的空间。它所暗含和深蕴的，既有内容意味，又有形式意味；既有哲理意味，又有表情意味；既有象征意味，又有直感意味；既有视觉意味，又有筋力意味……它们丰富多采，又朦胧于隐显明昧之间，根植于深层文化心理结构之中，然而，其意味内涵不是全然不可名状的，它们的意向性诱惑着人们作多角度、多方位的审美探寻。对于园林建筑，只有含品赏其意味特别是形式意味于悦目赏心之中，才不是“走马看花”的“看”，而是深入其中的“品”，才称得上是高层次的审美品赏。

第四节　“随缘遇处皆成趣”种种

——园林品赏的“因情迁想”层次

本节主要论述园林品赏的“情感－想像”层。这种审美心理已升华到较高的境层，并有其多向性，涵盖面极广，不但联结着园林美的品赏，而且联结着园林美的创造，甚至还联结着咏写园林美的生态文学创作。

范景文《集李戚畹园》写道：“人巧为山水，要令情性俱。”这是说，要游赏由人工巧思建构的、作为审美客体的山水园林，应该让审美主体的情性与之相生相应。而这和古代诗论中的意境说——“意与境会”（权德舆《左武卫胄曹许君集序》）、“思与境偕”（司空图《与王驾评诗书》）是完全一致的，它是园林品赏乃至一切审美活动必须具备的条件。

审美必须“令情性俱”或“思与境偕”。这一点，在古今中外的哲学、美学、心理学著作中可以找到印证。《荀子·正名》说：“心忧恐则……耳听鼓钟而不知其声，目视黼黻而不知其状……”这说明要欣赏事物的美，必须排除“心忧恐”之类的消极情感。《吕氏春秋·适音》说：“耳之情欲声，心不乐，五音在前弗听；目之情欲色，心不乐，五色在前弗视。”这又说明，耳目之欣赏音色，情性必须悦乐。同理，游园“要令情性俱”，首先要有乐而不忧的情性与之相俱，或者应将既有的忧郁等情感在游园的过程中很快地加以排遣、宣泄，让悦乐之情取而代之，这才能很好地品赏园林美。

正因为如此，在中国造园史和游园史上，“乐”字总是一以贯之的。先秦至秦、汉的园林，就已具有乐善统一的功能秉性，如囿圃渔猎在当时已成为“游乐的行事”。再如，商纣“乐戏于沙丘”苑台；文王之囿“与民同乐”，“民欢乐之”；梁惠王于沼上“顾鸿雁麋鹿”也是“乐”，但不论它们有何区别，总是一种感性生活的“乐”……这类宫苑之乐，直至清代而未变，如乾隆在《圆明园四十景·澹泊宁静》中，也有“境有会心皆可乐”之语，而圆明园的题名，也有怡心轩，知乐轩、悦心处、“乐安和”、“泉石自娱”、“怡情丘壑”……时代迥乎不同，苑囿的形态内涵也各有殊异，然而它们都集中到一个共同的焦点，这就是“怡”、“悦”、“乐”、“娱”之情。

再看宅园系统，以北宋文人园为例——

各尽其分而安之，此乃迂叟之所乐也……因合而命之曰：独乐园。（司马光《独乐园记》）

穷通虽殊，其乐一也……颜子在陋巷不改其乐，可谓至德也已。予尝以“乐”名圃，其谓是乎？……揭厉于浅流，踌躇于平皋，种木灌园，寒耕暑耘，虽三事之位，万钟之禄，不足以易吾乐也。（朱长文《乐圃记》）

在独乐园、乐圃中，或在不以“乐”字题名的园林中，不论园主赋予“乐”以什么样的含义，但其心理效应则同，“其乐一也”。在明、清时代，见诸宅园题名的，有上海的豫园、苏州的且适园、扬州的偕乐园、北京的自怡园……人们生活于其中，怡情丘壑，陶然自乐，赏心悦目，以娱其天。这也说明，品赏园林首先需要闲适怡乐之情相伴随。

本节标题中的“因情”二字，撷自中国美学史上最重“情”的明代戏曲家汤显祖的“因情成梦”（《复甘义麓》）之语；本节的“迁想”二字，撷自东晋画家顾恺之《魏晋胜流画赞》中的“迁想妙得”之语。此语的起点是想像。“艺术欣赏是人类所独有的精神活动……没有最起码的想象，就谈不上任何艺术欣赏。”[①]“迁想妙得”的美学意蕴是什么？研究家指出，“在佛学或玄学的意义上，‘迁想’都是一种不为可见的形象所拘束，超于可见的形象之外的想象……只有不拘泥于眼前的形象，能够求之象外，才能感受、捉取那超于象外的微妙的‘神’。所以，‘迁想’是为了‘妙得’，也唯有‘迁想’才能‘妙得’’”；而且“这种想像同时是一种充满精神性的感悟，不同于为某种功利目的所进行的纯理智的想像”。[②] 中国古典园林品赏和创造所需要的，正是这种深入地把握审美客体神韵的“迁想妙得”。这种迁想妙得，其表现有种种：转态、比物、拟人、移情、通感、补虚……。这些表现，又是相互联系、相互渗透的，当然它们各有不同的特点。简论如下：

一、转态

在园林品赏时，审美主体经由迁想妙得，往往会使景物的形态、定性发生变化，或由此而变彼，或由彼而变此，从而倍增情趣。

范景文在《香山诗》一诗中写道：“峰势矫然飞欲去，绀殿巧得山意助。”这种品赏，也显示了审美主体的高水平。先说后一句，深青而带红色的殿宇是美的，而幽深秀丽、高下殊致的香山（静宜园所在地）也是美的，然而范景文却不是把它们分开，作孤立的观照，而是把它们组合在一起，作为一个整体来品赏，感到殿得山意而愈如美妙，山得殿色而分外精神，于是一个完整的美的意境粲然呈现于心目，这首先是符合于园林意境生成的互妙相生律的。再看第一句：“峰势矫然飞欲去”。这是主体借助于“似动感”实现飞动想象的结果。静态的山峰飞向了心灵的天宇，这种化静为动的品赏，比起就山观山，就静观静来，是进了一个境层。这种迁想妙得，对于园林品赏来说，是极有价值的。黑格尔就曾说过：“审美带有令人解放的性质，它让对象保持它的自由和无限……”[③] 把静态转化为矫然欲飞的动态，这也是一种想像的解放，静态的山似乎变得“自由和无限”了。

---

① 金学智：《欣赏·想象·知音——试论想象在艺术中的作用》，载龙协涛编：《鉴赏文存》，人民文学出版社1984年版，第307页。

② 李泽厚、刘纲纪主编：《中国美学史》第2卷上册，第488～489、490页。

③ 黑格尔：《美学》第1卷，第147页。

江苏如皋水绘园曾有亭曰“波烟玉”，取李贺《月漉漉篇》“月漉漉，波烟玉”诗意为题。作为审美主体的品赏者，如果“思与境偕”，借助于这一诗意来定向接受，就会把这里的月色或迁想为液体——“波”，或迁想为气体——“烟”，或迁想为固体——“玉”，这种物体三态的转换，景物定性的改变，是又一种审美的转态。如是，水绘园动态的水，在品赏者的心灵空间里，也获得了形态的“自由和无限”。同样，扬州瘦西湖的“月观”有联曰：“月来满地水；云起一天山。”这也是具有复杂变化的转态，也是以丰富而又飞动的想像为前提的，是极佳的品赏启导。

二、比物

园林品赏中的比物，是根据某一景观或景物的特点，通过迁想将其比作他物。席勒在《审美教育书简》中说，“对人说来，美无非是能够给他带来刺激和素材的东西”，它激发人们的想像，而“想像纯粹在自己的活力和自由无羁中感到快乐”①。迁想比拟的妙得，也能在这种自由无羁中赢得愉悦。

以题咏园林景观的诗歌、对联为例——

松排山面千重翠，月点波心一颗珠。（白居易《春题湖上》）

风前竹韵金轻戛，石罅泉声玉细潺。（北京中南海听鸿楼东室联）

布席只疑天上坐，凭栏何异镜中游。（北京北海画舫斋联）

在园林里，种种美都给人带来刺激，引发迁想，于是把月、竹、泉、池等比作珠、金、玉、镜；于是，在心目中，在意象里，景色更美妙了，而心情也更愉悦了。

在园林里，最能引发比拟迁想的，莫过于奇形怪状的湖石。它“物象宛然，得于仿佛”（孔传《云林石谱序》），似人似物，不一而足。白居易《太湖石记》就说，“有盘拗秀出如灵丘鲜云者，有端俨挺立如真官吏人者，有缜润削成如圭瓒者，有廉棱锐刿如剑戟者……”一系列的“如”，是广泛地迁想妙得的结果。这种联类不穷的博喻，是游园最普遍的比拟品赏。高启《狮子林十二咏·狮子峰》写道：“风生百兽低，欲吼空山夜……”把狮子林的峰石，比拟为夜吼空山的群狮，这也是大胆想像的积极成果。

在现存园林里，叠石掇山颇多形象化的“塑造”和固定化的比拟性题名，如狮子林的“狮子静观牛吃蟹”，常熟燕园的“七十二猴闹天宫”，广东顺德清晖园的“虎踞龙蟠”、“三狮会球”，东莞可园的“狮子上楼台”，佛山梁园的“苏武牧羊”……它们较多地已由比拟走向模拟了。这从普及的低层次来看，能提高兴趣，培养一定的观赏力和想像力；但从有意味品赏的高层次来看，叠掇太像、题名太死，又只能培养消极的视觉和萎缩的记忆，不利于发挥创造性的想像。所谓“物象宛然，得于仿佛”（孔传《云林石谱序》），它妙在似与不似之间，又不说得太死，这才是最有意味的。

三、拟人

这是把园中景物通过迁想比拟为有生命、有情性的人。姑再以最没有生命的顽石景观为例。清代的袁枚在南京随园有竹林，中有奇石七峰，名曰“竹请客”，又寓有竹林七贤之意。于是，石就有了人的性格、感情。又如，明代无锡的“愚公谷”有七丈之滩，滩上

---

① 伍蠡甫主编：《西方文论选》上卷，第487、486页。

大小错致的石块离披醉倒，似有赴河之状，名之为“醉石滩”。于是，无情之物在人们眼中，成了一个个醉汉，而平淡无奇的石滩，竟成了引人入胜、情趣横溢的景观美，可谓“点石成金”。这还说明：“人类对艺术的欣赏是和动物的实感直觉不同的。人们欣赏艺术的一个特点，就是被作品所欺骗，被想像所迷惑。”① 因此，如果不甘心情愿地受骗，不通过想像去接受这类有价值的迷惑，就欣赏不了艺术。

再如，苏州怡园东部有“东坡琴馆－石听琴室”，这是内部空间分隔为二的建筑，当时，珍藏着苏轼的“玉涧流泉”古琴，今天仍陈列着复制品，整个室内空间，荡漾着音乐的情氛。更妙的是，设计者通过迁想在室外植以二石，如人伫立，背略弯，似在侧耳聆听室内传出的琤琮琴韵，入神地沉浸于优美的音流之中，如痴如醉，于是顽石就有了通灵的人性。在室内，还有当年园主妙语如珠的书榜，诚不可多得。奇文共欣赏，摘录于下：

> 生公说法，顽石点头。少文抚琴，众山响应。琴固灵物，石亦非顽。儿子承于坡仙琴馆操缦学弄，庭中石丈，有如伛偻老人，作俯首听琴状，殆不能言而能听者耶？覃溪学士此额，情景宛合，先得我心者……

这一妙文，通过“石丈”，不但和米芾联系了起来，不但和附近的“拜石轩”联系了起来，而且把虎丘的点头石、南朝宗炳对山弹琴，欲令群山响应等故事集纳于一体，可看作是石头文化的汇萃。通过联类不穷的迁想，“石亦非顽”，它有了人情和悟性。游者对此景观，也应作如是想，作如是观，才有兴味。试想，游赏苏州怡园或虎丘，对于听琴石、点头石，如果不愿被想像所迷惑，不愿被传说所欺骗，不愿通过迁想赋予物以灵性、悟性，还有什么情趣和兴会可言？

四、移情

以上三类，有些虽也可进入移情境地，如范景文、高启诗那样，但主体性总还不够强烈，或主客体总还有一定距离。朱光潜先生指出：“在聚精会神的观照中，我的情趣和物的情趣往复回流。有时物的情趣随我的情趣而定……物我交感，人的生命和宇宙的生命互相回还震荡，全赖移情作用”②。这种移情，在各类园林品赏中，均有生动的表现——

> 回头问双石，能伴老夫否？石虽不能言，许我为三友。（白居易《双石》）
>
> 鸟歌如劝酒，花笑欲留人。（李奎《西湖》）
>
> 倚栏静观，忽忆陈白沙先生《咏茂叔爱莲》诗：“我即莲花花即我，如今方是爱莲人。”悠然有会……（祁彪佳《寓山住·即花舍》）
>
> 春树有情迎过客，名山无恙慰诗人。（广东东莞可园联）

在园林里，山石、花鸟和人双向交流回荡，人爱物，物爱人，达到了“情往似赠，兴来如答”（刘勰《文心雕龙·物色》）的化境，或者说，人在对象中找到了自我，找回了自我。这种物我同一，也就是天人合一的某种实现。乾隆避暑山庄《山中》诗碑有云：“随缘遇处皆成趣，触绪拈时总绝尘。”游园只要因情迁想，就会时时处处，随缘触绪，无不意趣盎然，超俗绝尘。

---

① 金学智：《欣赏·想象·知音》，载龙协涛编《鉴赏文存》，第304页。

② 《朱光潜美学文集》第1卷，第41页。

五、通感

笔者曾论述："艺术意义的通感……是美丽的彩带，它把感觉和想象，真与假，自然而生动地联结在一起"。"在艺术中，嗅觉、视觉、听觉等一旦突破樊篱，自由沟通，往往呈现出一种含蓄隽永的诗的意象，使读者心移神随，驰骋着自由的想像，去捕捉那微妙的美感、朦胧的意向，从而给人以审美的满足。"① 在园林品赏中，如果各种感觉经过迁想而沟通转换，就能取得更大的审美满足。

今天，苏州狮子林燕誉堂前月洞门上有额曰："听香"。这可证之以张羽《听香亭》诗："人皆待三嗅，余独爱以耳。""听香"之说，最早似源于《庄子·人间世》，它强调"徇耳目内通"之类的"心斋"、"坐忘"，《列子·黄帝篇》张湛注也说："视听不资眼目，嗅味不赖鼻口。""听香"说直接源于此类玄理，它既是道家的一种"心斋"体验，又是把感觉和想像、真与假绾结在一起从而诱人去捕捉那幽微美妙的感受，所以直至朱自清《荷塘月色》还把微风吹来的"缕缕清香"当作"远处高楼上渺茫的歌声"来谛听。

王贞仪写有《听月亭记》，《金瓶梅》内相花园有听月楼，苏州艺圃至今还有响月廊，这都是极富诗意的题名。它不是像听香那样嗅觉通向听觉，而是视觉通向听觉。这类题名也不是毫无根据的。恩格斯曾有一段十分重要而普遍地被通感研究者忽视的论述，引录于下：

> 我们的不同感官能够给我们提供在质上绝对不同的印象。我们靠着视觉、听觉、嗅觉和触觉而体验到的属性因此是绝对不同的。但是就在这里，这些差异也随着研究工作的进步而缩小。嗅觉和味觉早已被认为是出自同源和同属一类的感觉，它们所感知的属性即使不是同一的，也是同属一类的。视觉和听觉二者所感知的都是波动……说明这些只有不同的感官才能接受的不同的属性，确立它们之间的内在联系，这恰好是科学的任务，而科学直到今天并不抱怨我们除了有五个特殊的感官没有一个总的感官，或者抱怨我们不能看到或听到滋味和气味。②

今天，研究不同感觉之间"内在联系"及其审美的、心理学的种种表现，也是美学和园林美学的任务。再说听月楼、响月廊的命名，就由于眼前看到的"光"和耳朵听到的"声"作用于感官也都是波动，这是二者相互联系的内在机制之一。而"明亮"和"响亮"二词的出现，也应看作是光波与声波引起的对应性心理反应的表现。"听月"、"响月"，是一种含蓄隽永的诗的意象，它至少是能启导人去"看月而兼'听月'"③。这一朦胧的波动意象，也像《荷塘月色》中把光与影的和谐当作小提琴所奏的名曲一样，值得细加品味。

《日下尊闻录》说："映水兰香，地在圆明圆'澹泊宁静'稍西，为四十景之一。高宗纯皇帝……有句云：鼻观真香不数兰。"这是以鼻代目，它出自钱谦益《鼻观说》中隐者语："青黄赤白、烟云尘雾之色杂陈于吾前，目之用，有时而穷"，"用目观不若用鼻观"。此外，颐和园还曾有"观妙音"，这是以目代耳。该园宝云阁还有联曰："泉声入目凉"，又是听觉通向肤觉了……这些也都是在"色声香互发"（范景文《集李戚畹园》）的园林境界里，用美丽的诗意的彩带，把人的各种感觉和表象、记忆、想像、联想乃至情感，自

---

① 金学智：《艺术随想录·通感篇》，载《文艺研究》1981年第4期。

② 恩格斯：《自然辩证法》，第104~105页。

③ 钱锺书：《旧文四篇》，第57页。

由地缩结在一起了，令人因情而迁想妙得，回味无穷。

六、补虚

优秀的园林，总是虚实相生的创构，其中的意境客体，总是由虚象和实象互补地组合而成的。实象是建筑、山水、花木等的对象性存在，主要还偏畸于浅层的意境结构，虚象则是浮游在这些对象之外的“象外之象”、“景外之景”、“韵外之味”……大抵是深层的意境结构，它单凭感觉是不可能深入地把握的，必须通过迁想去捕捉，去体味，去深情领略。作为深层结构的虚象，最能培养和调动审美主体内在的接受能力，从而生成由浅层而至深层的审美意境。

虚象不但有浅层和深层之分，而且有空间和时间之分。浅层的空间虚象，如沈复所说的“实中有虚”——“开门于不通之院，映以竹石，如有实无也。”（《浮生六记·闲情记趣》）竹石门院，这是诉诸感官的实象；而门内如有实无的境界，则纯属虚象，它吸引人们去迁想。苏州园林里，不但这类虚设的假漏窗较多，而且还有作为虚象的山洞。当然，这类迁想都比较简单。另有一类是文学性的空间虚象。如下列对联——

长松百尺不自觉；春江万斛若为量。（苏州怡园画舫斋联）

松阴满涧闲飞鹤；潭影通云暗上龙。（同上）

前一联，景观附近确乎有松有水，但联语却是进一步的夸饰，得靠迁想去补虚；同时联语又是通过双关对人的器度、品格、才学的巧妙赞颂，发人远想。后一联鹤与龙纯属虚象，全靠迁想去补虚，去孕育神话意象。又如圆明园四十景之一的“鱼跃鸢飞”，也纯以虚象诉诸人们的心灵。刘熙载说：“按实肖象易，凭虚构象难。”（《艺概·赋概》）园林品赏若能结合匾额、对联、题诗等适当地凭虚构象，就能极大地充实、丰富、活化眼前的园景空间，生发出味之不尽的艺术境界，实现所谓“幽渺以为理，想像以为事，惝恍以为情”（叶燮《原诗》）。

在园林的实象空间和虚象空间里，意境接受的审美过程，也就是作为审美主体的品赏者由浅入深，由实入虚的再创造过程。这种主动地补虚的结果，一个超以象外的深层意境就会浮现出来，“呈于象，感于目，会于心”（叶燮《原诗·内篇》）。由此推而广之，园林空间里的实中见虚、小中见大、露中见藏、景中见意以及对一切“意到笔不到”的空白的生发，无不靠迁想妙得的补虚。

关于时间虚象，得从中国美学的一条特殊的批评标准说起。元代的方回说：“昌黎备四时之气”（《跋吴古梅诗》）；清代刘熙载《艺概》说：“文贵备四时之气”。其实，这都是纯粹诉诸想像的取譬设喻，而真正地备四时之气的艺术，唯有园林，其具体表现之一，就是时空交感的四时季相之美。然而把“四时之气”这一概念引进园林美学的，是锺惺。他在《梅花墅记》中写道：“予诗云：‘从来看园居，秋冬难为美，能不废暄萋，春秋复何似。’虽复一时游览，四时之气以心维目想备之……”这是颇有理论价值的。它既说明园林能真正地备春夏秋冬四时之气，又说明由于时间的流动性，如果一时游览的话，就不可能同时领略四时的季相之美。但是，不得其实，可补之以虚，所以锺惺说，可“以心维目想备之”，这也就是依靠审美的迁想来弥补。这一提法，对于时空交感的园林境界的品赏接受来说，是极其重要的，也就是说，对于季相美乃至时分、气象所显现的时景美的接受，应该虚实结合，既要现实地心赏目观，把握实象，又要假设地心维目想，领略虚象，这才能在一时之间品赏园林四时之气皆备的意境之美，以补时遇之不足。例如杭州西湖的“苏堤春晓”、“平湖秋月”，避暑山庄的“曲水荷香”、“南山积雪”，都是有流逝消失的时间性的，因此要把握它们的美，应随时迁想妙得地补虚。乾隆《南山积雪》诗写道：“芙蓉十二列峰容，最喜寒英缀古松。此景只宜诗想像，留观直待到深冬。”这是说，只有在深冬下雪之后，才能真正品赏“南山积雪”的境界，除此之外，其他时间一概得凭借心维目想，而乾隆称之为“诗想像”，就进一步点出了“心维目想”的补虚，能促成诗意的境界之美。

除了季相之美外，时景之美——风、花、雪、月、雨、雾、朝、夕等，也不是时时可遇的，因此也特别需要补虚。姑以清风明月为例，拙政园有一座扇面亭，颜其额曰：“与谁同坐轩”。这是带有歇后语性质的品题，它启发人思考和回答一个问题：“谁?”其答案在苏轼《点绛唇·闲倚胡床》词中：“与谁同坐？——明月、清风、我。”人们在通过回忆思索或介绍说明得知答案后，联想彩翼的束缚就被解除了。于是，就会飞升到一个诗意的“形而上”的审美天地：或联想起苏轼的原词《点绛辱·闲倚胡床》，或联想起苏轼《前赤壁赋》中的名句：

> 且夫天地之间，物各有主，苟非吾之所有，虽一毫而莫取。唯江上之清风，与山间之明月，耳得之而为声，目遇之而成色，取之无禁，用之不竭，是造物者之无尽藏也。

此时，或许现实空间里无风无月，但人们也可能感到小小的亭中似有朗照的明月、微拂的清风，何况这一建筑物的构思极妙：其屋基平面为扇形，屋顶为扇形，窗框为扇形，挂灯为扇形，石桌平面也如扇形……于是，借助于折扇与清风有机联系的思维定势，更会感到清风徐来，水波不兴，自身似乎已置身于山间江上有声有色、享用无尽的空间之中……

在园林品赏的接受过程中，在怡然逸乐的情性主导下，因情成境、迁想妙得的表现除了以上之外，还有种种，但只要能“因情”，能“迁想”，总会如乾隆诗中所说：“随缘遇处皆成趣，触绪拈处总绝尘”。

第五节　澄怀观道与天人和谐
——园林品赏的“惬志怡神”层次

园林的文化意识之流中，除了已论述过的宗教意识、重农意识、崇文意识、政治、伦理意识外，还有哲理意识，这主要表现在“惬志怡神”所联结着的澄怀观道与天人和谐之道。

惬志怡神，比起劳形舒体、悦目赏心来，它已由“形而下”的肉体和视听的空间，升华到“形而上”的神志和哲理的空间了。它要求通过园林品赏的迁想妙得，达到某种哲理性的妙悟或进入天人和谐、物我两忘的哲理境界。

宗白华先生曾说：“中国自六朝以来，艺术的理想境界却是‘澄怀观道’。”[1]“澄怀观道”一语，出自南朝宋画家宗炳。他当时既受玄学的影响，更受佛学的影响，其实，当时的佛学，就是披着袈裟的玄学。在以南朝宗炳等为开端的山水画史上，感性的山水一开始就和“道”绾结在一起。《宋书·宗炳传》说，宗炳爱山水，好远游，晚年更主张“澄怀

① 宗白华：《艺境》，第142页。

观道，卧以游之”。他在《画山水序》中还认为“山水以形媚道”。可见他对于山水的赏会，不仅仅满足于感性的愉悦，而且还企求理性的妙得。

再看六朝以来的诗歌史，一些名篇佳作中的山水园林也往往与“观道”相联系——

山气日夕佳，飞鸟相与还。此中有真意，欲辩已忘言。（陶渊明《饮酒》）

中岁颇好道，晚家南山陲……行到水穷处，坐看云起时。（王维《终南别业》）

寺忆曾游处，桥怜再渡时。江山如有待，花柳更无私。（杜甫《后游江亭》）

园居并水竹，林观俯山川。竟日云霞逐，冥心入太玄。（王宠《王侍御敬止园林》）

诗人或从山水间妙得“真意”，怡然自乐，而又难以用语言来表达；或暗喻一种超然自在，机无滞碍而又难以言传的生活哲理，正如恽格《题郭河阳画》所说，“此十个字（指王维诗句——引者），寻味不尽，解说不得”；或以情待物，享受与自然交流同化的心灵怡悦而意在言外；或如嵇康那样，“俯仰自得，游心太玄”（《赠秀才入军》）……

“道”究竟是什么？从老子到陶渊明都认为只可意会，不可言传。园林境界中的“道”，主要地也只能通过具体的景观意象去“悟”，去体味思索，迁想妙得。颐和园就有“湖山真意”，它借助于陶诗朦胧的意境，而要人们把握什么样的真意，却不明言，而只是广泛地暗示一种哲理意味，让人们各以其情而自得，通过远观湖山去捕捉境中之意。又如，北京樱桃沟花园“半天云岭”亭，以王维诗句为对联；而洪适《盘洲记》则说：“行水所穷，云容万状，野亭萧然，可以坐而看之，曰‘云起’。”叶燮《涉园记》中，也有“坐云口”一景；拙政园“与谁同坐轩”则以杜甫名句为联……它们都给人以深永的哲理意味。

不妨再重点剖析具体地澄怀观道亦即以澄怀观物为起点的几个实例。

圆明园有四十景之一的“鱼跃鸢飞”，题名出自《诗·大雅·旱麓》：“鸢飞戾天，鱼跃于渊。”《中庸》在引后写道：“言道之上下察也。”这就和“道”联系了起来。对于鸢飞鱼跃的生动景象，宋代理学家观道，以“活泼泼地”来概括。朱熹还指出，“其飞其跃，天机自完，便是天理流行发见之妙处”；又说：“恰似禅家云‘青青绿竹，莫非真如；粲粲黄花，无非般若’”（《朱子语录》卷六十三）。可见，这种“上下察”，不仅仅局囿于鸢鱼，而是举一反三、由此及彼的广泛观取，借以见出世间莫非生意，万物莫不适性，一切自在满足，一片天机流行。对于这种“活泼”之道，乾隆《圆明园四十景·鱼跃鸢飞》诗序写道：“榱桷翼翼，户牖四达，曲水周遭，俨如萦带。两岸村舍鳞次，晨烟暮霭，蓊郁平林。眼前景色，活泼泼地。”其诗咏道：“心无尘常惺，境惬赏为美。川泳与云飞，物物含至理。”此诗就是在活泼自在、悦目赏心的美景中澄怀观道，惬志怡神的产物。“物物含至理”一语，还说明“道”是无所不在的。乾隆《得春亭》诗还说：“物物心中皆有春。”这和对“活泼泼地”的“鸢飞鱼跃”的体悟一样，均臻于生态精神的极高境界。而苏州留园也有“活泼泼地”的题名建构……它们均意在提示人们通过眼前种种物色去澄怀观道，涵养生意，从而实现与物同一活泼的妙境。如留园“活泼泼地”附近，一片枫林，如火似染，生机活泼，人们在此赏景，可以俯仰自得，“乘物以游心”（《庄子·人世间》）。这种观物的澄怀清心，无尘常惺，正是一种高级形态的愉悦，它不但可用乾隆花园遂初堂及配殿的题额来说，是“素养陶情”，“惬志舒怀”，而且还属于显现着宇宙哲理，联结着天人之际的高级心理层次。

又如尤侗《艮斋杂说》写道：

杜诗云："水流心不竞，云在意俱迟。"邵尧夫诗云："月到天心处，风来水面时。"子美非知"道"者，何与尧夫之言若合也。予集为一联云："水流云在，月到风来。"对此景象，可以目击道存矣。

杜甫、邵雍的诗，一为"有我之境"，一为"无我之境"，然而均写出了游心观物的超然自得，二者"目击道存"之"道"，一为"舒徐"之道，一为"清虚"之道。尤侗将其集为一联，更是天衣无缝，珠联璧合。在园林中，这一联也无独有偶地物化为两个著名景点：避暑山庄康熙题三十六景之一的"水流云在"，网师园的池亭"月到风来"。

再如，乾隆咏中南海的《水云榭闻梵声》诗说："云无心出岫，水不舍长流……空明是我心，何如漆园吏？"这也见出佛家、道家的"空明"之道，能令人排除尘心，万念皆空。由乾隆诗可见，园林里的澄怀观道，目击道存，即使是没有题名或对联的启迪，只要有物色声香，动静景观，无不可以观道，正如乾隆所说，"物物含至理"；或如颐和园"画中游"联所示，"物含妙理总堪寻"。

在园林里，除了具体观道的品题外，更多的是抽象的提示，启发有心的人们去随处观道，触物悟理。例如，圆明园"山高水长"景区有"澄观"；长春园澹怀堂有"澄怀观物，妙参智水仁山"之联语；《养吉斋丛录》载，"澄怀园在圆明园东南，康熙朝大学士索额图赐园"，这是把园直接题为"澄怀"；紫禁城建福宫花园延春阁有"春蔼帘栊，氤氲观物妙；香浮几案，潇洒畅天和"之联；乾隆题长春园小有天园，也有"目击道存，会心不远"之语（《日下旧闻考》）……在苏州，拙政园"香洲"楼上也有"澄观"之额；钱泳《履园丛话》说，灵岩山馆九曲廊"由祠而上，有小亭曰'澄怀观道'"……这都指向了园林品赏的最高境界。

吴长远《宸垣识略》记北京乐善园，园中题名甚佳，它以另一形式体现出哲理意味。现择要录出：

东向曰"意外味"，转石径而南为"于此赏心"……内为"蕴真堂"，南为"气清心远"……园门以西临河，敞宇为"自然妙"……再西有轩，为"诗画间"，为"玉潭清谧"，亭为"个中趣"，亭北敞宇为"坐观众妙"……折而南有室，为"致洒然"……再东有轩，为"心乎湛然"……

一系列题名，似近若远，妙而又玄，含有不同程度的哲理意味，它们或让人培养"观道"的"澄怀"，或让人以"澄怀"去"观道"……

澄怀观物，目击道存所见出的"道"，例如活泼之道、舒徐之道、清虚之道、空明之道……不但能令人一时充满生机，洒然湛然，坐观众妙，得个中趣，而且能令人不激不厉，清和静泰，虚室生白，明理见心，提高对于园林品赏的悟性，从而把观物悟道和惬志怡神统一起来，走向天人和谐的境界。对此，不妨借助典型例证作一历史之回眸。

在唐代，柳宗元《始得西山宴游记》说，坐法华西亭，攀援而登，箕踞而遨，感到"悠悠乎与颢气俱，而莫得其涯；洋洋乎与造物者游，而不知其所穷"。这已进入了《庄子·逍遥游》的哲理境界。王先谦《庄子集解》说："逍遥乎物外，任天而游无穷也。"柳宗元置身于颢天的大气之中，洋洋乎神游无涯，不知所穷，这是以身心体现了逍遥物外，神游无穷的"道"，体现了"得大自在"（圆明园题构）的"道"。他还在文中说，自己达到了"心凝形释，与万化冥合"的境界，感觉到形体似已气化，变为无形，与万物浑然一体了。这是审美游赏与怡神养性高度统一的一种高峰体验。柳宗元在记其私园的《愚溪诗序》中也说，“茫然而不违，昏然而同归，超鸿蒙，混希夷，寂寥而莫我知也。”希夷，见于《老子·十四章》：“视之不见名曰夷，听之不闻名曰希。”鸿蒙，见于《庄子·在宥篇》。这也是庄子“无视无听”，忘物我，“与天和”，大同乎寂寥涬溟的“心养”境界。一言以蔽之，这是升华到了“忘”与“和”的境层。

对于园林游赏，白居易曾有这样两则记载——

> 春之日，吾爱其草薰薰，木欣欣，可以导和纳粹，畅人血气……若俗士，若道人，眼耳之尘，心舌之垢，不待盥涤，见辄除去，潜利阴益，可胜言哉？（《冷泉亭记》）
>
> 仰观山，俯听泉，旁睨竹树云石……俄而物诱气随，外适内和，一宿体宁，再宿心恬，三宿后颓然嗒然，不知其然而然。（《草堂记》）

这两处园林，一在淡妆浓抹总相宜的西湖，一在奇秀甲天下的庐山。白居易说，前者让人导养谐和，接纳精粹，疏通经络，调畅血气，洗垢去尘，潜利阴益；至于后者，白居易把惬志怡神提到更高的境界，提出了“外适内和”的养生美学命题，把身和心进一步统一起来，他还具体地写出了一个过程，先是身体的惬适舒畅，也就是“体宁”，这是“外适”阶段；接着是“心恬”，这已进入到“内和”的阶段，亦即“导和纳粹，畅人血气”，这也契合于《寿世保元》所说的“养内者，以恬脏腑，调顺血脉，使一身之流行冲和，百病不作……保合太和，以臻遐龄”。第三阶段，是“颓然嗒然，不知其所以然”，这就接近于庄子“坐忘”的境界，或接近于柳宗元“寂寥而莫我知”的高峰体验了。

在宋代，司马光也颇有这种身心谐和的审美体验，其《独乐园记》就描述了这种天人相和，唯意所适的境界。杨万里在《题胡季亨观生亭》诗注中，也提出了“观取天地群物生意”的命题，这可说是把董仲舒“取天地之美以养其身”（《春秋繁露·循天之道》）的理念转化为园林美学了。张约斋《赏心乐事序》也写到“殆觉风景与人为一”……对于风景美、园林美，如果澄怀以观，适意而游，就能使佳兴与人相同，物色与人合一，从而在谐和的境界中“观取天地群物生意”，“任天而游无穷”……

明代的顾大典在吴江建谐赏园，他在《谐赏园》中写道：

> 园在城，故取康乐“在兹城而谐赏”句，以名吾园，语适与境合也……庄生所谓自适其适，而非适人之适，徐徐于于，养其天倪，以此言赏，可谓和矣。夫“谐”者，和也。庶几无戾余命园之意欤！

在园林里，自得其得而不舍己逐人，起居安宁而又精神内守，陶冶于自然之美，主体顺应着客体的变化……最后达到“自适”、“丧我”、“忘机”的境地。顾大典认为，这种欣赏，可说是达到和谐的境界了，因而把自己的园林称为“谐赏园”。

在清代，袁枚在《峡江寺飞泉亭记》中说：“天籁人籁，合同而化，不图观瀑之娱，一至于斯，亭之功大矣！”这种天人合同的谐赏，也是高层次的“和”的表现。彭启丰也曾生动地描述了网师园里天人和谐的境界，其《网师小筑吟》以抒情的笔致写道：

> 竹竿籊籊，以钓于渊。物谐其性，人乐其天。临流结网，得鱼忘筌……濯缨沧浪，蓑笠戴偏。野老争席，机忘则闲，踌尔幽赏，烟波浩然。

在园林境界里，人和人之间是平等的、和谐的，人和物之间也是平等的、和谐的，人们惬志怡神，回归自然，闲静清和，澄怀忘机，到处洋溢着天人以和、物我两忘的情氛。就作为审美主体的人来说，也是外适内和，体宁心恬，这是古代园林生活的最高体验。这种情景，也见于苏舜钦的《沧浪亭记》中。苏舜钦把这种安于冲旷，鱼鸟共乐的园林情趣，称为“真趣”。这种“真趣”，同样是园林品赏审美心理的最高境界。

中国古典园林里主客体统一所生成的最高境界的美，借用《管子·五行》中的话说，是“人与天调，然后天地之美生”。如果要对这种天人和谐所萌生的身心体验史作一梳理，那么可以说，伴随着中国古典园林美的历史行程，在庄子的“道”、“坐忘”和董仲舒“天人之际，合而为一”（《春秋繁露·深察名号》）的启导下，由陶渊明“欲辨已忘言”（《饮酒》其一）发其端，唐代有白居易的“不知其所以然”（《草堂记》），柳宗元的“心凝形释”（《始得西山宴游记》）；宋代有苏舜钦的“洒然忘其归”（《沧浪亭记》），张约斋的“不知衰老”，“觉风景与人为一”（《赏心乐事序》）；明代有顾大典的“徐徐于于，养其天倪”（《谐赏园记》）；清代有彭启丰的“物谐其性，人乐其天”，“机忘则闲”（《网师小筑吟》），袁枚的“合同而化”（《峡江寺飞泉亭记》），钱大昕的“云水相忘之乐”（《网师园记》）……这种种体现为“和”而不同程度地表现为“忘”的境界，用西方马斯洛心理学的术语说，就是“高峰体验”的种种表现。今天，研究“和”以及“忘”的高峰体验，也可以从中获得园林美的“绿色启示”，并从与西方不健康的主流心理的比较中认识其当代价值和未来价值。鲁枢元先生曾从生态文艺学的视角介绍马斯洛的研究和发现说：

> 马斯洛在对“高峰体验”进一步的心理分析中发现，这一人生最健康、最有价值的时刻，并不总是一种“激昂”……“进取”、“扩张”的状态；相反，它在很多时候体现为“平和”、“宁静”、“顺从”……“退隐”、“淡泊”、“守护”、“依附”，体现为一种“返朴归真”的愿望，一种渴望“回归”的倾向……马斯洛把它叫做“健康的倒退”，这很可能反映了马斯洛对现代工业社会那种“攻掠式的进取”的不满。马斯洛同时还发现，“高峰体验”状态并不全是一种“理智清明”、“心启聪慧”的状态，更与那种“算计的”、“世故的”、“功利的”心态无缘。反而更经常地呈现出“神秘”、“混沌”、“陶醉”、“不自觉”的状态……进入一种类似于“禅定”、“涅槃”的境界。与现代社会中占据主流地位的“理性主义”、“功利主义”的心理流向不同，这是一种在潜意识支配下的自由自在的心理活动，是“原始思维”方式在现代人经验生活的复归，马斯洛把它命名为“健康的无意识”。①

马斯洛的“健康的倒退”、“健康的无意识”这两大发现，是对西方主流价值理论乃至范式的挑战，也是对东方生存智慧的借鉴或吸取，而中国园林生活里“和”与“忘”的高峰体验与心理境界，正是东方生存智慧的集中表现之一，其价值意义，早已超越了“中国”、“园林”和“美学”等领域，而对人类永续生存有着不容忽视的启示意义。或者说，“闲”、“静”、“清”、“和”、“忘”以及“澄怀观道”的“道”，对于当今世界治疗精神异化的创伤，拯救精神文化的颓落，解救人类生态危机和地球生态危机……都有一定的“绿色启示”作用，可供“引而伸之，触类而长之”（《易·系辞上》）。卡洛琳·麦茜特曾大声疾呼：“生病的地球，唯有对主流价值观进行逆转，对经济优先进行革命，才有可能最后恢复健康。在这个意义上，世界必须再次倒转。”② 而中国古典园林所倡导、所体现的回归自然、闲静清和、澄怀忘机、天人合一的精神，也不妨说是一种“健康的

---

① 鲁枢元：《生态文艺学》，第366页。

② 卡洛琳·麦茜特：《自然之死》，吉林人民出版社1999年版，第327页。

倒转”。在中国，在世界上，虽然不可能家家都造园，或人人天天都去游园，但却可以而且不妨接受中国园林的“绿色启示”，接受以中国园林精神为代表的东方生存智慧，以逐步实现自然生态环境和精神文化生态环境的双重保护，消除自然和精神文化方面的双重异化，归复人在自然生理和精神文化方面的双重健康，为实现恩格斯所企盼的“人类同自然的和解以及人同本身的和解”[1] 这两大“和解”开辟道路。忆往昔，早在19世纪，马克思也曾意味深长地写道：“人和自然界之间、人和人之间的矛盾的真正解决，是存在和本质、对象化和自我确立、自由和必然、个体和类之间的抗争的真正解决。它是历史之谜的解答……”[2] 中国古典园林历史地生成的生存智慧、园林精神、和谐体验、澄怀哲学、“物物心中皆有春”的体悟，以及部分地显现出来的、带有表征性的“由武至文”的走向……其中所茹含的“绿色启示”和“天人合一”意蕴，对于解答这一“历史之谜”，是有其当代价值和未来价值的。当然，毋庸讳言，如本书第一编（代前言）所述，中国古代“天人合一”观及其园林生活中的负面成分是必须扬弃的，正如“天人相分”观的负面成分的必须扬弃一样。

本书在即将完稿之日，看到《文汇报》（2004年11月21日）上节选著名人类学家、台湾中研院院士李亦园教授在第二届人类学高级论坛（银川）上题为《生态环境、文化理念与人类永续发展》的长篇讲演，现摘录一段作为本书的结语：

> 吾人认为人类与环境之间的互动关系其关键在于文化理念，也就是宇宙观、价值观、价值取向等等的作用。今日以西方文明为主导的文化理念，“制天”而不“从天”，重竞争征服而漠视和谐、无限制利用物质而欠缺循环与回馈观念，已造成全球环境、气候、生态的极大危机。在此一时刻，反省中华文化的“天人合一”、“致中和”等等与自然和谐的文化理念，应该是吾人可多加努力发挥的一个课题。

在这一课题中，中国园林精神、“绿色启示”的研究，也应是重要的内容之一。

---

① 《马克思恩格斯全集》第1卷，第603页。

② 马克思：《1844年经济学－哲学手稿》，第73页。

后　记

中国古典园林是祖国宝贵的文化遗产乃至世界宝贵的文化遗产，从未来学的视角向前看，它对于生态环境保护和可持续发展等严峻的社会现实问题有着多方面的"绿色启示"。但是，同样严峻的问题是：园林自身也应受到生态保护，也应得到"可持续生存"。目前，如何防止对其仅作"守卫性的看管"，甚至作"破坏性的保护"、"建设性的破坏"以及"向钱看的开发"……这已成了当务之急。因此，笔者热切盼望有志于此的专家们进行有规模、有深度的"保护学"方面的研究，同时总结中国某些"世界遗产"单位已遭破坏的沉痛教训，早日写出《园林保护学》、《园林文化保护学》、《世界遗产保护学》等等学术专著。另外，本书力求将生态学与园林美学结缘，并加以详论，但它毕竟不是生态学专著。因此，笔者又亟望有《园林自然生态学》、《园林文化生态学》、《园林生态美学》等专著问世，以适应生态文明时代的急需。以上是笔者的两大跂望。

再说说本书有关的事。

在学术研究方面，结构主义、整体史观等要求全面掌握资料，笔者对此颇有困难。但在本书中则力求征引繁富，尽量涉及古今中外大量文献，其目的之一是为园林的爱好者和研究者们提供多方面的有关资料。至于出处，为了便利阅读和节省篇幅，凡引古籍，因其字少，一律于引文之后注明；而现代著作或译著，则注于页下，以便注明出版社及出版年月，但这仅注于全书首见之处，以后再次出现，只注作者、书名和页码。

本书作为美学著作亦即艺术哲学著作，总冀求一定的理性思辨深度。然而美国艺术史家潘诺夫斯基指出，"如果没有历史例证，艺术理论将永远是一个关于抽象世界的贫乏纲要"。因此，本书力求体现理论思辨、鉴赏描述、实例丛证三者的结合，论述时辅以大量历史的或现实的例证，同时配以大量感性的精美图版，并给每帧插图加上诗意的或具有文化意味的标题，这些标题多数撷自古代有关的著名诗文，有些则略作改动，少数为自撰。每图还尽可能联系本书内容略加赏析。当然，它们本身还能进一步提供美感享受，因为其中绝大多数照片有其独立欣赏价值，堪称摄影艺术佳作，有些还是获奖作品。这些照片均为北京、苏州、广州、太原等地摄影家们所提供，对于他（她）们的大力支持，谨表示衷心的感谢！有极少数选自国内的书刊，在此亦致以谢忱！还有些精美工细的线描图，则选自大师刘敦桢先生的专著，笔者在将其选入拙书的同时，也表达着由衷的敬仰和心仪！

本书附有图版目录，其作用一是可从标题的排列中发现一组组插图的内在联系，从而作整体性的把握；二是便于检索，便于对全书多次提及的有关园林、相关景观进行感性印证，使有限的插图发挥一图多用的功能。

本书在改写过程中，得到著名生态文艺学家鲁枢元先生、赏石名家魏嘉瓒先生等的支持帮助，深表感谢！

出版社有关领导及责编吴宇江先生，对本书的出版非常关心，做了很多工作。对他们的支持谨表示衷心的感谢！

此书是在1990年江苏文艺出版社版和2000年中国建筑工业出版社第一版的基础上，经过修订、补充而成，虽几经校阅、修改，但限于水平，错误仍在所难免，还必然会有种种不能尽如人意之处，敬请专家和读者不吝赐教！

作　者

2004年12月

于园林之城——苏州

2005年6月修改

附录一：

图版目录

［括号内为书中页码，其后有＊者为彩页，图在书前］

附录二：

作者专著及有关论文、随笔目录

一、专著

1. 书法美学谈．上海书画出版社，1884 年第 1 版，1987 年第 3 次印刷．［1988 年获江苏省第二次哲学社会科学优秀成果三等奖］
2. 书概评注．上海书画出版社，1990 年版
3. 中国园林美学．江苏文艺出版社，1990 年第 1 版．［1991 年获江苏省第三次哲学社会科学优秀成果二等奖，1991 年获华东优秀文艺图书一等奖，1991 年获华东地区书籍装帧艺术一等奖，1992 年被收入《20 世纪中外文史哲名著精义》一书］
4. 历代题咏书画诗鉴赏大观（与吴启明、姜光斗教授合著）．陕西人民出版社，1993 年版
5. 中国书法美学（上、下两卷本）．江苏文艺出版社，1994 年第 1 版，1997 年第 2 次印刷．［1997 年获江苏省第五次哲学社会科学优秀成果一等奖，2002 年获首届中国书法兰亭奖理论奖］
6. 美学基础（主编、主撰）．苏州大学出版社，1994 年第 1 版，1997 年第 2 次印刷
7. 苏州园林（苏州文化丛书）．苏州大学出版社，1999 年第 1 版，2004 年第 4 次印刷．［2001 年获江苏省第八届优秀图书一等奖］
8. 中国园林美学．中国建筑工业出版社，2000 年增订第 1 版
9. 插图本苏州文学通史（四卷本，与范培松教授联合主编、主撰）．江苏教育出版社，2004 年版．［其中第二编唐代苏州文学，有“唐代诗人咏虎丘”等专节；第三编宋元苏州文学、第四编明代苏州文学、第五编清代苏州文学，均辟有“园林文学”专章；等等］

二、点校

1. 兰亭考．上海书画出版社，1995 年版
2. 兰亭续考．上海书画出版社，1995 年版

三、画册

1. 留园（顾问、编撰并序：“但愿长留天地间”）．长城出版社，2000 年版．［2002 年获中共中央对外宣传办公室、中华人民共和国国务院新闻办公室第二届“金桥奖”（出版）专项奖装帧奖］
2. 网师园（顾问、编撰并序：“水情逸韵赞网师”）．古吴轩出版社，2003 年版

四、有关论文（园林、建筑、雕刻方面）

1. 苏州园林美学（6万字）. 谢孝思等主编《苏州园林品赏录》. 上海文艺出版社，1998年版. ［1999年获华东地区第五届优秀旅游图书一等奖］
2. 园林养生功能论. 文艺研究. 1997年第4期
3. 苏州古典园林的艺术综合性——兼论中、西美学的综合艺术观. 学术月刊. 1984年第3期
4. 苏州古典园林的真、善、美. 学术月刊. 1984年第3期
5. 论建筑与音乐的亲缘美学关系. 学术月刊. 1986年第7期
6. 论建筑与雕刻的亲缘美学关系. 艺术百家. 1991年第1期
7. 苏州古典园林的遮隔艺术系统. 华中建筑. 1987年第4期
8. 曲径通幽——苏州古典园林的一个美学原则. 华中建筑. 1989年第3期
9. 中西古典建筑比较：柱式文化特征与顶式文化特征. 华中建筑. 1992年第3期
10. 论王维辋川别业的园林特征. 王维研究第2辑. 三秦出版社，1996年版
11. 室内空间的灵魂. 苏州园林. 1999年第1期
12. 对中国古典园林的再思考. 苏州园林. 1999年第2期
13. 古典园林的文学陶染（上）. 苏州园林. 2000年第2期
14. 古典园林的文学陶染（下）. 苏州园林. 2000年第3期
15. 初语课本中的建筑艺术美（上）. 东吴教学. 1990年第2期
16. 初语课本中的建筑艺术美（下）. 东吴教学. 1990年第3~4期

五、有关随笔、小品（园林、建筑、雕刻方面）

1. 美在诗情画意中——陈健行《苏州园林》摄影画册序. 陈健行《苏州园林》画册. 中国旅游出版社，2000年版
2. 写景·抒情·点睛——谈园林中的匾额对联. 美育. 1985年第3期
3. 爱石与品石. 艺谭. 1985年第3期
4. 雕塑美欣赏. 艺术世界. 1981年第1期
5. 漫话“镜子”. 艺术世界. 1983年第1期
6. 审美之窗. 艺术世界. 1985年第2期
7. 雕塑与触觉. 艺术世界. 1986年第6期
8. 流动的空间形象. 艺术世界. 1989年第6期
9. 希腊柱式随想. 艺术世界. 1991年第2期
10. 静与动——雕塑艺术断想. 江苏画刊. 1987年第3期
11. 园林雕塑谈. 江苏画刊. 1988年第10期
12. 古典园林的桥梁之美. 园林与名胜. 1987年第4期
13. 华榭碧波两相依. 风景名胜. 1988年第2期
14. 洞府：神秘美的世界. 风景名胜. 1989年第3期
15. 光与影的协奏——苏州园林欣赏之一. 苏州杂志. 1989年第3期
16. 题额点睛艺术——苏州园林欣赏之二. 苏州杂志. 1989年第5期
17. 入口的空间艺术——苏州园林欣赏之三. 苏州杂志. 1990年第2期
18. 天堂意识——苏州园林欣赏之四. 苏州杂志. 1990年第4期

19. 网师琴韵——苏州园林欣赏之五．苏州杂志．1990 年第 6 期
20. 画舫的集萃之美——苏州园林欣赏之六．苏州杂志．1991 年第 2 期
21. 石文化系列景观——苏州园林欣赏之七．苏州杂志．1991 年第 4 期
22. 在起伏上思考——苏州园林欣赏之八．苏州杂志．1991 年第 6 期
23. 小桥引静兴味长——苏州园林欣赏之九．苏州杂志．1992 年第 2 期
24. 网师园与张大千．苏州杂志．1991 年第 1 期
25. 彩霞池赞．苏州杂志．1999 年第 1 期
26. 读冠云峰．苏州杂志．1999 年第 4 期
27. 怡园散步．苏州园林．1996 年第 2 期
28. 网师园文史拾零（上）．苏州园林．2002 年第 4 期
29. 网师园文史拾零（下）．苏州园林．2003 年第 1 期
30. 园林文化深几许．新民晚报．2003 年 12 月 21 日
31. 清香四溢，众艺争艳——评怡园水仙艺术节．姑苏晚报．1997 年 2 月 18 日
32. 宏乎丽哉，春之交响——虎丘艺术花会印象．姑苏晚报．1997 年 4 月 15 日
33. 占尽风情向小园．姑苏晚报．1999 年 3 月 4 日
34. 说“苍古”——园林风格谈．苏州日报．2000 年 2 月 17 日、3 月 2 日等
35. 石形面面看，峰形步步移——五读留园冠云峰．苏州日报．2004 年 4 月 29 日
36. 摄召魂梦，颠倒情思——苏州园林的声境美．苏州日报．2004 年 6 月 30 日
37. 于细微中见精神——苏州园林的涩浪艺术．苏州日报．2004 年 8 月 5 日
38. 斟酌色调，捕捉光影——陆峰园林摄影赏析．苏州日报．2005 年 6 月 12 日